第四届中国水利水电岩土力学与工程学术讨论会暨第七届全国水利工程渗流学术研讨会论文集

主　编　王复明
副主编　蔡正银　王俊林　汪自力
　　　　姜　彤　肖昭然　李　斌

黄河水利出版社
·郑州·

图书在版编目(CIP)数据

第四届中国水利水电岩土力学与工程学术讨论会暨第七届全国水利工程渗流学术研讨会论文集/王复明主编 . —郑州:黄河水利出版社,2012. 8
ISBN 978 - 7 - 5509 - 0343 - 2

Ⅰ.①第…　Ⅱ.①王…　Ⅲ.①水利水电工程 - 岩土力学 - 中国 - 学术会议 - 文集②水利工程 - 渗流力学 - 中国 - 学术会议 - 文集　Ⅳ.①TV - 53

中国版本图书馆 CIP 数据核字(2012)第 202869 号

组稿编辑:王志宽　　电话:0371 - 66024331　　E-mail:wangzhikuan83@ 126. com

出　版　社:黄河水利出版社
　　　　　　地址:河南省郑州市顺河路黄委会综合楼14 层　邮政编码:450003
发行单位:黄河水利出版社
　　　　　　发行部电话:0371 - 66026940、66020550、66028024、66022620(传真)
　　　　　　E-mail:hhslcbs@ 126. com
承印单位:河南省瑞光印务股份有限公司
开本:787 mm × 1 092 mm　1/16
印张:40.75
字数:940 千字　　　　　　　　　　　　　　　印数:1—1 000
版次:2012 年 8 月第 1 版　　　　　　　　　　印次:2012 年 8 月第 1 次印刷

定价:120. 00 元

第四届中国水利水电岩土力学与工程学术讨论会暨第七届全国水利工程渗流学术研讨会

(2012 年 9 月 中国·河南·郑州)

主办单位

中国水利学会岩土力学专业委员会

中国水利学会工程管理专业委员会

承办单位

郑州大学

黄河水利委员会

黄河水利科学研究院

黄河勘测规划设计有限公司

小浪底水利枢纽建设管理局

华北水利水电学院

河南工业大学

河南省水利勘测设计研究有限公司

中国水利水电科学研究院

南京水利科学研究院

长江科学院

中国科学院武汉岩土力学研究所

国家大坝安全工程技术研究中心

协办单位

《岩土工程学报》编辑部

《岩土力学》编辑部

《岩石力学与工程学报》编辑部

《郑州大学学报》编辑部

河南省水利学会

河南省岩石力学与工程学会

水利部堤防安全与病害防治工程技术研究中心

河南省岩土力学与结构工程重点实验室

河南省岩土工程检测与防护重点实验室

大会学术委员会

名誉主席:钱七虎
主   席:葛修润
副 主 席:(按姓氏笔画排序)

马洪琪　王梦恕　王思敬　毛昶熙　包承纲　杨秀敏　陈祖煜
吴中如　张超然　李广信　杨启贵　林　皋　郑颖人　郑守仁
周丰峻　钟登华　郦能惠　梁文灏　龚晓南

委   员:(按姓氏笔画排序)

丁留谦　孔宪京　王君利　王建华　王建国　王复明　王俊林
冯忠居　乐金朝　刘汉东　刘汉龙　刘俊修　孙胜利　朱俊高
邢义川　邬爱清　闫澍旺　陈生水　陈正汉　陈云敏　李　宁
李　靖　李国英　汪小刚　汪自力　冷元宝　邵生俊　吴关叶
吴昌瑜　吴梦喜　杨光华　杨泽艳　张伯骥　张宗亮　张建民
张家发　张爱军　栾茂田　肖昭然　周创兵　郑　刚　郑永来
段祥宝　姚仰平　胡再强　徐卫亚　陶忠平　郭雪莽　盛　谦
常向前　黄　强　黄志全　黄醒春　章为民　谢永利　蒋明镜
温彦锋　程展林　赖远明　路新景　蔡正银　蔡袁强　谭界雄
魏迎奇　戴济群

大会组织委员会

主   任:申长雨
副 主 任:(按姓氏笔画排序)

刘汉东　陈生水　汪小刚　汪在芹　苏茂林　李海波　屈凌波
姚文艺　高丹盈　景来红　翟渊军

委   员:(按姓氏笔画排序)

田　凯　关绍康　刘金勇　刘泽明　吴建军　吴泽宁　陈　淮
李　倩　沈细中　张俊霞　赵寿刚　赵明嗥　聂相田　蒋敏敏

秘 书 长:王复明
副秘书长:蔡正银　王俊林　汪自力　姜　彤　肖昭然　李　斌

前 言

随着 2011 年中央一号文件的落实,水利工程建设和管理也进入了新的发展时期,各种大型水利水电工程建设规模大,遇到的岩土与渗流问题也日趋复杂,提出了许多新的土力学和岩土工程及渗流力学问题。这些问题的出现,给广大岩土工作者带来了挑战和机遇,推动了水利水电岩土力学与工程以及渗流力学的发展和进步。为此,特举办以"水利与岩土工程安全"为主题的"第四届中国水利水电岩土力学与工程学术讨论会暨第七届全国水利工程渗流学术研讨会",对我国近年来水利水电岩土力学与工程以及渗流力学领域的最新研究进展进行广泛学术交流搭建平台。

本次会议于 2012 年 9 月在郑州召开,会议主要研讨水利水电岩土力学与工程以及渗流力学的基本理论、实践探索、新技术和新方法等,会议收到的论文除在《岩土工程学报》、《岩土力学》、《岩石力学与工程学报》和《郑州大学学报》(工学版)各出一期专刊外,其余论文经评审后共有 86 篇被收入论文集并正式出版,这些文章反映了这些领域最新的研究成果和发展动态,凝聚了作者的心血和智慧。本论文集包括以下 11 个方面的内容:①岩土基本性质和测试技术;②岩土工程数值仿真与物理模拟技术;③渗流理论与工程应用;④土动力学与地震工程;⑤特殊土工程技术;⑥土石坝与堤防工程;⑦隧道与地下工程;⑧边坡工程;⑨基础工程与地基处理;⑩环境岩土工程与地质灾害防治;⑪岩土工程中的新技术与新材料。

水利部及水利学会给予本次会议以极大的鼓励和支持,承办单位和协办单位在人力、物力、财力等方面给予大量的支持与帮助,从事岩土工作的各位专家、学者及科研部门积极投稿并推荐代表。在此,向所有关心和支持本次会议的领导、专家、学者及工作人员表示诚挚的谢意。

由于时间仓促,书中存在疏漏或差错之处在所难免,敬请读者批评指正。

编委会

2012 年 6 月

目 录

前 言

一、岩土基本性质和测试技术

二、岩土工程数值仿真与物理模拟技术

三、渗流理论与工程应用

四、土动力学与地震工程

十、环境岩土工程与地质灾害防治

十一、岩土工程中的新技术与新材料

一、岩土基本性质和测试技术

滑带土中黏粒含量及含水量的变化
对其强度影响的试验研究

彭　鹏[1]　单治钢[1]　钟湖平[2]　贾海波[1]　董育烦[1]

（1. 中国水电顾问集团华东勘测设计研究院　杭州　310000；
2. 江西华东岩土工程有限公司　南昌　330029）

摘要：为了定量分析不同的滑带土颗粒级配情况下黏粒含量及含水量对黏聚力 c 和内摩擦角 φ 等强度参数的影响机制及变化规律，利用卡拉水电站田三滑坡体滑带土，进行了不同级配、不同黏粒含量及不同含水量组合的多组直剪试验，以揭示岩质边坡结构面中黏土矿物含量及含水量的变化对边坡岩体强度参数 c、φ 的影响机制及变化规律。试验结果表明：当含水量不大于塑限时，c 值随黏土矿物含量的增加而呈非线性增大，当含水量大于塑限时，c 值随着黏土矿物的增加，先减小后增大，在黏粒含量为 35% 时 c 值最低；φ 值随着黏粒含量的增加而减小，且在黏粒含量小于 25% 时 φ 值减小的速度较快，当黏粒含量大于 25% 时减小的速度减缓，并采用粒子群优化算法对试验成果作一解析。

关键词：水—岩化学作用　边坡稳定性　结构面强度参数　黏土矿物含量　含水量

1 引言

滑坡体由滑坡床、滑坡体和滑带构成，而其稳定性则主要由后者控制。研究表明，滑坡的滑带尤其是后缘贯通性较好的滑面是水—岩相互作用相对活跃的部位。水—岩相互作用，既包括两者之间的物理作用，也包括化学作用。数十年来，对于前者的研究已取得了长足的进展，而对于后者的研究相对滞后一些，但也已经取得了一些可喜的成果[1-2]。文献[3]指出，黏土矿物是水—岩化学作用的产物，其在滑动面部位的相对聚集可显著影响所在滑带土的物理力学指标，如黏聚力 c 和内摩擦角 φ 等，但有关分析多限于定性方面。

目前，在滑带土强度参数研究中，多是仅从滑带土颗粒组成、成分、形状、性质等方面展开，但对黏粒含量及含水量的不同配比情况下对结构面强度的影响程度研究相对比较有限[4-10]。为了定量分析不同的滑带土颗粒级配情况下黏粒含量及含水量对黏聚力和内摩擦角等强度参数的影响机制及变化规律，结合雅砻江卡拉水电站田三滑坡体稳定性研究，对滑带土进行了不同级配、不同黏粒含量及不同含水量组合的多组直剪试验[11]，以探究岩质边坡结构面中黏粒含量及含水量的变化对边坡岩体强度参数 c、φ 影响机制及变化规律。

作者简介：彭鹏，男，1982 年生，博士后，主要从事坝址区工程地质与水文地质研究工作。

2　试验方法及过程

2.1　取样地点

卡拉水电站工程区位于凉山州木里县雅砻江中游河段内,为雅砻江干流两河口至江口段梯级开发 11 级中的第 6 级,上游与杨房沟水电站衔接,下游与锦屏一级水电站毗邻。卡拉水电站工程区自一江至草坪 20 多 km 的河段内,地质条件复杂,边坡稳定性较差,工程区内滑坡体、崩坡积体分布众多,地质条件复杂,两岸冲沟较发育,地形较零乱,分布 9 个滑坡体和 8 个较大型崩坡积体。

为了进一步查明工程区滑体的空间分布、物质组成、结构、变形破坏特征,评价其稳定性及分析其对工程的影响,开展了一系列针对巨型滑坡体群的试验研究,期望为工程处理措施提供地质依据,其中,滑带土的工程特性为研究的重点。滑坡群的滑带土天然状态下黏粒含量为 5% ~ 30%,含水量为 7% ~ 20%,雨季时,含水量会更高。本次试验选取了较典型的田三滑坡体作为研究对象,滑坡体主要由滑坡堆积灰黑、黄灰色含碎石粉土层,粉土夹变质砂岩、砂板岩及大理岩碎砾石组成,细粒组成以粉土为主,粉土含量为 50% ~ 60%,碎石粒径以 2 ~ 20 cm 为主,含量为 40% ~ 50%,局部夹少量块石,稍密,胶结较差。据平硐及多个钻孔揭露,滑坡体的滑带土为含碎、砾石黏土,灰褐色,带宽 1 ~ 2 m,砾石成分为大理岩,粒径 2 ~ 10 cm,含量 10% ~ 25%,次圆,次棱角状,呈软塑 - 可塑。滑面较平直,产状 N50°W NE∠30° ~ 40°。滑带上、下界面分带明显,上部为粉质黏土夹碎(块)石层,下部为弱风化较完整岩体。

2.2　试验方案

本文采用重塑土进行试验研究,滑带土主要为粉粒质及粒径 2 mm 以下的砂和黏土矿物的混合物。为了研究滑动带中的黏粒含量及含水量的变化对边坡强度参数的影响,模拟某滑动带中土的粒径进行配比重塑土。级配方案见表 1,控制黏土矿物含量(质量分数)分别为 15%、25%、35%、45%、55%、65%,含水量则分别为 10%、12%、15%、20%、25%。加水调和均匀、浸润,加水量由少到多逐次增加,每加一次水浸润 24 h 后进行直剪。使用南京土壤仪器厂生产的 ZJ 应变控制直剪仪,通过不固结不排水快速剪切试验,揭示在一定的含水量变化范围内黏粒的含量对其强度参数的影响程度。

表 1　剪切试验级配方案

粒径(mm)		<0.005	0.005 ~ 0.075	0.075 ~ 2	>2
级配方案 (%)	1	15	13.45	43.5	28.05
	2	25	12.65	35.5	26.85
	3	35	11.45	32.5	22.05
	4	45	9.45	27.5	18.05
	5	55	7.65	22.5	14.85
	6	65	5.95	17.5	11.55

将土样配比均匀,取土样测定含水量。取一定数量的土样置于通风处晾干,将风干土

样过 0.5 mm 孔径的筛,取筛下足够试验用的土样充分拌匀,测定风干含水量,装入保湿缸或塑料袋内备用。根据试验所需的土量与含水量制备试样,所需的加水量应按下式计算:

$$m_w = \frac{m}{1 + 0.01\omega_0} \times 0.01(\omega' - \omega_0) \tag{1}$$

式中:m_w 为制备试样所需要的加水量;m 是风干土质量;ω_0 为风干土含水量;ω' 为制备要求的含水量。称取过筛的风干土样平铺于搪瓷盘内,将水均匀喷洒于土样上,充分拌匀后,装入盛土容器内,盖紧润湿 24 h。测定润湿土样的含水量,取样不少于 4 个。按所需的干密度制样,按所需的湿土量应按下式计算:

$$m_0 = (1 + 0.01\omega_0)\rho_d V \tag{2}$$

式中:ρ_d 为试样的干密度;V 为试样的体积(环刀的体积)。根据式(2)计算每个试样需要的湿土量 m_0,将湿土倒入装有环刀的压样器内,以静压力通过活塞将土样压实到所需程度。取出带有试样的环刀,称量环刀和试样总质量。

含水量试验时,每个土样取三份试样,每份质量控制在 15 ~ 30 g,放入称量盒内,盖上盒盖,称盒加湿土质量,精确至 0.01 g,打开盒盖,将试验盒置于自动控制的电热鼓风干燥箱内,在 105 ~ 110 ℃ 的恒温下烘 24 h 以上,然后将其从烘箱中取出,盖上盒盖,冷却后称盒 + 干土质量,精确至 0.01 g。每个土样的含水量按下式计算:

$$\omega_0 = \left(\frac{m_0}{m_d} - 1\right) \times 100\% \tag{3}$$

本试验对每个土样取六个试样进行平行测定,测定的差值符合规范要求。最后对六个测值取平均值作为土样含水量。

剪切试验中以 0.8 mm/min 的剪切速率进行剪切,试样每产生剪切位移 0.2 ~ 0.4 mm 测记测力计和位移读数,直至测力计读数出现峰值,应继续剪切至剪切位移为 4 mm 时停机,测记破坏值;当剪切过程中测力计读数无峰值时,应剪切至剪切位移为 6 mm 时停机。

3 试验结果与分析

以抗剪强度为纵坐标、垂直压力为横坐标,绘制抗剪强度与垂直压力关系曲线。直线的倾角为内摩擦角,直线在纵坐标上的截距为黏聚力。本试验主要考虑滑带土中随黏粒含量的增加,其抗剪强度参数的变化规律,以及滑坡结构面的填充物中随着黏粒含量和含水量的不同配比情况下,其抗剪强度参数的变化特征。为保证一定的精度,对每个土样取三个试样进行平行测定,最后对三个测值取平均值作为试验结果,试验结果见表 2。

表 2　试验结果

含水量 ω（%）	参数	黏粒含量 Q(%)					
		15	25	35	45	55	65
10	c	22.50	41.35	59.00	65.01	66.20	77.43
	φ	34.49	28.00	26.07	25.10	24.50	25.60
12	c	24.88	44.71	62.35	68.24	71.24	89.89
	φ	32.01	25.42	22.49	21.05	20.10	22.00

续表2

含水量 ω（%）	参数	黏粒含量 Q（%）					
		15	25	35	45	55	65
15	c	38.83	48.53	65.12	71.00	76.18	85.1
	φ	29.20	24.01	18.84	14.65	13.22	15.00
20	c	26.12	18.35	9.41	15.30	36.47	44.71
	φ	27.60	22.20	12.92	8.83	6.58	9.48
25	c	7.83	4.35	2.35	8.41	10.59	22.35
	φ	25.0	20.30	9.32	4.01	3.09	3.10

注：表中 c 的单位为 kPa，φ 的单位为（°）。

3.1 黏粒含量—黏聚力关系曲线特征分析

为了更好地分析黏聚力与黏粒含量的变化特征，作不同含水量情况下黏聚力随黏土矿物含量变化的曲线，见图1。由表2和图1不难看出，当试样的含水量 $\omega \leqslant 15\%$ 时，黏聚力 c 值随着黏粒含量的增加而增大。在含水量分别为 10%、12%、15% 时，黏粒含量小于 35% 的情况下，c 值几乎呈线性增加，增加速度较快。这是由于黏粒逐渐充填在砂粒的空隙中，使土样的单位密度增大，即密实度增大，并且黏粒具有胶结的作用，所以 c 值呈线性增加。当黏粒含量在 $35\% \sim 55\%$ 时，c 值增加缓慢。这主要是因为在此阶段，砂粒的空隙已被黏粒填满，此时在剪切破坏时，砂和黏粒共同起作用。当黏粒含量大于 55% 时，随着黏粒的增加，砂粒被黏粒所包裹，此时，试样中起主导作用的是黏土矿物，胶结作用进一步加大，故 c 值迅速增加。当含水量大于 15% 时，c 值的变化均是先减小后增大，即 Q 为 $15\% \sim 35\%$ 时，c 值呈先减小之势，主要是因为此时黏粒含量相对于砂来说较少，此时剪切破坏主要是砂起决定作用，并且由于含水量大，黏土被软化，胶结作用被弱化，另外少量的黏粒起到润滑砂粒的作用，故 c 值减小。但当 $Q > 35\%$ 时，此时黏粒含量增加，包裹在砂粒周围，黏土矿物起到决定作用，胶结、咬合作用得以体现，故 c 值呈增大的趋势。

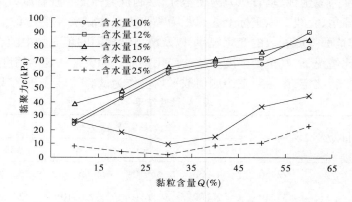

图1 不同含水量状态下试件黏聚力与黏粒含量的关系

对试验数据用粒子群算法做回归分析，拟合黏聚力与黏粒含量间的关系，结果见表3。

表3　不同含水量状态下试件黏聚力与黏粒含量的拟合公式及相关系数

含水量 $\omega(\%)$	拟合公式	相关系数 R^2
10	$c = 10.149Q + 20.727$	0.907 2
12	$c = 11.587Q + 19.832$	0.943 4
15	$c = 9.148Q + 32.109$	0.965 7
20	$c = 3.580Q^2 - 20.684Q + 43.155$	0.901 6
25	$c = 1.659Q^2 - 8.832\ 7Q + 15.062$	0.961 8

由表3可知,当试样的含水量 $\omega \leqslant 15\%$ 时,黏聚力 c 值与黏粒含量呈现出正相关的线性关系,相关系数 R^2 在0.9以上,表现出较好的相关性;而当试样的含水量 $\omega > 15\%$ 时,黏聚力 c 值与黏粒含量呈现出非线性关系,相关系数 R^2 也在0.9以上,亦表现出很强的相关性,不难看出,随着黏粒含量的增加,黏聚力的变化由线性转变为非线性,但始终表现出较好的相关性。

3.2　含水量—黏聚力关系曲线特征分析

不同黏粒含量下,黏聚力随含水量变化的曲线见图2。由图2可知,在相同黏土矿物含量下, c 值随含水量 ω 的增加先增大而后减小。即当含水量 ω 大于15%(塑限)时, c 值迅速减小。产生这个现象的原因是,在相同的压实能量下,试样随含水量的增加逐渐压实,密度逐渐增加。当达到塑限时,密度达到最大,强度最高;当超过塑限时,压实性能减弱,强度降低,这就是 c 值随含水量的增加先递增后迅速减小的原因。

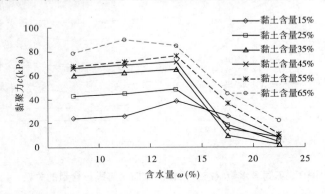

图2　不同黏土含量情况下试件黏聚力与含水量的关系

由图2还可以反映出:在不同的黏粒含量下, c 值随含水量 ω 的增加先增大而后减小,这也与密实度和最优含水量有关。但是,随黏粒含量的不同, c 值有所不同,黏粒含量越高, c 值越大。这与黏土的特性有关,黏土含量越大,其胶结、咬合能力越大,黏聚力越强,故 c 值越大。

对试验数据用粒子群算法做回归分析,拟合不同黏土矿物含量下黏聚力与含水量之间的关系,拟合公式及相关系数见表4。

表4 不同黏粒含量情况下试件黏聚力与含水量的拟合公式及相关系数

黏粒含量 Q(%)	拟合公式	相关系数 R^2
15	$c = -4.765\omega^2 + 18.358\omega + 29.006$	0.915 3
25	$c = -4.786\omega^2 + 25.604\omega + 0.262$	0.854 0
35	$c = -5.521\omega^2 + 16.305\omega + 51.668$	0.838 7
45	$c = -5.479\omega^2 + 16.057\omega + 57.884$	0.838 0
55	$c = -7.464\omega^2 + 29.982\omega + 44.488$	0.945 5
65	$c = -7.374\omega^2 + 28.512\omega + 59.678$	0.943 6

由表4可知,当试样的黏粒含量 Q 在15%时,黏聚力 c 值与含水量呈现出非线性关系,相关系数 R^2 在0.9以上,表现出较好的相关性;而当试样的黏粒含量 Q 大于15%而小于45%时,其相关性明显降低,相关系数 R^2 保持在0.83左右;当试样的黏粒含量 Q 大于45%时,黏聚力 c 值与含水量的相关系数 R^2 又迅速回升至0.94左右,同时表现出很强的相关性。综上可见,不同黏粒含量下,黏聚力 c 值与含水量 ω 呈现出非线性关系,其相关系数由大变小,后又由小变大。

3.3 黏粒含量—内摩擦角关系曲线特征分析

根据试验结果,可建立黏粒含量 Q 与内摩擦角 φ 间的相关关系,见图3。

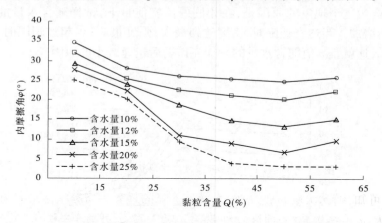

图3 不同含水量状态下试件内摩擦角与黏粒含量的关系

图3反映出,随着 Q 的增加(在 $Q < 55\%$ 前),φ 值整体上呈现减小的趋势。当含水量小于塑限(15%)时,φ 值减小得比较缓慢;当大于塑限时,φ 值首先迅速减小,而后减小的幅度变小。这主要是因为随着黏粒的增加,黏粒逐渐填充砂粒间的空隙,致使砂粒间的摩擦力及镶嵌挤、锁的作用随之减小,随着黏土的进一步增加,使其包裹住砂粒,并且黏粒有润滑的作用,所以 φ 值减小。当 $Q > 55\%$ 时,黏土矿物已经完全包裹住砂粒,当剪切破坏时,起作用的主要是黏粒,也即此时的试样可认为是黏粒。随着黏粒的进一步增加,试样的比表面积增大,吸纳水的能力随之增加,并且密实度加大,所以 φ 值又有增大的趋势,故当 $Q = 65\%$ 时的 φ 值大于 $Q = 55\% \sim 45\%$ 时的 φ 值。

对试验数据用粒子群算法做回归分析,拟合不同含水量情况下黏粒含量 Q 与内摩擦角 φ 值之间的关系,拟合公式及相关系数见表5。

表5 不同含水量状态下试件内摩擦力与黏粒含量的拟合公式及相关系数

含水量 $\omega(\%)$	拟合方程	相关系数 R^2
10	$\varphi = 0.773Q^2 - 7.0065Q + 40.097$	0.9667
12	$\varphi = 0.899Q^2 - 8.2234Q + 38.985$	0.9893
15	$\varphi = 0.889Q^2 - 9.2994Q + 38.211$	0.9871
20	$\varphi = 1.386Q^2 - 13.69Q + 41.16$	0.9627
25	$\varphi = 1.139Q^2 - 12.729Q + 38.079$	0.9679

由表5可知,无论含水量 ω 在试验中取任何值,内摩擦角 φ 值与黏粒含量 Q 是一种非线性关系,而且总是保持很好的相关性,相关系数 R^2 在 0.96 以上。

3.4 含水量—内摩擦角关系曲线特征分析

根据试验结果,含水量 ω 与内摩擦角 φ 间的相关关系见图4。

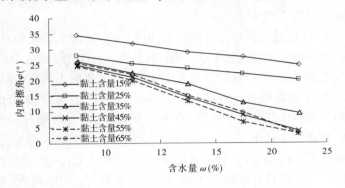

图4 不同黏粒含量情况下试件内摩擦角与含水量的关系

由图4可知,随含水量 ω 的增加,φ 值呈下降的趋势。当黏粒含量 Q 在 15% ~ 25% 时,随 ω 增大,φ 值缓慢减小;而当 Q 在 35% ~ 65% 时,φ 值减小的趋势加剧,但之间近于一致。产生这个结果主要是由于含水量的增加,黏土变软,并且这些黏粒粘在砂粒的表面,好像给砂粒涂了一层润滑油,润滑了颗粒的表面,降低了颗粒之间的摩阻力,从而降低了 φ 值。而 Q 在 15% ~ 25% 时,由于此时剪切破坏,起主要作用的是砂,因此 φ 值减小缓慢。当 $Q \geqslant 35\%$ 时,此时起决定作用的是黏土,黏土遇水软化加快,故 φ 值减小的趋势加剧。

对试验数据采用上述相同方法,拟合不同黏粒含量情况下含水量 ω 与内摩擦角 φ 值之间的关系,拟合公式及相关系数见表6。

由表6可知,无论黏粒含量 Q 在试验中取任何值,φ 值与含水量 ω 呈现出一种负相关的线性关系,且保持较高的相关性,相关系数 R^2 在 0.99 附近,较符合一般的自然规律。

表6　不同黏粒含量情况下试件黏聚力与含水量的拟合公式及相关系数

黏粒含量 Q(%)	拟合公式	相关系数 R^2
15	$\varphi = -2.339\omega + 36.677$	0.994 3
25	$\varphi = -1.862\omega + 29.572$	0.992 1
35	$\varphi = -4.307\omega + 30.849$	0.991 4
45	$\varphi = -5.44\omega + 31.048$	0.995 7
55	$\varphi = -5.634\omega + 30.4$	0.989 2
65	$\varphi = -5.752\omega + 32.292$	0.992 3

4　结语

（1）通过室内试验，量化探讨了一定含水量区间结构面内黏粒含量与其抗剪强度参数 c、φ 值之间的内在联系，给出不同黏粒含量与 c、φ 值之间的相关方程，得出结构面内黏粒的含量对其抗剪强度有显著的影响。当含水量不大于塑限时，试样的黏聚力随黏土矿物含量的增加而呈非线性增大；当含水量大于塑限时，黏聚力随着黏粒含量的增加，先减小后增大，在黏粒含量为35%时减为最低。

（2）试样的内摩擦角随着黏粒含量的增加而减小，即当含水量未超过塑限时，内摩擦角随黏粒含量的增加减小的速度慢，当大于塑限时，减小的速度加快，且在黏粒含量小于25%时，φ 值减小的速度较快，当黏粒含量大于25%时，φ 值减小的速度减缓。

（3）根据相关性及数据拟合分析可知：随着黏粒含量的增加，黏聚力的变化由线性转变为非线性，但始终表现出较好的相关性；在不同黏粒含量下，黏聚力 c 值与含水量 ω 呈现出非线性关系，其相关系数由大变小，后又由小变大；φ 值与黏粒含量 Q 是一种非线性关系，而且总是保持很好的相关性，相关系数 R^2 在 0.96 以上；φ 值与含水量 ω 呈现出一种负相关的线性关系，且保持较高的相关性，相关系数 R^2 在 0.99 附近，较符合一般的自然规律。

（4）结构面是地下水运移的通道，在雨后结构面内的填充物很容易达到塑限状态，此时黏粒含量在35%~45%，结构面的强度达到最低。这是雨后易发生边坡失稳一类地质灾害的因素之一。

参考文献

[1] 汤连生,张鹏程,王思敬. 水—岩化学作用之岩石宏观力学效应的试验研究[J]. 岩石力学与工程学报, 2002, 21(4)：526-531.

[2] 汤连生,张鹏,程王洋. 水作用下岩体断裂强度探讨[J]. 岩石力学与工程学报,2004,23(19)：3337-3341.

[3] 周翠英,彭泽关,尚伟,等. 论岩土工程中水—岩相互作用研究的焦点问题——特殊软岩的力学变异性[J].岩土力学,2002, 23(1)：124-128.

[4] 赖远明,张耀,张淑娟,等. 超饱和含水量和温度对冻结砂土强度的影响[J]. 岩土力学, 2009, 30(12)：3665-3670.

[5] Zhou Guoqing,Xia Hongchun,Zhao Guangsi, et al. Nonlinear elastic constitutive model of soil – structure interfaces under

relatively high normal stress[J]. Journal of China University of Mining & Technology, 2007, 17(3):301-305.

[6] 沈扬, 周建, 龚晓南, 等. 考虑主应力方向变化的原状软黏土应力应变性状试验研究[J]. 岩土力学, 2009, 30(12): 3720-3726.

[7] 包承纲. 非饱和土的性状及膨胀土边坡稳定问题[J]. 岩土工程学报, 2004, 26(1): 1-15.

[8] 杨和平, 张锐, 郑健龙. 有荷条件下膨胀土的干湿循环胀缩变形及强度变化规律[J]. 岩土工程学报, 2006, 28(11): 1936-1941.

[9] 吕海波, 汪稔, 赵艳林, 等. 软土结构性破损的孔径分布试验研究[J]. 岩土力学, 2003, 24(4): 573-578.

[10] 吕海波, 曾召田, 赵艳林, 等. 膨胀土强度干湿循环试验研究[J]. 岩土力学, 2009, 30(12): 3797-3802.

[11] 周杰, 周国庆, 赵光思, 等. 高应力下剪切速率对砂土抗剪强度影响研究[J]. 岩土力学, 2010, 31(9): 2805-2810.

[12] 蔡建, 蔡继锋. 土的抗剪真强度探索[J]. 岩土工程学报, 2011, 33(6): 934-939.

[13] 鲁祖德, 陈从新, 陈建胜, 等. 岭澳核电三期强风化角岩边坡岩体直剪试验研究[J]. 岩土力学, 2009, 30(12): 3783-3787.

非饱和膨胀土抗剪强度参数的试验研究*

姜　彤[1]　张俊然[2]　陈　宇[1]　黄志全[1]

(1. 华北水利水电学院岩土工程与水工结构研究院　郑州　450011;
2. 上海大学　上海　200444)

摘要:通过控制基质吸力的直剪和三轴试验,对比研究非饱和膨胀土强度参数随基质吸力的变化规律。试验结果表明:直剪和三轴试验得出的强度参数随着基质吸力基本具有相同的变化规律,黏聚力随着基质吸力的增加而增加,内摩擦角随着基质吸力的增加而有所减小。非饱和土的内摩擦角并非常数,也受基质吸力大小的影响,当基质吸力小于或等于土样的进气值时,与基质吸力有关的内摩擦角保持不变,而土样内摩擦角随着基质吸力的增大而减小。直剪试验得出强度参数相对三轴试验得出的强度参数偏大。研究成果对非饱和土力学抗剪强度参数随基质吸力变化机理的研究具有十分重要的意义。

关键词:非饱和膨胀土　基质吸力　强度　直剪试验　三轴试验

1　引言

非饱和土力学的基本理论已经确认了基质吸力的存在有利于非饱和土的强度提高,但是,对于强度提高的机制,到目前为止没有统一的结论,非饱和土强度理论中存在着单应力状态变量公式和双应力状态变量公式两种基本的理论表达式,并在此基础上产生了许多实用的强度公式。

Bishop[1]在有效应力原理的基础上,提出的单应力状态变量的非饱和土强度公式为

$$\tau = c' + [(\sigma - u_a) + \chi(u_a - u_w)]\tan\varphi' \tag{1}$$

式中:τ为抗剪强度;c'为有效黏聚力;φ'为有效内摩擦角;χ为一个取值为 0 ~ 1.0 的系数。χ与土样的饱和度、应力路径、应力历史等很多因素相关,很难确定。此后,Jennings等[2]指出 Bishop 有效应力原理不能合理解释非饱和土因浸水引起的湿化现象。也就是说,浸水时吸力减小,Bishop 的有效应力也减小,因而计算得到的体积应该是膨胀,而实际上非饱和土体积缩小。

Fredlund 等[3]通过采用 2 个独立的应力状态变量来定义非饱和土抗剪强度,而每个应力状态变量对抗剪强度给予不同的贡献,其抗剪强度公式的具体表达式为

$$\tau = c' + (\sigma - u_a)\tan\varphi' + (u_a - u_w)\tan\varphi^b \tag{2}$$

式中:τ为抗剪强度;c'为有效黏聚力;φ'为有效内摩擦角;φ^b为与基质吸力有关的内摩擦

*　**基金项目:**国家自然科学基金(No. 51109082,No411400430),郑州市创新型科技人才培育计划领军人才项目(No. 10LJRC185)及教育部留学回国人员科研启动基金资助。

作者简介:姜彤,男,1973 年生,博士,教授,主要从事岩土工程教学与科研工作。

角。由于 φ^b 随着基质吸力是变化的,规律不明显,因此确定 φ^b 也是很复杂的。

Khalili 和 Khabbaz[4]利用 14 种土的试验结果给出了 14 种土的有效应力参数 χ 和基质吸力之间的关系,得到了参数 χ 的近似表达式。使其 Bishop 理论实用化,得出的强度表达式为

$$\tau = c' + (\sigma - u_a)\tan\varphi' + (u_a - u_w)^{0.45}(u_a - u_w)_b^{0.55}\tan\varphi' \tag{3}$$

Fredlund 等[5]在双变量理论基础上,根据土水特征曲线提出了非饱和土剪切强度的公式:

$$\tau = c' + (\sigma - u_a)\tan\varphi' + (u_a - u_w)[\Theta(u_a - u_w)]^\kappa\tan\varphi' \tag{4}$$

其中:$\Theta = \dfrac{\theta - \theta_r}{\theta_s - \theta_r}$ 是归一化的相对体积含水量;θ_s 为饱和时的体积含水量;θ_r 为残余体积含水量。运用上述公式,利用土水特征曲线及饱和土的强度指标可以推求非饱和土的剪切强度。但是有个与土类有关的参数 κ,必须根据非饱和土三轴剪切试验数据结果来拟合,所以使用起来也是比较复杂的。

Vanapalli 等[6]提出一个不带参数 κ 的非饱和土抗剪强度公式:

$$\tau = c' + (\sigma - u_a)\tan\varphi' + (u_a - u_w)\left(\frac{\theta - \theta_r}{\theta_s - \theta_r}\right)\tan\varphi' \tag{5}$$

式中:θ_s 为饱和时含水量;θ_r 为残余含水量。为了确定非饱和土抗剪强度,必须根据土水特征曲线确定饱和含水量和残余含水量。土样的土水特征曲线是相对比较重要的。

申春妮等[7]对控制吸力和含水量的试验结果进行了比较,提出了考虑含水量影响的抗剪强度公式为

$$\tau_f = (c_0 - w\tan\varphi_w^c) + \sigma\tan(\varphi_0 - w\tan\varphi_w^\varphi) \tag{6}$$

式中:c_0 和 φ_0 分别为试验参数;φ_w^c 和 φ_w^φ 分别为 c 和 φ 随着含水量的增加而线性减小曲线的倾角。

姚攀峰[8]通过试验发现非饱和土的抗剪强度包络面在几何学上是直纹面的一种,该包络面可用改进的摩尔-库仑破坏准则描述,提出了改进的摩尔-库仑抗剪强度公式为

$$\tau_f = c' + c_m + (\sigma_n - u_a)\tan(\varphi' + \varphi_m) \tag{7}$$

式中:c_m、φ_m 分别为基质吸力引起的等效黏聚力和等效摩擦角,c_m、φ_m 为吸力的函数。

缪林昌等[9]提出了实用的非饱和土抗剪强度公式为

$$\tau_f = c_{tol} + \sigma\tan\varphi_{tol} \tag{8}$$

式中:c_{tol}、φ_{tol} 类似于 Mohr-Coulomb 强度公式中的 c 和 φ,c_{tol}、φ_{tol} 是关于含水量指标的函数。

以上研究成果表明,关于非饱和土强度参数的研究是非饱和土力学研究领域的热点和难点问题。目前确定非饱和土强度参数的试验方法较为烦琐,试验周期长。针对以上问题,本文利用非饱和土直剪仪和三轴仪,对河南省禹州地区非饱和膨胀土开展试验研究,通过对非饱和土强度参数变化规律的分析,有效改进了现有非饱和强度参数的试验方法,可快速、准确、合理地获取非饱和土强度参数,为即将在禹州地区开展的南水北调中线工程服务。

2 试验方案

2.1 非饱和土直剪试验仪器及试验方案

直剪试验采用由解放军后勤工程学院和溧阳市永昌工程实验仪器厂联合研制生产的 FDJ-Z0 型非饱和土应变控制式直剪仪。其吸力控制通过轴平移技术实现,土样放在高进气值(5 bar)的陶土板上,顶部放有多孔的透水石,通过控制压力室中气压力来控制土样的基质吸力。

对干密度为 1.6 g/cm³ 的重塑膨胀土进行控制四种不同的基质吸力和五个不同的净竖向应力的条件下的试验,共 20 个试样。试样直径是 61.8 mm,高度是 20 mm。具体试验方案见表 1。

表 1 非饱和膨胀土直剪试验方案

u_a(kPa)	$u_a - u_w$(kPa)	σ_{net}(kPa)
0、50、100、200	0、50、100、200	100
		200
		300
		500
		800

完成装样后施加预定气压力,直到吸力平衡稳定,再施加竖向荷载,保持气压力和净竖向力不变,进行剪切。试验过程中,为了保证孔隙水压力的消散,试验采取排水剪切条件,孔隙水压力等于大气压力,即为零。剪切速率设定为 0.012 mm/min,为了保证剪切强度出现峰值,设定的剪切终止变形为 6 mm。

2.2 非饱和土三轴试验方案

三轴试验在河南省岩土力学与结构工程重点实验室的 WF 非饱和土应力路径三轴仪上进行,试验装置见图 1。

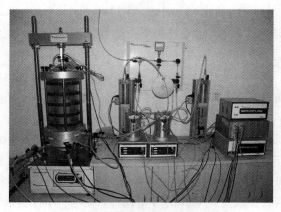

图 1 WF 非饱和土应力路径三轴仪

WF 非饱和土应力路径仪主要包括 RTC(Real Time Controller)控制器、两个液压控制器、伺服流控制器、两个体变测量设备 AVC（Automatic Volume Change device）、压力框架、数据采集系统 ATD(Automatic Triaxial Datalog)等。

控制系统所用的是 Wykeham Farrance 公司开发的 RTC Management 软件和非饱和试验模块 S5 Unsaturated 软件。该模块通过两个液压控制器和气压传感器分别控制和量测围压和反压，通过伺服流控制器和气压传感器来控制和量测孔隙气压力，通过围压和反压的两个（AVC）来测量试样总体变、水体变和气体变。剪切过程中通过三轴仪的压力框的升降来控制和量测轴向应力，通过孔隙水压传感器来量测孔隙水压力的大小。WF 非饱和土三轴应力路径仪的数据采集是通过 ATD 系统来完成的。

控制系统 RTC 能够精确地控制和量测试验过程中的各种压力和荷载，量测位移和体积的变化。双压力室设计用于量测体积变化，以保证内外室没有压力差，减小了单压力室体壁膨胀和渗透而产生的误差。

试验过程中，保持基质吸力不变，进行不同净围压力的多级剪切。总共进行了三级剪切，每级剪切轴应变为 6% ~ 7%，剪切轴应变总共为 18% 左右。试验的剪切速率为 0.012 mm/min(轴应变等于 0.514 2%/h)，为了保持基质吸力的不变，剪切过程中排水排气，具体方案见表 2。

表 2 三轴试验方案

基质吸力(kPa)	剪切阶段	σ_3(kPa)	u_a(kPa)	u_w(kPa)	$\sigma_3 - u_a$(kPa)	ε_a(%)
	第一级	100	0	0	100	6
0	第二级	200	0	0	200	6
	第三级	300	0	0	300	6
	第一级	200	100	0	100	6
100	第二级	300	100	0	200	6
	第三级	400	100	0	300	6
	第一级	300	200	0	100	6
200	第二级	400	200	0	200	6
	第三级	500	200	0	300	6

2.3 试验用土的特性指标

试验所用土为取自河南禹州地区的膨胀土，土的基本物理指标见表 3。

表 3 土的基本物理指标

土的颗粒比重 G_s	液限 ω_L(%)	塑限 ω_P(%)	塑性指数 I_P	最大干密度 ρ_d(g/cm³)	最优含水量 w_{opt}(%)
2.73	40	22	18	1.73	18.5

3 试验成果

3.1 直剪试验

3.1.1 剪切变形与剪力关系

图2为不同基质吸力和不同竖向压力条件下的剪切变形与剪力关系曲线。

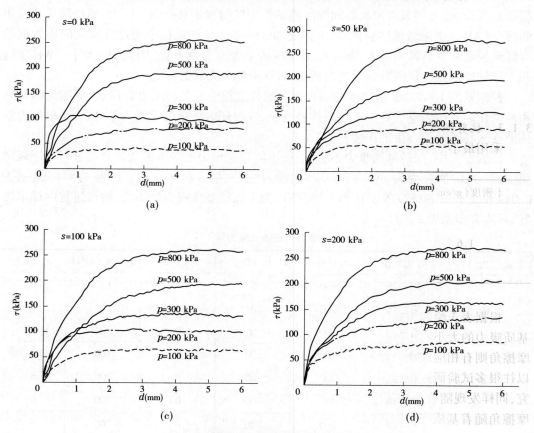

图2 剪切变形与剪力关系曲线

从图2可以看出,由于制作重塑样的击实功、初始孔隙比存在差异,所以剪力与剪切变形之间的关系表现为既有硬化又有软化[10]。随着净竖向压力和基质吸力的增加,剪切强度有增大的趋势。

3.1.2 净竖向压力与抗剪强度的关系

按照《土工试验方法标准》[11](GB/T 50123—1999)剪切强度峰值的选取方法:在剪应力与剪切位移关系曲线中,取曲线上剪应力的峰值为抗剪强度,当无峰值时取剪切位移为4 mm所对应的剪应力为峰值强度。可以拟合不同净竖向压力与抗剪强度之间的关系,得出强度参数,见图3和表3。

从图3可以看出,随着净竖向压力的增大,不同基质吸力条件下的土样剪切强度趋于相同,说明净竖向压力较大时,基质吸力对剪切强度影响较小。

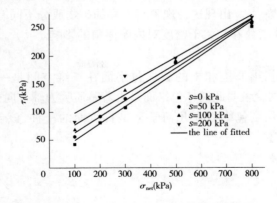

图3　净竖向压力与抗剪强度之间的关系

3.1.3　抗剪强度参数与基质吸力的关系

采用最小二乘回归分析得到试样在不同基质吸力条件下的抗剪强度指标见表4。

表4　非饱和土直剪试验的强度指标

干密度（g/cm³）	基质吸力（kPa）	黏聚力（kPa）	内摩擦角（°）
	0	18.67	16.97
1.6	50	33.82	16.18
	100	50.30	15.20
	200	72.80	14.10

根据表3绘制土黏聚力、内摩擦角随基质吸力的关系曲线见图4。从图中可以看出，基质吸力的大小对土体的抗剪强度影响较大，随着基质吸力的增加，黏聚力明显增大，内摩擦角则有相应减小的趋势，但变化幅度不大。关于内摩擦角随着基质吸力的变化规律，以往很多试验研究得出很多不同的变化趋势，例如 Escario's 对 Guadalix 黏土做了试验研究，同样发现随着土样基质吸力的增加，内摩擦角有增加的趋势；而 Madrid 黏性砂土的内摩擦角随着基质吸力的增加有着稍微的增加趋势；Jossigny 粉土的内摩擦角随着基质吸力

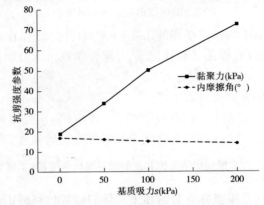

图4　抗剪强度参数与基质吸力之间的关系

的增加具有减小的趋势[12]。出现这种现象与土样的矿物成分不同有关,还需要进一步研究颗粒分布曲线、塑性指数和初始干密度对内摩擦角的影响。

3.1.4 破坏包络面

Fredlund 等[13]等指出非饱和土的破坏包络面在三维空间是一平面,见图5。随后Fredlund 等通过大量试验表明此破坏包络面是沿着基质吸力轴方向的曲面。姚攀峰[8]又提出非饱和土的抗剪强度包络面在几何学上是直纹面的一种,该包络面可用改进的摩尔－库仑破坏准则描述。

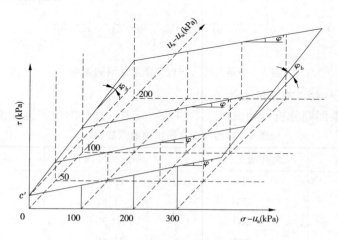

图5　三维坐标下非饱和土的推广破坏包面

通过本次试验,从抗剪强度参数与基质吸力之间的关系可以看出,试验用非饱和膨胀土的抗剪强度参数黏聚力和内摩擦角都不是常数,其大小随基质吸力的变化而变化,因此不同基质吸力条件下的 $\tau - (\sigma - u_a)$ 面上的直线不再相互平行。

根据试验成果,绘制 20 个不同应力状态下的破坏强度包络面,如图6所示。图中颜色相同表示强度值相同,相当于强度的等值线,颜色的渐变规律明显,且显然为曲面。

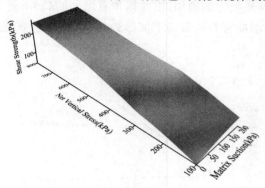

图6　三维坐标下非饱和土的破坏强度包络面(实测)

因此可以可出结论:三维坐标下非饱和土延伸的破坏包络面不再是平面或直纹面,而是真正的曲面。

3.2 三轴试验结果

采用同一土样,通过控制基质吸力分别为 10 kPa、108 kPa 和 201 kPa,然后增大偏应力进行土样非饱和三轴应力路径试验,测得偏应力与轴应变之间的关系曲线见图 7。

据图 7,选取各级剪切荷载最大剪力作为各级围压状态下的破坏强度,通过绘制莫尔应力圆得到不同基质吸力状态下的土样抗剪强度,列于表 5,并绘制土黏聚力、内摩擦角与基质吸力的关系曲线见图 8。

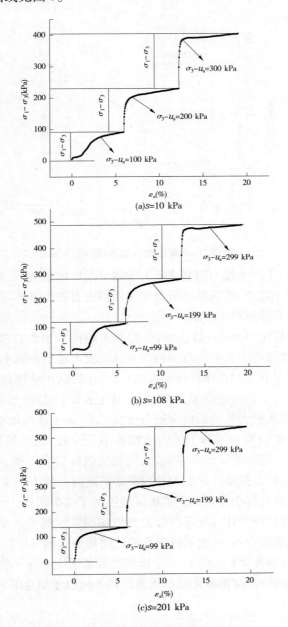

图 7   偏应力与轴应变之间的关系曲线

表5　非饱和土三轴试验的强度指标

干密度（g/cm³）	基质吸力（kPa）	黏聚力（kPa）	内摩擦角（°）
	10	14.79	11.52
1.6	108	27.2	10.91
	201	41.07	9.9

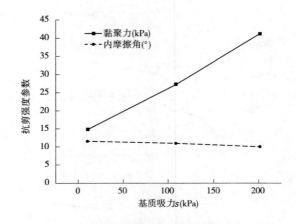

图8　黏聚力、内摩擦角与基质吸力的关系曲线

从图8可以看出，土样黏聚力随基质吸力增加呈线性增长关系，而土体内摩擦角随着基质吸力的增加有减小趋势，说明基质吸力对土体强度有较大影响，并且基质吸力对黏聚力的影响程度远大于对摩擦角的影响。

以往的非饱和土理论（Fredlund）认为：非饱和土的内摩擦角在基质吸力的变化过程中保持不变，而与基质吸力有关的内摩擦角随着基质吸力增加而减小。也就是说，摩擦角的降低是由与基质吸力有关的内摩擦角引起的，而与土样的内摩擦角无关。

作者的试验结果与上述理论结果完全吻合，但在试验中发现：当基质吸力小于或等于土样的进气值时，与基质吸力有关的内摩擦角保持不变，而土样内摩擦角随着基质吸力的增大而减小。这一现象说明非饱和土的内摩擦角不是常数，也受基质吸力大小的影响。究其原因，笔者认为：大量的试验结果表明，土的抗剪强度参数 c 和 φ 是一对呈负相关关系的变量，任何对土样抗剪强度产生影响的因素必然同时引起2个变量的变化，而不仅影响黏聚力。笔者在试验过程中发现的现象很好地说明了这个问题。

另外，笔者在试验过程中还发现基质吸力与饱和度之间的关系受应力状态和孔隙比影响很大。试验中基质吸力不变，饱和度随孔隙比增加而增加，试样在剪切过程中有明显的膨胀现象，体积变形率为2% ~3%。关于饱和度对基质吸力及土体强度的影响有待进一步深入研究，为建立合理、准确的非饱和土弹塑性本构模型奠定基础。

4　强度参数对比

将表3、表4的结果绘于图9，进行直剪和三轴试验的对比，分析土样强度参数随着基质吸力变化规律。

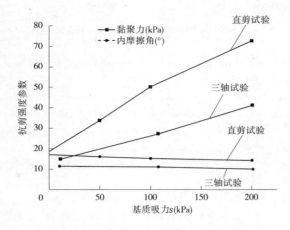

图9 不同试验得出的强度参数比较

从图9可以看出:直剪和三轴试验得出的强度参数随着基质吸力的变化规律基本相同,黏聚力随着基质吸力的增加而增加,在 $0\sim200$ kPa 的基质吸力范围内,黏聚力分别增加了约290%、178%。内摩擦角随着基质吸力的增加而减小,幅度不大,分别降低约16%、12%。直剪试验得出的强度参数明显比三轴试验得出的强度参数偏大。

由于试验存在原理不同,试样尺寸效应以及利用轴平移技术控制基质吸力的具体方法也有所不同,必然造成两种试验得出强度参数差别。

5 结语

通过直剪试验和三轴试验,对比研究重塑膨胀土强度参数随着基质吸力的变化规律:

(1)随着净竖向压力和基质吸力的增加,剪切强度有着增大的趋势。当净竖向压力较大时,基质吸力对其剪切强度影响较小。

(2)直剪试验和三轴试验得出的强度参数随着基质吸力的变化规律基本相同:黏聚力随着基质吸力的增加而增加,内摩擦角随着基质吸力的增加而有所减小。但直剪试验得出的强度参数比三轴试验得出的强度参数偏大。

(3)在三维坐标下,非饱和土延伸的破坏包络面不再是平面和直纹面,而是沿着三个方向均变化的曲面。

(4)基质吸力的增加可提高土样的抗剪强度,具体表现为土样黏聚力增加幅度较大,而内摩擦角稍有减小。当基质吸力小于或等于土样的进气值时,与基质吸力有关的内摩擦角保持不变,而土样内摩擦角随着基质吸力的增大而减小。

(5)基质吸力与抗剪强度的关系较为复杂,与土样种类、饱和度、孔隙比、土的颗粒分布、塑性指数和初始干密度等多种参数及因素有关。为建立合理、准确的非饱和土弹塑性本构模型需进一步深入研究。

参考文献

[1] Bishop A W. The principles of effective stress[M]. Norges Geotekniske Institutt, 1960.

[2] Jennings J, Burland J. Limitations to the use of effective stresses in partly saturated soils[J]. Geotechnique, 1962, 12 (2): 125-144.

[3] Fredlund D, Morgenstern N, WINDGER R. Shear strength of unsaturated soils[J]. Canadian Geotechnical Journal, 1978, 15(3): 313-321.

[4] Khalili N, Khabbaz M. A unique relationshi Pfor chi for the determination of the shear strength of unsaturated soils [J]. Geotechnique, 1998, 48(5): 681-687.

[5] Fredlund D G, Xing A, Fredlund M D, et al. The relationshi Pof the unsaturated soil shear strength function to the soil – water characteristic curve[J]. Canadian Geotechnical Journal, 1995, 32(01): 420-448.

[6] Vanapalli S, Fredlund D, Pufahl D, et al. Model for the prediction of shear strength with respect to soil suction [J]. Canadian Geotechnical Journal, 1996, 33(3): 379-392.

[7] 申春妮, 方祥位, 王和文. 吸力、含水率和干密度对重塑非饱和土抗剪强度影响研究 [J]. 岩土力学, 2009, 30 (5):1347-1351.

[8] 姚攀峰. 再论非饱和土的抗剪强度[J]. 岩土力学, 2009, 30(8): 2315 – 2318.

[9] 缪林昌, 仲晓晨, 殷宗泽. 膨胀土的强度与含水量的关系[J]. 岩土力学, 1999, 20(2): 71-75.

[10] 钱家欢, 殷宗泽. 土工原理与计算[M]. 2 版. 北京:中国水利水电出版社, 2006.

[11] 中华人民共和国水利部. GB/T 50123—1999 土工试验方法标准[M]. 北京:中国计划出版社, 1999.

[12] Delage P, Graham J. Mechanical behavior of unsaturated soils: understanding the behavior of unsaturated soils requires reliable conceptual models[C]. Proc 1st Int. Conf. on Unsaturated Soils, 1995, pp. 1233-1256.

[13] 弗雷德隆德, 拉哈尔佐. 非饱和土力学[M]. 陈仲颐, 张在明, 陈愈炯, 等译. 北京:中国建筑工业出版社, 1997.

多功能离心机四轴机器人操纵臂的开发

任国峰[1,2]　蔡正银[1,2]　徐光明[1,2]　顾行文[1,2]

洪建忠[3]　冉光斌[3]　余小勇[3]

(1. 南京水利科学研究院　南京　210029；

2. 水文水资源与水利工程国家重点实验室　南京　210029；

3. 中国工程物理研究院总体工程研究所　绵阳　621900)

摘要：为进一步提升土工离心机模拟技术和研究能力,南京水利科学研究院(NHRI)率先开发研制了我国内地第一台土工离心机机器人操纵臂。与以往机器人操纵臂相比,它的运行离心加速度高达100g。此外,该机器人具有行程大、重复精度高、承载能力强等特点,因而可以根据试验要求,实现在离心机运转下港池开挖、土石坝填筑以及施加循环荷载等复杂的试验操作,从而有助于大大提高离心模型的相似程度和试验结果的精度。本文首先介绍该机器人操纵臂的硬件、软件和数据及图像采集系统等性能特点,然后简要给出该试验装置平台上即将开展的模型试验研究计算,以展示它在施工模拟和循环加载等方面所特有的优越性能。

关键词：机器人操纵臂　离心模型试验　开挖模拟　填筑模拟　加荷模拟

1　引言

自20世纪80年代至今,土工离心机无论在数量上还是技术上都取得了长足的发展,离心模型试验作为解决复杂岩土问题和进行科学研究的最有效手段已经得到广泛应用。但是,可以看到一些土工离心模型试验过程不能完全满足离心模型相似律,导致模型试验结果与原型相差较大[1](D. J. Goodings and J. C. Santamarina,1989);随着技术水平发展和对模型试验的高要求,还特别研制了专用设备,在离心机运行过程中完成试验模拟[2](T. Kimura et al.,1994)。

为了更好地模拟原型工况,作为岩土工程领域中最具有吸引力的模拟装置——土工离心机机器人应运而生,该装置借助于四轴机器人操纵臂在离心机运行过程中提供运动和承载能力,完成多种施工动作和试验任务模拟。法国LCPC实验室的Derkx等于1998年在日本东京召开的国际物理模型会议上详细介绍了离心机机器人操纵臂及其在离心模型试验中的应用[3](F. Derkx et al.,1998);在2002年,香港科技大学(HKUST)的吴宏伟等在加拿大举行的国际物理模型会议上详细报道了世界上第二台离心机机器人[4](C. W. W. Ng et al.,2002),吴宏伟和徐光明等利用该机器人操纵臂成功地完成了建筑物的纠偏模拟[5-6](吴宏伟和徐光明,2003;C. W. W. Ng et al.,2005),孔令刚等利用该机器人开展了单桩水平加载和扭转加载模型试验研究[7](L. G. Kong and L. M. Zhang,2006);Ubilla

作者简介：任国峰,男,1986年生,河南周口人,硕士研究生,主要从事离心模型试验研究。

等于2006年在香港召开的国际物理模型会议上介绍了美国纽约伦斯勒理工学院(RPI)新装备的国际上第三台离心机机器人的情况[8](J. Ubilla et al. ,2006)。

NHRI离心机机器人是国内第一台土工离心机机器人,装备在NHRI—400gt土工离心机上,设计加速度为100g。该机器人可在离心试验模拟过程中实现X、Y、Z轴和θ轴四轴联动,主要由驱动装置、电气系统、试验数据采集系统和图像采集系统等部分组成。

2 驱动装置

试验时,将机器人装置固定在离心机吊篮上,吊篮尺寸1 200 mm(X)×1 200 mm(Y)×1 100 mm(Z),机器人模型箱净尺寸为1 240 mm(X)×750 mm(Y)×650 mm(Z)。为了减轻机器人箱体重量,选用合金铝材质,板厚为50 mm。图1是NHRI离心机机器人整体布置图。

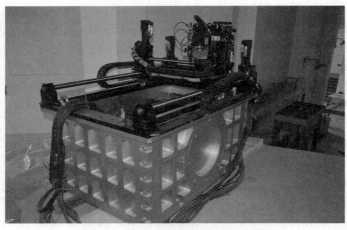

图1 NHRI离心机机器人整体布置

机器人驱动结构由X、Y、Z轴方向的直线运动机构和θ轴方向的转动机构组成,机器人沿四轴方向的运动都由永磁同步交流伺服电机驱动,其中X轴方向两个电机,Y轴和Z轴各一个电机,该类型电机还具备断电制动保护功能。该机器人操纵臂行程大,其中X轴方向最大行程900 mm,Y轴方向受离心机吊篮尺寸限制为400 mm,Z轴方向最大行程为500 mm,θ轴方向可实现无限制地转动360°;重复精度高,在离心加速度100g条件下,可以精确地实现从一个位置抓取工具盘下盘安放到另一个位置,X、Y、Z向精度达到0.2 mm,θ轴方向精度为0.5°;承载能力强,能满足在复杂环境下的离心模型试验要求。表1是机器人操纵臂主要技术参数。

X方向上采用双电机驱动,两滚珠丝杠在各自电机驱动下,沿滚珠直线导轨保持同步运行,带动整个Y向支架在X方向导轨上滑动,从而实现在X向定位;Z向及θ轴传动系统被固定在Z向支架上,丝杠螺母被固定在Z向支架上,Y向电机驱动单丝杠,带动整个Z向支架在Y向导轨上滑动,从而实现Y向定位;Z向伺服电机经同步带驱动丝杠旋转,丝杠螺母带动Z向支架在Z向导轨上移动,从而实现机械手的Z向定位;固定在Z向支架上的摆动汽缸可带动快换工具头作一定角度的旋转,实现工具的快换等动作,完成θ轴向转动。

表 1　离心机机器人操纵臂主要技术参数

项目	X 轴	Y 轴	Z 轴	θ 轴
最大行程(mm)	900	400	500	360°
重复精度(mm)	±0.2	±0.2	±0.2	±0.5°
承载能力(N)	2 500	2 500	拉 5 000,压 18 000	5 N·m
最大运行速度(mm/s)	30	30	20	20°/s

3　电气系统

电气系统主要由 X、Y、Z 方向上的直线运动控制系统和 θ 轴的旋转控制系统等组成。

3.1　位置控制系统

机器人的运动过程是由机器人控制系统来实现。该机器人控制系统由工控机、运动控制器 ETCPC 模块、人机交互软件和教学辅助部分组成。ETCPC 是整个系统的核心。它利用控制程序发来的指令进行轨道计算,然后将计算结果传递到驱动器装置执行控制命令。

在机器人操纵臂运动过程中,速度和位移是两个最重要的物理量,需要实时监测控制。在 X、Y、Z 向上采用旋转变压器作为速度反馈传感器,磁栅尺作为位置反馈传感器,实现机器人操纵臂运动的精确定位;θ 轴的旋转运动由摆动汽缸驱动,摆动汽缸采用叶片驱动的双作用汽缸,可实现 360° 无限制摆动,该控制系统由伺服定位控制器、伺服定位控制器连接器、比例方向控制阀、摆动汽缸及反馈传感器、快换工具等构成,同时在工具盘上盘上设有 2 - 6 bar 气压通道、6 - 5 A 电气通道接口,用于抓取工具盘下盘。图 2 是机器人三维位置控制和 θ 轴旋转控制结构图。

3.2　人机交互软件

该机器人运动控制器 ETCPC 模块配置有专门的类似于 CNC 的 ETCMMI 软件,通过在该人机交互软件界面上进行简单的编程,便可以实现对机器人运动过程的自动控制。图 3 是 ETCMMI 软件界面图。

首先,在该软件的编辑模式下,根据模型试验中所要求的机器人操纵臂的实际运动步骤,输入一系列相对应的控制命令,并将命令存储在文件中,供以后调用;然后,经过演示确认机器人按上述命令程序运行时安全后,调出该命令程序,也可以在软件界面上直接输入命令,还可以通过示教盒发出命令,机器人根据命令执行相应的动作。此外,在该软件操作界面上和机器人供电系统柜内部还分别设有暂停按钮和紧急停止装置,以应对各种突发紧急情况。

4　试验数据采集系统与图像采集系统

4.1　试验数据采集系统

该机器人上还配备有先进的数据采集系统,分为静态数据采集和动态数据采集。静

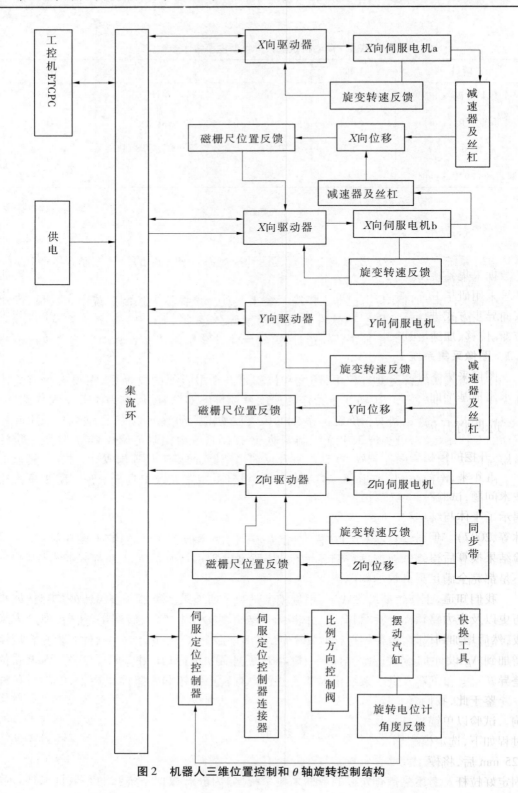

图2　机器人三维位置控制和 θ 轴旋转控制结构

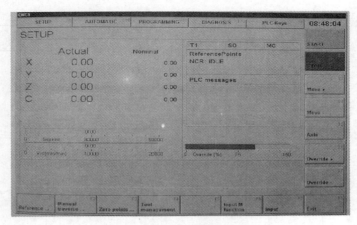

图 3   ETCMMI 软件界面图

态数据采集系统由英国施伦伯杰公司的 IMP 模块组成,用来测量应变和位移信号,转速信号采用研华 PLC - 836 卡进行实时采集,然后计算机通过一根双芯电缆与 S - 网络采用双向异步方式进行数据传输;动态数据采集系统采用美国 NI 公司的测量模块,用来测量应变、位移、加速度和转速信号,数据传输采用以太网形式。

4.2   图像采集系统

图像采集系统用来采集和存储土工试验中不同 g 值下地基剖面的图片,通过分析图片求出地基剖面的位移场,有利于分析各种土工体与结构物之间相互作用机理。

5   近期将开展的研究项目

5.1   开挖的停机模拟与运转模拟对结构变形性状的影响比较

近年来,南科院利用土工离心模型试验成功地解决了港口码头新结构开发中的关键技术问题,试验结果也很好地预测了遮帘式板桩码头结构的稳定状况和构件的受力情况,揭示了土体与结构物之间相互作用工作机理[9-11](蔡正银等,2005;刘永绣等,2006;李景林等,2007)。但是,对比模型试验结果与原型观测值以及数值分析结果后发现,模型试验结果换算后得到的原型变形值总是大于原型观测值。究其根源就在于该试验所有环节不是都完全满足离心模型相似律。

我们知道,土体性状和施工过程密切相关,施工过程直接影响了土的应力水平、应力历史以及应力路径等。结合以上土工离心模型试验,港池开挖过程都是在 $1g$ 地面上完成,然后增加到设计加速度 Ng,相比原型施工过程,模型试验多了一个离心加速度从 $1g$ 增加到 Ng 设计加速度的过程,这一做法显然偏离了离心模型相似律,并造成了上述差异。

鉴于此,我们将于近期利用南科院 $100g$ 离心机机器人模拟开挖对结构变形性状的影响。试验以单锚板桩码头结构为研究对象,模型剖面布置如图 4 所示。模型制作和试验过程如下,选定模型比尺 $N = 80$,地基土为粉砂,用砂雨法向模型箱内撒砂至距模型箱底 125 mm 后,将模型前墙和锚碇墙置于指定位置,然后继续撒砂至距模型箱顶 50 mm 处,固定好拉杆。考虑到砂雨法制备砂土地基在自重作用下会发生一定的压缩沉降,所以实际粉砂地基面高出指定砂土面 20 mm。将制备好的模型放入离心机机器人专用模型箱内,然后一并移入离心机吊篮平台,在 80g 离心机加速度下,让模型地基土体与板桩构件充分接触。

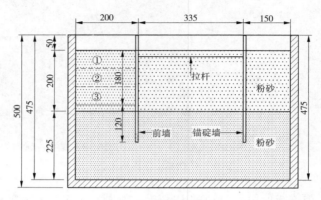

图4 模型剖面布置

这个过程后,还在 80g 试验加速度下,根据已经编制好的挖土程序,利用工具盘上专门研制的挖砂土工具分层开挖前墙侧砂土层。试验分三层开挖,每层 60 mm,共开挖 180 mm;然后将开挖的砂土放入指定储土罐中,尽量保证开挖的砂土完全放入其中,方便称量开挖的土重;每层开挖后,利用激光位移传感器扫描开挖面以及前墙和锚碇墙之间的土面,共扫描三次;开挖过程中,开挖工具距试验模型箱边界 3 cm,保证开挖安全。

综上,在相同试验条件下,分别在 1g 和试验设计离心加速度下开挖港池,寻求两种不同开挖模拟方式下变形试验结果差异规律,建立两者之间的数量关系,校准现行 1g 模拟方式下变形试验结果。

5.2 填筑的停机模拟与运转模拟对结构变形性状的影响比较

土石坝是分层填筑完成的,按照模型相似律,土石坝模型必须在离心机运行至设计加速度 Ng 条件下,进行模型土石坝的分层填筑和设置沉降测量装置,来量测坝体的沉降和水平位移,而现行离心模型试验土石坝模型填筑过程是在地面 1g 条件下完成的,这显然偏离了模型相似律。将这种方式的模拟结果换算成原型坝体的变形值,其结果夸大了原型土石坝体实际可能发生的变形值[12](章为民和徐光明,1997)。

由于填筑过程对土石坝结构变形的显著影响,我们将应用南京水利科学研究院 100g 离心机机器人依照离心模型相似律模拟土石坝填筑过程,比较 1g 和 Ng 两种模拟方式下模型试验变形结果,试图找出两者之间差异规律性,修正停机模拟填筑过程的试验结果。

5.3 低频风荷载对风机群桩基础性状的影响

随着近年近海风电场高速发展,风机基础的一种主要方式就是群桩基础,该基础结构需要解决的关键问题之一是巨大风机倾覆弯矩和水平荷载作用下群桩基础受力变形特性。本项试验将应用南京水利科学研究院 100g 离心机机器人来完成。试验中,机器人操纵臂牢固地抓住模型桩顶端,同时在桩顶端循环施加受控制的水平位移或水平荷载,以模拟群桩基础受到的风荷载。为了避免动力特性在试验中发挥重要作用,模型试验中施加的循环荷载频率较低,即相当于静力循环荷载,来模拟低频风荷载对群桩基础性状的影响。

6 结语

综上,机器人的运动通过机器人控制系统发出指令控制驱动装置来实现,进而完成各种试验操作。由于离心机机器人操纵臂工作环境复杂,需要在高 g 值下完成多种试验动作,对机器人的构件强度、试验精度等方面要求较高,因此南京水利科学研究院离心机机器人主要进行了以下设计改进,结论如下:

(1)机器人模型箱体材质选用高强度、低密度的合金铝,减轻箱体重量,同时为制作的模型重量预留更多空间;机器人操纵臂在 X、Y、Z 方向上行程较大,充分利用了吊篮空间,从而减小在高 g 值下模型箱边界效应、土体粒径效应、测量仪器尺寸效应等对试验结果造成的误差。

(2)离心机吊篮是离心机的离心加速度最大位置,电机和反馈传感器都位于离心机吊篮上,由于机器人系统需要在 $100g$ 下工作,故电机和传感器都必须能在此加速度条件下正常工作。综合考虑机器人系统的空间、重量等要求,该离心机机器人选用 LENZE 永磁同步交流伺服电机,更能满足精度要求。

(3)在传动系统设计上,为了减小丝杠弯曲变形,均选用直径较大的丝杠。在 X 向上,不受空间限制,对丝杠两端均进行固定支撑,减小丝杠的弯曲变形,在同一丝杠上安装两个双螺母,缩短了丝杠非约束距离,对控制变形更有利;Y 向受空间限制,丝杠靠近电机一端采用游动支撑,另一端采用固定支撑。由于 X、Y、Z 向行程较大,需要对随试验操作一起移动的电缆进行保护,为了防止移动过程中电缆之间相互缠绕、损坏、脱离轨道等,采用强度高、重量轻的工程塑料拖链进行布线。

离心机机器人作为土工离心模型试验中最先进和最有吸引力的工具手段,具有能够连续完成多种试验操作、智能高效等优点。相信在不久的将来,随着离心机机器人性能不断提高和辅助设备越来越完善,离心机机器人必将得到更广泛的应用。

参考文献

[1] Goodings D J, J C Santamarina. Reinforced earth and adjacent soils: centrifuge modeling study[J]. Journal of Geotechnical Engineering, 1989, 115(7): 1021-1025.

[2] Kimura, T., Takemura, J., Hiro-oka, A., Okamura, M., Park, J. 1994. Excavation on soft-clay using in - flight excavator. Centrifuge 94, Leung, Lee & Tan (eds), Balkema, 649-654.

[3] Derkx F, Merliot E, Cottineau L M, Garnier J. 1998. On-board remote-controlled centrifuge robot. Centrifuge 98, Kimura, Kusakabe & Takemura (eds), Balkema, 97-102.

[4] Ng C W W, Van Laak P A, Zhang L M, Xu G M, Liu S H, Zong G H, Wang Z L. Development of a four-axis robotic manipulator for centrifuge modeling at HKUST. Proc Int Conf on Physical Modeling in Geotechnics, Edited by Phillips, Guo & Popescu, Newfoundland, Canada, 2002. A. A. Balkema, Lisse: 71-76.

[5] 吴宏伟,徐光明. 地基应力解除法纠偏机理的离心模型试验研究[J]. 岩土工程学报,2003, 25(3): 299-303.

[6] Ng C W W, Lee C J, Xu G M, Zhou X W. Novel Centrifuge Simulations of Restoration of Building Tilt. Proc Int Conf on Soil Mechanics and Geotechnical Engineering. Osaka, Japan, 2005:1529-1532.

[7] Kong L G, Zhang L M. Rate-Controlled Lateral-load Pile Tests Using a Robotic Manipulator in Centrifuge[J]. Journal of Geotechnical Engineering, 2006, 30(3): 1-10.

[8] Ubilla J, Abdoun T, Zimme T. Application of In-flight Robot in Centrifuge Modeling of Laterally Loaded Stiff Pile Foun-

dations. Proc. Physical Modeling in Geotechnics, Edited by Ng, Zhang & Wang, 2006, Taylor & Francis Group, London: 259-264.

[9] 蔡正银,李景林,徐光明,等.土工离心模拟技术及其在港口工程中的应用[J]. 港工技术,2005.

[10] 刘永绣,吴荔丹,徐光明,等.遮帘式板桩码头工作机制[J]. 水利水运工程学报, 2006(2):8-12.

[11] 李景林,蔡正银,徐光明,等.遮帘式板桩码头结构离心模型试验研究[J]. 岩石力学与工程学报, 2007(6): 1182-1187.

[12] 章为民,徐光明.土石坝填筑过程中的离心模拟方法[J]. 水利学报, 1997(2):8-13.

大型三轴内衬橡胶板对试料力学特性影响的试验研究

何鲜峰[1,2]　谢义斌[1,2]　乔瑞社[1,2]

(1. 黄河水利科学研究院　郑州　450003;
2. 水利部堤防安全与病害防治工程技术研究中心　郑州　450003)

摘要:通过标准砂和砂卵石的多组静、动力大型三轴平行试验,研究了大型三轴试验制样时内衬橡胶板对试验结果的影响规律。静力试验结果表明,在相同围压、不同密度及不同材料下,内衬橡胶板后试样破坏强度有所提高。动力试验时,内衬橡胶板对试验结果的影响随固结比不同而不同。根据对比试验成果,提出了内衬橡胶板条件下试验结果修正公式。

关键词:大型三轴　内衬橡胶板　试料　力学特性

大型三轴试验是研究土石坝工程中粗粒料力学特性的重要手段,也是开展土石坝静、动力反应计算分析的前期基础工作。粗粒土如砂卵石、砾石、堆石、碎石等一般颗粒粒径大、棱角多,自身强度高,试样在制备和试验过程中,颗粒外围突出的棱角极易刺穿橡皮膜。为了防止橡皮膜被刺穿,保证试样的密封,目前防护方法主要有:①采用双层或多层橡皮膜;②在橡皮膜和试样间衬几片橡胶板;③将橡皮膜分为内、中、外三层,在中层橡皮膜上镶嵌六角形橡胶块[1],块厚 8 mm,边长 40 mm,间距 5 mm;④在内外橡皮膜之间填厚50 mm 细砂[2];⑤在内膜和试样间夹一层波纹纸,同时在内膜上贴擦油聚氯乙烯片(100 mm×100 mm×1 mm),外面再加装一外层橡皮膜。上述几种方法,以第一、二种比较简单,使用较多。第一种方法可根据需要增加厚度或层数,第二种方法体现了重点加固和使约束力尽量小的原则,国内大多使用第一、二种方法。第一种方法,虽然橡皮膜柔性较好,对试验土样影响不大,但使用中发现在高围压条件下,仍经常发生橡皮膜刺穿顶破现象,而使用内衬橡胶板则可以有效减少橡皮膜刺穿事件的发生。由于橡胶板自身强度相对较高,加固后的橡皮膜虽保证了试验的顺利进行,但对试验成果有多大影响没有相关成果可供参考。当前国内未见相关报道,本文通过一系列的静、动对比试验确定衬橡胶板对试验成果的影响。

1　试验设计

1.1　试验材料

试验内衬橡胶板为 5 mm 厚普通黑色氯丁橡胶板,采用粗细两种材料分别进行对比试验,细粒料为福建平潭产细粒标准砂,粗粒料为小浪底河滩砂卵石,两种材料的颗粒级配见表 1。

作者简介:何鲜峰,男,1974 年生,河南邓州人,高级工程师。

表1 试料颗粒级配

标准砂	粒径(mm)	1~0.5	0.5~0.25	0.25~0.1	0.1~0.074	<0.074
	含量(%)	11.7	58.0	28.1	0.5	1.7
粗粒料	粒径(mm)	60~40	40~20	20~10		<12
	含量(%)	25.5	28.7	25.5		20.3

1.2 试验内容

标准砂材料内衬橡胶板和不衬橡胶板共进行14组对比试验,其中静力试验6组,动力试验8组;粗粒料内衬橡胶板和不衬橡胶板共进行4组对比试验,其中静、动力试验各2组。试验内容及试验指标详见表2。

表2 试验内容及试验指标

试验项目	试验材料	编号	控制干密度(g/cm³)	试验组数	固结比	固结压力 σ_3(kPa)				
CU	标准砂	ρ_1	1.57	衬板与不衬板各1组			400	600	800	1 000
CU	标准砂	ρ_2	1.67	衬板与不衬板各1组		200	400	600	800	
CD	标准砂	ρ_1	1.57	衬板与不衬板各1组		200	400	600	800	1 000
CD	砂卵石	ρ_3	2.1	衬板与不衬板各1组		100	200	300	400	
动强度	标准砂	ρ_1	1.57	衬板与不衬板各2组	1.0	600	1 000			
动强度	标准砂	ρ_1	1.57	衬板与不衬板各2组	2.0	600	1 000			
动强度	砂卵石	ρ_3	2.10	衬板与不衬板各1组	1.0	600				

1.3 试验设备

相关试验在黄河水利科学研究院100 t大型电液伺服静、动三轴试验机上进行,该试验机具有自动控制、自动采集和辅助数据处理能力,主要技术指标见表3。

表3 试验机主要技术指标

项目	指标	项目	指标	项目	指标
试样直径	300 mm	轴向固结荷载	0~500 kN	轴力分辨率	0.1 kN
最大试样高度	750 mm	活塞行程	0~250 mm	位移分辨率	0.01 mm
轴向动荷载	0~±300 kN	围压	0~2 000 kPa	激振频率	0.01~5 Hz

2 试验过程概述

对比试验依照《土工试验规程》[3]（SL 237—1999）采用统一的制样方法和步骤，并控制相同的干密度。标准砂控制干密度分别为 1.57 g/cm³、1.67 g/cm³，砂卵石控制干密度为 2.1 g/cm³。标准砂制样时按控制干密度称取砂料，内衬橡胶板的试样称取试料时先扣除橡胶板体积，然后把砂样在无空气水中浸泡 24 h，待其充分饱和后用小铲均匀装入成样桶。砂卵石材料制样时也按控制干密度称取试料，内衬橡胶板的试样同样先扣除橡胶板体积，混合均匀后分五层装入成型筒，真空抽气浸水饱和。

静力固结不排水剪（CU）、固结排水剪试验（CD）分别以 2.5 mm/min、1.0 mm/min 的速率进行剪切，以峰值强度作为破坏标准，以轴向应变达到 20% 作为试验结束标准。动力试验以应变达到 5% 作为试验破坏标准。

3 试验成果

3.1 静力试验成果及分析

3.1.1 应变、体变

根据三轴试验得到标准砂和砂卵石的破坏强度见表 4，试样的轴向应变、体应变与围压的关系见图 1、图 2，内衬橡胶板与不衬橡胶板试样破坏时主应力差之比 ξ 随围压变化关系见图 3。

表 4　静力试验主应力差比较

试验规划			σ_3（kPa）						
			100	200	300	400	600	800	1 000
标准砂	CU ρ_1	○				1 250	1 600	1 990	2 380
		●				1 307	1 767	2 125	2 564
		ξ				1.05	1.1	1.07	1.08
	CU ρ_2	○		760		1 340	1 900	2 190	
		●		870		1 430	1 900	2 510	
		ξ		1.14		1.07	1.0	1.15	
	CD ρ_1	○		548		997	1 372	1 884	2 251
		●		651		1 097	1 578	1 934	2 338
		ξ		1.19		1.1	1.15*	1.03	1.04
砂卵石	CU ρ_3	○	517	925	1 195	1 662			
		●	629	998	1 422	1 691			
		ξ	1.21	1.08	1.19*	1.02			

注：●表示内衬橡胶板；○表示未衬橡胶板；$\xi = (\sigma_1 - \sigma_3)_{衬橡胶板}/(\sigma_1 - \sigma_3)_{不衬橡胶板}$；表中带 * 数据为试验中有异常情况。

图 1、图 2 表明，试样衬橡胶板后的轴向破坏应变和体变均大于无橡胶板时的轴向破

坏应变和体变,说明内衬橡胶板在一定程度上约束了试样变形的发展,对试样的破坏有延缓作用。但随着围压的增大,轴向破坏应变和体变的增长梯度呈下降趋势。

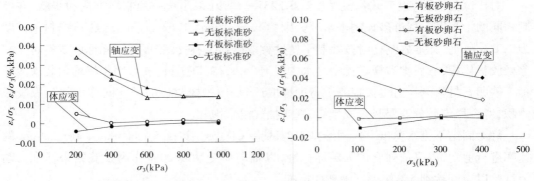

图 1 标准砂应变与围压关系   图 2 砂卵石应变与围压关系

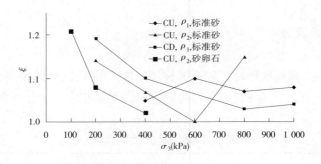

图 3 $\xi \sim \sigma_3$ 关系

3.1.2 破坏强度

表 4 的数据说明,相同围压和密度的同种材料,试样内衬橡胶板与不衬橡胶板破坏时的主应力差之比 ξ 均不小于 1,说明制样时橡皮膜内衬橡胶板增大了试料的破坏强度。ξ 值从高到低依次为粗砂卵石料、标准砂中密 CD、密实 CU、中密 CU。从 ξ 值总的变化趋势看(见图 3,剔除有异常的试验点),低围压 ξ 值大于高围压 ξ 值。这是由于围压较低时,砂土的侧向变形较大,橡胶板对试样的约束作用相对较强;围压较高时,砂土的侧向变形较弱,橡胶板限制侧向变形的作用也相对较弱。

3.2 动力试验结果比较

动强度对比试验共进行 6 组,其中标准砂 4 组,砂卵石 2 组,以应变 5% 为破坏标准整理的动应力比与破坏振次的关系见图 4 ~ 图 6。

3.2.1 动应力比曲线

图 4 ~ 图 6 表明,无论是标准砂还是砂卵石,固结比为 1 时,相同破坏标准下试样的动应力比基本落在同一条直线上,可以认为固结比为 1 时橡皮膜内衬橡胶板对动应力比曲线基本没有影响。固结比为 2 时,在相同破坏标准下,橡皮膜内衬橡胶板试样的动应力比超出无橡胶板试样 8% ~ 10%。

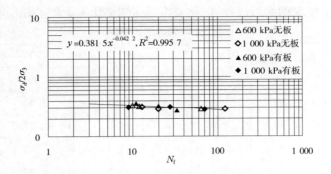

图 4 $K_c = 1$ 时标准砂动应力比与破坏振次关系

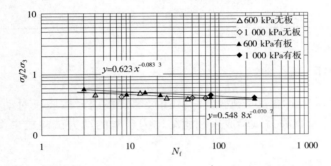

图 5 $K_c = 2$ 时标准砂动应力比与破坏振次关系

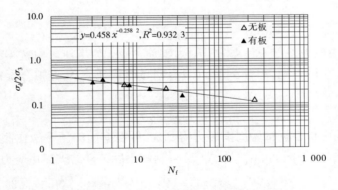

图 6 $K_c = 1$ 时砂卵石动应力比与破坏振次关系

3.2.2 动强度指标

从动强度指标(见表 5)上看,固结比为 1 时,橡皮膜内衬橡胶板对试样无明显影响,固结比为 2 时,橡皮膜内衬橡胶板试样的动摩擦角略有提高(2% ~ 3%),但变化不大。由此说明橡皮膜内衬橡胶板对动强度试验结果总体影响不大,究其原因,动强度试验是在固结不排水条件下进行的,影响动强度的是孔隙水压力的发展情况,试样在固结比为 1 的固结状态下受周期循环荷载作用时,土骨架有持续收缩的趋势,孔隙水压力增长迅速,导致液化破坏时间短,橡皮膜内衬橡胶板对孔压发展影响较小。而当试样在不等向压力下固结时,土体中已有较大的初始剪应力,加周期荷载后,体缩和体胀交替持续发展,橡胶板的约束作用延缓了体变的发展过程,因此对不等向固结压力下的动强度略有影响。

表5　动强度包线指标

试验材料		振前干密度（g/cm³）	固结比 K_c	$N_f = 10$		$N_f = 20$		$N_f = 30$	
				C_d(kPa)	φ_d(°)	C_d(kPa)	φ_d(°)	C_d(kPa)	φ_d(°)
标准砂	无橡胶板	1.58	1.0	0	14.4	0	13.7	0	13.3
	有橡胶板	1.59	1.0	0	14.4	0	13.7	0	13.3
	无橡胶板	1.59	2.0	0	29.3	0	29.2	0	28.6
	有橡胶板	1.60	2.0	0	30.2	0	29.8	0	29.6
砂卵石	无橡胶板	2.10	1.0	0	11.7	0	10.0	0	9.2
	有橡胶板	2.10	1.0	0	11.7	0	10.0	0	9.2

4　成果校正分析

上述静、动力对比试验表明,固结比为1时,橡皮膜内衬橡胶板对动力试验结果影响不大,可以忽略,但所有静力试验成果和固结比为2时的动力试验成果都有所提高,需对这些试验结果进行校正。

4.1　静力试验成果校正

为便于校正橡皮膜内衬橡胶板对破坏主应力差造成的误差,对破坏主应力差进行归一化处理,即

$$\lambda = \left[(\sigma_1 - \sigma_3)_{衬橡胶板} / (\sigma_1 - \sigma_3)_{无橡胶板} \right] / \sigma_3 \tag{1}$$

式中:λ 为破坏主应力差归一化系数;σ_1 为轴应力;σ_3 为围压。由此得到 $\lambda \sim \sigma_3$ 关系曲线如图7所示。由图可见,λ 与 σ_3 之间具有明显的乘幂关系,经拟合得到如下公式(相关系数0.998):

$$\lambda = 1.512 \, 8\sigma_3^{-1.052 \, 3} \tag{2}$$

在实际应用中可根据试验周围压力得到 λ,再根据同围压下橡皮膜内衬橡胶板试样的破坏主应力差 $(\sigma_1 - \sigma_3)_{衬橡胶板}$,由式(3)得到修正后试样的破坏主应力差:

$$(\sigma_1 - \sigma_3)_{无橡胶板} = (\sigma_1 - \sigma_3)_{衬橡胶板} / (\lambda\sigma_3) \tag{3}$$

4.2　动力试验成果校正

动力试验数据校正时,首先也对动应力增大比进行归一化处理:

$$\lambda' = \left\{ \left[\sigma_d / (2\sigma_3) \right]_{衬橡胶板} / \left[\sigma_d / (2\sigma_3) \right]_{无橡胶板} \right\} / N_f \tag{4}$$

式中:λ' 为动应力比归一化系数;σ_d 为动应力;N_f 为破坏振次。

根据对比试验可得到图8所示 $\lambda' \sim N_f$ 关系曲线。由图可见,随着破坏振次的增大,动应力比值增大的程度逐渐下降,利用乘幂公式拟合得到 λ' 随 N_f 变化关系见式(5)(相关系数0.999)。

实际应用时先根据动应力比和破坏振次得到 λ',再根据试验得到橡皮膜内衬橡胶板试样破坏振次对应的动应力比,由式(5)得到修正后试样实际动应力比:

$$\left[\sigma_{\mathrm{d}}/(2\sigma_3)\right]_{无橡胶板} = \left[\sigma_{\mathrm{d}}/(2\sigma_3)\right]_{衬橡胶板}/(\lambda'N_{\mathrm{f}}) \qquad (5)$$

5 结语

（1）固结比为 1 时，橡皮膜内衬橡胶板对动力试验结果影响不大，可以忽略，但所有静力试验成果和固结比为 2 时的动力试验成果都有所提高，宜进行适当校正。

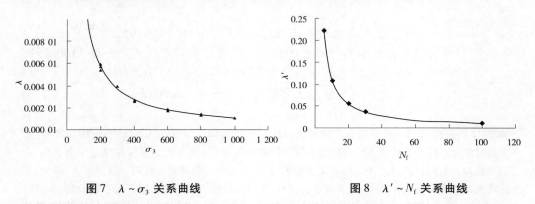

图7 $\lambda \sim \sigma_3$ 关系曲线   图8 $\lambda' \sim N_{\mathrm{f}}$ 关系曲线

（2）根据试验成果，提出了大型三轴试验中橡皮膜内衬橡胶板时静、动力校正公式。

（3）本试验成果仅适用于特定的橡胶板，如果使用其他种类材料，建议开展类似对比试验予以校正。

参考文献

［1］张启岳,司洪洋.粗颗粒土大型三轴压缩试验的强度与应力—应变特性［J］.水利学报,1982(9):22-31.

［2］王昆耀,常亚屏,陈宁.粗粒土试样橡皮膜嵌入影响的初步研究［J］.大坝观测与土工测试,2000.24(4):45-46.

［3］南京水利科学研究院.SL 237—1999 土工试验规程［S］.北京:中国工业出版社,1999.

饱和黏土固结－渗透试验研究

刘　凯[1]　王珊珊[2,3]　胡瑞林[2]　于　伟[4]　杨　艳[3]

(1. 北京市水文地质工程地质大队　北京　100195；

2. 中国科学院地质与地球物理研究所工程地质力学重点实验室　北京　100029；

3. 建设综合勘察研究设计院有限公司　北京　100007；

4. 北京市机械施工有限公司　北京　100037)

摘要: 本次试验利用 GDS 非饱和三轴系统的压力控制器和压力室,使固结并在有围压的条件下通过施加不同的渗透压力实现固结条件下的渗透试验,研究在改变围压和渗透压力条件下饱和软黏土的固结渗透规律。根据试验结果,得出了天津饱和软黏土在同一级围压下,渗透系数随渗透压力呈非线性减小,在渗透压力达到 10 kPa 时趋于稳定的结论。为了检验渗透系数的可靠性,还通过固结试验反算渗透系数进行结果对比。通过固结试验反算渗透系数,其结果与渗透试验得到的结果相近。

关键词: 渗透系数　围压　固结渗透试验

1　引言

　　土体的渗透系数可以通过室内渗透试验测定,也可以通过现场渗透试验确定,有时也可以采用经验公式估算[1]。现场试验由于包含地层结构和分布因素的影响,因此可以比较真实的刻画土体的渗透性,但由于费时费力,成本较高,其应用受到限制,仅在一些大型工程或水源地评价中采用[2]。经验公式估算虽然具有一定范围的普适性,但由于概化了很多条件,其可信度并不高。所以,实际工程中测定渗透系数还是以室内试验为主,尤其黏土的室内渗透试验方法是值得深入研究的[3]。

　　由于饱和黏性土的渗透性很差,用变水头渗透仪试验水很难进行渗透,而且渗透仪不能控制围压,无法完成固结状态下的样品的渗透系数测定。因此,本次试验采用三轴仪法测渗透系数的原理,利用 GDS 非饱和三轴系统来实现土样的固结－渗透试验。利用三轴系统的压力控制器和压力仓控制围压和渗透压力,并实测出水量,研究在改变围压和渗透压力条件下饱和软黏土的渗透规律。其优点在于:

　　(1)利用三轴仪原理可以向土样施加围压,在此压力作用下,进行试验,可以模拟土层在实际平面应力条件下的渗透状态。

　　(2)利用橡皮膜包封试样,在一定围压作用下,可以使土样侧面密封,防止水的渗漏。

　　(3)对于透水性极弱的高塑性土,可以利用三轴仪加压系统,对土施加压力,等于加大水力梯度。

作者简介:刘凯,男,1983 年生,工程师,主要从事水文地质工程地质方面的研究。

（4）可以对试样施加反压力，使不易饱和的试样达到充分饱和[4]。

2 试验条件

（1）样品选择及规格：试样来自天津滨海新区，深度为 36 m，按规范要求抽气饱和[5]制备成三轴样饱和，直径约 5 cm，高度 10 cm。试样的物理性质见表 1。

表 1 试样的物理性质

密度（g/cm³）	含水量（%）	土粒密度（g/cm³）	孔隙比	饱和度（%）
1.77	39.8	2.71	1.14	95

（2）试验设备：试验采用 GDS 非饱和三轴系统。整个系统组成如图 1 所示。GDS 系统的压力控制系统可以精确控制围压、反压（渗透压力）和轴压。在固结容器的出水孔处连接橡皮软管，将水导入直径为 4 mm 的玻璃管，在管口处塞一团棉花，可有效减少蒸发，并与大气连通。通过测记玻璃管内水的高度来量测渗透水量。试验时，在试样底部施加渗透压力，水自下而上流出试样。玻璃管内的水柱不能超过出水孔的高度，以保证玻璃管内的水不对出水孔产生反压。

图 1 GDS 三轴试验仪照片

（3）试验原理：水在土中流动时，由于土的孔隙通道很小，黏滞阻力很大，流速十分缓慢，属于层流范围。根据达西定律，常水头渗透试验的计算公式为：

$$k_t = \frac{QL}{AHt} \tag{1}$$

式中：k_t 为渗透系数，cm/s；Q 为渗透流量，通过玻璃管中水的体积变化计算出来；L 为渗透途径，即土样的高度 10 cm；A 为过水断面，即土样的截面面积 19.63 cm²；H 为水头损失，即渗透压力，kPa；t 为观测时间，s。

另外，根据固结系数的定义，可以根据下式反算渗透系数：

$$k_v = \frac{C_v m_v \gamma_w}{1 + e_0} \tag{2}$$

式中：k_v 为某固结压力下的渗透系数，cm/s；C_v 为土体的固结系数，由固结试验测得，cm²/s；m_v 为体积压缩系数；e_0 为初始孔隙比。

（4）试验方案：每次施加固结压力（即围压和轴压），静置 24 h[6]后保持围压不变，开始渗透试验。在不同围压下对试样分级施加渗透压力，测记一定时间内的渗透流量。每次变化渗透压力时，最短观测时间为 4 h，读数间隔 2 h。围压设置 100 kPa、200 kPa、300 kPa、400 kPa 共 4 个压力级，渗透压力以不超过围压的 20% ~ 40% 为基本原则来施加，以防渗透压力过大产生流土现象破坏试样。此外，通过固结试验反算渗透系数，并比较两种方法得到的渗透系数。

3 试验结果及分析

经过 3 个月的观测记录,测得的渗透系数列于表 2。从表中可以看出,其渗透系数的值为 $10^{-8} \sim 10^{-7}$ cm/s。渗透系数随围压增大而减小,围压越大,渗透系数越接近。这是因为在施加较小固结压力时,黏性土固结变形与自由水在外荷作用下的行为密切相关,土颗粒间的孔隙较多,自由水快速排除,渗透系数随压力变化较大。随着固结压力的不断增加,黏性土中的大中孔隙含量减少,小孔隙的含量迅速增加,这时软土中绝大部分孔隙为结合水所占据,渗透受结合水在外荷作用下的行为所控制,其渗透系数随压力变化幅度变小[7]。

表 2   不同围压下各级渗透压力下渗透系数　　　　　（单位：×10^{-8}cm/s）

渗透压	围压(kPa)			
	100	200	300	400
4	44.43	31.18	25.90	20.48
10	17.31	13.61	11.07	10.27
15	14.22	9.03	7.50	6.76
20	11.51	8.13	5.61	5.29
30	8.67	6.33	4.75	4.23
40		4.92	4.01	3.68
50		4.68	3.66	3.25
60			4.21	3.72
70			4.57	4.12
80				4.37
90				4.57
100				5.30
v-I 拟合值	3.27	2.37	2.00	1.81
KTG 固结	3.19	2.07		1.38

图 2 显示了在 $100 \sim 400$ kPa 围压下,不同渗透压力下的渗透系数曲线。每级围压下,渗透系数随渗透压力的变化趋势一致,属于负指数型,即 $k = aH^{-b}$。当渗透压力小于 10 kPa 时,衰减速度很快;当渗透压力大于 10 kPa 以后,渗透系数变化不大,趋于稳定。

这是因为,从数学公式(1)上看,渗透系数只与两个变量有关,一个是出水量,另一个是渗透压力。在试验记录中,渗透压力较小时出水量增长量小,变化远没有渗透压力变化得快;所以渗透系数才会随渗透压力呈负指数减小。

还有一点值得注意,在理想状态时,进出饱和试样的水量应该相等。但是,当渗透压力小于 10 kPa 时,流入量与流出量的比值为 $1.18 \sim 1.40$。这说明,渗透压力的加大使一

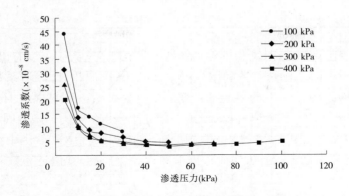

图 2　不同围压下渗透系数与渗透压力关系曲线

部分水在压力的驱动下进入了土体中更难进入的孔隙。渗透压力的增大并没有使出水量增大,而是使一部分水留在了土体内部。当渗透压力大于 10 kPa 后,土样完全饱和,进出水量比值接近 1,渗透系数稳定。

　　为了对比渗透试验得到的结果,利用 GDS 全自动固结仪进行固结试验。根据计算得出各级固结压力下的渗透系数,如图 3 所示(数值列于表 2)。两种方法计算得到的渗透系数基本一致,由固结试验反算渗透系数得到的值略偏小。固结试验结果见表 4。

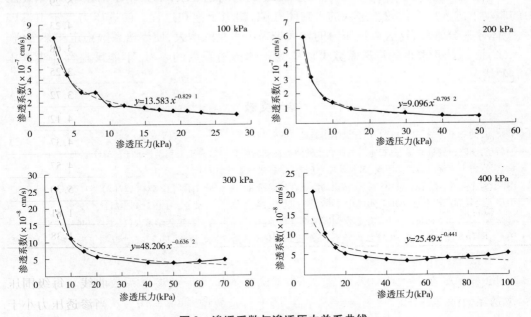

图 3　渗透系数与渗透压力关系曲线

4　结语

　　通过 GDS 三轴系统进行饱和黏性土在一定固结围压下的渗透试验,更真实地模拟了原状土的渗透环境,研究了饱和黏性土在有围压时的渗透规律,得到结论如下:

　　(1)天津饱和黏性土的渗透系数很小,数量级为 $10^{-8} \sim 10^{-7}$ cm/s,渗透系数随围压增

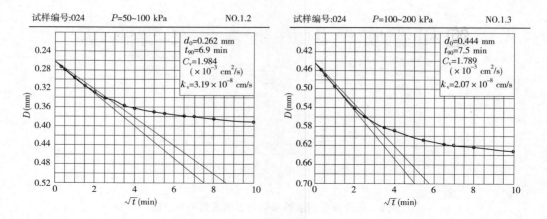

图4　固结试验结果

大而减小,而且数值越来越接近。

(2)在一定的围压作用下,渗透系数并不是个定值,它随渗透压力的增大呈负指数减小。当渗透压力小于 10 kPa 时,渗透系数对渗透压力的变化反应敏感;当渗透压力大于 10 kPa 时,渗透系数稳定,随渗透压力变化不大。

(3)渗透压力小于 10 kPa 时,加大渗透压力并不能使土体的排水量明显增加,水在压力的驱动下进入原本比较难进入的半封闭孔隙,相当于饱和过程。渗透压力大于 10 kPa 后,土体才充分饱和,这时渗透压力的增大带来出水量的增大,使渗透系数稳定在某个值。

(4)固结试验求得的渗透系数可以作为土体渗透系数的参考,不能反映存在渗透压力时的情况。

参考文献

[1] 龚晓南.高等土力学[M].杭州:浙江大学出版社,1996.

[2] 油新华,李晓,马凤山,等.白衣庵滑坡原状土的渗透性试验研究[J].岩土工程学报,2001,23(6):769-770.

[3] 林宗元.岩土工程试验监测手册[M].沈阳:辽宁科学技术出版社,1994.

[4] 谢康和,庄迎春,李西斌.萧山饱和软粘土的渗透性试验研究[J].岩土工程学报,2005,27(5):591-594.

[5] 中华人民共和国水利部.GB/T 50123—1999 土工试验方法标准[S].北京:中国计划出版社,1999.

[6] 肖树芳,房后国,何俊.软土中结合水与固结蠕变行为[C].全国岩土与工程学术会议,2003:1464-1469.

[7] 顾正维,孙炳楠,董邑宁.黏土的原状土、重塑土和固化土渗透性试验研究[J].岩石力学与工程学报,2003,22(3):505-508.

饱和变质火山角砾岩变形与强度特性试验研究*

王如宾[1,2]　徐卫亚[1,2]

（1. 河海大学岩土工程研究所　南京　210098；
2. 岩土力学与堤坝工程教育部重点实验室　南京　210098）

摘要：为了解和掌握高坝坝基变质火山角砾岩的变形与强度特性，利用岩石全自动三轴流变伺服系统，对变质火山角砾岩进行了常规三轴压缩试验。基于试验结果，对变质火山角砾岩在不同围压下的轴向变形特性、环向变形特性、强度特性及破裂机制进行了研究。研究结果表明，变质火山角砾岩的峰值强度、屈服应力均与围压呈显著正线性关系，其杨氏模量受围压影响不明显；当轴向荷载达到峰值应力时，所对应的岩样环向应变远小于峰值轴向应变；岩样的残余强度随围压的增加呈增加趋势，但并非线性关系；三轴压缩状态不同围压下的岩样破坏形式均表现为剪切滑移破坏，且基本上呈对角破坏。

关键词：岩石力学　变质火山角砾岩　三轴试验　环向变形　力学性质

1　引言

岩石力学试验研究是岩石力学特性研究的基础性工作，是研究岩石力学与工程的重要手段。目前，随着岩石力学试验设备与技术的较快发展，岩石力学三轴试验水平得到逐步提高，并取得了一系列的研究成果[1-6]。朱泽奇等[7]以三峡花岗岩为例，进行了常规三轴压缩、保持轴向变形和保持轴向应力的卸围压试验，研究了脆性岩石在不同应力路径和不同加载控制方式下的侧向变形；卢允德[1]、杨圣奇[2]、徐松林[8]等对大理岩进行了三轴压缩试验，研究了不同围压下大理岩的强度和变形特性，以及岩样变形破裂与能量之间的相关关系，取得了有意义的研究成果；王学滨[9]基于梯度塑性理论分析了试验岩样的侧向变形特征、峰后变形特征及压剪条件下的变形特征，研究了岩样在应变软化阶段的塑性变形规律。

为满足澜沧江黄登水电站的工程设计要求，本文对该水电站高重力坝坝基变质火山角砾岩进行了三轴压缩力学性质试验，研究变质火山角砾岩三向应力状态下的变形特性、强度特性及岩样三轴压缩破裂机制，旨在探明工程岩石变形破坏机理，为工程设计岩体力学参数选择提供重要的参考依据。

* **基金项目**：国家自然科学基金项目（11172090 和 51009052）资助。

作者简介：王如宾，男，1979 年生，博士后，主要从事岩石力学与工程等方面的研究工作。

2 试样岩性与试验方案

变质火山角砾岩试验岩样取自黄登水电站 IV 勘线左岸公路 1 577.60 m 高程处钻孔 ZK226 的岩芯,取样深度为 103.10~108.70 m。此范围段的变质火山角砾岩岩芯呈灰紫、紫红色,变余火山角砾状结构,块状构造;角砾直径为 5.0~20.0 mm,为玄武质或安山质火山岩角砾;矿物成分主要为长石、石英、辉石、绢云母、方解石及少量铁质等;岩芯多呈长柱状,少量呈柱状。角砾岩比较粗糙,可以见到明显的砾石,如果胶结成岩石的砾石超过 50% 是圆形的,为砾岩;超过 50% 为具有棱角的,则称为角砾岩。典型的变质火山角砾岩试样如图 1 所示。

图 1　典型的变质火山角砾岩试样

试验方案选择:根据枢纽区地应力的实测值,将室内三轴试验的围压的最大值定在 6 MPa,为得到试样在不同围压下的力学性质,确定围压按梯级变化,大小分别为 2 MPa、4 MPa 和 6 MPa。为充分反映大坝坝基地下水环境下的变质火山角砾岩力学特性,进行了岩石的饱水试验,以使岩石试样孔隙内充满水,然后放入水中浸泡养护 4 h 以上。

3 试验结果与分析

3.1 应力—轴向应变规律

不同围压下三轴压缩状态变质火山角砾岩的应力—轴向应变全程试验曲线如图 2 所示,该试验全程曲线采用应力加载方式获得,加载速率为 3.0 MPa/min,曲线附近的数值为围压值,括号内的为岩样编号。表 1 详细给出了常规三轴压缩状态下变质火山角砾岩的相关力学参数,其中 D 和 L 分别为岩样的直径和长度;σ_y 为屈服应力,对应曲线中的线弹性阶段与屈服阶段的转折点;σ_c 为峰值强度,即曲线上最高点 D 对应的应力值;σ_r 为残余强度,曲线过峰值点后下降达到的最终稳定应力值;σ_3 为围压;ε_y 为屈服轴向应变,与屈服应力相对应;ε_c 为峰值轴向应变,与峰值强度相对应;E_s 和 E_{50} 分别为岩石的弹性模量和变形模量,定义方法如图 3 所示,E_s 是指岩石应力—轴向应变曲线近似直线部分的斜率(即 AC 的斜率),E_{50} 是指岩石 50% 轴向应力处与原点连线的斜率(即 $0C$ 的斜率)。

由图 2 和表 1 不难看出,随着围压的增加,岩石的屈服应力和峰值强度均逐渐增大。变质火山角砾岩的杨氏模量(弹性模量和变形模量)受围压影响不明显,在 2~6 MPa 围压范围内,增加围压对提高岩石刚度的影响不大,2 MPa、4 MPa、6 MPa 下岩石的均值弹性模量分别为 45.79 GPa、45.47 GPa、45.31 GPa,均值变形模量分别为 43.12 GPa、42.43 GPa、42.86 GPa,同一围压下的变质火山角砾岩的均值弹性模量均略高于均值变形模量。在 2~6 MPa 围压范围内,变质火山角砾岩的裂纹压密阶段不是很明显,岩样加载初期并没有出现较大的非线性变形。造成以上现象的原因主要是变质火山角砾岩属于变余火山角砾状结构,块状构造,为玄武质或安山质火山岩角砾;其内部角砾的分布不均匀,造成了岩石的严重非均质,岩石的力学性能相差较大;变质火山角砾岩是直径 5.0～20.0 mm 的火山碎屑(角砾、岩屑、浆屑占整个岩石体积的30%以上)被细小碎屑(火山灰、玻屑)胶结所形成的岩石,其岩石材料内部存在裂纹、孔隙及节理等相对较少,岩石孔隙率很低,刚度较高,在 2～6 MPa 较低围压范围内,随着围压的增加,其杨氏模量变化不明显。

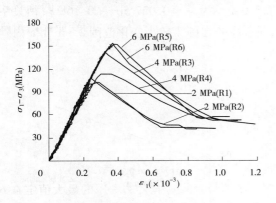 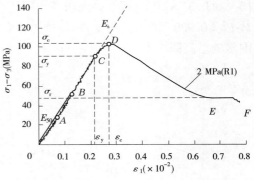

图 2　不同围压常规三轴压缩下变质火山角砾岩　　图 3　岩石强度和变形参数定义方法
　　　　全程压力—轴向应变试验曲线

表 1　常规三轴压缩状态下变质火山角砾岩的力学参数

岩样编号	D (mm)	L (mm)	σ_3 (MPa)	σ_c (MPa)	σ_y (MPa)	σ_r (MPa)	ε_c (×10⁻²)	ε_y (×10⁻²)	E_s (GPa)	E_{50} (GPa)
R1	49.9	99.9	2	103.61	93.46	43.38	0.29	0.23	43.67	41.11
R2	49.0	99.7	2	107.26	103.51	43.49	0.24	0.23	47.91	45.13
R3	49.8	99.2	4	140.74	132.91	52.12	0.34	0.30	47.83	42.76
R4	50.0	100.2	4	113.73	103.80	50.24	0.32	0.27	42.17	40.01
R5	50.1	99.2	6	152.75	143.83	54.27	0.40	0.33	45.48	44.69
R6	50.1	100.1	6	153.21	142.80	52.59	0.37	0.33	44.15	43.61

考虑到变质火山角砾岩的严重非均质性,同一围压下分别取两个岩样进行常规三轴压缩试验,需要特别注意的是 R3 和 R4 岩样,尽管处于 4 MPa 相同的围压下,但其应力应变全程试验曲线及力学参数出现了较大的差异,如图 2 以及表 1 中所列参数所示。如图 4、图 5 所示,R3 岩样峰值强度为 140.74 MPa,而 R4 岩样峰值强度为 113.73 MPa,R3 岩样比 R4 岩样对应的峰值强度高出了 19.2%;R3 岩样弹性模量和变形模量分别为 47.91 GPa 和 42.76 GPa,而 R4 岩样弹性模量和变形模量分别为 42.17 GPa 和 40.01 GPa,R3 岩样比 R4 岩样对应的力学参数分别高出了 12.0% 和 6.4%;然而 R3 岩样峰值轴向应变 0.34×10^{-2} 比 R4 岩样 0.32×10^{-2} 约高 5.9%。很显然,R3 岩样的峰值强度、屈

服应力以及杨氏模量均高于 R4 岩样,这主要是 2 个试验岩样之间较大非均质性的差异所致,岩样之间非均质性主要是由岩样内含有不同比例角砾含量及分布情况所致,从而整体弱化了岩石材料的强度和变形特性,当然也可能由于加载初期具有一定的非线性变形。

从表 1 中还可以看出,3 组岩样在围压 2 MPa、4 MPa 和 6 MPa 时的均值峰值轴向应变分别为 0.27×10^{-2}、0.33×10^{-2} 和 0.39×10^{-2},峰值轴向应变与围压的相关关系为 $\varepsilon_c = 0.03\sigma_3 + 0.2067$,相关系数 $R^2 = 0.8816$;均值屈服应变分别为 0.23×10^{-2}、0.29×10^{-2} 和 0.33×10^{-2},屈服轴向应变与围压的相关关系为 $\varepsilon_c = 0.0275\sigma_3 + 0.1683$,相关系数 $R^2 = 0.9392$。由此可见,峰值轴向应变、屈服应变在围压较小变化范围 2 ~ 6 MPa 内随围压的增高而增大。

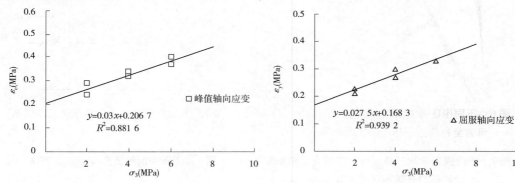

图 4　峰值轴向应变与围压的相关关系　　　　图 5　屈服轴向应变与围压的相关关系

从图 2 变质火山角砾岩应力—轴向应变曲线峰后的变形特性可看出,所有变质角砾岩试样在峰后随着轴向变形的增加,岩石的承载能力几乎都以相同的趋势弱化,在达到残余强度阶段后,岩石已形成贯穿的宏观断裂,试样内基本表现为宏观破裂面的摩擦作用,岩样依靠宏观破裂面之间的摩擦来承载轴向应力。

3.2　应力—环向应变规律

在轴向压缩破坏过程中,岩样内部强度较低材料在达到其承载极限后发生局部屈服、弱化,产生轴向塑性变形,且必然伴随着环向的塑性变形,岩石环向变形从另一个角度反映岩样的屈服、破坏特征[7],本次试验采用的岩石全自动三轴流变伺服系统装有精确测量岩样环向应变的环向变形计,变质火山角砾岩应力—环向应变曲线如图 6 所示。

由图 6 应力—环向应变曲线可知,当轴向应力达到峰值应力时所对应的岩样环向应变远小于峰值轴向应变,峰值应力后的岩样环向塑性变形明显比峰值应力后轴向变形增加得快。

现以岩样 R2 为例,进行详尽分析。图 7 表示岩样 R2 在轴向压缩过程中轴向应变与环向应变对照关系,从图中可以看出,岩样的环向变形比轴向变形更早、更快地偏离线弹性状态,在轴向应力达到峰值应力之前,即岩样破裂之前,岩样的轴向弹性应变要大于环向弹性应变,但岩样的环向塑性应变要明显比轴向塑性应变增加得快。例如,岩样 R2 的轴向弹性应变为 0.23% ,轴向塑性应变为 0.01% ,而对应的环向弹性应变为 0.05% ,环向塑性应变为 0.07% 。具体地说,就是在轴向应力作用下,岩样屈服初期,其外表面局部产生剪切滑移,随即产生相应的环向塑性变形。图 8 表示了岩样 R2 的轴向应变与环向应变之比值随轴向应力的变化情况,从图中可以看出,在轴向加载初期,比值波动较大,轴向应力达到 25 MPa 之后比值随轴向应力的增大按一定关系减小,在线弹性阶段,轴向应变速率明显大于环向应变速率;当轴向应力达到峰值应力时,岩样破坏,比值随轴向应力的衰减继续减小,此时,环向应变速率明显大于轴向应变速率。其他岩样也有类似的表现。

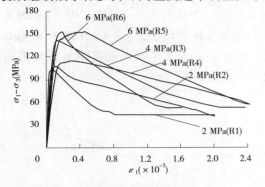

图 6　不同围压常规三轴压缩下变质火山角砾岩全程应力—环向应变试验曲线　图 7　岩样 R2 轴向应变与环向应变之间的关系

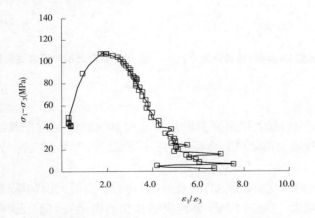

图 8　岩样 R2 轴向应变与环向应变之比值的变化趋势

3.3　强度特性分析

Coulomb 准则是岩土工程中应用最广泛的强度理论之一,黏聚力和内摩擦角是反映岩石抗剪强度的两个重要参数[10-11]。由于岩样破坏时的 σ_1 和 σ_3 值近似呈线性关系,因此可以表述成:

$$\sigma_1 = M\sigma_3 + N \qquad (1)$$

简记为 $Q(N, M)$,其中 M、N 为强度准则参数,它们与黏聚力和内摩擦角的关系如下:

$$c = M(1 - \sin\varphi)/(2\cos\varphi) \qquad (2)$$

$$\varphi = \arcsin[(N - 1)/(N + 1)] \qquad (3)$$

图 9 为依据 Coulomb 准则得到的围压 2 MPa、4 MPa、6 MPa 变质火山角砾岩三轴压缩状态下的峰值强度分析。由图 9 可见,对 3 组试样的峰值强度进行回归分析,结果为 Q

（81.005，11.886），相关系数 R 为 0.857 2，由此计算得到的变质火山角砾岩黏聚力为 11.75 MPa，内摩擦角为 57.65°（内摩擦系数为 1.58）。

对于屈服强度而言，图 10 给出了围压 2～6 MPa 下各岩样的屈服强度和围压的相关关系：$y = 11.028\sigma_3 + 75.222$，相关系数 $R^2 = 0.806\ 1$，呈现出屈服强度与围压的线性关系；对于残余强度而言，表 1 中所给出的不同围压下变质火山角砾岩的残余强度数值，围压 2 MPa 下变质火山角砾岩的均值残余强度为 43.44 MPa，围压 4 MPa、6 MPa 下的均值残余强度分别为 51.18 MPa 和 53.43 MPa，由此表明随着围压的增加，变质火山角砾岩的残余强度呈增加趋势，但并非明显线性关系，围压 4 MPa、6 MPa 下的残余强度相差不大，Coulomb 准则对变质火山角砾岩残余强度分析此时已不宜再适用。

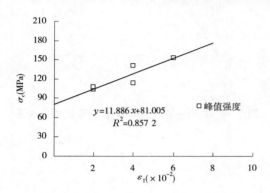 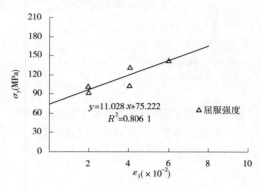

图 9　变质火山角砾岩 Coulomb 准则强度分析　　图 10　变质火山角砾岩屈服强度与围压的关系

4　结语

（1）使用了目前国内最先进最完善的岩石全自动三轴流变伺服系统，由常规三轴试验得到了大坝坝基变质火山角砾岩全程应力—应变曲线，并对其变形特性和强度特性进行了分析。

（2）由应力—轴向应变曲线可知，随着围压的增加，变质火山角砾岩岩样的屈服应力和峰值强度均逐渐增大，其杨氏模量（弹性模量和变形模量）受围压影响不明显，在 2～6 MPa 围压范围内，增加围压对提高岩石刚度的影响不大；同一围压下的均值弹性模量均略高于均值变形模量；峰值轴向应变、屈服应变在围压较小变化范围 2～6 MPa 内随围压的增高而增大。

（3）由应力—环向应变曲线可知，当轴向应力达到峰值应力时所对应的岩样环向应变远小于峰值轴向应变，峰值应力后的岩样环向塑性变形明显比峰值应力后轴向变形增加的快；岩石的环向变形从另一个角度反映岩样的屈服、破坏特征。

（4）变质火山角砾岩的残余强度随围压的增加呈增加趋势，但并非线性关系，围压 4 MPa、6 MPa 下的残余强度相差不大。

参考文献

[1] 卢允德,葛修润,蒋宇,等. 大理岩常规三轴压缩全过程试验和本构方程的研究[J]. 岩石力学与工程学报,2004,

23(15):2489-2493.

［2］杨圣奇,苏承东,徐卫亚. 大理岩常规三轴压缩下强度和变形特性的试验研究[J]. 岩土力学,2005,26(3):475-478.

［3］于德海,彭建兵. 三轴压缩下水影响绿泥石片岩力学性质试验研究[J]. 岩石力学与工程学报,2009,28(1):205-211.

［4］王思敬. 论岩石的地质本质性及其岩石力学演绎[J]. 岩石力学与工程学报,2009,28(3):433-450.

［5］刘新荣,鲜学福,马建春. 三轴应力状态下岩盐力学性质试验研究[J]. 地下空间,2004,24(2):153-155.

［6］杨根兰,黄润秋,蔡国军,等. 岩石破坏前后曲线分类及脆 – 延转换围压研究——蚀变岩常规三轴压缩试验 I[J]. 岩土力学,2008,29(10):2759-2763.

［7］朱泽奇,盛谦,张占荣. 脆性岩石侧向变形特征及损伤机理研究[J]. 岩土力学,2008,29(8):2137-2143.

［8］徐松林,吴文,王广印,等. 大理岩等围压三轴压缩全过程研究 II:剪切断裂能分析[J]. 岩石力学与工程学报,2002,21(1):65-69.

［9］王学滨. 基于梯度塑性理论的岩样峰后变形特性研究[J]. 岩石力学与工程学报,2004,23(S1):4292-4295.

［10］徐志英. 岩石力学[M]. 北京:中国水利水电出版社,1991.

［11］胡小荣,魏雪英,俞茂宏. 三轴压缩下岩石强度与破坏面角度的双剪理论分析[J]. 岩石力学与工程学报,2003,22(7):1093-1098.

黏土液塑限与压缩指数相关性研究 *

朱启银　尹振宇　金银富　王建华

（上海交通大学土木工程系　上海　200240）

摘要：为了探索黏土矿物成分液塑限与压缩指数的关系，采用高岭土、伊利土、蒙脱石及绿泥石，按不同质量比例混合并制备了 49 种重塑土样，进行液塑限和室内标准一维压缩试验。基于试验数据，分析了液限、液限孔隙比和塑性指数与压缩指数的关系。结果表明，液限与液限孔隙比与压缩指数不存在较为精确的拟合函数；塑性指数可以较好地拟合压缩指数。最后给出了塑性指数与压缩指数间的相关性函数，并用天然土重塑土样试验结果进行了验证。

关键词：高岭土　伊利土　蒙脱石　绿泥石　压缩指数　塑性指数

1 引言

压缩指数作为岩土工程设计的一个重要指标，常常被用于预测土体沉降量。按照常规试验方法，压缩指数可以通过对高质量的土样实施一维固结试验来得到，不过这要花费较多时间。另外，由于土质的多样性，世界不同国家、不同地区的土样的物理力学性能具有较大浮动性；然而把所有地点的土样都拿进实验室测试固结试验也是不现实的。基于此，一些专家学者通过一些较易测量到的参数（如液塑限值），通过大量试验数据来拟合压缩指数。其中较为出名有 Skempton（1944）[1] 和 Terzaghi（1997）[2] 分别针对重塑土和正常固结土用液限值拟合压缩指数的公式，另外有一些相关的拟合公式列于表 1。但是这些公式也都有自己的局限性，它们可能对特定土体有较好的模拟结果，但是缺乏通用性。究其原因，在软土中，黏土矿物对土的工程性质有着决定性的作用，黏土的类型和数量控制着黏土压缩、剪切强度和渗透性等工程特性。孔令伟[8]、张先伟[9]，MA[10] 等对我国黏土矿物成分调查分析之后发现：我国黏土主要矿物成分为伊利土、高岭土，蒙脱石、绿泥石，除深圳黏土中高岭土的含量大于伊利土外，其他地区黏土的黏土矿物都以伊利土为主。本文作者在针对不同国家和地区的黏土（法国软黏土[11]、芬兰不同地区软黏土[12]、几内亚海湾软黏土[13] 等）的研究中也发现矿物成分及其含量对黏土液塑性和压缩性有重要影响。因此，黏土中的矿物成分（高岭土、伊利土、蒙脱石和绿泥石）在微观结构、尺寸、形状和表面活性上的差别，使得从矿物成分上研究如何确定压缩指数的问题更有意义。

原状土有结构性，它的压缩指数随其结构破坏而变化，无固定值，而重塑土的压缩指数是原状土很好的参考；纯黏土矿物因为其性质单一，试验结果均匀，经常被用于验证真实土体的试验结果。因此本文通过由高岭土、伊利土、蒙脱石、绿泥石按不同的质量比例

* **基金项目：**上海市浦江人才计划项目（11PJ1405700），上海交通大学创新能力专项基金（Z－010－008）。

作者简介：朱启银，男，1986 年生，博士研究生，主要从事岩土工程方面的研究。

混合,分别制成49种混合土样,进行液塑限测定试验和一维压缩固结试验,从整体上分析了同矿物成分下黏土液塑性对压缩指数的影响,进一步揭示特殊土与正常固结和重塑土的液塑限拟合压缩指数的差异性。鉴于篇幅原因,本文中没有详细描述各黏土矿物在拟合压缩指数时的差异性表现。

表1 压缩指数拟合方程

方程	应用范围	参考文献
$C_c = 0.007(\omega_L - 10)$	重塑土	Skempton,1944
$C_c = 0.009(\omega_L - 10)$	正常固结土	Terzaghi,1967
$C_c = 0.006(\omega_L - 9)$	黏土 $\omega_L < 100\%$	Azzouz,1976
$C_c = 0.223\,7e_L$	重塑和正常固结土	Nagaraj,1983
$C_c = 0.234\,3e_L$	重塑和正常固结土	Nagaraj,1986
$C_c = 1.35I_P$	重塑和正常固结土	Wroth,1978
$C_c = 0.007(SI + 18)$	所有黏土	Sridharan,2000
$C_c = 0.29(e_0 - 0.27)$	非有机土	Hough,1957
$C_c = 1.15(e - e_0)$	所有黏土	Nishida,1956
$C_c = 0.75(e_0 - 0.5)$	低塑性土	Sowers,1970
$C_c = 0.01\omega_n$	所有黏土	Koppula,1981
$C_c = 0.01(\omega_n - 7.549)$	所有黏土	Herrero,1983
$C_c = 0.329[0.027(\omega - \omega_P) + 0.013\,3I_P(1.192 + ACT - 1)]$	重塑和正常固结土	Carrier,1985

注:1. C_c 为压缩指数, I_P 为塑性指数, ω_L 为液限, e_L 为液限孔隙比,SI 为缩限, e_0 为初始孔隙比, ω_n 为天然含水量,ACT 为活性, ω_P 为塑限, ω 为含水量。

2. 表中部分引用不在参考文献中,参阅 Sridharan(2000)[7]。

2 试验材料与方法

2.1 试验材料

试验所采用的高岭土(K)、伊利土(I)、蒙脱石(M)、绿泥石(C)等单一及混合土样均通过商业购买的黏土矿物粉末制备而成。四种材料的颗粒比重及平均粒径见表2。

表2 四种黏土矿物土样的基本物理参数

矿物名称	比重 G_s	平均粒径(m)	液限 ω_L(%)	塑限 ω_P(%)	塑性指数 I_P
高岭土(K)	2.66	1.5	76.3	60.3	15.1
伊利土(I)	2.72	15.2	47.1	27.9	19.3
蒙脱石(M)	2.69	10.1	121.9	66.6	55.3
绿泥石(C)	2.64	5.6	40.3	25.2	16.0

2.2 混合矿物试验方案

为了分析不同矿物成分及其含量对黏土液塑性的影响,特制备混合矿物土样进行液塑限试验和一维固结试验。试样采用由不同矿物按不同质量比例混合而成的土样,混合方案为:高岭土 + 伊利土(方案1)、高岭土 + 伊利土 + 蒙脱石(方案2)、高岭土 + 伊利土 + 绿泥石(方案3)、高岭土 + 伊利土 + 蒙脱石 + 绿泥石(方案4)。表3为各混合方案中矿物成分及其质量比例的详细数据。

表3 不同矿物成分及其质量比例的混合方案

(方案1)高岭土 + 伊利土(K + I,共4种试样)

K(%)	20	40	60	80
I(%)	80	60	40	20

(方案2)高岭土 + 伊利土 + 蒙脱石(K + I + M;其中对于K + I,
I又分别占K + I的20%、60%、80%,共15种试样)

K + I(%)	90	70	50	30	10
M(%)	10	30	50	70	90

(方案3)高岭土 + 伊利土 + 绿泥石(K + I + C;
类似方案2,把蒙脱石换成绿泥石,同样为15种试样)

(方案4)高岭土 + 伊利土 + 蒙脱石 + 绿泥石(K + I + M + C;其中I占K + I的60%;
对于M + C,C又分别占M + C的20%、40%、80%,共15种试样)

K + I(%)	90	70	50	30	10
M + C(%)	10	30	50	70	90

2.3 液塑限测定方法

试验的开展参照我国《土工试验规程》(SL 237—1999)中的液塑限试验,采用落锥法测定。试验仪器为光电式数显液塑限联合测定仪(圆锥:锥体质量76 g,锥角30°),对同一混合土样测定三个液塑限值,在各试验值误差2%之内的基础上取平均值。

图1给出了表2中混合方案土样的液塑限试验结果,从图中可知,土样液塑限值位于CL、CH和OH三区,并且位于粉质黏土区的土样居多。

2.4 压缩指数测定方法

试验的开展参照我国《土工试验规程》(SL 237—1999)中的固结试验。试验仪器为杠杆加压式三联常规固结仪,土样直径为6.18 cm,环刀高度为2 cm。混合试样初始含水率为1.8倍液限。试验首先将制备的试样在25 kPa压力下预压一周时间,以确保试样的饱和度;之后进行室内标准固结试验,加载卸载及再加载荷顺序为50—100—200—100—25—100—200—400—800—1 600 kPa,每级荷载持续时间为一天。通过计算 $e \sim \log\sigma'$ 图中曲线的斜率得到各混合土样的压缩指数。

3 试验结果分析

由于液塑限的测量最为简单且在工业上应用较为普遍,是分析土的性质的必测项目,所以本文基于液限、液限孔隙比和塑性指数,分析了其与压缩指数的关系。

3.1 液限与压缩指数关系

图 2 给出了列出了所有试验方案土样液限与压缩指数的关系,从图中可以看出,压缩指数在液限下分布较为分散,不存在可能性的拟合函数。尽管如此,单纯对比 Skempton[1] 和 Azzouz[3] 的拟合函数可以看出,在高液限区 Skempton 拟合函数更切合本试验数据。总体来讲,液限不是拟合压缩指数的理想参数。

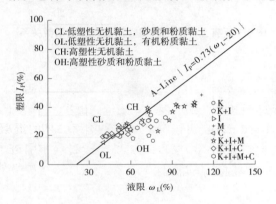 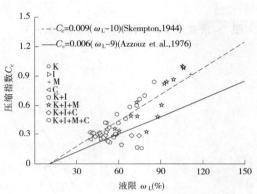

图 1　不同矿物混合土样的液限与塑性指数的关系　　　图 2　所有土样液限与压缩指数关系

3.2 液限孔隙比与压缩指数关系

液限孔隙比作为岩土工程研究中的一个重要参数,被大量用于土的拟合理论中。图 3 给出了本文中重塑土样的液限孔隙比与压缩指数关系,试验结果和液限类似,同样较为分散。Nagaraj[4-5] 的两个压缩指数拟合函数比较相似,函数偏离本试验数据。同样的,液限孔隙比拟合压缩指数的性能也不理想。

3.3 塑性指数与压缩指数关系

Giasi[14] 的研究指出塑性指数为拟合压缩指数误差最小的参数。图 4 为本文试验所得塑性指数拟合压缩指数的结果,可以看出,尽管试验数据与 Worth 和 Wood[6] 的拟合函数有少许差距,但是试验结果也遵循一定的规律,全部数据都位于 $C_c = 0.026(I_P - 2)$ 和 $C_c = 0.026(I_P - 18)$ 之间。根据最小方差原理,理想拟合函数为 $C_c = 0.026(I_P - 10)$。

4 验证

为验证 3.3 中拟合的塑性指数与压缩指数关系,选取了国内外 10 多个地区的多种重塑土样[12-15] 进行了验证。从图 5 可以看出,重塑土样的塑性指数与压缩指数关系基本与本文拟合结果相吻合,说明本文所拟合的塑性指数与压缩指数关系函数有一定的应用价值。

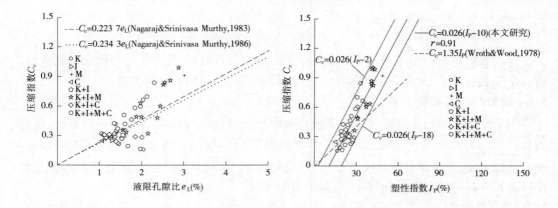

图3　所有土样液限孔隙比与压缩指数关系　　图4　所有土样液限时塑性指数与压缩指数关系

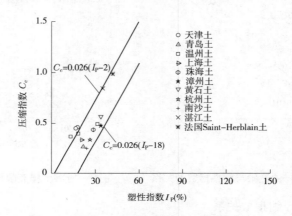

图5　国内重塑土液限时塑性指数与压缩指数关系

5　结语

本文通过对四种黏土基本矿物(高岭土、伊利土、蒙脱石、绿泥石)按不同比例制备而成的混合土样进行液塑限试验和标准一维压缩试验,分析了各混合土样液塑限与压缩指数的关系,并得出以下结论:

(1)土样液限值与压缩指数不存在有规律性的拟合函数。相比较而言,对于重塑土,Skempton 拟合函数相对精确。

(2)液限孔隙比亦不是一个很好的拟合参数,并且在液限已知情况下,通过液限孔隙比拟合压缩指数,这条研究路线相对曲折。

(3)塑性指数可以较好地拟合土样的压缩指数,本文中也得到了黏土矿物混合土样的压缩指数拟合函数,用天然黏土重塑土样验证结果较好。

参考文献

[1] Skempton A W, Jones O T. Notes on the compressibility of clays[J]. Quarterly Journal of the Geological Society,1994, 100(1-4):119-135.

［2］Terzaghi K, Peck R B. Soil mechanics in engineering practice, 2nd Edition［J］. Wiley, New York,1967.

［3］Azzouz A S, Krizek R J, Corotis R B. Regression analysis of soil compressibility［J］. Soils and Foundations, 1976, 16（2）: 19-29.

［4］Nagaraj T S, Srinivasa Murthy B R. Rationalization of Skempton's compressibility equation［J］. Géotechnique, 1983, 33（40）: 433-443.

［5］Nagaraj T S, Srinivasa Murthy B R. A critical reap – praisal of compression index equations［J］. Géotechnique, 1986, 36(1): 27-32.

［6］Wroth C P, Wood D M. The correlation of index prop – erties with some basic engineering properties of soils［J］. Canadian Geotechnical Journal, 1978, 15: 137-145.

［7］Sridharan A, Nagaraj H B. Compressibility behaviour of remoulded, fine – grained soils and correlation with index prop – erties［J］. Can Geotech J, 2000, 37: 712-722.

［8］孔令伟,吕海波,汪稔,等. 某防波堤下卧层软土的工程特性状态分析［J］. 岩土工程学报, 2004, 26(4): 454-458.

［9］张先伟,王常明,李忠生,等. 不同地区结构性黏土基本性质的对比研究［J］. 工程勘察, 2010, 38(5): 6-10.

［10］Ma C, Chen J, Zhou Y, et al. Clay minerals in the major Chinese coastal estuaries and their provenance implications［J］. Frontiers of Earth Science in China, 2010,4(4): 449-456.

［11］Yin Z – Y, Chang C S, Karstunen M, et al. An anisotropic elastic viscoplastic model for soft soils［J］. International Journal of Solids and Structures, 2010, 47(5): 665-677.

［12］Yin Z – Y, Chang C S, Hicher P Y,et al. Micromechanical analysis of kinematic hardening in natural clay［J］. International Journal of Plasticity, 2009, 25(8): 1413-1435.

［13］Yin Z – Y, Hattab M, Hicher P Y. Multiscale modeling of a sensitive marine clay［J］. International Journal for Numerical and Analytical Methods in Geomechanics, 2011, 35(15): 1682-1702.

［14］Giasi C I, Cherubini C, Pand accapelo F. Evaluation of compression index of remoulded clays by means of Atterberg limits［J］. Bulletin of Engineering Geology and the Environment, 2003, 62(4): 333-340.

［15］刘用海. 宁波软土工程特性及其本构模型应用研究［D］. 杭州:浙江大学,2008.

状态相关砂土模型的隐式积分算法
在 ABAQUS 中实施[*]

司海宝[1]　蔡正银[2]　肖昭然[3]　黄　伟[1]　将敏敏[3]

(1. 安徽工业大学建筑工程学院　马鞍山　2430021；
2. 南京水利科学研究院岩土工程研究所　南京　210024；
3. 河南工业大学土木建筑工程学院　郑州　450002)

摘要： ABAQUS 作为有限元计算平台，具有强大的非线性计算和前后处理功能，标准 ABAQUS 程序仅包含一些通用土体本构模型，缺少针对性，因而有必要针对土木工程具体问题进行二次开发。剪胀性是砂土最重要的特性之一，其变形主要取决于砂土的当前状态，而基于状态相关砂土本构模型能较好地反映砂土剪胀性。利用二次开发工具和 UMAT 数据接口程序，采用隐式积分算法将基于状态相关砂土本构模型嵌入到标准 ABAQUS 程序中，并将有限元数值计算结果与试验数据及理论计算值比较，并进行单元敏感性分析，结果表明，子程序运行稳定可靠，不仅充分利用 ABAQUS 方便、快捷的前后处理和强大的非线性求解平台，而且可以完成更复杂、更切合实际土体应力应变关系的有限元数值计算，拓展了 ABAQUS 在土木工程领域的计算能力。

关键词： 状态相关砂土模型　ABAQUS　隐式积分算法　二次开发

　　剪胀性是砂土最重要的特性之一。砂土在剪切条件下除发生剪切变形外，还会产生体积变形，而该体积变形可能是膨胀，也可能是压缩，这主要取决于砂土的当前状态[1]。Li 和 Dafalias 在三轴压缩空间内建立弹塑性本构模型，进一步拓展了状态相关剪胀理论，较好地模拟了砂土在各种状态下变形特征[2-3]。

　　ABAQUS 是目前土木工程界应用较为广泛的非线性有限元分析软件，具有很强的非线性计算功能和前、后处理能力，同时其强大的二次开发功能使得其在很多工程领域具有良好的开放性。ABAQUS 程序中包含丰富的材料本构模型，然而对于岩土工程问题，能直接应用的土体弹塑性本构模型有摩尔－库仑模型、德鲁克－普拉格模型和修正剑桥模型等，而土木工程界常用的土体本构模型，如弹性非线性 Duncan-Chang 本构模型，能反映土体软化的南水双屈服面模型[4]，香港理工大学 Li-Dafalias 提出的能反映砂土剪胀与软化的基于状态相关砂土本构模型[5]等没有直接给出。目前 Duncan-Chang 本构模型和南水双屈服面模型相继在 ABAQUS 计算平台的成功应用，极大扩展了 ABAQUS 在岩土工程领

[*] **基金项目：** 国家自然科学基金项目资助 (50978086)。
作者简介： 司海宝，男，1974 年生，安徽安庆人，博士，副教授，主要从事岩土力学、岩土工程测试技术及地基处理方面的科研工作。

域的计算功能[6-7]。

本文利用 ABAQUS 的二次开发工具 UMAT 和数据接口,推导了基于状态相关砂土本构模型的隐式积分表达形式,并嵌入标准程序之中,进行了理论与试验算例的验证。

1 状态相关砂土模型本构方程

Li 和 Dafalias 引入砂土的临界状态作为参考,建立了基于状态相关砂土本构模型,并定义了一个状态参量 Ψ,用来描述砂土的当前状态。Ψ 的定义如图 1 所示。

状态参量 Ψ 表达式如下:

$$\Psi = e_c - e_\Gamma + \lambda_c \left(\frac{p}{p_a}\right)^\xi \tag{1}$$

式中:p_a 为大气压力。

在三轴压缩空间内,该模型忽略有效平均正应力沿常应力比路径增加而引起的塑性变形,其剪胀方程定义为

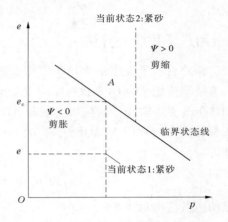

图 1   砂土临界状态线

$$d = \frac{\mathrm{d}\varepsilon_v^p}{\mathrm{d}\varepsilon_v^q} = \frac{\mathrm{d}\varepsilon_v^p}{\sqrt{\frac{2}{3}\mathrm{d}e_{ij}^q \mathrm{d}e_{ij}^q}} = d_0\left(e^{m\Psi} - \frac{\eta}{M}\right) \tag{2}$$

$$f = q - \eta_y \sigma = 0 \tag{3}$$

$$\mathrm{d}\varepsilon_v^p = Ld \tag{4}$$

$$\mathrm{d}\varepsilon_q^p = L \tag{5}$$

上式写成应变增量的形式:

$$\mathrm{d}w = \mathrm{d}\varepsilon_q^e + \mathrm{d}\varepsilon_q^p = \frac{\mathrm{d}q}{3G} + \frac{p\mathrm{d}\eta}{K_p} \tag{6}$$

$$\mathrm{d}v = \mathrm{d}\varepsilon_v^e + \mathrm{d}\varepsilon_v^p = \frac{\mathrm{d}p}{K} + d\mathrm{d}\varepsilon_q^p \tag{7}$$

则状态相关砂土本构方程表示为

$$\begin{Bmatrix} \mathrm{d}q \\ \mathrm{d}p \end{Bmatrix} = \left[\begin{pmatrix} 3G & 0 \\ 0 & K \end{pmatrix} - \frac{h(L)}{K_p + 3G - K\eta d}\begin{pmatrix} 9G^2 & -3KG\eta \\ 3KGd & -K^2\eta d \end{pmatrix}\right]\begin{Bmatrix} \mathrm{d}w \\ \mathrm{d}v \end{Bmatrix} \tag{8}$$

式中:L 为塑性加载因子;$h(L)$ 为 Heaviside 方程,当 $L>0$ 时,$h(L)=1$,否则 $h(L)=0$;G 和 K 为弹性剪切模量和弹性体积模量,采用以下公式计算:

$$G = G_0 \frac{(2.97 - e)^2}{1 + e}\sqrt{pp_a} \tag{9}$$

$$K = G\frac{2(1 + v)}{3(1 - 2v)} \tag{10}$$

Li 建议在王志良有关塑性剪切模量的基础上,引入状态参数,使其能反映砂土的应变软化,表达式为

$$K_p = \frac{\mathrm{d}q}{\mathrm{d}\varepsilon_q} = hG\left(\frac{M}{\eta} - e^{n\Psi}\right) = \frac{hGe^{n\Psi}}{\eta}(Me^{-n\Psi} - \eta) \tag{11}$$

式中:h 和 n 为非负的模型参数;hG 为硬化参数;$h = h_1 - h_2e$;h_1、h_2 为模型参数;e 为空隙比。

2 用户子程序及算法

用户材料子程序是 ABAQUS 提供给用户自定义材料属性的 Fortran 程序接口,用户能很方便地应用 ABAQUS 材料库中没有定义的材料模型。用户材料子程序 UMAT 通过与 ABAQUS 主求解程序的接口实现与 ABAQUS 的数据资料交流。程序开发采用隐式增量积分算法[8-9],利用 ABAQUS 自带的 Newton-Raphson 迭代求解器求解。依据虚功原理,虚功方程为

$$\int \delta\varepsilon^{\mathrm{T}}\sigma_m \mathrm{d}v = \int \delta u^{\mathrm{T}} f_m \mathrm{d}v + \int \delta u^{\mathrm{T}} \bar{f}_m \mathrm{d}s \tag{12}$$

结构离散后可写成:

$$\delta a^{\mathrm{T}}\sum C_e^{\mathrm{T}}\int_{Ve} B^{\mathrm{T}}\sigma_m \mathrm{d}v = \delta a^{\mathrm{T}}\sum C_e^{\mathrm{T}}\left(\int_{Ve} N^{\mathrm{T}} f_m \mathrm{d}v + \int_{Se} N^{\mathrm{T}} \bar{f}_m \mathrm{d}s\right) \tag{13}$$

式中:δa 为虚位移;C_e 为单元选择矩阵。

因为 δa 为虚位移,具有任意性,因而:

$$\sum C_e^{\mathrm{T}}\int_{Ve} B^{\mathrm{T}}\sigma_m \mathrm{d}v = \sum C_e^{\mathrm{T}}\left(\int_{Ve} N^{\mathrm{T}} f_m \mathrm{d}v + \int_{Se} N^{\mathrm{T}} \bar{f}_m \mathrm{d}s\right) \tag{14}$$

写成增量形式为

$$\sum C_e^{\mathrm{T}}\int_{Ve} B^{\mathrm{T}}D_{ep}B\mathrm{d}vC_e\Delta\alpha = \sum C_e^{\mathrm{T}}\int_{Ve} B^{\mathrm{T}}\Delta\sigma\mathrm{d}v \tag{15}$$

则整体刚度矩阵表示为

$$K = \sum C_e^{\mathrm{T}}\int_{Ve} B^{\mathrm{T}}D_{ep}B\mathrm{d}vC_e \tag{16}$$

式中:D_{ep} 为材料弹塑性矩阵。

因而离散后方程可写成有限元通用形式:

$$\{F\} = [K]\{U\} \tag{17}$$

砂土具有非线性和非弹性、硬化和软化等特性,上式计算为高度非线性,因而将应变历史离散成 n 个足够小时间步,在 $[t_i, t_{i+1}]$ 步长内,应力增量可以写成:

$$\Delta\sigma = \int_{t_i}^{t_{i+1}} \sigma(\sigma(\mu), \varepsilon(\mu), e)\mathrm{d}\mu \tag{18}$$

在 t_{i+1} 时刻,应力值更新为

$$\sigma(t_{i+1}) = \sigma(t_i) + \Delta\sigma = \sigma(t_i) + \int_{t_i}^{t_{i+1}} \sigma(\sigma(\mu), \varepsilon(\mu), e)\mathrm{d}\mu \tag{19}$$

采用差分格式迭代求解,上式进一步改写为

$$\sigma(t_i + \theta\Delta t) = \theta\sigma(t_i + \Delta t) + (1 - \theta)\sigma(t_i) \tag{20}$$

式中:θ 为 $[0,1]$ 之间任一实数。在本次程序编写时采用中点积分法,所以 $\theta = 0.5$,上式进一步离散为

$$\sigma(t_{i+1}) = \sigma(t_i) + \sigma\left[\sigma\left(t_i + \frac{1}{2}\Delta t\right), \varepsilon(t_i), e\right]\Delta t \tag{21}$$

在迭代过程中,采用如下迭代收敛准则:

$$\left\|\frac{\Delta\sigma_j(t_i) - \Delta\sigma_{j-1}(t_i)}{\Delta\sigma_j(t_i)}\right\| \leqslant \varepsilon_{\max} \tag{22}$$

式中:$\varepsilon_{\max}$ 为迭代收敛容差,大小为 ABAQUS 默认值 10^{-4},此外,为了提高计算效率,控制计算容量,在程序编制中规定了最大迭代次数,取 ABAQUS 默认值 500 次。

因而基于状态相关砂土本构模型隐式积分公式为

$$\begin{cases} \sigma_{j+1}(t_i + \Delta t) = \sigma_j(t_i) + \sigma\left[\sigma_j\left(t_i + \frac{1}{2}\Delta t\right), \varepsilon(t_i), e_j\left(t_i + \frac{1}{2}\Delta t\right)\right]\Delta t \\ \sigma_j\left(t_i + \frac{1}{2}\Delta t\right) = \frac{1}{2}\sigma_j\left(t_i + \frac{1}{2}\Delta t\right) + \frac{1}{2}\sigma_j(t_i) \\ e_j\left(t_i + \frac{1}{2}\Delta t\right) = \frac{1}{2}e_j(t_i + \Delta t) + \frac{1}{2}e_j(t_i) \end{cases} \tag{23}$$

式中状态参量孔隙比 e 的更新按式(1)更新计算。

3 有限元计算结果分析

3.1 与试验结果比较

试样标准为 300 mm × 700 mm,试样相对密实度为 90% 的粗粒土,试验分为三级加载,加载围压分别为 500 kPa、1 000 kPa 和 2 000 kPa,经数据统计整理,模型试验参数率定如表 1 所示。

表 1　砂土本构模型试验参数

弹性参数	临界状态参数	状态相关参数
$G = 22$ $\mu = 0.05$	$M = 1.75$ $C = 0.7$ $e_\Gamma = 0.512\ 1$ $\lambda = 0.025\ 1$ $\xi = 0.7$	$m = 1.28$ $d = 0.61$ $n = 1.1$ $h_1 = 2.60$ $h_2 = 2.55$

有限元计算过程完全模仿试验过程,计算模型为直径 300 mm、高 700 mm 的圆柱体,模型计算分为 500 kPa、1 000 kPa 和 2 000 kPa 三级加载。模型划分为 128 个 20 节点六面体单元(C3D20),共 980 个节点,试样完全饱和。

模型初始状态和边界条件如图 1 所示。底面中心节点 O 点在三方向全约束($U_x = 0$,$U_y = 0$,$U_z = 0$),底面其余节点为竖直方向约束($U_z = 0$,),四周节点在第一步自重应力平衡时为水平方向约束($U_x = 0$,$U_y = 0$),第二、第三步为自由边界。所有边界为自由排水条件,如图 2、图 3 所示。

计算分三步实现:第一步,对模型施加自重应力。土体在自重应力下固结,然后消除自重应力下位移,使得土体只有重力而没有发生位移,从而实现自重应力平衡。第二步,施加围压。与试验时施加围压相同,土体在围压下固结。第三步,试样剪切。三轴试验时,加载速率为 2 mm/min,达到轴向应变的 20% 停止试验,模拟时,采用应变控制,在顶部自由面施加 20% 位移载荷,划分 100 个增量步进行迭代计算,计算结果如图 4 所示。

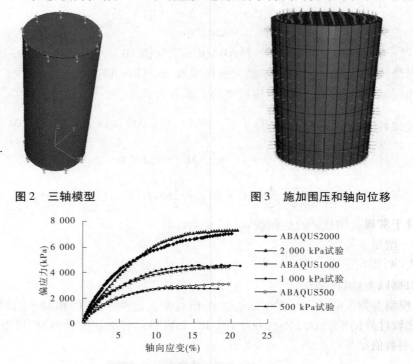

图 2 三轴模型　　　　　　　图 3 施加围压和轴向位移

图 4 SAND 模拟与试验结果

从模型库子程序运行与模拟结果看,有限元模拟结果与试验结果非常吻合,从而说明静态土体本构模型库二次开发的子程序运行稳定,数值计算结果正确可靠。

图 5~图 7 是该试样三方向位移等值线图,试样在水平面(X,Y)方向是等间距向外扩散的。轴向位移 Z 位移呈等间距分布。

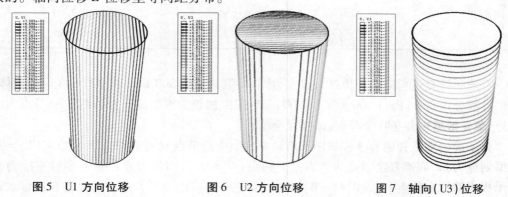

图 5 U1 方向位移　　　图 6 U2 方向位移　　　图 7 轴向(U3)位移

3.2 与理论计算比较

为了进一步验证子程序,开展了有限元数值计算与理论计算结果比较。对于排水条

件下常规三轴试验,存在如下关系式:

$$d\sigma = \frac{d\tau}{3} \tag{24}$$

$$dv = d\varepsilon_a + 2d\varepsilon_r \tag{25}$$

$$dw = 2(d\varepsilon_a - d\varepsilon_r)/3 \tag{26}$$

式中:$d\varepsilon_a$ 为三轴试验轴向应变;$d\varepsilon_r$ 为三轴试验的径向应变。

由式(24)和式(8)可以得出:

$$\frac{dv}{dw} = \frac{G(3K + K_p - Kd\eta)}{K(3G + K_p - \eta G)} = TEMP \tag{27}$$

根据式(24)和式(25),体积应变增量和剪切应变增量用轴向应变增量表示为

$$dw = \frac{3d\varepsilon_a}{3 + TEMP} \tag{28}$$

$$dv = \frac{3 \cdot TEMP \cdot d\varepsilon_a}{3 + TEMP} \tag{29}$$

对于常规三轴排水剪切试验,采用应变式控制方式进行模拟,即将应变分为 n 个增量步,每一增量步施加相同的应力增量,根据式(27)和式(28)计算出相应的 dw 和 dv,然后代入式(8)即可求解,进而得到三轴排水试验应力应变关系。

根据以上计算推导,用 Fortran 语言实现上述计算过程,编写三轴排水试验点模型程序,由模型参数反演其应力应变关系,并与有限元模拟结果比较,从而检验子程序的可靠性。比较计算结果如图 8 所示。从图中可以看出,有限元迭代计算结果与理论值非常吻合,说明数值结果是可靠的。

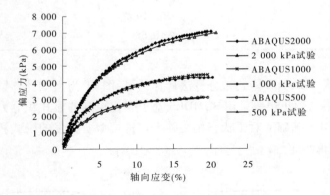

图 8　SAND 模型模拟与点模型结果比较

3.3　单元敏感性分析

为了进一步分析模型库子程序运行时,单元划分精度对计算结果的影响,分别将计算模型划分为 32 个、64 个、128 个,对试验过程进行模拟,分析子程序对单元精度的敏感性及子程序的稳定性。

限于篇幅,在此仅给出围压 2 000 kPa 的模型的计算结果,如图 9 所示。可以看出,子程序计算结果与单元密度关系不大,因而说明嵌入在 ABAQUS 平台上的子程序运行稳定,计算结果可靠。

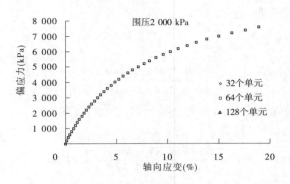

图 9   不同单元格数有限元模拟结果

3.4   不同初始孔隙比的比较

状态相关砂土本构模型能较好模拟砂土强度和变形特征,模型仅用一套材料参数模拟不同状态砂土(主要是不同初始孔隙比)的强度和变形,还能反映随着载荷增加,土体内部状态的变化引起的砂土强度变形的改变,因而有必要模拟在不同初始孔隙比条件下砂土的应力应变关系。算例引自文献[10],模型参数见表 2。

表 2   砂土本构模型参数

弹性参数	临界状态参数	状态相关参数
$G = 150$ $\mu = 0.05$	$M = 1.185$ $C = 0.76$ $e_{\Gamma} = 0.998$ $\lambda = 0.0198$ $\xi = 0.68$	$m = 2.42$ $d = 0.52$ $n = 1.45$ $h_1 = 2.47$ $h_2 = 2.18$

图 10 为本次 ABAQUS 隐式积分算法计算结果,图 11 为文献计算结果。从计算结果看,数值计算结果与蔡正银等采用 SUMDES 基于误差控制的显式积分方法的计算结果一致,表明在 ABAQUS 基础上对于状态相关砂土本构模型所开发的隐式积分算法具有较好的计算精度和数值稳定性。

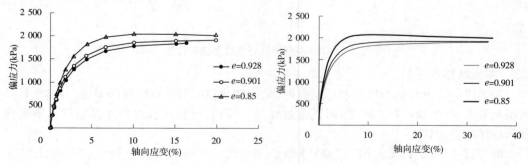

图 10   ABAQUS 隐式积分算法计算结果   图 11   文献计算结果

4 结语

依托 ABAQUS 计算平台,利用 UMAT 二次开发接口,采用隐式积分算法,编制了状态相关砂土本构模型子程序,不仅可以有效利用其强大的非线性有限元计算功能及优秀的前后处理平台,完成复杂土工边值问题的数值分析问题,而且在岩土工程计算中,针对具体工程,方便地使用状态相关砂土本构模型。

数值计算的难点集中在状态相关砂土本构模型刚度矩阵形成和数值积分算法上,计算成本相对较低,而计算结果显示子程序具有较高的计算精度和较快的收敛速度,这也为岩土工程数值计算提供另一种可供选择的途径。

参考文献

[1] Cheng Chen, Jiasheng Zhang. Constitutive Modeling of Loose Sands under Various Stress Paths[J]. Journal of Geomechanics. ASCE, 2011.

[2] Li X S, Dafalias Y F. Dilatancy for cohesionless soils[J]. Geotechnique, 2000, 50(4):449-460.

[3] Li X S, Dafalias Y F. A constitutive framework for anisotropic sand including non – proportional loading[J]. Géotechnique, 2004, 54(1), 41-55.

[4] 沈珠江. 考虑剪胀性的土和石料的非线性应力应变模式[J]. 水利水运科学研究, 1986:4.

[5] Li X S, Wang Y. Linear representation of steady – state line for sand [J]. Journal of Geotechnical and Geoenvironmental Engineering, ASCE, 1998, 124(12): 1215-1217.

[6] 徐远杰,王观琪,李健,等. 在 ABAQUS 中开发实现 Duncan – Chang 本构模型[J]. 岩土力学, 2004(7):1032-1036.

[7] 司海宝,蔡正银. 基于 ABAQUS 建立土本构模型库开发及工程应用[J]. 岩土力学, 2011(2):599-603.

[8] Prasad Samarajiva, Emir Jose Macari, Wije Wathugala. Genetic Algorithms for the Calibration of Constitutive Models for Soils[J]. Journal of Geomechanics, ASCE, 2005(3):206-217.

[9] 朱伯芳. 有限单元法原理与应用[M]. 2 版. 北京:中国水利水电出版社, 1998.

[10] Cai Z Y. A comprehensive study of state – dependent dilatancyand its application in shear band formation analysis[D]. HongKong: The Hong Kong Univ of Sci & Tech, 2001.

筑坝砂砾料大型三轴动力特性试验研究

赵寿刚　乔瑞社　高玉琴　何鲜峰　李　娜

（1.黄河水利科学研究院　郑州　450003；

2.水利部堤防安全及病害防治工程技术研究中心　郑州　450003）

摘要：砂砾料是一种应用广泛的筑坝材料，其动力特性是土石坝设计中的重要指标。试验选取典型坝壳砂砾料和坝基砂砾石进行了大型动力三轴试验。从动模量－阻尼试验结果看，两种砂砾料的剪切模量和阻尼比均随剪应变的增大而变化。随着剪应变的增大，剪切模量减小，而阻尼比则逐步增大，表明了砂砾料具有非线性性质。在动强度试验中，振动应力比值均随振次的增加而降低；每种砂砾料的动应力比值随固结比的增大而有所增大。按振动孔隙水压力增长模型整理出的孔隙水压力变化规律性较好，孔压与振次不成正比。

关键词：砂砾料　大型三轴　动力特性　动强度　阻尼比　孔隙水压力

1　引言

砂砾料是一种应用广泛的筑坝材料[1]，常用来填筑土石坝坝壳和作为反滤料，而且一些坝基中也常夹有砂砾石层。砂砾料通常具有透水性强、填筑密度大、抗剪强度高和沉陷变形小等工程特性[2]，由于试验设备及试验方法的限制，国内外对砂砾料动力特性的试验资料并不多见。针对土石坝坝体材料的地震反应分析，研究砂砾料在动荷作用下的动强度、动变形和动孔隙水压力等问题具有非常重要的实际意义，特选取典型砂砾料开展了大型三轴动力特性试验，为工程应用提供参考。

2　试样选择与制备

2.1　试样材料

试样分别选择散状坝壳砂砾料（SJL）和坝基砂砾石（BJL）两组。坝壳砂砾料以粒径 1～5 cm 和 10～15 cm 含量偏高，中间粒径偏小，超粒径含量 3%～5%，细粒以中细砂为主，局部砾石表面见有淋滤作用形成的钙质物。坝基砂砾石料砾石粒径普遍较小，以小于 20 mm 粒径为主，砾石含量大于 70%，呈中密状态，卵石含量小于 30%，局部泥质含量较高。表 1 为现场筛分得到的典型颗粒级配组成。

2.2　试样制备

试样制备采用分层击实法，利用成型筒安装试样，把砂砾料分 5 层分别击实至控制干密度，然后采用真空抽气法将试样饱和。坝壳砂砾料制样干密度为 2.17 g/cm³，受试验仪

作者简介：赵寿刚，男，1971 年生，河北南皮人，高级工程师，硕士，主要从事岩土基本理论、堤坝安全评价、检测技术等方面的研究工作。

器允许的粒径限制（最大粒径不超过 60 mm），根据《土工试验规程》（SL 237—1999）的相关规定将超粒径颗粒按比例等质量替换。坝基砂砾石制样干密度为 2.08 g/cm³。

表 1　砂砾料颗粒组成

试样名称	颗粒组成（%）				
	60~40 mm	40~20 mm	20~10 mm	10~5 mm	<5 mm
坝壳砂砾料	12.5	23.84	17.44	14.82	31.4
坝基砂砾石	4.5	22.6	20.2	11.8	41.0

3　试验仪器及方法

3.1　大型三轴试验机

试验采用的设备是黄河水利科学研究院的 1 000 kN 电液伺服粗粒土静、动三轴试验机（试件尺寸 $\varphi = 300$ mm，$H = 750$ mm；轴向动荷载 0~±300 kN；周围压力 0~2 000 kPa；激振频率 0.01~5 Hz；排水量精度 0.1 mL），各测量信号均采用计算机采集处理，设备配有数据处理、图形显示、绘图等计算机软件，使试验与分析完全自动化，操作方便，试验精度满足要求。

3.2　试验方法

本次试验包括两部分：一是动模量及阻尼比试验，二是动力变形试验，即研究振动过程中试样产生的应力变形，获得动强度指标。试验按《土工试验规程》（SL 237—1999）的有关要求进行，均采用固结不排水试验。试验进行了不同侧压力下相同固结比（$K_c = 1.5$）的动模量、阻尼试验，同一干密度的试样在同一固结应力比下，在 3 个不同的侧压力下试验，同一侧压力下应根据不同试样选用不同的动力改变级别；当试样在等向固结压力或不等向固结压力下固结完成后，在不排水条件下对试样由小到大逐级施加轴向振动力，直到试样破坏，记录每一级振动力作用下的应力—应变滞回曲线及动孔隙水压力。动强度试验则是对同一密度的试样，选择 2 个固结比，在同一固结比下选择 3 个不同的侧向压力，每一压力下用 3~4 个试样，选择不同的振动破坏周次进行动强度试验，在试验中记录动应力、动应变和孔隙水压力的变化过程；以轴向应变达到 5% 为破坏标准，根据试验结果整理，得到了动应力比值、动剪强度和动总剪强度。

4　试验结果与分析

4.1　动模量和阻尼试验结果

4.1.1　剪切模量比与剪应变关系

由每组试验所得到的滞回曲线求得动应力 σ_d 和动应变 ε_d 的关系，可确定动弹模 E_d，依此求得动剪模量 G_d：

$$G_d = \frac{E_d}{2(1+\mu)} \tag{1}$$

式中：μ 为泊松比，依据试样类型或颗粒组成而定。

绘制以动应变 ε_{d} 为横坐标、$\dfrac{1}{E_{\mathrm{d}}}$ 为纵坐标的关系图,其为一直线,直线在纵轴上的截距 $a = \dfrac{1}{E_{\mathrm{dmax}}}$,由 E_{dmax} 可得到最大动剪模量 G_{dmax}。由于最大动剪模量与固结压力 σ_3 有关,G_{dmax} 可用下式表示:

$$G_{\mathrm{dmax}} = Kp_{\mathrm{a}}\left(\frac{\sigma_3}{p_{\mathrm{a}}}\right)^n \tag{2}$$

式中:p_{a} 为大气压力,kPa;K、n 为试验常数。

剪应变 γ_{d} 由下式求得:

$$\gamma_{\mathrm{d}} = \varepsilon_{\mathrm{d}}(1 + \mu) \tag{3}$$

以已求出的在不同动剪应变下的剪切模量与最大剪切模量的比值 $\dfrac{G_{\mathrm{d}}}{G_{\mathrm{dmax}}}$ 和剪应变 γ_{d} 的关系在半对数坐标上绘出,对 $\dfrac{G_{\mathrm{d}}}{G_{\mathrm{dmax}}} \sim \gamma_{\mathrm{d}}$ 关系曲线进行拟合后得出:

$$\frac{G_{\mathrm{d}}}{G_{\mathrm{dmax}}} = \frac{1}{1 + \dfrac{\gamma_{\mathrm{d}}}{w}} \tag{4}$$

式中:w 为拟合参数。

4.1.2 阻尼比与剪应变关系

阻尼比由下式求得,试验滞回圈如图 1 所示。

$$\lambda_{\mathrm{d}} = \frac{A}{4\pi A_{\mathrm{t}}} \tag{5}$$

式中:A 为滞回圈的面积,cm^2;A_{t} 为三角形的面积,cm^2。

将阻尼比 λ_{d} 与动剪应变 γ_{d} 的关系在半对数坐标上绘出,对 $\lambda_{\mathrm{d}} \sim \gamma_{\mathrm{d}}$ 关系曲线进行拟合后得出:

$$\lambda = \frac{a\gamma_{\mathrm{d}}}{b + \gamma_{\mathrm{d}}} \tag{6}$$

式中:a、b 为拟合参数。

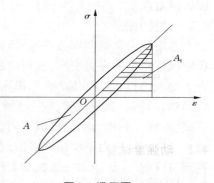

图 1　滞回圈

由此得到的剪切模量比、阻尼比与剪应变关系成果见表 2、图 2、图 3。

表 2　剪切模量比、阻尼比与剪应变关系成果

试样名称	参数	动剪应变							
		5×10^{-6}	1×10^{-5}	5×10^{-5}	1×10^{-4}	5×10^{-4}	1×10^{-3}	5×10^{-3}	1×10^{-2}
坝壳砂砾料	$G_{\mathrm{d}}/G_{\mathrm{dmax}}$	0.986 7	0.973 8	0.881 5	0.788 1	0.426 5	0.271 1	0.069 2	0.035 9
	λ_{d}	0.002 2	0.004 3	0.019 9	0.036 4	0.107 1	0.141 5	0.190 5	0.199 1
坝基砂砾石	$G_{\mathrm{d}}/G_{\mathrm{dmax}}$	0.983 0	0.966 5	0.852 5	0.742 9	0.366 2	0.224 1	0.054 6	0.028 1
	λ_{d}	0.004 7	0.009 2	0.039 2	0.066 2	0.147 5	0.174 3	0.204 0	0.208 4

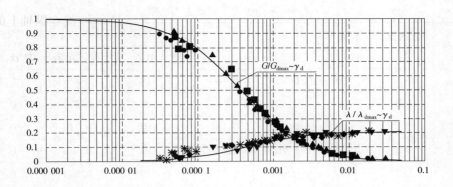

图 2　坝壳砂砾料 $G_{\mathrm{d}}/G_{\mathrm{dmax}} \sim \gamma_{\mathrm{d}}$、$\lambda/\lambda_{\mathrm{dmax}} \sim \gamma_{\mathrm{d}}$ 的关系曲线

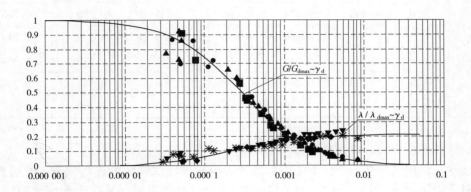

图 3　坝基砂砾石 $G_{\mathrm{d}}/G_{\mathrm{dmax}} \sim \gamma_{\mathrm{d}}$、$\lambda/\lambda_{\mathrm{dmax}} \sim \gamma_{\mathrm{d}}$ 的关系曲线

4.2　动强度试验结果

4.2.1　动应力比值 $\dfrac{\sigma_{\mathrm{d}}}{2\sigma_3}$ 与破坏振次 N_{f} 关系

根据试验结果,在双对数坐标上绘制以 $\dfrac{\sigma_{\mathrm{d}}}{2\sigma_3}$ 为纵坐标、N_{f} 为横坐标的关系曲线(破坏标准为应变达到 5%),得到 $\dfrac{\sigma_{\mathrm{d}}}{2\sigma_3} \sim N_{\mathrm{f}}$ 的关系图,每种试样在同一固结比、不同侧压下,其应力比值点都能较好地落在一条狭窄的条带内,基本可用一条直线表示。可用如下幂函数来描述,经过坐标变换后表现为直线方程,从而确定 A、B 两个参数:

$$\alpha_{\mathrm{d}} = A N_{\mathrm{f}}^{-B} \tag{7}$$

式中:$\alpha_{\mathrm{d}} = \dfrac{\sigma_{\mathrm{d}}}{2\sigma_3}$,为动应力比值;$\sigma_{\mathrm{d}}$ 为轴向振动应力;N_{f} 为不同振动应力下的破坏振动周次;A、B 为试验常数。

当 A、B 参数确定后就可求出任一破坏振次下的动应力比值,如表 3 所示。由表 3 可以看出,在同一破坏振次下,该砂砾料动应力比值随固结比的增大而有所增大。

表 3　不同振次下的动应力比值

试样名称	固结比 K_c	侧压力（kPa）	A	B	不同振次下的动应力比值（$\sigma_d/(2\sigma_3)$）		
					$N=10$ 次	$N=20$ 次	$N=30$ 次
坝壳砂砾料	1.0	200	0.748	0.160	0.518	0.458	0.429
		400	0.601	0.161	0.415	0.373	0.349
		600	0.499	0.154	0.350	0.312	0.290
	1.5	200	1.205	0.173	0.810	0.718	0.700
		400	0.910	0.170	0.615	0.549	0.510
		600	0.730	0.170	0.493	0.442	0.410
坝基砂砾石	1.0	200	0.502	0.144	0.360	0.330	0.305
		400	0.424	0.143	0.305	0.270	0.260
		600	0.350	0.121	0.265	0.230	0.213
	1.5	200	0.545	0.124	0.410	0.376	0.358
		400	0.485	0.129	0.360	0.330	0.314
		600	0.445	0.130	0.330	0.300	0.290

4.2.2　动剪强度和动总剪强度指标

试验中,常用试样某一个面上的应力条件来模拟实际试样中的应力状态。在资料整理时,对于等压固结(即 $K_c=1$)下的试样(对应现场土体预期破坏面上无剪应力的情况)取破坏面与主应力成 45°的斜面,这种平面上的动剪应力应当乘以修正系数 C_r,根据文献,修正系数 C_r 取 0.54。求取动剪应力的基本方法是以试样 45°斜面来近似地比拟水平地面以下的任一水平面,即试样 45°斜面上的初始法向有效应力 $\sigma_0'=\sigma_1'=\sigma_3'$,初始剪应力 $\tau_0=0$,振动剪应力 $\tau_d=\dfrac{\sigma_d}{2}$。

对于偏压固结(即 $K_c\neq1$)的试样求其动剪应力的基本方法是取破坏面为与主应力成 $45°+\dfrac{\varphi'}{2}$ 的斜面,其应力分量分别如下:

$$\sigma_0' = \frac{\sigma_3'}{2}\left[(K_c+1)-(K_c-1)\sin\varphi'\right] \tag{8}$$

$$\tau_0 = \frac{\sigma_3'}{2}\left[(K_c-1)\cos\varphi'\right] \tag{9}$$

$$\alpha = \frac{\tau_0}{\sigma_0'} = \frac{(K_c-1)\cos\varphi'}{(K_c+1)-(K_c-1)\sin\varphi'} \tag{10}$$

式中:σ_0' 为试样 45°面上的初始法向有效应力;τ_0 为试样 45°面上的初始剪应力;α 为初始剪应力比;φ' 为试样的有效内摩擦角。

在 $\dfrac{\sigma_d}{2\sigma_3}\sim N_f$ 关系曲线中找出 10 次、20 次、30 次时的动应力比值,以破坏面上的动剪

应力 τ_d 和总剪应力 $(\tau_0 + \tau_d)$ 为纵坐标，破坏面上的有效法向应力 σ_0' 为横坐标，分别绘制出振次为 10 次、20 次、30 次时不同初始剪应力比 α 时的 $\tau_d \sim \sigma_0'$ 关系曲线和 $(\tau_0 + \tau_d) \sim \sigma_0'$ 关系曲线。从以上关系图中分别可得到：

动剪强度方程 $\qquad\qquad \tau_d = C_d + \sigma_0' \tan\varphi_d$ (11)

动总剪强度方程 $\qquad\qquad \tau_{sd} = C_{sd} + \sigma_0' \tan\varphi_{sd}$ (12)

式中：C_d、φ_d 为动剪强度指标；C_{sd}、φ_{sd} 为动总剪强度指标。

两种砂砾料的动剪强度和动总剪强度见表 4。

表 4　砂砾料的动剪强度和动总剪强度

试样名称	固结比 K_c	初始剪应力 τ_0(kPa)	初始正应力 σ_0(kPa)	初始剪应力比 α	动剪应力 τ_d(kPa)			总剪应力 τ_{sd}(kPa)		
					10 次	20 次	30 次	10 次	20 次	30 次
坝壳砂砾料	1	0	200	0	55.94	49.46	46.33	55.94	49.46	46.33
		0	400	0	89.64	80.57	75.38	89.64	80.57	75.38
		0	600	0	113.4	101.09	93.96	113.4	101.09	93.96
	1.5	50	250	0.2	162.0	143.0	134.0	212.0	193.0	184.0
		100	500	0.2	252.0	228.0	212.0	352.0	328.0	312.0
		150	750	0.2	291.0	260.4	240.0	441.0	410.4	390.0
坝基砂砾石	1	0	200	0	38.88	35.64	32.94	38.88	35.64	32.94
		0	400	0	65.88	58.32	56.16	65.88	58.32	56.16
		0	600	0	85.86	74.52	69.01	85.86	74.52	69.01
	1.5	50	250	0.2	82.0	75.20	71.6	132.0	125.2	121.6
		100	500	0.2	144.00	132.00	125.6	244.0	232.0	225.6
		150	750	0.2	198.00	180.00	174.0	348.0	330.0	324.0

4.3　振动孔隙水压力

动荷作用下孔隙水压力的发展是土变形强度变化的根本因素，也是用有效应力方法分析动力稳定性的关键。本次振动孔隙水压力试验资料的整理采用黄河水利科学研究院潘恕等提出的振动孔隙水压力增长模型。在大型振动三轴试验中，对于每一个试样，同时测记了孔隙水压力的变化过程，得出了孔隙水压力随振动周次变化的过程曲线。根据试验记录发现孔压增长有如下特点：孔压与振次不成正比，在小动应力作用下振动初始孔压增长缓慢，振动中后期则明显加快，至接近破坏又变缓慢，而趋近一个定值，在大动应力作用下则可能第一周孔压即达一个很大数值，并且这个值与固结比 K_c 有关，固结比越大这个值越小；孔压增长过程不能用 Seed 的反应弦及其他修正模型来描述，否则离散度太大。实际的孔压增长过程远较之复杂，即使同一固结比在不同动应力作用下，振动孔压也不能简单地用孔压比与振动周数比曲线代表。

5　结语

（1）从动模量－阻尼试验结果看,两种砂砾料的剪切模量和阻尼比均随剪应变的增大而变化。随着剪应变的增大,剪切模量减小,而阻尼比则逐步增大,表明了砂砾料具有非线性性质。受试验条件限制,本次试验应变范围在 $5 \times 10^{-4} \sim 1 \times 10^{-2}$,在此范围内的模量比和阻尼比的数值为试验的实际值,应变范围在 $5 \times 10^{-6} \sim 5 \times 10^{-4}$ 内的模量比和阻尼比的数值是对试验曲线进行拟合后得出的,作为参考值。

（2）在动强度试验中,振动应力比值均随振次的增加而降低。在同一固结比下,不同围压下动应力比的数值点都能较好地落在一条狭窄的条带内,可以用一条直线表示。每种砂砾料的应力比值随固结比的增大而有所增大,根据级配不同或细粒含量的不同,当固结比 $K_c = 1.5$ 时,动应力比值与 $K_c = 1.0$ 时相比增大的明显程度不同。

（3）按振动孔隙水压力增长模型整理出的孔隙水压力变化规律性较好,孔压与振次不成正比,在小动应力作用下,振动初始孔压增长缓慢,振动中后期则明显加快,在大动应力作用下,则可能第一周孔压即达一个很大数值。

参考文献

[1] 曹培,王芳,严丽雪,等.砂砾料动残余变形特性的试验研究[J].岩土力学,2010,31(9).
[2] 华东水利学院土力学教研室.土工原理与计算[M].北京:水利电力出版社.
[3] 徐刚,等.邹县电厂常峪灰场坝基砂卵石动力性质大型三轴试验研究报告[R].黄河水利委员会黄河水利科学研究院.黄科技94026号,1994.
[4] 谢定义.土动力学[M].西安:西安交通大学出版社,1988.
[5] 黄河水利委员会黄河水利科学研究院,黄河勘测规划设计研究院.小浪底高土石坝砂砾石及掺砾土抗震特性试验研究[R].“八五”国家科技攻关报告.1994,12.

循环荷载作用下饱和海黏土动模量弱化性质研究[*]

蒋敏敏[1]　蔡正银[2,1]　肖昭然[1]

(1.河南工业大学土木建筑学院　郑州　450001;
2.南京水利科学研究院　南京　210024)

摘要:为研究波浪荷载作用下饱和海黏土的模量弱化性质,进行了一系列不同固结应力和循环应力幅值条件下的等应力幅值和变应力幅值单向循环三轴试验,分析了模量弱化特性、弱化指数发展模式和稳定弱化特性等内容。试验研究结果表明:固结应力较低或循环应力幅值比较小时,弱化指数随循环周数的增大而降低,固结应力较大且循环应力幅值比较大时,循环周数小于约200周,弱化指数随循环周数增大而降低,循环周数大于200周后,弱化指数随循环周数增大没有明显降低或略有上升,循环应力幅值比突增后,弱化指数有显著降低;提出单向循环荷载条件在固结应力和循环应力幅值比均较大时的弱化指数发展模式,循环周数小于200周时,符合现有模型,循环周数大于200周后,适于采用新提出的半对数模型;等应力幅值试验和变应力幅值试验的稳定弱化指数与循环后孔压比呈线性关系,在相同的循环后孔压比下,变应力幅值试验的动模量弱化比等应力幅值试验更显著。

关键词:饱和海黏土　循环三轴试验　动模量弱化　稳定弱化

近年我国大型人工岛、海洋采油平台和深水码头等大型离岸近岸工程的兴建,建筑物和地基会受到巨大的风暴荷载作用,软土地基上离岸近岸工程建筑物失稳的事例时有发生[1-2],对波浪风暴荷载作用下软土力学性质的研究显得更加重要。

国内外对循环荷载作用下饱和黏土弱化性质已有不少研究,闫澍旺[1-3]通过试验研究认为波浪风暴荷载后建筑物的失稳是软土发生弱化而导致的,通过试验分析了循环荷载对土体静强度衰减规律的影响。Yasuhara、蔡袁强、黄茂松等[4-8]分别对于软黏土、粉砂等土体的模量弱化特性进行了大量研究,提出指数、半对数等一系列模型。本文通过循环三轴试验研究波浪特性荷载作用下饱和软黏土动模量弱化特性,提出弱化特性的描述,以及稳定弱化特性规律。

1　试验方案、土体和试验设备

波浪荷载相比于交通、地震等动荷载具有周期长(常介于5~20 s);波浪风暴持续时间较长(数小时至数十小时);在风暴作用前已受到多次小波浪作用的特点[9-10]。波浪荷

*基金项目:交通部西部交通建设科技项目(200632800003-06)。

作者简介:蒋敏敏,男,1981年生,博士,讲师,主要从事软黏土力学、土工物理模型试验等方面的研究与教学工作。

载作用下离岸近岸工程建筑物周围地基中的应力状态极其复杂,既受到波浪动荷载的作用,又受到建筑物产生的静、动荷载的作用,但可通过动三轴试验近似模拟建筑物周围土体的受力特征[11-12]。

为了研究波浪风暴荷载作用下软黏土动模量的弱化特性,本文通过不排水条件下循环三轴试验对土样施加的荷载条件如表 1 所示。竖向固结应力为 100 ~ 200 kPa,竖向固结应力与侧向固结应力之比均为 2;为了模拟波浪的作用,循环周期选取为天津港平均周期 8 s;模拟一次风暴 3 000 周循环荷载的作用;大部分试验为等应力幅值的循环荷载试验,部分试验为变应力幅值试验,如循环应力幅值比(循环应力幅值的一半 σ_{cy} 与竖向固结应力 σ'_{vc} 的比值)0.1/0.15 的试验,在前 1 500 周循环应力幅值比为 0.1,后 1 500 周循环应力幅值比为 0.15,应力幅值根据 Ishihara 等[13]的理论确定。本文试验中对土样施加的为单向循环荷载条件[14],加载中试样没有拉应力的存在。

表 1　循环三轴试验方案

竖向固结应力 σ'_{vc}(kPa)	侧向固结应力 σ'_{rc}(kPa)	循环应力幅值比 σ_{cy}/σ'_{vc}	周期 T(s)	循环周数 N(周)
100	50	0.1	8	3 000
		0.1/0.15	8	1 500/1 500
		0.15	8	3 000
		0.1/0.2	8	1 500/1 500
		0.175	8	3 000
150	75	0.1	8	3 000
		0.1/0.15	8	1 500/1 500
		0.15	8	3 000
		0.1/0.2	8	1 500/1 500
		0.175	8	3 000
200	100	0.1	8	3 000
		0.1/0.15	8	1 500/1 500
		0.15	8	3 000
		0.1/0.2	8	1 500/1 500
		0.175	8	3 000

注:循环应力幅值比 0.1/0.15,表示前 1 500 周循环应力幅值比为 0.1,后 1 500 周循环应力幅值比为 0.15。

天津港软土是典型的海黏土,本文试验中采用的土体为天津港深水防波堤工程区域的原状淤泥质黏土,物理性质指标如表 2 所示。

表2　天津港软黏土物理性质指标

土粒比重 G_s	天然密度 $\rho(g/cm^3)$	天然含水量 $\omega(\%)$	液限 $\omega_L(\%)$	塑性指数 I_P
2.75	1.65	61.5	42	18.5

试验采用的设备为 GDS 动三轴试验系统,可进行应力路径、多功能加载(独立控制轴向应力、偏应力等)、K_0 固结、应力/应变动三轴等试验,并可施加多种循环荷载波形,试验系统具有足够的精度,保证试验结果的可靠性。

2　动模量弱化特性及分析

2.1　动模量弱化特性

Idriss 定义了描述动荷载作用下土体模量弱化的弱化指数,表示为第 N 周的动模量与第 1 周动模量的比值。本文通过循环三轴试验研究单向循环荷载条件下的土体动模量的弱化特性。

图 1 为一定的固结应力下不同循环应力幅值比试验的结果,其中图 1(a)、(b)分别为竖向固结应力 100 kPa 和 200 kPa 的试验结果。由图 1(a)的试验结果可见,固结应力较小时,弱化指数随着循环周数的增大而降低。由图 1(b)的试验结果可见,固结应力较大,循环应力幅值比影响弱化指数的发展模式,循环应力幅值比 σ_{cy}/σ'_{vc} 较小时(如 $\sigma_{cy}/\sigma'_{vc}=0.1$),弱化指数随着循环周数增大而降低;循环应力幅值比 σ_{cy}/σ'_{vc} 较大时(如 $\sigma_{cy}/\sigma'_{vc}=0.15$),循环周数小于约 200 周,弱化指数仍随循环周数增大而降低,循环周数大于 200 周后,弱化指数随着循环周数增大没有降低趋势,甚至略有上升。

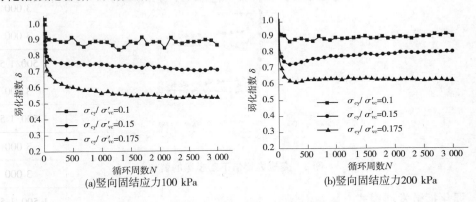

(a)竖向固结应力100 kPa　　　　(b)竖向固结应力200 kPa

图 1　不同循环应力幅值比下动模量的弱化

一定循环应力幅值比下,固结应力对弱化指数的影响如图 2 所示。其中图 2(a)是循环应力幅值比 σ_{cy}/σ'_{vc} 较小($\sigma_{cy}/\sigma'_{vc}=0.1$)的试验结果,在循环应力幅值比 σ_{cy}/σ'_{vc} 较小时,弱化指数较大,模量的弱化较小,固结应力对弱化指数的影响极小。图 2(b)是循环应力幅值比 σ_{cy}/σ'_{vc} 较大($\sigma_{cy}/\sigma'_{vc}=0.15$)的试验结果,在固结应力较小时,弱化指数随循环周数增大而降低;随着固结应力的增大,弱化指数发展模式逐渐发生变化,循环周数小于约 200 周,弱化指数随循环周数增大而降低,而循环周数大于 200 周后,弱化指数随循环周数增大没有明显降低或略有上升。

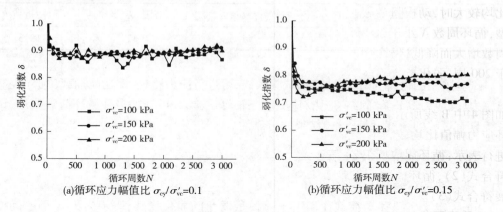

(a)循环应力幅值比 $\sigma_{cy}/\sigma'_{vc}=0.1$

(b)循环应力幅值比 $\sigma_{cy}/\sigma'_{vc}=0.15$

图2 不同固结应力下动模量的弱化

本文试验中为模拟不同波浪幅值作用的影响,进行了变应力幅值的循环三轴试验,前 1 500 周循环应力幅值比 $\sigma_{cy}/\sigma'_{vc}=0.1$,后 1 500 周循环应力幅值比 $\sigma_{cy}/\sigma'_{vc}=0.15$ 或0.2。从变应力幅值的试验结果(见图3)可见:前 1 500 周循环应力幅值比 σ_{cy}/σ'_{vc} 较小,应力条件对弱化指数影响极小;循环应力幅值比增大后,弱化指数显著降低,循环应力幅值比和固结应力越大,弱化指数越低。

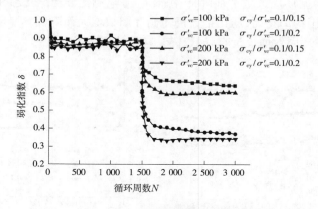

图3 变应力幅值下动模量的弱化

2.2 弱化指数发展模式

Idriss 通过试验提出弱化指数与循环周数之间存在指数关系:

$$\delta = N^{-d} \tag{1}$$

其中,d 为弱化参数。Yasuhara[4] 和李帅等[5] 提出弱化指数与循环周数的半对数模型。本文通过单向循环荷载条件下试验发现,固结应力和循环应力幅值比会对弱化指数的发展模式有影响。固结应力较低或循环应力幅值比较小时,动模量的弱化符合 Yasuhara 模型:

$$\delta = 1 - d\lg N \tag{2}$$

如图 4 中 A 线所示。固结应力和循环应力幅值比均较大时,动模量的弱化不完全符合上述模型,循环周数 N 小于 200 周时,弱化指数随循环周数增大而降低,仍符合式(2),循环周数 N 大于 200 周,弱化指数符合以下模型:

$$\delta = t + d_s \lg N \qquad (3)$$

如图 4 中 B 线所示。因此,对于固结应力和循环应力幅值比均较大情况,需要采用分段形式进行表示:循环周数小于 200 周,弱化指数发展符合式(2),循环周数大于 200 周,弱化指数发展符合式(3)。

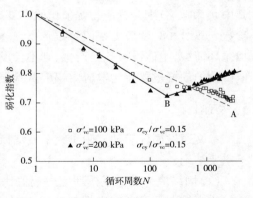

图 4 动模量弱化的发展模式

2.3 稳定弱化特性

由图 1~图 3 试验结果可见,循环周数大于约 500 周后,弱化指数逐渐趋于较稳定值,该值定义为稳定弱化指数 δ_p。不同固结应力和循环应力幅值比下等应力幅值试验的稳定弱化指数结果如图 5 所示。从试验结果可见:固结应力越小、循环应力幅值比越大,稳定弱化指数越小;循环应力幅值比对稳定弱化指数的影响更显著。

循环荷载后孔压与竖向固结应力的比值定义为循环后孔压比 u_p/σ'_{vc}。循环后孔压比与稳定弱化指数的关系如图 6 所示,包含了所有等应力幅值和变应力幅值循环三轴试验的结果。尽管施加的应力条件不同,等应力幅值试验和变应力幅值试验的稳定弱化指数与循环后孔压比分别近似呈线性关系,如图 6 中 A 线和 B 线所示。

对等应力幅值试验拟合结果为

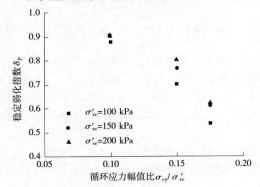

图 5 固结应力和循环应力幅值
比对稳定弱化指数影响

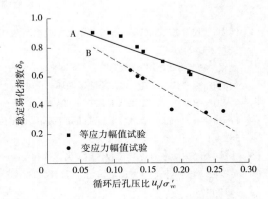

图 6 循环后孔压比对稳定弱化指数影响

$$\delta_p = 1 - c_e \frac{u_p}{\sigma'_{vc}} \qquad (4)$$

变应力幅值试验拟合结果为

$$\delta_p = 1 - c_v \frac{u_p}{\sigma'_{vc}} \qquad (5)$$

其中 c_e 和 c_v 分别为等应力幅值试验和变应力幅值试验拟合参数，本文试验中等应力幅值参数 c_e 为 1.68，变应力幅值参数 c_v 为 2.81。循环后孔压比为 0，弱化指数为 1，即若未施加循环荷载，土体没有孔压产生，则不会发生弱化。在相同的循环后孔压比下，变应力幅值试验的动模量弱化比等应力幅值试验更显著。

3 结语

本文通过循环三轴试验研究了波浪荷载作用下饱和海黏土动模量弱化特性，得到以下主要结论：

（1）固结应力较低或循环应力幅值比较小时弱化指数随着循环周数的增大而降低。固结应力较大且循环应力幅值比较大时，弱化指数发展模式发生变化，循环周数小于约 200 周，弱化指数随循环周数增大而降低；循环周数大于 200 周后，弱化指数随着循环周数增大没有明显降低，甚至略有上升。变应力幅值试验表明，循环应力幅值比突增后，弱化指数有显著降低，循环应力幅值比和固结应力越大，弱化指数越低。

（2）提出单向循环荷载试验在固结应力和循环应力幅值比均较大时，弱化指数发展模式：循环周数小于 200 周时，与现有模型符合较好；循环周数大于 200 周时，适于采用新提出的半对数模型。

（3）总结发现等应力幅值试验和变应力幅值试验的稳定弱化指数与循环后孔压比呈线性关系，在相同的循环后孔压比下，变应力幅值试验的动模量弱化比等应力幅值试验更显著。

参考文献

[1] 闫澍旺,侯晋芳,刘润,等. 长江口导堤在波浪荷载作用下的稳定性研究[J]. 岩石力学与工程学报, 2006, 25 (S1): 3245-3249.

[2] 满银. 波浪荷载作用下深埋式大圆筒基础施工期的水平承载特性研究[D]. 南京:河海大学, 2009.

[3] 闫澍旺,封晓伟. 天津港软黏土强度循环弱化试验研究及应用[J]. 天津大学学报, 2010, 43(11): 943-948.

[4] YASUHARA K, H Y D E A F L,TOYATA N, et al. Cyclic stiffness of plastic with an initial drained shear stress[C]// Proc. Geotechnique Symp. On prefailure Deformation Behavior of Geomaterials. London: Thomas Telford, 1997: 373-382.

[5] 李帅,黄茂松. 长期循环荷载作用下海洋饱和粉砂的弱化特性[J]. 同济大学学报, 2011(1): 25-28.

[6] 黄茂松,李帅. 长期往复荷载作用下近海饱和软黏土强度和刚度的弱化特性[J]. 岩土工程学报, 2010, 32(10): 1491-1498.

[7] 王军,蔡袁强,潘林有. 双向激振下饱和软黏土应变软化现象试验研究[J]. 岩土工程学报, 2009, 31(2): 178-185.

[8] 蔡袁强,陈静,王军. 循环荷载下各向异性软黏土应变 – 软化模型[J]. 浙江大学学报, 2008, 42(6): 1058-1064.

[9] 钱寿易,楼志刚,杜金声. 海洋波浪作用下土动力特性的研究现状和发展[J]. 岩土工程学报, 1982,4(1):16-23.

[10] O'REILLY M P, BROWN S F. Cyclic loading of soils: from theory to design [M]. New York: Van Nostrand Reinhold Company,1991.

[11] H Y D E A F L, YASUHARA K, HIRAO K. Stability Criteria for Marine Clay under One – Way Cyclic Loading [J]. Journal of Geotechnical Engineering, ASCE, 1993, 119(11): 1771-1789.

[12] 蒋敏敏,蔡正银,曹培. 循环荷载后饱和海相软黏土不排水静力试验研究[J]. 水利水运工程学报, 2010(2):

79-84.

[13] ISHIHARA K, YAMAZAKI A. Analysis of wave induced liquefaction in seabed deposits of sand [J]. Soils and Foundations, 1984, 24(3): 85-100.

[14] YASUHARA K, HIRAO K, H Y D E A F L. Effects of cyclic loading on undrained strength and compressibility of clay [J]. Soils and Foundations, 1992, 32(1): 100-116.

玄武岩纤维混凝土性能试验研究*

刘紫阳[1]　孙世伟[2]　吴凤珍[3]　方俊林　于　浩

(1. 中国水利水电第十三工程局有限公司　天津　300000;
2. 华优建筑设计院郑州分院　郑州　450000;
3. 河南理工大学万方科技学院　郑州　450000)

摘要: 玄武岩纤维增强混凝土可以在房屋、桥梁、高速公路、高速铁路、城市高架道路、飞机跑道、海港码头、地铁隧道等建筑领域起到加固补强、防渗抗裂、延长使用寿命等作用。通过对玄武岩纤维与其他纤维性能指标对比,对掺入不同纤维的混凝土的性能进行了对比试验研究,并取得了良好的效果。对混凝土的抗冲击、抗冻性、抗渗透性、抗干缩性能都有较明显的提高,具有很好的应用前景。

关键词: 玄武岩　连续纤维　水泥混凝土性能

1 引言

水泥混凝土具有抗压强度高、成本低廉、原材料丰富等特点,是目前土木工程中广泛应用的材料[1]。但由于普通混凝土自身存在一些缺陷,如容易收缩开裂、抗拉抗折强度低、韧性差、脆性大、抗冲击性能较低等[3],限制了混凝土在工程中的广泛应用。为此,人们在水泥基材料中掺入其他组分,以改善混凝土性能。

纤维混凝土是国际上近年来发展很快的新型水泥混凝土复合材料[2],以其优良的抗拉抗弯强度、阻裂限缩能力、耐冲击及优良的抗渗、抗冻性能而成功地应用于军事、水利、建筑、机场、公路等领域[5],目前已成为研究较多、应用较广的水泥基复合材料之一[6]。在混凝土基材中掺入纤维是提高混凝土韧性、抗冲击性能和抑制砂浆塑性收缩开裂的一条有效途径[4]。

用于纤维混凝土复合材料的纤维,其阻裂、增强和增韧作用主要取决于纤维本身的力学性能、纤维与基体的黏结性能以及纤维的数量和在基体中的分布情况。纤维根据弹性模量的大小可分为两大类,纤维弹性模量小于基体弹性模量的有纤维素纤维、聚丙烯纤维、聚丙烯腈纤维等;纤维弹性模量高于基体弹性模量的有石棉纤维、玻璃纤维、钢纤维、碳纤维、芳纶纤维等[7]。连续玄武岩纤维是近几年来时有报道的新纤维。

连续玄武岩纤维(Continuous Basalt Fibre,简称 CBF 或 BF)是一种无机纤维材料[8]。它用纯天然火山喷出岩为原料,经 1 450 ~ 1 500 ℃的高温熔融后快速拉制而成的连续纤维,其外观为金褐色[10]。玄武岩纤维具有耐高温、耐烧蚀、耐酸碱性能好、耐化学性能好

* **基金项目:** 国家自然科学基金项目(11172090 和 51009052)资助。

作者简介: 刘紫阳,男,1986 年生,河南洛阳人,毕业于河南工业大学,主要从事土木工程方面的工作。

和热稳定性优越等优点[11]。作为基础工业的增强复合材料有很好的发展前景,特别是玄武岩纤维在建筑工程中,与碳纤维有同样的优势[16]。

综上所述,有必要针对玄武岩纤维掺入后对混凝土性能的影响进行系统的研究,并对比聚丙烯腈纤维、聚丙烯纤维掺入混凝土后性能的改善测试情况进行对比分析,得出玄武岩纤维对混凝土影响的优劣。

2 连续玄武岩纤维简单介绍

连续玄武岩纤维除具有高科技纤维、高比强度、高比模量的特点外,CBF 还具有耐温性佳(-269~700 ℃)、抗氧化、抗辐射、绝热隔音、过滤性好、抗压缩强度和剪切强度高、适应于各种环境下使用等优异性能[12],且价格比好,是一种纯天然非金属材料,也是一种可以满足国民经济基础产业发展需求的新的基础材料和高技术纤维(其性能见表1、表2)[9]。由于它具有原材料的天然性、性能的综合性、成本的廉价性和工艺的简洁性、技术的高难性,以及应用的广泛性等特征[13],因此 CBF 及其复合材料可以较好地满足建筑、国防建设、交通运输、石油化工、环保、电子、航空航天等领域结构材料的需求,对国防建设、重大工程和产业结构升级具有重要的推动作用[15]。它既是 21 世纪符合生态环境要求的绿色新材料,又是一个在世界高技术纤维行业中可持续发展的有竞争力的新材料产业[14],也是我国新材料领域的 863 计划成果,尤其是我国已经拥有自主知识产权的CBF 制造技术及工艺,并且以"后来者居上"的后发优势达到了国际领先水平,在我国大力发展玄武岩纤维在建筑领域的应用无疑具有重要的意义。近几年来,由于 CBF 良好的综合性能和性价比,越来越被材料界和建筑界领域的用户看好。

表1 连续玄武岩纤维的主要技术指标

编号	性能指标	数值
	热物理性能	
1	使用温度(℃)	-269~700
	黏结温度(℃)	1 050
	导热系数(W/(m·K))	0.03~0.038
	物理性能	
2	单丝直径(μm)	7~15
	密度(kg/m³)	2 650
	弹性模量(kg/m³)	10 000~11 000
	拉伸强度(MPa)	4 150~4 800
	热处理下拉伸强度(%)	
	20 ℃	100
	200 ℃	95
	400 ℃	82

续表1

编号	性能指标	数值
	化学稳定性(在3 h沸腾条件下失重,%)	
3	2N　HCl	2.2
	2N　NaOH	6.0
	H_2O	0.2

表2　连续玄武岩与其他纤维的指标对比

纤维类型	纤维密度(g/cm^3)	力学强度(MPa)	弹性模量(GPa)	伸长率(%)
玻璃纤维类				
A型玻纤	2.46	3 310	69	4.8
C型玻纤	2.46	3 310	69	4.8
E型玻纤	2.60	3 450	76	4.76
S-2型玻纤	2.49	4 830	97	5.15
硅土纤维	2.16	206~412	—	
石英纤维	2.20	3 438	—	
碳纤维				
大丝束	1.74	3 620	228	1.59
中丝束	1.80	5 100	241	2.11
小丝束	1.80	6 210	297	2.20
芳香族聚酰胺纤维类				
Kevlar29	1.44	3 620	41.4	3.6
Kevlar149	1.47	3 480	186	1.5
聚丙烯纤维	0.91	270~650	38	15~18
聚丙烯腈纤维	1.18	500~910	75	11~20
连续玄武岩纤维	2.65	4 150~4 800	100~110	3.3

　　从表1、表2中可以看出,玄武岩纤维具有以下一系列优越的性能:

　　(1)原材料的天然性。由于生产CBF的原料取决于天然的火山喷出岩,除它与生俱来就具有很高的化学稳定性和热稳定外,其中并没有与人类健康有害的成分。

　　(2)性能的综合性。玄武岩纤维是名副其实的"多能"纤维。譬如既耐酸又耐碱,既耐低温又耐高温,既绝热电绝缘又隔音,拉伸强度超过大丝束碳纤维,断裂延伸率比小丝束的碳纤维还要好;CBF表面极性,与树脂复合时界面结合的浸润性极好,而且CBF具有三维的分子维数,与分子维数一维的线性聚合物纤维相比,具有较高的抗压缩强度、剪切强度和在耐恶劣环境中使用的适应性、抗老化性等优异的综合性能。

（3）成本的低廉性。水泥混凝土用的玄武岩纤维价格并不高,是聚丙烯纤维、聚丙烯腈纤维非常有竞争力的替代品。

（4）天然的相容性。玄武岩纤维是典型的硅酸盐纤维,用它与水泥混凝土和砂浆混合时很容易分散,新拌玄武岩纤维混凝土的体积稳定、和易性好、耐久性好,具有优越的耐高温性、防渗抗裂性和抗冲击性。因此,玄武岩纤维增强混凝土可以在房屋、桥梁、高速公路、高速铁路、城市高架道路、飞机跑道、海港码头、地铁隧道、沿海防护工程、核电站设施、军事设施等建筑领域起到加固补强、防渗抗裂、延长使用寿命等作用。CBF 是天然绿色的新材料,将给人类的建筑业和我国优先发展的交通运输领域带来重大变革。

3 试验部分

3.1 原材料

水泥:浙江水泥有限公司生产。

粗集料:花岗石碎石,粒径为 5 ~ 25 mm。

细集料:长江砂,细度模数为 2.6。

水:普通自来水。

外加剂:高效减水剂。

粉煤灰:I 级粉煤灰。

短切玄武岩纤维:2 号配合比玄武岩纤维规格直径为 17 mm,长度为 12 mm,掺量为 1 kg/m³;3 号配合比玄武岩纤维规格直径为 15 μm,长度为 18 mm,掺量为 3 kg/m³;聚丙烯纤维,纤维规格直径为 31 μm,长度为 19 mm,三叶异型截面,纤维密度为 0.91 kg/m³,掺量为 0.9 kg/m³;聚丙烯腈纤维,纤维规格直径为 13 μm,长度为 6 mm,纤维密度为 1.18 kg/m³,掺量为 1 kg/m³。连续玄武岩纤维主要参数见表 3。

表 3 连续玄武岩纤维主要参数

性能	连续玄武岩纤维
含水量(%)	0.1
比重(相对密度)	2.65
纤维长度(m)	>50 000
延伸率(%)	3.3
受热反应及燃烧状态	不燃
抗酸碱性	较好
抗拉强度(MPa)	>780

3.2 试验方法

（1）新拌混凝土坍落度试验及结果评定参照《普通混凝土拌合物性能试验方法标准》（GB 50080—2002）。

（2）混凝土立方体抗压强度、劈裂抗拉强度、抗折强度和静力受压弹性模量试验及结果评定按照《普通混凝土力学性能试验方法标准》(GB 50081—2002)。

(3)混凝土抗渗性能、抗冻性能(慢冻法)、收缩试验及结果评定按照《普通混凝土长期性能和耐久性能试验方法》(GBJ 82—85)。

(4)水泥砂浆早期抗干缩开裂性能试验及结果评定按照《水泥砂浆抗裂性能试验方法》(JC/T 951—2005),抗开裂指数和限裂效能等级计算按《纤维混凝土结构技术规程》(CECS38:2004)。

(5)混凝土抗冲击性能试验参照美国混凝土学会 ACI – 544"纤维增强混凝土的性能测试"技术报告中推荐的抗冲击性能试验方法。

锤重 4.45 kg,其自由落下高度 1 000 mm,锤落在试件表面上的直径 63.5 mm 钢球上,冲击荷载经过钢球传递到试件上。抗冲击试件尺寸为直径 150 mm × 63.5 mm(切割边长 200 mm 立方体试件,去除成型表面 50 mm 后切割而成),每组共三个试件。试验结果评定:经落锤冲击,当试件裂缝宽度大于 3 mm 时,记录冲击次数,试验结果取 3 个数据的平均值。

3.3 搅拌制度

混凝土:细集料 + 水泥 + 纤维 + 水 + 外加剂 + 粗集料拌和 3 min,混凝土成型采用振动台振动成型。

3.4 试验配合比

试验配合比见表 4、表 5。

表 4　试验配合比(一)　　　　　　　　　　　　(单位:kg/m³)

配合比编号		水泥 (P·O 42.5)	粉煤灰	砂	石	水	JC – 2	纤维
1	空白混凝土	420	60	656	1 069	175	7.2	—
2	玄武岩纤维混凝土	420	60	656	1 069	175	7.2	1.0
3	玄武岩纤维混凝土	420	60	656	1 069	175	7.2	3.0
4	聚丙烯纤维混凝土	420	60	656	1 069	175	7.2	0.9

表 5　试验配合比(二)　　　　　　　　　　　　(单位:kg/m³)

配合比编号		水泥 (P·O 32.5)	砂	石	水	外加剂	纤维
5	空白混凝土	450	666	1 184	150	4.5	—
6	聚丙烯腈纤维混凝土	450	666	1 184	150	4.5	1.0

4　试验结果分析

(1)不同纤维、不同纤维掺量与不掺纤维的混凝土坍落度试验结果见表 6。

表6　纤维的掺入对新拌混凝土坍落度的影响

配合比编号		坍落度（mm）
1	空白混凝土	190
2	玄武岩纤维混凝土	180
3	玄武岩纤维混凝土	175
4	聚丙烯纤维混凝土	180
5	空白混凝土	185
6	聚丙烯腈纤维混凝土	165

（2）不同纤维、不同纤维掺量与不掺纤维的混凝土抗压强度比、抗折强度比、劈裂抗拉强度比、抗冻性能、抗渗性能提高系数、收缩性能、抗冲击性能及水泥砂浆抗干缩开裂性能影响的试验结果见表7。

表7　纤维的掺入对混凝土各项性能的影响

配合比编号	抗压强度比	抗折强度比	劈裂抗拉强度比	抗渗性能提高系数	收缩率比	抗冻性能 强度损失率比	抗冲击性能	水泥砂浆抗干缩开裂性能	
								裂缝降低系数	限裂效能等级
2	92.8	93.8	98.3	35	97	90	133	47	三级
3	99.4	101.9	101.2	50	100	54	210	61	二级
4	99.8	100.9	100.2	40	97	48	193	58	二级
5	99.0	100.0	102.6	56	86	11	162	73	一级

注：1. 抗压强度比为掺纤维混凝土抗压强度与同期不掺纤维混凝土抗压强度的百分数。
2. 抗折强度比为掺纤维混凝土抗折强度与同期不掺纤维混凝土抗折强度的百分数。
3. 劈裂抗拉强度比为掺纤维混凝土抗拉强度与同期不掺纤维混凝土抗拉强度的百分数。
4. 混凝土抗渗性能提高系数按式（1）计算：

$$\lambda = \left(1 - \frac{D_{m1}}{D_{m0}}\right) \times 100 \tag{1}$$

式中：λ 为混凝土抗渗性能提高系数（%）；D_{m1} 为受检混凝土的渗水高度，mm；D_{m0} 为基准混凝土的渗水高度，mm。
5. 混凝土抗冲击性能按式（2）计算：

$$C_j = \frac{N_1}{N_0} \times 100 \tag{2}$$

式中：C_j 为混凝土抗冲击性（%）；N_1 为受检混凝土的破坏冲击次数，次；N_0 为基准混凝土的破坏冲击次数，次。
6. 收缩率比为掺纤维混凝土的收缩率与同期不掺纤维混凝土的收缩率比的百分数。
7. 抗冻性能中强度损失率比为掺纤维混凝土冻后强度损失率与不掺纤维混凝土冻后强度损失率的比值百分数。
8. 裂缝降低系数按《纤维混凝土结构技术规程》（CECS38：2004）。
9. 限裂效能等级按《纤维混凝土结构技术规程》（CECS38：2004）。

5　试验结果

（1）纤维掺入后，由于它均匀分布于混凝土中，有效阻止了混凝土的离析，混凝土黏聚性能和抗泌水性大大提高,混凝土坍落度稍有降低,但降低程度较小。玄武岩纤维与聚丙烯纤维基本一致,而聚丙烯纤维下降幅度稍大些。

(2)在体积掺量基本一致的情况下,纤维的掺入对混凝土抗压强度略有降低,三种纤维下降幅度基本一致。在玄武岩纤维掺量较少的情况下(1.0 kg/m³),抗折强度下降幅度较大。

(3)在体积掺量基本一致的情况下,三种纤维的掺入对混凝土抗折强度、劈裂抗拉强度没有发生明显变化,在玄武岩纤维掺量较少的情况下(1.0 kg/m³),抗折强度、劈裂抗拉强度有所下降。纤维的掺入可以弥补混凝土脆性的不足。

(4)纤维的掺入明显提高了混凝土的抗冲击性能。在混凝土中掺入纤维,由于纤维比表面积大,单位体积内纤维根数多,在纤维内部构成一种均匀的三维乱向分布的网络体系,这一均匀的乱向网络体系有助于提高混凝土受冲击时的动能的吸收。在混凝土受冲击荷载作用时,纤维可以缓和混凝土内部裂缝尖端应力集中程度,有效地阻碍混凝土中裂缝的迅速发展,吸收由于冲击荷载产生的动能,从而提高混凝土的抗冲击性能。在体积掺量基本一致的情况下,玄武岩纤维混凝土抗冲击性能改善更明显。

(5)25次冻融循环后掺入纤维的混凝土抗压强度损失率低于不掺纤维的混凝土抗压强度损失率,混凝土中掺入纤维,可以缓解温度变化而引起的混凝土内部应力的作用,防止温度裂缝的扩展。同时混凝土中掺入纤维,在混合过程中引进了空气,使混凝土内空气含量增加,抗冻性能得以改善。三种纤维以聚丙烯腈纤维抗冻性能最好,在体积掺量基本一致的情况下,聚丙烯纤维与玄武岩纤维25次冻融循环混凝土抗压强度损失率基本一致。

(6)掺入纤维的混凝土的抗渗透能力得到改善,均匀分布于混凝土中的大量纤维起了承托作用,降低了混凝土表面的析水与集料的离析,从而使混凝土中微孔隙含量大大降低。同时,纤维的掺入减少了混凝土中的初始原生裂缝,所带来的明显的阻裂效应使纤维混凝土的抗渗能力得以提高。在体积掺量基本一致的情况下,玄武岩纤维较聚丙烯纤维有更好的抗渗透性能。

(7)掺入纤维的混凝土的28 d收缩率与基准混凝土相比没有发生明显变化。在混凝土中掺入乱向分布的纤维后有效抑制了混凝土的塑性收缩,收缩的能量被分散到具有高抗拉强度而弹性模量较低的纤维上,增加了混凝土的韧性,控制了混凝土微细裂缝的产生与发展。原因是混凝土干燥收缩变形主要由混凝土中的水分散失而引起,掺入纤维后,由于表层材料中存在纤维材料,其失水面积有所减小,水分迁移困难,从而使毛细管失水收缩形成的毛细张力有所降低。纤维与水泥基之间界面的黏结力、机械啮合力等,会增加材料抗收缩变形和开裂的能力,降低混凝土的收缩变形。在体积掺量基本一致的情况下,聚丙烯腈纤维抗收缩变形能力最好,玄武岩纤维与聚丙烯纤维基本一致。

6　结论与展望

从测试数据和试验情况来看:

(1)从试验的情况来看,玄武岩纤维完全可以代替聚丙烯纤维,在如今讲究绿色、环保、节约资源的今天,玄武岩纤维混凝土在建筑工程领域推广应用的意义重大。

（2）玄武岩纤维混凝土所具有的优良的抗裂、抗冻及抗渗性能,有利于混凝土耐久性的提高和延长混凝土工程的使用寿命。尽管使用纤维后会使单方混凝土的成本有所增加,但考虑到掺入纤维后的混凝土使用性能的改善,使用寿命延长,综合成本下降。

（3）高强高性能混凝土在工程中的使用越来越广泛,但普通高强混凝土脆性易裂的问题更严重,纤维的掺入可有效阻碍早期塑性开裂和自收缩开裂,有效改善了高强混凝土的性能,具有广阔的应用前景。

（4）采用玄武岩纤维配置混凝土,在混凝土搅拌、浇筑成型时,对混凝土无不良影响,且能改善混凝土的黏聚性和稳定性。

（5）在混凝土中掺入玄武岩纤维,提高了混凝土的抗冲击性能,降低了脆性,可以用于道路路面及桥面层工程中,能改善混凝土的力学性能。

（6）在混凝土中掺入玄武岩纤维,可以改善混凝土的抗渗性能、抗冻融循环能力和抗收缩能力。无机的玄武岩纤维与有机的聚丙烯纤维、聚丙烯腈纤维相比,抗老化的性能无疑更佳,因此玄武岩纤维混凝土是一种有代表性的高性能混凝土,其耐久性能和长期性能的改善,可以拓宽用之于港口深水码头、跨海大桥以及严寒地区等领域。

参考文献

[1] 金冰,吴刚.连续玄武岩纤维及其增强混凝土性能研究[J].科技创新导报,2009(13).
[2] 曹海琳,郎海军,孟松鹤.连续玄武岩纤维结构与性能试验研究[J].高科技纤维与应用,2007(5).
[3] 崔毅华.玄武岩连续纤维的基本特性[J].纺织学报,2005(5).
[4] 李建军,党新安.玄武岩连续纤维成形工艺研究[J].材料科学与工艺,2009(2).
[5] 李萌,陈宏书,等.玄武岩连续纤维材料的性能及其应用[J].硅酸盐通报,2009(4).
[6] 石钱华.国外玄武岩连续纤维的发展及其应用[J].玻璃纤维,2003(4).
[7] 胡显奇.我国玄武岩连续纤维的进展及发展建议[J].高科技纤维与应用,2008(6).
[8] 吴刚,顾冬生,吴智深,等.玄武岩纤维与碳纤维加固混凝土圆形柱抗震性能比较研究[J].工业建筑,2007,37(6).
[9] 范飞林,徐金余,等,玄武岩纤维混凝土冲击力学性能试验研究[J].新型建筑材料(S),2008,25(6).
[10] 胡琳娜,尚德库,艾明星,等.玄武岩纤维复合材料研究[J].河北工业大学学报,2003,32(2).
[11] 贾丽霞,蒋喜志,吕磊,等. 玄武岩纤维及其复合材料性能研究[J].纤维复合材料,2005(4).
[12] JIRI MILITKY, VLADIMIR KOVACIC, JITKA RUBNEROVA. Influence of thermal treatment on tensile failure of basalt fibers[J]. Engineering fracture mech - anics, 2002, 69.
[13] RAB NOV ICH F N,ZUEVA V N,MAKEEVA L V. Stability of basalt fi bers in a medium of hrating cement[J]. Glass and Ceramics, 2001(58).
[14] 谢盖尔.玄武岩纤维的特性及其在中国的应用前景[J].玻璃纤维,2005(5).
[15] 霍俊芳,申向东,崔琪,等.聚丙烯纤维对土力学性能的影响[J].硅酸盐通报, 2007, 26(4).
[16] Dias D P, Thaumaturgo C. Fractu retoughness of geopolymeric concretes reinforced with basalt fibers[J]. Cem. Concr. Compos,2005(1).

心墙掺砾料大型三轴试验研究*

李海芳[1]　陈　宁[1]　温彦锋[1]　余　挺[2]

(1. 中国水利水电科学研究院流域水循环模拟与调控国家重点实验室　北京　100048；
2. 中国水电顾问集团成都勘测设计研究院　成都　610071)

摘要:通过室内大型三轴试验,对心墙掺砾料应力应变和强度特性进行了研究,并与中小型三轴试验结果进行对比分析,探讨了掺砾量及试样尺寸对心墙掺砾料力学性质的影响。按50∶50掺合,掺砾对心墙掺砾料黏聚力影响不明显,其内摩擦角增大。掺砾对心墙料的变形特性影响较大,k 值增大 1 倍以上,k_b 值增大50%以上,对心墙防渗体与堆石坝体的变形协调有利。
关键词:岩土力学　心墙掺砾料　大型三轴试验　应力应变强度　变形协调

1　概述

对于高心墙堆石坝,不仅要控制坝体的整体变形,而且要特别注意心墙防渗体与坝壳堆石体的变形协调。一般都选取压实后变形模量较高的防渗土料,如砾石土、风化岩等宽级配土料。于洋等[1]、冯业林等[2]对糯扎渡心墙掺砾料的力学特性及掺合工艺进行了研究,陈志波等[3-4]对宽级配砾质土的压实特性及强度变形特性进行了较为深入的研究,张锡道等[5]研究了掺砾改性砾石土心墙料的应力应变特性。

双江口水电站坝高 314 m,当卡、大石当等料场主要为低液限黏土时,颗粒偏细,难以适应 300 m 级高心墙堆石坝的变形要求,需要掺加一定量的粗颗粒料,以改善其变形特性。本研究通过室内大型三轴试验,对其心墙掺砾料的应力应变和强度特性进行研究,确定筑坝材料的物理力学性质,提出相应的计算参数和指标,与中小型三轴试验结果进行对比,探讨掺砾量及试样尺寸对心墙掺砾料力学性质的影响。

2　心墙料的基本物理力学性质

掺砾防渗土料设计应以满足防渗和渗透稳定性并具有较高的变形模量为原则,通过击实和抗渗特性试验确定合理掺合比例。双江口心墙黏土比重为 2.74 ~ 2.77,液塑限含水量分别为 34.2% 和 21.5%,按塑性图分类属低液限黏土。拟掺入的碎石为花岗岩,比重为 2.71。由于心墙所掺的碎石最大粒径为 100 mm,大型三轴试验最大允许粒径为 60 mm,采用等量替代法缩尺,如表 1 所示。

心墙掺砾料的大型击实仪直径为 300 mm,单位体积击实功能为 2 684.9 kJ/m³,心墙掺砾料最大干密度与掺砾比例的关系如图 1 所示,在试验的掺砾范围内,其最大干密度随

---

* **基金项目:**水利部公益性行业科研专项(200801133)。

作者简介:李海芳,男,1958 年生,教授级高工。

掺砾比例增大而增大。

表 1 双江口心墙掺砾料掺砾部分级配(不包括黏性土部分)

粒径(mm)	100~80	80~60	60~40	40~20	20~10	10~5	<5
原级配	5	10	20	28	17.5	14.5	5
试验级配			24	33	21	17	5

渗透试验在大型垂直渗透变形仪(直径为 300 mm)中进行,进出口及仪器中部设有测压管,用来量测试样实际承受的水头,试验采取渗流由下向上的试验方法。为保证试样的均匀性,分层均匀地将土料装入仪器内击实。采用抽气饱和,试验用水为脱气水。试验过程中,对试样进行分级施加水头,由小逐渐加大,每级水头维持时间一般为 30 min 或 60 min。

心墙掺砾料渗透系数与掺砾比例的关系如图 2 所示,从试验结果可知,在掺砾比例小于 45% 时,掺砾对心墙料的渗透系数影响较小。只有当掺砾比例达 50% 时,其渗透系数才明显增大,但仍在 10^{-6} cm/s 量级内。当掺砾比例达 60% 时,其渗透系数大于 1×10^{-5} cm/s。

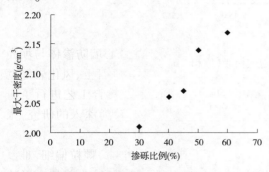
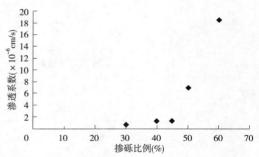

图 1 心墙掺砾料最大干密度与掺砾比例的关系 图 2 心墙掺砾料渗透系数与掺砾比例的关系

3 大型三轴压缩试验结果

根据大型渗透和击实试验结果,选择 1 个掺合比例(干土∶碎石 = 50∶50)和 1 个控制干密度(2.13 g/cm³,压实度为 0.99),含水量取最优含水量,进行大型三轴压缩试验。试验在大型高压三轴蠕变仪上完成,试样直径为 300 mm,高度 700 mm。

3.1 非饱和 UU 试验结果

非饱和 UU 试验周围压力为 0.5 MPa、1.3 MPa、2.2 MPa、3.0 MPa,围压施加 30 min 后施加轴向荷载,剪切速率为 2 mm/min,即 0.29%/min,心墙掺砾料非饱和 UU 试验的强度指标为 $c_u = 0.442$ MPa,$\varphi_u = 23.39°$。

3.2 饱和 CD 试验结果

饱和 CD 试验采用反压力饱和,饱和时间需要 5 d 左右,固结部分用时 3 d 左右,剪切速率为 0.02 mm/min,即 0.002 9%/min,周围压力设定为 0.5 MPa、1.3 MPa、2.0 MPa、2.5 MPa。为了提高 CD 试验的排水速度,在试样分 5 层装填击实过程中,每层击实完成后,在层面刨毛后,划出一个"十"字形凹槽,并用中砂填充,形成径向排水通道。在试样侧面用无纺土工织物条带形成轴向排水通道,无纺土工织物条带在试样半高处剪断,以免对试样变形特性产生影响。

图 3 为饱和 CD 轴向应力—应变曲线,其应力—应变曲线基本上符合双曲线的规律。图 4 为饱和 CD 体变曲线,也基本上符合双曲线的规律。轴向初始切线模量 E_i 采用应力水平为 0.7 和 0.95 之间的全部数据确定,得到 $k = 891, n = 0.15$,其 $k_b = 398, m = 0.16$,$c_{cd} = 0.04$ MPa, $\varphi_{cd} = 33.41°$。

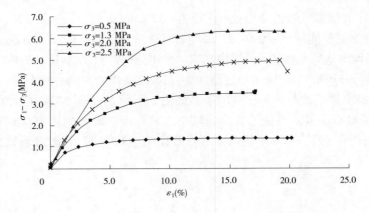

图 3 掺砾料应力—应变曲线(饱和 CD)

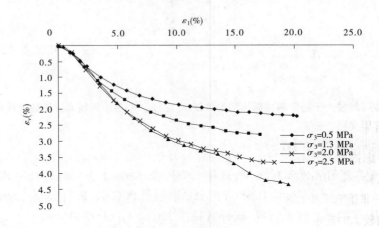

图 4 掺砾料体积应力—应变曲线(饱和 CD)

3.3 非饱和 CD 试验结果

非饱和 CD 试验的固结部分用时 5 d 左右,剪切速率为 0.02 mm/min,周围压力设定为 0.5 MPa、1.3 MPa、2.2 MPa、3.0 MPa。由于蠕变仪可以量测非饱和体变,因而对非饱和 CD 试验的 K – B 参数进行了整理。

图 5 和图 6 表明,掺砾料应力—应变曲线和体变曲线基本上符合双曲线规律。按照类似于上述 CD 试验的方法,得到其 $k = 860, n = 0.16, k_b = 100, m = 0.53, c_{cd} = 0.07$ MPa,$\varphi_{cd} = 32.14°$。

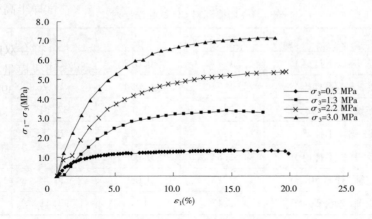

图5　掺砾料应力—应变曲线(非饱和 CD)

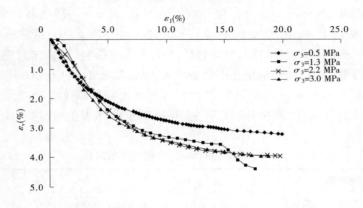

图6　掺砾料体积应力—应变曲线(非饱和 CD)

4　试验结果对比分析

　　为了考虑掺砾及试样尺寸对心墙掺砾料力学性质的影响,本研究对心墙黏土进行了小型三轴试验,对心墙掺砾料进行了中型三轴试验,中型三轴试样所掺碎石的最大粒径为2 mm。对于非饱和 UU 试验,根据大型三轴和小型三轴的试验结果,砾石的掺入对心墙料摩擦角影响较大,增加3°~6°,黏聚力增加0.1 MPa,见表2。对于 CD 试验,无论试样处于饱和状态还是非饱和状态,无论掺砾与否,试验得到的黏聚力差别不明显,但掺砾使其内摩擦角显著增大,非饱和状态增加3°左右,饱和状态增加5°左右,见表3。

表2　心墙掺砾料非饱和 UU 试验结果对比

试验类别	干密度(g/cm³)	c(MPa)	φ_0(°)	压实度
小型三轴(不掺砾)	1.77	0.142	23.3	0.98
小型三轴(不掺砾)	1.81	0.157	24.8	1.0
中型三轴(掺砾50:50)	2.13	0.267	30.3	0.99
大型三轴(掺砾50:50)	2.13	0.223	26.4	0.99

表3 心墙掺砾料 CD 试验结果对比

试验类别		干密度(g/cm³)	c(MPa)	φ_0(°)	压实度
非饱和	小型三轴(不掺砾)	1.77	0.072	28.7	0.98
	小型三轴(不掺砾)	1.81	0.094	29.7	1.0
	大型三轴(掺砾50:50)	2.13	0.07	32.14	0.99
饱和	小型三轴(不掺砾)	1.77	0.072	28.7	0.98
	小型三轴(不掺砾)	1.81	0.053	28.9	1.0
	中型三轴(掺砾50:50)	2.13	0.089	34.4	0.99
	大型三轴(掺砾50:50)	2.13	0.04	33.41	0.99

在饱和状态下,掺砾对心墙料模型参数影响明显,见表4。掺砾后,k 和 k_b 值显著增大,k 值增大 1 倍以上,k_b 值增大 50% 以上。这表明,在掺砾料中,虽然砾石未能形成骨架,但已占有一定的体积,对掺砾料变形性质产生明显的影响,而且比对强度指标的影响更为明显。由于掺砾,心墙料抵抗变形的能力大大提高,非饱和 CD 试验也得到了类似的结果。随着试样尺寸和碎石粒径增大,强度指标和变形参数都在增大,表明所掺砾石的作用在增大。在实际工程中,所掺碎石粒径更粗,掺砾土体体积更大,掺砾作用可能会更为明显。

表4 心墙掺砾料 E – B 模型参数对比

试验类别		干密度(g/cm³)	R_f	k	n	k_b	m
饱和	小三轴(不掺砾)	1.77	0.85	309	0.51	236	0.31
	中三轴(掺砾50:50)	2.13	0.862	600	0.37	300	0
	大三轴(掺砾50:50)	2.13	0.76	891	0.15	398	0.16
非饱和	大三轴(掺砾50:50)	2.13	0.82	860	0.16	100	0.53

5 结语

通过室内大型三轴试验,对双江口堆石坝心墙掺砾料应力应变和强度特性进行了研究,提出了相应的计算参数和指标,并与中小型三轴试验结果进行对比分析,探讨了掺砾量及试样尺寸对心墙掺砾料力学性质的影响,得出以下初步结论。

(1)双江口心墙掺砾料饱和 CD、非饱和 CD 的轴向应力—应变曲线和体变曲线基本上符合双曲线规律。

(2)在研究的掺砾范围内,心墙掺砾料最大干密度随掺砾比例增大而增大。掺砾比例小于 45% 时,掺砾对心墙料渗透系数影响较小。只有当掺砾比例达 50% 时,心墙掺砾料渗透系数才明显增大,但仍在 10^{-6} cm/s 量级内。

(3)按 50:50 掺合,对于非饱和 UU 试验,砾石的掺入对掺砾料的强度影响较大,增加

$3° \sim 6°$，黏聚力增加 0.1 MPa。对于 CD 试验，掺砾对黏聚力影响不明显，但使其内摩擦角增大，非饱和状态时增加 3°左右，饱和状态时增加 5°左右。

（4）按 50:50 掺合，掺砾对心墙料变形参数的影响非常明显。掺砾后，k 和 k_b 值显著增大，k 值增大 1 倍以上，k_b 值增大 50% 以上，即掺砾使心墙料抵抗变形的能力大大提高。

参考文献

［1］于洋,朱相鹏,黄宗营,王洪源.糯扎渡大坝砾石土料掺合施工工艺[J].水利水电技术,2010,41(5).

［2］冯业林,孙君实,刘强.糯扎渡心墙堆石坝防渗土料研究[J].水力发电,2005,31(5).

［3］陈志波,朱俊高,王强.宽级配砾质土压实特性试验研究[J].岩土工程学报,2008,30(3).

［4］陈志波,朱俊高.宽级配砾质土三轴试验研究[J].河海大学学报:自然科学版,2010,38(6).

［5］张锡道,何昌荣,王琛,等.掺砾改性砾石土心墙料的应力应变特性研究[J].四川建筑,2009,29(1):69-72.

南水北调中线工程安阳段渠坡膨胀岩若干工程特性的试验研究

章峻豪　陈正汉　姚志华

（1.后勤工程学院　重庆　401311；
2.岩土力学与地质环境保护重庆市重点实验室　重庆　401311）

摘要：对南水北调中线安阳段渠坡膨胀岩进行了 CT 扫描、干湿循环前后土－水特征曲线及饱和渗透系数的测定，分析了膨胀岩的非饱和渗透特性。研究结果表明，膨胀岩不同截面的 CT 数 ME 及方差 SD 都相差很大，内部裂隙发育；干湿循环后，土－水特征曲线的位置下移，含水率随吸力增加而减少的幅度变大；饱和渗透系数随干湿循环次数的增加而增大，并逐渐趋于稳定值；干湿循环后，渗透系数随吸力增加而减小的幅度较大。

关键词：南水北调中线工程　膨胀岩　CT　干湿循环　土－水特征曲线　渗透系数

1 引言

2010 年 7 月到 9 月，安阳地区出现持续强降雨，导致南水北调中线工程安阳段渠坡地下水位急剧上涨，沿线渠坡发生大范围失稳，造成了巨大的损失。该渠坡地处膨胀岩地区，由于膨胀岩具有胀缩性、崩解性和裂隙性[1]，给渠坡工程带来了难以预料的危害。以往对膨胀岩的研究主要侧重于其膨胀应力、应变[2-5]和抗剪强度[6-10]，且多是对重塑试样进行研究，对原状试样的研究并不多见。本文拟对原状膨胀岩的细观结构特征及干湿循环对其土－水特征曲线和渗透系数的影响进行研究。

2 膨胀岩的细观结构特征

膨胀岩原状试样取自南水北调中线工程安阳段南田村渠坡，初始含水率为 6.94%，自由膨胀率为 41%，一维无荷膨胀率最大为 3.88%，属于微膨胀岩[1]。为了深入了解膨胀岩的细观结构特征，采用后勤工程学院汉中 CT－三轴科研工作站（见图 1）的 CT 机对膨胀岩试样进行了 CT 扫描。CT 机的扫描参数见表 1。为方便研究，需将膨胀岩制成圆柱形试样，考虑其裂隙较多，对其进行了手工打磨。未打磨试样的尺寸大约为 24 cm × 24 cm × 24 cm（见图 2（a）），打磨后，试样直径和高度分别为 61.8 mm 和 40 mm（见图 2（b）），刚好能装进环刀（环刀直径和高度分别为 61.8 mm 和 40 mm）。

对膨胀岩进行扫描前，先将边界线划在试样上，以方便 CT 机定位。扫描横截面均大致位于垂直于扫描截面方向试样尺寸的三等分点处，对于未打磨试样，共扫描了两个横向

作者简介：章峻豪，男，1986 年生，工学硕士，主要从事非饱和土的工程特性研究。

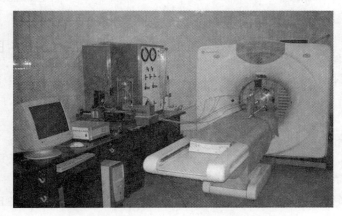

图1　后勤工程学院汉中 CT - 三轴科研工作站

截面(A、B)和两个竖向截面(C、D),见图2(a);对打磨试样,扫描了平行于底面的两个截面(a、b),见图2(b)。

表1　CT 机的扫描参数

电压(kV)	电流(mA)	时间(s)	层厚(mm)	放大系数
120	165	3	3	5

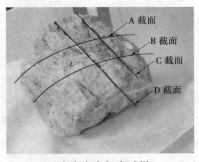

(a) 膨胀岩未打磨试样

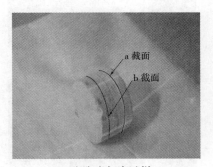

(b) 膨胀岩打磨试样

图2　膨胀岩试样进行 CT 扫描的位置

　　为避免肉眼对图像观察所产生的误差,在处理 CT 扫描图片时,需设定好窗宽(window width)和窗位(window level)。窗宽即显示图像上包括的 16 个灰阶 C 值的范围。窗位是指 CT 图像上黑白刻度中心点的 CT 值范围。扫描数据中,CT 数 ME 反映试样密度的大小,ME 越大,试样越密实;方差 SD 反映试样的不均匀程度,SD 值越大,土颗粒排列越不均匀。由于窗宽和窗位的设定值并不影响 ME 和 SD 的大小,为便于观察,CT 图像的窗宽和窗位分别设定为 3 200 和 2 100。

　　图3 和图4 分别是膨胀岩未打磨试样和打磨试样的 CT 扫描图片。浅色部位表示该部位密度较高,深色部位表示该部位密度较低。对 CT 扫描图片的特征描述如下。

　　(1)未打磨试样。

A 截面：如图 3(a)所示，共量测了 173.4 cm² 的区域，ME 值为 2 230.0，SD 为 387.4；ME 值最大处面积为 2.2 cm²，ME 值为 2 926.4；靠近截面边缘处有一条长 5.6 cm 的裂缝清晰可见，另外有细小裂纹若干条，大多分布在截面周边。

B 截面：如图 3(b)所示，截面周边破碎，肉眼可见 3 条明显的裂缝（长度分别为 4.2 cm、5.1 cm 和 6.8 cm）以及细小裂纹若干条；截面中部相对完整，量测了 36.7 cm² 的区域，ME 值为 2 470.7，SD 为 186.1。

C 截面：如图 3(c)所示，截面破碎，存在约 15.4 cm² 的软弱区域，位于截面周边，ME 值为 1 462.9，SD 为 613.7；中部有 34.6 cm² 的区域相对完整，ME 为 2 457.9，SD 为 210.8；整个平面内 ME 值的平均值为 2 085.9，SD 为 465.4。

D 截面：如图 3(d)所示，截面相对完整，量测了 118.0 cm² 的区域，ME 值为 2 442.4，SD 为 254.2。

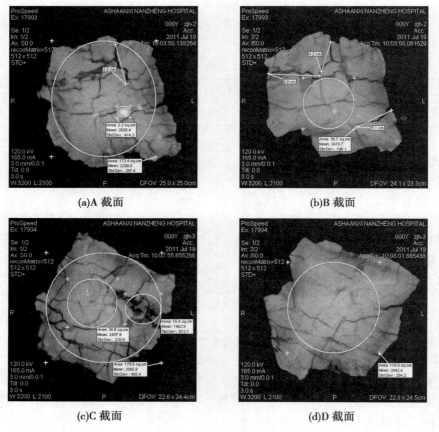

(a)A 截面   (b)B 截面

(c)C 截面   (d)D 截面

图 3　膨胀岩未打磨试样的 CT 扫描图片

（2）打磨试样。

a 截面：如图 4(a)所示，共量测了 28.8 cm² 的区域，ME 平均值为 2 332.2，SD 为 171.6；有 0.9 cm² 的区域密度较高，ME 值为 2 607.5，SD 为 163.1，截面无明显裂缝。

b 截面：如图 4(b)所示，共量测了 28.8 cm² 的区域，ME 平均值为 2 361.6，SD 为

133.9;有两处密度较大,面积分别为 2.0 cm² 和 0.4 cm²,ME 值分别为 2 606.0 和 2 601.4,SD 分别为 121.0 和 98.0;可见三条细小裂纹,均位于截面周边。

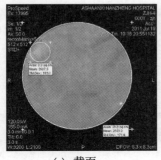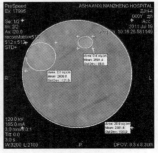

(a)a 截面　　　　　　　　　(b)b 截面

图 4　膨胀岩打磨试样的 CT 扫描图片

综上所述,膨胀岩 ME 值最大为 2 926.4,最小为 1 462.9.0,相差 1 倍左右;方差 SD 最大为 613.7,最小为 98.0,相差 5 倍多。存在明显裂缝,长度最大为 6.8 cm,占截面最大边长的 28.33 %。这反映了膨胀岩内部裂隙发育,结构松散,部分未崩解碎化的颗粒密度较高。

3　干湿循环对膨胀岩土－水特征曲线和渗透系数的影响

3.1　试验概况

共对 3 个打磨试样进行了试验研究,步骤如下:

(1)将打磨试样套上环刀,用真空饱和法[11]饱和 24 h。

(2)饱和后,将环刀试样装入渗透仪,进行首次渗水试验。

(3)渗水试验完成后,进行土－水特征曲线的测试,并将第一次加压(5 kPa)稳定后的状态作为起始状态。

(4)步骤(3)完成后,将环刀试样放入烘箱中,控制温度 35 ℃,在无鼓风状态下烘干 24 h。

(5)重复步骤(2)~(4),当所测得的饱和渗透系数趋于稳定值时,试验终止。

膨胀岩在经历了 4 次干湿循环后,渗透系数已基本稳定。

3.2　干湿循环对膨胀岩土－水特征曲线的影响

试验仪器为压力板仪,其构造已在文献[12]中作了详细介绍。试验过程中,基质吸力分级施加。为保证膨胀岩试样底部和陶土板接触良好,在试样的上表面放置了一块多孔金属板。每级吸力下,稳定标准为排水量 2 h 内不超过 0.01 g,稳定时间约为 48 h。每级吸力稳定后测定试样质量,并根据各级吸力下的试样质量反算各级吸力下的排水量。

表 2 是膨胀岩土－水特征曲线的测试数据,经过计算可得干湿循环前后膨胀岩的土－水特征曲线,如图 5 所示,ω 和 s 分别表示含水率和基质吸力。干湿循环前,三个试样进气值的平均值为 124.92 kPa;干湿循环 4 次后,试样进气值的平均值为 130.63 kPa,差别不大。以进气值为分界点,干湿循环前后的土－水特征曲线可分为两段:当吸力低于进气值时,含水率随吸力增加而降低的幅度较小;当吸力超过进气值后,含水率随吸力增

加急剧降低。干湿循环后,土-水特征曲线的位置下移,含水率随吸力增加而减少的幅度变大。这是由于在干湿循环的过程中,膨胀岩中的亲水性矿物不断发生吸水膨胀和失水收缩,促使膨胀岩破裂碎化。随着干湿循环次数的增加,其内部颗粒级配发生变化[13-15],颗粒尺寸越来越单一,孔隙大小分布指标变大[16]。在密度一定时,膨胀岩的颗粒尺寸越单一,持水性越差。

表2 膨胀岩土-水特征曲线的测试结果

试样编号		1#		2#		3#	
干湿循环次数		0	4	0	4	0	4
环刀质量(g)		101.28	101.28	101.30	101.30	101.30	101.30
环刀加试样的质量(g)		353.3	353.3	350.8	350.8	354.1	354.1
每级吸力下环刀加试样的质量(g)	$s=5$ kPa	367.8	367.6	366.9	366.5	368.5	368.2
	$s=25$ kPa	367.7	367.4	366.6	366.3	368.3	368.1
	$s=40$ kPa	367.7	367.2	366.5	366.2	368.3	368.0
	$s=80$ kPa	367.4	366.9	366.3	366.0	368.1	367.9
	$s=115$ kPa	367.3	366.6	366.0	365.8	367.9	367.7
	$s=175$ kPa	366.9	366.0	365.6	365.1	367.5	367.1
	$s=200$ kPa	366.6	365.6	365.2	364.1	367.3	366.7
	$s=300$ kPa	366.0	364.1	364.2	362.2	366.8	365.3
	$s=400$ kPa	365.5	363.1	363.4	360.8	366.3	364.2
	$s=600$ kPa	364.8	361.2	362.1	358.6	365.4	361.8

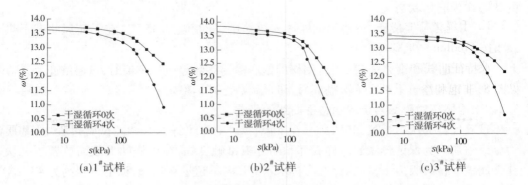

(a)1#试样   (b)2#试样   (c)3#试样

图5 干湿循环前后膨胀岩试样的土-水特征曲线

3.3 干湿循环对膨胀岩渗透系数的影响

3.3.1 干湿循环对膨胀岩饱和渗透系数的影响

试验仪器为变水头渗透装置(见图6),其主体部分是南京电力自动化设备厂生产的DZS70型变水头渗透仪。导水管可通过手柄升降控制高度,导水管内液面高度变化1 mm

对应的水量变化为 0.012 cm³。渗透仪排水管处用一个量水瓶盛水,可用来判断一定时间内流进、流出渗透仪的水量是否相等。饱和渗透系数的计算方法参见文献[11]。

图 7 是膨胀岩饱和渗透系数随干湿循环次数的变化曲线,k_{20} 表示标准温度(20 ℃)下的饱和渗透系数。随着干湿循环次数的增加,膨胀岩的饱和渗透系数增大。这是由于膨胀岩在干湿循环的过程中,颗粒级配发生变化,持水性变差,渗透性增强。首次干湿循环对渗透系数的影响较小,这是因为膨胀岩试样内部较为密实,崩解碎化还不充分。随着干湿循环次数的增加,膨胀岩中的大颗粒逐渐崩解,在经历第 2 次干湿循环后,膨胀岩的渗透系数急剧增加,$1^\#$、$2^\#$和 $3^\#$试样的渗透系数分别增大到初始渗透系数的 15 ~ 20 倍,之后,随着干湿循环次数的增加,渗透系数增长缓慢,逐渐趋于稳定值,此时膨胀岩的崩解碎化已经比较充分。不同试样渗透系数的差异可认为是由初始密实度及内部颗粒级配的差异所致。

图 6　变水头渗透试验装置

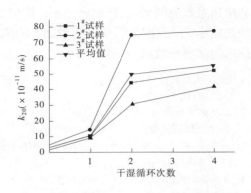

图 7　膨胀岩饱和渗透系数
随干湿循环次数的变化

3.3.2　干湿循环对膨胀岩非饱和渗透系数的影响

按 Fredlund 和 Xing[17](1994)提出的非饱和土渗水系数的预测方法,利用膨胀岩土 - 水特征曲线和饱和渗透系数的测定结果对其非饱和渗透系数进行了预测,预测结果见图 8,非饱和渗透系数用 $k(s)$ 表示,其为基质吸力的函数。由图可知,渗透系数随着吸

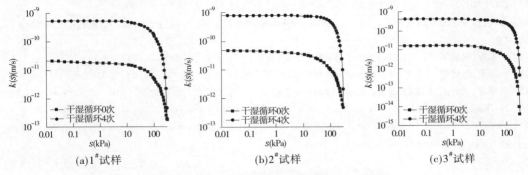

图 8　干湿循环对膨胀岩非饱和渗透系数的影响

力增大而减小。当吸力超过进气值时,渗透系数随吸力增加急剧降低,干湿循环后的渗透系数随吸力增加而减小的幅度较大。随着吸力继续增加,干湿循环前后的渗透系数趋于一致。

4 结语

(1)膨胀岩不同截面的 CT 数 ME 及方差 SD 都相差很大,内部裂隙发育,结构松散,部分未崩解碎化的颗粒密度较高。

(2)干湿循环前后进气值差别不大,干湿循环后膨胀岩内部颗粒尺寸越来越单一,持水性变差,渗透性增强。

(3)当吸力超过进气值时,膨胀岩的含水率随吸力增加急剧降低;干湿循环后,膨胀岩土-水特征曲线的位置下移,含水率随吸力增加而减少的幅度变大。

(4)首次干湿循环对膨胀岩饱和渗透系数的影响较小;随着干湿循环次数的增加,饱和渗透系数急剧增大,并逐渐趋于稳定值;膨胀岩在非饱和状态时的渗透系数随吸力的增加而减小;干湿循环后,渗透系数随吸力增加而减小的幅度较大,当吸力较高时,干湿循环前后的渗透系数趋于一致。

参考文献

[1] 范秋雁. 膨胀岩与工程[M]. 北京:科学出版社, 2008.

[2] 杨庆, 廖国华. 膨胀岩三维膨胀试验的研究[J]. 岩石力学与工程学报, 1994, 13(1):51-58.

[3] 温春莲, 陈新万. 初始含水率、容重及载荷对膨胀岩特性影响的试验研究[J]. 岩石力学与工程学报, 1992, 11(3):304-311.

[4] 朱珍德, 张爱军, 邢福东. 红山窑膨胀岩的膨胀和软化特性及模型研究[J]. 岩石力学与工程学报, 2005, 24(3):389-392.

[5] 刘静德, 李青云, 龚壁卫. 南水北调中线膨胀岩膨胀特性研究[J]. 岩土工程学报, 2011, 33(5):826-829.

[6] 徐晗, 黄斌, 何晓民. 膨胀岩工程特性试验研究[J]. 水利学报, 2007(S1):716-721.

[7] 臧德记, 刘斯宏, 汪滨. 原状膨胀岩剪切性状的直剪试验研究[J]. 地下空间与工程学报, 2009, 5(5):915-918.

[8] 黄斌, 饶锡保, 何晓民, 张婷. 纤维改性膨胀岩加筋作用试验研究[J]. 南水北调与水利科技, 2009, 7(6):130-132.

[9] 饶锡保, 谭凡, 何晓民, 黄斌. 膨胀岩本构关系及其参数研究[J]. 长江科学院院报, 2009, 26(11):10-13.

[10] 胡波, 龚壁卫, 童军. 南水北调中线膨胀岩非饱和剪切特性[J]. 长江科学院院报, 2009, 26(11):20-22.

[11] GB/T 50123—1999 土工试验方法标准[S]. 北京:中国计划出版社, 1999.

[12] 孙树国, 陈正汉, 朱元青, 等. 压力板仪配套及 SWCC 试验的若干问题探讨[J]. 后勤工程学院学报, 2006(4):1-5.

[13] 苏永华, 赵明华, 刘晓明. 软岩膨胀崩解试验及分形机理[J]. 岩土力学, 2005, 26(5):728-732.

[14] 刘晓明, 赵明华, 苏永华. 软岩崩解分形机制的数学模拟[J]. 岩土力学, 2008, 29(8):2043-2046.

[15] 吴道祥, 刘宏杰, 王国强. 红层软岩崩解性室内试验研究[J]. 岩石力学与工程学报, 2010, 29(S2):4173-4178.

[16] Fredlund D G, Rahardio H. Soil mechanics for unsaturated soils[M]. New York:Wiley & hissons, 1993.

[17] Fredlund D G, Xing. Predicting the permeabilitu for unsaturated soils using the soil-water character curve[J]. Canadian Geotechnical Journal, 1994.

可控源音频大地电磁法（CSAMT）在深部盐岩溶腔探测中的应用

——以叶县盐田储气工程为例

王志荣[1]　张利民[2]　蒋　博[1]

（1. 郑州大学水利与环境学院　郑州　450001；
2. 河南省煤田地质局资源环境调查中心　郑州　450053）

摘要：本文介绍了可控源音频大地电磁法运用于深部复杂空穴探测的理论基础，探讨了地下存在盐岩溶腔低阻体的电阻率响应特征，并提出了相应的工作方法和解释方法。现场试验表明，完整盐岩视电阻率背景值普遍较低，ρ_s值仅为 10 ~ 50 Ω；干枯溶腔 ρ_s 值盐岩视电阻值较高，ρ_s值可达 50 ~ 100 Ω；充满地下水的盐岩溶腔，其 ρ_s 值形成区域低阻区，为 0 ~ 10 Ω。本文结合叶县盐田储气工程对上述成果进行了验证，为我国深部复杂空穴探测方法和电磁地质解译提供了范例。

关键词：叶县盐田　盐岩溶腔　溶腔探测　应用实例

当前，我国"西气东输"工程的基础设施建设进入了一个非常快速的发展时期。利用深部盐田采空区修建大型天然气中转储仓，对我国能源安全具有重要的战略意义。由于深部盐岩溶腔属于空间形态不规则的非层状体系，赋存形式变化多样，仅仅依靠钻孔或其他物探手段不能达到有效的体积控制，尤其在压力储气条件下，可能造成较大地质灾害的隐患。而可控源音频大地电磁法为探测这类深部地质体提供了一种新的方法和手段，而且适应各种不同的地面施工条件[1-3]。

CSAMT 源于大地电磁法（MT）和音频大地电磁法（AMT）。它是针对大地电磁法在音频频段信号微弱和信号具有极大的随机性问题，经改进采用人工可以控制的场源来加强地层反射信号。又因使用的频率属音频段频率，所以把它称做可控源音频大地电磁法。尽管地球物理探测的理论与技术发展迅速[3-5]，前人应用可控源音频大地电磁法探测地下空穴的文章较多[5-12]，但主要基于介质电性差异来划分不同岩性地层、寻找含水层以及探测构造破碎带等层状地质体。本文通过河南叶县盐岩溶腔储气工程实例，对深部（深度近 2 000 m）复杂地下空穴的探测做了全新的尝试，并能提供准确的预报以指导各种不同的地面施工，对同类工程具有一定的借鉴意义。

1　CSAMT 工作原理

CSAMT 法是基于电场在大地中电磁场传导过程中存在的电磁波传导规律，即趋肤效

作者简介：王志荣，男，1963 年生，浙江嘉善人，郑州大学水利与环境学院副教授，博士，主要从事地质工程与地质灾害防治研究。

应,亦即高频电流主要集中在近地表流动,并随着频率的降低,电流就越趋于往深处流。对于这一物理过程,通常使用下式计算它们不同频率的视电阻率:

$$\rho = \frac{1}{5f} \times \frac{|E_x|^2}{|H_y|^2} (\Omega \cdot m)$$

利用下式求取它们相对应频率的穿透深度:

$$h = 503 \times \sqrt{\frac{p}{f}}$$

在勘察工作中,通常采用标量测量装置,即用 1 个发射源和在勘察线上,用 1 组与供电电场平行的接收电极(E_x)接收电信号,1 个与电场正交的磁探头(H_y)接收磁信号。CSAMT 标量测量装置见图 1。

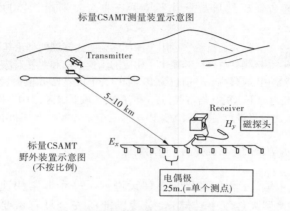

图 1　CSAMT 标量测量装置示意图

2　CSAMT 工作方法

一般条件下,接收—发射距离要求大于探测深度的 4 倍。为了获取较大的探测深度,本次探测时采用的接收—发射距离为 6 000 m,可实现对 2 000 m 左右深度地层的控制。测线布置则随需控制范围而定,如测点间距为 40 m,测试深度 2 000 m(见图 2)。

为了保证观测信号的可靠性,CSAMT 法本次采用美国 Zonge 公司生产的目前国际上最为先进的 GDP - 32Ⅱ多功能电法仪。该仪器是一台可进行多种电法方法的采集系统,同时进行多道数据采集,其频率范围为 1/64 Hz ~ 8 kHz(其中可控源的频率为 8 192 ~ 0.125 Hz),频率系列为 2n 系列和 2/3 × 2n 系列。模数转换器(ADC)为每道 24 位、96 000

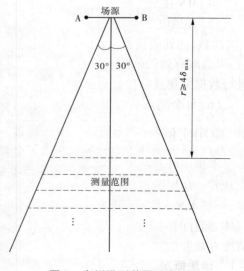

图 2　旁侧排列装置示意图

个样点;点(主道)由 16 位(高频部分)到 24 位(低频部分)。

接收系统或发射系统之间为无线连接,参考站的局域网之间为无线或有线通信,发射机和局域网均通过石英钟实现同步。该系统施工灵活,基本不受地形条件限制,发射功率大,适合探测从地表到地下 3 km 范围。

进行可控源数据采集时,使用 GDP - 32Ⅱ 接收机(见图 3)和 GGT - 10 发射机系统(见图 4)。为确保取得较好的效果,数据采集过程中,采用多次叠加和重复观测等技术。

图 3 GDP - 32Ⅱ 接收机 　　　　　图 4 GGT - 10 发射机和 XMT - 32S 频率控制器

3 技术措施

为保证采集数据的质量,现场工作中采取了以下措施:

(1)选取适当的采样道数(窗口)及叠加次数,确保记录的晚期道接收的目的层信号清晰。

(2)各种方法仪器在数据采集时严格避免在强干扰源、强磁场及金属物堆积物的附近,以减少人为电磁场干扰与影响。

(3)CSAMT 法 MN//AB 不大 2°,AMT 探头垂直 AB 不大于 2°。

(4)MN 接地电阻一般应小于 2 kΩ,最大不得大于 10 kΩ。

(5)在供电之前,应观测噪声水平,根据噪声情况,设定叠加次数,单个频点一般至少 3 次读数,达到质量要求为止;在干扰较强时,应增加观测和叠加次数;当工频干扰较严重时,可选取有效的陷波滤波器抑制噪声。在强干扰条件下应选择避开干扰严重的时间段进行数据采集或暂停数据采集。

(6)每个测点的数据采集均进行 2 次以上重复观测与记录。

4 应用实例

平顶山叶县盐田储量丰富,已有近 20 年的开采历史,因而在地下形成许多废弃的采空盐腔。盐层赋存于新生代古近系河套地层中,属薄层状盐岩与泥岩呈互层结构,构造简单,产状水平,大都埋藏在 -1 000 ~ -1 400 m。经多年溶采后,能否利用其废弃盐腔储存气体、储存时间多长以及能否快速修复等问题,仍是目前国内乃至国际的研究前沿。而查清废弃盐腔的空间大小与形态已成为当务之急。

4.1 地质概况

试验区位于豫西山地向豫东平原过渡的次一级箕形地带,北西高南东低。浅表25 ~

168 m,主要由第四系全新统更新统洪积、坡积亚黏土、黏土砾石和下更新统 Q_1 的冰积泥质砂砾、砾石覆盖,地面标高 80~100 m。

盐田所处的舞阳凹陷是以新生界为主体的沉积凹陷。地层自下而上分别为古近系玉皇顶组、大仓房组、核桃园组、廖庄组、新近系上寺组以及第四系,主采盐层即赋存于核桃园组之中。

工作区马庄矿段位于舞阳凹陷西南部斜坡带,为向北倾斜的单斜构造。倾向 7° 左右,倾角 9°~17°,断层不发育,构造简单。

4.2 地质解译

中盐皓龙公司马庄盐矿 D 系列井区域作为 CSATM 溶腔测试试验首选区,共布设测线 3 条:L_1 线、L_2 线、L_3 线,合计测点 55 个,点距 40 m。3 条剖面线总体呈十字交叉布置,即 L_1 与 L_2 平行,呈南北向;L_3 与其垂直,呈十字交叉,呈东西向,测线总长 2 080 m。

从 L_1、L_2、L_3 线在 -1 000~-1 400 m 的视电阻率对比情况看(见图5),三线视电阻率背景值均较低,为 0~16 Ω·m,总体反映了盐岩的低异常特征。而 L_1 与 L_2 线在该深度横向上出现明显梯度,即 L_1 北部和 L_2 南部分别存在一个不连续的低阻区。造成短距离内视电阻率出现较大差异的原因,通常是岩石电性发生突然变化,故推测为地下溶腔。L_3 线呈现大面积低阻,表明盐田局部存在大型溶腔。值得注意的是,L_1、L_2、L_3 剖面的低阻区均延伸至第四系,说明古近系岩盐溶腔的空隙特征与第四系土壤相同,即以基座式孔隙为主,储气意义有限。

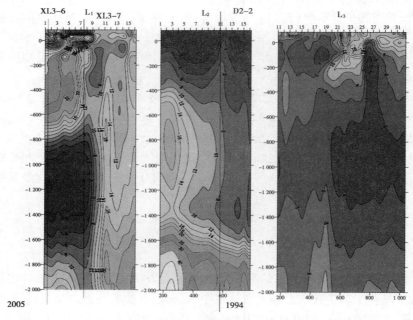

图 5 L_1、L_2、L_3 测线视电阻率剖面图

5 结语

针对叶县古近系盐田复杂溶腔,应用可控源音频大地电磁法对其进行了系统探测,结

合物探结果和开采资料,表明可控源音频大地电磁法在地下空穴甚至是深部大型空穴中的探测是十分有效的,与实际情况较吻合,展示出其良好的应用前景和发展潜力。但是,该方法也存在不足之处,首先就是地下一些金属结构比如钢拱架、锚杆等对测量结果影响较大,然后就是发射圈和接收圈之间的相互感应对测量结果也有影响。由此可见,在深部空穴探测中,任何一种单一的探测手段得出的结果都是比较片面的。在工程建设实践中,应采取多种手段进行综合探测与综合分析,才能得出比较科学的预报成果。

参考文献

[1] 张利民,王志荣,靳建市.可控源音频大地电磁法在地热勘探中的应用[J].中州煤炭,2011(6):39-40.

[2] 吴有信.复杂地质条件下的瞬变电磁法勘探效果[J].工程勘察,2008(3):40-44.

[3] 王梦恕.对岩溶地区隧道施工水文地质超前预报的意见[J].铁道勘察,2004(1):7-9.

[4] 刘斌,李术才,李树忱,等.隧道含水构造直流电阻率法超前探测研究[J].岩土力学,2009,30(10):3093-3101.

[5] 王赟,杨德义,石昆法.CSAMT法基本理论及在工程中的应用[J].煤炭学报,2002(4):383-386.

[6] 韩王平.瞬变电磁法原理及计算方法[J].山西建筑,2003:42-43.

[7] 宋国阳.瞬变电磁法在地质勘探中的应用[J].煤炭技术,2009:136-137.

[8] 李坚,邓宏科,张家德,吴正刚,常兴旺.可控源音频大地电磁勘探在大瑞铁路高黎贡山隧道地质选线中的应用[J].水文地质工程地质,2009(2):72-76.

[9] 宋国阳,刘国争.可控源音频大地电磁法在工程隧道勘查中的应用[J].煤炭技术,2009(9):147-148.

[10] 黄力军,孟银生,陆桂福.可控源音频大地电磁测深在深部地热资源勘查中的应用[J].物探化探计算技术,2007(S1):60-63.

[11] 葛纯朴,康志强,赖树钦,王涛,徐义贤.可控源音频大地电磁法(CSAMT)在复杂岩溶矿山水文地质勘探中的应用——以福建马坑铁矿为例[J].中国水运:学术版,2007(10):82-84.

[12] 黄力军,张威,刘瑞德.可控源音频大地电磁测深法寻找隐伏金属矿的作用[J].物探化探计算技术,2007(S1):55-59.

胶凝砂砾料大型三轴力学特性试验研究[*]

何鲜峰[1,2]　　高玉琴[1,2]　　乔瑞社[1,2]

（1. 黄河水利科学研究院　郑州　450003；
2. 水利部堤防安全与病害防治工程技术研究中心　郑州　450003）

摘要：通过开展常规砂砾料和不同龄期胶凝砂砾料的大型三轴试验，得到了胶凝砂砾料在三向受力作用下的强度、变形随龄期变化的初步规律。试验发现胶凝砂砾料的强度与常规堆石料相比有较大提高，在三向外力作用下，材料的弹塑体特征比较明显；胶凝砂砾料有较高的残余强度和远大于常规砂砾料的黏聚力，随着龄期增长，残余强度和黏聚力有进一步提高趋势；胶凝砂砾料摩擦角略有下降，但变化不大。

关键词：胶凝砂砾料　大型三轴　力学特性　试验

1　引言

目前，土石坝、尾矿坝、临时围堰等以散粒体碾压构成的坝体结构逐步向更高的体形发展，断面也越来越大，耗费的材料和施工成本也越来越高。如果能提高散粒体的物理力学指标，则会在降低结构断面的同时有效降低工程成本。虽然碾压混凝土在力学特性上可以满足上述要求，但碾压混凝土胶体材料用量相对偏大，对一些重要性不大的临时工程而言，成本仍显偏高。显然，采用添加微量胶体材料，不改变施工工艺而改善散粒堆石体的力学性能指标是理想的选择[1-3]。但散粒堆石体填充微量胶体材料效果如何，目前国内还缺乏系统研究资料。本文通过开展相关大型三轴试验，对散粒体填充微量胶凝材料后不同龄期试样的力学性能进行了试验研究。

2　试验设计

2.1　方案设计

散粒体添加胶凝材料后的力学性能拟通过大型三轴试验得到。试样直径 300 mm，高 680 mm，龄期选择 7 d、28 d 两组；为对比添加胶凝材料前后材料性能的变化规律，试验增设一组未添加胶凝材料的试样作为对照组。考虑到散粒堆石体填充微量胶体材料后透水性仍比较强，本次试验采用的是固结排水试验。试验固结比为 1.0，围压设置 4 个级别，分别为 200 kPa、400 kPa、600 kPa 和 800 kPa，整体设计见表 1。

2.2　试验设备

试样三轴试验在黄河水利科学研究院的大型电液伺服粗粒土动、静三轴试验机上进

---

* 基金项目：中央级公益性科研院所基本科研业务费专项资金（HKY – JBYW – 2010 – 2）。

作者简介：何鲜峰，男，1974 年生，河南邓州人，高级工程师。

行。该试验机具有自动控制、自动采集和数据自动处理能力,主要技术指标如表2所示。

表1 试验方案整体设计

试样	龄期(d)	干密度(g/cm³)	固结比 K_c	试样状态	围压 σ_3(kPa)
SJL(无胶凝材料)	—	2.17	1.0	饱和	200
胶凝砂砾料	7	2.17			400
					600
	28	2.17			800

表2 试验机主要技术指标

项目	指标	项目	指标
试样直径	300 mm	活塞行程	0~250 mm
试样高度	750 mm	围压	0~2 000 kPa
轴向动荷载	0~±300 kN	轴力分辨率	0.1 kN
轴向固结荷载	0~500 kN	位移分辨率	0.01 mm

2.3 材料选择

本文试验所用散粒料为砂砾料(SL),其中细粒以中细砂为主,超粒径含量为3%~5%,砾石成分以灰岩为主,有少量砂岩和火成岩,粒径1~5 cm和10~15 cm者含量偏高,中间粒径相对偏少。试验限制最大粒径不超过60 mm,超粒径采用等量替代法替换,试料不同粒径组成比例见表3,组分曲线见图1。试验用胶凝材料为粉煤灰和水泥,二者比例为3:2,总含量设计为100 kg/m³,胶凝材料及含量见表4。粉煤灰等级为Ⅱ级,水泥为普通425硅酸盐水泥。

表3 散粒料试验干密度及颗粒组成

室内定名	制备干密度(g/cm³)	颗粒组成(%)				
		60~40 mm	40~20 mm	20~10 mm	10~5 mm	<5 mm
SJL	2.17	12.5	23.84	17.44	14.82	31.4

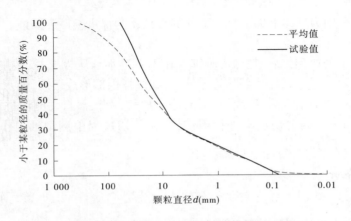

图1 SL原始粒径组分及试验粒径组分曲线

表4   胶凝材料及含量

胶材总量（kg/m³）	水胶比	粉煤灰掺量（%）	粉煤灰质量（kg）	水泥质量（kg）	水质量（kg）
100	0.7	60	60	40	70

3   试样制备和试验

3.1   试样制备

试料依据 SL 237—053—1999 进行制备，分 5 层装填压实。未加胶凝材料的试样直接在试验机底座上绑扎橡皮膜、安装成型筒后直接分层装样。添加胶凝材料的试样，考虑到胶凝材料有凝固过程，试样先在特制的活动底座上成型；制样时不套橡皮膜，而在成型筒内衬一层 0.2 mm 厚薄铁皮，分层压实成样后，移至养护室内拆除成型筒；在薄铁皮外上、中、下三个部位用橡皮筋绑扎结实，防止试样变形，最后在试样外套塑料膜密闭，常温养护（见图 2）。试样达到龄期后移至试验台，拆除原来包裹的铁皮后再套上橡皮膜（见图 3）。

图 2   试样养护

图 3   满龄期试样

试样安装完毕后，量测试样上部、中部、下部的直径，并按式（1）计算试样平均直径。

$$D_0 = (D_1 + 2D_2 + D_3)/4 - 2t$$

式中：D_1、D_2、D_3 分别为试样上部、中部、下部的直径；t 为橡皮膜厚度。

3.2   试验过程

试样在承台上安放到位后，把橡皮膜绑扎在上下透水承压板上，安装围压罩，然后真空饱和。真空饱和是通过试样顶部的管道抽气，在试样内部形成负压，使水由下而上逐渐饱和试样。待试样顶部出水后，持续 20 min，停止抽气，由仪器自动测读进水量。试样饱和之后，以 0.02 mm/s 的剪切速率进行剪切，并在剪切过程中测记轴向作用力、轴向位移、排水量和空隙压力。

4   试验结果分析

4.1   试样破坏形态

7 d 龄期试样在低围压状态下破坏多发生在下端：围压 200 kPa 时，试样下端变粗隆起，上端变化较小，拆样后靠近顶端约 26 cm 范围内试样几乎完好。围压 400 kPa 时，下端变形较大,上端变形相对较小。在围压较高时,试样破坏多发生在上端:围压 600 kPa 和 800 kPa 时,试样上端变形较大,下端变形较小。

28 d 龄期试样在低围压状态下破坏多发生在上端:围压 200 kPa 时,变形较大部位在试样最上端高约 22 cm 范围内。围压 400 kPa 时,离试样从顶部约 3 cm 处开始隆起,剪切面清晰可见。围压 600 kPa 时,试样上端鼓出破坏,最大直径周长约 117 cm。围压 800 kPa 时,试样下部隆起破坏,最大周长约 115 cm,破坏剪切面明显。试样破坏典型形态见图 4。

图 4　试样破坏典型形态

4.2　试验成果

试验得到的砂砾料未掺加胶凝材料以及砂砾料掺胶凝材料 7 d 和 28 d 龄期试样在不同围压下的 CD 试验主应力差与轴向应变的关系曲线见图 5,相应的摩尔 – 库仑强度曲线见图 6。图中曲线表明:

(1)未添加胶凝材料的砂砾料呈现明显的塑性。试样在三向外力作用下,强度—轴应变曲线在经过短暂的弹性阶段后,塑性变形逐步增大,直至极限强度。在试样达到强度极限后,塑性变形加大,残余强度下降缓慢,曲线没有明显的峰值。

(2)试验表明,与文献[4]类似,胶凝砂砾料的强度与常规堆石料相比有较大提高。此外,胶凝砂砾料的弹塑体特征比较明显,试样在三向外力作用下,从起始受力到破坏的过程可分为弹性阶段、弹塑性增长阶段、破坏阶段、残余变形阶段等四个阶段。在极限强度 2/3 以内,胶凝砂砾料表现基本为线弹性;此后材料塑性变形逐渐增大,强度—应变曲线呈上凸双曲线形态;在材料达到极限强度以后,强度迅速下降(随着龄期增长,下降梯度有增大趋势),从极限强度经过应变量为 0.1~0.13 的变形调整后,材料强度趋于稳定,进入残余变形阶段。

(3)胶凝砂砾料的残余强度仍高于未添加胶凝材料的堆石料破坏强度(见表 5),随着龄期的增长,胶凝砂砾料的残余强度有逐步提高趋势。

(4)从抗剪强度指标看(见表 6),添加胶凝材料的堆石料黏聚力显著增大,并有随龄期增长而增大趋势;摩擦角略有下降,但变化不大,随着龄期的增长,摩擦角有逐步恢复趋势。出现这种情况的可能原因是砂砾料内填加胶凝材料后,受胶凝材料固化作用影响,堆石料黏聚力显著增大。同时,随着微细颗粒的增多,在粗颗粒接触面上形成一层由胶凝材料和细土混合料构成的膜。试样成型初期,膜的强度比较低,当粗颗粒在外力作用下出现滑移错动时,膜在粗颗粒之间起到润滑作用,因此摩擦角略有下降。随着龄期增长,膜的强度逐渐提高,摩擦角也逐步得到恢复。

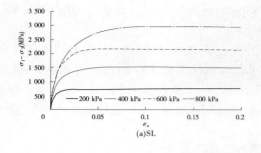

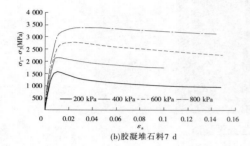

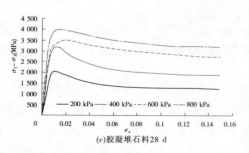

图 5　$(\sigma_1 - \sigma_3) \sim \varepsilon_a$ 曲线

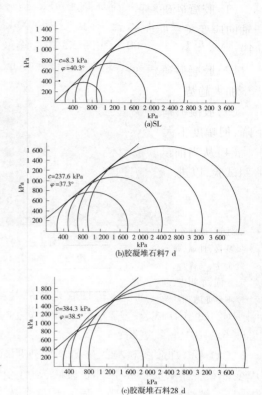

图 6　摩尔－库仑强度曲线

表 5　试样典型强度指标　　　　　　　　　　　　　　（单位：MPa）

试样	SJL				胶凝砂砾料（7 d）				胶凝砂砾料（28 d）			
σ_3	200	400	600	800	200	400	600	800	200	400	600	800
极限强度（$\sigma_1 - \sigma_3$）	775	1 519	2 183	2 999	1 581	2 164	2 813	3 416	2 066	3 270	3 596	4 020
残余强度（$\sigma_1 - \sigma_3$）					936	1 751	2 262	3 104	1 239	1 865	2 736	3 162

表 6　试样抗剪强度指标　　　　　　　　　　　　　　（单位：MPa）

试样	SJL	胶凝砂砾料（7 d）	胶凝砂砾料（28 d）
$\varphi(°)$	39.9	37.3	38.5
$c(\text{kPa})$	19.4	237.6	384.3

5　结语

（1）胶凝砂砾料的强度与常规堆石料相比有较大提高，在三向外力作用下，主应力差与轴向应变关系曲线呈现线弹性阶段、弹塑性增长阶段、破坏阶段、残余变形阶段等四个阶段。

（2）胶凝砂砾料的残余强度仍高于常规堆石料破坏强度，随龄期增长，残余强度有进一步加大趋势。

（3）胶凝砂砾料黏聚力均远大于常规砂砾料，并随龄期增长而显著增长，摩擦角略有下降，但幅度不大。

（4）从当前试验成果看，胶凝砂砾料的力学特性随龄期增长变化较大，还有待开展长龄期试验，以进一步验证相关规律。

参考文献

[1] 陆述远,唐新军.一种新坝型——面板胶结石坝简介[J].长江科学院院报,1998,15(2):54-56.

[2] 吴梦喜,杜斌,姚元成,等.筑坝硬填料三轴试验及本构模型研究[J].岩土力学,2011,32(8):2241-2250.

[3] 贾金生,马锋玲,李新宇.胶凝砂砾石坝材料特性研究及工程应用[J].水利学报,2006,37(5):578-582.

[4] 何光同,李祖发,俞钦.胶凝砂砾石新坝型在街面量水堰中的研究和应用[C]//中国碾压混凝土坝20年——从坑口坝到龙滩坝的跨越(综述·设计·施工·科研·运行).北京:中国水利水电出版社,2006.

基于防渗墙质量检测的高密度弹性波
CT 图像的 RB – NN 融合

杨　磊[1,2]　董伟峰[3]

(1. 黄河水利科学研究院　郑州　450003;
2. 水利部堤防安全与病害防治工程技术研究中心　郑州　450003;
3. 黄河小北干流山西河务局万荣河务局　万荣　044200)

摘要:在运用高密度弹性波 CT 技术进行防渗墙质量检测的过程中,为了确定弹性波散射图谱中的缺陷分布,运用径向基神经网络对图像进行滤波融合。数据计算过程中,以采用高密度弹性波跨孔成像技术所获取的水库防渗墙体的弹性波散射图谱及其源码为图像融合对象,以高斯分布函数为基函数建立网络映射,跟踪构建图像的径向基网络模型,并对数据模型的计算性能进行分析。计算结果认为:径向基神经网络方法的非线性映射特征明显,聚类分析能力强,对多维特征的弹性波 CT 图谱的数据拟合具有良好的适用性;针对含有较多突变点、漂移点、缺失点的样本,径向基方法表现出较好的逼近性能,且计算过程简洁、时间成本低、数据收敛可靠、系统鲁棒性强,能够满足图像融合及可视化分析的需求,为防渗墙体弹性波 CT 图谱的特征识别提供技术支持。

关键词:径向基神经网络　弹性波 CT　防渗墙　质量检测

1　引言

　　运用高密度弹性波 CT 技术进行防渗墙质量检测的过程中,所获取的波速样本往往具有散乱、不均匀、时空差异等特点,导致反演图像出现失真、信息紊乱、样本缺失等现象。因此,寻求一种高效的数值逼近方法,以有效提取墙体信息,模拟墙体在连续性、均匀性等方面的质量分布状况,是 CT 数据计算和图像演算过程中亟待解决的关键技术问题。

　　图像识别技术是现代地球物理学的重要发展领域,为了在复杂的图像系统中识别出有用的信息和对象,往往利用数值分析、数字成像等技术对图像源码进行数据挖掘和数字建模,通过对存储信息与当前信息的分析和处理,实现对图像的再认识。

　　图像融合是图像识别技术的重要发展方向,是指将多源信道所采集的关于同一目标范围内的众多对象所构成的图像进行处理,以最大限度地提取各个信道中的有效信息,实现增加图像源码利用率、改善图像解译精度、提高图像分辨率的目的。图像融合的方法很多,如形态学滤波法、灰度加权平均法、对比调制法[14]等,Fanke[5]于 1982 年提出运用径向基函数(Radial Basis Function,RBF)解决信息融合的问题,并通过大量的实例进行算法的对比和分析,认为 RBF 的计算结果具有最优性。此后,RBF 在科研和工程领域得到了

作者简介:杨磊,男,1983 年生,硕士,工程师,主要从事工程质量检测技术的研究。

较快发展[6-9]。前人的研究发现,在某种最优网络输出的支持下,RBF 在处理色谱图像数据时具有一定意义上的最佳逼近性能,且聚类分析能力强,对于多维、非线性且属性特征相似的离散数据具有较好的适用性。基于此,径向基神经网络(Radial Basis Neural Network,RB-NN)不仅结构模式简洁、知识表达方便、训练方式快捷,而且能够以一元函数的形式表达多元信息,并具有一致最小方差无偏估计特征。

本文基于 RB-NN 方法,以防渗墙质量检测时使用弹性波 CT 技术所获取的墙体弹性波波速分布为研究对象,以完成数据的滤波融合和近似建模为主要研究目标,为防渗墙质量检测提供技术支持。

2　计算方法

RB-NN 为双隐层结构,如图 1 所示,但通常只有一个采用 RBF 的隐含层,并具有三层前馈网络。输入到输出的映射是非线性的,而隐含层空间到输出层的映射是线性的。

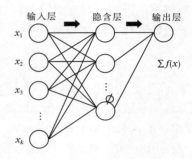

图 1　RB-NN 模型示意图

对于给定的样本,基函数的映射形式可简单表示为

$$f(x) = \sum_{t=1}^{k} \alpha_i \varphi(\parallel x - x_i \parallel) \tag{1}$$

且应满足插值条件

$$f_j = f(j) = \sum_{t=1}^{k} \alpha_i \varphi(\parallel x_j - x_i \parallel), \quad i \in N \tag{2}$$

式中:$x = (x_1, x_2, \cdots, x_k)^T$ 为原始输入样本;$f(x)$ 为计算输出值;α_i 为映射关系的基本权值;$\parallel \cdot \parallel$ 为向量范数;$\varphi(\cdot)$ 为径向基函数;k 为隐含层节点数。

上式是网络输入输出的最基本形式,基函数有多种选择,常用的有 Gauss 函数、Markoff 函数、Multi-Quadric 函数等。此次建模以 Gauss 分布函数为基函数,输出层的基函数可表示为

$$\varphi_i(x) = \exp\left(-\frac{\parallel x - c_i \parallel^2}{2\sigma_i^2}\right), \quad i \in N \tag{3}$$

式中:x 是 n 维输入向量;c_i 为第 i 个基函数的中心向量;σ_i 为径向基函数围绕中心点的宽度;$\parallel x - c_i \parallel$ 是向量 $x - c_i$ 的范数,表示 x 与 c_i 之间的距离。

3　计算过程

3.1　样本的获取

在运用弹性波 CT 技术对防渗墙质量进行跨孔检测时,以位于同一平面上的多个钻孔为工作平台,其中一个钻孔激发弹性波,另一个钻孔接收弹性波,在两钻孔之间作出大量有序交叉的弹性波射线,然后读取各弹性波射线的初至时间,结合钻孔坐标及激发点与接收点分布信息,并进行射线波速计算、单元射线长度计算、单元及节点信息初始化等预处理计算,然后开展正反演迭代计算,得到断面上各混凝土单元的弹性波速度。

3.2　图像的演算

滤波融合的主要任务,是选取最优方法,识别数字图形图像模型中的隐患分布与大

小。RB – NN 具有较好的非线性映射能力,能够以实际物理背景为依据,对非线性函数进行逼近。图像融合过程中,RN – BB 方法的优势较为明显地表现在解决以下几个方面的问题上:①受仪器性能影响,图像中往往含有较多的漂移点和突变点,RN – BB 在一定程度上能够对其进行归位和偏移处理;②受数据采集现场条件的影响,图像容易出现缺失点和失真部位,RN – BB 能够较好地对数据进行弥补和拟合。具体建模过程如下。

3.2.1 数据的格式化

为了避免奇异数据导致逼近过程出现发散现象,需对径向基函数进行格式化处理,常用格式化函数有 premnmx 函数和 tramnmx 函数等。变量格式化能够将训练样本控制在一定的取值范围内,以加强数据收敛的可靠性,并最大限度地减少网络训练时间。为此,通过变量格式化方法使径向基函数变量的取值满足条件$|x_i| \leqslant 1$,并通过下式实现:

$$x'_i = -\frac{x_i - x_{\min}}{x_{\max} - x_{\min}} \alpha^n + \beta, \quad i \in N \tag{4}$$

式中,x_i 为处理前的样本;x'_i 为处理后的样本;$x_{\min}$ 为样本最小值;$x_{\max}$ 为样本最大值;α、β 均为调制参数,α 可取$[0.92, 0.98]$,β 可取$[0.01, 0.05]$;n 为敏感因子,可取$[1,2]$。

3.2.2 基函数中心的确定

在 RB – NN 方法中,中心向量 c_i 与样本数据具有相同维数,隐单元与输入样本的数量相同,带有聚类性的样本易出现局部收敛,且计算时间和空间复杂度往往呈指数级增加。为降低聚类,减少数据冗余,可通过以下步骤来筛选中心向量:

step1:从全部样本 x_i 中选择 m 个样本作为初始基函数中心;

step2:定义密度标量 S,并统计出每个学习样本在基函数中心内的度密值 S_i:

$$S_i = \sum_{i=1}^{m} \exp \| x_i - c_i \|^2, \quad i \in N \tag{5}$$

step3:统计密度值 $S_{\max}$,并使其满足:

$$S_{\max} \ll S \tag{6}$$

3.2.3 基函数宽度的确定

基函数宽度 σ_i 一般取聚类中心与训练样本之间的平均距离:

$$\sigma_i = \sqrt{\frac{1}{2} \sum_{i=1}^{m} \sum_{j=1}^{n} (x_i - c_j)^2} \tag{7}$$

式中:c_j 为确定后的基函数中心。

3.2.4 输出单元权重的确定

输出单元权重 α_i 是一个动态值,可采用回归分析或最小二乘等方法来实现,试验采用了三次方程回归分析的方法来控制权值的变化:

$$\alpha_{i+1} = 0.004\alpha_i^3 - 0.007\alpha_i^2 - 0.017\alpha_i + 0.997 \tag{8}$$

确定了基函数中心、宽度和输出单元权重后,基函数的映射表达便转变为已知量的演算。

3.3 运算结果

以实际工作中的一组数据为样本来分析计算结果,样本的物理模型是:塑性混凝土防渗墙,墙厚 50 cm,激发孔深 36 m,接收孔深 36 m,孔间距 24 m,选用 24 道浅层数字地震仪获取数据。图 2(a)为原始波速图,图 2(b)~(f)为采用不同调制参数、敏感因子和输出权重运算后得到的数据图。

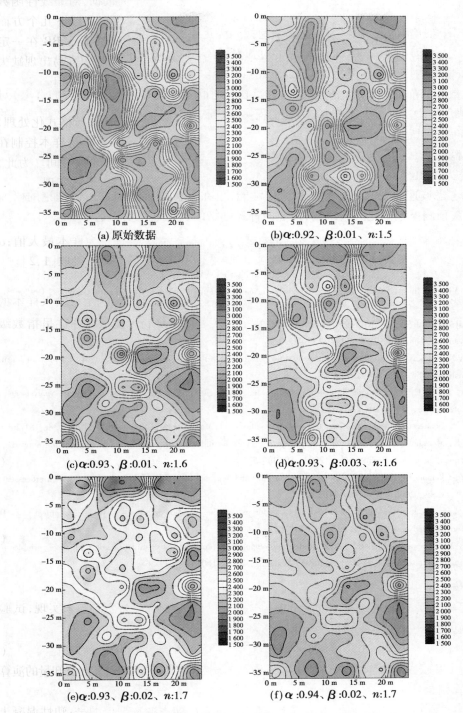

图2　防渗墙质量 CT 图像的 RB – NN 融合

4　结语

对于图像样本而言,RB－NN 能够快速找到满足误差要求的最小网络,具有良好的逼近能力。本文运用 RB－NN 方法实现了对弹性波 CT 波速的数据融合和可视化重建,为防渗墙质量检测提供技术支持,并有以下几点体会:

(1)数据的前期计算(如初至波的拾取、初至时间预处理、波速反演算法的选取)对后期波速融合及建模有较大影响,应结合工程实践,通过多次计算来确定前期数据处理的最优算法和融合过程中合理参数的选取。

(2)隐层数目的确定取决于多次试验的对比分析,隐层单元参数的确定很大程度上依赖研究人员的经验。

(3)考虑波速数据的灰度特征和泛化性能,可在分析过程中引入灰色理论的研究方法,结合灰预测模型简化网络结构,使前向神经网络的训练过程更加趋于动态。

参考文献

[1] 倪维平,严卫东,边辉. 基于 MRF 模型和形态学运算的 SAR 图像分割[J]. 电光与控制,2011(18):1.

[2] Van de Ville D, Ihm I. C1 smoothing of polyhctral with implicit algebraic splines[J]. Computer Graphics, 1992, 26(2): 79-88.

[3] Ma Weiyin, Kruth J P. NURBS curve and surface fitting for reverse engineering[J]. International Journal of Advanced Manufacturing Technology, 1998, 14(12): 918-927.

[4] Cline A K, Renka R L. Storage efficient method for construction a thiessen triangulation[J]. Rocky Mountain Journal of Mathematics, 1984, 24(1): 119-139.

[5] Besl PJ, Jain R C. Segmentation through variable－order surface fitting[J]. IEEE Trans. on Pattern Analysis and Machine Intelligence, 1998, 10(2): 167-192.

[6] Franke R. Scattered data interpolation: test of some methods[J]. Mathematics of Compotation, 1982, 38: 181-200.

[7] Magali R, Meireles G, Pauid E, et al. Comprehensive review for industrial applicability of artificial neural networks[J]. IEEE Trans. on Industrial Electronics, 2003, 50(3): 585-601.

[8] Sakai Y, Okamoto H, Fukai T. Computational algorithms and neuronal network models underlying decision processes[J]. Neural Networks, 2006(19): 1091-1105.

[9] Rutkowski L. Adaptive probabilistic neural networks for pattern classification in time－varying environment[J]. IEEE Trans. on Neural Networks, 2004, 15(4): 811-827.

[10] Gevrey M, Dimopoulos I, Lek S, et al. Redew and compari－son of methods to study the contribution of variables in artificial neural network models[J]. Ecological Modeling, 2003, 160(1): 249-264.

软土地基的不排水强度

方涤华

（河海大学　南京　210000）

摘要：详细介绍了利用几种常用不排水剪试验建立的剪前有效固结应力与不排水强度关系确定软基不排水强度的方法。土的不排水强度是各向异性的，以致即使在相同应力状态下固结的土，它的不排水强度也将因试验方法不同，剪破面也不同。土的不排水强度还与它的应力历史有关。软土地基上部通常是超固结的，下部是正常固结的，其分界点因有效附加应力而上移。如由室内试验结果来确定分界点以上土的不排水强度则按其实际超固结比对应的不排水强度比计算；当用十字板试验结果时则根据该深度处超固结土的不排水强度比先计算出附加强度，再加上与 σ'_{v0} 对应的实测初始强度得出。分界点以下可一律按正常固结土计算。
关键词：软土　不排水强度　剪前有效固结应力　$\varphi_u = 0$ 分析法

1　引言

在软土地基上修建高速公路路堤的施工期和预压期一般长达 2～3 年之久。期间，软基在路堤荷载下将有一定程度的固结，从而引起强度增长，饱和软土地基的稳定分析通常用 $\varphi_u = 0$ 分析法，强度指标采用不排水强度 c_u。这是基于一组在同一固结应力下固结的饱和试样在其后的不固结不排水剪试验中总强度包线为水平线。也就是说，饱和土的不排水强度取决于剪前有效固结应力。因此，当考虑软基因固结引起的附加强度时先得知道软基内的有效附加应力。做法是计算路堤荷载引起的附加应力 $\Delta\sigma_v$ 和实测超孔隙应力 Δu，然后算出有效附加应力 $\Delta\sigma'_v = \Delta\sigma_v - \Delta u$。这里隐含的假定是在外荷作用下地基土仍处于 K_0 固结状态；Δu 仅由固结引起，而与剪切无关。一旦求得有效附加应力，就可根据室内外不排水剪试验建立的剪前有效固结应力与不排水强度关系曲线算出附加不排水强度。由此看来，国内计算附加强度的有效固结应力法理应就是 $\varphi_u = 0$ 分析法。

可是，公路路基设计规范把软基内滑弧上的抗滑力表示为

$$\sum_{A}^{B} \left[\left(c_{qi}L_i + W_{\mathrm{I}i}\cos\alpha_i\tan\varphi_{qi} \right) + W_{\mathrm{II}i}U_i\cos\alpha_i\tan\varphi_{cqi} \right]$$

式中：c_{qi}、φ_{qi} 为 i 土条滑弧上的快剪指标；φ_{cqi} 为 i 土条滑弧上的固快指标；$W_{\mathrm{I}i}$、$W_{\mathrm{II}i}$ 为 i 土条滑弧上地基土质量和填土质量；L_i 为 i 土条滑动面的长度；U_i 为地基土平均固结度。显然，式中第一项意图代表滑动面上土的初始抗滑力，对应着采用快剪指标算出的土的初始强度；第二项表示滑动面上因土固结引起的附加抗滑力，对应着采用固快指标算出的土的附加强度。撇开常规直剪仪不适用于进行不排水剪试验不谈，上式还存在下列疑问：

（1）既然附加强度可用固快指标计算，为何初始强度就不能用固快指标计算？

（2）如果固快指标中有凝聚力，又为何不加考虑？

（3）剪前有效固结应力是否完全等同于滑动面上的法向应力？

下文将讨论这些问题。

饱和土因取样引起的应力释放使得即使原本是正常固结土也将成为各向等压固结下的超固结土,加之土样在取样、搬运和加工过程中不可避免的结构扰动使室内不固结不排水剪试验测得的不排水强度既乱且小于土的原位强度。如果室内因应力释放引起的膨胀和结构扰动都不大,Bjerrum 主张试样应先在原位应力下再固结,而后测定它的不排水强度。为减轻再固结的影响,Ladd 进一步建议在 K_0 固结不排水剪试验中固结应力 σ'_{vc} 至少要大于前期固结应力 σ'_{vm} 的 1.5 倍,并当两个以上的固结不排水剪试验测得的不排水强度比 c_u / σ'_{vc}($\tan\beta$)不变时,该比值才代表正常固结土的不排水强度比。为求超正常固结土的不排水强度比 $\tan\beta_s$,在 c_u / σ'_{vc} 为常数的试验中取最小 σ'_{vc} 作为室内的 σ'_{vm},然后在 K_0 膨胀条件下卸荷至不同固结应力再进行不排水剪试验。显然,Ladd 认为在满足上述条件的试验中 $\tan\beta_s$ 与 σ'_{vm} 的大小无关,仅取决于超固结比。

本文首先介绍了在几种常用不排水剪试验中 $\sigma'_{vc} \sim c_u$ 曲线的建立,然后举例说明这些曲线在实际问题中的应用,对于不排水强度的各向异性和应变速率的影响则未加讨论。

2 $\sigma'_{vc} \sim c_u$ 曲线的建立

饱和土的不排水强度可由原位十字板剪切试验、等体积直剪试验或单剪试验、各向等压固结三轴不排水剪试验 K_0 和固结三轴不排水剪试验测定。在不同剪切试验中,即使初始固结应力相同,也由于受剪条件不同,剪破面不同,它们测得的不排水强度是不同的。因此,当把某种试验测得的强度应用于稳定分析时结果也不可能一样。

2.1 等体积直剪试验或单剪试验(D)

在常规直剪试验中试样的不排水强度是靠加荷的快慢控制的,严格的不排水是做不到的,所以在国外直剪仪只允许进行排水剪试验。常规直剪试验的变种是常体积直剪试验。所谓常体积直剪试验,是通过调节法向应力保持试样在受剪过程中高度不变的直剪试验。直剪试验的明显优点是通过再固结可使试样很方便地重新恢复到 K_0 固结状态。

在常体积试验中土的不排水强度是以试样剪破时水平剪破面上的剪应力表示的,即 $(c_u)_D = \tau_{hf}$。按 Ladd 建议的试验程序进行常体积固快试验可得如图 1 所示的 $\sigma'_{vc} \sim (c_u)_D$ 关系曲线。对于正常固结土关系曲线为通过坐标原点的直线,$(c_u)_D / \sigma'_{vc}$ 为常数,等于 $\tan(\beta)_D$,于是正常固结土的原位初始不排水强度可表示为

$$(c_u)_D = \sigma'_{vc} \tan(\beta)_D \tag{1}$$

超固结土的关系曲线为不通过坐标原点的曲线,不排水强度比 $\tan(\beta_s)_D$ 不是常数,随超固结比的增加而增加,于是超固结土的原位初始不排水强度可表示为

$$(c_u)_D = \sigma'_{vc} \tan(\beta_s)_D \tag{2}$$

式中:σ'_{vc} 为地基土的初始竖向固结应力,即自重应力。

显然,在常体积试验中剪前有效固结应力 σ'_{vc} 一般不等于试样剪破时水平剪破面上的法向应力 σ_v,所以 $\sigma'_{vc} \sim (c_u)_D$ 曲线也就不等于 $\sigma_v \sim \tau_{hf}$ 曲线。正常固结土受剪产生剪缩,为保持常体积 σ_v 小于 σ'_{vc},于是不排水强度比 $\tan(\varphi_{eq})_D$ 小于 $\tan(\beta)_D$。

2.2　各向等压固结三轴不排水剪试验(CIUT),即常规三轴固结不排水剪试验(CU)

CU 试验的步骤是众所周知的,其主要优点在于能控制排水和量测孔压,现已成为测量不排水强度和有效强度指标的常用方法。试验中剪前有效固结应力等于围压 σ'_{3c},不排水强度 $(c_u)_{CI}$ 取试样剪破时与大主应力面成 $45°$ 平面上的剪应力,即极限莫尔应力圆的半径 $(\sigma_1 - \sigma_3)_f/2$。按上述类似试验程序进行 CU 试验,按图 2 绘制 $\sigma'_{3c} \sim (c_u)_{CI}$ 关系曲线可得与图 1 相似的结果。

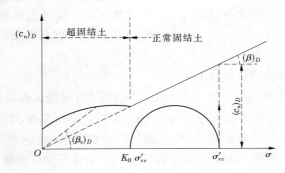

图1　$\sigma'_{vc} \sim (c_u)_D$ 关系曲线

显然,$\sigma'_{3c} \sim (c_u)_{CI}$ 曲线不是极限莫尔应力圆的包线,而处在包线的上方。对于正常固结土,$\sigma'_{3c} \sim (c_u)_{CI}$ 曲线为通过坐标原点的直线,不排水强度比 $(c_u)_{CI}/\sigma'_{3c}$ 为常数,等于 $\tan(\beta)_{CI}$。超固结土的 $\sigma'_{3c} \sim (c_u)_{CI}$ 关系曲线,为不通过坐标原点的曲线,不排水强度比 $\tan(\beta_s)_{CI}$ 随超固结比增加而增加。不排水强度的表达式类似于式(1)和式(2),只要把式中的 $(c_u)_D$,$\tan(\beta)_D$,$\tan(\beta_s)_D$ 相应地改换成 $(c_u)_{CI}$,$\tan(\beta)_{CI}$ 和 $\tan(\beta_s)_{CI}$ 即可。

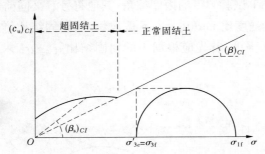

图2　$\sigma'_{3c} \sim (c_u)_{CI}$ 关系曲线

地基土通常处在 K_0 固结状态,当把 CU 试验结果用来估算原位初始不排水强度时可采用平均原位固结应力进行折减。于是,对于正常固结土,原位初始不排水强度为

$$(c_u)_{CK_0} = \frac{1 + K_0}{2}\sigma'_{v0}\tan(\beta)_{CI} \tag{3}$$

$(\beta)_{CI}$ 与 φ_{cu} 有下列关系:

$$\tan(\beta)_{CI} = \frac{\sin(\varphi_{cu})_{CI}}{1 - \sin(\varphi_{cu})_{CI}} = \frac{\cos(\varphi_{cu})_{CI}}{1 - \sin(\varphi_{cu})_{CI}}\tan(\varphi_{cu})_{CI}$$

于是式(3)可改写为

$$(c_u)_{CK_O} = A\sigma'_{v0}\tan(\varphi_{cu})_{CI} \tag{4}$$

式中：K_0 为静止侧压力系数；$(\varphi_{cu})_{CI}$ 为 CU 试验测得的内摩擦角；$A = (1 + K_0)\cos(\varphi_{cu})_{CI}/2[1 - \sin(\varphi_{cu})_{CI}]$。

对于饱和软黏土，$K_O = 0.5 \sim 0.6$，$\varphi = 14° \sim 17°$，则 $A \approx 1$。于是式(4)成为

$$c_{uCK_O} \approx \sigma'_{v0}\tan(\varphi_{cu})_{CI} \tag{5}$$

也就是说，K_0 固结下的初始不排水强度可近似地用 CU 试验的强度包线来求，则就避开了 K_0 的测定和估计。注意：$\sigma'_{v0}\tan(\varphi_{cu})_{CI}$ 在这里代表平均原位固结应力下的不排水强度，而不是剪破面上的强度。此外，要指出的是，正常固结土和超固结土的 K_0 值是不同的。

2.3 K_0 固结三轴不排水剪试验(CK_0CUT)

CK_0CUT 试验可直接测出地基土的原位不排水强度，只是试验设备复杂，操作也更麻烦，一般需自动控制。按上述试验程序进行 CK_0CUT 试验的步骤如下：试验先在 K_0 条件下固结稳定，然后保持围压不变，在不排水条件下施加附加轴向应力至试样剪破。超固结土的试验试样先在 K_0 条件下固结稳定，然后仍在 K_0 条件下卸荷膨胀，稳定后保持围压不变，在不排水条件下施加附加轴向应力至试样剪破。根据试验结果按图 3 绘制 $\sigma'_{vc} \sim (c_u)_{CK_O}$ 关系曲线。由图可见 $\sigma'_{vc} \sim (c_u)_{CK_O}$ 关系曲线也不是极限莫尔应力圆的包线，且在包线的下方，对于正常固结土，$\sigma'_{vc} \sim (c_u)_{CK_O}$ 曲线为通过坐标原点的直线，不排水强度比 $(c_u)_{CK_O}/\sigma'_{vc}$ 为常数，等于 $\tan(\beta)_{CK_O}$。于是，地基土的原位初始不排水强度为

$$(c_u)_{CK_O} = \sigma'_{v0}\tan(\varphi)_{CK_O} \tag{6}$$

$$\tan(\varphi)_{CK_O} = K_0\sin(\varphi_{cu})_{CK_O}/[1 - \sin(\varphi_{cu})_{CK_O}] \tag{7}$$

式中：$(\varphi_{cu})_{CK_O}$ 为 CK_0CUT 试验测得的内摩擦角；其他符号意义同前。

超固结土的不排水强度比 $\tan(\beta_s)_{CK_O}$ 不是常数，随超固结比增加而增加。为求超固结土的原位初始不排水强度，首先应根据土的超固结比 $\sigma'_{vm}/\sigma'_{v0}$ 求出相应的不排水强度比，然后按下式计算

$$(c_u)_{CK_O} = \sigma'_{v0}\tan(\beta_s)_{CK_O} \tag{8}$$

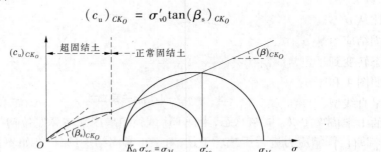

图 3　$\sigma'_{vc} \sim (c_u)_{CK_O}$ 关系曲线

2.4 原位十字板剪切试验(V)

原位十字板剪切试验由于快速，对于土的扰动较小，且基本上在原位应力下进行，现已成为软基勘察的一种常规试验，但是十字板试验测得的不排水强度是竖直和两个水平剪破面上的某种综合强度。就高度比 2:1 的通用十字板而言，竖直面上的强度占了综合

强度的 6/7。由于试验前竖直和水平剪破面上的有效法向应力的大小和分布不同，扭矩最大时剪破面上的剪应变的大小和分布也不一样，以致试验结果的理论分析是困难的。如果说室内剪切试验是一种点的试验的话，十字板试验是一种土体的试验。

十字板试验的强度 $(c_u)_v$ 通常沿深度 z 绘制，曲线趋势是 $(c_u)_v$ 开始沿深度减小，继而沿深度近乎线性增加，但直线一般不通过坐标原点。于是直线段的强度可表达为

$$(c_u)_v = (c_{u0})_v + z\tan(\alpha)_v \tag{9}$$

式中：$(c_{u0})_v$ 为直线在强度轴上的截距；$\tan(\alpha)_v$ 为 $(c_u)_v$ 随深度的强度增长率。

当以剪前有效固结应力表示强度时，式(9)可改写为

$$(c_u)_v = (c_{u0})_v + \sigma'_{v0}\tan(\beta)_v \tag{10}$$

式中：$\tan(\beta)_v$ 为正常固结土的不排水强度比，等于 $\tan(\alpha)_v \sqrt{\gamma'}$，$\sqrt{\gamma'}$ 为地基土平均深度的浮容重；其他符号意义同前。

通过式(10)可直接计算得 $\sigma'_{v0} \sim (c_u)_v$ 曲线，如图 4 所示。

十字板试验的强度沿深度的变化有时近乎竖线，在这种情况下强度可按分层平均强度计算。

3 $\sigma'_{vc} \sim c_u$ 曲线的应用

本节将以十字板试验和 CU 试验为例说明在考虑软基因固结引起的附加强度计算中 $\sigma'_{vc} \sim c_u$ 曲线的应用。为此，必须首先具备自重应力 σ'_{v0}、前期固结应力 σ'_{vm} 和有效附加应力 $\Delta\sigma'_v$ 沿深度的分布曲线。

3.1 σ'_{v0}、σ'_{vm} 和 $\Delta\sigma'_v$ 分布曲线

通过室内密度试验和高压固结试验可算出 σ'_{v0} 和求得 σ'_{vm}。计算外荷引起的附加应力 $\Delta\sigma_v$ 和实测超孔隙应力 Δu，可得有效附加应力 $\Delta\sigma'_v = \Delta\sigma_v - \Delta u$。于是就可绘制 σ'_{v0}、σ'_{vm} 和 $\Delta\sigma'_v$ 沿深度的分布曲线，如图 5 所示。软土地基上部通常是超固结的，下部是正常固结的，其分界点将因 $\Delta\sigma'_v$ 使 n 点上移至 m 点。在 m 点以上土仍处在超固结状态，只是超固结比从 $\sigma'_{vm}/\sigma'_{v0}$ 减小到了 $\sigma'_{vm}/(\sigma'_{v0} + \Delta\sigma'_v)$。在 n 点以下土仍处在正常固结状态，只是有效固结应力从 σ'_{v0} 增加到了 $(\sigma'_{v0} + \Delta\sigma'_v)$。在 m 点和 n 点之间，$\Delta\sigma'_v$ 使土从原来的超固结状态转变到了正常固结状态。

对照图 4 和图 5，$(c_u)_v$ 和 σ'_{vm} 的变化趋势大体相对应。它意味着正常固结土的十字板强度呈直线型，而超固结土的十字板强度呈递减的曲线型。在相同有效固结应力下超固结土的十字板强度大于正常固结土，因此落在下部直线延长线的右侧。

3.2 $\sigma'_{v0} \sim (c_u)_v$ 曲线的应用

现在分别考虑 m 点以上、n 点以下和 m 点与 n 点之间三种情况由 $\Delta\sigma'_v$ 引起的附加不排水强度。在 m 点以上深度 z_i，$\Delta\sigma'_v < (\sigma'_{vm} - \sigma'_{v0})_i$。根据图 4，$\sigma'_{v0i}$ 和 σ'_{vmi} 对应的强度为 $(c_{u0i})_v$（a 点）和 $(c_{umi})_v$（b 点）。

在 m 点与 n 点之间深度 z_j，$\Delta\sigma'_{vj} > (\sigma'_{vm} - \sigma'_{v0})_j$，把 $\Delta\sigma'_{vj}$ 分成两部分，由图 4 可见，其中 $\Delta\sigma'_{v1j}$ 处在超固结范围；$\Delta\sigma'_{v2j}$ 处在正常固结范围。σ'_{v0j} 和 σ'_{vmy} 对应的强度分别为 $(c_{u0j})_v$（c 点）和 $(c_{umj})_v$（d 点）。

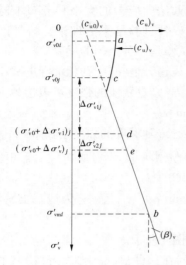

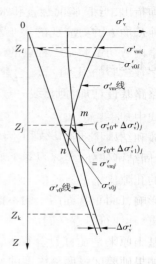

图4　$\sigma'_{v0} \sim (c_u)_v$ 关系曲线 　　　　　图5　地基有效竖向应力分布

设正常固结土的不排水强度比为 $\tan(\beta)_v$，则 $\Delta\sigma'_{v2j}$ 引起的附加强度为

$$\Delta(c_{u2j})_v = \Delta\sigma'_{v2j}\tan(\beta)_v \tag{11}$$

d 点以上为超固结土，其初始强度和附加强度可分层取平均强度值，即 $(c_{u0j})_v$ 和 $\Delta(c_{u1j})_v$。

于是土总的不排水强度为

$$(c_{uj})_v = (c_{u0j})_v + \Delta(c_{u1j})_v + \Delta(u_{2j})_v \tag{12}$$

3.3　$\Delta\sigma'_{3c} \sim (c_u)_{CI}$ 曲线的应力

根据图2中的 $\Delta\sigma'_{3c} \sim (c_u)_{CI}$ 曲线，经整理可得不排水强度比 $\tan(\beta)_{CI} \sim OCR$ 关系曲线，如图6所示。在 m 点以上深度 z_i，现有超固结比为 $[\sigma'_{vm}/(\sigma'_{v0} + \Delta\sigma'_v)]_i$，由图6查得相应的不排水强度比为 $\tan(\beta_{si})_{CI}$，于是深度 z_i 土总的不排水强度为

$$(c_{ui})_{CI} = (\sigma'_{v0} + \Delta\sigma'_v)_i\tan(\beta_{si})_{CI} \tag{13}$$

在 m 点与 n 点之间深度 z_j，$\Delta\sigma'_{vj} > (\sigma'_{vm} - \sigma'_{v0})_j$，而 $\Delta\sigma'_{vj}$ 中 $\Delta\sigma'_{v1j}$ 在超固结范围，$\Delta\sigma'_{v2j}$ 在正常固结范围。所以，在 d 点以上土的附加强度可分层取平均值。d 点以下 $\Delta\sigma'_{v2j}$ 引起的不排水强度都可用 $\tan(\beta)_{CI}$ 计算。于是在深度 z_j 处土总的不排水强度为

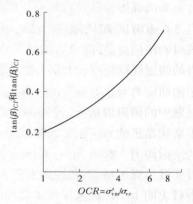

图6　$\tan(\beta)_{CI}$ 和 $\tan(\beta_s)_{CI} \sim OCR$

$$(c_{uj})_{CI} = (\sigma'_{v0} + \Delta\sigma'_v)_j\tan(\beta)_{CI} \tag{14}$$

这又一次看到，在 m 点与 n 点之间土总的不排水强度可像正常固结土一样计算。

在 n 点以下深度 z_K，土的现有有效固结应力为 $(\sigma'_{v0} + \Delta\sigma'_v)_K$，就是它曾经受过的最大有效固结应力，所以土仍是正常固结的，土总的不排水强度为

$$(c_{uk})_{CI} = (\sigma'_{v0} + \Delta\sigma'_v)_K\tan(\beta)_{CI} \tag{15}$$

必须指出,当把 CU 试验结果用于地基土时,剪前有效固结应力应该用平均有效固结应力$(1 + K_0)(\sigma'_{v0} + \Delta\sigma'_v)/2$ 取代。

4 讨论和总结

公路路基设计规范中软基稳定验算采用的有效固结应力法理应是 $\varphi_u = 0$ 分析法。在计算公式中却采用了快剪指标,撇开直剪仪不适用于不排水剪试验不谈,由于取样引起的应力释放和结构扰动将使室内试验测得的快剪强度一般要小于土的原位强度,在直剪试验中,再固结可使处在各向等压下的试样恢复到 K_0 固结状态,但在原位应力下再固结将使试样的孔隙比小于原位值而提高强度。试样扰动越严重,这种影响也越大。为减轻再固结的影响,Ladd 建议了一套试验程序,以建立不排水强度比与超固结比的关系,供实际应用。

地基土原来是在自重应力下固结的,而外荷产生的附加应力又将引起地基土进一步固结。如果硬要区分两种应力的差别:一是历时不同;二是附加应力未必都是大主应力,但它们并无本质差别,都是引起地基土固结的竖向固结应力。可是,在规范中初始强度和附加强度的计算分别采用了快剪和固快指标,这就使得两种本应衔接的强度变成了独立计算的互不相干的叠加强度,由此引发的另一种问题是一旦固快指标中出现凝聚力 c_{cq},该如何处理? 现以十字板强度为例分析,当初始强度和附加强度一并用十字板强度线计算时,截距$(c_{u0})_v$已包含在初始强度计算中,在附加强度计算中就无须再考虑,因为两种强度的计算是衔接的,见式(12)和式(13)。有时还见到采用两种不排水剪试验的组合强度,例如初始强度用十字板试验强度,附加强度用 $\Delta\sigma'_v \tan\varphi_{cu}$。如上所述,它们代表不同剪破面上的强度,所以这种组合强度在概念上是不恰当的。

在直剪试验中试样的剪破面为水平面,剪破面上的剪前有效固结应力也就是试样剪破时的法向应力,如果直剪仪真能做到试样受剪时不排水,那么正常固结土由固快试验测得的强度线既是一条剪前有效固结应力与不排水强度的关系曲线,又是一条水平剪破面上法向应力与抗剪强度的关系曲线,于是不排水强度比 $\tan(\beta)_D$ 等于 $\tan\varphi_{cu}$。对于实际问题中的倾斜滑动面,它的初始应力状态既有有效法向应力,又有剪应力。在这种条件下正常固结土的 $\tan(\beta)_D$ 就不等于 $\tan\varphi_{cu}$,而且,剪前竖向有效固结应力也不等于破坏面上的法向应力。此外,由于不排水强度的各向异性,$\tan(\beta)_D$ 还将随滑动面的方向而异。

就不同不排水剪试验而言,它们测得的不排水强度代表不同剪破面上的强度。现有资料表明,在 K_0 固结条件下均匀土的不排水强度以三轴压缩试验的最大,三轴伸长试验的最小。因此,当把某种试验测得的不排水强度用于 $\varphi_u = 0$ 分析时都带有经验性。

软土地基上部土常处在超固结状态,下部则处在正常固结状态,分界点将因有效附加应力而上移,固结土的超固结比则相应地减小。如由室内试验结果来确定分界点以上土的不排水强度,则应根据减小了的超固结比查得对应的不排水强度比 $\tan\beta_s$ 乘以总的有效固结应力$(\sigma'_{v0} + \Delta\sigma'_v)$得到。当用十字板试验结果时,则根据该深度处超固结土的不排水强度比 $\tan(\beta_s)_v$ 算出附加强度 $\Delta\sigma'_v \tan(\beta_s)_v$,再加上与 σ'_{v0} 对应的实测强度得到。分界点以下土总的不排水强度则一律按正常固结土计算。

参考文献

［1］BJERRUM L. Problems of soil mechanics and construction on soft clays and structurally unstable soils（collapsible，expansive and others）［J］. Proceedings of the Eighth International Conference on Soil Mechanics and Foundation Engineering（Moscow），1973. Vol. 3：111-159.

［2］LADD C C. New design procedure for stability of soft days［J］. Proceedings ASCE，Journal of the Geotechnical Engineering Division，1974，100（GT7）：763-786.

［3］沈珠江. 软土工程特性和软土地基设计［J］. 岩土工程学报，1998，20(1)：100-111.

［4］中交第二公路勘察设计研究院. JTG D30—2004 公路路基设计规范［S］. 北京：人民交通出版社，2004.

二、岩土工程数值仿真与物理模拟技术

基于 ABAQUS 的复合地基灌注桩水平
承载特性三维分析研究

李华伟　沈继华　孙　勇　杨　中

（中水淮河规划设计研究有限公司　蚌埠　23001）

摘要： 本文以有限元分析模拟软件 ABAQUS 为平台，结合淤泥质土特殊地基情况，采用 Mohr-Coulomb 塑性模型，开展淤泥质土地基粉喷桩处理后灌注桩荷载传递特性和水平承载力分析研究，并与实测结果进行对比分析，具有较大的推广应用价值。

关键词： 灌注桩　复合地基　承载特性　三维分析

ABAQUS 是一套功能强大的基于有限元法的工程模拟软件，其解决问题的范围从简单的线性分析到最富有挑战性的非线性模拟问题。ABAQUS 具有丰富的单元库，用其模拟实体单元，由于实体单元可以在其任何表面与其他单元连接起来，因此能用来建造几乎任何形状、承受任意载荷的模型。在本研究中桩体和土体均采用 C3D8R 单元（8 节点六面体线性减缩积分单元），采用线性减缩积分单元模拟承受弯曲载荷的结构时，沿厚度方向上至少应划分四个单元。钢筋的模拟则采用 T3D3 单元。

1　地质概况

工程场区分布的地层岩性主要由第四系的淤泥和淤泥质壤土、淤泥和淤泥质黏土、粉质黏土等组成（见图 1）。地层分布自上而下为：

②层为灰、浅灰、深灰色淤泥和淤泥质壤土，含少量黑色腐殖质和碎贝壳，呈流塑至软塑状态，高压缩性，场区普遍分布，厚 4~6 m。标贯击数小于 1 击，十字板剪切强度 $C_u = 16$ kPa，灵敏度 $S_t = 2.4$。

③层为灰、浅灰色淤泥和淤泥质黏土，含腐殖质，呈流塑至软塑状态，高压缩性，场区内普遍分布，厚 4~6 m。标准贯入击数 0.7~1.9 击，十字板剪切强度 $C_u = 18$ kPa，灵敏度 $S_t = 2.3$。

④层为灰黄、棕黄夹灰色黏土和粉质黏土，夹有少量粉土、砂壤土薄层，局部含少量碎贝壳。呈可塑至硬塑状态，中等压缩性，场区内广泛分布，厚 4~5 m。标准贯入击数 7.3~10.9 击。

⑤层为褐灰黄、棕黄夹灰色粉质黏土，夹有薄层状、蜂窝状粉土和砂壤土（单层厚 0.3~3.5 cm），局部含少量碎贝壳。呈可塑至硬塑状态，中压缩性，场区内广泛分布，厚 2~4 m。标准贯入击数 7.4~10.0 击。

作者简介：李华伟，男，1976 年生，河南周口人，工程师，毕业于郑州大学。

由于地质条件较差,灌注桩四周采用粉喷桩进行地基处理,粉喷桩直径 0.5 m,按矩形布置,桩中心距 1.0 m。

地基土的物理力学性质指标见表 1。

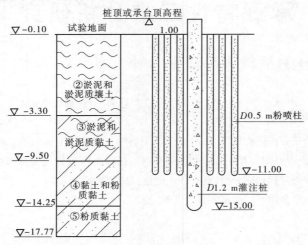

图 1　试桩地质剖面图

表 1　地基土的物理力学性质指标

层号	土类	含水量(%)	湿密度(g/cm³)	干密度(g/cm³)	孔隙比	液性指数	压缩系数(MPa⁻¹)	直接快剪		固结快剪		承载力标准值(kPa)
								黏聚力(kPa)	内摩擦角(°)	黏聚力(kPa)	内摩擦角(°)	
②	淤泥和淤泥质壤土	51.7	1.71	1.13	1.437	1.52	1.10	10.0	2.0	12.0	10.0	40
③	淤泥和淤泥质黏土	60.9	1.65	1.02	1.686	1.27	1.50	12.0	1.5	16.0	10.0	50
④	黏土和粉质黏土	35.1	1.88	1.39	0.978	0.20	0.30	45.0	43.0	43.0	14.0	190
⑤	粉质黏土	32.3	1.90	1.44	0.908	0.30	0.26	40.0	11.0	40.0	15.0	190

2　模型选择

ABAQUS 具有丰富的岩土材料本构模型,Mohr-Coulomb 塑性模型主要适用于在单调荷载下以颗粒结构为特征的材料,如土壤,它与率变化无关。Mohr-Coulomb 破坏和强度准则在岩土工程中的应用十分广泛,大量的岩土工程设计计算都采用了 Mohr-Coulomb 强度准则[1]。本研究同样采用的是 Mohr-Coulomb 本构模型。

Mohr-Coulomb 模型的材料为具有屈服准则的材料,材料是初始各向同性的,弹性阶段是线性、各向同性的,其屈服函数为[2]

$$F = R_{mc}q - p\tan\varphi - c = 0 \tag{1}$$

其中 $R_{mc}(\Theta,\varphi)$ 为 π 平面上屈服面形状的一个度量。

$$R_{mc} = \frac{1}{\sqrt{3}\cos\varphi}\sin\left(\Theta + \frac{\pi}{3}\right) + \frac{1}{3}\cos\left(\Theta + \frac{\pi}{3}\right)\tan\varphi \tag{2}$$

其中，φ 为 $q \sim p$ 应力面上 Mohr-Coulomb 屈服面的倾斜角，称为材料的摩擦角（见图2），$0° \leqslant \varphi \leqslant 90°$；$C$ 为材料的黏聚系数；Θ 为极偏角，定义为 $\cos(3\Theta) = \dfrac{r^3}{q^3}$，$r$ 为第三偏应力不变量 J_3。

在 Mohr-Coulomb 模型中，实质上假定了由黏聚系数来确定其硬化，黏聚系数 C 可以是塑性应变、温度或场变量的函数，其硬化是各向同性的。

Mohr-Coulomb 屈服面在 π 平面的形状及它与 Drucker-Prager 屈服面、Tresca 屈服面、Rankine 屈服面的相对关系，如图2所示。

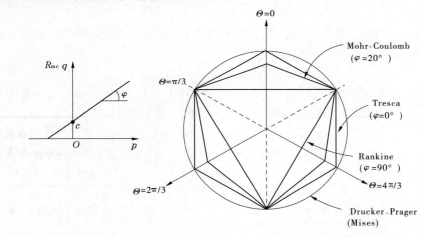

图2　Mohr-Coulomb 模型在子午面和 π 平面上的屈服面

G 为流动势函数，为应力空间子午线平面上的双曲函数，传统的 Mohr-Coulomb 模型的屈服面存在的尖角导致塑性流动方向不唯一，导致数值计算的烦琐和收敛缓慢（见图3）。为了避免这些问题，Menerey 和 Willam（1995）建议选取连续光滑的椭圆函数作为流动势函数[3]：

$$G = \sqrt{\left(\varepsilon C|_0\tan\varphi\right)^2 + \left(R_{mw}q\right)^2} - p\tan\varphi \tag{3}$$

$C|_0$ 为材料的初始黏聚力，$C|_0 = C|_{\bar{\varepsilon}^{pl}=0.0}$；$\varphi$ 为膨胀角（dilation）；ε 为子午线的偏心率，它控制了 G 的形状变化。

实际上 ε 定义了塑性势 G 逼近渐近线的变化率。

$R_{mw}(\Theta,e,\varphi)$ 是控制塑性势 G 在 π 平面上形状的参数：

$$R_{mw} = \frac{4(1-e^2)\cos^2\Theta + (2e-1)^2}{2(1-e^2)\cos\Theta + (2e-1)\sqrt{4(1-e^2)(\cos\Theta)^2 + 5e^2 - 4e}}R_{mc}\left(\frac{\pi}{3},\varphi\right) \tag{4}$$

偏心率 e 描述了介于拉力子午线（$\Theta = 0$）和压力子午线$\left(\Theta = \dfrac{\pi}{3}\right)$之间的情况。

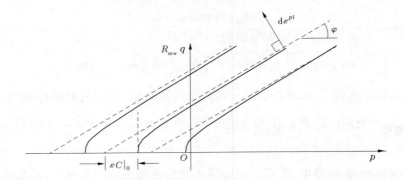

图 3 Mohr-Coulomb 模型在子午线平面的塑性流动势

其默认值由下式计算：

$$e = \frac{3 - \sin\varphi}{3 + \sin\varphi} \tag{5}$$

ABAQUS 允许在三向受拉或受压状态下匹配经典的 Mohr-Coulomb 模型。允许 e 在以下的范围内变化：

$$0.5 < e \leqslant 1.0$$

如果直接定义 e，则 ABAQUS 仅仅在三向受压的情况下与经典的 Mohr-Coulomb 准则匹配。此时仍是非关联流动。几种模型在 π 平面上的偏心率见图 4。

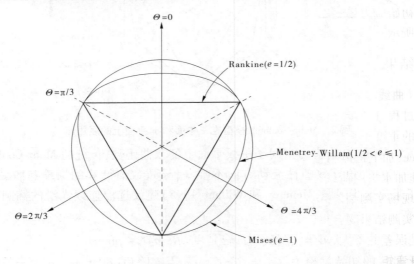

图 4 几种模型在 π 平面上的偏心率 e

3 三维分析计算

3.1 计算工况及桩土参数

为了和实测结果进行对比分析，本研究选择相同的两根桩进行三维有限元数值仿真分析。两根桩的设计参数如表 2 所示。

表 2　桩设计参数

桩号	桩径（mm）	桩长（m）	配筋（主筋）	混凝土强度指标
a_1	$\phi\,1\,200$	16	26 ϕ 25	C30
a_1'	$\phi\,1\,200$	16	26 ϕ 25	C30

3.2　计算模型

根据实际工程地质情况建立 b_2 桩的三维桩土有限元分析模型,模型边界沿径向是 25 倍桩径,纵向边界取 2 倍桩长。灌注桩采用线弹性模型,利用三维减缩积分单元 C3D8R 进行离散,土体采用 Mohr-Coulomb 塑性模型,利用单元 C3D8R 进行离散,桩体纵筋采用 T3D3 单元模拟,钢筋采用嵌入式(Embedded)方法埋入混凝土内。计算模型中桩外侧与外围土体、桩底与桩底土体均设置接触单元,接触本构模型为小滑动库仑摩擦模型,以模拟桩土之间的黏结、滑移和脱离。边界条件为:在模型四周施加 X、Y 方向的位移约束,模型底部约束全部自由度,并考虑了土体初始应力场的影响。有限元网格划分如图 5 所示。

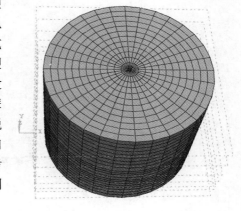

图 5　三维桩–土有限元网格

4　计算结果

4.1　$P \sim s$ 曲线

分析过程分三步进行,第一步为 *Geostatic 分析步,进行初始地应力的平衡,由于桩体和土体的重度不一样,本文首先采用假定桩体重度和土体重度一样,然后通过第二步 *Bodyforce,加上桩体和土体实际重度之间的差值。分析的第三步是 *Static 步,在该步中,桩顶施加水平向荷载,采用自动增量步长,其他均采用默认设置。三维数值仿真分析的结果同现场实测结果的对比分析如图 6、图 7 所示。通过对比我们可以看出:有限元计算结果与实测结果吻合得较好,只是在初始加载过程中有限元计算的结果比实测的数据较大,但是误差并不大,对于实际工程而言是可以接受的。

4.2　桩身弯矩

在 ABAQUS 中,对于实体单元而言,一般采用如下方法获得桩身弯矩。

首先需要在 CAE 中定义截面,然后在 *End Step 前输入如下语句:

* section print , name = FM1 , surface = Surf – 1 , axes = local , frequency = 1 , update = yes

,13.7,0,40

,13.7,0.5,40,14.2,0,40

sof , som

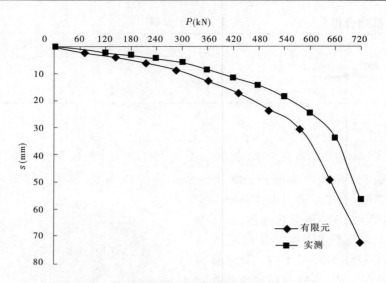

图 6 a_1 桩有限元计算和实测 $P \sim s$ 曲线对比图

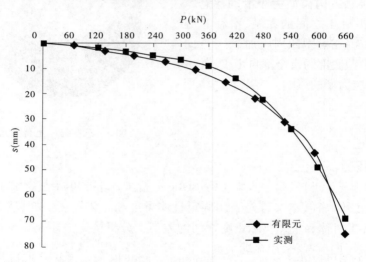

图 7 a_1' 桩有限元计算和实测 $P \sim s$ 曲线对比图

其中第二行的数据表示的是截面中心点坐标；第三行的数据分别表示为截面 X 方向轴线上的坐标和 Y 方向轴线上的坐标；第四行的 sof 表示轴力，som 表示弯矩。

三维数值仿真分析的结果同现场实测结果的对比分析如图 8 和图 9 所示。图中弯矩均为各桩在临界荷载下的桩身弯矩。从图中可以看出，桩的最大弯矩所在位置与实测结果有一定误差，但是，误差较小。在达到最大弯矩前计算结果与实测结果吻合得较好，在达到最大弯矩后，有限元计算的结果比实测的结果较大，这主要是由于在有限元计算过程中土体采用的是弹塑性模型，土体的压缩模量在计算过程中采用的是初始压缩模量，不会随着加载的过程发生改变，此外，我们计算过程中采用的是分层土体，每层土体的厚度选取也会造成计算结果的误差。但最大弯矩点的值吻合得很好，与实测结果的误差小于 5%。在水平承载桩的设计中，我们最关心的是最大弯矩点的位置及其大小，从对比分析来看,这两点都吻合得较好。

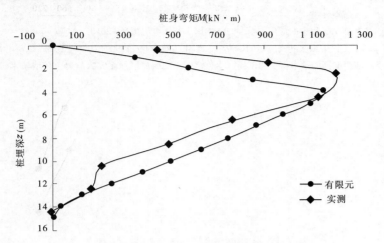

图8　a_1桩有限元计算和实测弯矩曲线对比图

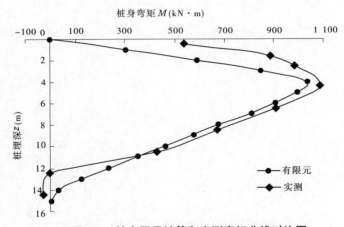

图9　a_1'桩有限元计算和实测弯矩曲线对比图

对比这两个图可以看出,在荷载较小的时候,底部桩体还未起到抵抗水平抗力的作用,但是,随着荷载的逐渐增加,底部桩体的作用也逐渐发挥出来。在承受相同荷载的情况下,存在一个临界桩长,因此我们在做设计时要关注桩的临界桩长,超出临界桩长的部分没有发挥作用,做到经济合理。

5　结语

通过三维有限元仿真分析试桩的$P \sim s$位移曲线和桩身弯矩分布曲线,并同实测结果进行对比,得出以下结论:

(1)只要将土体参数调整合适,三维有限元仿真分析结果可以较好地吻合实测结果。

(2)在灌注桩周围打设粉喷桩对提高桩基的水平承载能力有一定的作用。

参考文献

［1］费康，等. ABAQUS 在岩土工程中的应用［M］. 北京：中国水利水电出版社，2010.

［2］徐干成，郑颖人. 岩土工程中屈服准则应用的研究［J］. 岩土工程学报，1990，12（2）：93-99.

［3］俞茂宏. 岩土材料屈服准则的基本特性和创新［C］∥2006 年三峡库区地质灾害与岩土环境学术研讨会论文集. 2006.

核电厂泵房直立式挡土墙振动台模型
试验及颗粒流数值模拟研究 *

邹德高[1,2]　　骆　巍[2]　　张争超[2]　　徐　斌[1,2]

(1. 大连理工大学海岸和近海工程国家重点实验室　大连　116024;
2. 大连理工大学水利工程学院　大连　116024)

摘要:联合采用振动台模型试验和颗粒流数值方法研究了核电厂泵房前直立式挡土墙在地震荷载作用下的破坏机理和破坏特征。模型试验考虑了挡土墙下方为混凝土基础和抛石基础两种方案。数值模拟中采用适合于模拟散体颗粒材料及大变形问题的二维颗粒流方法(PFC2D),通过模型试验,标定了微观参数,使数值模拟规律与模型试验规律一致。模型试验和数值分析结果表明,不同的地基条件下,随着加速度幅值的增大,挡土墙在自身地震惯性力和墙后回填块石的动土压力作用下均产生向临空侧的水平滑动位移,挡土墙后回填块石出现沉陷,出现剪切滑移带。同时,对于抛石基础,挡土墙后较大范围内块石出现沉陷,且挡土墙向临空侧旋转,对后方主体建筑物稳定有较大影响。

关键词:直立式挡土墙　振动台　离散元

近年来,核电作为新兴能源得到了长足的发展,我国已建和在建的核电厂主要分布在沿海地区,核电厂中的取排水工程广泛采用直立式挡土墙作为挡土结构。为了保护核电主体建筑的安全,对直立式挡土墙的抗震稳定性要求比一般挡土墙高。因此,深入研究核电厂工程直立式挡土墙在地震荷载下的变形机理和破坏模式具有重要意义。

目前,对于土工构筑物在设计地震动力荷载作用下的抗震性能主要采用振动台模型试验[1-3]和有限元动力反应分析[4-7]。大型地震模拟振动台能再现地震波波形、自动和精确地采集试验数据,再现地震破坏现象,已成为研究岩土结构地震响应及破坏并对数值分析结果进行检验[1]的重要手段之一。

尽管振动台模型试验得到广泛应用,但其耗费大,试验过程复杂,数值模型则部分解决了这个问题。随着计算机性能的飞速提高,利用离散元[8]或 DDA 方法[9]研究各种土工构筑物的地震响应问题成为可能,这些方法克服了传统连续介质力学的宏观连续性假设,可形象、直观地再现各种土石构筑物在动力荷载作用下的宏观破坏过程和破坏特征。孔宪京[1]等采用非连续变形分析方法对面板堆石坝振动台试验进行了数值仿真分析,建立了基于离散元方法的动力模型。刘汉龙[10]、杨贵[11]等分别对土石坝和面板堆石坝的

* **基金项目:**地震行业科研专项经费项目(No. 201208013),国家自然科学基金项目(No. 51138001,51078061),中央高校基本科研业务费专项资金资助(No. DUT11ZD110)。

作者简介:邹德高,男,1973 年生,副教授。

振动台模型试验进行了颗粒流数值模拟,分析了坝体颗粒黏结强度和地震峰值加速度变化对坝体破坏特征的影响。周健等[12]采用 PFC 与 FLAC 耦合的方法对挡土墙的地震响应进行了数值研究,描述了土体与结构的相互作用和关心区域的土体特性。

本文联合采用振动台模型试验与二维颗粒流方法[13],研究了核电厂泵房前直立式挡土墙的地震稳定性。通过模型试验,定性研究了直立式挡土墙在地震荷载作用下的宏观破坏过程和破坏特征。基于模型试验,标定了微观参数,使数值模拟规律与模型试验规律一致。研究成果可为核电厂泵房前直立式挡土墙的抗震设计提供参考和依据。

1 振动台模型试验

本文研究采用的振动台为大连理工大学抗震实验室的水平与垂直两向激励的水下振动台,如图 1 所示,水下振动台的主要技术参数如表 1 所示[14]。

图 1 振动台

表 1 水下振动台的主要技术参数

振动方向	控制方式	最大载重（t）	水平最大位移（mm）	水平最大速度（cm/s）	水平最大加速度 g	竖向最大位移（mm）	竖向最大速度（cm/s）	竖向最大加速度 g	工作频率（Hz）
双向	数字	10	±75	±50	1.0	±50	±35	0.7	0.1～50

直立式挡土墙原型高 16.75 m,宽 11.9 m。综合考虑了振动台尺寸和承载能力等控制要素,选定模型几何比例尺为 1:16,根据几何相似转化得到的挡土墙尺寸如图 2 所示。试验时直立式挡土墙模型安置在尺寸为 4 m×0.8 m×1.5 m 的钢槽内,由 48 个高强螺栓固定到振动台台面上。模型箱的正面采用高强度透明玻璃钢材料,其他 3 面采用钢板。直立式挡土墙形式为沉箱式直立式挡土墙,其结构如图 3 所示,空箱质量为 530 kg。沉箱中间用堆石料进行填充,填满石块后总质量为 976 kg,等效密度为 1.927 g/cm³。

根据基础的不同,振动台试验分两个方案。方案一中挡土墙地基为混凝土基础,将挡土墙直接置于与模型箱固定的混凝土板上进行试验;方案二中地基为抛石基础,先在模型箱底部填入 0.256 m 厚的块石,然后将挡土墙置于填石上进行试验。

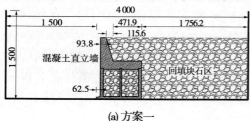

(a) 方案一

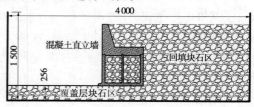

(b) 方案二

图 2 振动台模型试验尺寸 (单位:mm)

采用千斤顶、测力计、位移计和自锁设备测量了直立式挡土墙和不同型式基础之间的

(a)   (b)

图 3   直立式挡土墙

摩擦系数,测量原理如图 4 所示。测试结果如图 5 所示。可见,挡土墙与混凝土基础之间的摩擦系数为 0.67,而与抛石基础之间的摩擦系数略小,为 0.57。

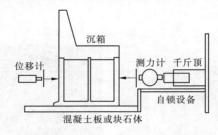

图 4   摩擦系数测量原理

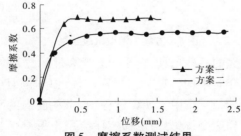

图 5   摩擦系数测试结果

输入地震波为频率 10 Hz 的正弦增幅波,60 s 时峰值加速度达到 $1g$,波形如图 6 所示。地震波水平向持续施加在模型底部,直至模型发生较大变形。试验中采用了 PIV 技术[14-17]分析了模型试验的破坏过程。图 7(a)、图 8(a)分别为两个工况的模型在振动结束后的变形图。图 7(b)、图 8(b)中的矢量线为 PIV 分析的结果,矢量线的长度和方向代表观测点当前图片相对于第一张图片的位移,即总位移。可以看出,对于两种基础方案,挡土墙在自身地震惯性力和墙后回填块石的动土压力作用下均产生向临空侧的水平滑动位移,从而导致挡土墙后回填块石发生沉陷,并出现剪切滑移带。

2   颗粒流方法原理

二维颗粒流程序的理论基础是 Cundall[18](1979)提出的离散单元法[8-19],用于颗粒材料力学性态分析,如颗粒团的稳定、变形等,专门用于模拟固体力学大变形以及破坏问

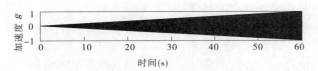

图6　输入地震波波形

(a) (b)

图7　方案一模型试验结果

(a) (b)

图8　方案二模型试验结果

题。作为研究颗粒介质特性的一种工具,它采用有代表性的数百个至上万个颗粒单元,通过数值模拟试验得到颗粒介质本构模型。二维颗粒流程序通过圆形(或异型)离散单元来模拟颗粒介质的运动及其相互作用。计算过程中,由平面内的平动和转动运动方程来确定每一时刻颗粒的位置和速度,将力与位移定律应用于每个接触得到作用于颗粒上的接触力,这样以运动定律与力与位移定律为基础对整个模型循环计算。

2.1　物理方程－力与位移定律

颗粒之间的法向力 F_n 正比于它们之间法向的叠合 u_n,即

$$F_n = k_n u_n \tag{1}$$

式中:k_n 为法向刚度系数。

由于块体所受的剪切力与颗粒运动的历史或途径有关,因此对于剪切力要用增量 ΔF_s 来表示。设两颗粒之间切向相对位移为 u_s,则

$$\Delta F_s = k_s u_s \tag{2}$$

式中:k_s 为切向刚度系数。

2.2　运动方程－牛顿第二定律

根据颗粒的位置和邻近颗粒的关系,利用式(1)和式(2)计算出作用在颗粒上的一组

力,然后计算出它们的合力和合力矩,再根据牛顿第二定律确定颗粒质心的加速度和角加速度,进而确定在 Δt 内颗粒的速度和角速度以及位移与转动量。

2.3 接触本构

颗粒流方法中材料的本构特性是通过颗粒接触处的本构来体现的。颗粒间的本构模型有刚度模型、滑动模型和黏结模型。本文采用了刚度模型中的线性接触模型,该模型假定两个接触颗粒为刚度串联作用。对于两个相互接触的颗粒 A 和 B,若它们的法向刚度和切向刚度分别为 k_n^A、k_n^B 和 k_s^A、k_s^B,则两颗粒接触处的法向接触刚度 k_n 和切向接触刚度 k_s 分别为

$$k_n = \frac{k_n^A k_n^B}{k_n^A + k_n^B} \tag{3}$$

$$k_s = \frac{k_s^A k_s^B}{k_s^A + k_s^B} \tag{4}$$

3 直立式挡土墙模型的数值模拟

3.1 直立式挡土墙数值模型的建立

数值模拟中直立式挡土墙与土体的尺寸与模型试验中相同,其中沉箱式直立式挡土墙简化为如图 9 所示的由一组颗粒组成的 clump[20]。在 PFC2D 中,clump 为由一组相对位置固定不变的颗粒形成的不可破碎的刚性超颗粒。

直立式挡土墙后的回填块石由颗粒半径在 $8 \sim 12$ mm 之间均匀分布的颗粒集合体组成。为了使颗粒形状尽可能与原型堆石料接近,本文采用等面积替换法用 3 个半径相等的小颗粒组成的 clump 颗粒替换初始的圆颗粒,最终采用的颗粒模型及几何形状如图 10 所示,小颗粒与初始颗粒的半径关系见式(5)。同时替换过程保证 clump 颗粒的质量与初始圆颗粒的质量一致。按等质量原则得到的小颗粒密度与初始颗粒密度关系见式(6)。

$$r = \sqrt{\frac{2\pi}{4\pi + 3\sqrt{3}}} R \tag{5}$$

$$\rho_r = \frac{R^2}{3r^2}\rho_R \tag{6}$$

方案一数值模型建模过程分为 3 个阶段:

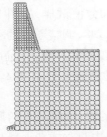

图 9 直立式挡土墙数值模型

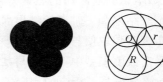

图 10 填石颗粒几何形状示意图

（1）按顺时针顺序生成 3 个墙体，形成 4 m×1.5 m 的模型箱，在模型箱内部生成挡土墙，并在 1 倍重力作用下循环至挡土墙达到平衡状态。

（2）采用落雨法生成墙后回填体，即在墙后回填区上空一定高度生成颗粒，这些颗粒在重力作用下自由下落堆积逐渐形成回填体。

（3）将填土区域以外多余的颗粒删除，并经过循环直至模型中不平衡力趋于稳定。最后将所有颗粒初始速度设置为零。生成的数值试验模型如图 11 所示。

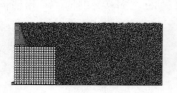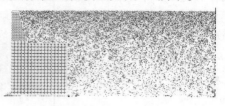

图 11　方案一振动台数值试验模型

方案二数值模型的建模过程与工况一基本相同。不过在生成挡土墙之前先在模型箱的底部采用落雨法生成 0.256 m 高的块石颗粒层，再在块石颗粒层的上方生成挡土墙和墙后填土。生成的数值试验模型如图 12 所示。

图 12　方案二振动台数值试验模型

3.2　细观参数的确定

为了使细观数值模型能够反映物理模型的宏观现象，需要对数值试验中颗粒的细观参数进行标定。颗粒流数值模拟中需要标定的参数主要有密度、摩擦系数和刚度。

为了使数值模拟中挡土墙宏观上的密度与物理模型的密度一致，数值模拟中颗粒的密度 ρ_1 设为 2.6 g/cm³，墙后回填体的颗粒密度 ρ_2 设为 2.7 g/cm³。本文在数值模型不同深度设置了若干应力测量圆[20]，以获取相应深度的应力水平。图 13 所示为测量圆测试结果与理论计算结果的比较。可见，PFC 数值模型中的土压力与理论计算值基本一致，说明墙后回填体的颗粒密度取值是合理的。

利用三轴剪切试验确定墙后回填块石的基本力学性质，试验用块石材料的内摩擦角为 45.25°，黏聚力为 8.354 kPa。利用 PFC 中的双轴压缩试验数值程序对数值模型中颗粒的法向刚度 k_n、切向刚度 k_s 和摩擦系数 f_1 进行标定。

首先生成与振动台数值模型相同级配和孔隙率的双轴数值试样，如图 14 所示，然后按围压为 40 kPa、70 kPa、100 kPa 分为 3 组分别进行数值试验，调整颗粒的刚度和摩擦系数，使细观数值试验所测得的黏聚力和内摩擦角能够与原型材料一致。经过调整，最终得到的数值试验结果和三轴试验结果如图 15 所示，所确定的微观参数见表 2。直立式挡土墙颗粒的微观参数取值与回填块石颗粒相同。

为了确定数值模型中挡土墙与基础之间的细观摩擦系数，按照图 4 的原理采用 PFC 内置的 fish 语言编写了相应的程序进行数值标定。工况一中直立式挡土墙与底板之间的微观摩擦系数 f_2 和宏观摩擦系数一致，均为 0.67。工况二中将直立式挡土墙与底部抛石接触区域附近颗粒(图 16 中的红色颗粒)的摩擦系数单独设置,以使接触面的摩擦系数与宏观摩擦系数一致,经标定得到该区域颗粒微观摩擦系数 f_3 为 1.2 时反映的接触面宏观摩擦系数为 0.57。

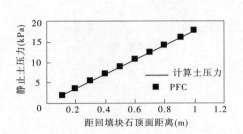

图 13　填石应力分布图

图 14　双轴试验数值试样

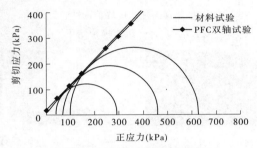

图 15　数值三轴试验结果

表 2　数值模拟微观参数

k_n (N/m)	k_s (N/m)	f_1	f_2	f_3	ρ_1 (kg/m^3)	ρ_2 (kg/m^3)
8e7	8e6	0.7	0.67	1.2	2 624	2 700

3.3　数值模拟及其结果

应用 PFC2D 时,可方便地对颗粒施加力和加速度模拟各种运动,但不能对墙体直接施加力和加速度,而只能设置墙体的速度,因此需要将加速度波转化为随时间变化的速度波,再施加到模型箱上。

图 17 所示分别为方案一数值模型在破坏后的变形图、位移场及水平位移—加速度峰值曲线。对比图 7(b)和图 17(b)以及图 18(c)可以看出,方案一数值模拟与模型试验规律基

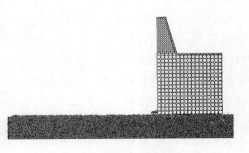

图 16　接触面颗粒区域

本一致。随着加速度幅值的增大,直立式挡土墙向临空一侧发生水平滑动位移,直立式挡土墙后小范围内回填块石出现沉陷,并出现了剪切滑移带。

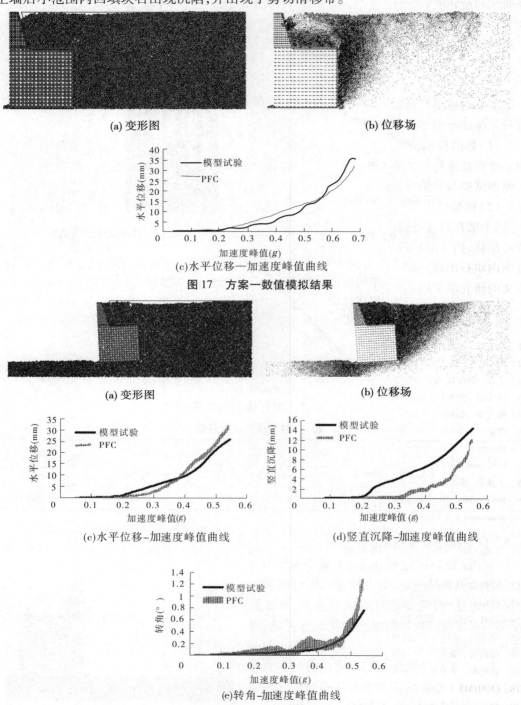

(a) 变形图

(b) 位移场

(c)水平位移—加速度峰值曲线

图17 方案一数值模拟结果

(a) 变形图

(b) 位移场

(c)水平位移–加速度峰值曲线

(d)竖直沉降–加速度峰值曲线

(e)转角–加速度峰值曲线

图18 方案二数值模拟结果

图 18 所示分别为方案二数值模型在破坏后的变形图、位移场以及水平位移曲线、沉降曲线和旋转曲线,与模型试验规律基本一致。随着加速度幅值的增大,直立式挡土墙向临空一侧发生水平滑移,与方案一不同的是,抛石基础发生了沉降,直立式挡土墙向临空一侧倾斜,同时直立式挡土墙后较大范围内回填块石出现沉陷,出现剪切滑移带。

4 结语

本文对核电厂房的直立式挡土墙模型在地震荷载作用下的宏观破坏过程和破坏特征进行了振动台模型试验和颗粒流数值模拟研究,可得到如下结论:

(1)数值模拟结果与模型试验结果中挡土墙和墙后回填土的变形规律基本一致,说明二维颗粒流程序能够很好地模拟直立式挡土墙动力荷载下的变形过程。联合采用振动台模型试验与数值模拟研究,可以更好地对挡土墙的破坏形式和破坏机理进行研究。

(2)试验结果和数值模拟结果均表明,对于两种不同的基础,随着加速度幅值的增大,挡土墙在自身地震惯性力和墙后回填块石的动土压力作用下均产生向临空侧的水平滑动位移,挡土墙后回填块石出现沉陷,出现剪切滑移带;但对于抛石基础,挡土墙后较大范围内块石出现沉陷,挡土墙发生向临空侧的旋转,对后方主体建筑物稳定有较大影响。本文的研究成果可为核电厂泵房前直立式挡土墙的抗震设计提供参考和依据。

参考文献

[1] 孔宪京,刘君,韩国城. 面板堆石料模型动力破坏试验与数值仿真分析[J]. 岩土工程学报,2003,25(1):26-30.

[2] 刘小生,王钟宁. 强震区面板坝大型振动台模型试验及动力分析[J]. 水力发电,2001,10(8):40-41.

[3] 王磊. 防波堤动力模型试验研究[D]. 大连:大连理工大学,2007.

[4] 顾淦臣,张振国. 钢筋混凝土面板堆石坝三维非线性有限元动力分析[J]. 水利发电学报,1988(1):26-45.

[5] 陈生水,沈珠江. 钢筋混凝土面板坝的地震永久变形分析[J]. 岩土工程学报,1990,12(3):66-72.

[6] 李湛,栾茂田. 土石坝拟静力抗震稳定分析的强度折减有限元法[J]. 岩土力学,2010,31(5):1503-1516.

[7] Bureau C ,et al. Seismic analysis of concrete faced rockfill dams[C]// Concrete Faced Rockfill Dams—Design,Construction,and Performance. ASCE Convention,1985.

[8] 王泳嘉,邢纪波. 离散单元法及其在岩土力学中的应用[M].沈阳:东北工业学院出版社,1991.

[9] Shi Genhua. Discontinuous deformation analysis : a new numerical model for the statics and dynamics of deformable block structures[J]. Engineering Computations,1992(9):157-168.

[10] 刘汉龙,杨贵. 土石坝振动台模型试验颗粒流数值模拟分析[J].防灾减灾工程学报,2009,29(5):479-484.

[11] Yang Gui ,Chen Yumin,Gao Deqing. PFC Simulation on Shaking Table Concrete – Faced Rockfill Dam Model Test [J]. Advanced Materials Research,2011:163-167.

[12] 周健,金炜枫. 基于耦合方法的挡土墙地震响应的数值模拟[J]. 岩土力学,2010,31(12):3949-3957.

[13] PFC2D (Particle Flow Code in 2 Dimensions). Version 3.1[M]. Minneapolis:Itasca Consulting Group,1999.

[14] 刘君,刘福海,孔宪京,等. PIV 技术在大型振动台模型试验中的应用[J]. 岩土工程学报,2010,32(3):368-374.

[15] 徐玉明,迟卫,莫立新. PIV 测试技术及其应用[J]. 舰船科学技术,2007,29(3):101-105.

[16] 孙鹤泉,康海贵,李广伟. PIV 的原理与应用[J]. 水道港口,2002,23(1):42-45.

[17] 孙鹤泉,康海贵,李广伟. 粒子图像测速(PIV)技术的发展[J]. 仪器仪表用户,2003,10(6):1-3.

[18] CUNDALL P A,O. D. L. STRACK. A discrete numerical model for granular assemblies[J]. Geotechnique 29, No. 1,47-65.

[19] 魏群. 散体单元法的基本原理数值方法及程序[M]. 北京:科学出版社,1991.

[20] CUNDALL P A. PFC user manual[M]. Minneapolis:Itasca Consulting Grou PInc. ,2004.

基于拟静力法的地下洞室群地震响应分析[*]

张玉敏[1]　杨继华[2]　崔　臻[3]　朱泽奇[3]

(1. 华北水利水电学院资源与环境学院　郑州　450011;

2. 黄河勘测规划设计有限公司　郑州　450003;

3. 中国科学院武汉岩土力学研究所岩土力学与工程国家重点实验室　武汉　430071)

摘要: 以白鹤滩水电站地下厂房洞室群为研究背景,通过有限元程序 Phase[2] 建立 13 号机组剖面数值分析模型,基于弹塑性本构关系,采用拟静力法研究了在不同地震加速度作用下洞室群的变形及应力变化特征,结果表明:在不同地震输入方向下,洞周各关键点的位移、应力及洞室边墙相对位移变化不同,在 $-0.34g$ 的地震加速度作用下,尾调室顶拱的位移及上下游边墙的相对位移分别达到 34.5 cm、12.2 cm,在 $0.34g$ 的地震加速度作用下,尾调室顶拱出现了较大的应力集中,其中最大主应力增加了 12.8 MPa,会对尾调室的稳定性产生不利影响。

关键词: 地下厂房　地震响应　拟静力法　相对位移

我国西南地区兴建了大批的水电工程,由于地形条件限制,大都采用了地下式厂房,并形成了大跨度高边墙的地下洞室群。同时,该地区处于高地震烈度区,如果发生强震,地下洞室群有发生破坏的可能,如在 2008 年的汶川在地震中,多座山岭隧道和水工地下厂房发生破坏[1-2]。因此,水电站地下厂房洞室群的抗震安全性十分重要。

目前的地下结构地震响应分析主要有两种方法,即动力时程分析法和拟静力法。现行的《水工建筑物抗震设计规范》[3]考虑到现实中广泛采用时程分析方法的困难,仍然推荐了拟静力法。拟静力法是一种用静力学方法近似解决动力学问题的简易方法,它发展较早,迄今仍然被广泛使用。地震作用下拟静力法的基本思想是在静力计算的基础上再考虑地震惯性力的作用,将地震作用简化为水平方向或垂直方向的不变加速度作用,此加速度产生作用于不稳定体质心的惯性力,即将地震作用采用一个附加的地震惯性力来代替[4-5]。

本文以金沙江流域白鹤滩水电站地下厂房洞室群为研究背景,以 13 号机组剖面为分析剖面,通过有限元程序 Phase[2] 建立数值分析模型,采用拟静力法,研究地下厂房洞室群在不同地震荷载作用下变形及应力响应特征。

1　工程概况

拟建的白鹤滩水电站位于四川省宁南县和云南省巧家县交界的金沙江下游,其引水

---

* 基金项目: 国家自然科学基金重大研究计划资助项目(No. 90715042),华北水利水电学院高层次人才科研启动项目资助。

作者简介: 张玉敏,男,1978 年生,山东德州人,博士,讲师,主要从事大型地下洞室群的抗震分析研究工作。

发电建筑采用地下式,其中右岸厂区三大洞室主副厂房洞、主变洞、尾水调压室平行布置,主副厂房洞尺寸 439 m×32.2/29 m×78.5 m(长×宽×高),主变洞尺寸 400 m×20.5 m×33.2 m(长×宽×高),尾水调压室尺寸 321.6 m×27.6 m×103.5 m(长×宽×高)[6]。白鹤滩水电站地下厂房洞室群处在地震活动强烈的高山峡谷地区,地震基本烈度为 8 度,根据地震危险性分析,地震峰值加速度在 50 年超越概率 63% 下为 0.051g,在 50 年超越概率 10% 下为 0.165g,在 50 年超越 5% 下为 0.219g,在 100 年超越 2% 下为 0.340g。

在右岸地下厂房区域发育的岩层主要有新鲜状隐晶质玄武岩($P_2\beta_3^4$、$P_2\beta_4$、$P_2\beta_5$ 及 $P_2\beta_6^1$)、斑状玄武岩夹杏仁玄武岩、玄武质角砾熔岩等,以隐晶质玄武岩为主,岩质坚硬。右岸地下厂房区域岩体新鲜较完整,岩块嵌合紧密,无区域断裂切割,构造型式以断层、节理裂隙、层间错动带和层内错动带为特征。

根据地应力测试结果,右岸厂房区的最大主应力值为 19.2~24.6 MPa,平均值为 21.8 MPa,方向以 NEE 为主;最小主应力值为 5.2~11.5 MPa,方向以 NNW 为主。

2 计算条件

2.1 计算区域

通过有限元程序 Phase^2 建立白鹤滩水电站地下厂房 13 号机组剖面的数值模型。在计算所在的坐标系中,以与厂房轴线垂直方向为 X 轴,以指向下游方向为正;Y 轴为竖直方向。区域范围为 X 向由主厂房中心线向上游方向延伸 450 m,向下游方向延伸 450 m,共 900 m;Y 向由高程 300 m 延伸至地表。在研究区域内,考虑了对洞室群稳定影响较大且穿过厂房洞室群区域的层间错动带有 C_3、C_4 和 C_5。仅考虑对地下洞室群围岩稳定影响较大的Ⅱ类围岩和Ⅲ类围岩,忽略位于坡面附近影响较小的全强弱风化层。计算区域两侧采用法向约束,底部采用固定约束,共划分了 6 745 个节点,13 223 个单元,模型网格见图 1。

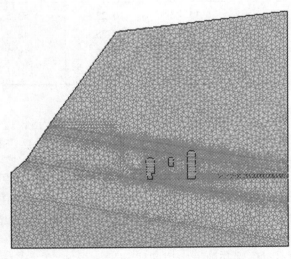

图 1 13 号机组剖面计算模型及网格划分

为研究洞周分步开挖变形,在三大洞室周围设置了若干位移监测点,称为洞周关键点,监测点布置及编号如图 2 所示。

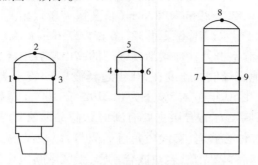

图 2　监测点布置及编号

2.2　弹塑性模型及岩体力学参数

各类围岩均采用弹塑性 Mohr-Coulomb 模型,岩体力学参数计算采用值见表 1。分析区域内,岩体竖直方向(Y 向)的地应力按自重应力场施加,垂直厂房轴线方向(X 向)和厂房轴线方向(Z 向)按自重应力场竖直方向应力乘以相应侧压力系数施加。在此基础上,计算出初始地应力场,然后对主厂房、主变室和尾水调压室进行施工开挖过程模型[7],引水洞和尾水洞开挖岩体采用等效弱化[8]的方式处理。在地震响应的拟静力法分析中,分别考虑了 X 向和 $-X$ 向两种输入方向,峰值加速度考虑了 0.01g、0.02g、0.04g、0.051g、0.08g、0.12g、0.165g、0.18g、0.2g、0.219g、0.25g、0.34g 共 12 个水平加速度。

表 1　岩体力学参数

岩层分级	密度（kg/m³）	变形模量（GPa）	泊松比	抗剪断强度	
				摩擦角(°)	黏聚力(MPa)
II	2 800	15	0.23	53.5	2.5
III	2 700	10	0.25	48.2	2.2
C_3 和 C_5	2 350	0.9	0.35	18.3	0.4
C_4	2 350	0.7	0.35	16.7	0.3

3　计算结果分析

3.1　变形分析

图 3、图 4 分别给出了在 X 向和 $-X$ 向地震作用下洞周各关键点的位移值随加速度变化曲线。由图 3 可知,在 X 向地震作用下,洞周各关键点的位移值与输入的加速度值基本上呈线性关系增加,当加速度为 0.34g 时,尾调室下游边墙位移值为 7.4 cm,其余各关键点的位移值为 11.6 ~ 13.3 cm。

由于洞室结构的不对称性和围岩中层间错动带的影响,在 $-X$ 向地震作用下洞周各关键点的位移值与 X 向地震作用有明显区别,由图 4 可以看出,在 0 ~ 0.2g 范围内,各关键点位移与加速度基本上呈线性关系增加,但当加速度大于 0.2g 后,位移增幅明显变大,

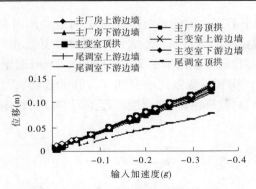

图3　X向地震作用向各关键点位移

当加速度从0.30g增加到0.34g时,各关键点位移值增加了12.2~15.5 cm。当加速度为0.34g时,尾调室上游边墙位移值为18.0 m,其余各关键点的位移值为30.2~37.3 cm。

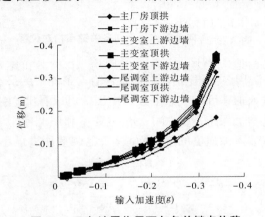

图4　-X向地震作用下向各关键点位移

　　一般情况下,地下洞室的破坏是由围岩相对位移引起的[9],因此在地下洞室的抗震分析中,围岩的相对位移值更值得注意。图5、图6给出了主厂房、主变室及尾调室的边墙关键点1—3、4—6及7—9(见图2)的相对位移与输入加速度的关系曲线。可以看出,在X向地震作用下,随着输入加速度增加,主厂房、主变室边墙的相对位移值基本上保持不变,当输入加速度为0.34g时相对位移值分别为0.6 cm和0.4 cm;由于层间错动带在尾调室边墙出露,尾调室边墙的相对位移随着输入加速度的增加而增加,在加速度为0.34g时,相对位移值为4.9 cm,相比主厂房和主变室大了一个数量级。

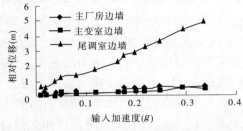

图5　X向地震作用下向各关键点相对位移

在 $-X$ 向地震作用下洞室边墙的相对位移与 X 向地震作用有明显差别,在输入加速度 $0 \sim 0.30g$ 时,各关键点相对位移相差不大,但当输入加速度由 $0.30g$ 增加到 $0.34g$ 时,主厂房、主变室边墙相对位移分别增加了 $2.1\,\mathrm{cm}$ 和 $12.2\,\mathrm{cm}$,而尾调室边墙相对位移减小了 $3.8\,\mathrm{cm}$。这说明,主厂房和主变室边墙有相互拉开的趋势,而尾调室边墙有相互靠近的趋势,且主变室边墙相对位移值较大,可能引起围岩的拉裂破坏,应当引起重视。

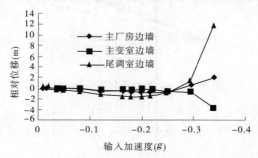

图 6　$-X$ 向地震作用下向各关键点相对位移

3.2　应力分析

图 7 ~ 图 9 给出了洞周各关键点在 X 向地震输入条件下的最小主应力、中间主应力及最大主应力增量与输入加速度的关系曲线。由图 7 可以看出,主厂房、主变室和尾调室下游边墙最小主应力基本上保持不变,主厂房、主变室和尾调室上游边墙及主厂房、主变室顶拱最小主应力随着输入加速度的增大而减小,尾调室顶拱最小主应力随着输入加速度增大而增大。

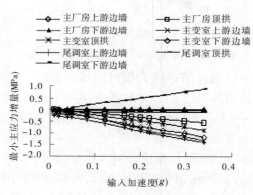

图 7　X 向地震作用下向各关键点最小应力增量

由图 8 可以看出,主变室顶拱和主尾调室上下游边墙的中间主应力基本上保持不变,主厂房和主变室上游边墙中间主应力随着加速度值的增大而小幅降低,主厂房顶拱及下游边墙、主变室下游边墙和尾调室顶拱的中间主应力随着输入加速度值的增大而增大,其中尾调室顶拱部位增幅较大,在 $0.34g$ 的加速度输入条件下增大了 $3.14\,\mathrm{MPa}$。

由图 9 可以看出,主厂房和主变室上游边墙、尾调室上游和下游边墙的最大主应力基本上没有发生变化,主厂房顶拱和下游边墙、主变室顶拱和上游边墙随着输入加速度的增大而小幅增大,尾调室顶拱在 $0.34g$ 的加速度输入条件下,最大主应力增加了 $12.8\,\mathrm{MPa}$,

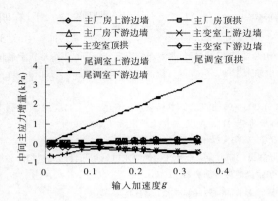

图8 X 向地震作用下向各关键点中间主应力增量

出现了较大的应力集中。

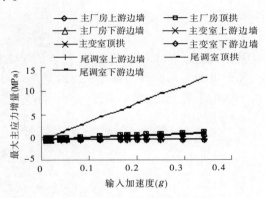

图9 X 向地震作用下向各关键点最大主应力增量

4 结语

以白鹤滩水电站地下厂房洞室群为研究背景,通过有限元程序 Phase^2 建立了数值分析模型,采用拟静力法研究了在输入不同地震加速度条件下洞室群的变形及应力变化特征:

(1)在 X 向地震作用下,随着输入加速度的增大,洞周各关键点的位移及尾调室上下游边墙的相对位移基本上呈线性增加,主厂房、主变室上下游边墙的相对位移没有明显变化;在 $-X$ 向地震作用下,当加速度由 $-0.30g$ 增加到 $-0.34g$ 时,洞周各关键点的位移值增幅明显变大,且三大洞室边墙的相对位移也发生明显变化。

(2)在 X 向地震作用下,随着输入加速度的增大,洞周各关键点的最小主应力、中间主应力及最大主应力都有不同程度的变化,尾调室顶拱部位的三大主应力都随着输入加速度的增大而增大,其中最大主应力在输入加速度为 $0.34g$ 时达到了 12.8 MPa,出现了较大程度的应力集中。

参考文献

[1] 李天斌. 汶川特大地震中山岭隧道变形破坏特征及影响因素分析[J]. 工程地质学报,2009,16(6):742-750.

[2] 左双英,肖明. 映秀湾水电站大型地下洞室群三维非线性损伤地震响应数值分析[J]. 水力发电学报,2009,28(5):127-133.

[3] 中华人民共和国水利部. SL 203—97 水工建筑物抗震设计规范[S]. 北京:中国水利水电出版社,1998.

[4] 张楚汉. 水利水电工程科学前沿[M]. 北京:清华大学出版社,2002.

[5] 贺少辉. 地下工程[M]. 北京:清华大学出版社,2006.

[6] 中国水电顾问集团华东勘测设计研究院. 金沙江白鹤滩水电站可行性研究选坝阶段柱状节理玄武岩专题研究工程地质报告[R]. 杭州:华东勘测设计研究院, 2006.

[7] 殷有泉. 非线性有限元基础[M]. 北京:北京大学出版社,2007.

[8] 梅松华,盛谦,邓建辉. 龙滩水电站地下厂房洞室群围岩变形与稳定性的二维弹塑性分析[J]. 河北大学学报:自然科学版,2004,24(4):357-361.

[9] 李小军,卢滔. 水电站地下厂房洞室群地震反应显式有限元分析[J]. 水力发电学报,2009,28(5):41-46.

基于裂隙网络有限元的地下洞室围岩锚杆支护作用分析 *

朱泽奇[1]　盛　谦[1]　张玉敏[2]　马行东[3]

(1. 中国科学院武汉岩土力学研究所岩土力学与工程国家重点实验室　武汉　430071;
2. 华北水利水电学院资源与环境学院　郑州　450011;
3. 中国水电顾问集团成都勘察设计研究院　成都　610072)

摘要: 具有裂隙网络模拟功能的有限元可以较好地模拟实际岩体结构及其变形破坏特征。本文以大岗山水电站地下洞室施工期开挖揭示的地质资料为基础建立尾调室局部范围围岩体的裂隙网络模型,对比无支护条件和不同锚杆支护方案下的裂隙围岩变形,分析锚杆布置方案对地下洞室围岩的支护作用。基于裂隙网络模型的开挖计算结果可以反映围岩主要变形特征与失稳机制,施加锚杆支护后对于分析区域上下游边墙的不利地质情况有显著改善,进一步通过分析锚杆轴力分布与结构面的关系来研究锚杆锚固作用及其受岩体结构的影响,结果表明,临空结构面的变形破坏是锚杆锚固力发挥的主要影响因素。

关键词: 地下洞室　裂隙网络模型　锚杆　支护作用　临空结构面

随着西部大开发战略的实施,一大批大型水利水电工程已经或即将在我国西部营建,这些大型水利水电工程多数都设计有大型或超大型地下洞室群作为主要的水工建筑物,对于修建在复杂地质条件下的地下洞室,由于洞室开挖涉及特殊的地层及岩体结构条件,一般围岩变形与破坏主要受围岩性状以及围岩中结构面切割所控制,施加一定的支护措施,则可有效预防以块体坍塌或者滑落为标志的围岩局部失稳和显著降低岩体松动、裂隙张开变形引发的围岩性状劣化损伤风险。

锚杆支护的使用于20世纪初期首先在矿山工程中得到应用。到了50年代,锚杆在世界各地的岩石地下工程中已得到广泛应用。目前,对锚杆锚固作用机理和优化设计已经做了大量的研究[1-5],对于锚杆支护的数值计算也有很多方法。文献[6]提出将锚杆的加固作用概化处理,获得加固岩体的等效弹模,然后再进行有限元计算,也有学者提出采用基于DDA方法发展起来的数值流形方法来模拟裂隙岩体中的锚杆作用[7-8]。但目前应用最多、最广泛的仍旧是有限单元法,由于在裂隙岩体中,相当大的一部分位移发生在裂隙面上,锚杆对于裂隙岩体的支护作用也主要受制于断层、节理等结构面。杨强等[9]提

＊**基金项目:** 国家973国家重点基础研究发展计划(No.2010CG732001),国家自然科学基金项目(51009130;51009131),重庆交通大学省部共建水利水运工程教育部重点实验室开放基金资助项目(SLK2010A03)。

作者简介: 朱泽奇,男,1980年生,湖北黄石人,博士,副研,主要从事数值岩石力学与工程和围岩稳定性方面的研究工作。

出一种考虑锚杆"销栓作用"[10]的四节点杆单元来模拟锚杆对裂隙岩体的加固作用。张强勇、李术才等[11]根据预应力锚索与裂隙岩体的联合作用机理,建立了一种加索支护模型来模拟锚索对裂隙岩体的加固效果。但这些方法难以有效模拟岩体的实际结构及锚杆在复杂岩体结构中的锚固作用。Rocscience 公司于近年开发的 Phase^{2}7.0 有限元软件较好地解决了这一问题[12],其主要特点是,以施工期不连续面现场地质调查所获得的裂隙展布为基础,以随机不连续面网络模拟技术为指导,建立概化岩体节理网络地质力学模型,在此基础上,将裂隙网络和界面单元相结合形成裂隙岩体力学模型,这方面的工作主要集中在裂隙岩体渗流模型和宏观力学参数与 REV 尺度的研究上,而国内应用于锚杆支护作用研究方面的报道较少。

目前,岩体地下工程的支护设计仍然是建立在围岩质量等级基础之上,由于设计阶段的围岩分级与实际施工时的围岩情况差异往往很大,如果按施工图施工,必然存在支护过强或过弱等现象。地下洞室围岩是天然地质体,变化复杂,与之相应的围岩分级与支护设计也应有相应的变化[13]。因此,本文以大岗山水电工程地下厂房洞室群的锚杆支护为例,在施工期地质信息统计分析的基础上,建立了洞室围岩的节理裂隙网络有限元模型,研究了裂隙围岩的变形破坏特征和锚杆对岩体的锚固作用,得到了一些有益的结论。

1 工程背景

大岗山水电站坝址位于四川省大渡河中游上段雅安市石棉县挖角乡境内。地下厂房系统采用主副厂房、主变室、尾水调压室三大洞室平行布置,岩柱厚度均为 47.50 m。主厂房开挖尺寸 206.00 m×30.80 m×73.78 m(长×宽×高),主变室开挖尺寸 144.00 m×18.80 m×25.10 m(长×宽×高)。尾水调压室采用阻抗式,长 130.00 m,净跨度20.50~24.00 m,室高75.08 m。尾水隧洞为有压洞,隧洞断面形式为圆拱直墙型,断面净尺寸为15.20 m×16.70 m(宽×高)。地下洞室群大部分位于花岗岩中,厂区总体以Ⅱ类围岩为主,局部洞段为Ⅲ类围岩。

根据中国水电顾问集团成都勘测设计研究院《大岗山工程设计更改通知》(大设更—引水发电(2009)022 号):尾调室厂(横)0+001.90~0+033.9 m,根据开挖揭示:该段围岩总体为Ⅲ类围岩,其中厂(横)0+001.90~0+015.00 m 段裂隙发育,裂隙与墙面成小角度相交,给墙体的稳定性带来不利影响,开挖面现薄层塌方,导致该段上方的岩壁形成倒悬。为保证墙体稳定,需加强支护。

图 1 为该区段内厂(横)0+010.00 典型剖面地质概化图。根据开挖情况揭示地质资料,尾调室厂(横)0+001.9~0+033.9 m 段主要发育四组裂隙,如表 1 所示。

锚杆支护参数参照行业规范根据围岩质量等级来确定,本文针对尾调室该区段围岩预设四种支护方案,其中预应力与普通砂浆锚杆间隔布置,均为全长黏结式支护方式,具体支护参数见表 2。锚杆支护的数值模拟,在有限单元法中用杆单元模拟加固的锚件,反映其刚度贡献和对岩体的预压作用。

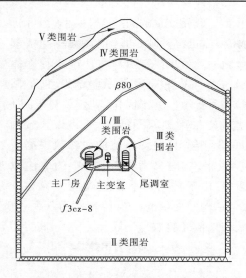

图 1　地下洞室典型剖面地质概化图

表 1　主要发育裂隙产状

裂隙组号	倾向/倾角	迹长/间距（m）
a	EW/S(N) $\angle 60° \sim 80°$	$20 \sim 30/10$
b	N40° $\sim$ 50°E/N$\angle 81° \sim 85°$	$15 \sim 25/8$
c	EW/S$\angle 25° \sim 35°$	$10 \sim 20/7$
d	N20° $\sim$ 40°W/N$\angle 28° \sim 38°$	$8 \sim 12/4$

表 2　支护方案设计及相关支护参数

方案	预应力锚杆	砂浆锚杆	布锚间距（m）
1	$\phi 32,9$ m，$T = 150$ kN	$\phi 28,6$ m	1.0
2	$\phi 32,9$ m，$T = 150$ kN	$\phi 28,6$ m	1.5
3	$\phi 32,7$ m，$T = 150$ kN	$\phi 28,5$ m	1.0
4	$\phi 32,7$ m，$T = 150$ kN	$\phi 28,5$ m	1.5

2　裂隙网络模型

　　本文通过加拿大 Rocscience 公司岩土工程专用有限元软件 Phase^2 模拟随机裂隙网络，建立接近于真实状态的节理岩体模型。随机裂隙网络分形模型根据 Baecher 圆盘模型研究成果建立[14]，假设裂隙中点在空间均匀分布，利用泊松过程生成指定半径和走向的碟状裂隙。结构面产状由其倾角 α 和倾向方位角 β 确定，其常用的概率分布有 Fisher 分布、Bingham 分布、双变量正态分布、均匀分布等。结构面大小一般通过统计岩体外露面的裂隙迹长来描述，主要方法有测线统计法及统计窗法。一般认为，结构面迹长服从对数正态分布或负指数分布[15]。

　　如图 2 所示，采用 Fisher 分布，基于表 1 的裂隙产状信息建立了尾调室Ⅲ类围岩区域的裂隙网络模型。结构面变形按 Goodman 接触本构关系计算[16],岩体屈服破坏按 Mohr-Coulomb 强度准则考虑。根据《水利水电工程地质勘察规范》(GB 50287—1999)将厂区工程岩体质量主要分为 Ⅱ、Ⅲ、Ⅳ、Ⅴ 共 4 类。根据相关试验结果,地下洞室群围岩物理力学参数如表 3 所示。为了简化问题,仅对于图 1 中尾调室洞周分布的三类围岩采用裂隙网络模型,将该区域的围岩视为"岩石"与结构面的组合,其中裂隙结构面参数根据现场与室内结构面力学试验成果,同时参考文献[1]中的取值范围,其力学参数取值见表 4。由于揭露的节理裂隙为米级和十米级的结构面分布,那么受结构面切割的"岩石"尺寸为 0.5 ~ 10 m,其力学参数参照地下厂房区现场钻孔弹模测试结果依经验取值见表 4。

图 2 1826 号随机种子生成的裂隙迹线

表 3 岩体力学参数表

岩性	E (GPa)	ν	容重(kg/m³)	c(MPa)	φ(°)
Ⅱ 类	21.8	0.25	2.65×10^3	1.65	50
Ⅱ/Ⅲ 类	7.5	0.3	2.62×10^3	1.0	45
Ⅳ 类	3	0.35	2.58×10^3	0.5	31
Ⅴ 类	0.7	0.37	2.45×10^3	0.2	25
断层岩脉	0.3	0.39	2.2×10^3	0.1	21

表 4 Ⅲ类岩体中岩石与结构面力学参数

裂隙岩体	E(GPa)	ν	K_n(MPa/m)	K_s(MPa/m)	c(MPa)	φ(°)
岩石	25	0.2	—	—	2.5	60
结构面	—	—	3 000	1 000	0.15	31

3 支护优化分析

3.1 开挖计算分析

图 3 为无支护条件下尾调室开挖完成后节理破坏与围岩变形图,其中围岩变形为放大 12 倍显示。从图 3 可以看出,开挖完成后围岩向洞内变形,其变形形态受节理切割影响较大。总的来说,对于与墙面成小角度相交的节理裂隙,由于应力释放的影响不同,在节理面上易发生上下层面的剪切错动变形;对于陡倾角结构面,在上游边墙表现为反倾切割模式,开挖后在反倾结构面处发生张开变形,且与该处缓倾结构面组合切割形成了可动块体,是边墙施工稳定的隐患;陡倾角结构面与下游边墙切割时则易形成多层薄层下滑体,导致上方的岩壁形成倒悬,给墙体的稳定性带来不利影响;为方便比较,图中节理裂隙

网络为围岩开挖变形前的相对位置,其中红色表示发生破坏的节理,可以看出,下游边墙多为陡倾角结构面发生破坏,而上游边墙则主要是缓倾节理发生破坏。

开挖计算结果与施工期地质调查及灾害评估基本相符,可以反映尾调室局部洞段围岩的主要变形特征与失稳机制,说明了本文建立的裂隙网络模型与真实岩体结构较为接近。进一步将尾调室该洞段附近安装的多点位移计位移监测结果,与该计算剖面相应部位的位移进行对比。图4给出了顶拱部位的 M3 − 5WTS 孔口实测位移和无支护条件下的计算位移随施工步的关系曲线。位移实测值与计算值大小在同一个量级,量值相差不大,且随开挖施工过程的变化趋势也基本一致,说明本文的裂隙网络模型力学参数取值合理,可以作为下一步锚杆支护优化计算的依据。

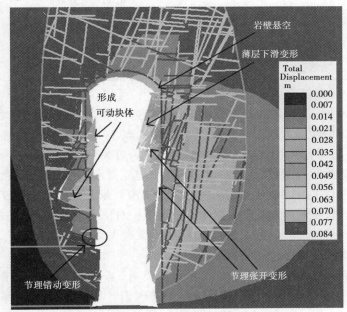

图 3　无支护条件下节理破坏与围岩变形

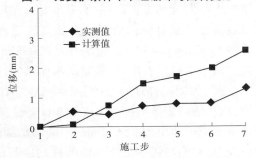

图 4　M3 − 5WTS 监测与计算位移过程线

3.2　锚杆对围岩的支护作用分析

由于篇幅有限,以尾调室开挖完成后顶拱及边墙中部等典型部位的计算结果作为主要分析依据。表5为施加表2中支护方案后的各典型部位的位移值,由表可知,从围岩变形控制的角度来看,锚杆对于边墙变形的控制效果要优于顶拱,这是因为缓倾和陡倾结构面切割在边墙上形成了可动块体和薄层下滑体,而顶拱受此影响较小,没有形成类似的块体或是一定程度的"坍落拱",由此可以说明锚杆对于围岩的变形控制效果主要取决于结构面的切割形态;还有一些值得引起注意的现象是:对于上游边墙 EL.978.8 m 处形成的可动块体,加大锚杆支护的密度比提高锚杆长度的变形控制效果更为明显;对于下游边墙 EL.970.5 m 处的薄层下滑,相对于无支护情况,施加锚杆支护后变形控制效果非常明显,达到约 50%,而在支护条件下提高锚杆长度和密度均有较好的支护作用,但差别不明显。

表 5　无支护及各支护条件下尾调室典型部位位移值

尾调室结构部位	无支护位移 (cm)	有支护位移变化(cm)			
		方案 1	方案 2	方案 3	方案 4
顶拱	2.02	1.66	1.67	1.67	1.67
上游边墙(EL.978.8 m)	2.89	1.41	1.75	1.58	1.78
下游边墙(EL.970.5 m)	6.29	3.38	3.44	3.45	3.50

通过对比施加支护前后的围岩变形控制效果,可以认为相对于尾调室厂(横)0 + 001.9 ~ 0 + 033.9 m 洞段,方案 1 和方案 3 支护效果较优,如果综合考虑经济因素,则方案 3 最优(方案 1 中预应力锚杆长度大于方案 3,如表 2 所示)。图 5 为施加方案 3 支护措施的节理破坏与围岩变形图,其中围岩变形同样为放大 12 倍显示。从图 5 可以直观地看出,施加支护措施后,该洞段上下游边墙的不利地质情况有了显著改善,围岩整体变形形态更加均匀,但是下游边墙开挖面浅表的陡倾结构面张开仍然是围岩产生较大变形的主要原因,因此建议在此处加强喷射混凝土的强度。对比图 3,边墙区域发生破坏的节理也明显减小,但局部的掉块仍然无法避免,应在施工过程中引起注意。

3.3　锚杆对结构面的锚固作用分析

由于岩体结构非常复杂,锚杆对岩体的支护机制目前尚不完全清楚,锚杆支护类型与支护参数的设计也还经常采用经验类比或简单的理论计算方法,而本文采用的裂隙网络有限元在模拟岩体结构方面具有独特的优势,为岩体的锚固作用分析提供了另外的选择。

由于锚杆通过锚入围岩内部发挥其支护作用,本身承受的作用力基本上为拉力,通过研究这个拉力的分布可以间接获知锚杆锚固效果的发挥及其受岩体结构的影响。图 6、图 7 分别给出了上游边墙(EL.978.8 m)和下游边墙(EL.970.5 m)处的预应力锚杆轴向应力分布与结构面的关系。从图中可以看出,在临空结构面与锚杆交会处,预应力锚杆轴向力均发生一定程度的"突变",说明锚杆轴向力的分布受临空结构面的变形破坏影响较大。具体在图 6 中表现为,从边墙向岩体内部约 2 m 和 6 m 处锚杆轴力下降明显,这是由于两条在边墙临空面上切割形成可动块体的结构面——陡倾结构面发生较大张开变形和缓倾结构面发生较大剪切变形,它们与锚杆交会处的锚杆与砂浆或砂浆与岩体界面发生部分剪切破坏而形成的预应力损失,此时预应力锚杆对边墙上的可动块体施加压力也在减小。图 7 中约 1 m 处轴力显著减小显然也与薄层滑动导致界面发生剪切破坏有关。

一般认为,锚杆对结构面产生"销钉作用"限制结构面变形和增强结构面的抗剪性能,从而提高岩体的整体强度[17]。前文的分析表明,"销钉作用"在限制结构面变形破坏的同时,有可能付出的代价是砂浆界面剪切破坏和锚杆预应力损失,而其中又以临空结构

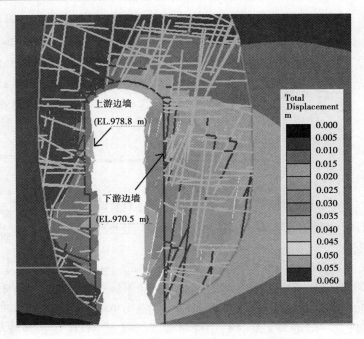

图 5   方案 3 支护条件下节理破坏与围岩变形

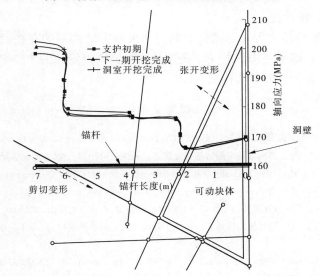

图 6   锚杆应力分布与结构面关系   （EL. 978. 8 m）

面对锚杆锚固力发挥的影响为最大。相关认识是初步的,但在工程应用上具有较好的参考价值。

4   结语

（1）以大岗山水电站地下洞室施工期开挖揭示地质资料为基础,建立尾调室局部范围岩体的裂隙网络模型,开挖计算结果可以反映围岩主要变形特征与失稳机制,典型部位

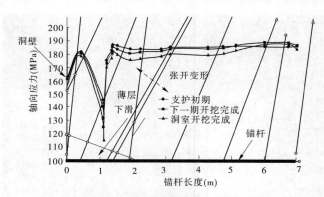

图7 锚杆应力分布与结构面关系 （EL. 970.5 m）

位移实测值与计算值量值相差不大,所建立的概化模型及其力学参数可以作为锚杆支护优化分析的依据。

（2）本文采用具有模拟裂隙网络功能的有限元分析地下洞室围岩的支护作用,不仅计算模型与实际岩体结构高度一致,对于一些常见的不稳定地质体的支护计算结果也显得较为合理。如针对可动块体,计算表明,加大锚杆支护的密度比提高锚杆长度的变形控制效果更为明显,这一结论与文献[18]中针对独立的可动块体的支护计算结果一致。这说明在支护计算中考虑岩体的实际结构是很有必要的,也为裂隙岩体的支护计算提供了一种有效、合理的分析途径。

（3）通过分析锚杆轴力分布与结构面的关系来研究结构面的存在对于锚杆锚固力发挥的影响,结果表明,临空结构面的变形破坏是锚杆锚固力发挥的主要影响因素。这一结论在工程应用上具有较好的参考价值。

参考文献

[1] 李术才,陈卫忠,朱维申,等. 某地下电站厂房围岩稳定性及锚固效应研究[J]. 岩土力学,2003,24(4):510-513.

[2] 张社荣,顾岩,张宗亮. 超大型地下洞室围岩锚杆支护方式的优化设计[J]. 水力发电学报,2007,26(5):47-52.

[3] Oreste P P, Peila D. Radial Passive Rockbolting in Tunnelling Design with a New Convergence-Confinement Ment[J]. Int. J. Rock Mech. Min. Sci. & Geomech. Abstr, 1996, 33(5):443-454.

[4] 朱训国. 全长注浆岩石锚杆与围岩体相互作用下的锚固机理研究[J]. 金属矿山,2009(9):24-28.

[5] 丁秀丽,盛谦,邬爱清,等. 水布垭枢纽地下厂房施工开挖与加固的数值模拟[J]. 岩石力学与工程学报,2002,21(S):2162-2167.

[6] Duan F, Pariseau W G. Equivalent elastic moduli of cable bolted finite elements[J]. Computer Methods and Advances in Geomechanics, 1991:1135-1140.

[7] 曹文贵,速宝玉. 岩体锚固支护的数值流形方法模拟及其应用[J]. 岩土工程学报,2001,23(5):581-583.

[8] 邬爱清,丁秀丽,陈胜宏,等. DDA方法在复杂地质条件下地下厂房围岩变形与破坏特征分析中的应用研究[J]. 岩石力学与工程学报,2006,25(1):1-8.

[9] 杨强,杨晓君,周维垣. 水布垭枢纽地下厂房围岩稳定及锚固分析[J]. 水力发电学报,2005,24(4):11-15,20.

[10] Marence M, Swoboda G. Numerical Model for Rock Bolts with Consideration of Rock Joint Movements[J]. Rock Mechanics and Rock Engineering, 1995, 28(3):145-165.

[11] 张强勇,李术才,陈卫忠. 裂隙岩体加索支护模型及其工程应用[J]. 岩土力学,2004,25(9):1465-1468.

[12] 宋彦辉,黄民奇,孙苗. 节理网络有限元在倾倒斜坡稳定分析中的应用[J]. 岩土力学,2011,32(4):1205-

1210.

［13］陈建功，胡俊强，张永兴. 基于完整锚杆动测技术的围岩质量识别研究［J］. 岩土力学，2009，30（6）：1799-1804.

［14］Beacher G B，Lanney N A，Einsten H H. Statistical description of rock properties and sampling［C］//Proceedings of the 18th US Symposium on Rock Mechanics. Golden，Colorado：Johnson Publishing Company，1977：1-8.

［15］Goocman R E，Taylor R L，Brekke T L. A model for the mechanics of jointed rock［J］. Journal of the Soil Mechanics and Foundations，1968，194（3）：637-659.

［16］Priest S D，Hadson J A. Estimation of discontinuity spacing and trace length using sacnline surveys［J］. International Journal of Rock Mechanics and Mining Sciences and Geomechanics Abstracts，1981（18）：183-197.

［17］伍佑伦，王元汉，古德生. 锚杆抑制临空结构面扩展的试验研究［J］. 岩石力学与工程学报，2006，25（S1）：3046-3050.

［18］朱付广，盛谦，张玉敏. 基于块体理论的地下工程支护优化［J］. 人民长江，2009，40（20）：16-18.

FWD 在沥青路面层间结合状况评价
中的应用研究

郭成超　王　鹏　姚学东

（郑州大学水利与环境学院　郑州　450001）

摘要：根据我国沥青路面设计规范，对道路结构进行分析时，其层间接触状况假设为完全连续，但该假定与实际情况并不相符。通过对新建或已建道路层间结合状况进行合理评价，消除不良的层间结合，对于准确预测道路早期病害、合理制订道路养护和修复计划具有重要意义。该文采用 Abaqus 有限元软件分析了不同层间摩擦系数下沥青路面结构层的力学响应，结果表明：层间摩擦系数对最大弯沉值、层底拉应力和层间结合处径向应力差都有较大影响，弯沉盆指数 F_1 与 F_2 的比值 F_1/F_2 与面层间摩擦系数有良好的相关性。在此基础上建立了弯沉盆指数和层间摩擦系数之间的相关关系，提出了基于实测弯沉值评价沥青层间结合状况的方法，并通过现场试验证明了该方法的可行性和有效性。

关键词：FWD 数据　弯沉盆指数　层间结合　评价

根据我国目前现行规范[1]，在路面设计中一般假设路面各层间是完全连续的。然而，在现实中，根据道路施工材料特性和施工质量的不同，层间结合有可能处于从完全连续到完全滑动的不同状态。另外，对于已建道路，在水平荷载、自然环境变化等外界因素的作用下，层间界面连接状态的改变也是必然的，这与我国现有沥青路面设计规范中假定各层间为完全连续接触的实际情况并不相符，所以路面结构设计时的假定条件是不准确的，在这种假设下进行理论验算，其结果的准确性也难以保证[2]。在施工过程中保证层间结合处的黏结效果、建后对其结合状况进行合理评价，对提高道路施工质量、预测早期病害、减少道路的维护和修复费用，都有着十分重要的意义[3]。

近年来，弯沉无损检测已经成为了道路结构评价和修复的主要组成部分。各种各样的设备，比如 FWD、Road Rater 和 Dynaflect，都被世界各国的道路管理和检测机构用来模拟荷载和记录弯沉数据[4]。当路面遭遇病害时，路面结构层状况的不同必然引起路面弯沉及弯沉盆形状的变化，举例来说，车辙、剥离、裂缝和层间结合不良的出现会引起弯沉数据的变化。研究表明，弯沉值相互组合得到的弯沉盆指数可以与面层底部拉应力、基层顶部压应力等指标建立良好的相关关系，因此可以用弯沉盆指数来反映不同结构层的状况[5]。

本文就如何应用 FWD 数据来评价道路层间结合状况开展初步研究，旨在提出一种基于 FWD 检测数据评价路面层间结合状况的方法。该方法不仅可用于评价新建道路，

作者简介：郭成超，1973 年生，河南南阳人，郑州大学水利与环境学院讲师，主要从事岩土工程检测及修复技术研究。

进行质量验收,还可以用于评价已用道路,预测早期病害,制订合理的维护和修复计划,从而减少维护和修复费用[6]。

首先,利用大型有限元软件 Abaqus 分析路面在不同面层间摩擦系数下的力学响应,确定其受力及变形特点;其次,计算不同层间摩擦系数下的弯沉盆及其对应的弯沉盆指数,建立层间摩擦系数与弯沉盆指数的相关关系;再次,根据试验路段实测的弯沉盆数据,计算对应的弯沉盆指数,根据其与层间摩擦系数的相关关系,确定该点的层间摩擦系数;最后在试验路段对应点钻芯取样,然后做抗剪切试验,检验评价的结果。

1 道路模型的有限元分析

Abaqus 是一套的著名的工程模拟有限元软件,道路工程是其应用的一个重要领域[7],该软件为许多道路病害问题的深层次分析提供了强有力的工具。

1.1 道路模型及荷载模型的建立

本文采用的道路结构层模型依据河南省某物流通道实际情况建立,结构层 10 层,材料特性参数依据设计值选取。具体参数如表 1 所示。

表 1 道路结构层特性参数

层号	基本参数	弹性模量(MPa)	密度(kg/m³)	泊松比
1	4 cm 细粒式(AC-13)沥青混凝土面层	2 000	2 400	0.25
2	6 cm 中粒式(AC-16)沥青混凝土面层	1 800	2 400	0.25
3	8 cm 粗粒式(AC-25)沥青混凝土面层	1 400	2 400	0.25
4	19 cm 水泥稳定碎石基层(上)	2 500	2 390	0.25
5	19 cm 水泥稳定碎石基层(下)	2 500	2 390	0.25
6	20 cm12% 水泥稳定土垫层	400	1 840	0.3
7	20 cm6% 水泥稳定土底基层	150	1 790	0.3
8	20 cm4% 水泥土处理层(上)	90	1 790	0.35
9	20 cm4% 水泥土处理层(下)	90	1 880	0.35
10	无限厚土基	40	1 740	0.35

荷载模拟为 Dynatest 8000 落锤式弯沉仪动态荷载,应力随时间变化曲线如图 1 所示,荷载作用区域为 $d = 0.15$ m 圆形区域。通过设定面面(6 cm 沥青混凝土中面层和 8 cm 沥青混凝土下面层)层间摩擦系数来定义层间结合状况,摩擦系数的选取范围为 0.05~1。

本文中的计算模型选取为:10 m×10 m×10 m 道路模型,分析范围 X、Y 轴方向各为 10 m,Z 方向深度取 10 m,其中道路结构层 1.36 m,土基取 8.64 m。行车方向为 Y 方向,路面宽度方向为 X 方向。边界条件假设为:土基底面为完全固定面,整个模型边界在行车方向的平面无 Y 方向位移,在路面宽度的平面方向无 X 方向位移。对道路模型的网格剖分采用 C3D8R 线性六面体单元,道路结构层模型及网格的剖分如图 2 所示。

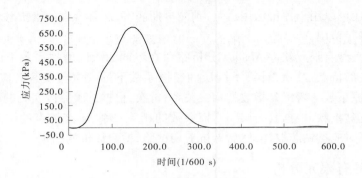

图1　应力随时间变化曲线

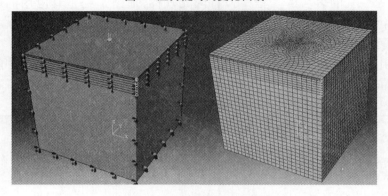

图2　道路、荷载模型及网格剖分图

1.2　有限元分析结果

假定其他层间完全连续,通过设定面面层间摩擦系数,确定其对计算结果的影响,计算结果如表2所示。

表2　不同层间摩擦系数下的计算结果

摩擦系数	最大位移 (μm)	最大压应力 (kPa)	层底拉应力 (kPa)	层间径向应力差 (kPa)
0.05	179.7	562.1	380.2	708.0
0.10	179.4	561.7	378.9	706.7
0.15	178.7	561.9	375.6	703.4
0.20	177.8	562.0	371.2	698.8
0.30	176.7	561.7	365.0	692.0
0.40	175.0	560.9	355.5	681.3
0.50	172.5	562.2	338.6	661.2
0.60	167.8	561.4	298.0	609.1
0.70	161.2	562.3	218.0	497.7
0.80	159.2	561.7	187.0	452.8
0.90	156.5	562.7	140.7	384.7
1.00	149.6	562.0	52.7	169.0

图 3 为最大弯沉值随面层间摩擦系数的变化曲线,图 4 为最大压应力随面层间摩擦系数的变化曲线,图 5 为最大拉应力随面层间摩擦系数的变化曲线,图 6 为层间径向应力差随面层间摩擦系数的变化曲线。

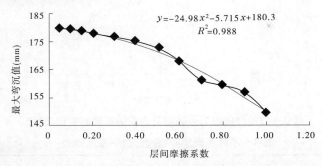

$$y = -24.98x^2 - 5.715x + 180.3$$
$$R^2 = 0.988$$

图 3　最大弯沉值随面层间摩擦系数的变化曲线

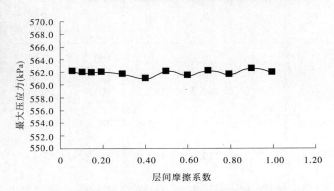

图 4　最大压应力随面层间摩擦系数的变化曲线

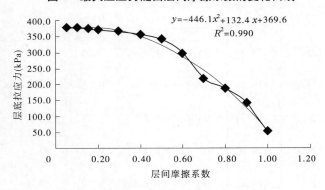

$$y = -446.1x^2 + 132.4x + 369.6$$
$$R^2 = 0.990$$

图 5　层底拉应力随面层间摩擦系数的变化曲线

由图 3 ~ 图 6 可知:面层间摩擦系数和最大弯沉值、最大拉应力、层间径向应力差都呈良好的相关关系,最大压应力基本不受层间摩擦系数的影响。

2　弯沉盆指数与层间摩擦系数关系

由 1.2 节计算结果,提取不同面面层间摩擦系数下弯沉盆值如表 3 所示。

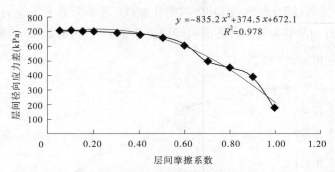

图6　层间径向应力差随面层间摩擦系数的变化曲线

表3　不同面面层间摩擦系数下弯沉盆值

摩擦系数	0.000 D_1	0.203 D_2	0.305 D_3	0.457 D_4	0.610 D_5	0.914 D_6	1.219 D_7	1.524 D_8	1.829 D_9
0.05	179.7	141.7	129.6	120.6	113.4	100.4	89.0	79.1	70.6
0.10	179.4	141.5	129.3	120.3	113.2	100.2	88.8	79.0	70.5
0.15	178.7	140.8	128.7	119.8	112.6	99.8	88.5	78.7	70.3
0.20	177.8	140.0	127.9	119.0	112.0	99.2	88.1	78.4	70.1
0.30	176.7	139.0	126.9	118.1	111.2	98.6	87.6	78.0	69.8
0.40	175.0	137.5	125.6	116.8	110.0	97.6	86.9	77.6	69.6
0.50	172.5	135.2	123.5	115.0	108.4	96.4	86.0	77.0	69.2
0.60	167.8	131.2	119.9	111.8	105.6	94.5	84.8	76.3	68.8
0.70	161.2	126.2	115.7	108.4	102.8	92.7	83.8	75.8	68.7
0.80	159.2	124.8	114.6	107.6	102.4	92.4	83.6	75.7	68.7
0.90	156.5	123.2	113.4	106.7	101.5	92.0	83.4	75.7	68.7
1.00	149.6	119.5	111.2	105.1	100.3	91.4	83.2	75.6	68.8

　　根据计算的弯沉盆数据,可以计算对应的弯沉盆指数(见表4)。其中:$F_1 = (D_1 - D_3)/D_2$,$F_2 = (D_2 - D_4)/D_3$。本文计算 AI_1、AI_2、F_1、F_2、SCI、BCI 的值并分别计算 AI_1/AI_2、F_1/F_2、SCI/BCI 的值,并寻求其比值与摩擦系数的相关关系。

表4   不同层间摩擦系数下各弯沉盆指数的值

摩擦系数	AI_1	AI_2	AI_1/AI_2	F_1	F_2	F_1/F_2	SCI	BCI	SCI/BCI
0.05	0.894	0.965	0.927	0.354	0.163	2.166	38.000	9.040	4.204
0.10	0.894	0.965	0.927	0.354	0.164	2.163	37.920	9.000	4.213
0.15	0.894	0.965	0.926	0.355	0.164	2.168	37.880	8.960	4.228
0.20	0.894	0.965	0.926	0.356	0.164	2.171	37.800	8.880	4.257
0.30	0.893	0.965	0.925	0.358	0.164	2.181	37.720	8.800	4.286
0.40	0.893	0.965	0.925	0.360	0.164	2.189	37.560	8.720	4.307
0.50	0.892	0.966	0.924	0.363	0.164	2.208	37.280	8.520	4.376
0.60	0.891	0.966	0.922	0.365	0.161	2.262	36.600	8.040	4.552
0.70	0.891	0.969	0.920	0.361	0.154	2.344	35.000	7.280	4.808
0.80	0.892	0.969	0.920	0.357	0.150	2.374	34.360	7.040	4.881
0.90	0.893	0.970	0.921	0.350	0.145	2.409	33.360	6.720	4.964
1.00	0.900	0.973	0.925	0.321	0.130	2.480	30.040	6.040	4.974

根据计算的 AI_1/AI_2、F_1/F_2、SCI/BCI 值,分别作出其随面层间摩擦系数的关系曲线,如图7~图9所示。

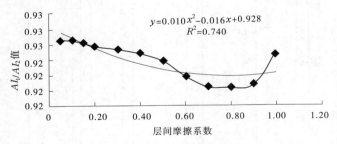

图7 AI_1/AI_2 值随面层间摩擦系数变化关系曲线

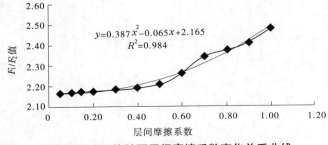

图8 F_1/F_2 值随面层间摩擦系数变化关系曲线

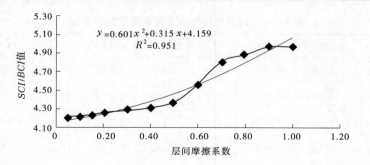

图9 SCI/BCI 值随面层间摩擦系数变化关系曲线

由图 7～图 9 可知：F_1/F_2 值与面层间摩擦系数有良好的相关关系。

3 层间结合状况评价及试验检验

3.1 层间结合状况评价

根据试验方案，按施工层逐层对应点弯沉值。弯沉采集设备为 Dynatest 8000 落锤式弯沉仪，路面对取芯位置如图 10 所示，弯沉值如表 5 所示。

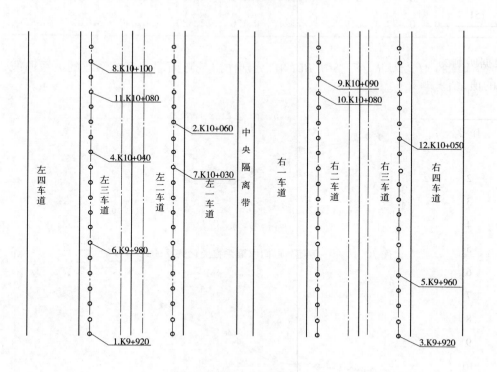

图10 取芯点位置图

表 5　实测各点弯沉值

序号	0.000 D_1	0.203 D_2	0.305 D_3	0.457 D_4	0.610 D_5	0.914 D_6	1.219 D_7	1.524 D_8	1.829 D_9
1	149.4	120.1	104.5	102.7	99.0	98.1	90.8	84.3	77.0
2	123.3	92.6	84.3	76.5	70.1	67.4	62.3	59.6	58.7
3	144.8	112.8	97.6	95.8	89.8	84.3	80.7	77.0	69.2
4	107.3	88.9	83.4	79.3	76.5	67.4	66.9	66.5	51.8
5	134.8	111.8	103.6	99.9	94.9	89.8	79.8	71.0	61.4
6	149.0	110.4	93.0	89.8	86.6	83.0	78.8	75.6	64.6
7	139.3	98.1	90.8	78.8	68.8	66.9	62.3	60.0	41.7
8	120.1	94.0	86.6	79.8	72.0	60.5	55.0	52.3	46.8
9	140.3	101.3	89.8	81.6	67.4	59.6	55.5	51.3	39.0
10	133.4	102.2	88.0	84.3	75.2	69.7	61.0	57.3	52.7
11	117.3	93.8	88.9	82.0	73.8	68.8	60.5	55.5	50.0
12	151.7	103.6	85.3	80.7	76.5	69.7	61.4	56.8	51.3

根据所测的弯沉值和弯沉盆指数计算方法,可以分别计算对应点的 F_1、F_2 值及 F_1/F_2 的值,结果如表 6 所示。

表 6　计算的弯沉盆指数

序号	F_1	F_2	F_1/F_2
1	0.374	0.167	2.244
2	0.421	0.190	2.212
3	0.419	0.174	2.410
4	0.268	0.115	2.323
5	0.279	0.115	2.422
6	0.528	0.172	2.291
7	0.495	0.212	2.335
8	0.336	0.228	2.171
9	0.498	0.219	2.269
10	0.444	0.203	2.186
11	0.300	0.144	2.282
12	0.642	0.269	2.387

由检测点 F_1/F_2 的值,可以根据2.2节给出的 F_1/F_2 值与面层间摩擦系数的关系,计算出检测点的层间摩擦系数。结果如表7所示。

表7　计算对应点的摩擦系数值

序号	F_1/F_2	摩擦系数
1	2.244	0.544
2	2.212	0.443
3	2.410	0.885
4	2.323	0.728
5	2.422	0.904
6	2.291	0.661
7	2.335	0.752
8	2.171	0.232
9	2.269	0.609
10	2.186	0.329
11	2.282	0.641
12	2.387	0.846

3.2　现场试验检验评价结果

根据本文所用方法对对应点的路面层间结合状况进行了评价,为检验评价的结果是否与实际情况相符合,特在对应点现场进行取芯,对所取芯样进行抗剪切试验,测出其抗剪切强度。通过所评价摩擦系数与抗剪切强度匹配与否来检验评价的结果是否正确。图11为满足试验仪器要求而加工成的芯样及试验用的仪器。

图11　现场对应点所取芯样及微机控制岩石三轴、剪切流变仪

图12为某一试件平均剪力随时间变化曲线。由图可知,随着时间的不断增加,层间界面处的平均剪应力值不断增大,达到一峰值后迅速下降,该峰值可以反映出该试件层间结合界面处的抗剪切强度。

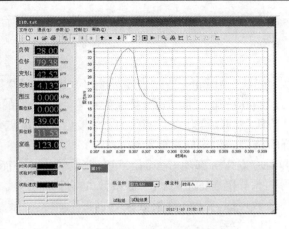

图 12　剪力值随时间变化曲线

　　根据计算出的面面层间摩擦系数，建立其与实测抗剪切强度的关系，如图 13 所示。由关系曲线图可知，有两点（左三 9.980、左三 10.080）实测的抗剪切强度与计算的层间摩擦系数不对应。

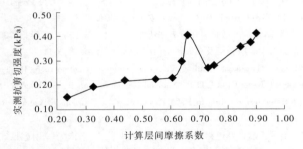

图 13　层间摩擦系数与实测抗剪切强度对应曲线

　　分析其原因，可能在于：①取芯过程中钻机对芯样造成的扰动，影响了实际的层间结合状况；②做抗剪切强度的剪切面与实际层间结合面不完全重合，造成结果不能反映结合面层的抗剪强度。对这两点进行剔除，可得如下曲线，如图 14 所示。

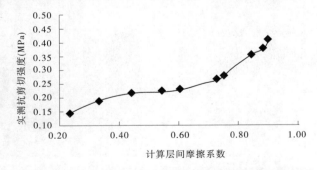

图 14　修正的计算层间摩擦系数与实测抗剪切强度关系曲线

　　根据图 14 可知：用弯沉盆指数计算所得层间摩擦系数基本与试验测得的结果一致，随层间摩擦系数的增大，层间结合处抗剪切强度也增大，说明其层间结合状况较好。因此,弯沉盆指数 F_1、F_2 的比值可以用来反映层间结合的状况。

4 结语

本文利用大型有限元软件 Abaqus,通过设定路面不同的层间摩擦系数,计算其在不同层间结合状况下的力学响应;建立了层间摩擦系数与弯沉盆指数的相关关系,然后根据实测弯沉盆数据,对试验段层间结合状况进行了评价;最后在对应点钻芯取样,然后做抗剪切试验,检验了评价的结果。得出的主要结论如下:

（1）弯沉最大值和对应点弯沉都随着面面层间摩擦系数的减小而增大。

（2）层间径向应力的差异随着面面层间摩擦系数的减小而增大。

（3）面面层间摩擦系数可以与弯沉盆指数建立良好的相关关系。F_1/F_2 的值与面面层间摩擦系数有良好的相关关系。

（4）弯沉盆指数 F_1、F_2 的比值可以用来反映层间结合的状况。

参考文献

[1] 中华人民共和国交通部. JTG D50—2006 公路沥青路面设计规范[S]. 北京:人民交通出版社,2006.

[2] 苏凯. 山区公路沥青路面基面层滑移分析[D]. 西安:长安大学,2004.

[3] 冯德成,宋宇. 沥青路面层间结合状态试验与评价方法研究[J]. 哈尔滨工业大学学报,2007,37(4):627-631.

[4] 肖丽霞. 重载交通沥青路面力学响应分析及车辙预测[D]. 郑州:郑州大学,2011.

[5] S. Nazarian, K. M. Boddspati, "Pavement – Falling Weight Deflection Interaction Using Dynamic Finite Element Analysis," In Transportation Research Record 1449, TRB, National Research Council, Washington, D., C., 1995,123-133.

[6] Yusuf Mehta. Evaluation of Interlayer Bonding In HMA Pavements[R]. Wisconsin Highway Research Program # 0092-02-13,2007.

[7] 廖公云,黄晓明. ABAQUS 有限元软件在道路工程中的应用[M]. 南京:东南大学出版社,2008.

探地雷达在堤坝渗漏探测中的应用研究

郭成超[1]　王复明[1]　谢晓莉[1]　尚向阳[2]

（1. 郑州大学水利与环境学院　郑州　450001；
2. 郑州黄河工程有限公司　郑州　450008）

摘要：针对堤坝渗漏的探测现状，本文利用有限差分法模拟了低频天线雷达电磁波探测堤坝渗漏区域的反射图谱，并进行现场验证，分析了探地雷达探测堤坝渗漏的可行性和有效性。结果表明：利用探地雷达探测堤坝的渗漏是可行的，但探测深度和分辨率会受到限制。

关键词：探地雷达　堤坝　渗漏　模拟　图谱

渗水是堤坝常见的一种病害，也是堤坝安全的主要隐患之一。许多堤坝失事大都是防渗体系遭到破坏或失效引起的。堤坝的渗流扩大通常从坝身土体不密实、局部存在松散裂隙的地方开始，坝体上下游水头差是堤坝水渗透的动力，在此压力差的作用下，水从库内经过堤身逐渐流向库外。若此渗流量不大，并达到平衡稳定状态，则坝基安全；若渗流渐渐加大，并带走其中的部分细微颗粒时，则松散、不密实土体颗粒间的孔隙就越来越大，以至产生洞穴，最终形成渗漏通道，危及坝体安全[1]。

为保证除险加固方案的针对性、有效性和合理性，必须首先对大坝安全进行全面分析评价，找出存在的病险与工程安全隐患，分析其产生的原因与危害程度，才能有的放矢地开展好除险工作。大多数水库，特别是小型水库缺少原勘测、设计、施工等基础资料，也没有监测资料或监测资料不完善，仅通过常规的勘测与分析手段往往很难准确、全面地掌握了解大坝工程质量缺陷与隐患。可能造成大坝破坏的天然地质缺陷、施工质量缺陷、生物破坏引起的洞穴和各种裂缝以及树枝草包等建坝时遗留在坝体内的不利于大坝安全的物质均可能构成安全隐患。隐患探测技术为查找大坝工程质量缺陷与隐患提供了有效手段[2]。

大坝隐患探测是一种无损探测技术。20 世纪 70 年代英国首先提出高密度电阻方法，80 年代由日本地质株式会社实现。90 年代初，意大利结构模型研究所（ISMES）提出了一套以声波层析检测为主，必要时配以声波测井及密度测井对大坝进行检测的系统。近年来，美国、加拿大、瑞典、俄罗斯和英国推出探地雷达，可用于堤坝隐患探测[2]。

堤坝隐患探测技术在我国的应用始于 20 世纪 80 年代，通过"七五"、"八五"科技攻关，技术与手段有很大发展。1999 年和 2000 年先后在湖南益阳和北京大兴建立了堤防隐患探测仪器试验场，开展隐患探测仪器的现场测试；2005 年 11 月，水利部在西安举办了大坝安全与堤坝隐患探测国际学术研讨会，推动了大坝隐患探测技术交流和发展。基

作者简介：郭成超，1973 年生，河南南阳人，郑州大学水利与环境学院讲师，主要从事岩土工程检测及修复技术研究。

于隐患探测实践,目前适宜或可望用于大坝隐患探测的技术主要有高密度电阻率法、磁法探测技术的探地雷达法和瞬变电磁法、弹性波探测技术的瞬态瑞雷面波法和 CT 法[2]。

探地雷达(Ground Penetrating Radar,简称 GPR)也称地质雷达或透地雷达。GPR 技术是利用高频电磁波束来探测有耗介质目标体,以宽频带、短脉冲的电磁波形式,由地面通过发射天线射入地下,经地层或目标体的电磁性差异反射而返回地面,被另一天线所接收,分析接收的信号,进而探测堤坝隐患[3-4]。国内外一些学者利用探地雷达技术研究了其在堤坝隐患探测中的应用[1,5-7]。

渗透水对堤坝的破坏是一个渐进的过程,坝内土体由密实到松散,再到淘空,形成洞穴,进而使洞穴加大和加深。渗漏成洞后,空隙尺寸大,雷达图像异常明显,容易识别;工程中遇到的多是渗漏发展期间的隐患,这时土体由密实向松散、洞穴过渡,雷达图像就以扰动土体、松散土层、裂隙发育类的图像特征出现,探测时需引起注意[1]。

本文利用时域有限差分法(Finite Difference Time Domain,简称为 FDTD)建立堤坝渗漏雷达电磁波的正演模拟,对雷达电磁波探测堤坝渗漏的可行性和有效性进行了分析。

1 堤坝渗漏有限差分法正演模拟

时域有限差分法是 1966 年由 K. S. Yee 首次提出的一种电磁场数值计算的新方法[8]。对电磁场 E、H 分量在空间和时间上采取交替抽样的离散方式,每一个 E(或 H)场分量周围有四个 H(或 E)场分量环绕,并在时间轴上逐步推进地求解空间电磁场。由电磁问题的初始值及边界条件就可以逐步推进地求得以后各时刻的空间电磁场分布。Yee 提出的这种抽样方式后来被称为 Yee 元胞。FDTD 方法是求解麦克斯韦微分方程的直接时域方法。在计算中将空间某一样本点的电场(或磁场)与周围各点的磁场(或电场)直接相关联,且介质参数已赋值给空间每一个元胞,因此这一方法可以处理复杂形状目标和非均匀介质物体的电磁散射、辐射等问题。同时,FDTD 的随时间推进可以方便地给出电磁场的时间演化过程,在计算上以伪彩色方式显示,这种电磁场可视化结果清楚地显示了物理过程,便于分析和设计。

为了在 MATLAB 中实现时域有限差分模拟,用矩阵存入所有的场分量和电特性。属性矩阵大小是场分量矩阵的 2 倍,这是因为 ε、μ 和 σ 在每一个电场和磁场位置的性能都是必需的,分别为介电常数、磁导率和电导率,也称为介电常数实部、磁导率和介电常数虚部。所有在 FDTD 修正方程中的有限差分都用矩阵而不是循环计算,以优化在 MATLAB 环境下的计算速度。此外,在模拟开始之前,FDTD 和 PML 修正系数计算和储存在与电特性矩阵大小相同的矩阵中,以使每次迭代需要的计算量简化[9]。源脉冲使用标准化的 Blackman-Harris 窗口函数的一阶导数。当在横磁场模型代码中所需的源位置装进 Ey 场分量时,通过网格传播的反射波在接收器的位置记录。

2 模拟分析

由于渗漏一般发生在垂直堤坝的局部,在用探地雷达探测堤坝渗漏时,使探测方向和堤坝方向一致,为了有效验证探地雷达探测堤坝渗漏的有效性,这里模拟分层介质存在渗漏区域和没有渗漏区域时的反射波谱,以指导探地雷达探测堤坝渗漏的工程实践。

对文献[9]编制的 FDTD 正演程序进行改进,模拟天线频率分别为 100 MHz 和 50 MHz 下的雷达反射波谱,分析探地雷达探测堤坝渗漏的有效性和可靠性。

模型 I:模型由两层地质材料组成。上层为堤坝夯填土,厚 7 m,假定 $\varepsilon_r = 9$,$\sigma = 1$ mS/m;下层为原质砂土材料,厚 8 m,$\varepsilon_r = 25$,$\sigma = 5$ mS/m。下层有三个不同尺寸的渗漏区,尺寸分别为 3 m×3 m、1 m×1 m 和 3 m×1 m,相应所在上部中心位置分别为地表下 7.5~10.5 m、地表下 7.5~8.5 m 和地表下 7.5~8.5 m,相应所在下部中心位置分别为地表下 11.5~14.5 m、13.5~14.5 m 和 13.5~14.5 m,假定 $\varepsilon_r = 36$,$\sigma = 5$ mS/m。水平位置为 2~5 m、7~8 m 和 10~13 m。

模型 II:模型由两层地质材料组成。上层为堤坝夯填土,厚 5 m,假定 $\varepsilon_r = 9$,$\sigma = 1$ mS/m;下层为原质砂土材料,厚 5 m,$\varepsilon_r = 25$,$\sigma = 5$ mS/m。下层有三个不同尺寸的渗漏区,尺寸分别为 3 m×3 m、1 m×1 m 和 3 m×1 m,相应所在上部中心位置分别为地表下 5.5~8.5 m、地表下 5.5~6.5 m 和地表下 5.5~6.5 m,相应所在下部中心位置分别为地表下 6.5~9.5 m、8.5~9.5 m 和 8.5~9.5 m,假定 $\varepsilon_r = 36$,$\sigma = 5$ mS/m。水平位置为 2~5 m、7~8 m 和 10~13 m。

图 1~图 6 和图 7~图 12 分别是 100 MHz 电磁波探测模型 I 和模型 II 的模型图和反射波谱图;图 13~图 15 和图 16~图 18 分别是 50 MHz 电磁波探测模型 I 和模型 II 的模型图和反射波谱图。

从图 1~图 6 可以看出:100 MHz 天线探测深层病害,渗漏区域上表面在地表下 11.5 m,中心位置在地表下 13 m,探测深度为 15 m,探测图谱和没有渗漏区域的探测图谱一致,也就是说,100 MHz 天线探测深层病害时可能分辨不出。从图 7~图 12 可以看出:100 MHz 天线探测渗漏区域上表面在地表下 8.5 m,中心位置在地表下 9 m,探测深度为 10 m,探测图谱可以分辨出较小的渗漏区域,就是说 100 MHz 天线探测较深层病害时可以分辨。

比较图 13~图 15 和图 16~图 18,50 MHz 天线电磁波探测模型 I 和模型 II 的反射波谱图,也同样表明 50 MHz 能够区分较深层的渗漏区,而不能有效分辨出深层的渗漏区,探测的深度也是 10 m,而非比 100 MHz 天线更深的探测深度。

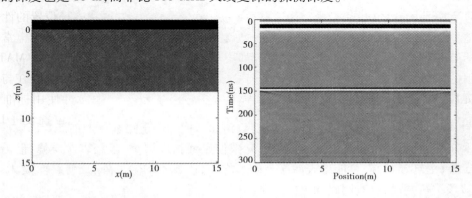

图 1　没有渗漏的模型 I　　　　　　图 2　模型 I 没有渗漏的反射波谱

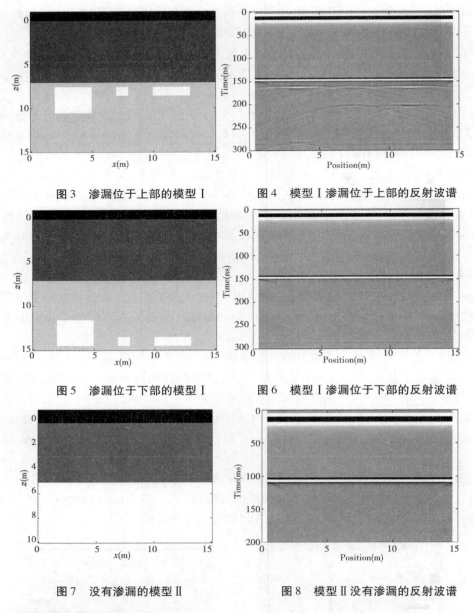

图 3　渗漏位于上部的模型Ⅰ　　　　图 4　模型Ⅰ渗漏位于上部的反射波谱

图 5　渗漏位于下部的模型Ⅰ　　　　图 6　模型Ⅰ渗漏位于下部的反射波谱

图 7　没有渗漏的模型Ⅱ　　　　　图 8　模型Ⅱ没有渗漏的反射波谱

3　堤坝渗漏探测应用实例

针对标准化堤防段,设计标准为防汛路,路面结构为黏土路基+上铺沥青面层。该地段龟裂、网裂面积较大,加上超载车辆较多,致使路面损坏严重,虽经多次维修,但治标不治本,维修处还易损坏,可能地表深层土质不均匀,造成不均匀沉降,致使路面损坏,拟采用对该段进行探测,以查明路面下的病害类型和范围。

检测采用美国 GSSI 公司研制的 SIR – 20 探地雷达仪,主要工作参数选择如下:

天线:收发一体型天线,天线频率 400 MHz/100 MHz(或同时采集)。

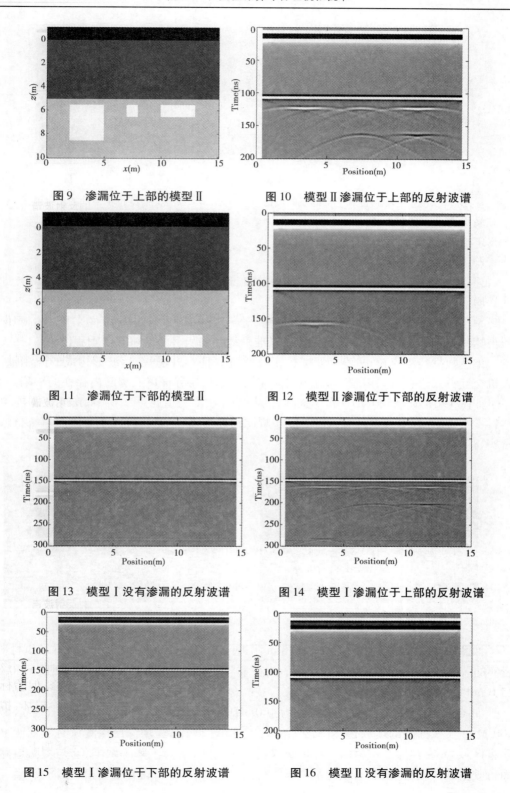

图 9　渗漏位于上部的模型Ⅱ　　　　　图 10　模型Ⅱ渗漏位于上部的反射波谱

图 11　渗漏位于下部的模型Ⅱ　　　　　图 12　模型Ⅱ渗漏位于下部的反射波谱

图 13　模型Ⅰ没有渗漏的反射波谱　　　　图 14　模型Ⅰ渗漏位于上部的反射波谱

图 15　模型Ⅰ渗漏位于下部的反射波谱　　　图 16　模型Ⅱ没有渗漏的反射波谱

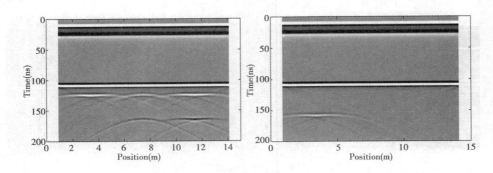

图 17　模型Ⅱ渗漏位于上部的反射波谱　　　图 18　模型Ⅱ渗漏位于下部的反射波谱

采集方式：连续采集。

定点方式：里程轮定点。

点距：2 cm/5 cm。

采集时窗：70 ns/200 ns(ns 为时间单位,1 ns = 10^{-9}s)。

增益方式：指数增益。

采用 400 MHz 探地雷达进行详细探测,对于探测深度大于 4.0 m 的采用 100 MHz 探地雷达进行进一步确定(或同时采集),以准确地判明病害的区域和严重程度。

雷达数据经零点校正、剖面距离校正及增益调整后,根据雷达波形构成的同相轴,以人机交互方式进行资料解释,勾画出堤防路面各结构层界面以及堤防内存在的缺陷。

如图 19 所示为 400 MHz 雷达天线探测结果,在堤防道路下 2.0～4.6 m 范围内填筑材料不密实,存在高含水区域;在图 20 中堤防道路下 1.4～5.6 m 以下范围内填筑材料不密实,存在高含水区域。

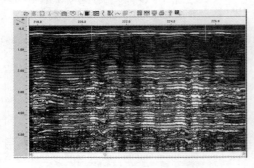 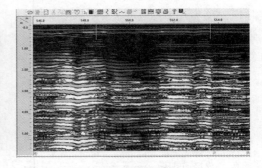

图 19　雷达探测图谱一　　　　　　　图 20　雷达探测图谱二

如图 21 所示,在水平位置 870～876 m 附近区域,坝顶下 10～12.5 m 下存在填筑材料不密实的区域,存在高含水区域;如图 22 所示,在水平位置 989～998 m 附近区域,坝顶下 10.0～15.0 m 以下存在填筑材料不密实的区域,存在高含水区域,这两处可能为坝体渗漏的部位。

如图 23 和图 24 所示,上半区域为 100 MHz 天线探测的堤坝雷达图谱,下半区域为 400 MHz 天线探测的堤坝雷达图谱。在图 23 和图 24 中,堤坝深层探测没有发现明显的病害区域,而在浅层区域堤防存在填筑材料的不密实、道面沉陷等缺陷,这与堤防道路上面行驶重载车辆有关,建议限制重载车辆行驶,并及时修复缺陷位置,保证堤防安全。

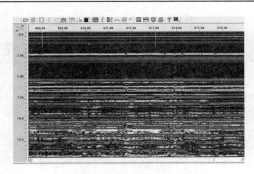

图21　雷达探测图谱三

图22　雷达探测图谱四

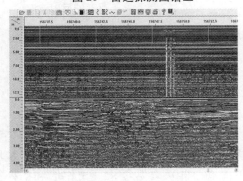

图23　雷达探测图谱五

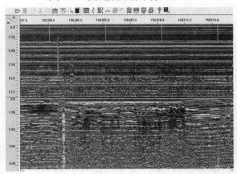

图24　雷达探测图谱六

4　结语

　　利用探地雷达可以探测堤坝的渗漏,但探测深度受到限制。理论模拟的探测深度和实际探测略有出入,主要是理论模拟的入射波是假定的,其透射能量可能没有实际设备那么强,所以应加强低频雷达的发射能量,使得雷达探测深度和精度都能进一步提高,以便有效地进行堤防渗漏的无损检测,防患于未然。

参考文献

[1] 何开胜,王国群.水库堤坝渗漏的探地雷达探测研究[J].防灾减灾工程学报,2005,25(1):20-24.

[2] 王仁钟.大坝隐患探测与安全评价[J].中国水利,2008(20):41-44.

[3] 李大心.探地雷达方法与应用[M].北京:地质出版社,1994.

[4] 李嘉,郭成超,王复明,等.探地雷达应用概述[J].地球物理进展,2007(4):629-637.

[5] 徐兴新,等.石灰岩地区水库隐患及渗漏通道地质雷达探测研究[J].水利水电技术,1999(9):45-47.

[6] Xu Xingxin,et al. GPR detection of several common subsurface voids inside dikes and dams[J]. Engineering Geology 111 (2010) 31-42.

[7] Monica Di Prinzio etc. Application of GPR to the monitoring of river embankments[J]. Journal of Applied Geophysics 71 (2010) 53-61.

[8] Yee K. S. Numerical solution of initial boundary value problems involving Maxwell equations in isotropic media[J]. IEEE Trans. Antennas Propagat,1966(5),AP – 14(3):302-307.

[9] James Irving, Rosemary Knight. Numerical modeling of ground – penetrating radar in 2 – D using MATLAB[J]. Computers and Geosciences, 2006:1247-1258.

单纯土钉墙支护和土钉墙锚杆复合支护研究

杜明芳　刘志刚　杜伟鹏

（河南工业大学土木建筑学院　郑州　450001）

摘要：利用 Abaqus 有限元软件,结合基坑支护工程实例对纯土钉墙和土钉墙和锚杆复合支护进行了模拟,分析相同工程条件下两种支护方式土钉受力和基坑变形等状况,通过与工程实例相比较,证明了联合支护方式可以有效控制基坑变形,适用于对基坑变形要求严格的工程。

关键词：土钉墙　土钉墙和锚杆复合支护　深基坑

1 引言

土钉墙支护技术因其对施工机械要求不高、施工占用场地较小、节约材料、安全可靠、节约造价等独特的优势,在基坑支护中得到了广泛的应用。但在不良工程地质和对基坑变形要求严格的工程中,单纯土钉墙支护往往不能满足相关参数要求。土钉墙和锚杆复合支护适用于对基坑变形要求严格的工程,但目前对这种支护结构的研究还很少,还没有比较清晰的认识。本文结合工程实例用 Abaqus 有限元软件对单纯土钉墙支护和土钉墙与锚杆复合支护情况下基坑的变形及土钉的受力进行了对比分析,希望对进一步认识该复合支护结构机理有所帮助,以促进本复合支护方式的推广应用[1]。

2 联合支护结构案例分析

2.1 工程概况

工程名称为广地商务港基坑工程项目,位于郑州市郑东新区商鼎路与和顺街交叉口西南角,基坑深度为9.5 m,施工荷载设计值为15 kPa。土层参数如表1所示。

表1　土层参数

土层	厚度 （m）	重度 （kN/m³）	黏聚力 （kN/m²）	内摩擦角 （°）	变形模量 （kPa）	泊松比
粉土	4.72	16.7	23.0	18.0	65	0.30
粉质黏土	1.2	18.8	18.0	18.0	45	0.35
粉土	1.2	19.4	23.0	20.0	65	0.30
粉质黏土	1.72	18.9	19.0	18.0	45	0.35
粉土	2.88	19.4	21.0	18.0	65	0.30
粉质黏土	1.3	19.1	18.0	20.0	45	0.35

作者简介：杜明芳,女,1964年生,河南洛阳人,博士,河南工业大学教授,注册岩土工程师。

根据以往研究经验,基坑支护最危险部位一般在基坑长边中间,建模时把这个位置作为研究对象。建模时把土钉水平间距重点所在竖向平面看做对称面,取两个对称面间的土体进行建模计算[2]。

2.2 建模参数

土体本构模型为 Mohr – Coulomb 弹塑性模型,实体单元,支护设计参数如表 2 所示。土钉、锚杆模量为 2.2×10^5 MPa,第三排土钉换成预应力锚杆后,施加 120 kN 预应力,土钉和锚杆与土体接触处用双弹簧单元来模拟接触面上的滑移。钢筋混凝土面层厚 100 mm,简化模量为 2.5×10^4 MPa,泊松比为 0.25,重度为 25 kN/m³。

表 2   支护设计参数

土钉编号	1	2	3	4	5	6	7
位置深度(m)	1.4	2.7	4.0	5.3	6.6	7.9	9.2
土钉钢筋	1Φ18	1Φ18	1Φ20	1Φ20	1Φ20	1Φ20	1Φ20
锚固体直径(mm)	120	120	120	120	120	120	120
土钉长度(m)	9.00	9.00	12.00	9.00	12.00	9.00	7.00
倾斜角度(°)	10	10	10	10	10	10	10
水平间距(m)	1.3	1.3	1.3	1.3	1.3	1.3	1.3

注:3 号为全黏结锚杆,预应力为 120 kN。

2.3 边界条件

模型底面限制所有移动,四个侧面只限制水平位移,不限制竖向位移[3]。基本建模尺寸和截面如图 1 和图 2 所示。

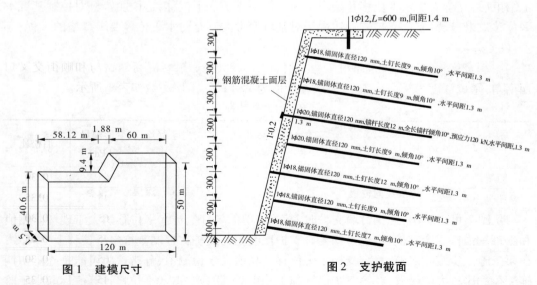

图 1   建模尺寸   图 2   支护截面

2.4 施工步骤

一共分七步开挖,第一步开挖深度 1.6 m,其余六步开挖深度均为 1.3 m。

3　有限元计算结果分析

本文主要分析纯土钉墙支护与土钉墙和锚杆复合支护时竖向位移、水平位移、坑底隆起、土钉轴力的前后变化,来说明联合支护模式比单纯土钉墙支护模式在控制基坑变形方面具有更大的优势,适用于对基坑变形要求比较严格的工程[4]。

图 3 和图 4 是基坑开挖到底部时的纯土钉墙支护位移云图和土钉墙和锚杆复合支护位移云图。从图中可以看出,单纯土钉墙支护时基坑位移为 70.68 mm,土钉墙和锚杆复合支护时基坑位移为 58.89 mm,采用复合支护后,土层力学性能得到显著改善,使基坑变形量大大减小了,有效控制了基坑变形。

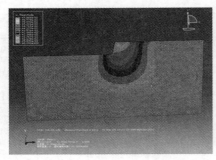 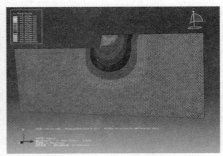

图 3　纯土钉墙支护位移云图　　　　　　图 4　土钉墙和锚杆复合支护位移云图

从图 5 可以看出:纯土钉支护时基坑竖向位移曲线一直在计算值曲线之上,说明土钉墙和锚杆复合支护与纯土钉支护相比,改善了边坡土体的力学性能,对控制基坑竖向位移能起到一定的作用。

从图 6 可以看出:锚杆施工前,纯土钉墙支护和复合支护水平位移差别不大,锚杆施工结束后,复合支护水平位移开始小于纯土钉墙支护水平位移,这说明锚杆对控制基坑水平位移效果显著,复合支护方式适用于对基坑变形尤其是对水平位移要求严格的工程。

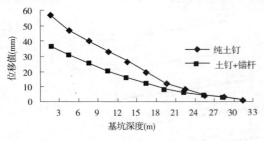 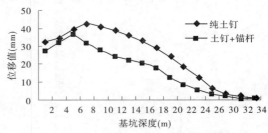

图 5　深层竖向位移　　　　　　　　　图 6　深层水平位移

从图 7 可以看出:纯土钉墙支护时,基坑顶部的各开挖步水平位移均大于现场监测值和土钉 + 锚杆复合支护,由此可知复合支护比纯土钉支护在控制基坑水平位移上更有效;在第三施工步施工之前,复合支护水平位移计算值大于检测值,分析认为可能是施工初期施工荷载比较大的缘故;在第三步锚杆施工结束后,联合支护水平位移计算值逐渐小于监测值,但最后监测值和计算值相差较小,这说明锚杆逐渐发挥了应有的主动支护功能,限制了水平位移的发展。另外,计算值是在各施工步完全结束后,基坑边壁充分发生变形后的位移,监测值可能是在各施工步基坑边壁没有充分发生变形时检测的,但最后一步监测值和计算值都是在基坑充分发生变形时的位移值。

从图8可以看出:纯土钉墙支护时,基坑顶部各开挖步竖向位移均大于监测值和计算值,这说明复合支护不仅能控制基坑水平位移,还能控制基坑竖向位移,只是比对水平位移控制程度差;前三步复合支护竖向位移监测值和计算值比较接近,自从第三步预应力锚杆施工结束后,计算值开始小于监测值,但相差不大,分析认为是施工荷载变化导致监测值稍大;最后竖向位移监测值和计算值逐渐相接近,这也进一步说明了有限元模拟的准确性。

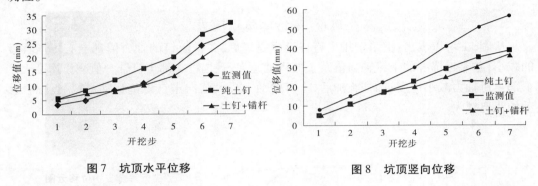

图7　坑顶水平位移　　　　　　　　　图8　坑顶竖向位移

从图9可以看出:纯土钉支护坑底隆起值同土钉墙与锚杆复合支护时隆起值监测值和计算值几乎没有差异,只是在距基坑底边大约18 m处才有很小的差异,这说明复合支护对坑底隆起控制效果不明显,要采取其他支护方式或辅助方式来控制坑底隆起值。

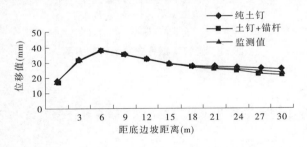

图9　坑底隆起位移

从图10可以看出:各排土钉的轴力均随着各施工开挖步的进行逐渐增加,土钉的轴力最大值出现在距离面层一定距离位置处,土钉长度越长,其轴力最大值距离基坑面层越远,土钉长度越短,其轴力最大值距离基坑面层越近。土钉轴力增长的速率不一致,越靠近基坑顶部,土钉轴力增加速率越快,越靠近基坑底部,土钉轴力增加速率越慢;土钉轴力大小同土钉所处位置有关,在基坑中下部土钉轴力值稍大,越往下排,土钉轴力值越小;土钉轴力值同土钉长度有关,在一定范围内,土钉长度越长,所受轴力越大,相应土钉越短,所受轴力越小;土钉轴力呈两端小、中间大的趋势,符合以往研究的"枣核形"的分布规律。

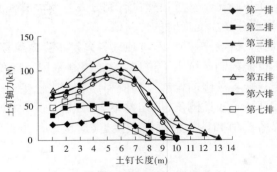

图 10　纯土钉支护土钉轴力

从图 11 可以看出:把第三排土钉替换成锚杆后,各排土钉的轴力值都会有不同程度的减小,越靠近锚杆的土钉轴力值减小的程度越大,且锚杆上部土钉轴力值减小速度大于下部土钉轴力减小速度;锚杆施加后,土钉的轴力最大值向土钉尾部移动,越靠近锚杆移动的距离越大。

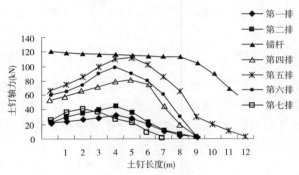

图 11　土钉 + 锚杆支护土钉轴力图

4　结语

(1)复合支护使土层力学性能得到显著改善,能有效控制基坑变形量,适用于对基坑变形要求严格的工程。

(2)复合支护对控制基坑水平位移效果显著,对控制基坑向坑底隆起起到一定作用,但没有控制水平位移作用效果明显。

(3)纯土钉墙支护时,土钉的轴力最大值出现在距离面层一定距离位置处,土钉长度越长,其轴力最大值距离基坑面层越远;越靠近基坑顶部土钉轴力增加速率越快,越靠近基坑底部土钉轴力增加速率越慢;在基坑中下部土钉轴力值稍大,越往上排和下排,土钉轴力值越小;在一定范围内,土钉长度越长所受轴力越大,越短所受轴力越小;土钉轴力呈两端小、中间大的趋势,符合以往研究的"枣核形"的分布规律。

(4)复合支护排土钉的轴力值与单纯土钉墙相比,都会有不同程度的减小,越靠近锚杆的土钉,轴力值减小的程度越大,且锚杆上部土钉轴力值减小速度大于下部减小速度;土钉的轴力最大值向土钉尾部移动,越靠近锚杆,移动的距离越大。

参考文献

[1] 孙凯,孙学毅. 土层锚杆、土钉受力分析及土钉加固土体作用[J]. 岩土锚固工程,2010(2).
[2] 陈肇元,崔京浩.土钉支护在基坑工程中的应用[M].2 版.北京:中国建筑工业出版社,2000.
[3] 宋二祥,陈肇元. 土钉支护及其有限元分析[J]. 工程勘察,1996(2):1-6.
[4] 秦四清,贾洪,等.预应力土钉支护结构变形与破坏的数值分析[J]. 岩土力学,2005,26(9).

常体积模量下黏弹性体两类微分算子的关系[*]

王东栋[1] 许建聪[2] 吴晓荣[1] 孙明霞[1]

（1. 中水淮河规划设计研究有限公司 蚌埠 233001；
2. 同济大学岩土与地下工程教育部重点实验室 上海 200092）

摘要：考虑一维蠕变应力状态既可以脱离三维蠕变应力状态而独立存在，也可以视做三维蠕变应力状态的某一特例而存在，从变形的一致连续性要求出发，从理论上推导了黏弹性体三维微分本构方程的一种新形式。其算子直接采用拉压材料参数表示，同常规微分本构的算子相比较，在形式和作用函数上有所差异。最后通过对一维矿柱轴向压缩黏弹性解的讨论，得出了两类算子间的联系。表明在常体积模量和常泊松比假设下，用两类算子表示的黏弹性微分方程计算所得轴向应变的结果是相同的，从而可将单轴蠕变试验拟合的参数经本文方法处理后应用于三维蠕变计算。

关键词：黏弹性模型 标准线性固体 微分算子 常体积模量

1 引言

在一定的外部条件下，岩土材料的应力和应变都有随时间缓慢变化的过程与现象，这就是岩土材料的流变力学特性，是其固有的力学属性[1]。针对岩土材料的流变特性，国内外广大学者和工程技术人员做了大量的理论与试验研究[2-7]，提出了众多的力学模型来描述这一力学行为。黏弹性模型以其清晰的物理概念、直观的模型结构以及合理的描述能力，在岩土工程领域得到了广泛的应用[8]。

随着广大学者和工程技术人员对岩土材料流变特性认识的不断深入，越来越多的岩土工程领域开始将流变理论纳入计算中，尤其是采用黏弹性组合模型进行复杂应力状态下的三维计算。因此，黏弹性组合模型微分本构方程中的微分算子和材料参数的正确选取就显得十分重要，它也是黏弹性理论研究的关键所在[9-10]。

黏弹性组合模型微分型本构方程在从单一应力状态推广到复杂应力状态时，常用的做法是将应力张量和应变张量分解成球张量和偏张量，采用弹 – 黏弹比拟方法建立应力偏张量与应变偏张量的关系，同时补充应力球张量与应变球张量的关系。在具体应用中，常常还需要引入一些常用的假设，如常泊松比和常体积模量等。组合模型的参数在蠕变试验与工程应用时往往选取不同。如经室内单轴蠕变试验拟合得到的材料参数为拉压模量与拉压黏性系数，而应用于三维岩土工程时，往往采用的是常体积模量假设下的剪切模

---

* **基金项目**：国家自然科学基金项目（40872179）。

作者简介：王东栋，男，1981年生，博士，主要从事岩土工程、水工结构工程方面的研究与设计工作。

量与剪切黏性系数[11-13]。若对上述推导过程或相关物理概念不清楚,往往会在岩土三维流变计算中将单轴蠕变试验拟合的材料参数直接应用于三维计算,或对材料参数进行处理的方法不甚合理,这就导致了计算结果的不合理。冯夏庭等[14-15]具体针对常体积模量假设情况下广泛使用的广义 Kelvin 模型,研究了其拉压材料参数与剪切材料参数间的转换关系,对解决上述问题有一定帮助。

　　基于上述分析,本文的研究重点主要集中于黏弹性组合模型(假定其材质均匀且各向同性)在岩土领域三维计算中存在的上述问题,以广义 Kelvin 模型为例建立直接作用于由室内单轴蠕变试验拟合得到的拉压模量和拉压黏性系数的微分算子,以及由其表示的组合黏弹性模型三维微分本构关系,并讨论标准线性固体模型中该算子和由弹 - 黏弹比拟方法得到的算子两者间的关系。

2　黏弹组合模型两类算子的建立

　　广义 Kelvin 模型是由 n 个 Kelvin 体串联一根弹簧组成的黏弹性模型,其元件模型如图 1 所示。从原理上来说,n 值越大,模型越能准确地反映岩土材料的流变学特性,但实际应用中,n 值越大,所要确定的参数亦越多,无论是在试验中拟合这些参数,还是应用这些参数解决岩土工程问题都有一些困难。一般而言,三元件体在实际工程中应用最为广泛。

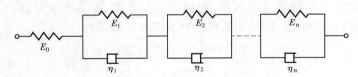

图 1　广义 Kelvin 模型

2.1　弹 - 黏弹比拟方法下的微分算子

　　很多岩土材料(如岩石和软土等)的流变行为可近似用图 1 所示的广义 Kelvin 模型来描述。假设从 $t = 0$ 时刻起,对一试件进行单轴压缩蠕变试验,施加的均布轴向荷载为 σ,并考虑试件材质均匀且各向同性,则模型各元件体的本构关系可表示为

$$\sigma_0 = \sigma = E_0 \varepsilon_0 \tag{1}$$

$$\sigma_1 = \sigma = (E_1 + \eta_1 D) \varepsilon_1 \tag{2}$$

$$\sigma_2 = \sigma = (E_2 + \eta_2 D) \varepsilon_2 \tag{3}$$

$$\vdots$$

$$\sigma_n = \sigma = (E_n + \eta_n D) \varepsilon_n \tag{4}$$

式中:σ_i 和 ε_i 为广义 Kelvin 模型第 i 个元件的应力与应变($i = 0, 1, 2, \cdots, n$);E_i 和 η_i 为第 i 个元件的拉压模量和拉压黏性系数;D 为微分算子($D = \mathrm{d}/\mathrm{d}t$)。

　　对式(1)作用

$$(E_1 + \eta_1 D)(E_2 + \eta_2 D) \cdots (E_n + \eta_n D)$$

　　对式(2)作用

$$E_0(E_2 + \eta_2 D) \cdots (E_n + \eta_n D)$$

　　对式(3)作用

$$E_0(E_1 + \eta_1 D)(E_3 + \eta_3 D)\cdots(E_n + \eta_n D)$$

对式(4)作用

$$E_0(E_1 + \eta_1 D)(E_2 + \eta_2 D)\cdots(E_{n-1} + \eta_{n-1} D)$$

这样作用就得到 $(n+1)$ 个方程,其右边项的算子变成同一形式,作用函数为组合模型各元件的应变分量;其左边项的算子虽然各不相同,但作用函数均为组合模型的应力分量。

则模型第 k 个元件的本构关系可表示为

$$\left[\prod_{i=0,i\neq k}^{n}(E_i + \eta_i D)\right]\sigma = \left[\prod_{j=0}^{n}(E_j + \eta_j D)\right]\varepsilon_k \tag{5}$$

将式(5)表示的 $(n+1)$ 个方程相加,即得到

$$P(D)\sigma = Q(D)\varepsilon \tag{6}$$

式中:$P(D)$ 和 $Q(D)$ 是微分算子,且有

$$\left.\begin{aligned} P(D) &= \sum_{k=0}^{n}\left[\prod_{i=0,i\neq k}^{n}(E_i + \eta_i D)\right] \\ Q(D) &= \prod_{i=0}^{n}(E_i + \eta_i D) \end{aligned}\right\} \tag{7}$$

式(6)即为广义 Kelvin 模型一维微分本构方程。

将三维应力(应变)张量分成两部分:球应力(应变)张量和偏应力(应变)张量。由弹－黏弹比拟方法得到广义 Kelvin 模型微分本构的三维形式

$$\begin{cases} P^1(D)s_{ij} = Q^1(D)e_{ij} \\ \sigma_{kk} = 3K\varepsilon_{kk} \end{cases} \tag{8}$$

式中:s_{ij} 和 e_{ij} 分别为偏应力张量和偏应变张量;$\sigma_{kk}/3$ 和 $\varepsilon_{kk}/3$ 分别为体积应力和体积应变;k 为 Einstein 求和下标;K 为体积模量;$P^1(D)$ 和 $Q^1(D)$ 为微分算子,且有

$$\left.\begin{aligned} P^1(D) &= \sum_{k=0}^{n}\left[\prod_{i=0,i\neq k}^{n}(G_i + \eta_i' D)\right] \\ Q^1(D) &= \prod_{i=0}^{n}(G_i + \eta_i' D) \end{aligned}\right\} \tag{9}$$

式中:G_i 和 η_i' 为第 i 个元件的剪切模量和剪切黏性系数。

上述微分算子常改写成以下形式

$$\left.\begin{aligned} P^1(D) &= \sum_{k=0}^{m'}p_k^1 D^k \\ Q^1(D) &= \sum_{k=0}^{n'}q_k^1 D^k \end{aligned}\right\} \tag{10}$$

比较一维微分本构的微分算子和三维微分本构的微分算子,可见两者具有相同的阶数和组成;区别在于材料参数的不同:前者取拉压材料参数,后者取剪切材料参数。

为解决上述分析中三维微分型本构和一维微分型本构需满足变形一致连续性的要求,冯夏庭等[11,14,15]针对常泊松比、常体积模量且不考虑体积应变的黏弹性假设情况下广泛使用的广义 Kelvin 模型,研究了其拉压材料参数与剪切材料参数间的关系,得出了如

下结论

$$
\left.\begin{aligned}
G_0 &= \frac{E_0}{2(1+\mu)} \\
K &= \frac{E_0}{3(1-2\mu)} \\
G_i &= \frac{E_i}{3} \\
\eta' &= \frac{\eta_i}{3}
\end{aligned}\right\}
\tag{11}
$$

2.2 由拉压材料参数表示的微分算子

笔者拟从一维微分型本构方程出发,考虑变形的一致连续性要求,直接得出用拉压材料参数表示广义 Kelvin 模型的另一类三维微分型本构方程,并给出其不同于弹－黏弹比拟方法得到的微分算子。

将三维应力(应变)张量分成两部分:球应力(应变)张量和偏应力(应变)张量,有

$$
\left.\begin{aligned}
\sigma_{ij} &= s_{ij} + \frac{\delta_{ij}\sigma_{kk}}{3} \\
\varepsilon_{ij} &= e_{ij} + \frac{\delta_{ij}\varepsilon_{kk}}{3}
\end{aligned}\right\}
\tag{12}
$$

式中:δ_{ij} 为 Kronecker 符号。

假定广义 Kelvin 模型的三维微分型本构方程为

$$
\left.\begin{aligned}
P^2(D)s_{ij} &= Q^2(D)e_{ij} \\
\sigma_{kk} &= 3K\varepsilon_{kk}
\end{aligned}\right\}
\tag{13}
$$

式中:$P^2(D)$ 和 $Q^2(D)$ 为微分算子,且有

$$
\left.\begin{aligned}
P^2(D) &= \sum_{k=0}^{m''} p_k^2 D^k \\
Q^2(D) &= \sum_{k=0}^{n''} q_k^2 D^k
\end{aligned}\right\}
\tag{14}
$$

将式(12)代入式(13),可得

$$
P^2(D)\left(\sigma_{ij} - \frac{\delta_{ij}\sigma_{kk}}{3}\right) = Q^2(D)\left(\varepsilon_{ij} - \frac{\delta_{ij}\varepsilon_{kk}}{3}\right)
\tag{15}
$$

把体积应力与体积应变的关系代入式(15),得

$$
P^2(D)(\sigma_{ij} - \delta_{ij}K\varepsilon_{kk}) = Q^2(D)\left(\varepsilon_{ij} - \frac{\delta_{ij}\varepsilon_{kk}}{3}\right)
\tag{16}
$$

式(16)可进一步整理得到

$$
\sigma_{ij} = \left[\frac{3KP^2(D) - Q^2(D)}{3P^2(D)}\right]\delta_{ij}\varepsilon_{kk} + \frac{Q^2(D)}{P^2(D)}\varepsilon_{ij}
\tag{17}
$$

对一试件进行单轴压缩蠕变试验,施加的均布轴向荷载为 $\sigma H(t)$($H(t)$ 为 Heaviside 函数),并考虑试件材质均匀且各向同性(计算简图见图 2),则该试件的力学状态可表示为

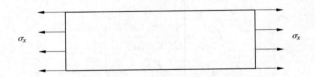

$$\text{图2} \quad \text{计算简图}$$

$$\sigma_x = \sigma \tag{18}$$

$$\sigma_y = \sigma_z = 0 \tag{19}$$

$$\varepsilon_y = \varepsilon_z \tag{20}$$

$$\sigma_{kk} = \sigma \tag{21}$$

$$\varepsilon_{kk} = \varepsilon_x + 2\varepsilon_y \tag{22}$$

将式(18)~式(22)代入式(17),得

$$\sigma = \Big[\frac{3KP^2(D) - Q^2(D)}{3P^2(D)}\Big](\varepsilon_x + 2\varepsilon_y) + \frac{Q^2(D)}{P^2(D)}\varepsilon_x \tag{23}$$

$$0 = \Big[\frac{3KP^2(D) - Q^2(D)}{3P^2(D)}\Big](\varepsilon_x + 2\varepsilon_y) + \frac{Q^2(D)}{P^2(D)}\varepsilon_y \tag{24}$$

联立式(23)和式(24),解得

$$\sigma = \frac{9KQ^2(D)}{6KP^2(D) + Q^2(D)}\varepsilon_x \tag{25}$$

又由式(6),可由一维广义 Kelvin 微分本构方程解得用轴向应变表示的轴向应力,为

$$\sigma = \frac{Q(D)}{P(D)}\varepsilon_x \tag{26}$$

考虑到一维蠕变应力状态既可以脱离三维蠕变应力状态而独立存在,也可以视做三维蠕变应力状态的某一特例而存在,式(25)和式(26)的解应具有一致性,则要求有

$$\frac{9KQ^2(D)}{6KP^2(D) + Q^2(D)}\varepsilon_x \equiv \frac{Q(D)}{P(D)}\varepsilon_x \tag{27}$$

要使式(27)恒成立,就必须有

$$P(D) \equiv 6KP^2(D) + Q^2(D) \tag{28}$$

$$Q(D) \equiv 9KQ^2(D) \tag{29}$$

联立式(28)和式(29),即可解得用拉压材料参数表示广义 Kelvin 模型的另一类三维微分型本构方程中的微分算子。

$$Q^2(D) = \frac{Q(D)}{9K} \tag{30}$$

$$P^2(D) = \frac{P(D)}{6K} - \frac{Q(D)}{54K^2} \tag{31}$$

写成张量的形式,有

$$q_k^2 = \frac{q_k^1}{9K} \tag{32}$$

$$p_k^2 = \frac{p_k^1}{6K} - \frac{q_k^2}{54K^2} \tag{33}$$

这和用剪切材料参数表示的广义 Kelvin 模型的微分型本构方程中的微分算子在形式上差异较大。

2.3 两类算子的差别

式(8)和式(13)都是考虑常体积模量假设的广义 Kelvin 模型的三维微分型本构方程,两者在形式上具有一定的相似性:均在应力偏张量和应变偏张量前作用微分算子;应力球张量和应变球张量均成比例,比例系数为常数($3K$)。

比较式(7)、式(9)、式(30)和式(31),由剪切参数表示的微分算子(第一类算子)和由拉压参数表示的微分算子(第二类算子)在形式上有以下关系:

(1)第一类算子同广义 Kelvin 模型一维微分型本构中的微分算子在导数阶数和组成上相同,第二类微分算子在形式上较第一类算子复杂。

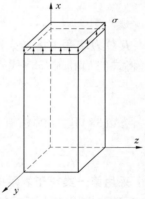

图3 一维矿柱计算简图

(2)两类微分算子中组成试件材料的参数不同。第一类算子采用三轴流变试验拟合得到的剪切模量与剪切黏性系数,第二类算子采用单轴压缩蠕变试验拟合而得的拉压模量与拉压黏性系数。

3 算例和分析

煤炭和冶金矿井中的矿柱一般可以被假设为一维的受压杆件。设有一受压矿柱(如图3所示),不计体力影响,顶面处作用有突加的均布压应力 $\sigma H(t)$,底面固定,左右侧面没有约束。矿柱设为黏弹性材料,其蠕变行为采用 $i=1$ 时的广义 Kelvin 模型,即标准线性固体模型来描述[13-15],令其体积应力和体积应变符合弹性关系,比例系数为常数。

用矩阵形式表示其应力状态和应变状态,可写为

$$
\begin{bmatrix} \sigma_x & 0 & 0 \\ 0 & \sigma_y & 0 \\ 0 & 0 & \sigma_z \end{bmatrix} = \begin{bmatrix} \frac{2}{3}\sigma_x & 0 & 0 \\ 0 & -\frac{1}{3}\sigma_x & 0 \\ 0 & 0 & -\frac{1}{3}\sigma_x \end{bmatrix} + \begin{bmatrix} \frac{1}{3}\sigma_x & 0 & 0 \\ 0 & \frac{1}{3}\sigma_x & 0 \\ 0 & 0 & \frac{1}{3}\sigma_x \end{bmatrix} \tag{34}
$$

$$
\begin{bmatrix} \varepsilon_x & 0 & 0 \\ 0 & \varepsilon_y & 0 \\ 0 & 0 & \varepsilon_z \end{bmatrix} = \begin{bmatrix} \frac{2}{3}(\varepsilon_x - \varepsilon_y) & 0 & 0 \\ 0 & -\frac{1}{3}(\varepsilon_x - \varepsilon_y) & 0 \\ 0 & 0 & -\frac{1}{3}(\varepsilon_x - \varepsilon_y) \end{bmatrix} +
$$

$$\begin{bmatrix} \frac{1}{3}(\varepsilon_x + 2\varepsilon_y) & 0 & 0 \\ 0 & \frac{1}{3}(\varepsilon_x + 2\varepsilon_y) & 0 \\ 0 & 0 & \frac{1}{3}(\varepsilon_x + 2\varepsilon_y) \end{bmatrix} \tag{35}$$

式(35)写成张量的形式,为

$$\varepsilon_{ij} = e_{ij} + \frac{1}{3}\delta_{ij}\varepsilon_{kk} \tag{36}$$

又因为

$$e_{ij} = J(t)s_{ij} \tag{37}$$

$$e_m = \frac{1}{3K}\sigma_m \tag{38}$$

式中:$J(t)$ 为蠕变柔量;σ_m 和 ε_m 分别为体积应力和体积应变。

将式(37)和式(38)代入式(36),并考虑 $i = j = x$,有

$$\varepsilon_x = J(t)s_x + \frac{1}{3K}\sigma_m \tag{39}$$

将式(34)代入上式,有

$$\varepsilon_x = \frac{2}{3}J(t)\sigma_x + \frac{1}{9K}\sigma_x \tag{40}$$

3.1 采用第一类算子表示的微分方程计算

标准线性固体的流变方程(偏张量部分)可写为

$$P^1(D)s_{ij} = Q^1(D)e_{ij} \tag{41}$$

式中:

$$\begin{cases} P^1(D) = D + \dfrac{G_0 + G_1}{\eta_1'} \\ Q^1(D) = 2G_0 D + \dfrac{2G_0 G_1}{\eta_1'} \end{cases} \tag{42}$$

蠕变柔量 $J(t)$ 在拉氏空间像函数 $\bar{J}(s)$,可表示为

$$\bar{J}(s) = \frac{\bar{P}^1(s)}{Q^1(s)} \frac{1}{s} \tag{43}$$

将式(42)中的微分算子代入式(43),得

$$\bar{J}(s) = \frac{1}{2G_0 G_1}\left(\frac{G_0 + G_1}{s} - \frac{G_0}{s + \dfrac{G_1}{\eta_1'}}\right) \tag{44}$$

对上式取拉氏逆变换,得

$$J(t) = \frac{1}{2G_0} + \frac{1}{2G_1}\left[1 - \exp\left(-\frac{G_1}{\eta_1'}t\right)\right] \tag{45}$$

将上式代入式(40),并考虑轴向均布压应力为 $\sigma H(t)$,得

$$\varepsilon_x = \left\{ \frac{1}{3G_0} + \frac{1}{3G_1} \left[1 - \exp\left(-\frac{G_1}{\eta_1'} t \right) \right] + \frac{1}{9K} \right\} \sigma \tag{46}$$

3.2 采用第二类算子表示的微分方程计算

标准线性固体的流变方程(偏张量部分)可写为

$$P^2(D) s_{ij} = Q^2(D) e_{ij} \tag{47}$$

式中:

$$\begin{cases} P^2(D) = \dfrac{P(D)}{6K} - \dfrac{Q(D)}{54K^2} \\ Q^2(D) = \dfrac{Q(D)}{9K} \end{cases} \tag{48}$$

且有

$$\begin{cases} P(D) = D + \dfrac{E_0 + E_1}{\eta_1} \\ Q(D) = E_0 D + \dfrac{E_0 E_1}{\eta_1} \end{cases} \tag{49}$$

蠕变柔量在拉氏空间像函数 $\bar{J}(s)$,可表示为

$$\bar{J}(s) = \frac{3}{2 E_0 E_1} \left(\frac{E_0 + E_1}{s} - \frac{E_0}{s + \dfrac{E_1}{\eta_1}} \right) - \frac{1}{6K} \frac{1}{s} \tag{50}$$

对上式取拉氏逆变换,得

$$J(t) = \frac{3}{2} \left\{ \frac{1}{E_0} + \frac{1}{E_1} \left[1 - \exp\left(-\frac{E_1}{\eta_1} t \right) \right] \right\} - \frac{1}{6K} \tag{51}$$

将上式代入式(40),并考虑轴向均布压应力为 $\sigma H(t)$,得

$$\varepsilon_x = \left\{ \frac{1}{E_0} + \frac{1}{E_1} \left[1 - \exp\left(-\frac{E_1}{\eta_1} t \right) \right] \right\} \sigma \tag{52}$$

3.3 两类算子计算结果的讨论

式(46)和式(52)描述的均为体积弹性、偏张量符合广义 Kelvin 模型的矿柱的轴向应变计算结果。式(46)采用剪切模量、剪切黏性系数和体积模量表示轴向应变随时间的变化;式(52)采用拉压模量和拉压黏性系数表示轴向应变随时间的变化。

考虑式(11)表达的转换关系,将其代入式(46)得

$$\begin{aligned} \varepsilon_x &= \left\{ \frac{1}{3G_0} + \frac{1}{3G_1} \left[1 - \exp\left(-\frac{G_1}{\eta_1'} t \right) \right] + \frac{1}{9K} \right\} \sigma \\ &= \left\{ \frac{2(1+\mu)}{3E_0} + \frac{1}{E_1} \left[1 - \exp\left(-\frac{E_1}{\eta_1} t \right) \right] + \frac{1 - 2\mu}{3E_0} \right\} \sigma \\ &= \left\{ \frac{1}{E_0} + \frac{1}{E_1} \left[1 - \exp\left(-\frac{E_1}{\eta_1} t \right) \right] \right\} \sigma \end{aligned} \tag{53}$$

比较式(52)和式(53),说明在常体积模量和常泊松比假设下,用两类算子表示的不同黏弹性微分本构方程计算轴向应变得出了相同的结果。

4 结语

（1）以广义 Kelvin 黏弹组合模型一维微分本构方程为基础，考虑常体积模量、常泊松比和五体积黏性变形假设，分别从弹－黏弹比拟方法和变形的一致连续性要求出发，推导了采用不同形式微分算子表达的组合模型的三维微分本构方程。

（2）两类微分算子在形式上有较大差异。第一类算子采用三轴流变试验拟合得到的剪切模量与剪切黏性系数表示，第二类微分算子采用单轴压缩蠕变试验拟合而得的拉压模量与拉压黏性系数表示。

（3）用剪切参数表示的微分算子由内推法得到，用拉压参数表示的微分算子由外推法得到。两者用于微分本构方程中描述常体积模量下黏弹组合模型的流变性质，在形式上有所区别，适用范围也不尽相同。在试验设备或试验时间受限时，可采用单轴蠕变试验参数经本文方法处理后应用于三维蠕变计算。

参考文献

［1］孙钧. 岩土材料流变及其工程应用［M］. 北京：中国建筑工业出版社，1999.

［2］孙钧. 岩石流变力学及其工程应用研究的若干进展［J］. 岩石力学与工程学报，2007，26（6）：1081-1106.

［3］赵延林，曹平，文有道，等. 岩石弹黏塑性流变试验和非线性流变模型研究［J］. 岩石力学与工程学报，2008，27（3）：477-486.

［4］范庆忠，李术才，高延法. 软岩三轴蠕变特性的试验研究［J］. 岩石力学与工程学报，2007，26（7）：1381-1385.

［5］Ranja Bandyopadhyaya，Animesh Das，Sumit Basu. Numerical simulation of mechanical behaviour of asphalt mix［J］. Construction and Building Materials，2008，22：1051-1058.

［6］Shalabi F I. Finite element analysis of time－dependent behavior of tunneling in squeezing ground using two different creePmodels［J］. Tunnelling and Underground Space Technology，2005，20（2）：271-279.

［7］Purwodihardjo A，Cambou B. Time－dependent modelling for soils and its application to tunneling［J］. Int. J. Numer. Anal. Meth. Geomech. ，2005，29（1）：49-71.

［8］刘世君，徐卫亚，邵建富. 岩石粘弹性模型辨识及参数反演［J］. 水利学报，2002（6）：101-105.

［9］陈炳瑞，冯夏庭，丁秀丽，等. 基于模式搜索的流变模型参数识别［J］. 岩石力学与工程学报，2005，24（2）：207-211.

［10］杨挺青，罗文波，徐平，等. 黏弹性理论与应用［M］. 北京：科学出版社，2004.

［11］黄小华，冯夏庭. 常泊松比下黏弹性体的算子代换法与黏弹对应原理的关系［J］. 岩石力学与工程学报，2006，25（12）：2509-2514.

［12］陈静云，周长红，王哲人. 沥青混合料蠕变试验数据处理与粘弹性计算［J］. 东南大学学报：自然科学版，2007，37（6）：1091-1095.

［13］王宏贵，魏丽敏，赫晓光. 根据长期单向压缩试验结果确定三维流变模型参数［J］. 岩土工程学报，2006，28（5）：669-673.

［14］黄小华，冯夏庭，陈炳瑞，等. 蠕变试验中黏弹组合模型参数确定方法的探讨［J］. 岩石力学与工程学报，2007，26（6）：1226-1231.

［15］黄书岭，冯夏庭，黄小华，等. 岩土流变数值计算中一些问题的探讨［J］. 岩土力学，2008，29（4）：1107-1113.

微型桩复合支护结构作用机理模拟分析

高 伟 闫富有

（郑州大学土木工程学院 郑州 450001）

摘要：本文结合郑州某基坑工程项目，运用 FLAC3D 软件建立微型桩、预应力锚杆和复合土钉支护结构的三维模型，进行开挖支护施工过程的三维动态模拟分析，并通过两种模型的对比分析得出微型桩在复合土钉支护结构中的作用，最后把数值分析结果与现场实测结果相比较。模拟结果表明，微型桩能有效控制基坑的稳定性与变形，并能改善土钉和锚杆受力状态；微型桩弯矩的大小是土体位移趋势的反映，基坑侧壁水平位移最大处几乎与微型桩最大正弯矩处相重合，最大负弯矩处近似在基坑边壁坡脚处。通过对模拟结果和实测结果的对比，说明用数值模拟方法研究基坑开挖问题是合理可行的。

关键词：基坑支护 微型桩 复合支护结构 数值模拟

深基坑微型桩支护技术具有安全可靠、施工方便、造价低廉、土层适应性好等特点。将微型桩与锚杆－土钉复合支护结构相结合，弥补了一般锚杆－土钉复合支护结构的许多缺陷和使用上的限制[1-2]，在深基坑工程中逐步得到了应用。但由于支护结构与土体作用的复杂性，对复合土钉支护的理论研究还处于起步阶段[3-5]，而且我国地质条件多样，复合土钉支护形式繁多，使室内外试验的进行面临巨大困难。因此，采用数值模拟方法对复合土钉墙的工作性能、受力变形等进行分析是很有必要的。

在众多的数值模拟软件中，基于有限差分法的 FLAC3D 程序可以很好地反映基坑开挖的三维问题，充分考虑支护结构与土体的相互作用。因此，很多学者采用 FLAC3D 对基坑开挖进行三维动态模拟分析。文献[6]忽略水平方向支护结构的相互影响，通过采用预应力锚杆复合土钉支护结构的单宽模型，分析计算了支护结构的水平位移、竖直位移以及土钉与锚杆的轴力。文献[7]分别建立微型桩＋锚杆＋土钉墙支护、锚杆＋土钉墙支护以及纯土钉支护结构的三维模型，得到了微型桩和锚杆对复合土钉墙支护受力和变形的影响。文献[8]建立了支护桩复合预应力锚索的三维模型，计算基坑开挖过程中对邻近隧道内壁隆起值，分析基坑内外土体状态和锚杆轴力性质，并将隧道内壁隆起和基坑侧移量的模拟值与实测值进行对比，验证了模拟结果的合理性和支护结构的安全性。文献[9]、[10]建立了三维模型，对基坑土体变形土钉轴力进行模拟计算，并将计算结果与工程实测数据进行对比分析。文献[11]采用基坑整体三维模型，对基坑边壁的水平位移、土钉轴力、基坑塑性区的分布进行研究，讨论了土钉在支护结构中的作用机制。文献[12]建立护坡桩结构的三维模型，利用 FISH 语言编程模拟计算出边坡的安全系数，得到支护桩参数变化对边坡安全系数的影响。

作者简介：高伟，男，1988 年生，河南周口人，硕士研究生，主要从事地基基础等方面的研究工作。

　　对于微型桩－锚杆－土钉复合支护结构的研究是一个三维问题,而现有的理论和方法多是将复合土钉简化为平面问题或者采用单宽模型来分析,无法反映支撑轴力和基坑位移的实际情况。对于复合土钉墙的研究大多是针对锚杆复合土钉支护形式,对于加入微型桩的复合土钉墙支护形式研究较少。由于工程地质条件以及支护结构的复杂性,将数值分析方法与现场监测相结合,是研究本问题的有效方法。

　　本文结合郑州某基坑支护工程项目,应用数值方法对微型桩预应力锚杆复合土钉支护结构进行数值模拟分析,研究了该支护形式的受力变形特征以及微型桩在支护结构中的作用,为微型桩－锚杆－土钉复合支护结构的设计与施工提供技术指导。

1　工程概况

　　拟建项目为郑州某医院病房楼,开挖面积近 6 000 m²,基坑深度为 9.4 ~ 10.25 m。地下水为潜水,距地表深度为 10.8 ~ 14.1 m。微型桩＋锚杆＋土钉复合支护结构处的基坑深度为 9.4 m,以 1:0.15 的坡度倾斜开挖。设计土钉与锚杆共六层,土钉倾角为 5°,锚杆倾角为 10°;土钉锚杆各构件的水平和垂直距离均为 1.5 m;微型桩水平间距 1 m。其中第二层和第四层土钉与锚杆在水平和竖直方向交错布置。设计支护断面如图 1 所示。

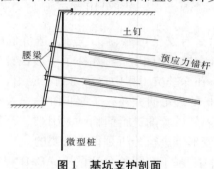

图 1　基坑支护剖面

2　计算模型

2.1　计算模型及边界条件

　　本次模拟计算是在消除边界效应的原则下,充分考虑基坑形态特征和客观的工程水文地质条件来选取模型的计算范围,采用 FLAC3D 软件进行模拟。本次计算选取基坑支护的一段,长 50 m,宽 15 m,高 19.5 m。整个基坑模型分块生成,共有 37 770 个单元 43 087 个节点。土钉与锚杆采用锚索(cable)单元模拟,腰梁采用梁(beam)单元模拟,微型桩采用桩(pile)单元模拟。所有构件均为每米划分一个单元。

　　边界条件采用模型周边侧向约束。四面采用可动滚轴支座边界条件,不允许水平方向位移;底面采用固定支座边界,约束垂直方向变形。

2.2　计算参数

　　土体的物理力学计算参数如表 1 所示。容重 γ、黏聚力 c、内摩擦角 φ 的选取参照项目的岩土工程勘察报告而得;根据勘察报告的建议,变形模量 E_0 取为压缩模量的 4 倍。

表 1　土体物理力学计算参数

编号	土层	厚度 （m）	γ （kN/m³）	c （kPa）	φ （°）	E_s （MPa）	泊松比
1	杂填土	1.24	1.8	10.0	16.0	8.00	0.2
2	粉土	1.41	1.8	14.3	21.7	11.13	0.3
3	粉土	1.58	1.85	21.0	18.0	8.70	0.3
4	粉土	2.05	1.92	15.0	26.6	8.76	0.3
5	粉质黏土	1.86	1.92	14.0	26.3	8.50	0.28
6	粉土	2.34	2.00	16.0	25.8	10.14	0.3
7	粉土	2.54	2.04	18.0	25.2	13.42	0.3
8	粉砂夹粉土	18.88	2.00	3.0	28.0	13.42	0.3

　　其他计算参数为：土钉和锚杆的水平和竖向间距均为 1.5 m，土钉采用直径 18 mm 的钢筋，弹性模量取 210 GPa，倾角为 5°；锚杆采用直径为 15.2 mm 的钢绞线，弹性模量为 205 GPa，倾角为 10°，土钉钻孔直径为 120 mm，锚杆钻孔直径为 150 mm；微型桩水平方向间距 1 m，桩长 14 m，弹性模量为 210 GPa，桩径 150 mm，泊松比取 0.2。三种构件的黏结强度和刚度参数[13]见表 2。

表 2　结构单元参数

构件	黏结强度 （N/m）	轴向刚度 （N/m²）	法向/切向 黏结强度 （kN/m）	法向刚度 （kN/m²）	切向刚度 （kN/m²）
上层土钉	5.5e5	6.8e5	—	—	—
下层土钉	5.5e5	7.6e5	—	—	—
锚杆	5e6	6.5e5	—	—	—
桩	—	—	4e8	2e9	2e7

　　表 2 中上层土钉为第一排至第三排土钉，长度为 10 m；下排土钉为第四至第六排土钉，长度为 9 m。

　　由于施工场地附近有地铁施工，已经采取了有效的降水措施，故本次模拟不考虑地下水的影响。

3　模拟结果分析

3.1　基坑侧壁水平位移分析

　　为了监测基坑的水平位移，在基坑边壁上布置 10 个监测点，由 history 命令来记录测点的水平位移值。对比两种支护形式的水平位移如图 2 所示。

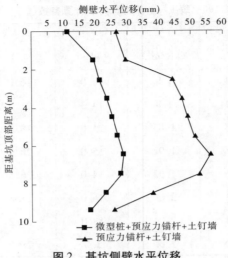

图 2 基坑侧壁水平位移

由图 2 可以看出两种支护形式的基坑侧壁水平位移规律均为：基坑侧壁上部和底部水平位移值较小，而基坑侧壁中下部水平位移最大，其侧向变形呈鼓状。这是由于土体开挖使墙体前后土压力平衡遭到破坏，随着侧壁土体的不断变形，墙后土压力才能重新达到平衡，而靠近基底的墙体由于受到基底被动土压力的限制，水平位移减弱。所以，在设计时有必要增大下排锚杆的预应力值来控制侧壁中下部水平位移。

对比两种支护形式的基坑侧壁位移可以看出，微型桩预应力锚杆复合土钉支护基坑侧壁整体侧向位移明显小于预应力锚杆复合土钉支护。微型桩复合土钉支护形式基坑侧壁最大水平位移值为 28.82 mm，符合规范中关于土钉墙支护基坑最大水平位移范围的规定（0.3% ~0.5%）。而未设置微型桩的支护结构基坑侧壁最大位移达到 56 mm，超出了规范规定范围。这是因为，微型桩超前支护的加入可以加强周围土体的强度，改善开挖后土体应力场，从而有效控制基坑侧壁水平位移，提高了边坡的稳定性。

3.2 基坑底部隆起位移分析

设置微型桩和不设置微型桩的两种预应力锚杆复合土钉支护结构的基坑底部隆起位移比较如图 3 所示。

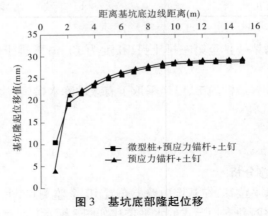

图 3 基坑底部隆起位移

由图3可知,两种支护形式坑底隆起规律相似,开挖完成后坑底隆起量由坡脚向基坑中部呈增加趋势,基坑底部靠近基坑中央位置的隆起位移值最大,靠近坡脚处隆起量较小,微型桩的加入对控制坑底隆起作用不明显。

坑底以下被动区土体向坑内水平位移,使坑底土体水平应力加大,导致土体剪应力增大而发生水平方向的挤压,并产生一定的竖直位移,即坑底土体隆起。基坑坡脚以及基底靠近坡脚位置受力状态非常复杂,属于应力集中区,是比较薄弱的部位,设计时应该加强坡脚的强度,并应进行抗隆起验算。

3.3 基坑顶部地面沉降分析

开挖完成后,基坑顶部各测点的竖向位移即沉降值如图4所示。

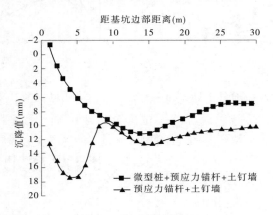

图 4 地面沉降位移

由图4可以看出,两种支护形式的沉降值在基坑边壁附近有明显的差异。主要表现为:无微型桩的复合土钉墙支护的墙后地表在靠近边壁部位沉降较大;而置入微型桩超前支护以后,基坑边壁附近地表沉降大大降低,甚至在靠近边壁位置处存在一定的隆起。

两种支护形式的坑顶地表沉降整体呈现出两边小、中间大的分布形式,最大沉降位于距离基坑边壁13 m处,沉降值均在14 mm左右;距离基坑边壁30 m处沉降值在10 mm左右。对于这两种支护形式的沉降变形性质,可以作如下解释:

(1)对于这两种支护形式,第二排预应力锚杆可以有效约束基坑边壁上部土体的水平位移和竖直位移,使基坑边壁附近地表沉降量减弱。

(2)混凝土面层自身具有一定抗弯刚度,而且面层和土体之间具有一定的黏结作用,可以增强墙后土体的稳定性;对于微型桩复合土钉支护结构,微型桩具有良好的抗弯刚度,微型桩注浆体与土体之间也存在一定黏结作用,在混凝土面层和微型桩的约束及支撑作用下,基坑边坡附近的沉降量得到有效控制。

(3)由于支护结构有6排土钉和锚杆,布置密度较大,注浆孔的挤密作用对土体的影响也较大,土钉加固区的土体比非加固区土体密实度高,其结构类似重力式挡土墙。所以,在土钉加固区地表沉降较小。

经过模拟可以看出,基坑开挖完成后距离基坑边壁30 m处仍然有一定的沉降,说明基坑开挖对墙后土体的影响范围较大,在施工中要注意基坑周围建筑物的沉降。

3.4 土钉锚杆轴力分析

土钉和锚杆的轴力特性是支护设计的关键。由于土钉的横向抗剪作用很小,计算时忽略其抗剪作用[14-16]。开挖完成后两种支护结构中土钉和锚杆的内力计算值如图5所示。

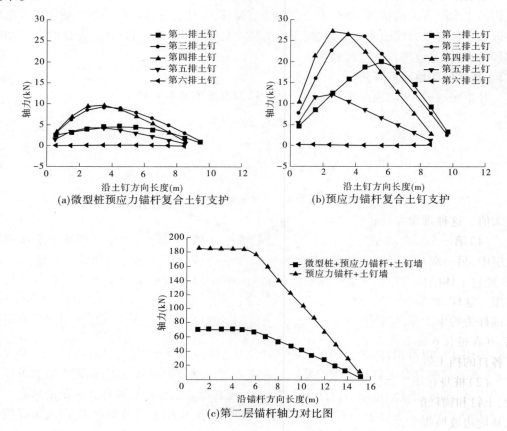

(a)微型桩预应力锚杆复合土钉支护   (b)预应力锚杆复合土钉支护

(c)第二层锚杆轴力对比图

图5 土钉和锚杆轴力分布

由图5可知,两种支护形式的土钉与锚杆轴力分布规律类似:土钉拉力呈两头小、中间大的"枣核形"分布,两端轴力接近0。锚杆最大轴力在自由段,并在锚固段逐渐减小。第三排和第四排土钉轴力较大,第一排和第五排轴力次之,第六排轴力最小。每排土钉轴力最大值自上而下逐渐向基坑侧壁方向偏移,第一排土钉轴力最大值在土钉的中间部位,最后一排土钉几乎不受力,其最大轴力出现在接近基坑侧壁的地方。总的来说,基坑顶部和底部的土钉受力相对较小,中间部位的土钉受力较大。第三排(深5 m处)和第四排(深6.5 m处)的土钉轴力值明显大于其他各排土钉,反映出此处土体变形较大,在施工过程中需要对此范围内边坡稳定性加以注意。

3.5 微型桩弯矩分析

基坑中央部位开挖完成后微型桩的弯矩值如图6所示。

由图6可知,微型桩桩身有三次反弯点出现,在桩长6 m和9 m处分别出现正负弯矩

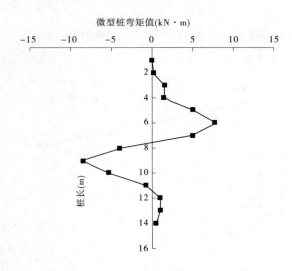

图 6　微型桩弯矩值

最大值。这种现象可以解释如下：

（1）第一个反弯点至第二个反弯点范围内，由于两排预应力锚杆一端被固定在稳定地层中，另一端与被加固土体紧密结合，施加预应力后即可主动向被加固土体施加压应力，经过土体的传力作用使微型桩不仅受到主动区土压力的作用，还受到来自锚杆的约束作用。这样，微型桩与锚杆相互作用形成简支梁受力体系，该体系以微型桩为受力结构，以锚杆为约束支座，主要受到土体的土压力作用。所以，在此范围内微型桩受到正弯矩作用，并在桩长 6 m 处出现最大正弯矩。这说明锚杆与微型桩相结合成一个整体，充分发挥了各自的挡土效果。

（2）桩身在第二、第三两个反弯点之间主要受负弯矩作用，这是由于基坑边坡在微型桩、土钉和锚杆的共同作用下形成一个类似挡土墙的整体，但该体系在土压力作用下具有以基坑边坡坡脚为支点向坑内倾倒的趋势，其受力效果类似于双悬臂的悬臂梁，以坡脚为固定约束，两个悬臂均在土压力作用下产生负弯矩，并在坡脚处出现最大值。

（3）在接近桩底处，由于桩身上部在基坑开挖过程中土体与锚杆共同作用下产生一定的水平位移，而桩底在开挖面以下土体限制下位移较小，因此在此范围内产生一定的正弯矩。

3.6　模拟值与实测值对比分析

为了验证模拟结果的合理性，将土钉和锚杆轴力实测与模拟最大值进行比较，如图 7 所示。

通过数据对比可以发现：从整体上来说，实测土钉和锚杆轴力最大值分布规律与模拟结果较为相似，第四排和第六排土钉实测轴力与模拟结果相差较大。造成这种结果的原因可能有：

（1）数值模拟没有考虑水的作用，该工程在雨季施工，在开挖过程中雨水导致基坑边坡水压力变化，大雨导致基坑空隙水压力变化，土体自立性减弱，从而使土钉受力增大。

（2）第四排锚杆预应力损失严重，造成锚杆对土体的限制能力降低，土体产生较大的

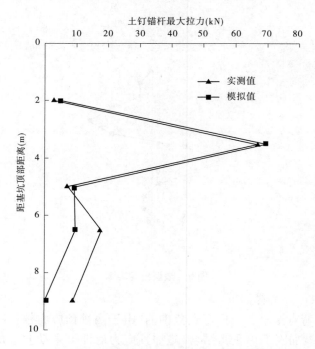

图7 土钉锚杆最大轴力实测值与模拟值对比

变形,导致土钉受力大大增加。

4 结语

（1）与锚杆＋土钉墙复合支护相比,加入微型桩之后,基坑侧壁水平位移大大降低,基坑侧壁附近地表沉降也得到有效控制,土钉与锚杆的轴力均有明显下降,但是对基底隆起的影响不明显。因此,微型桩能有效控制基坑稳定性与变形,并能改善土钉锚杆受力状态。

（2）微型桩弯矩大小是土体位移趋势的反映,经过模拟分析,基坑侧壁水平位移最大处几乎与微型桩最大正弯矩处重合。微型桩最大负弯矩处为基坑边壁坡脚处,所以在施工中需要对基坑中下部以及坡脚处进行处理。

（3）模拟值与实测值较为接近,表明所建立的数值模型的合理性,对同类工程的设计和施工具有一定的指导意义。

参考文献

[1] 杨志银,张俊,王凯旭. 复合土钉墙技术的研究及应用[J]. 岩土工程学报, 2005, 27(2)：153-156.

[2] 杨志银,张俊. 复合土钉墙技术在深圳的应用与发展[J]. 岩土工程学报, 2006, 28(S1)：1673.

[3] 陈肇元,崔京浩. 土钉支护在基坑工程中的应用[M]. 北京:中国建筑工业出版社,2000.

[4] 曾宪明,黄久松,王作民. 土钉支护设计与施工手册[M]. 北京:中国建筑工业出版社,2000.

[5] 秦四清,王建党. 土钉支护机理与优化设计[M]. 北京:地质出版社,1999.

[6] 王明龙,万林海,黄志全,等. 基于FLAC3D的土钉内力分析[J]. 工程地质学报, 2006, 14(3)：411-418.

[7] 赵延林,曹洋,高红梅,等. 复合土钉支护内力与变形的模拟分析[J]. 黑龙江科技学院学报, 2009, 19(6)：486-

489.

[8] 陈敏华，陈增新，张长生. FLAC 在基坑开挖分析中的应用[J]. 岩土工程学报，2006，28(S1)：1437-1440.

[9] 吴忠诚，汤连生，廖志强，等. 深基坑复合土钉墙支护 FLAC－3D 模拟及大型现场原位测试研究[J]. 岩土工程学报，2006，28(S1)：1460-1465.

[10] 刘继国，曾亚武. FLAC3D 在深基坑开挖与支护数值模拟中的应用[J]. 岩土力学，2006，27(3)：505-508.

[11] 李志刚，李四清，张冰峰，等. 土钉支护现场测试及三维数值模拟分析[J]. 工程地质学报，2004，12(1)：69-73.

[12] Jinoh Won, Kwangho You, Sangseom Jeong, et al.. Coupled effects in stability analysis of pile-slope systems[J]. Computers and Geotechnics, 2005(32):304-315.

[13] Itasca Consulting Group Inc FLAC3D. usersmanual[R]. USA: Itasca Consulting Group Inc, 1997.

[14] Jewell R. A., Pedley M. J.. Soil nailing design: the role of bending stiffness. Ground Engineering[R]. 1990.

[15] Jewell R. A., Pedley M. J.. A Large scale experimental study of soil reinforcement interaction[R]. 1990.

[16] Jewell R. A., Wroth C. P.. Direct shear tests on reinforcement sand[J]. Geotechnique, 1987.

三、渗流理论与工程应用

黄河堤防土体污染前后渗透系数变化研究[*]

伍 艳[1] 任海平[2] 王玮屏[1] 史粉英[1]

(1. 黄河水利科学研究院 郑州 450003;
2. 黄河勘测规划设计有限公司 郑州 450003)

摘要:为了说明黄河开封段水中主要污染物对黄河堤防土体渗透性影响,本文通过室内模拟试验,对比分析了去离子水及不同种类、不同浓度和不同 pH 值溶液对土体渗透系数的影响规律。结果表明,污染物对土体渗透系数存在正负两个方向的影响且影响显著。对土体 SEM 照片分析后发现,水土之间通过阳离子交替吸附作用和溶蚀及结晶沉淀作用,引起土体结合水膜厚度和矿物成分改变,使土体微观形貌及孔隙特征发生变化,最终导致其渗透性发生改变。

关键词:黄河堤防 污染土 渗透系数 微观结构

黄河下游自 1949 年以来,历年大洪水期,堤基发生渗水的堤段共有 290 处,其中属严重渗水的有 112 处,发生过渗透变形的堤段有 114 处[1]。从上述资料可知,黄河下游临黄堤防在历史上大洪水期发生渗水、严重渗水及渗透变形的堤段不少,问题也是严重的。

另外,随着经济的高速发展和城市化进程的加速,我国各流域水污染也日趋严重。陈静生等[2]在对 1958~2000 年期间黄河水系 100 个站点水质监测资料进行统计分析的基础上,研究了黄河主要离子的地球化学性质。结果表明,黄河流域各区河水总溶解性固体(TDS)含量的差异达 2~3 个数量级,TDS 的总平均值为 452 mg/L,是全球河流均值的 4 倍。Na^+、K^+、SO_4^{2-} 和 Cl^- 的含量是世界河流均值的 10~20 倍。

20 世纪 40 年代,苏联开始对土中孔隙水渗流规律进行研究,随后,这一领域逐渐受到人们关注[3-7]。但岩土工程研究中理想化的概念、相互作用过程和模型用于理论解释和实际应用,已显得不够,而必须考虑环境污染的影响。不同环境中的土体,对工程建筑物具有不同程度的影响。早前,人们就认识到环境对土体物理力学性质有一定影响[8-15],但对土体水力学性质的影响目前还未引起足够重视。王育平等[16]考察了水—土相互作用对土体裂隙水流的影响,分析了土体裂隙介质的渗透空间结构,并概化了其水文地质模型;邓友生等[17]开展了含盐土渗透系数变化特征的试验研究。

为了说明黄河堤防土体污染前后渗透性的变化,本文以黄河大堤开封段低液限黏土为对象,以模拟渗透试验、扫描电镜等试验为手段,着重探讨了各种浸泡液对土渗透系数的影响规律,并分析了渗透系数变化机理。

[*]**基金项目**:水利部堤防安全与病害防治工程技术研究中心开放课题基金项目(200904);中央级公益性科研院所基本科研业务费专项(HKY – JBYW – 2012 – 17)。

作者简介:伍艳,女,1981 年生,硕士,工程师,主要从事环境岩土工程的相关研究工作。

1 试验仪器、材料和试验方法

1.1 试验仪器

试验采用南京土壤仪器厂生产的渗透仪,日本电子(JEOL)公司生产的 JSM – 6700F 型扫描电子显微镜,美国 Thermo Fisher 公司生产的 IRIS – Intrepid 型全谱直读等离子体发射光谱仪和美国 DIONEX 公司生产的 ICS – 2000 型离子色谱仪。

1.2 样品选取与溶液制备

试验用土为低液限黏土,取自黄河大堤开封段,其主要物理力学指标见表 1,由 X 衍射试验得出土的主要矿物成分含量,见表 2。

表 1 试验用土主要物理力学指标

最大干密度 (g/cm³)	最佳含水率 (%)	液限 (%)	塑限 (%)	塑性指数	颗粒百分含量			
					≥0.25 mm	0.25 ~ 0.075 mm	0.075 ~ 0.005 mm	≤0.005 mm
1.52	16.1	31.1	15.8	15.3	3.5	8.0	59.3	29.2

表 2 试验用土主要矿物成分含量 (%)

蒙脱石	石英	长石	高岭石	伊利石	绿泥石	方解石	白云石
7.5	37.2	25.0	5.0	13.2	5.3	4.8	2.0

黄河开封段水质检测结果列于表 3 中,pH 值为 7.22,呈弱碱性,且溶液中主要以 Ca、Na、Cl^-、SO_4^{2-}、HCO_3^- 及 N、P 为主。基于此,配制不同浓度的硫酸钠(Na_2SO_4)、碳酸氢钠($NaHCO_3$)、氯化钙($CaCl_2$)、总磷(TP)、总氮(TN)溶液及不同 pH 值的溶液作为土体浸泡液。

表 3 黄河开封段水中主要化学成分

检测项目	浓度(mg/L)	检测项目	浓度(mg/L)
Cu	<0.05	Mg	37.80
Mn	<0.05	Cl^-	118.60
Fe	<0.05	SO_4^{2-}	191.50
Cr	<0.01	HCO_3^-	324.40
Cd	$<0.50 \times 10^{-2}$	NO_3^-	20.64
As	0.70×10^{-3}	PO_4^{3-}	<0.10
Hg	0.10×10^{-4}	TN	4.73
K	6.03	TP	0.11
Na	126.00	NH_4^+	0.50
Ca	79.40		

试验用化学试剂均为分析纯,将硫酸钠(Na_2SO_4)、碳酸氢钠($NaHCO_3$)、氯化钙($CaCl_2$)分别配制成浓度为 0.01 mol/L、0.05 mol/L、0.10 mol/L、0.25 mol/L 和 1.00 mol/L 的水溶液;用 0.10 mol/L 的盐酸(HCl)和氢氧化钠($NaOH$)配制 pH 值分别为 2、5、7、9、12 的水溶液;用 1.00 mol/L 的磷酸二氢钾(KH_2PO_4)溶液和 0.05 mol/L 的 β-甘油磷酸钠($C_3H_7Na_2O_6P \cdot 5H_2O$)溶液配制成总磷(TP)浓度为 0.005 25 mol/L、0.026 25 mol/L、0.052 5 mol/L、0.131 mol/L 和 0.525 mol/L 的水溶液;用 1.00 mol/L 的硝酸钾(KNO_3)、氯化铵(NH_4Cl)溶液和 0.05 mol/L 的 L-谷氨酸($C_5H_9NO_4$)溶液配制成总氮(TN)浓度为 0.006 8 mol/L、0.034 mol/L、0.068 mol/L、0.17 mol/L 和 0.68 mol/L 的水溶液。

1.3　试验方法

1.3.1　渗透试验方法

本试验采用重塑土进行试验,将原状土运至实验室后自然风干,碾碎后将土样过 2 mm 筛,均匀喷洒水后静置于密闭容器内 24 h,使含水率均匀,含水率为 16.1% 时,用击实方法将土击入环刀内,控制干密度 $\rho_d = 1.52$ g/cm³,制成截面面积为 30 cm²,高度为 4 cm 的试样,分别在去离子水和各化学溶液中浸泡 14 d 后取出,用水头饱和法自底部使试样饱和,当渗透仪的滴水孔溢出水时,土样已达到完全饱和,试样饱和并经过一段时间的浸泡后,即可进行试验。试验时水自试样底部向上渗流,水头递增,渗流稳定后读数,同时测量水温,然后升至下一级水头。如此重复 5~6 次即可。

1.3.2　扫描电镜试验方法

为满足扫描电镜获得图像的要求,需对试样进行如下准备:用锯条小心地将土样与周围的土隔断,使其成为一个边长约为 5 mm×3 mm×2 mm 的立方体。本研究采用风干法,使其自然风干脱水,这样不破坏土样的原始结构,风干后的土样进行表面打磨处理,选用 5 种不同规格的砂纸,由粗到细依次对土样的观测面进行打磨,并应避免留下划痕对观测造成影响,然后用吹管将表面残留的土屑清理干净。为避免因电荷积累和放电的现象影响观测过程中的图像清晰度,需在土样的观测面镀上一层金膜。镀膜完成即可放入扫描电镜观测,试样不宜在空气中暴露过久,避免因金膜氧化作用而影响观测质量。放大倍数过大时,土样成像模糊,而倍数过低时又无法观测到颗粒与孔隙的微观结构,最终选取放大 3 000 倍的图像进行拍摄。

2　试验结果及分析

2.1　渗透试验

从图 1~图 5 中可以看出,浸泡液的化学成分及浓度对土样的渗透系数有重要影响:用硫酸钠(见图 1)、碳酸氢钠(见图 2)、氯化钙(见图 3)及总氮(见图 4)、总磷(见图 5)化合物溶液做浸泡液时,曲线变化规律基本一致,呈非线性,均是随着溶液浓度的增加,土体渗透系数先增大后减小,且浸泡液不同,峰值出现的位置不同。整体来看,硫酸钠及氮磷溶液浸泡土体后的渗透系数较大,碳酸氢钠和氯化钙浸泡土体后的渗透系数较小。

图 6 为不同 pH 值条件下试样渗透系数,各 pH 值溶液中土样渗透系数均较小,呈波动曲线变化,且变化幅度不大。

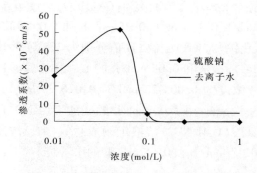

图 1　土体渗透系数 K 与硫酸钠溶液浓度的关系

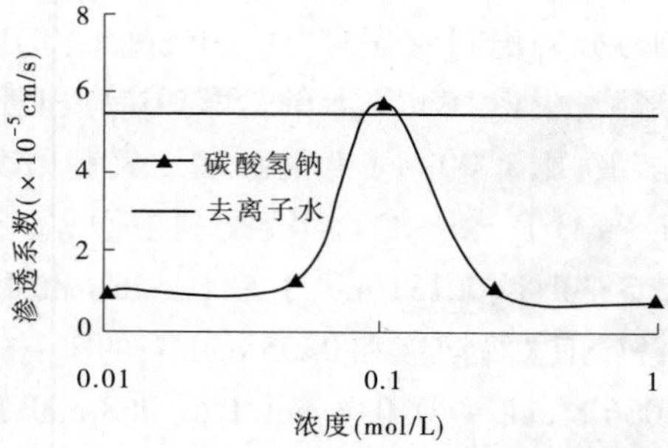

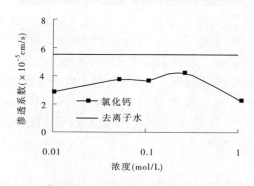

图 2　土体渗透系数 K 与碳酸氢钠溶液浓度的关系

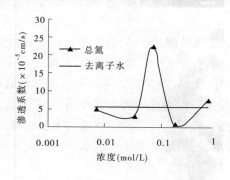

图 3　土体渗透系数 K 与氯化钙溶液浓度的关系

图 4　土体渗透系数 K 与总氮溶液浓度的关系

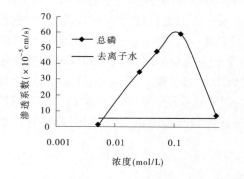

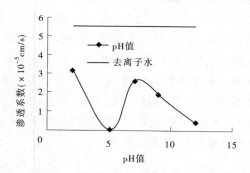

图 5　土体渗透系数 K 与总磷溶液浓度的关系

图 6　土体渗透系数 K 与溶液 pH 值的关系

2.2　扫描电镜试验

对比各试样放大 3 000 倍的 SEM 照片可以发现,去离子水浸泡的试样(见图 7(a))结构较均匀致密,黏土矿物边缘相对较清晰,孔隙相对较少,其结构为絮凝状结构;图 7(b)为 0.05 mol/L 氯化钙溶液浸泡后的试样,可以明显看出土样孔隙中出现了较多形状不规则的 $CaCO_3$ 或 CaO 沉淀,结构较为致密,渗透系数小;图 7(c)是浸泡液总磷含量为 0.131 mol/L 时的土样 SEM 照片,结构较为疏松,呈凝聚结构,孔隙相对较多,整体的微观结构仍为絮凝状为主,有少量团粒状凝聚结构,此时渗透系数较大;图 7(d)和图 7(e)分别为浸泡液总氮含量为 0.17 mol/L 和 pH = 12 时的 SEM 照片,可以看出,试样结构呈基质状,黏土颗粒以片状或集聚体状态存在,集聚体边缘有叶片状卷曲,碎屑颗粒零星分布,结构紧致,孔隙较少,渗透系数较小。

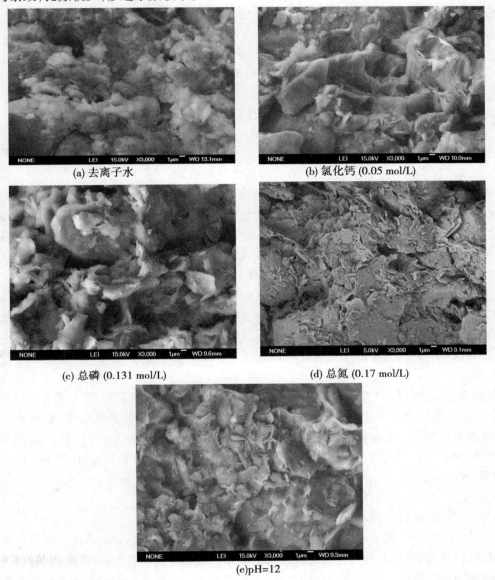

(a) 去离子水

(b) 氯化钙 (0.05 mol/L)

(c) 总磷 (0.131 mol/L)

(d) 总氮 (0.17 mol/L)

(e)pH=12

图 7　不同溶液浸泡后的土样微观照片

2.3　机理分析

2.3.1　土体渗透系数发生改变的本质

引起土体渗透系数变化的主要原因是阳离子交替吸附作用、溶蚀及结晶沉淀作用引起的土体结合水膜厚度和矿物成分的改变。

由于土颗粒表面带电荷,黏土颗粒四周形成一个电场,在电场的作用下,水中的阳离子被吸引分布在颗粒附近。颗粒表面的负电荷构成电场的内层,水中被吸引在颗粒表面的阳离子和定向排列的水分子构成电场的外层,合称为双电层(见图8)。根据双电层理论可知高价离子易形成较薄的扩散层,故随着孔隙液离子浓度的增大,土体结合水膜变薄,孔隙增大,渗透性增强。当土体含盐量进一步增大时,土中孔隙水的盐溶液达到饱和,多余盐分便以晶体的形态存在于土中,并成为土骨架的一部分,起着重要的胶结作用,致使土样孔隙减少,同时形成更多的封闭孔隙,渗透系数减小,使图1~图5中土体渗透系数均随着浸泡液浓度的增大先增大后减小。

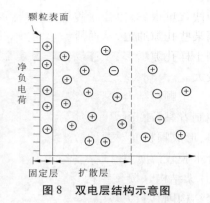

图8 双电层结构示意图

盐溶液饱和浓度不同是导致土体渗透系数峰值在浸泡液不同浓度处出现的主要原因,Na_2SO_4、$NaHCO_3$、$CaCl_2$ 的饱和浓度依次增大,故它们在土颗粒间结晶析出时的浓度依次增大,渗透系数出现峰值时的溶液浓度也依次增大,如图1~图3所示,依次在浸泡液浓度为 0.05 mol/L、0.10 mol/L 和 0.25 mol/L 处达到最大值。此外,黏土中含有可交换的钠离子越多,渗透性越低,如图1、图2所示,当 Na_2SO_4、$NaHCO_3$ 浸泡液浓度大于 0.1 mol/L 时,土体渗透性低于去离子水浸泡土体后的渗透性。

$CaCl_2$ 浸泡液浓度上升到相当程度时,会引起土体骨架 $CaSO_4$ 的溶解,尽管土中盐溶液因过饱和结晶在土颗粒间使孔隙减少,但它也促进了土体中另一部分骨架 $CaSO_4$ 的溶解,导致图3中含盐量在 0.05~0.25 mol/L 区间渗透系数出现波动。

不同的阳离子,其吸附于土颗粒表面能力不同,按吸附能力,自大而小顺序为 H^+ > Fe^{3+} > Al^{3+} > Ca^{2+} > Mg^{2+} > K^+ > Na^+。酸性或碱性物质渗入土中,水土间往往会发生强烈的物理化学作用,影响到土体的结构、性质。如酸性水溶液使土壤中的许多 Fe^{3+}、Al^{3+}、Ca^{2+}、Mg^{2+} 转入了水中,使双电层中高价离子浓度提高,导致扩散层变薄,结合水较少,渗透系数增大。而碱性溶液中的 OH^- 极易与土壤中的 K^+、Na^+、Ca^{2+}、Mg^{2+} 等阳离子结合,使原矿物被分解破坏并形成一些新矿物,此时渗透系数较小。此外,不同 pH 值溶液中的 Na^+ 和 Cl^- 对土体渗透性存在一定影响,导致土体渗透系数随 pH 值的变化呈波动曲线变化。

2.3.2 土体微结构特征对渗透系数的影响

土的孔隙大小、数量、形状、存在方式等对土的透水性有直接影响,因此土体微结构孔隙组成特征与其渗透系数变化规律有密切的联系。根据土体中孔隙的存在方式可将孔隙分为孤立孔隙、粒内孔隙和粒间孔隙三种,前两者对土体的渗透性影响不大。粒间孔隙存在于粒状聚集体及黏粒组成的聚集体之间,分布甚广,数量较多,连通性好,形状各式各样,这类孔隙在土体中占据主导地位,对土体的渗透性起至关重要的作用。

由于扫描电镜本身的光学特点,电镜扫描照片中主要表现了粒间孔隙的组成特征。在微观结构上,扁平状黏土颗粒的水平排列,使渗透性呈各向异性、垂直方向的渗透系数较低。相反,凝聚结构使土样内的粒间孔隙明显增多,这些数量多、连通性好的孔隙构成了流通通道,使得相同压实度下,比分散结构具有更大的透水性。

氮磷浸泡液使土中有机质增多,在微生物的分解作用下产生一些气体,土中封闭气体即使含量很少,也会对渗透性有很大的影响,它不仅使土的有效渗透面积减小,还可以堵塞某些孔隙通道,从而使渗透系数大为降低,但当这些封闭气体在水化学作用下被破坏,则土样孔隙增多,土体渗透率反而会得到提高,故氮磷溶液浸泡后的土体渗透系数整体较大。

土颗粒结合水膜厚度变化引起颗粒间引力和斥力相互作用,产生的力场变化影响和控制着黏粒的凝聚和分散性状。当土颗粒周围的结合水膜较厚时,粒间作用以斥力占优势,形成颗粒面对面的分散结构(片堆结构),分散结构的密度较大但稳定性差。而当结合水膜较薄时,粒间作用以引力占优势,形成颗粒角、边与面或边与边搭接的凝聚结构(片架结构),凝聚结构具有较大的孔隙性但稳定性好。一般情况下,当孔隙比相同时,凝聚结构因其引力较大,颗粒不易移动,所以较分散结构具有更大的渗透性。

3 结语

在对黄河大堤开封段土体主要物理力学指标、主要矿物成分含量及黄河开封段水中主要化学成分分析的基础上,开展室内渗透试验及扫描电镜试验。通过对去离子水及不同种类、不同浓度、不同 pH 值化学溶液浸泡后土体渗透系数变化规律研究可知,黄河堤防土体污染前后渗透性发生了显著变化,相关结论如下:

(1)用硫酸钠、碳酸氢钠、氯化钙及氮磷化合物溶液做浸泡液时,渗透系数曲线变化规律基本一致,呈非线性,且均是随着溶液浓度的增加,土体渗透系数先增大后减小。整体来看,硫酸钠及氮磷溶液浸泡土体后的渗透系数较大,碳酸氢钠和氯化钙浸泡土体后的渗透系数较小;各 pH 值溶液中土样渗透系数均较小,呈波动曲线变化,且变化幅度不大。

(2)黄河堤防土体在不同化学溶液中浸泡,通过阳离子交替吸附作用、溶蚀及结晶沉淀作用引起的土体结合水膜厚度和矿物成分改变,使土体微观形貌及孔隙特征发生明显变化,最终导致渗透系数增大或减小。当土颗粒结合水膜较厚时,土体结构分散,孔隙较少,渗透系数较小;当土颗粒结合水膜较薄时,土体呈凝聚结构,孔隙较多,连通性好,渗透系数较大。

参考文献

[1] 郭全明,张宝森,仵海英.黄河堤防险情调查分析[J].地质灾害与环境保护,2003,14(3):45-49.

[2] 陈静生,王飞越,何大伟.黄河水质地球化学[J].地学前缘,2006,13(1):58-73.

[3] 冯晓腊,沈孝宇.饱和黏性土的渗透固结特性及其微观机制的研究[J].水文地质工程地质,1991,18(1):6-12.

[4] 王秀艳,刘长礼.深层黏性土渗透释水规律的探讨[J].岩土工程学报,2003,25(3):308-312.

[5] 王秀艳,刘长礼.对粘性土孔隙水渗流规律本质的新认识[J].地球学报,2003,24(1):91-95.

[6] 李永乐,刘翠然,刘海宁,等.非饱和土的渗透特性试验研究[J].岩石力学与工程学报,2004,23(22):3861-3865.

[7] 刘希亮,罗静,朱维申.深部含水层渗透系数均匀试验研究[J].岩石力学与工程学报,2005,24(16):2989-2993.

[8] 汤连生,王思敬.水-岩化学作用对岩体变形破坏力学效应研究进展[J].地球科学进展,1999,14(5):433-439.

[9] 汤连生,张鹏程,王思敬.水-岩化学作用之岩石断裂力学效应的试验研究[J].岩石力学与工程学报,2002,21(6):822-827.

[10] 冯夏庭,赖户政宏.化学环境侵蚀下的岩石破裂特性——第一部分:试验研究[J].岩石力学与工程学报,2000,19(4):403-407.

[11] 王泳嘉,冯夏庭.化学环境侵蚀下的岩石破裂特性——第二部分:时间分形分析[J].岩石力学与工程学报,

2000,19(5):551-556.

[12] 程昌炳,徐昌伟,孔令伟,等. 天然针铁矿胶结土样与盐酸反应的化学动力学及其力学特性预报[J]. 岩土工程学报,1995,17(3):44-50.

[13] 孔令伟,罗鸿禧,袁建新. 红粘土有效胶结特征的初步研究[J]. 岩土工程学报,1995,17(5):42-47.

[14] 欧孝夺,吴恒,周东. 不同酸碱条件下黏性土的热力学稳定性试验研究[J]. 土木工程学报,2005,38(10):113-118.

[15] 李相然,姚志祥,曹振斌. 济南典型地区地基土污染腐蚀性质变异研究[J]. 岩土力学,2004,25(8):1230-1232.

[16] 王育平,王永红. 水-土相互作用对土体裂隙水流的影响[J]. 岩石力学与工程学报,1999,18(5):497-502.

[17] 邓友生,何平,周成林,等. 含盐土渗透系数变化特征的试验研究[J]. 冰川冻土,2006,28(5):772-775.

基于 Neumann 展开 Monte – Carlo 法的碾压混凝土坝随机渗流场分析*

娄一青[1]　王林素[1]　周兰庭[2]　苏怀智[2]

（1. 温州市水利局　温州　325000；
2. 河海大学水利水电学院　南京　210098）

摘要：碾压混凝土本体和层面渗透系数存在变异性，且符合对数正态分布。基于 Neumann 展开 Monte – Carlo 有限元方法，对碾压混凝土坝的随机渗流场进行数值模拟。算例分析表明，考虑本体和层面渗流变异特性，能更真实地反映碾压混凝土坝体内部的渗流场分布情况。

关键词：碾压混凝土坝　Neumann 展开　Monte – Carlo 法　随机渗流场

碾压混凝土坝在浇筑过程中，由于拌和料的离散性、铺筑厚度和碾压的不均匀性，以及施工设备对层面的局部搅动等[1]，将造成碾压混凝土本体孔隙结构及层面胶结的不均匀性，这种不均匀性将使碾压混凝土本体和层面的渗透性能产生较大的变异性。任旭华[2]通过试验发现，相同的配比和养护条件下，不同试块碾压混凝土的渗透系数存在较大的差异；即使是同一试块的同一碾压层或层面内，渗透性也具有较大的差异，存在着局部渗透性明显大于其余部位的现象。速宝玉等[3-4]对此进行了深入的研究，认为碾压混凝土本体和层面的渗透系数符合对数正态分布。碾压混凝土渗透性能的变异性，将影响到坝体渗流场的分布，进而造成坝体渗流的变异性。因此，在进行碾压混凝土坝渗流场分析时，应充分考虑由于本体和层面渗透性能的变异性所带来的影响。

目前，在进行碾压混凝土坝渗流数值模拟时多采用常规的有限元方法，即在进行碾压混凝土坝渗流有限元分析时，对渗透系数、几何参数、边界条件等参数进行简化，认为这些参数都是确定的数值。这种常规有限元渗流分析方法仅从宏观角度体现了碾压混凝土坝的渗流各向异性特征，并没有真正模拟由于施工过程引起的渗透系数的变异特性。为此，本文基于 Neumann 展开 Monte – Carlo 随机有限元法，对碾压混凝土坝渗流变异特性数值模拟方法进行了研究和探讨。

1　碾压混凝土坝常规渗流分析模型

速宝玉等[5]通过试验研究指出，在一般情况下碾压混凝土的渗透规律满足线性达西定律，因此按照达西定律研究分析碾压混凝土的渗透性是合理可行的。

* 基金项目：国家自然科学基金资助项目（51079046）碾压混凝土坝力学特性与安全监控方法研究。
作者简介：娄一青，男，1981 年生，浙江仙居人，工程师，博士，主要从事大坝安全监控、渗流数值模拟、水利规划等方面的研究。

文献[4]对碾压混凝土坝渗流分析模型进行了研究,提出以层合单元模拟碾压混凝土本体和层面的渗流,以薄层单元模拟极个别强渗透性层面的渗流,以常规六面体单元模拟其他部位的渗流,建立了能综合考虑碾压混凝土坝本体和层面渗流行为的分析模型。

$$[K]\{h\} = \{F\} \tag{1}$$

式中:$[K]$为总体渗透矩阵;$\{h\}$为未知节点水头列阵;$\{F\}$为等效节点流量列阵。

式(1)由层合单元、薄层单元以及常规六面体单元的有限元支配方程按照接触水头连续条件和节点流量平衡原则进行统一整体组装而成。

2 碾压混凝土坝随机渗流场分析模型

随机有限元方法[6]在计算中能够考虑荷载、材料参数和边界条件等的变异性,适合于求解因渗透系数变异性所带来碾压混凝土坝体渗流场的变异性。本文将 Neumann 展开 Monte - Carlo 随机有限元法引入到渗流分析中,对碾压混凝土坝的随机渗流场进行数值模拟。

对于式(1)所示的有限元支配方程,假设在随机变量微小波动值的影响下,可将劲度矩阵分解为

$$[K] = [K_0] + [\Delta K] \tag{2}$$

$$[K_0] = \sum_{e=1}^{ne} [K_0]^e = \sum [K_0]_s^e + \sum [K_0]_c^e + \sum [K_0]_n^e \tag{3}$$

$$[\Delta K] = \sum_{e=1}^{ne} [\Delta K]^e = \sum [\Delta K]_s^e + \sum [\Delta K]_c^e + \sum [\Delta K]_n^e \tag{4}$$

以上 3 式中,$[K_0]$为随机变量在均值处的劲度矩阵,由层合单元、薄层单元以及常规六面体等参单元的劲度矩阵组成,由常规渗流有限元计算通过单元渗透矩阵调整最终得到;$[\Delta K]$为劲度矩阵的波动值,由层合单元、薄层单元以及常规六面体等参单元劲度矩阵的波动值组成,根据常规渗流有限元计算结果,自由面以下部分取实际波动值,自由面以上部分取实际波动值的 1/1 000。

由有限元方程可得到水头表达式为

$$\{h\} = [K]^{-1}\{F\} \tag{5}$$

由于每次 Monte - Carlo 随机抽样只改变$[\Delta K]$和$\{F\}$值,则由式(1)和式(5)有

$$\{h\} = ([K_0] + [\Delta K])^{-1}\{F\} = ([I] + [K_0]^{-1}[\Delta K])^{-1}[K_0]^{-1}\{F\} \tag{6}$$

式中的$[I]$为单位阵,令$\{h_0\} = [K_0]^{-1}\{F\}$,则式(6)变为

$$\{h\} = ([I] + [K_0]^{-1}[\Delta K])^{-1}\{h_0\} \tag{7}$$

当$\| [K_0]^{-1}[\Delta K] \| < 1$,令$[P] = [K_0]^{-1}[\Delta K]$,将$([I] + [K_0]^{-1}[\Delta K])^{-1}$展成 Neumann 级数:

$$([I] + [K_0]^{-1}[\Delta K])^{-1} = ([I] + [P])^{-1} = [I] - [P] + [P]^2 - [P]^3 + \cdots + (-1)^i [P]^i + \cdots \tag{8}$$

将式(8)代入式(7)得

$$\begin{aligned}\{h\} &= \{h_0\} - [P]\{h_0\} + [P]^2\{h_0\} - [P]^3\{h_0\} + \cdots + (-1)^i [P]^i\{h_0\} + \cdots \\ &= \{h_0\} - \{h_1\} + \{h_2\} - \{h_3\} + \cdots + (-1)^i\{h_i\} + \cdots\end{aligned} \tag{9}$$

由式(9)知有如下递推公式：

$$\{h_0\} = [K_0]^{-1}\{F\} \tag{10}$$

$$\{h_i\} = [K_0]^{-1}[\Delta K]\{h_{i-1}\} \tag{11}$$

根据式(10)求出水头$\{h_0\}$，再由式(11)递推求出$\{h_i\}$($i=1,2,\cdots$)。在程序运行时，只需对随机变量均值处的劲度矩阵作一次分解，然后通过简单的前代、回代及矩阵的乘法和加(减)法运算即可进行问题的求解，避免了直接 Monte – Carlo 法每次随机抽样时对劲度矩阵的分解，大大地提高了计算效率。式(11)为无穷级数，计算中可给定一误差限ε，当$|\{h_n\}-\{h_{n-1}\}|<\varepsilon$时计算终止，取前$n+1$项之和作为随机渗流场的样本反应$\{h\}$。

Neumann 展开 Monte – Carlo 随机有限元法求解随机渗流场的具体步骤如下：

(1)确定基本随机变量及其随机特性。

(2)根据常规渗流有限元方法，求出各随机变量取均值时对应的解$\{h_0\}$以及经调整后的劲度矩阵$[K_0]$和劲度逆矩阵$[K_0]^{-1}$。

(3)产生一组含基本随机变量的劲度矩阵$[K]$。

(4)由式(2)求出劲度矩阵的波动值$[\Delta K]$，并根据步骤(2)的计算结果对自由面以上部分单元劲度矩阵的波动值进行调整。

(5)采用 Neumann 级数展开法求出有限元方程(1)的解。

(6)重复步骤(3)~(5)，直到设定的样本总数。

将$\{h\}$记为h形式，对渗流场随机解作如下统计分析，可得

$$E(h) = \frac{1}{n}\sum_{i=1}^{n} h_i \tag{12}$$

$$\sigma(h) = \sqrt{\frac{1}{n-1}\sum_{i=1}^{n}[h_i - E(h)]^2} \tag{13}$$

$$C_v = \frac{\sigma(h)}{E(h)} \tag{14}$$

$$\mu_k = \frac{1}{n}\sum_{i=1}^{n}(h_i)^k \tag{15}$$

$$\gamma_l = \frac{1}{n}\sum_{i=1}^{n}[h_i - E(h)]^l \tag{16}$$

式中：n为模拟样本数；h_i为第i次抽样计算的结果；$E(h)$为样本的均值；$\sigma(h)$为样本的均方差；C_v为变异系数；$\mu_k(k\geqslant 2)$为样本的第k阶原点矩；$\gamma_l(l\geqslant 3)$为样本的第l阶中心矩。

3 算例

某碾压混凝土重力坝坝顶高程 382.0 m，下游坡度为 0.7。现选取其中一个典型坝段进行分析，该坝段剖面如图 1 所示。坝体建基面和坝顶各有一层常态混凝土垫层，坝体从上游往下依次是变态混凝土、二级配碾压混凝土和三级配碾压混凝土。坝体、坝基的防渗排水系统如图 1 所示，其中变态混凝土和二级配碾压混凝土为坝体的防渗设施，防渗帷幕为坝基的防渗设施，坝基和坝基的排水孔以及排水廊道为排水设施。

模型计算工况如下：坝体层面总体胶结不良，沿高程方向上每浇筑 10 层便有一个结

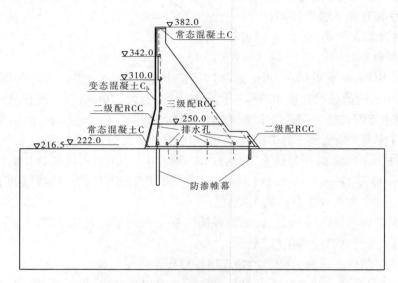

图 1　典型剖面示意

合不良的层面,且相应高程处的变态混凝土防渗层开裂,成为强渗水通道。坝体碾压混凝土本体层厚取为 30 cm,层面水力影响带厚度取为 2 cm。模型计算范围如下:沿大坝上下游及高程方向各取 1 倍坝高;沿厚度方向取为 3 m,剖分为 1 层单元。计算时上游取正常蓄水位 375.00 m,下游取正常尾水位 225.25 m。

　　根据上述计算工况和模型范围,剖分有限元网格。以连续 10 个碾压层为一个层合单元,上下两层层合单元之间为薄层单元,如图 2 所示,共剖分 3 639 个单元 7 624 个节点。

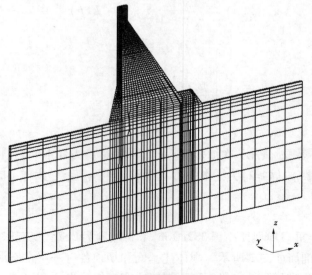

图 2　有限元模型

　　采用排水子结构法模拟排水孔,其中排水廊道(高程 222.0 m)以上部分为出渗排水孔,渗透水流沿着孔内壁进入排水廊道后汇入集水井,计算时取为可能出渗边界;排水廊道以下部分为减压排水孔,渗透水流沿着孔内壁向排水廊道溢出,计算时取为已知水头边界,其水头值为 222.0 m。

计算中渗透系数取值如下:常态混凝土和变态混凝土的渗透系数均取为 1.0×10^{-7} cm/s,二级配 RCC 本体渗透系数为 1.0×10^{-7} cm/s,三级配 RCC 本体的渗透系数为 1.0×10^{-6} cm/s,防渗帷幕的渗透系数为 1.0×10^{-6} cm/s,坝基的渗透系数为 1.0×10^{-5} cm/s,结合良好和结合不良情况下层面水力影响带的渗透系数分别取为比本体渗透系数大 2 个和 4 个数量级。

采用碾压混凝土坝渗流分析模型对计算区域进行了有限元计算分析,计算结果如图 3 所示。

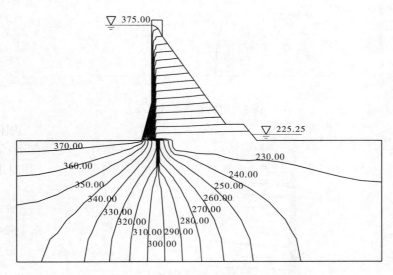

图 3　未考虑变异特性渗流场分布

碾压混凝土坝三级配碾压混凝土本体及层面的渗透系数均满足自然对数正态分布,渗透系数的均值与常规有限元分析中的渗透系数取值相同,本体和层面渗透系数的变异系数均为 0.1。为了方便分析,将常态混凝土、变态混凝土、二级配碾压混凝土、防渗帷幕以及坝基的渗透系数均取为常数,且与常规有限元分析中的取值相同。采用 Neumann 展开 Monte - Carlo 随机渗流有限元方法进行分析,分析中采用与常规有限元分析相同的离散网格。坝体随机渗流场分布以水头均值表示,计算结果如图 4 所示。为便于进行对比分析,将常规有限元和随机有限元计算结果绘于同一个图中,如图 5 所示,图中实线为确定性渗流场等水头线,虚线为随机渗流场等水头线。

从图 3～图 5 可以看出,是否考虑三级配碾压混凝土渗透系数的变异性,对坝体渗流场分布具有一定的影响。

考虑了碾压混凝土渗透系数的变异性之后,坝体的浸润线位置比不考虑变异性时略有升高;坝体等水头线的斜率增大,等水头线的位置普遍比不考虑变异性时降低,仅在 310 m 高程以下靠下游侧部位(见图 5 中椭圆区域所示)的部分等水头线位置略有升高;作用在坝体层面上的扬压力总体上比不考虑变异性时增大,仅在局部区域有所降低。这

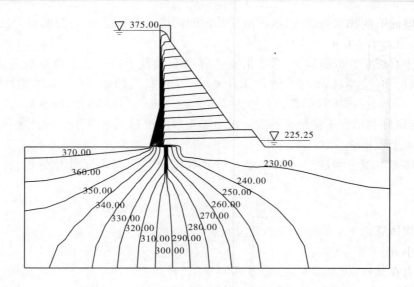

图 4　随机渗流场分布图

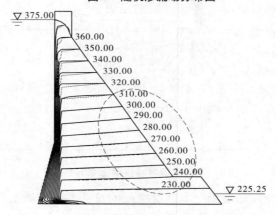

图 5　渗流场分布对比

主要是由于渗透系数在空间分布上的差异,改变了坝体中的渗流路径和排水孔的排水效果所引起的。

　　由于排水孔位于三级配碾压混凝土区域内,受渗流变异性的影响,排水孔所在部位三级配碾压混凝土的渗透系数取值在均值上下波动。当未考虑渗透系数变异性时,坝体等水头线接近水平状分布(见图 4)。考虑了变异性之后,坝体中部分单元的渗透系数小于均值,部分单元的渗透系数大于均值。若排水孔所在单元渗透系数小于均值,则排水效果减弱,排水孔附近的渗透压力升高,等水头线的斜率增大,如图 6(a)所示;若排水孔所在单元渗透系数大于均值,则排水效果增强,排水孔附近的渗透压力降低,等水头线的斜率减小,如图 6(c)所示。由图 6 可知,对于本文算例而言,排水孔单元渗透系数减小时对层面扬压力的影响大于排水孔单元渗透系数增大时的影响。因此,考虑坝体三级配碾压混凝土渗透系数变异性时,尽管渗透系数在均值上下波动,但是渗透系数变化的总体结果是使作用于层面上的扬压力增大。

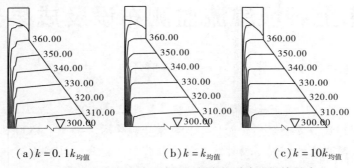

(a) $k = 0.1 k_{均值}$ (b) $k = k_{均值}$ (c) $k = 10 k_{均值}$

图6　排水孔单元渗透系数变化对渗流场的影响

由于坝体靠近下游侧部位(图5中椭圆区域)主要受层面渗流的影响,受排水孔的影响相对较小,而考虑了渗透系数的变异性之后,层面渗透系数取值围绕着均值波动,因此层面扬压力在某些部位比不考虑变异性时增大,在某些部位则比不考虑变异性时减小。同时,由于算例中仅考虑了三级配碾压混凝土渗透系数的变异性,在310 m高程以下部位排水孔紧邻上游二级配碾压混凝土防渗层,而在310 m高程以上部位排水孔与防渗层之间隔有一层三级配碾压混凝土。因此,在310 m高程以上部位排水孔的排水效果受渗透系数变异性的影响较大,以下部位受到的影响则较小,从而使得310 m高程以上部位扬压力增幅较大,以下部位增幅较小。

综上所述,相比于常规渗流数值分析结果,考虑渗透系数变异性之后坝体各部位的渗透压力增大。由于作用在层面上的扬压力对坝体稳定具有重要的影响,因此从偏安全的角度考虑,有必要对碾压混凝土坝的随机渗流场进行分析,采用此时的扬压力值进行层面的抗滑稳定校核。

4　结语

(1)由于施工过程中所遭遇的各种非均匀性,使碾压混凝土本体孔隙结构和层面胶结存在不均匀性,进而使得碾压混凝土本体和层面的渗透系数存在变异性,不同部位的渗透性存在较大差异。

(2)基于Neumann展开Monte-Carlo随机有限元方法适用性广、计算效率较高,适合于渗透特性离散程度较大的碾压混凝土坝随机渗流场的求解。

(3)与常规渗流有限元方法相比,随机有限元方法分析中充分考虑了碾压混凝土本体和层面渗流变异特性,能更真实地反映坝体内部的渗流场分布情况。

参考文献

[1] 杨华全,任旭华.碾压混凝土的层面结合与渗流[M].北京:中国水利水电出版社,1999.
[2] 任旭华.碾压混凝土坝的渗流与渗控、应力与稳定[D].南京:河海大学,1997.
[3] 速宝玉,胡云进,刘俊勇,等.江垭碾压混凝土坝芯样渗透系数统计特性研究[J].河海大学学报,2002,30(2):1-5.
[4] 娄一青.碾压混凝土坝渗流演变特性及安全监控方法研究[D].南京:河海大学,2009.
[5] 速宝玉,詹美礼,刘俊勇,等.江垭大坝碾压混凝土的渗透规律初探[J].河海大学学报,2000,28(2):7-11.
[6] 刘宁.可靠度随机有限元法及其工程应用[M].北京:中国水利水电出版社,2001.

昌马水库土石坝渗流监测布设及成果分析[*]

赵寿刚[1,2]　张俊霞[1,2]　李晓强[3]　兰　雁[1,2]

(1. 黄河水利科学研究院　郑州　450003；
2. 水利部堤防安全及病害防治工程技术研究中心　郑州　450003；
3. 南京市水利规划设计院有限责任公司　南京　210006)

摘要：为了监控昌马水库枢纽工程建筑物的安全运行,布设了渗流监测设施,对坝体、坝基、绕坝渗流及渗流量进行监测。实测成果表明,在各级水位作用下,坝体浸润线、坝基渗流在正常范围内运行,没有发生异常现象,符合渗流规律。

关键词：昌马水库　渗流　安全监测　渗压计　测压管　大坝

　　昌马水库大坝为壤土心墙砂砾石坝,最大坝高 54.8 m,坝顶高程 2 004.8 m,坝顶宽 9 m,坝顶长度 365.5 m。坝顶设 1.2 m 高防浪墙。防渗心墙采用黄土状粉质壤土,根据抗渗、抗震等要求,采用厚心墙,心墙上游坡 1：0.17 ~ 1：0.40,下游坡 1：0.4,坝壳为河床冲积砂砾石。坝基覆盖层最大厚度 29 m,采用混凝土防渗墙作防渗处理,坝基岩层由奥陶系灰岩、凝灰质角砾岩、凝灰岩组成,断层、裂隙发育,防渗墙下坝基及两坝肩岩层采用两排深层帷幕灌浆处理。为了监控水库枢纽工程建筑物的安全运行,布设了渗流监测设施,对坝体、坝基、绕坝渗流及渗流量进行监测。

1　渗流监测布设

1.1　坝体、坝基渗压监测

　　坝体、坝基渗压观测的目的是了解心墙、混凝土防渗墙和基岩帷幕灌浆形成的防渗效果,施工、运行期间坝体孔隙水压力消散过程及浸润线分布情况,以及坝基覆盖层的渗透稳定性。观测仪器主要有渗压计和测压管。渗压计 P 观测点平面分布如图 1 所示,测压管 D 分布如图 2 所示。渗压计分别布置在 0 + 166、0 + 235 和原天然河道主河槽所在部位(0 + 080 左右)。其中 0 + 166 断面为主要观测断面,布置有 13 支渗压计(见图 3)。其中壤土心墙内不同高程布置有 5 支渗压计,心墙下混凝土防渗墙前、后坝基覆盖层各 1 支渗压计。0 + 235 断面和原天然河道主河槽所在断面各布置 9 支渗压计(见图 3)。同时在 0 + 150 断面布置 6 个测压管,主要用于验证渗压计的观测效果,并可作为渗压计失效后的备用观测断面。此外,还在下游坝基设了两口观测井。

　　本枢纽工程共埋设 41 支渗压计,10 个测压管。其中坝体、坝基渗压计 37 支(P1 ~

＊**基金项目：**科技部公益性科研院所长基金资助项目(HKY - JBYW - 2009 - 20)；国家重点基础研究发展计划 973 计划(2007CB714103)。

作者简介：赵寿刚,男,1971 年生,硕士,高级工程师,主要从事岩土力学基本理论研究、堤坝安全评价方面的工作。

P31 及 D1 ~ D6)。P1 ~ P31 分布于 0 + 070 ~ 0 + 095、0 + 166、0 + 235 三个横断面和
0 - 007.5、0 + 010、0 + 043、0 + 099 四个纵断面。测压管(渗压计)D1 ~ D6 位于 0 + 150 横
断面上;右岸坝肩测压管(渗压计)D7 ~ D10(见图 4),位于右岸坝端与右岸山体交接处,
分布位置在右岸边 0 + 301、0 + 320、0 + 352、0 + 363 横断面与 0 - 005、0 + 005、0 + 048、0 +
093、0 + 133 纵断面交汇点处;左岸坝端测压管 D11 ~ D14(见图 4),位于左岸山体上,分
布位置在左岸边 0 - 082、0 - 068、0 - 066、0 - 009 横断面与 0 + 044、0 - 018、0 - 006、0 +
088 纵断面交绘点处。坝体及右岸坝端测压管(D1 ~ D10)内均埋设有钢弦式渗压计,测
压管采用电测水位计观测,每 5 天观测一次。

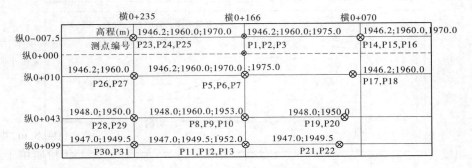

图 1　渗压计 P 观测点平面分布示意

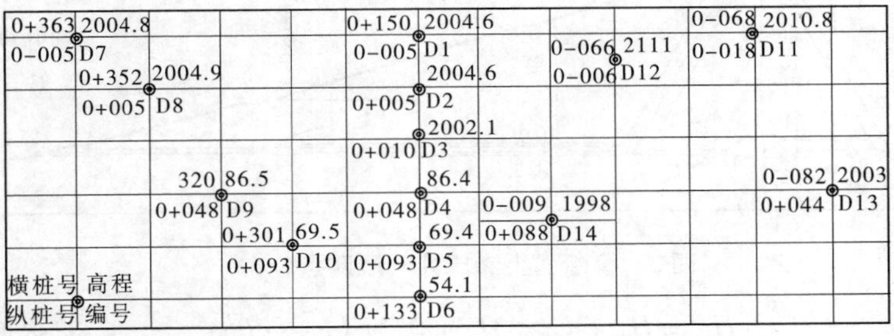

图 2　测压管 D 分布图

1.2　绕坝渗流监测

由于右岸岩体断裂发育,透水性极强,为了解右岸山体绕渗情况以及防渗帷幕处理效
果,在右岸设立 4 个测压管(见图 2、图 4),用电测水位计进行水位观测。

1.3　渗流量监测

为观测坝体、坝基及绕坝渗漏水量,在下游排水沟设置有一个量水堰。

2　监测数据分析方法

2.1　渗压计及渗压水位

渗压水位采用埋设渗压计观测,渗压计采用南京水利水电科学研究院的 GKD 型振弦
式渗压计。渗压计的量程为 0.3 ~ 0.5 MPa,精度≤0.5% FS,分辨率≤0.05% FS。没有测
温功能。渗压水位测值计算方法如下:

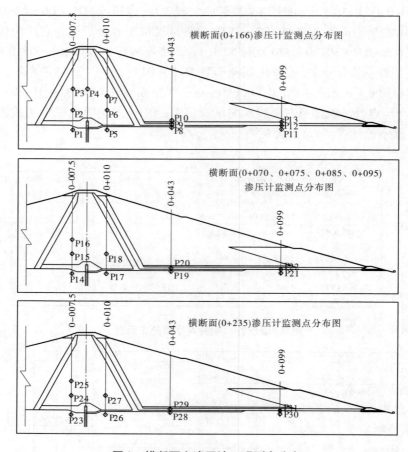

图 3　横断面上渗压计 P 观测点分布

$$H_i = H_0 + U = H_0 + 0.1K(f_0{}^2 - f_i{}^2) \tag{1}$$

$$U = K(f_0{}^2 - f_i{}^2) \tag{2}$$

式中:H_0 为渗压计埋设高程,m;U 为渗水压力,kPa;f_0 为初始频率,Hz;f_i 为测读频率,Hz;K 为渗压计仪器灵敏系数,10^{-4} kPa/Hz²。

2.2　测压管水位

测压管中水位的观测、计算方法有两种,采用绳式水位计直接测量管中水位距离(h_0),用下式计算测压管水位 H_i。

$$H_i = H_0 - h_0 \tag{3}$$

式中:H_i 为测压管中水位,m;H_0 为管(孔)口高程,m;h_0 为管(孔)口至管中水面距离,m。

2.3　渗流量

坝后渗流量观测采用量水堰法测量,量水堰为三角形薄壁堰,计算公式如下:

$$Q = 1.4H^{5/2} \tag{4}$$

式中:H 为堰上水头,cm;Q 为渗流量,L/s。

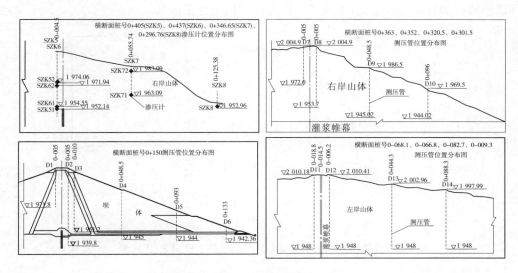

图 4　横断面上测压管 D 分布

3　监测资料分析评价

3.1　河床坝段坝体、坝基渗流

库水位的放空过程分为两个阶段：①每年的 4 月底至 6 月 26 日，库水位由 2 000 m 下降至 1 970 m，库水位下降速率约为 0.5 m/d；②库水位由 1 970 m 再历时 4 d，降至 1 950.0 m，而后库水位保持在 1 950.0 m 运行时间约 15 d。水库在这种运行方式下的实测成果表明，河床部位坝体、坝基实测渗流压力水位与库水位密切相关，随库水位升降而升降，即库水位上升，坝基、坝体渗压水位上升；反之则下降。实测渗压水位随库水位的升降而升降，但明显滞后于库水位升降变化。无论是渗压水位或是测压管实测水位，均明显体现了这种滞后现象。这种滞后现象随坝体材料透水性能、渗径长短和排水条件而不同。如 2007 年 7 月 10~25 日，水库放空，库水位维持 1 950.0 m（下游水位）。位于壤土心墙的渗压计 P2 实测渗压水位为 1 992.25 m、渗压计 P3 实测渗压水位为 1 982.15 m、渗压计 P4 实测渗压水位为 1 982.87 m，高于库水位 32.15~42.25 m。据统计，埋在坝体、坝基的 31 支渗压计，其中大部分（29 支）高于库水位，只有 P14、P21（位于覆盖层）渗压计实测渗流压力水位稍低于库水位。

在库水位上升、下降过程中由于渗流滞后现象，坝体及坝基防渗体、防渗结构将承受比稳定渗流状态较大的水力梯度和动水压力，这对坝体、坝基的防渗体（结构）稳定和渗透变形是有一定影响的。实测资料表明，该工程在水库放空运行期间，渗压水位滞后现象维持时间较长。自 2007 年 7 月 10~25 日，半个月的水库放空时间，P2、P3、P4 等渗压计的实测值一直持续较高的水位而没有消落，这样的状况维持时间越长，对坝体、坝基的安全威胁也越大。由于本水库的运行要求，水库每年需要"两蓄、两放"，库水位快速上升、下降，是本工程正常运行的基本条件，也是本水库的运行特点。因此，由于渗压水位滞后而产生的一些不稳定因素应引起管理及观测部门的足够重视。但总体来看，本工程河床坝段渗流控制效果是显著的(见图5),渗流控制措施也是成功的。

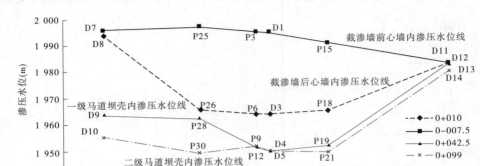

图 5　坝体纵断面渗压水位线对比图(2005 年 9 月 3 日测值,库水位 2 000.96 m)

3.2　两坝肩绕坝渗流

河床坝段采用混凝土防渗墙截断覆盖层渗流,墙下基岩采用主次两排帷幕灌浆,两坝肩设灌浆平硐,设主次两排帷幕,次帷幕孔深仅到河底高程。为监测绕坝渗流,于左、右两岸山体各埋设 4 个测压管,左岸测压管为 D11、D12、D13、D14,右岸测压管为 D7、D8、D9、D10。根据灌浆资料及测孔的平面位置,其中 D7、D8 位于右岸局部灌浆范围内,左岸的 D11 布设在帷幕前,D12 布设于帷幕后,D8、D9、D10 孔底高程分别为 1 953.17 m、1 945.02 m 及 1 944.02 m,D11 ~ D14 孔底高程均为 1 948.0 m。为监测右岸边坡的渗透稳定,在右岸山体还布设了 SZK5、SZK6、SZK7(以上每孔设两个渗压计)、SZK8 共 4 孔 7 支渗压计。

从过程线可知,位于两坝肩的测压管水位随着库水位的升降而升降,与库水位存在密切的相关关系。2005 年 9 月 3 日,相应库水位 2 000.96 m 时,设在右岸帷幕灌浆区的 D7、D8 两观测点的渗压水位实测值分别为 1 995.63 m 及 1 993.94 m,设在马道上的 D9 观测点的渗压水位实测值为 1 963.71 m。据 2003 年右岸观测资料,设在帷幕后的 SZK51 的渗压水位实测值在 1 980 m 以上;左岸设在帷幕前的 D11 渗压水位实测值为 1 982.0 m,设在帷幕后的 D12、D13 两测点的渗压水位实测值为 1 982.5 m 及 1 982.1 m,渗压水头经帷幕后基本无折减(见图6)。

实测资料表明:两坝肩渗压水位偏高,右岸为 1 993.94 m,左岸为 1 982.50 m。右岸渗压水位偏高的原因可能是 D7、D8 两观测孔在帷幕灌浆区域内,左岸山体岩性为凝灰质岩,二者均属弱透水带。但相对于下游水位而言,其作用水头偏高,有可能会对壤土心墙产生接触冲刷和水力劈裂等渗透变形,对坝肩岩体,尤其是含软岩夹层的岩体也有可能会引起冲蚀破坏。

由两坝肩测压管 D8(右岸)、D11、D12(左岸)可以看出,在 2007 年 7 月 10 ~ 25 日,水库放空时期(水库放空时间为 15 d,库水位为 1 950.0 m),右岸 D8 测压管实测水位维持在 1 980.0 m 以上,左岸 D12 测压管水位维持在 1 975.0 m 以上。这些滞后降落导致岸边渗压水位偏高,渗压水头作用于坝肩壤土心墙和坝肩岩体,也有可能会引起两岸心墙墙头

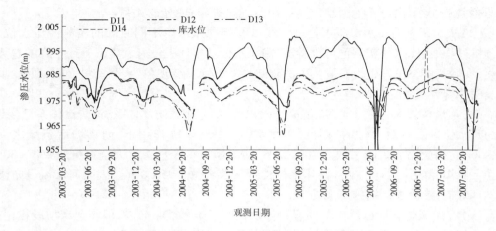

图6 左岸山体渗压水位实测值过程线

部位及坝肩岩体部位的渗透变形。

3.3 渗流量

渗流量观测采用在坝后设量水堰进行观测,量水堰设在坝后渗流区,每天观测一次,渗流量的观测从2002年开始观测,至今已连续观测5年。从大坝渗流量实测值、过程线看,渗流量随库水位的升降而增减,最大日实测渗流量为34.26 L/s(2004年6月29日测,相应库水位为1 979.85 m)。年平均渗出水量为36.161 8万 m³/a,是设计库容的2.01‰。渗流量日最大实测值、日平均值呈逐年减小趋势(见图7),整体的渗流量也逐年减小,符合渗流规律。值得注意的是,在渗流量的观测过程中,测流有淹没现象,建议准备一个备用测流量设备,以备薄壁堰淹没无法观测渗流量时备用。

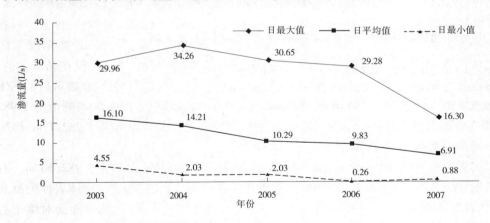

图7 坝体渗流量实测日平均值过程线

4 结语

(1)大坝坝体、坝基及两坝肩实测渗压水位随水位升降而升降,即库水位上升,实测渗压水位上升;反之则下降。多年实测渗压水位过程线显示,实测渗压水位除与库水位密切相关外,看不出与其他因素(包括降雨、气温等)有明显的关系。

(2)从5年多的实测渗压水位过程线以及相同库水位不同时间的实测渗压水位、计算分析过程线、库水位实测值可以看出,渗压水位从整体上没有发生上升或下降的趋势性变化,坝后实测渗流量也没有发生大的趋势性变化和突变现象,实测资料表明,坝基、坝体以及两坝肩渗流是稳定的。

(3)河床坝段采用壤土心墙、混凝土防渗墙、灌浆帷幕防渗体系,该防渗体系已经近5年的高水位以及各级水位的考验。在库水位2 000.6 m作用下,防渗墙后折减水头达35~50 m,相应墙后折减系数0.70~0.98,防渗墙后剩余水头仅为全水头的2%~30%。设在下游坝壳的渗压计的实测渗压水位接近下游水位1 950.0 m。表明河床坝段防渗效果是良好的,渗流控制措施是成功的。

(4)沿大坝防渗线虽然向两坝肩岩体延长作了帷幕灌浆防渗,但与河床坝段相比,防渗效果相对较弱,由于左岸山体的凝灰质岩及右坝肩加固灌浆后的防渗体,均属弱透水体,且D11、D12观测孔在左岸山体,D7、D8两观测孔在右坝肩帷幕灌浆区域内,从而导致在2 000.96 m库水位下,置于左、右岸山体的渗压计实测渗压水位偏高,有可能会对壤土心墙及坝肩岩体的稳定性产生一定的影响。

(5)在库水位上升、下降过程中,实测渗压水位随库水位升降而升降,实测渗压水位滞后于库水位的升降速度,滞后时间在15 d以上,滞后的渗压水位局部偏高,在蓄、放速度较快情况下,对坝体、坝基及坝肩防渗体渗流稳定可能会产生一定影响。且本工程运行调度需每年"两蓄两放",因此在蓄、放过程中应注意蓄、放速度控制,并加强渗流观测。

参考文献

[1] 甘肃省水利水电勘测设计研究院. 昌马水库枢纽工程设计报告[R]. 兰州:甘肃省水利水电勘测设计研究院,2001.
[2] 中国水利水电科学研究院. 甘肃省疏勒河昌马水库工程蓄水安全鉴定报告[R]. 中国水利水电科学研究院,2001.
[3] 毛昶熙. 渗流计算分析与控制[M]. 北京:水利水电出版社,1988.
[4] 张启岳. 土石坝观测技术[M]. 北京:水利水电出版社,1993.
[5] 兰雁,张俊霞,李建军,等. 昌马水库蓄水期坝体安全监测资料分析与评价[J]. 人民黄河,2008.

覆盖层上高面板堆石坝渗流
特性的有限元分析 *

岑威钧[1]　王　帅[1]　杨宏昆[2]　卢培灿[2]　周　涛[2]

(1. 河海大学水利水电学院　南京　210098;
2. 四川省清源工程咨询有限公司　成都　610072)

摘要:采用求解无压渗流问题的固定网格结点虚流量法,对某覆盖层上高面板坝进行三维渗流场有限元计算分析,得到不同条件下水头分布、渗透坡降及渗漏量等渗流场要素,重点分析垫层的抗渗性能及面板开裂后的渗流场变化情况。研究表明,正常条件下面板坝渗流场主要集中在坝基,坝体内浸润线很低。一旦面板混凝土开裂或止水失效,坝体渗流特性将发生大的改变。面板、接缝止水及坝基帷幕是控制大坝渗漏的关键防渗屏障,设计与施工时需引起重视。

关键词:面板堆石坝　覆盖层　渗流　面板开裂　止水失效　垫层　半透水性

20世纪60年代澳大利亚塞沙那面板坝的建造标志着国际上混凝土面板堆石坝进入了现代化发展阶段。面板坝在我国起步相对较晚,但发展速度很快。自20世纪80年代首建的西北口现代面板坝到2008年建成的233 m高的水布垭面板坝短短30年内,面板坝的数量和高度有了很大发展,已成为最有竞争力的主要坝型之一。到目前为止,坝高100 m以上的已建高面板坝近40座。规划设计中的如美、古水等面板坝预期坝高将达到300 m级。与传统的土石坝防渗设计不同,面板坝坝体的防渗系统是上游坝面的混凝土面板、趾板、接缝止水和防浪墙。对于建造在覆盖层上的面板坝,坝基需要设帷幕灌浆或防渗墙,并与趾板连接形成封闭的防渗系统。本文借助某覆盖层上高面板堆石坝,采用无压渗流场自由面问题求解的固定网格结点虚流量法对其进行渗流场三维有限元计算分析,得到了不同条件下大坝及坝基的渗流场分布基本规律,重点对面板开裂、垫层的抗渗性、帷幕的设计深度及地基渗透系数取值等关乎大坝渗流特性的主要因素进行深入研究,得到了一些有益的结论,可供类似面板坝工程防渗设计与施工时参考。

1　面板坝三维渗流场求解理论与方法

1.1　控制方程及定解条件
非均质各向异性多孔隙介质稳定饱和渗流场控制方程为[1-2]

* **基金项目**:国家自然科学基金(51009055);中央高校基本科研业务费专项资金项目(2009B07514)。
作者简介:岑威钧,男,1977年生,博士,副教授,主要从事土石坝工程及水工渗流分析与控制方面的研究。

$$- \frac{\partial}{\partial x_i}(k_{ij} \frac{\partial h}{\partial x_j}) + Q = 0 \tag{1}$$

式中：x_i 为坐标，$i = 1,2,3$；k_{ij} 为达西渗透系数张量；h 为总水头，$h = x_3 + \frac{p}{\gamma}$，$x_3$ 为位置水头，$\frac{p}{\gamma}$ 为压力水头；Q 为源汇项。

相应的边界条件如下：

$$h \mid_{\Gamma_1} = h_1 \tag{2}$$

$$- k_{ij} \frac{\partial h}{\partial x_j} n_i \mid_{\Gamma_2} = q_n \tag{3}$$

$$- k_{ij} \frac{\partial h}{\partial x_j} n_i \mid_{\Gamma_3} = 0 \quad 且 \quad h = x_3 \tag{4}$$

$$- k_{ij} \frac{\partial h}{\partial x_j} n_i \mid_{\Gamma_4} \geqslant 0 \quad 且 \quad h = x_3 \tag{5}$$

式中：h_1 为已知水头；n_i 为渗流边界面外法线方向余弦，$i = 1,2,3$；Γ_1、Γ_2、Γ_3 和 Γ_4 分别为水头边界、流量边界、渗流自由面和渗流逸出面边界；q_n 为法向流量，以流出为正。

1.2 固定网格结点虚流量法

根据变分原理，式（1）～式（5）所描述的渗流问题等价于下列泛函和有限元代数方程的求解[3-5]。

$$\Pi(h) = \frac{1}{2}\int_{\Omega_1} k_{ij} \frac{\partial h}{\partial x_i} \frac{\partial h}{\partial x_j} d\Omega \tag{6}$$

$$[K_1]\{h_1\} = \{Q_1\} \tag{7}$$

式中：$[K_1]$、$\{h_1\}$ 和 $\{Q_1\}$ 分别为渗流实域的传导矩阵、结点水头列阵和结点等效流量列阵，但对于无压渗流问题，由于自由面位置事先未知，是一个边界非线性问题，可采用式（8）进行迭代计算求解[1-3]。

$$[K]\{h\} = \{Q\} - \{Q_2\} + \{\Delta Q\} \tag{8}$$

式中：$[K]$、$\{h\}$ 和 $\{Q\}$ 分别为计算域 $\Omega = \Omega_1 + \Omega_2$ 的总传导矩阵、结点水头列阵和结点等效流量列阵；Ω_1、Ω_2 分别为以自由面为界的渗流实域和虚域；$\{Q_2\}$ 为渗流虚域 Ω_2 的结点等效流量列阵；$\{\Delta Q\} = [K_2]\{h\}$ 为渗流虚域中虚单元和过渡单元所贡献的结点虚流量列阵。

1.3 面板开裂和止水破坏的数值模拟方法

由面板坝的结构分析可知，坝轴向河床中部面板受压，两岸区域面板受拉，顺坡向是顶部和底部区域面板受拉，中部受压。根据混凝土面板的这个受力变形特点，河床中部面板有横向压碎开裂的可能，两岸面板有横向拉裂的可能。由于混凝土面板是分条块布置的，各板条之间及与趾板之间设有垂直缝和周边缝，并通过止水连接。底部周边缝止水有沉陷过大引起损坏的可能，两岸周边缝及垂直缝止水有拉开的可能。上述部位一旦混凝土面板开裂或止水失效，则往往成为面板坝坝体渗漏的主要通道。对于这类局部缝状破坏导致的渗漏分析，有限元数值模拟时多采用薄层单元模拟。这种处理需要在开裂部位进行网格的二次剖分，以构造薄层单元和局部加密网格，但单元的厚度及单元等效渗透系数的赋值往往带有较大的经验性,缺乏理论依据[6-7]。本文采用文献[8]建议的平面缝单元模式,不需要进行网格的二次剖分即可在开裂或接缝破坏处直接生成无厚度单元进行精细模拟。这些因混凝土开裂或止水破坏处的局部渗流行为可用立方定律来描述,即

$$v_f = k_f J_f = \frac{g b_f^2}{12\mu} J_f. \tag{9}$$

式中:v_f、k_f、J_f 分别为缝中平均流速、等效渗透系数和水力坡降;b_f 为缝宽;μ 为水的黏滞系数。

缝平面内的水流满足以下微分方程:

$$-\frac{\partial}{\partial x_i^f}\left(k_{ij}^f \frac{\partial h}{\partial x_j^f}\right) = 0 \quad (i,j = 1,2) \tag{10}$$

式中:k_{ij}^f 为缝单元的二维渗透张量;x_i^f 为缝单元的局部坐标。

1.4 渗漏量的计算方法

渗漏量是大坝防渗设计的重要控制指标之一,目前一般采用中断面法计算。由于有限元网格单元布置问题,中断面法计算得到的流量往往不是指定剖面处的流量值,且计算存在精度损失等问题。本文采用"等效结点力模拟法"来计算渗漏量[9]。该法避开了水头函数的微分运算,把通过某一过流断面 s 的渗流量 Q_s 直接表达成相关单元结点水头与单元传导矩阵渗透系数乘积的代数和,大大提高了渗流量的计算精度。由于计算的是结点流量,因此实际操作简便,只需在网格剖分时事先布置所需流量计算面即可。式(9)为渗流量的计算公式。

$$Q_s = -\sum_{i=1}^{n} \sum_{e} \sum_{j=1}^{m} k_{ij}^e h_j^e \tag{11}$$

式中:n 为过流断面 s 上的总结点数;$\sum_e$ 表示对计算域中位于过水断面 s 一侧的那些环绕结点 i 的所有单元求和;m 为单元结点数;k_{ij}^e 为单元 e 的传导矩阵 $[k^e]$ 中第 i 行第 j 列交叉点位置上的渗透系数;h_j^e 为单元 e 上第 j 个结点的总水头值。

2 计算分析

2.1 基本条件

四川省境内某拟建混凝土面板堆石坝,最大坝高 138 m,坝顶高程 2 925 m,坝顶宽 10 m、长 292 m,上下游坝坡均为 1∶1.4,趾板处基础固结灌浆深 10 m,坝基帷幕灌浆最大深度约 75 m。根据坝址区地形地质条件和大坝的结构设计情况,合理确定渗流场计算域,进行三维有限元建模。有限元网格结点总数 36 619 个,单元总数 34 156 个,其中大坝防渗系统的有限元网格见图 1。

根据筑坝材料室内渗透试验,垫层、特殊垫层、过渡层、主次堆石料、反滤层、覆盖层的渗透系数分别取为 2.10 × 10⁻⁴ cm/s、1.00 × 10⁻⁴ cm/s、3.17 × 10⁻³ cm/s、3.40 × 10⁻¹ cm/s、6.62 × 10⁻¹ cm/s、1.00 × 10⁻³ cm/s 和 7.2 × 10⁻¹ cm/s。面板和趾板混凝土及帷幕灌浆的渗透系数分别取为 1.00 × 10⁻⁷ cm/s 和 3.00 × 10⁻⁵ cm/s。基岩不同深度处的渗透系数参考压水试验确定。

根据不同的上下游水位,面板开裂、垂直缝或周边缝止水失效、帷幕深度、垫层的渗透

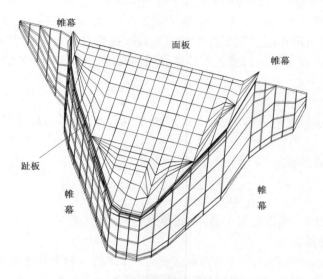

图1 防渗体系有限元计算网格

性以及基岩渗透系数取值等情况加以组合,确定多组计算工况,以全面反映大坝在不同工作条件下的渗流性态,评价大坝防渗系统设计的合理性。

2.2 大坝及坝基渗流特性

限于篇幅,本文仅给出正常蓄水位时大坝及坝基等水头线分布,见图2。由图2可见,大坝和坝基呈现典型的三维空间渗流性态,渗流场分布主要集中在坝基区域,坝体内浸润线很低,仅高于下游水位少许。坝基帷幕区域等值线密集,说明削减水头明显,对坝基渗流场分布和流量控制起关键作用。计算得到的流经坝体、河床、左岸山体和右岸山体的渗漏量差别较大,分别约占总渗漏量的10%、5%、51%和34%,其中坝基渗漏占据了90%。

坝基防渗设计前首先要了解坝基的天然渗流特性。假设坝基不设任何防渗措施,即在天然地基上直接筑坝,则大坝总渗流量从正常条件时的 11 414.6 m³/d 增加至 26 968.9 m³/d,其中坝基区域的渗流量成倍增加。同时,流经左岸的渗流量约占总渗流量的59%,说明天然状态下坝基左右岸山体的渗透特性相差很大。如果坝基和覆盖层现有渗透系数取值增加30%,则大坝渗漏量较正常条件有约24%的增幅。上述计算表明:对于面板坝而言,渗流场主要发生在坝基,坝基渗漏控制是防渗设计的主要内容。同时,在坝基及两岸山体进行防渗设计时,要对不同渗流特性的两岸山体和坝基进行有区别的防渗措施设计,以达到最佳防渗效果。

如果假定河床中部面板压碎开裂,则库水直接通过缝隙流入坝体,裂缝所在剖面坝体浸润线上抬明显,其他剖面随着间距增大影响减小。此时大坝渗漏量也大幅度增加,从原正常条件下的 11 414.6 m³/d 增加至 17 707.5 m³/d,增幅约56%。如果假设在河床底部周边缝止水破损开裂,由于其后的特殊垫层起到了很好的限渗作用,渗流场水头分布变化较小,渗漏量增加也未超过5%。可见,垂直缝及面板的开裂对坝体渗流场分布及渗漏量影响很大,在坝体防渗设计时需引起重视。

此外,在正常设计条件下对帷幕的防渗深度进行了敏感性分析,结果表明,帷幕只要伸入岩基 3 Lu 线以下 1~2 m 就能达到很好的防渗效果,再往下延长已无明显的防渗改

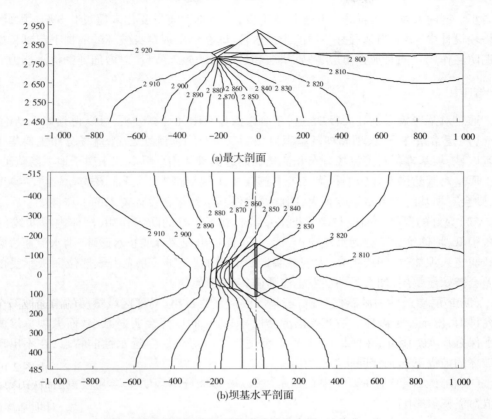

(a)最大剖面

(b)坝基水平剖面

图2　蓄水期大坝及坝基等水头线分布图　（单位:m）

善效果。

2.3　大坝和坝基的渗透坡降

计算表明,对坝体和坝基起主要挡水防渗作用的混凝土面板和帷幕的渗透坡降较大,但均小于混凝土的允许渗透坡降。正常条件下,坝体过渡区和主、次堆石区的渗透坡降均较小,不会出现渗透破坏问题。其中次堆石区几乎都处于渗透疏干区,个别渗透水流经的次堆石单元的渗透坡降均小于0.001。河床坝段浸润线以下局部区域垫层(2A)和特殊垫层(2B)的渗透坡降较大,正常条件下其值分别达到0.95和1.67。一旦面板开裂或止水失效,原先由面板削减的水头差将会转嫁至垫层(2A)和特殊垫层(2B),其坡降值会更大,引发渗透破坏。坝基覆盖层在现有帷幕防渗下,渗透坡降极值小于0.083,不会发生渗透破坏。但是一旦取消帷幕或缩短帷幕,则覆盖层渗透坡降会增大最大值0.201,有发生渗透破坏的可能,这也印证了合理帷幕设置的重要性。

2.4　垫层渗透性的敏感性分析

现代面板坝防渗设计时,要求垫层(2A)和特殊垫层(2B)对面板起到辅助防渗,因此在渗流场中要承担一定的水头损耗。针对前述局部区域垫层渗透坡降过大问题,对垫层(2A)渗透系数取值进行敏感性分析,假设垫层(2A)渗透系数分别取7.1×10^{-4} cm/s 和2.1×10^{-3} cm/s,与原设计值2.1×10^{-4} cm/s的结果进行比较。结果表明,随着垫层渗透系数的增大,其渗透坡降分别减小至0.37 和0.14,其他各区材料除面板稍有增大外,变化微小。同时大坝水头场分布几乎保持不变,大坝总渗流量变化未超过 0.8%。因此,在面板坝设计中,要适当掌握好垫层的半透水性,即在不出现自身破坏的前提下起到良好的辅助防渗作用。同时加强垫层、特殊垫层和过渡层的施工质量,以增加辅助抗渗能力。

3   结语

通过对某覆盖层上高面板坝进行三维渗流场有限元计算分析,可以得到如下结论:

(1)正常条件下,大坝和坝基呈现典型的三维空间渗流性态,渗流场分布主要集中在坝基区域,坝基帷幕对渗流场分布和流量控制起关键作用。帷幕施工属于地下隐蔽工程,施工质量对其防渗性能影响很大。若其施工中出现局部"劈叉"现象或有效防渗厚度减小,则会对坝基的渗流量影响很大,因此要确保其达到符合设计要求的工作性能。

(2)完好的混凝土面板与接缝止水系统起到了很好的防渗作用,坝体内浸润线(面)位置很低,坝体绝大部分为渗流疏干区。一旦面板出现裂缝或止水破坏,则水流通过裂缝区长驱直入坝体,浸润线抬高,大坝渗漏量明显增加。同时,原先由该部位面板承受的水头差会转嫁于垫层,加大了垫层发生渗透破坏的可能。

(3)垫层渗透性的敏感性分析,若垫层渗透系数过小,局部区域垫层的渗透坡降会超过允许值,出现渗透破坏。适当提高渗透性,则垫层的坡降会明显减小,而大坝总渗漏量几乎保持不变。因此,在面板坝设计中,要适当掌握好垫层半透水性的特点,在不出现自身破坏的前提下起到辅助防渗的作用。

(4)由于大坝渗流主要集中在坝基,参数敏感性分析表明基岩和覆盖层的渗透系数取值对渗漏量影响较大。

参考文献

[1] Neuman S P. Saturated – unsaturated seepage by finite elements[J]. ASCE, Journal of Hydraulic Division, 1973: 2233-2250.

[2] 毛昶熙,段祥宝,李祖贻,等. 渗流数值计算与程序应用[M]. 南京:河海大学出版社,1999.

[3] Zhu Yueming, Wang Ruyun, Xu Hongbo. Some techniques for solution to free surface seepage flow through arch dam abutments[C]. In Proceedings of the Intern. Symposium on Arch Dams, Nanjing, China, 1992.

[4] 朱岳明,龚道勇. 三维饱和－非饱和渗流场求解及其逸出面边界条件处理[J]. 水科学进展,2003(1).

[5] 岑威钧,朱岳明,林宝尧,等. 地下厂房防渗排水系统渗流特性的有限元分析[J]. 河海大学学报,2007,35(3):267-270.

[6] 陈守开,严俊,李健铭. 面板堆石坝垂直缝破坏下三维渗流场有限元模拟[J]. 岩土力学,2011,32(11):3473-3478,3486.

[7] 潘少华,毛新莹,白正雄. 面板坝垂直缝及止水失效渗流场有限元模拟[J]. 岩土力学,2008,29(1):145-149.

[8] 朱岳明,龚道勇,章洪,等. 碾压混凝土坝渗流场分析的缝面渗流平面单元模拟法[J]. 水利学报,2003(3):63-68.

[9] 朱岳明. Darcy 渗流量计算的等效节点虚流量法[J]. 河海大学学报,1997,25(4):105-108.

防渗墙开裂对下坂地混凝土心墙坝
渗流场的影响分析

张顺福　刘昌军　丁留谦

（中国水利水电科学研究院　北京　100038）

摘要：以新疆下坂地水利枢纽工程为例，针对土石坝基深厚覆盖层中混凝土防渗墙可能存在的开叉（或裂缝），采用自主研发的三维渗流计算软件 GWSS 研究了不同位置、深度和宽度的裂缝对坝体和坝基的渗流场、渗漏量和下游坝基深厚覆盖层渗透比降的影响。得出了以下三个主要结论：①混凝土防渗墙的开裂对渗流场的影响明显，防渗墙开裂后坝下游逸出点高程明显增加，对坝体的稳定性有重要影响；②随着裂缝宽度的增大，通过坝体和坝基的渗流量明显增加；③建议设计和施工部门要确保左岸坝基混凝土防渗墙施工质量和施工工艺，尽量避免混凝土防渗墙开裂（或开叉）。

关键词：混凝土防渗墙　深厚覆盖层　稳定渗流　开裂　GWSS

深厚覆盖层地基常见于我国土石坝建设中，由于其渗透性大，通常需要在坝基覆盖层中修建一道底部伸入基岩、顶部深入心墙的混凝土防渗墙才能满足防渗要求。由于施工质量和施工工艺或运行期各种荷载组合的作用下在靠近岸坡处容易出现较大拉应力区，混凝土防渗墙难免会出现裂缝或开叉情况。防渗墙是重要的防渗措施，分析和研究深厚覆盖层地基条件下混凝土防渗墙开裂对坝体和坝基的防渗效果的影响对工程安全至关重要。本文以坝基覆盖层最大厚度达 148 m 的新疆下坂地工程为例，采用自主研发的三维渗流计算软件 GWSS 研究了不同位置、深度和宽度的裂缝对坝体和坝基的渗流场、渗漏量和下游坝基深厚覆盖层渗透比降的影响，所得结论能为类似工程提供参考和借鉴。

1　工程概况

新疆下坂地水利枢纽工程是以生态补水和春旱供水为主，结合发电的综合性水利枢纽工程。该工程位于叶尔羌河主要支流之一的塔什库尔干河中下游塔什库尔干县下坂地乡附近，属Ⅱ等工程，大（2）型规模，主要建筑物由拦河坝、导流泄洪洞、引水发电洞和电站组成。水库正常蓄水位 2 960 m。

拦河坝为沥青混凝土心墙砂砾石坝，最大坝高 78 m，坝体采用沥青混凝土心墙防渗，心墙顶部厚度 0.6 m，底部厚度 1.2 m。坝基覆盖层最大厚度 148 m，由冲洪积和坡积层、砂层、冰碛层组成，极不均匀，设计采用混凝土防渗墙和帷幕灌浆相结合的垂直防渗方案，

作者简介：张顺福，男，1982 年生，广西桂林人，中国水利水电科学研究院防洪减灾所博士研究生，主要从事水利工程渗流数值模拟方面的研究工作。

混凝土防渗墙厚 1 m,深 85 m,下部采用 4 排灌浆帷幕,底部伸入基岩,帷幕厚度为 10 m。典型坝横剖面及地层剖面见图 1。

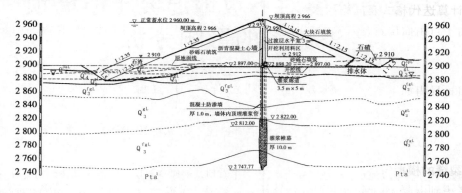

图 1　坝横剖面设计图及地层剖面

2　数学模型及其求解方法

2.1　三维稳定渗流的数学模型

指标记形式的非均质各向异性多孔介质中稳定渗流连续微分控制方程为

$$(k_{ij}H_{,j})_{,i} = Q \tag{1}$$

式(1)的定解条件如下:

水头边界条件
$$H\mid_{\Gamma_1} = H_1(x,y,z) \tag{2}$$

流量边界条件
$$-k_{ij}H_{,j}n_i\mid_{\Gamma_2} = q_n(x,y,z) \tag{3}$$

自由面边界条件
$$-k_{ij}H_{,j}n_i\mid_{\Gamma_3} = 0 \text{ 且 } H = x_3 \tag{4}$$

逸出边界条件
$$-k_{ij}H_{,j}n_i\mid_{\Gamma_4} \geqslant 0 \text{ 且 } H = x_3 \tag{5}$$

式中:x_i 为坐标,$i = 1,2,3$;$H_{,j} = \dfrac{\partial H}{\partial x_j}$;$k_{ij}$ 为达西渗透系数张量;$H = x_3 + \dfrac{p}{\gamma}$ 为总水头,x_3 为位置水头,$\dfrac{p}{\gamma}$ 为压力水头(p 为压强,γ 为水的容重);Q 为源或汇项,以流出单元为正;$H_1(x,y,z)$ 为已知水头函数;n_i 为渗流边界面外法线方向余弦;$q_n(x,y,z)$ 为法向流量,流出为正。

2.2　渗流场的求解

对上述 2.1 节提出的数学模型,采用改进的截止负压法对渗流场进行离散与求解,具体如下:在空间域上合理离散,将单元支配方程进行集成得整体有限元支配方程

$$Kp = F \tag{6}$$

其中
$$K_{(mn)} = \iiint_{\Omega} \frac{1}{\gamma}(N_{m,i}k_{ij}N_{n,j})\,\mathrm{d}\Omega \tag{7}$$

$$F_{(m)} = -\iiint_{\Omega}H_{\varepsilon}(p_m)(N_{m,i}k_{ij}x_{3,j})\,\mathrm{d}\Omega + \int_{\Gamma_2}q_nN_m\mathrm{d}\Gamma \tag{8}$$

式中：下标 m、n 表示结点编号，N_m 为结点 m 的形函数；$H_\varepsilon(p_m)$ 为结点 m 对应的罚函数，见文献[9]。

2.3 计算迭代格式及方程组求解

由于自由面位置是未知的，式(6)无法一次求解，这里采用文献[9]介绍的增量迭代法，令

$$p^{k+1} = p^k + \Delta p^{k+1} \tag{9}$$

可推导得如下适于计算的迭代格式

$$K\Delta p^{k+1} = \Delta f^{k+1} \tag{10}$$

其中

$$\Delta f_{(m)} = -\iiint_\Omega H_\varepsilon(p_m)\left[N_{m,i}k_{ij}\left(\frac{1}{\gamma}N_{n,j}p_n + x_3\right)_{,j}\right]d\Omega + \int_{\Gamma_2}q_n N_m d\Gamma$$

2.4 裂缝的模拟

考虑到混凝土防渗墙处于深厚覆盖层地基中，在渗透水流的作用下，开裂区域会被地基材料填充，因此结合实际地层分布情况，认为开裂区渗透系数取其所在砂土层渗透系数。

3 有限元模型

3.1 计算模型概化及有限元剖分

综合考虑计算区水文地质资料、地形资料、防渗墙延伸长度、坝体分布和导流洞、泄洪洞等，确定的三维地质模型边界为：横河向宽度 1 100 m，顺河向长度为 1 600 m，其中坝上游侧长度为 879 m，下游侧长度为 721 m，铅直向由坝基以下 2 630.0 m 高程平面向上延伸至 3 130 m 平面。采用八节点六面体等参单元对研究区域进行离散，计算区域共剖分单元 44 720 个，结点 48 972 个，其网格剖分图见图 2。

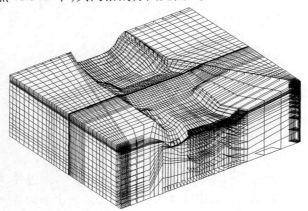

图 2   计算区域三维网格剖分

3.2 计算参数

根据岩体的压水试验结果，基岩透水率为≤5 Lu，取其最大值为 5 Lu，渗透系数为 4.05×10^{-5} cm/s，各种材料均假定为各向同性材料。利用天然渗流经多次反演拟合计算，最终得到工程主要地层和防渗措施的渗透系数见表 1。

表 1   坝体及基础各部位渗透系数

土料	渗透系数(cm/s)	土料	渗透系数(cm/s)
坝壳料	1×10^{-3}	过渡料	1×10^{-3}
冲洪积层	2.04×10^{-2}	砂层	1.44×10^{-2}
冰碛层	3.87×10^{-2}	沥青混凝土心墙	1×10^{-7}
混凝土防渗墙	1×10^{-7}	帷幕灌浆	1×10^{-4}
基岩	4.05×10^{-5}		

3.3   边界条件

根据三维地质模型和天然地下水位(见图3),下坂地三维渗流场有限元计算边界条件简化为:

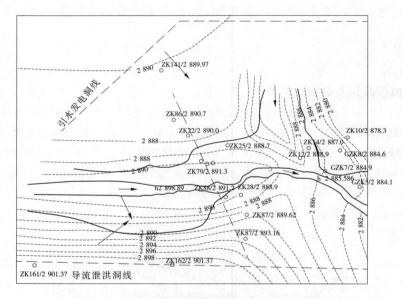

图 3   下坂地坝区天然情况下地下水位分布图

(1)上游河道内横河向边界面取为与库水位相等的定水头边界,上游库区内采用与库水位相等的定水头边界。

(2)下游河道内河水位和横河向河道内边界面取为定水头边界,水位取为 2 886 m。坝体下游坡面和坝体下游水面以上山体表面认定为可能逸出面边界,但由于逸出点位置随地下水位和蓄水位不同而不断变化,因此定为未知边界,节点水头通过计算迭代求出。

(3)计算区两侧边界面为隔水边界。

3.4   计算工况

由于施工质量和施工工艺或运行期各种荷载组合的作用下在靠近岸坡处容易出现较大拉应力区,混凝土防渗墙难免会出现裂缝或开叉情况。因此,本次重点研究了 0 + 100 剖面附近的混凝土防渗墙开裂对坝体和坝基渗流场、渗漏量及下游坝基渗透比降的影响。

根据坝基混凝土防渗墙在左岸的位置,假设坝基混凝土防渗墙开裂区域在 $0+60 \sim 0+100$ 剖面之间中下部。考虑到开裂区域不可能是完全空的,结合实际地层分布情况,开裂区渗透系数取为开裂区所在砂土层渗透系数,为 3.87×10^{-2} cm/s。工况 1 ~ 工况 4 研究了坝基混凝土防渗墙不开裂以及开裂深度为 15 m,宽度分别为 1 mm、5 mm 和 10 mm 情况下渗流场特性和坝基渗漏量的变化。各工况的具体描述见表 2。

表 2　各工况详细说明

工况	开裂位置	开裂深度	开裂宽度
1	无	0 m	0 mm
2	左岸 $0+60 \sim 0+100$ 剖面之间中下部	15 m	1 mm
3			5 mm
4			10 mm

4　计算结果分析

表 3 为各工况下开裂处水平渗透比降和墙后逸出点高程。表 4 为各工况下通过各防渗部位的渗流量及坝轴线剖面总渗流量。图 4 ~ 图 7 为各工况下 $0+100$ 剖面上水头等值线分布。

(1)比较图 4 ~ 图 7 可以看到,左岸坝基混凝土开裂前后渗流场形态发生明显的变化,因此坝基防渗墙开裂对坝体稳定性有重要影响。

(2)比较工况 1 和工况 2 ~ 工况 4 计算结果,工况 1 在 $0+100$ 剖面逸出点高程为 2 903.8 m,而工况 2 ~ 工况 4 在 $0+100$ 剖面坝下游坡逸出点高程分别为 2 905.9 m、2 908.43 m 和 2 909.16 m(见表 3),坝体防渗墙开裂后坝下游坡逸出点高程明显增加,且裂缝越宽,逸出点高程越高。

表 3　坝基混凝土防渗墙开裂处水平渗透比降和墙后逸出点高程

工况	开裂深度	开裂宽度	单元 J_x	逸出点高程(m)
1	0 m	0 mm	38.41	2 903.80
2	15 m	1 mm	26.43	2 905.90
3		5 mm	24.87	2 908.43
4		10 mm	23.25	2 909.16

(3)从表 4 可以看出,右岸坝基混凝土开裂宽度 1 mm、5 mm、10 mm 时的坝体和坝基的渗流量分别为 1.35×10^{-1} m³/s、1.40×10^{-1} m³/s 和 1.45×10^{-1} m³/s,比未开裂时渗流量 1.27×10^{-1} m³/s(见表 4)分别提高了 6.3%、10.2%、14.2%。

由此可看出,坝基混凝土开裂对右岸坝肩稳定有重要影响,建议设计和施工部门要确保右岸坝基混凝土防渗墙施工质量与施工工艺。

表4　各工况下通过各防渗部位的渗流量及坝轴线剖面总渗流量

工况	流量（m³/s）				
	心墙	防渗墙	帷幕	坝轴线剖面	开裂处
1	5.28×10^{-4}	4.51×10^{-4}	1.04×10^{-1}	1.27×10^{-1}	—
2	5.90×10^{-4}	4.99×10^{-4}	1.11×10^{-1}	1.35×10^{-1}	1.40×10^{-4}
3	5.88×10^{-4}	4.97×10^{-4}	1.11×10^{-1}	1.40×10^{-1}	6.81×10^{-4}
4	5.87×10^{-4}	4.95×10^{-4}	1.10×10^{-1}	1.45×10^{-1}	1.28×10^{-3}

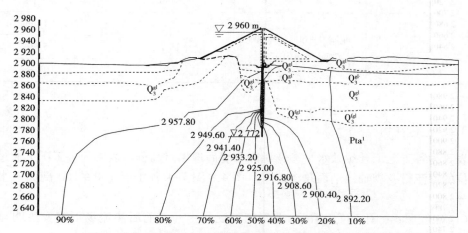

图4　未开裂时0+100剖面水头等值线分布图（工况1）

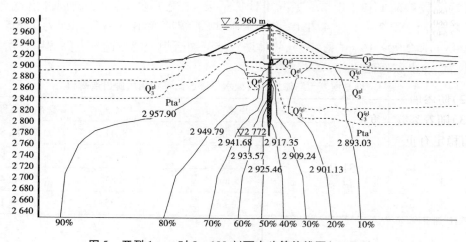

图5　开裂1 mm时0+100剖面水头等值线图（工况2）

5　结语

（1）防渗墙混凝土开裂对渗流场形态产生影响明显，因此坝基防渗墙开裂对坝体稳定性有重要影响。

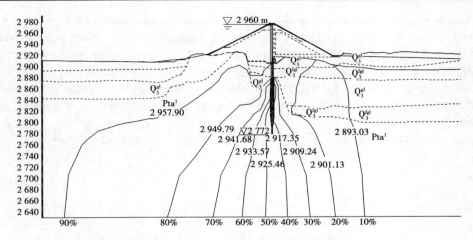

图 6　开裂 5 mm 时 0 + 100 剖面水头等值线图 (工况 3)

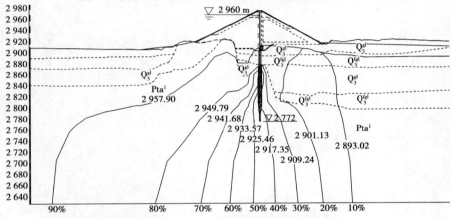

图 7　开裂 10 mm 时 0 + 100 剖面水头等值线图 (工况 4)

（2）防渗墙开裂后坝下游坡逸出点高程明显增加。

（3）随着裂缝宽度的增大,坝轴线剖面的渗流量增加。因此,混凝土防渗墙开裂对右岸坝肩稳定有重要影响,建议设计和施工部门要确保坝基混凝土防渗墙施工质量和施工工艺。

参考文献

[1] 郭铁柱,谢宝瑜,魏红. 海子水库岩溶渗漏分析及帷幕灌浆防渗效果评价[J]. 水利水电技术,2009,40(4):73-75.

[2] 涂国祥,黄润秋. 某电站溢洪道边坡运行期地下水渗流场特征数值模拟[J]. 地球与环境,2005,33(3):145-149.

[3] 张立杰,杜新强,张立海. 哈尔滨市磨盘山水利枢纽区三维渗流数值模拟模型研究[J]. 吉林大学学报:地球科学版,2003,33(3):327-330.

[4] 刘昌军,丁留谦,孙东亚,等. 溪古水电站左岸三维渗流场有限元分析[J]. 长江科学院院报,2009(S):54-57.

[5] 刘昌军,丁留谦,杨凯虹,等. 水位骤降条件下有密集排水孔大坝三维渗流场数值模拟研究[J]. 水文地质工程地质,2011(3):58-64.

[6] GENG Keqin, LIU Changjun, DING Liuqian. Analysis and study of tridimensional seepage field at the dam base of Wan-

jiakouzi arch dam[C]. Proceedings of Hydropower 2006 International Conference，2006：701-706.

［7］刘昌军，丁留谦，高立东，等．文登市抽水蓄能电站三维渗流场有限元分析[J]．水电能源科学，2011(7)：57-60.

［8］刘昌军，朱岳明．八里湾泵站地基三维渗流场分析及渗控措施研究[J]．水利水电技术，2007,38(3)：25-28.

［9］张乾飞，吴中如．有自由面非稳定渗流分析的改进截止负压法[J]．岩土工程学报，2005,27(1)：48-54.

［10］朱岳明，陈振雷．改进的排水子结构法求解地下厂房洞室群区的复杂渗流场[J]．水利学报，1996(9)：79-85.

［11］骆祖江，张弘，李会中，等．乌东德水电坝址区地下水渗流三维非稳定渗流数值模拟[J]．岩石力学与工程学报，2011,30(2)：341-347.

［12］马驰．SIP 和 PCG2 两种迭代法在地下水数值计算中的应用对比[J]．西安科技学院学报，2002,22(1)：59-62.

穿堤管道工程对堤防渗流安全
影响的数值分析[*]

李少龙[1,2]　翁建平[3]　张家发[1,2]

（1.长江科学院水利部岩土力学与工程重点实验室　武汉　430010；
2.国家大坝安全工程技术研究中心　武汉　430010；
3.中水北方勘测设计研究有限责任公司　天津　300222）

摘要：位于江河岸边的取水工程一般采用顶管施工穿越堤基，可能对堤防的渗流安全产生不利影响。根据初流量法和逐步超松弛预处理共轭梯度法编制稳定渗流三维有限元计算程序，结合工程实例，对管道穿堤前后以及考虑顶管施工对土体扰动的渗流场进行数值模拟，分析了穿堤工程对堤防渗透稳定性的影响，提出相应建议。

关键词：堤防　顶管　渗流　有限元方法

1　引言

　　火电厂、输油(气)管道等基础设施建设项目多数临近或穿过河道和堤防，将对堤防原有的地层结构、渗流条件等产生一定影响，如近年来长江中下游两岸的电厂、水厂大规模兴建或扩建，其取水工程多采用顶管施工穿越长江大堤，由于施工扰动可能对堤防造成影响，甚至可能遗留安全隐患。为了确保堤防的防洪安全，有必要分析这些涉河建设项目可能对堤防带来的不利影响，为工程建设的防洪评价及针对性的应对措施提供依据。本文结合电厂取水工程的实例，采用渗流有限元分析方法，分析非开挖穿堤管道工程对堤防渗流安全的影响。

2　工程概况

　　国电铜陵电厂位于安徽省南部、长江下游南岸的铜陵市。厂址距铜陵市区约19 km，属长江漫滩和一级阶地，地势平坦。厂址所处的长江堤防为3级堤防，堤顶高程在12.5～15.2 m之间。电厂补给水源取自长江，取水口位于厂址长江右岸，引水管为钢管，采用顶管施工。循环水泵房下部结构采用钢筋混凝土现浇结构，大开挖施工。

　　根据勘探资料，工程场地地层分布基本稳定，从上到下主要有：①粉质黏土，一般厚约1.8 m；②淤泥质粉质黏土　一般厚约19.1 m；③粉质黏土夹粉砂，一般厚约9.2 m；④粉细砂，分布不均匀，只局部孔揭露；⑤砾砂，一般厚约16 m；⑥圆砾，一般厚约18.7 m。

＊基金项目：国家"十二五"支撑计划课题(No.2011BAB10B04)。

作者简介：李少龙，男，1979年生，高级工程师，主要从事水工渗流及地下水环境方面的研究。

顶管施工技术已广泛应用于穿越河流、堤防、道路的管道等地下工程,因其开挖面的掘进、掘进机的顶进、平衡泥浆(或气体)的注入等施工因素会对周围土体产生扰动,甚至可能对周边已有构筑物产生破坏,对堤防防洪安全的影响是堤防管理部门关心的问题。

3　渗流计算模型

本次渗流计算采用三维非均质稳定饱和渗流模型,对取水管道穿越长江堤防前后的渗流场进行模拟,分析工程建设对堤防渗透稳定性的影响。渗流控制方程为

$$\frac{\partial}{\partial x}\left(k_x \frac{\partial h}{\partial x}\right) + \frac{\partial}{\partial y}\left(k_y \frac{\partial h}{\partial y}\right) + \frac{\partial}{\partial z}\left(k_z \frac{\partial h}{\partial z}\right) = 0 \tag{1}$$

式中:k_x,k_y,k_z 为三个主轴方向上的饱和渗透系数;h 为水头。

上游水位边界和下游水位边界为给定水头边界(即第一类边界):

$$h(x,y,z)\mid_{\Gamma_1} = f_1 \tag{2}$$

不透水层面为定流量边界(即第二类边界),其法向流量为0。

$$q_n = k_n \frac{\partial h}{\partial n}\mid_{\Gamma_2} = 0 \tag{3}$$

自由面和渗出面为混合边界条件,分别满足以下两式:

$$h = z, \quad q_n = 0 \tag{4}$$

$$h = z, \quad q_n \leqslant 0 \tag{5}$$

模型中长江作为第一类边界,取百年一遇洪水位(1985 国家高程)13.31 m,下游边界水位取地面高程 6.48 m。模型沿堤轴线方向取 200 m,右边界距堤内脚 500 m,模型下部边界取至钻孔揭示的基岩顶面,为隔水边界。取水管及循环水泵房均按设计尺寸考虑,其取水管道中心剖面见图 1。

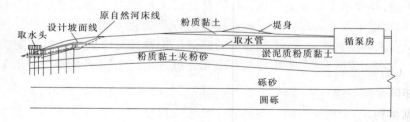

图 1　取水管道中心剖面

顶管施工过程中,管壁周围一定范围的土体将受到扰动,甚至引起裂缝。计算中扰动带以管道为中心,半径为 0.5 m 的范围,用加大渗透系数来近似模拟,取值为 1.0×10^{-2} cm/s,计算参数取值见表 1。

表 1　渗流计算参数　　　　　　　　　　　　　(单位:cm/s)

土层名称	渗透系数	土层名称	渗透系数
堤身填土	2.0×10^{-5}	粉质黏土夹粉砂	1.0×10^{-5}
粉质黏土	2.0×10^{-6}	砾砂	1.0×10^{-3}
淤泥质粉质黏土	8.0×10^{-6}	圆砾	1.0×10^{-2}

4 渗流场数值模拟方法

上述数学模型属于有自由面的渗流分析问题,其有限元解法可分为变网格法和固定网格法两大类,后者近年来得到了广泛研究,提出了较多的算法。本文采用固定网格法中的初流量法求解渗流场,将计算域由湿区扩大到干区,通过可能包含自由面的过渡单元的高斯点来形成结点初流量,并作为方程右端项迭代求解,逐步消除自由面附近干湿区的流量交换,直至达到收敛。根据伽辽金有限元法可推导得到如下方程

$$KH = Q + Q_0 \tag{6}$$

式中:H 为结点水头向量;K 和 Q 为一般的总体渗透矩阵和等效结点流量向量;Q_0 为由初流量引起的结点流量向量,其表达式为

$$Q_0 = \sum_e \int_{\Omega^e} B^T k [1 - H_\varepsilon(h - z)] B d\Omega \cdot h^e \tag{7}$$

式中:B 为单元几何矩阵;h^e 为单元结点水头向量;H_ε 为罚函数,有的文献中称为区域识别函数。

式(6)的系数矩阵具有大型、稀疏、对称、正定的特点,传统上使用基于系数矩阵分解的直接法进行求解,系数矩阵虽然可采用变带宽一维存储方式,消除了带宽以外的零元素,但带宽之内仍有大量零元素,计算量和内存需求较大,在大型问题求解时多要进行分块求解,计算效率不高。本文采用对称逐步超松弛预处理共轭梯度法求解方程组,以提高计算效率。

共轭梯度法的核心思想是将系数矩阵对称正定的方程组转化成等价的变分问题,通过构造相互正交的剩余向量以寻求方程组的真实解。为了改善迭代的收敛性,需要通过预处理技术降低系数矩阵的条件数,当预处理矩阵取

$$M = \frac{1}{2 - \omega}(D + \omega L) D^{-1} (D + \omega L)^T \tag{8}$$

即为 SSOR – PCG 方法。

式中:D 为 A 的对角阵,L 为 A 的严格下三角阵,$\omega \in (0,2)$ 为松弛系数。

系数矩阵采用一维压缩存储,节约了存储空间,程序实现中需要构造两个辅助数组来描述其数据结构,一个用来指示一维数组中元素的列号;另一个用来指示行的主元在一维数组中的位置。

5 计算结果分析

按上述渗流场模拟方法编制了 Fortran 程序,对天然状态下堤防的渗流场分布以及修建取水构筑物后的渗流场进行模拟,同时考虑了取水构筑物与周围土层之间有裂缝的情形,计算结果见表 2。

方案 1 是穿堤建筑物修建前的工况,该方案的计算结果表明:堤内坡上有出逸,出逸段高度为 0.73 m,堤脚的垂直和水平比降分别为 0.33 和 0.13,小于堤基表土层粉质黏土的允许比降为 0.47,因此工程修建前堤防是满足渗透稳定要求的。模型中心剖面的渗流场分布见图 2。

表 2　渗流计算结果

计算方案	出逸高度（m）	堤内脚最大比降		取水管周最大比降		泵房处最大比降	
		垂直	水平	垂直	水平	垂直	水平
1	0.73	0.33	0.13	—	—	—	—
2	0.73	0.33	0.13	—	0.06	0.3	—
3	0.6	0.3	0.12	—	0.05	0.2	—
4	0.73	0.38	0.13	—	0.04	0.4	—

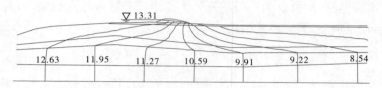

图 2　方案 1 渗流场分布　（单位：m）

　　方案 2 中考虑了取水管道，也考虑了泵房，该方案中未考虑取水管及泵房与周围土层的裂缝，认为接触是良好的。计算结果表明：工程修建后，地下水等势线分布无明显改变，堤内坡的地下水出逸高度及堤脚的比降未有明显变化，可以认为该方案中的堤防是满足渗透稳定要求的。模型中心剖面的渗流场分布见图 3。

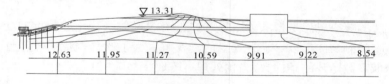

图 3　方案 2 渗流场分布　（单位：m）

　　方案 3 中考虑的工况是取水管及泵房与周围土层间存在裂缝，裂缝中有疏松土体填充。该方案计算结果表明：工程修建后如果建筑物与周围土层存在裂缝，堤内坡的出逸段高度和堤脚的出逸比降略有减小。泵房周围由于存在裂缝，该裂缝易成为渗出通道，泵房侧面的最大垂直比降为 0.2，取水管周的最大水平比降为 0.05，小于它们所在土层的允许比降，满足渗透稳定要求。因此，该方案中堤防是满足渗透稳定要求的。模型中心剖面的渗流场分布见图 4。

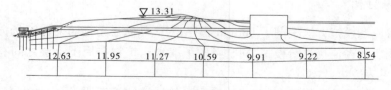

图 4　方案 3 渗流场分布　（单位：m）

　　方案 4 与方案 3 相比，泵房处未考虑有裂缝。计算结果表明：堤脚垂直出逸比降略有增大，为 0.38；泵房侧面的最大垂直比降亦有所增大，为 0.4，小于它们所在土层的允许比降,因此该方案中堤防也是满足渗透稳定要求的。模型中心剖面的渗流场分布见图5。

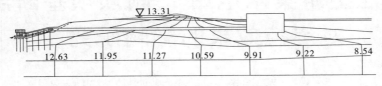

12.63   11.95   11.27   10.59   9.91   9.22   8.54

图5　方案4渗流场分布　（单位:m）

6　结语

（1）本文应用初流量法和对称逐步超松弛预处理共轭梯度法编制了稳定饱和渗流场模拟程序,对穿堤管道工程对堤防渗流安全的影响进行了模拟分析。

（2）计算结果表明:取水构筑物修建前后堤脚的出逸比降及堤坡出逸段高度变化不明显,其对堤防渗透稳定影响不大,堤防处于渗透稳定状态。

（3）土体与建筑物接触面受到的水流冲刷是穿堤工程容易产生渗透变形的主要形式,实际工程中应有效防止建筑物与土体之间裂缝的产生。汛前和汛期注意巡察,一旦发现裂缝,应及时进行处理;取水口工程对堤外近堤处土体的开挖和置换,应采取必要的措施严格保证施工质量,防止汛期和退水期水流引起土体的冲刷与渗透变形。

参考文献

[1] 周丰年,刘传杰,张美富. 顶管施工对长江大堤影响的实测研究[J]. 人民长江,2007,38(2):19-21.

[2] 余剑平,胡维忠. 定向钻穿越堤防对堤基的影响及防渗工程设计[J]. 人民长江,2006,37(8):81-83.

[3] GB 50286—98 堤防工程设计规范[S]. 北京:中国建筑工业出版社,1998.

[4] 张有天,陈平,王镭. 有自由面渗流分析的初流量法[J]. 水利学报,1988,8:18-26.

[5] 王媛. 求解有自由面渗流问题的初流量法的改进[J]. 水利学报,1998,3:68-73.

[6] 毛昶熙,段祥宝,李祖贻. 渗流数值计算与程序应用[M]. 南京:河海大学出版社,1999.

[7] 杜延龄,许国安. 渗流分析的有限元法和电网络法[M]. 北京:水利电力出版社,1992.

[8] 林绍忠,苏海东. 大体积混凝土结构仿真应力分析快速算法及应用[J]. 长江科学院院报,2003,20(6):19-22.

[9] 包劲青,杨强,陈英儒,等. 对称超松弛预处理共轭梯度法在高拱坝整体大规模弹塑性有限元分析中的应用[J]. 水利学报,2009,40(5):589-595.

[10] 吕涛,石济民,林振宝. 区域分解算法—偏微分方程数值解法新技术[M]. 北京:科学出版社,1992.

伊江上游某水电站 1# 副坝坝基断层对渗控效果的影响研究[*]

严　敏[1,2]　龚道勇[2,3]　张家发[1,2]　崔皓东[1,2]

(1. 长江科学院水利部岩土力学与工程重点实验室　武汉　430010；
2. 国家大坝安全工程技术研究中心　武汉　430010；
3. 长江勘测规划设计研究院　武汉　430010)

摘要：针对伊江上游某水电站 1# 副坝，建立坝体及坝基三维渗流模型，通过有限元计算，重点分析坝基断层对渗流场分布和关键部位渗透比降的影响。结果表明：断层带对渗流场的影响主要限于断层所在坝段及其附近，且透水断层带使得防渗体的渗控效果更明显，大坝各分区及坝基渗透比降均在允许范围内，渗透稳定性可以满足要求。文中针对下一步的工程设计和施工质量控制提出了建议。

关键词：水电站　心墙坝　坝基　断层　渗流场

1　概述

伊江上游某水电站正常蓄水位 245 m，水库总库容 131.9 亿 m³。主坝为混凝土面板堆石坝，最大坝高 139.5 m。1# 和 4# 垭口副坝坝型均采用黏土心墙坝，分别成 1# 和 4# 副坝。1# 副坝坝顶高程 252.5 m，坝顶宽 10 m，坝顶长 931 m，最大坝高 108.5 m。坝轴线有转折(见图 1)，两段直线段之间采用半径为 300 m 的圆弧段连接，圆弧段拱向上游，长约 239.10 m。转折段以左的直线坝段轴线长约 549.36 m，左坝端与上坝公路连接(本文按照传统习惯，左、右方位依面向河流下游方向而定)。转折段以右的

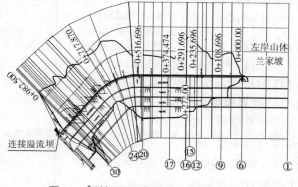

图 1　1# 副坝平面布置图 （单位：m）

直线坝段轴线长约 243.54 m，右坝端和溢流坝采用侧墙式连接。本文主要针对 1# 副坝建立复杂三维渗流模型，通过数值模拟分析坝体和坝基渗流场的分布特征，渗流控制措施的作用效果，以及坝基断层带对渗控效果的影响。以下所称副坝均为 1# 副坝。

---

[*] **基金项目**：国家大坝安全技术研究中心研发课题(No: 2011NDS003)。

作者简介：严敏，女，1981 年生，工程师，主要从事水工及岩土工程渗流方面的研究。

2   工程地质条件和渗控措施

坝基分布有软弱带,F104 断层在其东段穿过,走向近 SN,多陡倾东。断层破碎带宽 15~30 m,物质主要为构造角砾岩、碎裂岩、糜棱岩,多泥质胶结,胶结程度较差;东盘影响 带宽度约 20 m,岩性为花岗闪长岩,表现为岩体破碎,裂隙发育,完整性差;西盘影响带宽 度 15~40 m,岩性为白垩系沉积岩,在砂岩、砾岩中影响带宽度较小,在泥岩、页岩中影响 带宽度较大,表现为岩体挤压揉皱、劈理化明显。受断层影响,两侧一定范围内低序次小 断层较发育。

防渗帷幕向左岸山体延伸至桩号 0 – 150 m 断面。大坝和坝基防渗设计断面有两种 形式:一是自地表面起清除表面根植层、腐殖层、垃圾等覆盖层后碾压密实作为心墙基础, 坝基防渗体为防渗墙下接帷幕,且防渗墙向上深入心墙内,其两侧及顶部心墙料采用高塑 性接触黏土(见图 2(a));二是心墙基础开挖至花岗闪长岩强风化带下部,浇筑 1.0 m 厚 混凝土盖板并进行基础固结灌浆,心墙底部坐落在混凝土盖板上,混凝土盖板之下设防渗 帷幕(见图 2(b))。第一种形式主要用于中间坝段,对应于 F104 断层(0 +235.696 m 断 面)开始往右至溢流坝附近(0 +977.5 m 断面)。第二种形式主要用于土坝左坝段和右坝 端。其中,从与兰家坡衔接的左坝端到 F104 断层附近(0 +235.696 m 断面),坝基覆盖层 及基岩强风化带厚度一般 10 m 左右,地质条件较好,岩体透水性小。右坝端为了与溢流 坝衔接,心墙底高程和宽度渐变过渡至与溢流坝一致,与溢流坝衔接面坡比为 1:0.5。

3   计算模型参数及方案

该副坝坝轴线有转折,防渗设计断面两种形式的变化,以及与溢流坝段的衔接,建基 面也起伏较大,坝基存在较大规模的断层,在这些因素的综合影响下,坝体坝基渗流场分 布规律较复杂,只有建立土坝整体三维渗流模型,通过数值模拟才能预测大坝蓄水运行后 的渗流场分布。本文采用三维非均质饱和稳定渗流有限元程序 S3D 作为渗流场模拟计 算的工具,该程序已经过许多水利工程应用和检验[1-3],对复杂渗流场计算具有很好的适 应性。其数学模型和计算方法见文献[4],在此不做详细介绍。

3.1   计算模型

计算模型上游侧取至坝轴线上游 500 m,下游侧取至坝轴线下游 350 m 处,下游局部 范围有所缩小。模型上下游侧面作为隔水边界处理。模型左侧至心墙坝体与溢流坝连接 处(0 +982.5 剖面),模型右侧向左侧兰家坡山体延伸至距离左坝肩 350 m 处(见图 1 中 ①剖面处),作隔水边界处理,不考虑山体地下水的影响。模型底部边界取至高程 24.7 m 处,作为隔水边界处理;沿坝体库水位以下河床以及上游坝坡取设计洪水位 245 m 作为定 水头边界;下游边界取至下游沟底最低处,对应高程 168.4 m,即下游水位取为 168.4 m; 模型采用六面体八结点单元,结点总数 43 138,单元总数 38 924,模型网格见图 3。

3.2   渗透性分区及参数

可研和招标设计阶段均针对坝体各区填料开展了渗透与渗透变形试验研究工作。坝 壳料全级配试验取得的渗透系数为 $10^{-1} \sim 10^{0}$ cm/s 量级;反滤料试样取自兰家坡料场,针 对级配调整后的第一层反滤料上、下包线的平均线开展渗透变形试验,取得的渗透系数为

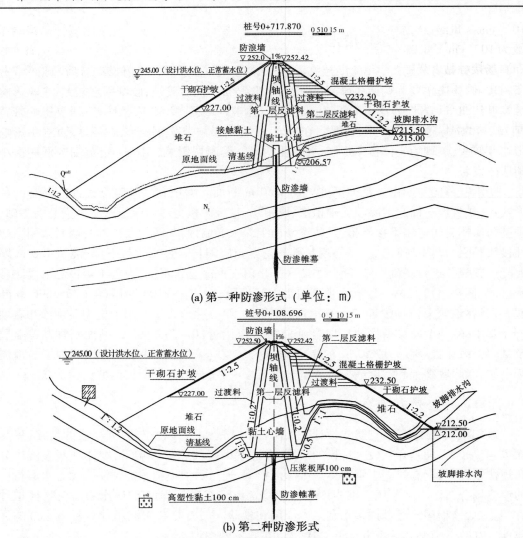

(a) 第一种防渗形式（单位：m）

(b) 第二种防渗形式

图2 1#副坝断面图（高程和水位单位:m）

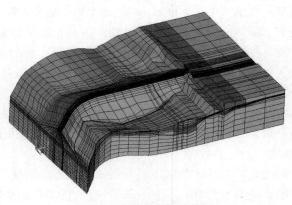

图3 三维有限元网格图

10^{-3} cm/s 量级,渗透破坏类型为流土,破坏比降为 1.2 ~ 4.2,第二层反滤试样的渗透系数为 10^{-2} cm/s 量级,渗透破坏类型为管涌,临界比降为 0.52,破坏比降为 1.1 ~ 1.6;针对伊布料场接触黏土开展了渗透变形试样,渗透系数为 10^{-6} ~ 10^{-5} cm/s 量级,渗透破坏类型均为流土,破坏比降为 5.6 ~ 17.9。采用兰家坡料场反滤料分别对 2 号、3 号垭口 2 区心墙黏土料和伊布料场接触黏土料开展了反滤试验,接触黏土料和心墙料经历的最大试验比降分别为 61 ~ 63 和 59 ~ 66,均未破坏,说明第一层反滤料可以起到很好的反滤保护作用。

根据以上所述试验成果,并参考类似工程经验,对坝体各分区的渗透性进行取值,见表 1。

表 1　渗透分区及取值

序号	渗透分区	渗透系数(cm/s)
K1	上下游坝壳料	1.0×10^{-1}
K2	过渡料	1.0×10^{-2}
K3	第一层反滤料	1.0×10^{-3}
K4	黏土心墙	1.0×10^{-5}
K5	第二层反滤料	1.0×10^{-2}
K6	接触黏土	1.0×10^{-6}
K7	强风化岩体	4.0×10^{-4}
K8	弱风化岩体	3.0×10^{-5}
K9	微风化岩体	1.0×10^{-5}
K10	防渗墙	1.0×10^{-7}
K11	防渗帷幕	2.7×10^{-5}
K12	混凝土盖板	1.0×10^{-7}

坝基中 F104 断层的存在是该副坝的主要工程地质问题,根据钻孔注水、压水试验成果,其渗透系数均为 10^{-5} cm/s 量级,临界水力比降为 4 ~ 7。计算中对 F104 断层渗透性考虑为在岩体的不同风化分带分别取值,在强、弱、微风化带内取各自渗透系数的 5 倍,分别为 2.0×10^{-3} cm/s、1.5×10^{-4} cm/s 和 5.0×10^{-5} cm/s。

3.3　计算方案

针对副坝渗流场进行了一系列方案的计算,为分析坝基断层是否存在及断层不同规模条件下的渗控效果及渗流场特征,本文重点介绍表 2 所列方案的计算成果。

表 2　计算方案

方案	计算参数(cm/s)	计算方案说明
1	除表 1 中参数外,断层带在对应于岩体强、弱、微风化带部位渗透系数分别为 2.0×10^{-3}、1.5×10^{-4} 和 5.0×10^{-5}	F104 宽度:36.3 m
2	同表 1	不考虑断层
3	同方案 1	F104 宽度:139 m

方案 1 中桩号 0 + 235.696 m(⑫剖面)至桩号 0 + 272 m(⑮剖面)是坝基断层带。方案 2 假设断层不存在,其余条件同方案 1。方案 3 对断层 F104 的规模进行敏感性分析,即桩号 235.696 m 至桩号 374.474 m(⑰剖面)之间岩体均按断层考虑,其余参数和条件同方案 1。

4 计算成果及分析

针对以上拟定的计算方案,选择以下 4 个典型断面结果作深入分析。

⑫剖面(0 + 235.696 m),为断层左侧剖面,且为两种防渗形式衔接部位,下游排水沟底高程为 192.7 m;⑯剖面(0 + 291.696 m)有断层通过且是建基面开挖最深处,下游排水沟底高程为 181.87 m;⑳剖面(0 + 516.696 m)建基面最高,排水沟底高程为 168.4 m;㉚剖面(0 + 982.3 m)处土坝与溢流坝衔接,排水沟底高程为 175.14 m。

表 3 中分别列出方案 1 ~ 3 的各剖面心墙下游自由面最高点高程、下游坝坡出逸段高度、心墙底面平均比降、下游坝面出逸比降及下游沟底出逸比降。

表 3 典型剖面计算结果

方案	剖面编号	心墙下游自由面最高点高程(m)	坝坡出逸段高(m)	心墙底面平均比降	下游坝面出逸比降	下游沟底出逸比降
1	⑫	200.87	—	1.25	—	—
	⑯	200.34	2.82	1.30	0.40	0.48
	⑳	205.92	0.11	1.69	0.28	0.78
	㉚	187.37	6.11	0.82	0.46	1.76
2	⑫	204.71	—	1.14	—	—
	⑯	204.13	2.80	1.19	0.40	0.48
	⑳	206.48	0.11	1.67	0.30	0.81
	㉚	187.38	6.12	0.82	0.46	1.76
3	⑫	198.46	—	1.32	—	—
	⑯	197.57	2.82	1.36	0.40	0.45
	⑳	205.30	0.13	1.72	0.28	0.79
	㉚	187.28	6.12	0.82	0.46	1.76

4.1 方案 1 的渗控效果

方案 1 中坝基桩号 0 + 235.696 m ~ 0 + 272 m 之间 36.304 m 范围内为 F104 断层。

计算成果表明:本方案心墙下游出逸点高程在 187.37 ~ 205.92 m 之间;心墙底面平均比降最大值为 1.69,下游坝面最大出逸比降为 0.46;下游沟底出逸比降最大值为 1.76。根据试验结果和以往的工程经验,以上各处比降均在允许范围内。图 4 是方案 1 的自由面等高线分布图。由图 4 可见,大坝左坝肩绕渗较明显,中段和右段显示心墙和坝基防渗体具有明显的渗控效果;中段坝下游的排水沟及右坝端下游沟成为大坝下游的重要排水条件,坝坡上自由面等高线分布较均匀。由图5可知,下游反滤层、过渡区及坝壳内的自由面平顺,等势线分布较均匀,心墙和防渗帷幕内等势线较密集,表明防渗体对渗流场起到明显的控制作用,心墙下游的自由面高程降至200.87 m。

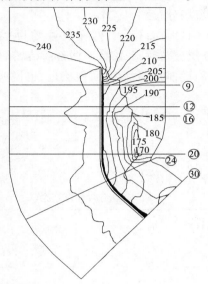

图4　方案1自由面等高线分布图　（单位:m）

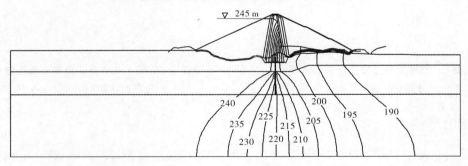

图5　方案1中⑫剖面水头等值线图　（单位:m）

4.2　断层存在与否对渗控效果的影响

方案2中假设F104断层不存在,此时岩体与防渗体之间的渗透性差别更小。由于微风化带渗透性为1.0×10^{-5} cm/s,帷幕则由悬挂式变为封闭式,帷幕底端的绕渗不再发生,有利于提高渗控效果。

根据表3,方案1和方案2对比可见,方案2中各典型断面比降较小,满足渗透稳定要求。图6中方案1和方案2的自由面等高线对比表明,在左岸山体内和大坝防渗体下游坝体内,方案2的自由面较方案1高,这种差别随着往排水沟方向逐渐减小,靠近大坝右端两方案自由面等高线趋于重合,表明不考虑断层对渗流场的影响程度和影响范围限于断层所在坝段及其附近。

4.3 F104 断层规模对渗控效果的影响

方案3与方案1相比,F104断层带更宽,心墙下游坝体内自由面在断层带处的⑫和⑯剖面附近均有所降低,心墙底面平均比降有所升高,而下游坝坡和排水沟出逸比降略有所减小。以上结果表明,断层带宽度增大时,由于心墙与断层带渗透性差异较大,使心墙渗控效果增强,但对坝后渗流场分布影响较小。

图7中方案1和方案3的自由面等高线对比表明:在断层带附近,方案3坝体自由面较方案1低,也说明F104断层更宽时,防渗体对浅部渗流场的控制效果更好,在左岸山体内、大坝右坝端以及排水沟附近,两方案自由面很接近,也说明断层带宽度变化对渗流场影响范围有限。

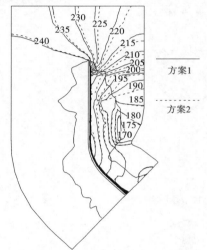 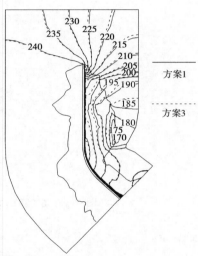

图6　方案1和方案2自由面等高线　　　图7　方案1和方案3自由面等高线
　　　分布对比图　（单位:m）　　　　　　　分布对比图　（单位:m）

5　结论与建议

通过对复杂三维渗流场的计算,对比分析F104断层对渗流场的影响,结合工程经验,可以得出以下结论和建议。

(1)通过F104断层对坝体整体影响不大,但是局部影响较为明显,建议对断层带及其周围岩体作进一步的勘察及试验。

(2)坝壳料的渗透性对于心墙下游坝体排水效果有较明显影响,尤其是在心墙建基面下游侧仍保留较高山体的坝段,下游坝坡出逸段较高。过渡料和坝壳料宜采用透水性比反滤料渗透性更强的材料,以保障大坝分区的水力过渡和下游排水。根据可研阶段的试验成果,水坝砂砾石料渗透性过低,采用砂岩碎石料为宜。针对⑯和㉚剖面分别所在坝段坝坡出逸较高的情况,可考虑增设排水棱体。

(3)坝下游沟作为排水边界沟底尤其是右坝端沟底出逸比降较高,可能会引起岩体薄弱部位的渗透变形,可结合量水堰的设置与施工,对沟较深坝段的沟底及沟坡进行开挖和勘探,针对薄弱部位进行适当挖除或者反滤保护。

（4）针对与溢流坝连接的坝段，应更加严格控制施工质量，布置重点监测断面，在运行期进行重点监控。

参考文献

[1] 张家发,李思慎. 三峡船闸高边坡裂隙岩体渗流场三维有限元分析[J]. 长江科学院院报,1993(1):9-13.

[2] 谢红,张家发,吴昌瑜,等. 水布垭水利枢纽三维渗流场有限元分析[J]. 长江科学院院报,1999(1):37-40.

[3] 张伟,吕国梁,王金龙,等. 丹江口土石坝砂卵石坝壳静压注浆渗控效果研究Ⅱ:三维渗流计算[J]. 长江科学院院报,2009(10):105-108.

[4] 张家发. 裂隙岩体渗流参数讨论和渗流场有限元计算与分析[J]. 长江科学院院报,1990(2):56-64.

一个新的偏态模型及其在碾压混凝土
渗流特性研究中的应用*

詹美礼 金 袤 宋会彬 盛金昌 罗玉龙

（河海大学水利水电工程学院 南京 210098）

摘要：在渗透稳定的可靠性分析中，确定渗透系数的概率分布是不可缺少的。首先对渗透系数的概率分布研究概况进行阐述，提出了一个偏态分布模型。结合江垭碾压混凝土的透水率试验数据及渗透系数和透水率的换算因子，对渗透系数进行随机性分析，提出用偏态分布概率密度函数来拟合渗透系数的概率分布，并编制相应的 Fortran 程序。结果表明，利用自编的Fortran 程序对渗透系数进行偏态分布拟合，能得到比较理想的概率密度曲线。用众数和综合标准差代替均值和均方差作为统计值，结果要更合理可靠。

关键词：碾压混凝土 渗透系数 偏态分布 概率密度曲线 众数

随机水文地质领域的研究表明[1]：渗透系数在空间上的分布变化是极其复杂的，含水层的渗透系数在空间上的变化可达几个数量级。目前，国内外学者对渗透系数的分布研究已做了大量的工作，大多数试验研究和随机模拟都认为渗透系数服从对数正态分布，即对数渗透系数服从正态分布，这在数学处理上也带来较大方便，其统计特征可用均值和协方差函数来进行描述。Law[2] 在研究油田勘探岩芯资料时，首先发现渗透系数服从对数正态分布。施小清等[3] 利用 Borden 含水层试验数据，对渗透系数的空间变异性进行探讨，得出渗透系数的分布应该是服从对数正态分布。李少龙等[4] 通过分布参数的极大似然估计和 A－D 法分布拟合检验，分析了堤防粉质黏土和粉质壤土的渗透系数概率分布，分析表明：渗透系数的概率分布符合对数正态分布。张士辰等[5] 通过粗砂渗透变形 20 组室内重复性试验，对比分析了流土型粗砂渗透系数与抗渗强度概型分布，结果表明，粗砂渗透系数和抗渗强度概型分布均符合对数正态分布、正态分布、极值Ⅰ型分布和 Γ 型分布，其中以对数正态分布的拟合效果最好。束龙仓等[6] 通过野外取样、室内达西渗透试验和颗粒分析试验等手段，对北塘水库库底地层进行研究，并对渗透系数的空间随机分布进行了分析。结果表明，与正态分布相比，北塘水库库底地层渗透系数更接近对数正态分布。

此外，也有学者认为渗透系数不仅仅只服从对数正态分布。如 E. Feinerman[7] 对无黏性土渗透系数概率模型分布进行了总结，认为无黏性土渗透系数服从正态分布。王亚军等[8-9] 结合实际工程问题，统计分析长江荆南干堤土性参数的分布特征，通过

＊**基金项目：**国家自然科学基金项目（51079039，51009053）。

作者简介：詹美礼，男，1959 年生，教授，博士生导师，从事渗流力学、地下水污染及控制技术方面的研究。

Kolomogorov – Smirnov 统计检验表明,可以接受渗透系数呈正态分布的假设。Woodbury 等[10]1986 年利用 SudickyBorden 含水层试验数据在剔除特异值后进行地质统计,通过随机抽样的方法得出渗透系数既服从对数正态分布也服从对数指数分布的结论。谢永华、黄冠华等[11-14]在北京东南郊通县永乐店试验站进行了土壤特性参数空间变异性的试验研究,均得出渗透系数服从正态分布。

由于在数学处理及应用上的简便性,正态分布和对数正态分布在研究中得到了广泛的应用。但工程中大量存在着非正态分布的数据资料,选择合适的分布函数对研究样本的分布规律有着重要的意义。有众多的研究表明渗透系数近似服从于对数正态分布,而对数正态分布又是偏态分布中的一种。基于此,本文提出一个新的偏态分布模型,采用众数和综合标准差作为其特征值,并将此偏态分布模型应用在江垭碾压混凝土渗流特性的研究中。

1 偏态分布模型的提出

工程实际应用中对发生频率最大的数据(即众数)最为关注,而对于单峰非对称分布,其均值与众数并不相等。本文对碾压混凝土渗流特性中的渗透系数采用偏态分布分析,选取众数和综合标准差作为特征值。偏态分布的概率密度函数为

$$f(x) = \begin{cases} \dfrac{1}{\sqrt{2\pi}\sigma_1\sigma_2}e^{-\frac{(x-M)^2}{2\sigma_1\sigma}} & x \leqslant M \\[3mm] \dfrac{1}{\sqrt{2\pi}\sigma_1\sigma_2}e^{-\frac{(x-M)^2}{2\sigma_2\sigma}} & x > M \end{cases} \qquad (1)$$

式中:M 为众数,众数是总体中出现的次数最多(也就是出现机会最大)的那个组的标志值;σ_1 为左方差($x \leqslant M$ 部分统计标准差);σ_2 为右方差($x > M$ 部分统计标准差)。

根据密度函数的定义可知:

$$\int_{-\infty}^{+\infty} f(x)\,\mathrm{d}x = 1 \qquad (2)$$

对式(1)进行积分可得综合标准差 σ,其表达式为

$$\sigma = \frac{4\sigma_1\sigma_2}{(\sqrt{\sigma_1} + \sqrt{\sigma_2})^2} \qquad (3)$$

对于偏态分布综合标准差 σ 相较与常规的标准差稍小一些,其表示了数据的综合离散程度,减小了过大或过小偏移数据的影响。当 $\sigma_1 < \sigma_2$ 时,表示数据向左偏移即正偏分布;当 $\sigma_1 > \sigma_2$ 时,表示数据向右偏移即负偏分布。对于单峰对称分布函数,如均匀分布和高斯分布,其众数和均值相等,由式(1)及式(3)可知,当 $\sigma_1 = \sigma_2$ 时,式(1)表示单峰对称的分布函数,则众数 M 等于均值 μ,此时式(1)转化为正态分布,其概率密度函数为

$$f(x) = \frac{1}{\sqrt{2\pi}\sigma}e^{-\frac{(x-\mu)^2}{2\sigma^2}} \qquad (4)$$

2 江垭碾压混凝土渗透系数的随机性分析

2.1 碾压混凝土渗透系数试验结果统计

本文主要利用文献[15]的江垭碾压混凝土二级配(含斜平层)和三级配(含斜平层)

透水率试验数据,以及渗透系数 k 和透水率 Lu 值的换算关系(见表1),得出相应的渗透系数(见表2)。

表1   江垭碾压混凝土渗透系数与透水率的换算因子

碾压混凝土类型	二级配(含斜平层)	三级配(含斜平层)
换算因子 $C(\times 10^{-5})$	1.031	1.006

表2   江垭碾压混凝土渗透系数计算值 　　　　　　(单位:cm/s)

碾压混凝土类型	渗透系数					
二级配 (含斜平层)	7.217×10^{-10}	1.301×10^{-9}	4.124×10^{-9}	4.536×10^{-9}	6.186×10^{-9}	7.217×10^{-9}
	8.248×10^{-9}	9.279×10^{-9}	1.031×10^{-8}	1.237×10^{-8}	1.443×10^{-8}	1.959×10^{-8}
	2.062×10^{-8}	2.474×10^{-8}	2.578×10^{-8}	2.681×10^{-8}	2.784×10^{-8}	2.887×10^{-8}
	3.299×10^{-8}	3.815×10^{-8}	4.124×10^{-8}	4.433×10^{-8}	5.052×10^{-8}	5.155×10^{-8}
	5.774×10^{-8}	6.083×10^{-8}	6.186×10^{-8}	6.598×10^{-8}	6.908×10^{-8}	7.733×10^{-8}
	7.939×10^{-8}	8.042×10^{-8}	8.454×10^{-8}	8.867×10^{-8}	9.073×10^{-8}	1.021×10^{-7}
	1.031×10^{-7}	1.113×10^{-7}	1.124×10^{-7}	1.186×10^{-7}	1.227×10^{-7}	1.237×10^{-7}
	1.278×10^{-7}	1.309×10^{-7}	1.340×10^{-7}	1.382×10^{-7}	1.433×10^{-7}	1.536×10^{-7}
	1.557×10^{-7}	1.577×10^{-7}	1.608×10^{-7}	1.650×10^{-7}	1.670×10^{-7}	1.763×10^{-7}
	1.856×10^{-7}	1.866×10^{-7}	2.052×10^{-7}	2.268×10^{-7}	2.309×10^{-7}	2.505×10^{-7}
	2.681×10^{-7}	3.773×10^{-7}	3.897×10^{-7}	4.031×10^{-7}	4.186×10^{-7}	4.774×10^{-7}
	4.887×10^{-7}	5.722×10^{-7}	5.939×10^{-7}	6.000×10^{-7}	6.186×10^{-7}	6.598×10^{-7}
三级配 (含斜平层)	7.702×10^{-7}	8.289×10^{-7}	8.310×10^{-7}	9.815×10^{-7}	1.205×10^{-6}	1.673×10^{-6}
	1.883×10^{-6}	2.134×10^{-6}	2.263×10^{-6}	2.363×10^{-6}	3.658×10^{-6}	3.724×10^{-6}
	3.833×10^{-6}	4.805×10^{-6}	4.967×10^{-6}	5.423×10^{-6}	6.186×10^{-6}	7.286×10^{-6}
	9.649×10^{-6}	9.811×10^{-6}	1.100×10^{-5}	1.299×10^{-5}		
	4.024×10^{-9}	1.107×10^{-8}	1.911×10^{-8}	2.414×10^{-8}	4.426×10^{-8}	6.438×10^{-8}
	7.847×10^{-8}	8.953×10^{-8}	1.006×10^{-7}	1.097×10^{-7}	1.147×10^{-7}	1.197×10^{-7}
	2.787×10^{-7}	3.109×10^{-7}	5.332×10^{-7}	6.599×10^{-7}	6.630×10^{-7}	6.760×10^{-7}
	8.048×10^{-7}	8.400×10^{-7}	8.752×10^{-7}	1.046×10^{-6}	1.107×10^{-6}	1.463×10^{-6}
	1.509×10^{-6}	1.746×10^{-6}	3.214×10^{-6}	3.952×10^{-6}	4.206×10^{-6}	4.331×10^{-6}
	8.772×10^{-6}	1.127×10^{-5}	1.942×10^{-5}	1.982×10^{-5}	2.337×10^{-5}	3.320×10^{-5}
	3.520×10^{-5}					

由于渗透系数的数值变化达 $3\sim4$ 个数量级,且样本容量较小,因此先对渗透系数进行取对数处理。令 $x=\lg k$,k 为渗透系数(cm/s),样本均值、样本方差和变异系数按下述公式计算

$$\mu = \frac{\sum\limits_{i=1}^{n} x_i}{n} \tag{5}$$

$$\sigma = \sqrt{\frac{\sum\limits_{i=1}^{n}(x_i - \mu)^2}{n-1}} \tag{6}$$

$$C_v = \frac{\sigma}{|\mu|} \tag{7}$$

式中：x_i 为样本值；n 为样本容量；μ 为均值；σ 为均方差；C_v 为变异系数。其中 σ 和 C_v 用来表示检测值的离散型。

用式(5)~式(7)对频率统计分析时的两种情况进行统计特征值计算,计算结果见表3。

表3　江垭碾压混凝土渗透系数统计特征值

碾压混凝土类型	样本容量	均值		均方差 σ	变异系数 C_v
		$\lg k$	$k(\text{cm/s})$		
二级配(含斜平层)	94	-6.750	1.778×10^{-7}	0.909	0.135
三级配(含斜平层)	37	-6.159	6.934×10^{-7}	1.020	0.166

2.2　碾压混凝土渗透系数分布规律的正态性检验

因为有着大量的研究表明渗透系数近似服从于对数正态分布,即渗透系数的对数值服从正态分布,为了验证本文的渗透系数数据是否满足对数正态分布,下面将偏态分布模型退化为正态分布形式。基本思想是将样本数据以均值为中心,划分为左右两个部分,每个部分视作正态分布的一半,它们的正态概率密度函数分别为式(8)和式(9)

$$f(x) = \frac{1}{\sqrt{2\pi}\sigma_1} e^{-\frac{(x-\mu)^2}{2\sigma_1^2}} \qquad x \leq \mu \tag{8}$$

$$f(x) = \frac{1}{\sqrt{2\pi}\sigma_2} e^{-\frac{(x-\mu)^2}{2\sigma_2^2}} \qquad x > \mu \tag{9}$$

式中：μ 为样本均值；σ_1 为左边部分的方差($x \leq \mu$ 部分统计标准差)；σ_2 为右边部分的方差($x > \mu$ 部分统计标准差)。如上所述,若 $\sigma_1 = \sigma_2$,则可认为样本服从正态分布;反之,服从偏态分布。计算结果如表4所示。

表4　正态形式的参数值

碾压混凝土类型	σ_1	σ_2	$\dfrac{|\sigma_2 - \sigma_1|}{\sigma_1}$
二级配(含斜平层)	0.828	0.998	20.53%
三级配(含斜平层)	1.171	1.067	8.88%

在整个样本服从正态分布的假设前提下,右方差 σ_2 理应等于左方差 σ_1,而从表4中可以看出,σ_2 的误差分别达到20.53%和8.88%,因此可以说明样本不严格服从对数正态分布,即服从偏态分布。下面就将本偏态分布模型应用于江垭碾压混凝土渗透系数的随机性分析。

3　偏态分布模型的检验

参数(众数、左方差、右方差等)拟合的程序计算结果见表5。二级配(含斜平层)和三级配(含斜平层)碾压混凝土渗透系数偏态分布的概率密度曲线分别如图1、图2所示。

表5　江垭碾压混凝土渗透系数程序计算统计特征值

碾压混凝土类型	众数		左方差 σ_1	右方差 σ_2	综合标准差 σ	相关系数
	lg$k$	k(cm/s)				
二级配(含斜平层)	−6.962	1.091×10^{-7}	0.592	1.274	0.837	0.933
三级配(含斜平层)	−6.445	3.589×10^{-7}	0.602	2.093	1.020	0.968

结合表3和表5中的统计特征值,我们可以看出,程序计算得到的二级配(含斜平层)和三级配(含斜平层)碾压混凝土渗透系数的众数值和综合标准差比相应的均值和均方差要小。因此,在渗透稳定的可靠性分析中,采用众数(出现频率最大者)来取代平均数,使分析结果更加可靠。这也是本文引入偏态分布模型的意义所在。

在图1和图2中,概率密度曲线呈现典型的非正态分布,即偏态分布,这也证明了本偏态分布模型在江垭碾压混凝土渗流特性研究中的正确性。

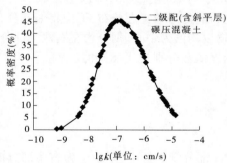

图1　碾压混凝土二级配渗透系数　　　　图2　碾压混凝土三级配渗透系数
　　偏态分布的概率密度曲线　　　　　　　偏态分布的概率密度曲线

4　结语

本文对渗透系数的概率分布研究进行了小结,并在此基础上提出一个偏态分布模型,即用偏态分布概率密度函数来拟合渗透系数的概率分布。结果表明,利用本偏态分布模型进行的渗透系数概率分布拟合,能得到比较理想的概率密度曲线。最后指出,在渗透稳定的可靠性分析中,用众数和综合标准差代替均值和均方差作为统计值,从合理性方面来说,结果要可靠。

相对于应用较多的对数正态分布、正态分布、指数分布等概率密度函数,利用偏态分布处理渗透系数是新的方法,研究结果也可为工程渗透稳定的可靠性分析提供一种新的思路。

参考文献

［1］杨金忠,蔡树英,黄冠华,等.多孔介质中水分及溶质运移的随机理论［M］.北京:科学出版社,2000.

［2］Law J. Statistical approach to the interstitial heterogeneity of sand reservoirs［J］. Trans AIME,1944(155):202-222.

［3］施小清,吴吉春,袁永生.渗透系数空间变异性研究［J］.水科学进展,2005,16(2):210-215.

［4］李少龙,朱国胜,定培中,等.堤防土体渗透参数的概率分布研究［J］.长江科学院院报,2009,26(4):36-39.

［5］张士辰,李雷.粗砂渗透系数与抗渗强度概型分布［J］.水利水运工程学报,2004(3):58-61.

［6］束龙仓,李伟.北塘水库库底地层渗透系数的随机特性分析［J］.吉林大学学报:地球科学版,2007,37(2):216-220.

［7］Feinerman E,Dagen G,Bresler E. Statistical inference of Spatial Random Functions［J］. Water Resource,1986,22(16).

［8］王亚军,张我华,陈合龙.长江堤防三维随机渗流场研究［J］.岩石力学与工程学报,2007,26(9):1824-1831.

［9］王亚军,吴昌瑜,任大春.堤防工程三维随机渗流场理论及研究［J］.岩土工程技术,2008,22(2):60-66.

［10］Woodbury A D,Sudicky E A. The Geostatistical characteristics of the Borden aquifer［J］. Water Resources Research,1991,27(4):533-546.

［11］谢永华,黄冠华.田间土壤特性空间变异的试验研究［J］.中国农业大学学报,1998,3(2):41-45.

［12］黄冠华,谢永华.非饱和土壤水分运动参数空间变异与最优估值的研究［J］.水科学进展,1999,10(2):101-106.

［13］黄冠华.土壤水分特性空间变异的试验研究进展［J］.水科学进展,1999,10(4):450-457.

［14］黄冠华.非饱和水流动态空间变异的随机分析［J］.水利学报,1999(4):75-80.

［15］速宝玉,等.龙滩RCC渗流特性试验研究［R］.南京:河海大学,1999.

心墙水力劈裂的孔压探讨

张红日[1]　党发宁[2]　兰素恋[1]　魏见海[1]

(1. 广西交通科学研究院　南宁　530007；
2. 西安理工大学岩土工程研究所　西安　710048)

摘要:本文基于 Biot 固结理论的有效应力分析理论,采用二维数值模拟分析方法,研究了大坝的坝体水力劈裂前后过程中孔隙水压力的变化过程。首先,分析了坝体的竣工期拱效应;其次,探讨了从竣工固结到蓄水过程和稳定渗流期孔隙水压力变化分布特点;最后,对坝体心墙发生水力劈裂的可能性进行判断。研究结果表明:黏土心墙堆石坝心墙内部孔隙水压力梯度的模拟分析能更加合理地解释水力劈裂发生与蓄水速度和心墙的低渗透性的关系,因此分析考虑水位上升过程中黏土心墙内孔隙水压力分布情况是心墙水力劈裂发生机理的重点。
关键词:水力劈裂　拱效应　心墙孔隙水压力　数值模拟

1　引言

1.1　研究水力劈裂的重要性

在土石坝竣工蓄水过程中,水力劈裂引起的大坝事故有很多,如位于美国爱达荷州蛇河(Snake)支流提堂河(Teton)上的 Teton 宽心墙堆石坝,挪威的海特尤维(Hyttejuvet)窄心墙土石坝,奥地利格帕特什(Gepatch)堆石心墙坝,北京的西斋堂坝,美国的 Wister 坝等。所以,近年来水力劈裂的研究愈来愈具有现实意义。

黏土心墙堆石坝心墙水力劈裂问题是堆石坝设计中人们尤为关注的问题,同时也是最具有争议性且尚待解决的关键性问题之一。水力劈裂被普遍认为是堆石坝蓄水初期产生集中渗漏的重要原因,是堆石坝建成后产生内部侵蚀或管涌现象从而导致坝体破坏的重要因素。因此,对水力劈裂问题进行深入研究,对水力劈裂的影响因素进行分析,对水力劈裂发生可能性进行判断,进而提出合理的水力劈裂判别标准和切实有效的预防与治理措施,对堆石坝的设计、施工和安全运行有十分重要的意义。

1.2　水力劈裂的研究进展

前人在总结溃坝事故,不断的积累经验提出新的理论。1987 年,白永年等[1]指出所谓的水力劈裂就是在水压力作用下使原物体产生裂缝或使原有裂隙扩大的过程。同时指出,劈裂发展规律,即沿弱应力面发展,向低应力区发展,向坝体质量差的地方发展,等等。2005 年,王俊杰等[2]采用断裂力学方法对心墙水力劈裂问题发生的条件和力学机理等进行分析研究,认为心墙的低渗透性、裂缝、迅速蓄水的初期和垂直于劈裂面方向有足够大的水力梯度是水力劈裂发生的条件,并指出分析非稳定渗流和心墙劈裂缝的非连续变形

作者简介:张红日,男,1983 年生,硕士,广西柳州人,广西交通科学研究院。

是了解水力劈裂发展规律的有效途径。2007 年,李全明等[3]认为堆石体对心墙的拱效应可减小心墙的竖向应力,在土石坝心墙中可能存在的渗透弱面以及在水库快速蓄水过程中所产生的弱面水压楔劈效应是心墙的重要条件。综上所述,前人对水力劈裂进行了大量模拟研究,取得了大量可靠的成果,使得人们对水力劈裂发生条件和产生机理的认识也在逐渐加深。从现有的研究现状来看,前人在研究水力劈裂时考虑到了坝壳和黏土心墙弹性模量对于拱效应的影响。

但是,至今人们对水力劈裂的发生机理、发生条件、发展过程以及判别方法等问题仍没有很好地解决,特别是很少去真正分析黏土心墙内部的孔压分布情况,对黏土心墙如何会形成水力劈裂所需要的较大孔隙水压力梯度没有明确的分析,因此如果想对水力劈裂问题进行深入研究,对水力劈裂的影响因素或条件进行分析,就必须对水力劈裂的根本原因,即所谓较大的水力梯度进行深入的研究。

2 水力劈裂条件

水力劈裂是因土体已有裂缝,库水进入裂缝并形成使缝张开的劈缝水压力,劈缝水压力如果大于土体内作用于缝面的压应力,此时土体是被拉裂开来而产生的。

总结前人的工作,笔者认为要发生水力劈裂应该具备以下三个条件:

(1)心墙中的裂缝及缺陷。如图 1 所示,在心墙上游面有裂缝或缺陷分布,由于裂缝或缺陷 B 区渗透性比周围非裂隙心墙材料 A 区的渗透系数大许多,库水会很快进入 B 区,但是由于 A 区的渗透系数很小,水很难进入 A 区,从而 B 区的孔隙水压力远远大于 A 区的孔隙水压力,由于较大孔隙水压力差的作用在裂缝或缺陷边界,即 A 区与 B 区的交界处形成集中的水压力梯度。当作用于裂缝或缺陷边界的水压力梯度达到临

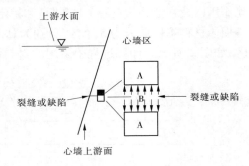

图 1　水力劈裂示意图

界值时,介于 A 区与 B 区之间的土体颗粒就在压力梯度作用下向 A 区移动,从而裂缝会扩展,最终贯通整个坝体,即发生水力劈裂现象。

(2)心墙的低渗透性。垂直于劈裂面方向有足够大的水力梯度是水力劈裂发生的本质条件。这就需要裂缝或缺陷 B 区与其周围土体 A 区之间存在较大的渗透性差异,也就是心墙材料 A 区的透水性要足够低,水在渗入裂隙 B 区与心墙材料 A 区才有足够的时间差,使得水在渗透心墙的过程中裂隙或缺陷 B 区中的孔隙水压力与非裂隙心墙 A 区中的孔隙水压力存在着较大的水头差,而这个水头差就是裂隙土体与非裂隙土体形成水力梯度的根本原因。

(3)库水上升的速度应该足够快。假定库水位的上升速率足够小,心墙上游面来自于透过堆石体的水向心墙内部 A 区有足够的时间渗入或者进入裂缝 B 区中的水体有足够的时间向裂缝两边的土体 A 区渗透,并形成稳定渗流,那么裂隙 B 区中的孔隙水压力就会与非裂隙心墙 A 区的孔隙水压力相等或接近,这样裂隙与心墙之间的孔压差就根本

形不成。另外,由于裂缝两侧土体可能会遇水膨胀,使裂缝封闭,即发生所谓的"湿封"[4]现象,水力劈裂也就不会发生。

由以上分析可见,要形成水力劈裂就是要形成一个较大的压力梯度,而这个压力梯度就是由心墙内部裂隙区与其周边非裂隙区之间的孔隙水压力差形成的。因此,要分析好水力劈裂发生机理,就必须研究心墙内部的孔隙水压力分布特点,以及其在蓄水过程中孔隙水压力的变化情况,才能真正地去解决如何形成水力劈裂所需要的水力梯度。

3 工程算例

本文以四川九龙河某水电站黏土心墙堆石坝为例,分别从竣工期、蓄水过程和运行期计算分析黏土心墙坝心墙水力劈裂发生前后孔隙水压力变化的过程与机理。

该水电站黏土心墙堆石坝坝高 105.5 m,坝顶长 312 m,坝顶宽 10.0 m。上游坝坡为1∶1.8;下游坝坡设置三级宽 3 m 的水平马道,综合坡比 1∶1.81,坝底最大宽度 387 m。防渗体采用直心墙,心墙顶部高程 2 858 m,上游坡度为 1∶0.4,下游坡度均为 1∶0.25,心墙顶宽 4 m,最大底宽 54.5 m。河床部位心墙基础置于覆盖层上,两岸心墙基础置于弱风化岩石中。计算分析采用 Biot 固结理论,认为心墙、堆石体的变形受有效应力控制,孔隙流体的流动遵守 Darcy(达西)定律,同时考虑了孔隙水压力、总应力、有效应力三者之间的相互作用以及在非稳定(水位上升期)和稳定渗流作用下的相互关系。

坝体材料按性质分为 5 个区,分别为黏土心墙区、堆石料区、防渗墙区、覆盖层区及基岩区,如图 2 所示。计算过程中采用的材料参数如表 1 所示,黏土心墙、堆石区和覆盖层

图 2 模型及材料分布图 (单位:m)

表 1 材料参数

材料	Φ(°)	$\Delta\Phi$(°)	K	n	R_f	K_b	m
心墙料	40	10	300	0.2	0.99	100	0.34
堆石料	54	10	1 800	0.27	1	800	0.19

材料	E(kPa)	μ	渗透系数 K(cm/s)	ρ(g/cm³)
心墙料			1×10^{-5}	2.0
堆石料			1×10^{-1}	2.25
防渗墙	1×10^{7}	0.35	1×10^{-8}	2.4
覆盖层	1×10^{5}	0.25	1×10^{-2}	
基岩	1×10^{6}	0.25	1×10^{-6}	

选用邓肯张 E – B 模型,防渗墙和基岩材料用弹性模型,同时覆盖层和基岩是开挖过程中没有发生回弹,故采用了无质量材料表示。计算过程分 38 级模拟施工过程。蓄水过程上游水头高程随着时间的变化而变化,共分为蓄水期和稳定渗流期,蓄水期为 10 天,假设流入库区的水量一定,所以前期水位上升得比较快,后期由于库水面较宽,水位上升得就有所减缓,如图 3 所示,10 天后水位保持校核洪水位高程到 6 个月,此时认为达到了稳定渗流期。渗流边界

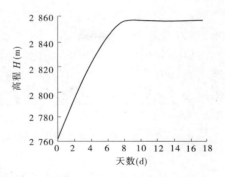

图 3　水位上升速度

为上游由竣工期的未蓄水高程 2 763 m 到最高水位高程 2 858 m,下游水位是一个不变值,高程为 2 757 m。

　　基岩底端是位移边界和不透水边界,基岩和覆盖层左右两端是竖向位移约束。

　　计算网格的划分如图 4 所示,采用平面四边形单元,共分为 2 919 个单元和 2 778 个结点。划分中考虑到心墙不均匀变形明显,为了更准确地研究水力劈裂和黏土心墙内的应力和孔隙水压力情况,同时心墙是产生渗水弱面的主要部位,故将心墙的网格加密。

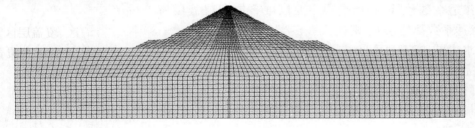

图 4　网格划分图

4　计算结果比较分析

4.1　竣工期分析

　　竣工期分析计算结果见图 5 ~ 图 7。由图 5 可见,施工期末心墙体的竖直应力较低,特别是心墙体与堆石体附近的心墙体的竖向应力要比其同一水平上的心墙体与堆石体附近的堆石体的竖向应力小得多,形成了很明显的拱效应。这主要是由于黏土心墙与坝壳相比有较高的压缩性,并且和坝壳堆石相比心墙料的模量通常比较低,因而坝壳沉降稳定快,心墙沉降稳定慢,或坝壳的沉降速度大于心墙的沉降速度,同时心墙的沉降量较大,坝壳沿心墙上下游面对心墙有向上顶托的作用,从而导致心墙竖向应力降低,稳定或沉降慢的坝壳将阻止心墙继续沉降。由于拱效应的存在,使得施工期末心墙土料的垂直压力较低。通常认为,这种现象严重时,会直接在心墙中产生水平裂缝。即使不产生水平裂缝,在水库蓄水时,心墙中局部位置的孔隙水压力可能超过心墙该位置处的原有总应力,导致心墙在水压力的作用下被劈裂开来,这就产生了通常所谓的心墙水力劈裂现象。

　　由图 6 可见,施工期末坝体的竖向位移最大值为 0.618 m,发生在心墙的中下部。分

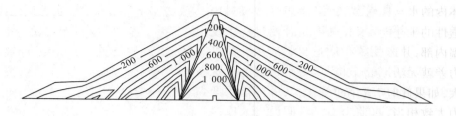

图5 竣工期坝体的竖向应力分布等值线图 （单位:kPa）

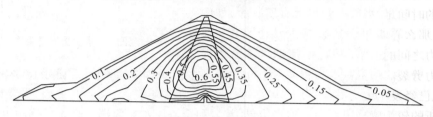

图6 坝体的竖向位移等值线图 （单位:m）

层加载,使得计算结果符合工程的实际。

图7给出了施工期末的坝体内孔压分布。可见,由于心墙渗透系数较低,心墙周边主要以堆石体和覆盖层为主,渗透系数都是很大,相对于黏土心墙体来说,相当于一个透水边界,施工速度较快,使得施工期末心墙固结远远没有完成,孔隙水压力没有得到很好的消散,心墙中存在较大的超静孔隙水压力,并且分布为闭合的环形等势线,其中最大孔隙水压力分布于心墙体底部 1/3 ~ 1/4 间,最大值为 170 kPa。

4.2 蓄水过程分析

蓄水期分析计算结果见图8 ~ 图13。

图8 ~ 图11 说明水位开始上升,竣工期形成的孔隙水压力等势线在左下角被破坏,但是右边部分由于在浸润线

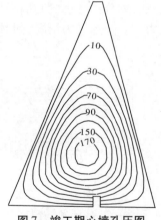

图7 竣工期心墙孔压图
（单位:kPa）

以上,没有受到水位上升的影响,孔压等势线还大致保持着原有图形。图12 给出了稳定渗流期孔压分布情况,此时是蓄水 6 个月模拟的结果,可见稳定渗流期,心墙体内原有的竣工期孔压分布被完全破坏,渗径达到了一个稳定的结果,浸润线也不再产生变化,此时心墙的孔隙水压力分布比较均匀,等势线之间的间距比较大,也就是没有形成过大的水力梯度。图13 给出了在高程 2 820 m 处第 8 天由心墙上游面向心墙内部同一水平 2 m 处的孔压分布情况,从数值上可以看出,在蓄水过程中,心墙面与心墙面附近的心墙体内的孔隙水压力存在着较大的孔压差,心墙面的孔压比较接近作用于心墙面上的水头,在不断深入到心墙内部时,由于心墙的渗透系数很小,水来不及入渗到心墙内部的土体中,所以距离心墙面越远,孔隙水压力就越小,也就是说,心墙内部的孔压虽然也在上升,但是其上升的速度要比心墙面上升的速度小得多,心墙内部的孔隙水压力还远远没有达到稳定渗流时候的水平,这主要是由于心墙料渗透性低和墙前水位上升快所致。水压力的突变是由

于墙体内的水与迎水面的水不相连通,外部水要渗流进心墙内部需要一个长期的过程,是低渗透性的土才能实现。如果心墙为渗透性很大的土体,如砂性土,则迎水面的水很快渗入心墙内部,并形成稳定渗流,则心墙内部孔压就会跟着迎水面的水头变化,心墙内外水头压力差就无法形成,心墙渗透性愈低,上游水压力愈难传入心墙内部,水压力突变的幅度愈大,如果此时心墙存在着裂隙或者缺陷,那么此时裂隙中的孔隙水压力就和迎水面的水压力大致相当,此时正如前面分析所说,在裂隙和非裂隙心墙之间就存在了一个非常大的水力梯度,当水力梯度足够大时,发生水力劈裂的可能性才愈大。如果水位上升达到预定高度的时间足够长,上游的水有足够的时间渗入心墙的内部,使其心墙内部的孔隙水压力上升,那么心墙即使存在裂隙或缺陷,此时裂隙和缺陷的孔隙水压力与非裂隙心墙的孔隙水压力之间的差值就很小,裂隙与非裂隙间土体的水力梯度幅度也就大大降低,就不会发生水力劈裂。可见,水力劈裂要发生必须是在蓄水期,并且需要足够快的蓄水速度。实际上,从已经发生水力劈裂的坝体来看,水力劈裂都发生在蓄水初期,多为半年以内,这与我们分析的较为吻合。

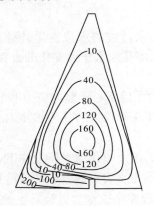

图8　第1天蓄水心墙内的孔压
分布图　(单位:kPa)

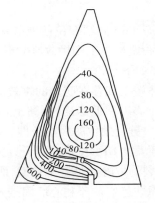

图9　第3天心墙内的孔压
分布图　(单位:kPa)

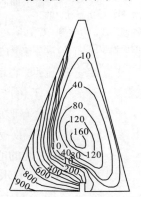

图10　第5天心墙内的孔压
分布图　(单位:kPa)

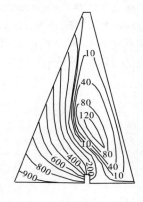

图11　第10天蓄水心墙内的孔压
分布图　(单位:kPa)

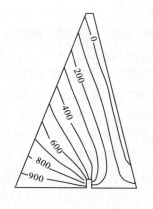

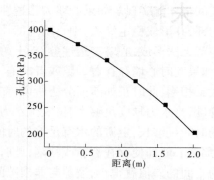

图 12　稳定渗流期心墙内的　　　　　图 13　第 8 天高程 2 820 m 迎水面边
　　　　孔压分布图　（单位：kPa）　　　　　　　缘孔压变化曲线　（单位：kPa）

5　结语

　　本文基于 Boit 固结理论的有效应力法，结合蓄水过程的水位变化，模拟计算了九龙河某水电站心墙坝竣工期拱效应的形成以及心墙内部孔隙水压力变化的过程。通过上述分析，可得出如下结论：

　　（1）坝体竣工期存在明显的拱效应，在拱效应的作用下心墙竖向应力明显减小。

　　（2）由于心墙的低渗透性，黏土心墙在蓄水期存在着较大的孔隙水压力梯度，因此压力梯度是水力劈裂发生的根本条件。

　　（3）由于蓄水期水位快速提升，心墙内部形成了较大的孔隙水压力梯度，所以心墙坝发生水力劈裂的危险期是蓄水初期，而稳定渗流期不是水力劈裂发生的危险期。

　　（4）考虑非稳定渗流和心墙固结效应能够更合理地模拟水力劈裂发生的条件。

参考文献

［1］白永年，关德斌，王洪恩，等．土坝坝体劈裂灌浆技术［M］．北京：水利水电出版社，1987．
［2］王俊杰，朱俊高，张辉．关于土石坝心墙水力劈裂研究的一些思考［J］．岩石力学与工程学报，2005，24（S2）．
［3］李全明，张炳印，于玉贞，等．土石坝水力劈裂发生过程的有限元数值模拟［J］．岩土工程学报，2007（2）2-29．
［4］殷宗泽，朱俊高，袁俊平．心墙堆石坝的水力劈裂分析［J］．水利学报，2006，37（11）．

未按设计施工成因病险小型水库
工程典型实例分析与评价

李宏恩 何勇军 范光亚

（水利部大坝安全管理中心 南京 210029）

摘要：小型水库工程建设应特别重视建设期施工的规范化与科学化。本文介绍了一个因未按设计施工引起水库工程渗流和结构问题的典型实例。在工程现场检查、地质勘察、大坝渗流安全分析、结构稳定分析、抗震安全分析的基础上，对该水库工程安全现状进行了综合分析与评价。分析结果显示：由于该工程未按设计要求进行施工，直接导致该工程结构不完整，大坝渗透安全性、结构安全性及抗震安全性均不满足要求，大坝安全监测等工程管理设施欠缺，可归为"三类坝"，在除险加固前，应限制蓄水，加强巡查，做好预案。

关键词：除险加固 小型水库 土石坝 分析评价 典型实例

1 引言

我国现有水库8.5万多座，病险水库超过3万座，数量巨大。我国大部分病险水库出险是因为修建于特殊历史时期，多为"三边"工程，水库建设先天不足，受当时特定的历史原因和经济、技术条件的限制，大多数工程标准低，质量差，同时在建成后管理不完善，工程运行维修养护经费无正常投入渠道，工程更新改造、除险加固经费投入不足等，导致病险水库大量存在，部分水库存在严重隐患，带"病"运行，严重危及工农业生产和人民财产安全。

"1998大洪水"后，国家加大了对病险水库除险加固的投资力度，全国进入病险水库除险加固高潮期，该项工作也成为水利工作的重中之重。第一批约1 500座病险水库得到了除险加固；第二批约2 000座及增补的约6 000座病险水库除险加固工作也已基本完成，在"十二五"期间我国将全面完成小型水库除险加固工作。除险加固的实施为消除防洪体系中的薄弱环节，保障广大人民群众的生命和财产安全发挥了重要作用。此外，为提高新建水库工程建设期的管理水平，保证工程实施的科学、规范，水利部先后出台了多部条例、规程及导则[1-5]。本文详细介绍了一座修建于2007年，未按设计施工、运行，即出险的小型土石坝工程，并对其病险成因及大坝安全进行全面分析与评价，旨在总结工程经验教训，为今后修建类似小型水库工程提供技术指导和支撑。

2 工程概况简述

某小（1）型水库设计库容968万 m^3，防洪标准按30年一遇洪水设计，300年一遇洪

作者简介：李宏恩，男，1982年生，博士，主要从事大坝安全监测与评价方面的研究。

水校核。工程修建的目的是解决邻近工业区的生产、生活用水问题,改善周边的生态环境。大坝为碾压式均质土坝,设计最大坝高 25.95 m,坝顶长 941 m,坝顶宽 6 m,上、下游筑坝材料为当地粉土、轻壤土,坝轴线建基面附近设置黏土截水槽,基岩采用帷幕灌浆做防渗处理,坝体下游设置褥垫、棱体及贴坡相结合的排水方式,坝体上游坡面采用干砌石护坡,下游坡面为砂砾石护坡。大坝原设计典型断面见图1。然而在大坝实际施工过程中,取消了下游褥垫排水及排水棱体,且仅在坝基沿坝轴线 50~100 m 范围内进行了局部帷幕灌浆处理,大坝现状典型断面如图2所示。

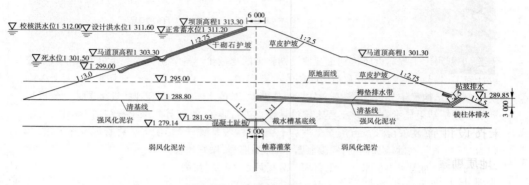

图1　大坝原设计 0+300 m 断面结构图 　（单位:m）

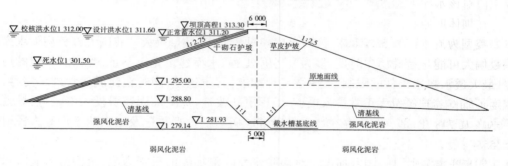

图2　大坝现状 0+300 m 断面结构图 　（单位:m）

该工程建设时间短,工程管理不规范,2007 年 11 月开工建设,2008 年 6 月便进行了初期蓄水,蓄水后在大坝左岸坝体及岸坡处出现较为严重的坝体、坝基及绕坝渗漏现象,如图3、图4所示;2008~2011 年间,上游坡面水位变化区在风浪及冰冻作用下,部分块石护坡遭到破坏,逢强降雨,下游砂砾石护坡破损严重。经现场检查,该水库存在的主要问题包括:

（1）未按设计施工,大坝清基不彻底,直接修建在强风化泥岩上,导致坝基渗漏严重;褥垫层、棱体、贴坡等排水设施未在施工过程中实施,坝体存在严重的安全隐患。

（2）左岸坝肩渗漏量大,近坝脚处渗漏冲蚀,影响坝体稳定。

（3）大坝自建成尚未经历高水位运行考验,若继续蓄水,大坝所存在的渗漏问题将随着水位的升高而变得更加严重。

（4）两岸岸坡岩体为强风化泥岩,强度较低,未进行工程处理。

（5）工程无安全监测设施和水文测报系统；工程建设、管理混乱，无地质勘察、设计变更及工程竣工验收等重要资料。

图3　坝脚局部渗漏点　　　　　　　　图4　绕坝渗漏位置

3　未按设计施工后果分析

3.1　地质勘察

为掌握大坝实际填筑质量，获取后续渗流、结构计算参数，通过钻探、现场及室内试验等手段对该水库大坝进行了地质勘察。

在坝体取原状土样20组进行物理力学试验，试验结果表明，坝体砂壤土渗透变形的主要类型为流土，允许渗透坡降为0.25，渗透系数为 $2.48 \times 10^{-4} \sim 4.24 \times 10^{-4}$ cm/s，渗透系数偏大可能是造成坝体渗漏的原因；通过坝基压水试验，坝基上部存在大于10Lu的岩层，最大透水率达到24.6Lu，这可能是形成坝基及绕坝渗漏的重要原因；坝体存在着压实密度不均匀，干密度指标相差较大，变化范围在 $1.52 \sim 1.64$ g/cm^3 之间，孔隙比在 $0.630 \sim 0.748$ 之间。在坝体中取击实样2组，经室内试验结果：其最优含水量平均为15.55%；最大干密度指标平均为 1.805 g/cm^3，按压实系数0.96乘以最大干密度计算，坝体压实后干密度应为 1.732 g/cm^3。在坝体20组原样中，干密度没有一组达到1.732 g/cm^3 以上的。按干密度平均值 1.58 g/cm^3 计算，压实度仅为0.87。大坝各分区材料计算参数建议值见表1，材料强度为有效应力指标。

表1　大坝各分区材料计算参数建议值

材料序号	部位	渗透系数（cm/s）	天然容重（kN/m^3）	c'（kPa）	φ'（°）
1	坝基弱风化层	2.48×10^{-4}	25.8	28.0	29.0
2	坝基强风化层	4.24×10^{-4}	21.8	20.0	29.0
3	帷幕灌浆	1.0×10^{-5}	25.8	30.0	29.0
4	褥垫排水	3.9×10^{-2}	20.0	0.0	30.0
5	棱柱体排水	5.0×10^{0}	19.0	0.0	35.0
6	截水槽	2.70×10^{-4}	21.0	15.0	25.0
7	坝体	2.6×10^{-4}	18.4	8.95	25.1

3.2 大坝渗流安全评价

3.2.1 有限元渗流计算

由于该水库无安全监测设施,因此采用有限元方法对大坝进行渗流计算,进而评价大坝的渗流安全性是一个简单易行的途径[6]。分别对正常高水位、设计洪水位、校核洪水位下的大坝渗流稳定性进行了计算分析,计算成果可为大坝的抗滑稳定计算提供依据。为评估该水库未按设计要求实施渗流控制措施对大坝渗流及结构安全的影响程度,分别对大坝现状和原设计情况的渗流稳定性进行了计算分析,各筑坝材料参数仍采用此次地质勘察所得参数进行计算分析。

选取最大坝高所在位置的 0 + 300 m 断面,采用二维有限元渗流模型进行计算。根据大坝 0 + 300 m 典型断面的设计图并考虑大坝现状情况,采用三角形和四边形混合单元对其进行了剖分,相应的材料分区及离散的有限元网格见图 5、图 6,其中图 5 为按设计要求考虑排水设施的大坝典型断面有限元网格图,当考虑大坝现状进行计算时,将该网格中的褥垫、排水棱体分区替换为坝体材料,帷幕灌浆分区替换为对应位置的地基材料。

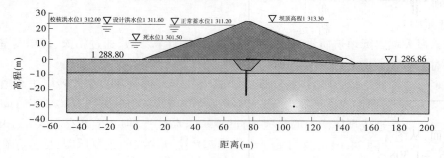

图 5   按设计要求考虑排水设施的 0 + 300 m 断面有限元网格图

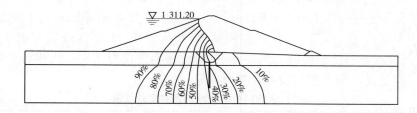

图 6   按设计要求考虑排水设施 0 + 300 m 断面在正常蓄水位工况下位势分布图   (单位:m)

大坝各分区材料渗透系数采用表 1 中的地质勘察参数建议值,渗流计算得到大坝 0 + 300 m断面在三种工况下的坝体与坝基的位势分布如图 6、图 7 所示,大坝相应部位的渗流要素见表 2。

3.2.2 渗流计算成果分析及大坝渗流安全评价

从图 6 按设计要求考虑排水设施情况坝体浸润线计算成果看,在大坝 0 + 300 m 典型断面考虑排水设施情况时,在截水槽、坝基灌浆的防渗作用下,结合深入坝体的褥垫层、坝脚棱体及贴坡的联合排水作用,坝体内位势衰减较快,大坝防渗及排水体系效果明显,下

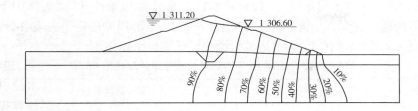

图7　大坝现状0 + 300 m 断面在正常蓄水位工况下位势分布图　（单位:m）

游坡出逸点位置均位于排水棱体顶高程以下接近下游地面高程,且下游出逸部位的水平坡降为0.01,远小于允许出逸坡降(0.25),因此若该水库工程按设计进行防渗及排水设施施工,即使大坝填筑质量保持现状,坝体防渗及下游坝坡出逸位置的安全性也是基本有保证的。

表2　渗流要素成果

计算断面	库水位	下游坝坡出逸点高程(m)		下游坝脚出逸坡降		允许出逸坡降	坝基日单宽流量(m³/(d·m))	
		考虑排水设施	大坝现状	考虑排水设施	大坝现状		设计	实际
0 + 300 m	正常蓄水位	1 286.86	1 306.60	0.01	1.60	0.25	6.40×10^{-2}	2.34
	设计洪水位	1 286.86	1 307.37	0.01	1.64		6.59×10^{-2}	2.39
	校核洪水位	1 286.86	1 308.15	0.01	1.67		6.78×10^{-2}	2.44

然而,从图7大坝现状情况下的坝体浸润线计算成果看,下游坝坡出逸点高程在1 306.6 ~1 308.15 m 之间,坝内浸润线较高,下游坡出逸点位置均位于大坝下游坡上部,且出逸部位的水平坡降约为1.6,已大于允许出逸坡降(0.25),大坝下游坡极易发生渗透破坏,这与现场检查所发现的问题相吻合。此外,由于大坝现状没有有效的截渗和排水设施,客观上导致了大坝渗流场位势衰减较慢且坝内浸润线较高的现状。因此,从渗流计算成果看,大坝现状的坝体防渗及下游坝坡出逸位置的渗流安全性是无保证的,存在严重的渗流安全问题。

从表2的渗漏量计算结果看,当库水位升至正常蓄水位时,取平均值得到大坝现状下的坝基日单宽流量约为1.95 m³/(d·m),是按设计要求考虑排水设施情况坝基日单宽流量(5.90×10^{-2} m³/(d·m))的33倍。若坝长以941 m计,则大坝坝基日渗漏量约为1 834.95 m³,年渗漏量约为67×10^4 m³,水库渗漏损失大,大坝坝基防渗能力不足。

综合现场检查及渗流有限元的计算成果分析,该水库大坝坝体防渗体较差,坝体及坝基渗透稳定性不满足要求,大坝渗漏严重。实际施工中未按设计要求对大坝截水槽下坝基进行全面帷幕灌浆,未设置褥垫层、棱体及贴坡等排水设施,存在严重的渗流安全隐患。

3.3　结构安全评价

3.3.1　大坝结构计算

采用条间作用力的简化毕肖普法[7]对大坝现状及按设计要求设置排水设施情况下的坝体上、下游坝坡稳定进行了计算,计算过程中考虑了前述渗流场的影响。除正常运用条件外,还计算了非常运用条件Ⅰ(校核洪水位)、非常运用条件Ⅱ(地震作用下,坝址区地震动峰值加速度为 $0.2g$,基本烈度为 8 度)下的上、下游坝坡稳定。大坝各分区材料计算参数建议值见表1,坝体上、下游边坡抗滑稳定计算成果见表3。

表3　坝体上、下游边坡抗滑稳定计算成果

计算断面	工况		最小安全系数				允许安全系数
			上游坝坡		下游坝坡		
			考虑排水设施	大坝现状	考虑排水设施	大坝现状	
0+300 m	正常运用条件	正常蓄水位	2.535	2.177	1.657	1.103	1.25
		设计洪水位	2.549	2.192	1.657	1.099	
		死水位	1.955	1.804	1.658	1.422	
	非常运用条件Ⅰ	校核洪水位	2.565	2.204	1.657	1.092	1.15
	非常运用条件Ⅱ	正常蓄水位	1.129	1.009	1.065	0.726	1.10
		设计洪水位	1.131	1.011	1.065	0.725	
		死水位	1.087	1.016	1.065	0.937	

3.3.2　结构计算成果分析及大坝结构安全评价

从表3的坝体上游坝坡抗滑稳定的计算成果看,正常运用条件及非常运用条件Ⅰ下,大坝上游坝坡无论在按设计要求考虑排水设施还是大坝现状情况下的最小安全系数均满足要求,这是由于水压力作用于上游坡,大坝上游坝坡的抗滑力远大于因大坝自重产生的滑动力,一般不存在整体滑动问题,大坝上游坝坡的抗滑稳定安全性是基本有保证的;非常运用条件Ⅱ下,在按设计要求考虑排水设施情况下,大坝 0+300 m 断面死水位下上游坝坡最小安全系数不满足要求,而大坝现状下,最小安全系数均小于允许安全系数,可见大坝上游坝坡的抗震安全性是无保证的。

从下游坝坡抗滑稳定计算成果看,在正常运用条件及非常运用条件Ⅰ,按设计要求考虑排水设施的条件下,各工况的最小安全系数均满足要求,而大坝现状下,各工况均不满足要求,可见现状条件下大坝下游坝坡的抗滑稳定安全性是没有保证的,当库水位达到或超过正常蓄水位时,大坝下游坝坡存在结构稳定问题。

综合大坝上、下游坝坡稳定计算成果分析,该水库大坝出现较为严重的坝坡稳定性问题的根本原因是:大坝防渗体系作用有限造成坝内渗流场浸润线较高,孔隙水压力的存在造成土体有效应力降低,直接降低了土体抗滑力,进而导致大坝下游坝坡稳定性不满足要求。

4　结语

该水库工程未按设计要求进行施工,工程结构不完整,实际施工中未按设计要求对大坝截水槽下坝基进行全面的帷幕灌浆,未设置褥垫层、棱体及贴坡等排水设施,导致大坝渗透安全性、结构安全性及抗震安全性均不满足要求。此外,大坝安全监测等工程管理设施欠缺,按《水库大坝安全评价导则》的有关规定,该工程可归为"三类坝"。

久治不愈的病险水库虽然有其复杂的社会历史和经济技术原因，但是近年来，由于水库工程建设期的管理不规范，长官意识和盲目追求建设进度造成的病险水库并不鲜见，造成了很大的投资损失，同时，病险水库的存在严重危及水库下游地区的公共安全和人民生命财产安全。因此，在水库施工过程中，尤其针对小型水库工程，应严格执行《水库大坝安全管理条例》和《水利水电建设工程验收规程》的有关规定，完成工程分部、分项验收，蓄水验收及竣工验收等必要程序；建立健全水库安全管理规章制度，编制水库调度运行方案，建立大坝定期安全检查、鉴定制度。对于已除险的水库，应对工程存在的问题及时进行除险加固，消除隐患，以确保水库大坝安全并正常发挥水库效益；除险加固前，应限制蓄水，加强人工巡视力度，发现问题及时处理；设置必要的变形及渗流监测设施，及时掌握大坝实际安全性态；同时应考虑工程地理位置的重要性，根据《水库大坝安全管理应急预案编制导则》制定水库突发事故应急预案。

参考文献

[1] 水库大坝安全管理条例,中华人民共和国国务院令第 78 号,1991. 3. 22 实施
[2] 中华人民共和国水利部. SL 233—2008 水利水电建设工程验收规程[S].
[3] 中华人民共和国水利部. 水库大坝安全鉴定办法[S].
[4] 中华人民共和国水利部. SL 258—2000 水库大坝安全评价导则[S].
[5] 中华人民共和国水利部. 水库大坝安全管理应急预案编制导则(试行).
[6] 毛昶熙. 渗流计算分析与控制[M]. 2 版. 北京:中国水利水电出版社,2003.
[7] 王世夏. 水工设计的理论和方法[M]. 北京:中国水利水电出版社,2000.

水工渗流计算软件可视化编程研究

李　斌　诸葛梅君　宋志宇

（黄河勘测规划设计有限公司　郑州　450003）

摘要：针对渗流计算软件的可视化问题，编制了既可进行饱和渗流计算，又可针对非饱和情况进行计算的 Fortran 有限元程序 Femkit_seepage，解决了 Fortran 与 C#混合编程参数传递等方面技术问题，文中着重介绍了基于图形类库 VTK 开发前后处理功能的关键技术。

关键词：渗流计算　可视化　VTK 图形类库　有限元　混合编程

1　引言

渗流问题是水利水电工程中普遍考虑的一个问题，在实际工程中也具有很重要的意义。对于渗流问题，最主要的是确定渗流场的分布，如渗流自由面位置、流量、溢出点等信息。渗流场求解主要有解析解法、试验模拟法和数值解法等三种方法。随着电子计算机技术的高速发展，有限元、有限差分、边界元等数值解法成为计算渗流场分布的主流算法，其中又以有限元法应用更为广泛。

对于一般渗流问题，国外目前专门用于渗流分析的软件有 flow3d、modflow、seep/3d 等，国内真正的商业软件有理正岩土计算软件包。国内如中国水利水电科学研究院、南京水利科学研究院、长江科学院、黄河水利科学研究院、中国科学院力学所、武汉大学、河海大学等都针对渗流研究开发了应用软件。很多时候，计算是属于"黑箱"操作，出现计算问题的时候想调整或查找原因也很困难，所开发的软件多应用于自身的研究工作，其通用性和易操作程度都比较欠缺，后处理都借用 Tecpolt、Surfer、Matlab 等科学类绘图软件来处理，使用时会受到这样或那样的限制。

本文围绕渗流计算软件开发过程中的可视化问题，介绍了 Fortran 与 C#混合编程问题等方面的关键技术，说明了基于图形类库 VTK 开发前后处理功能所涉及的问题，供各位同行参考。

2　Fortran 与 C#混合编程问题[1-3]

渗流计算的主程序是用 Fortran 语言编制完成的，能充分发挥 Fortran 语言在高性能计算方面的专长，减轻了重新编写的复杂度和工作量，缩短了系统的开发周期。用 C#语言进行界面开发具有方便、高效、后期维护简单等特点，便于工程分析计算软件开发人员将更多的精力放在工程理论计算的完善和实现上。因此，利用 C#语言和 Fortran 语言混合编程，一方面可以扬长避短，充分发挥两种语言各自的优势；另一方面可以共享利用两种语言领域的大量资源，更好地为工程分析计算软件的开发服务。

本文采用动态链接库的技术来实现两种语言的混合编程,下面从 4 个方面探讨 Fortran 与 C#在调用约定上的协调问题。

2.1 堆栈管理约定

C#语言在 Windows 平台上的调用模式默认为 StdCall 模式,即由被调用方清理堆栈。而 Fortran 语言则默认由调用方清除。因此,两者必须统一才能保证两种语言间的正常函数调用。

在 Fortran 语言中通过编译器的通用编译指令"! DEC $"来实现:

! DEC $ ATTRIBUTES STDCALL∶∶ABC

! DEC $ ATTRIBUTES C∶∶ABC

第一条语句中的 STDCALL 模式指定由被调用方清除堆栈,第二条语句中的 C 模式声明由主调函数清除堆栈(但在传递数组和字符串参数时不能用此方法指定)。

在 C#语言中,则需要在 DllImport 属性中设置 CallingConvention 字段的值为 Cdecl 或 StdCall:

[DllImport (" FileName. dll" , CallingConvention = CallingConvention. Cdecl)]

[DllImport (" FileName. dll" , CallingConvention = CallingConvention. StdCall)]

2.2 命名约定

命名约定的协调是指两种语言经编译器编译后相互匹配的标识符应保持一致。C#语言是区分大小写的,而 Fortran 语言则不区分。

为协调两种语言间的命名约定,可利用 Bind 属性来声明 Fortran 内部对象供外部程序调用时使用的名称。例如,将子例程的名字 Subnam 和函数的名字 Funname 分别声明为外部调用时的 ext_Name1 和 ext_Name2,可以分别用如下语句:

SUBROUTINE SUBNAME ( ) BIND (C, NAME = " ext_Name1")

FUNCTION FUNNAME ( ) BIND (C, NAME = " ext_Name2")

假设上述例子已被编译到 FileName. DLL 库文件中,那么在 C#语言中只要加入如下语句来声明这 2 个外部函数即可对其进行调用,声明语句如下:

[DllImport(" FileName. dll")]

Public static extern void ext_Name1( ) ;

[DllImport(" FileName. dll")]

public static extern type   ext_Name2 ( ) ;

上述语句中的 type 为 ext_Name2 的值类型。

2.3 参数传递约定

参数传递约定包括两种语言之间的数据类型和数据存储结构是否相符,参数传递是通过传值还是传址来实现等。Fortran 中参数传递的方式与调用约定和数据类型有关。在默认约定下,Fortran 以传址方式传递所有类型的参数;在 C 或 STDCALL 约定下,参数采取传值传递(仅用于标量、数组和字符串除外)。此外,在 Fortran 的调用约定之外,还可规定参数拥有 Value 和 Reference 属性,以使参数分别以值方式和引用方式传递,此时,调用约定对参数传递施加的影响被覆盖。例如:

SUBROUTINE SUBNAME (Var1 , Var2) BIND (C, NAME = " ext_Name1")

```
! DEC $ ATTRIBUTESVALUE∷Var1
! DEC $ ATTRIBUTESREFERENCE∷Var2
INTEGER（C_LONG）∷Var1
REAL（C_FLOAT）∷Var2
……
END SUBROUTINE
```

其中,调用约定采用缺省约定;Value 属性将参数 Var1 规定为传值传递;Reference 属性将参数 Var2 规定为传址传递。

在 C#语言中,其数据类型可分为值类型(包括结构、数值和布尔类型)和引用类型(字符串、类、委托、对象等类型),值类型在函数参数传递时采用传值方式,而引用类型在函数参数传递时采用传址方式。同时,在 C#中还可应用 ref 和 out 关键字来限定参数,使其按传址方式传递,且其区别是:用 ref 关键字时参数在传递前必须先初始化,而在用 out 关键字时参数在传递之前不需要显式初始化。以前面子例程名为 SUBNAME 的 Fortran 代码为例,与其相对应的 C#函数的声明代码如下:

public static extern void ext_Name1（intVar1,ref floatVar2）;

或 public static extern void ext_Name1（intVar1,out floatVar2）;

而在 C#函数体内对这个外部函数的调用如下:

ext_Name1（Var1,refVar2）或 ext_Name1（Var1,outVar2）。

2.4　数组和字符串参数的协调

在现有的用 Fortran 编制的计算源码中,数组和字符串参数在函数和子例程之间的传递是一个比较普遍的问题。而在与 C#的混合编程中,由于两种语言在数组的存储结构和字符串的编码方案之间存在着较大的差异,因此必须协调这两类参数的传递,字符串可以看做是由字符组成的数组。

在两种语言中,数组在内存中都是线性连续存储的,不同的是,在 Fortran 语言中,数组采用按列优先的存储方式,而在 C#语言中采用的是按行优先的存储方式。因此,在用传址方式传递数组参数时,必须在传送前对数组做一个类似于矩阵转置操作的变换,使行列的存储位置对调。下面代码中的数组 A 和 a 分别是在 Fortran 和 C#语言中声明的相互匹配的数组类型:

INTEGER∷A(18,3∶7,＊)

int a[ ][5][18]

而对于两种语言中字符串参数的协调处理则稍显复杂。C#中字符串以 null 值来表示字符串的结束,Fortran 中则采用在字符串最右端添加空格的方式表示字符串的结束,并在其后使用一个隐藏的参数表示实际长度;此外,Fortran 语言对中文字符的支持依赖于编译器。而 C#语言中所采用的字符编码为 Unicode,对中文字符能实现语言层上的支持。因此,当字符串参数由 Fortran 传回 C#时,可利用 .NET 环境下 C#自身提供的函数来逐字符地将 ASCII 码转换成 Unicode 码。而对于字符串由 C#传入 Fortran 时,可以在 C#代码中添加一个整数型的参数表示字符串的长度。假设 Fortran 内有子例程 SUBNAME 为:

SUBROUTINE SUBNAME（str）Bind（C,NAME = "SubName"）

```
! DEC $ AttributesDllexport∷Write2
Use ISO_C_BINDING
CHARACTER∷str * （ * ）
……
END SUBROUTINE
```

则在 C#内声明与上述子例程匹配的外部函数为：

```
public static extern void SubName（string str, int strlen）;
```

需特别指出的是：在 C#内获取的用于传到 Fortran 内的字符串长度参量 strlen，并非按 Unicode 码格式获得，而应该是根据系统的当前 ASCII（或 ANSI）代码页的编码得出字符串长度值。可用如下语句获得：

```
strlen = UnicodeEncoding Default GetByteCount（str）。
```

3 基于 VTK 的前后处理软件开发[4-8]

本文采用 VTK 作为可视化技术开发接口。

VTK 是一个面向对象的系统，提供的类库几乎覆盖了可视化中所有重要的算法，不仅具有强大的可视化功能，而且具备强大的图像处理功能，能够对标量场、矢量场，以及张量场数据进行重建。

使用 VTK 的关键是要对基本的对象模型有良好的理解。VTK 中主要包含两种主要模型：图形（Graphics）模型和可视化（Visualization）模型。

3.1 图形（Graphics）模型

图形模型主要是将数据集的几何形状展示为直观的三维图形，并对角色、照相机、绘制窗口等属性进行设置和操作，完成图像绘制和与用户交互的功能，实现对图形绘制。

（1）绘制窗口（Render Window）。窗口类（vtkRenderWindow）负责打开一个窗口，管理打开的窗口资源以及该窗口在屏幕上的位置，使用底层的图形图像显示函数库，将图形、图像显示到该窗口。一个绘制窗口可以包含多个绘制器，这样在一个窗口中就可以同时显示几个不同的场景，这样的设计对于在一个窗口中比较可视化的效果是非常有效的。

```
renWin = New  vtkRenderWindow（）;
renWin. AddRenderer(ren1);                    //关联图像绘制器 1
renWin. AddRenderer(ren2);                    //关联图像绘制器 2
renWin. Render（）;                            //开始绘制
```

（2）图像绘制器（Renderer）。它是图形绘制类对象，主要控制该图形或图像数据的空间坐标系，控制它们在窗口中的显示区域，该类还可以设置相机坐标，控制显示图形图像的平移、旋转、缩放等操作，可以通过该类设置显示背景、光照等参数，用于控制绘制过程，包括灯光、照相机、角色等。

```
ren = New  vtkRenderer（）;
ren. AddActor(actor);                          //添加角色
ren. AddLight(light);                          //添加光源
ren. GetActiveCamera(camera);                  //设置当前照相机
```

（3）绘制交互器（Render Interactor）。它主要用于实现与绘制窗口的用户交互，对鼠标和键盘操作的响应。

```
iren = New    vtkRenderWindowInteractor ( );
iren. SetRenderWindow( renWin );                    //与绘制窗口关联
iren. SetInteractorStyle( OwnStyle );               //设置交互方式
```

（4）映射（Mapper）。它代表了场景中图形实体的几何形状，它和图形设备中的可视化管道相联系，并通过一个向上对照表（vtkLookupTable）来映射数据，给数据着色。

```
Mapper = New vtkPolydataMapper ( );
Mapper. SetLookupTable( lut );                      //指定查找表
Mapper. SetInput( plane. GetOutput( ) );            //设定输入
Mapper. SetScalarRange( 0. 15 ,0. 5 );              //设定属性最大值和最小值
```

（5）角色（Actor）。指场景中所要绘制的图形实体。

```
actor = New vtkActor ( );
actor. SetMapper( mapper );                         //设置相关联的映射器
actor. GetProterty( ). SetOpacity( 0. 5 );          //设置实体的透明度属性
```

（6）属性（Property）。用于设置 Actor 的颜色、亮度、纹理图、绘制方式和阴影方式等表面属性，其中，主要是控制显示实体的透明度、环境光照系数、漫反射系数、镜面系数和镜面光强度等。

```
actor. GetProperty( ). SetOpacity( 0. 25 );         //设置透明度
actor. GetProperty( ). prop. SetAmbient( 0. 5 );    //设置环境光照系数
actor. GetProperty( ). prop. SetDiffuse( 0. 6 );    //设置漫反射光系数
actor. GetProperty( ). prop. SetSpecular( 1. 0 );   //设置镜面光系数
actor. GetProperty( ). prop. SetSpecularPower( 10. 0 );  //设置镜面光强度
```

3.2　可视化（Visualization）模型

VTK 使用数据流的方法将显示对象的数据信息转换为可由图形子系统绘制的图像数据，这样的结构一般被称为可视化网络（Visualization Network）或可视化管道（Visualization Pipeline）。管道由一系列模块组成，当数据沿着管道流动时，模块对流入数据进行相应的运算，最终将数据处理为可显示在屏幕的图像数据。可视化模型由两种类型的基本对象组成：流程（Process）对象和数据（Data）对象。

数据对象代表信息，是沿可视化管道流动的实际数据，数据对象提供了创建、访问和删除信息的方法。VTK 中的基本数据对象是数据集（Dataset）。

流程对象对输入的数据进行运算，产生新的数据输出，是可视化管道的算法部分。流程可以对输入数据处理后输出新的数据，也可以是仅仅改变输入数据的格式而产生的输出数据。流程对象可以是以下三种类型中的任一种：源（Source）对象、过滤器（Filter）对象和映射（Mapper）对象。

3.3　VTK 中的数据

在 VTK 中，数据集（Dataset）就是指可视化数据。

Dataset 由两部分组成，即组织结构和与之相关的属性数据。组织结构由两部分组

成,即拓扑结构和几何结构。

拓扑结构就是在一定的几何变换(旋转、移动和缩放)下保持不变的属性;几何结构就是拓扑结构在三维空间位置的指定。比如,一个多边形是三角形,指的是它的拓扑结构,而多边形的各点坐标值,指的是它的几何结构。Dataset 的几何结构可以用点(Points)来表示,拓扑结构可以用单元(Cells)来表示。若 Dataset 的点是规则的,那么 Dataset 就是规则的;若单元的拓扑关系是规则的,那么 Dataset 的拓扑结构就是规则的。

4 渗流有限元后处理

渗流有限元的数值解反映的是所求区域内计算网格上结点的水头、空隙水压力、水力梯度等,这些量可分成标量和矢量两大类。对于如水力梯度某单个分量,水头、空隙水压力等标量,典型的可视化方法有等值线法、等值面法、彩色云图法、任意剖面彩色云图法等。对于水力梯度的矢量场,主要的可视化方法是矢量图等方法。

三维有限元后处理模型数据中,结点可以用三维空间中的点来表示,体单元可以用三维空间中的空间体来表示(如四面体和六面体等),从前面描述的 VTK 的数据结构可以知道,有限元模型中完全可以通过合理的组织几何和拓扑结构来实现,在 VTK 实现的数据集中,只有 UnstructuredGrid 可以描述有限元模型中的结点和单元,因此在可视化之前需按照 UnstructuredGrid 数据格式要求来产生有限元模型数据对象。

4.1 云图显示

云图的可视化方法是用明暗相间的彩色图表示流场的分布情况。云图显示主要用于标量值或矢量的分量的显示,通过颜色对照表(vtkLookupTable)将数据映射为颜色,然后显示。在云图显示中,着色场的色彩多少可供使用者选择。标量映射为颜色的实现方法如下:

    lut = New vtkLookupTable ( ) ;
    this. lut. SetNumberOfTableValues(lut_num) ;   #颜色个数
    this. lut. SetHueRange(0. 667,0) ;   #颜色色调
    this. lut. SetSaturationRange(0. 8,0. 8) ;   #颜色饱和度
    this. lut. SetValueRange(0. 8,0. 8) ;   #颜色亮度
    this. filledmap. SetLookupTable(this. lut) ;

类 vtkLookupTable 构造了一个颜色对照表对象,对象设置对照表内颜色的色调、饱和度、亮度和颜色个数,然后由 Mapper 对象 Filledmap 使用。

云图可视化流程如下:首先经过读入模块,把结点数据、单元数据和属性(包括水头场、压力场、流量场)数据存放在 vtkUnstructuredGrid 对象 Seepage 中;利用 SetInput 函数将 Seepage 传入映射对象 Filledmap 中,按上述方法设置颜色特性;利用 SetMapper 函数将 Filledmap 对象传入角色对象 Actor 中,设置相应属性,利用图像绘制器绘制图形。Femkit_seepage 软件的云图显示示例如图1、图2所示。

4.2 剖面等值线图显示

等值线就是剖面内某场变量值相等的点按一定的顺序连接而成的折线或曲线,如渗流场中的等势线,有限元分析中的相关场变量等值线图等。等值线显示图(见图3)具

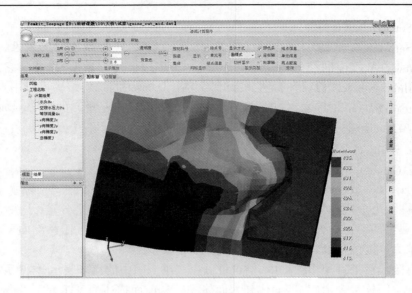

图 1　云图显示

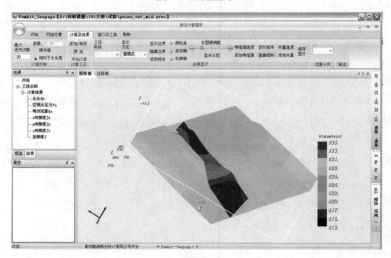

图 2　切面彩色云图显示

有以下性质:①等值线通常是一条光滑连续的曲线;②对给定的某场变量值 Q,相应的等值线数量可能不只一条;③由于定义域有界,等值线可能是闭合的,也可能是不闭合的;④等值线一般不相交。

等值线的显示一般是针对二维平面视图来说的,使用者可以通过对话框设定剖面上的一点和剖面的法线向量来确定要显示等值线的任意剖面,并且可以设置要显示的等值线数据范围和条数。

剖面等值线显示通过设定剖面上一点的坐标和剖面法线利用 vtkCutter 对象提取剖面数据,利用 vtkContourFilter 对剖面数据进行等值线的提取。等值线核心代码实现如下:

```
plane = New    vtkPlane ( );
```

```
plane. SetOrigin( ptx, pty, ptz );                              #设定剖面上的一点
plane. SetNormal( vtx, vty, vtz );                              #设定剖面的法线
cut = New    vtkCutter ( );
cut. SetInput( aa. GetOutput( ) );
cut. SetCutFunction( plane );                                   #设定所要提取的剖面
IsoLine = New vtkContourFiltre ( );
IsoLine. SetInput( cut. GetOutput( ) );
IsoLine. GenerateValues( m_num, m_min, m_max );   #设定等值线条数,属性值范围
```

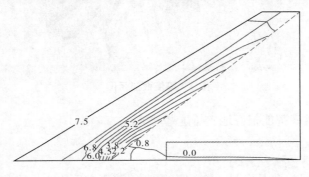

图 3   等值线显示图

4.3   等值面显示图

等值面是指空间中的一张曲面,在该曲面上函数 $F(x,y,z)$ 的值等于某一给定值。准确地讲,是在网格空间中,其中每一结点保存着连续三变量函数 $F(x,y,z)$ 在网格单元 (x_i,y_j,z_k) 上的采样值 $F(x_i,y_j,z_k)$,对于某一给定值 f,等值面是由所有满足方程 $S_f = \{(x,y,z):F(x,y,z)=f\}$ 的点组成的一张曲面。在有限元分析中,等值面显示图(见图 4)可以充分展示三维数据场的分布,给用户直观、清晰的认识。本程序可以通过对话框调节等值面的数据范围和等值面个数。

4.4   矢量图显示

矢量图是一种常用的矢量场显示形式。它用图标的大小和方向来描述场量。在渗流分析中,梯度就是一种矢量。本程序利用 vtkGlyphSource2D 产生箭头图形(源图形),利用 vtkGlyph3D 类,采用浮雕技术,在每个结点上显示箭头图形。梯度的方向用箭头表示,梯度的大小用线段表示,线段长度与位移值大小成比例。浮雕技术的核心代码如下:

```
arrow = vtkGlyphSource2D New( );                               #定义浮雕的源图形
arrow. SetGlyphTypeToArrow ( );
arrow. FilledOff( );
glyph = vtkGlyph3D New( );
glyph. SetInputConnection( aa. GetOutputPort( ) );             #读入模型和向量场数据
glyph. SetSource( arrow. GetOutput( ) );                       #设置浮雕的源图形
glyph. SetScaleModeToScaleByVector( );
```

4.5   其他辅助功能

有限元可视化系统还有其他辅助功能,比如网格线显示、单元收缩、透明度控制、图片

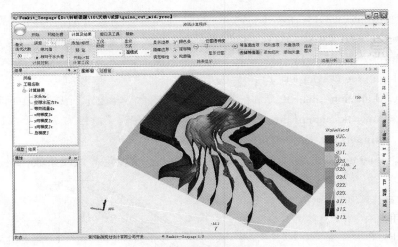

图 4 等值面显示图

输出等功能,VTK 类库都能很好地支持这些功能。

5 结语

渗流计算软件可视化是衡量一个程序优劣的重要方面。本文采用 VTK 图形类库作为开发接口,解决了渗流计算的可视化问题,所编制的水工渗流计算软件 Femkit_seepage 具有操作简单、使用方便的特点,顺应工程人员工作习惯。该程序可以方便地对导入的有限元网格进行各种检查,多种格式的有限元数据导入,智能交互式边界设置,可提供水头、空隙水压力、水力梯度等各种量的云图分布、等值线分布、等值面分布,可提供水力梯度的矢量场分布图,可提供任意位置剖面上的云图、等值线分布等功能,并提供计算结果的各种表格形式表达。本程序也为本行业解决工程渗流问题提供了一种便利手段和解决方案。

参考文献

[1] 周涛,郭占元,郭向荣. FORTRAN 与 C#混合编程在土木工程计算中的应用[J]. 山东交通学院学报,2009.

[2] 朱泰山,王一一,冯国泰. 基于 FORTRAN 与 C#混编数值仿真软件系统的实现[J]. 软件开发与设计,2008.

[3] 邱勇云,邱相武,赵志安. 工程软件中 C++ 与 Fortran 之间数据传递方法研究[J]. 计算机与数字工程,2008.

[4] 何俊裕,楼淑君. 基于 VTK 的有限元后处理系统开发[J]. 中国科技论文在线,2007.

[5] 熊祖强. 工程地质三维建模及可视化技术研究[D]. 中国科学院武汉岩土力学研究所,2007.

[6] 何俊裕. 基于 VTK 的有限元后处理软件开发[D]. 河海大学,2008.

[7] Will Schroeder. The VTK user's guide[M]. Kitware,Inc. 2001.

[8] Will Schroeder. Ken Martin, Bill Lorensen. Visualization ToolKit-An Objected Approach to 3D Graphics [M]. Kitware, Inc. 2002.

渗流稳定性中地下水作用力计算问题探讨

郭培玺[1,2]　程江涛[2]

（1. 河海大学岩土工程技术研究所　南京　210098；
2. 中冶集团武汉勘察研究院有限公司　武汉　430080）

摘要: 正确计算地下水渗流过程中产生的水压力是评价滑坡稳定性的关键,然而目前有关地下水作用力的计算方法存有缺陷。为此,本文在两类地下水压力作用模式的基础上,对现有孔隙水压力和渗透力计算方法的合理性进行了探讨。在此基础上,采用以浸润线和渗流底边界为圆心确定等势线的流网模型对渗透力的计算方法进行了改进。研究表明,在流网模型基础上推导出的地下水作用力计算方法更为合理。

关键词: 滑坡　地下水作用力　孔隙水压力　渗透力　流网

1　引言

工程实践和理论分析表明,大多数滑坡失稳与地下水的作用密切相关。在滑坡稳定性分析中,地下水作用力的计算正确与否直接影响最终的计算结果。如何考虑坡体中地下水的作用力曾引起众多学者的讨论,但目前有关地下水作用力的计算方法多存在某些缺陷或适用范围具有局限性,难以满足实际工程的需要。基于上述问题的考虑,本文在分析前人研究成果的基础上,对现有孔隙水压力和渗透力计算方法的合理性进行了探讨。在此基础上,采用以浸润线和渗流底边界为圆心确定等势线的流网模型对渗透力的计算方法进行了改进。

2　地下水压力作用模式

地下水对岩土体的作用力按力学性质可分为面积力和体积力,其中由孔隙水压力作用于土骨架平面表面上的浮托力和动水压力为面积力;由孔隙水压力作用于土骨架空间表面上的浮力和渗透力为体积力。若以面积力形式计算地下水作用力,此时土骨架将在底边界上受到浮托力,在侧边界上受到动水压力作用,其地下水作用力计算模型如图1所示;若以体积力形式计算地下水作用力,此时土骨架受到浮力和渗透力作用,其地下水作用力计算模型如图2所示。在滑坡稳定性分析过程中,上述两种地下水压力作用模式是等价的,这种等价关系可用格林定理证明。其中前者在稳定性计算时,岩土体应取有效容重,即浸润线以上的岩土体取天然容重,以下岩土体取浮容重;后者浸润线以下部分则取饱和容重。

作者简介:郭培玺,男,1979年生,甘肃兰州人,博士研究生,主要从事岩石力学、地基处理及边坡工程等方面的研究工作。

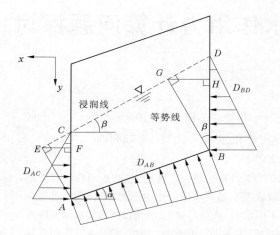

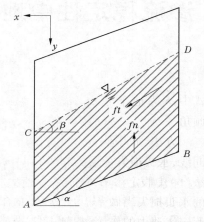

图 1　基于面积力的地下水压力计算模型　　　**图 2　基于体积力的地下水压力计算模型**

3　孔隙水压力计算问题

孔隙水压力计算主要有水深计算法和等势线计算法两种。以图 1 中的 A 点为例,采用水深计算法求得 A 点的孔隙水压力为

$$u_A = \gamma_w L_{AC} \tag{1}$$

等势线计算法通常是根据流网的几何形态特性(流线与等势线垂直)来计算孔隙水压力。工程应用中通常假定地下水的流线方向与浸润线平行,则采用等势线计算法可求得 A 点的孔隙水压力为

$$u_A = \gamma_w L_{AF} = \gamma_w L_{AC}\cos^2\beta \tag{2}$$

根据孔隙水压力的形成机理可知,水深计算法求得的孔隙水压力实质是由孔隙水的自重应力产生的静水压力,而没有考虑孔隙变形作用产生的超静水压力,显然,该方法仅适用于静水环境中(无渗流模式),在渗流模式下,该方法计算的孔隙水压力偏小。等势线假设计算法考虑到了渗流过程中由孔隙变形作用产生的超静水压力,但该方法假设流线方向与浸润线平行,忽略了滑面倾角对流网的影响,当滑面倾角 $\alpha = \beta$ 时,该计算方法显然是符合理论实际的;当 $\alpha > \beta$ 时,该方法计算的孔隙水压力偏大;当 $\alpha < \beta$ 时,该方法计算的孔隙水压力偏小。

4　渗透力计算问题

渗透力实质上是由孔隙变形作用产生的超静水压力通过体积积分得到的,为此可用超静水压力来计算渗透力。根据超静水压力的形成机理可知,渗透力的计算取决于水力梯度的确定。水力梯度是指水沿流线方向上单位长度内所产生的水头损失。由此可见,对于滑坡稳定性分析的条块而言,其水力梯度取决于条块总的水头损失和平均流线,条块的平均流线即为渗透力的作用方向。根据上述计算原理,岩土工程关于渗透力的计算公式主要有以下四种:

$$\begin{cases} f_t = \gamma_w S \sin\beta & (a) \\[4pt] f_t = \gamma_w S \tan\beta \cos\alpha & (b) \\[4pt] f_t = \gamma_w S \sin\dfrac{\beta+\alpha}{2} & (c) \\[4pt] f_t = \gamma_w S \tan\beta \cos\dfrac{\beta+\alpha}{2} & (d) \end{cases} \tag{3}$$

式中：S 为地下水浸润线以下的条块面积；α 为底滑面倾角；β 为地下水浸润线的倾角。

方法(a)中假定渗透力的作用方向平行于地下水浸润线方向,即平均流线平行于浸润线,水头损失采用浸润线的水头损失,显然该方法忽略了底滑面对水头损失的影响。方法(b)中假定渗透力的作用方向为底滑面方向,即平均流线平行于底滑面,但仍把浸润线的水头损失当做条块的水头损失,显然该方法忽略了浸润线对流线的影响。方法(c)中假定渗透力的作用方向为地下水浸润线与底滑面的平均方向,即平均流线平行于渗流平均方向,水头损失采用平均流线上的水头损失,显然该方法属于一种折中计算方法。方法(d)仍采用方法(c)中的平均流线,但水头损失仍采用浸润线的水头损失,显然,该方法属于一种混合计算方法。

5 孔隙水压力与渗透力计算方法的改进

通过前述分析可知,合理计算孔隙水压力与渗透力的关键在于确定与实际相符合的流网。对于滑坡中的条块而言,若底滑面为隔水边界,地下水浸润线和底滑面为两条已知的流线,据此构建的条块渗流模型如图 3 所示。条块渗流模型中的等势线即为以底滑面 AB 和浸润线 CD 两条流线的交点 O 为圆心的圆弧,流线即为指向 O 点的直线。

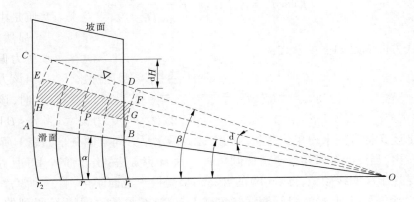

图3 条块渗流计算模型

以浸润线下 A 点为研究对象,其压力水头为

$$h_A = r_2(\sin\beta - \sin\alpha) \tag{4}$$

A 点的孔隙水压力为：

$$u_A = \gamma_w h_A = \gamma_w L_{AC} \frac{\cos\beta\cos\left(\dfrac{\beta+\alpha}{2}\right)}{\cos\left(\dfrac{\beta-\alpha}{2}\right)} \tag{5}$$

通过上式可知,当 $\beta=0$ 时,即为前述水深计算法;当 $\beta=\alpha$ 时,即为前述假定等势线计算法;当 $\beta>\alpha$ 时,前述假定等势线计算法计算的孔隙水压力偏小;当 $\beta<\alpha$ 时,前述假定等势线计算法计算的孔隙水压力偏大,显然该公式更具通用性。

根据动水压力计算原理可知,条块左右两侧边界上的动水压力差为

$$\Delta D = \frac{1}{2}(u_A L_{AC} - u_B L_{BD}) = \gamma_w S_{ABCD}\frac{\sin\beta - \sin\alpha}{\cos\alpha} \tag{6}$$

底部边界上的浮托力为

$$D_{AB} = \frac{1}{2}(u_A + u_B)L_{AB} = \gamma_w S_{ABCD}\frac{\cos\beta(\sin\beta - \sin\alpha)}{\cos\alpha\sin(\beta-\alpha)}$$

取图 3 中的 $EFGH$ 微元体进行分析,则微元体总的水头损失 dH 为

$$dH = (r_2 - r_1)\sin\beta \tag{7}$$

通过积分可得条块的渗透力为

$$f_\tau = \int_{r_1}^{r_2}\int_{\alpha}^{\beta}\gamma_w\sin\beta r\,dr\,d\theta D = \frac{1}{2}\gamma_w\sin\beta(r_2^2 - r_1^2)(\beta - \alpha) = \gamma_w S_{ABCD} \tag{8}$$

通过上式可知,条块渗透力的大小取决于浸润线倾角和渗流区的体积,渗透力的作用方向则可用平均流线的方向确定。由于边界上的动水压力与渗透力在水平方向上是一对反力,其大小相等,假定渗透力的作用方向与水平面的夹角为 β',据此可建立如下关系式:

$$f_\tau\cos\beta' = \gamma_w S_{ABCD}\sin\beta\frac{\cos\left(\dfrac{\beta+\alpha}{2}\right)}{\cos\left(\dfrac{\beta-\alpha}{2}\right)} \tag{9}$$

即平均流线方向满足如下关系式:

$$\cos\beta' = \frac{\cos\left(\dfrac{\beta+\alpha}{2}\right)}{\cos\left(\dfrac{\beta-\alpha}{2}\right)} \tag{10}$$

通过上述 5 种方法求得单位体积内的渗透力沿水平方向上的分量如表 1 所示。通过该表可以看出,当浸润线倾角等于滑面倾角时,5 种计算方法的结果完全相同;方法(a)的计算结果受控于浸润线倾角,方法(b)的计算结果受控于滑面倾角,后三种算法则同时受控于浸润线倾角和滑面倾角,且浸润线倾角越大,计算结果的差别越大;改进算法的计算结果稳定性较好,更具普遍实用性。

6 结语

本文对现有孔隙水压力和渗透力计算方法的合理性进行了探讨。在此基础上,采用以浸润线和渗流底边界为圆心确定等势线的流网模型对渗透力的计算方法进行了改进,

并且通过对比,验证了改进方法的合理性。

表 1　渗透力计算方法对比

浸润线倾角 $\beta(°)$	滑面倾角 $\alpha(°)$	渗透力水平分量 f_{rx}				
		方法(a)	方法(b)	方法(c)	方法(d)	改进算法
20	20	0.321	0.321	0.321	0.321	0.321
	40	0.321	0.214	0.433	0.273	0.301
	60	0.321	0.091	0.492	0.214	0.279
40	20	0.492	0.741	0.433	0.629	0.565
	40	0.492	0.492	0.492	0.492	0.492
	60	0.492	0.210	0.492	0.347	0.420
60	20	0.433	1.529	0.492	1.016	0.706
	40	0.433	1.016	0.492	0.716	0.565
	60	0.433	0.433	0.433	0.433	0.433

参考文献

[1] 毛昶熙,李吉庆,段祥宝. 渗流作用下土坡圆弧滑动有限元计算[J]. 岩土工程学报,2001,23(6):764-752.

[2] 陈祖煜. 关于渗流作用下土坡圆弧滑动有限元计算的讨论之一[J]. 岩土工程学报,2002,24(3):394-396.

三维可视化计算软件GWSS
在地下硐室群复杂渗流场分析中的应用[*]

刘昌军　　丁留谦　　张启义　　张顺福　　廖井霞

（中国水利水电科学研究院　北京　100038）

摘要: 采用IDL语言开发了三维可视化渗流分析软件GWSS,该软件包括系统控制模块、数据管理模块、前处理模块、计算模块、后处理模块和制图输出等六大主模块,各主模块又包含相应的子模块。该软件可实现复杂地质情况的三维地质建模、有限元网格剖分(子结构网格剖分)和后处理显示(二维和三维)等有限元分析的前后处理功能,具有饱和/非饱和、稳定/非稳定渗流场求解子模块,基于子结构的管涌动态发展求解子模块,水气两相渗流耦合分析模块和渗固耦合分析模块等渗流有限元分析程序。详细介绍了GWSS软件的开发框架和流程及软件功能,将该软件应用于某抽水蓄能电站复杂的非稳定渗流场求解分析中。工程实例的应用结果表明:该软件界面友好,三维建模和有限元前后处理的可视化功能强大,计算结果可靠,为水利工程的渗流分析提供了较好的软件应用平台。

关键词: 三维可视化　有限元软件　GWSS　地下硐室群　渗流场

1　引言

随着国内水利工程的快速建设,大型复杂水利工程的渗流有限元分析已经成为工程设计的辅助手段。然而,目前国内外可用于水利工程特有的渗控措施影响的渗流场精细分析的计算软件还比较少。现有的通用三维渗流有限元分析软件在实际工程应用中还存在着诸多不足[2]。水利水电工程和岩土工程的渗流情况特别复杂,特别是在复杂地质条件且布置有复杂防渗排水系统的三维渗流场的分析更加困难,因此结合我国工程特点和工程实际需要,开发一套自主知识产权的渗流有限元分析软件有着迫切的需求[3]。

近几年来,随着计算机技术的发展,市场上出现了许多优秀的通用三维渗流有限元分析软件,如ANSYS、ABAQUS、FLAC、GID、SEEP3D、GMS、FEEFLOW等,由于其友好的人机交互界面,自动剖分功能以及通用性,在有限元的网格剖分方面表现出了非常良好的性能。但对复杂地质结构(如断层、地层)建模和网格剖分尚有一定的缺陷,特别是对有复杂地下硐室、复杂防渗排水系统(如密集排水孔、辐射井、虹吸井、土工膜等)共同作用下的渗流场计算往往难获得理想的计算结果[4-5]。

---

[*] **基金项目:** 国家国际科技合作计划资助(2010DFA74520);"十一五"国家科技支撑计划项目(2008bab42b05,
　　　2008BAB42B06)。

作者简介: 刘昌军,男,1978年生,工程师,博士,2002年毕业于河海大学地质工程专业,主要从事堤坝渗流数值模拟计
　　　算和地面激光扫描等方面的研究工作。

水利工程和岩体工程三维渗流场的有限元分析主要存在以下难点和问题：①复杂地质结构和水工建筑物的几何建模及有限元网格的生成；②复杂渗控措施（复杂的防渗排水体系包括管道系统、地下硐室和密集排水孔幕等）作用下的三维渗流场精细求解；③岩土体降雨入渗、下渗流场精细数值模拟问题；④岩土体参数确定和反演问题，特别是裂隙和断层的渗透参数的确定；⑤裂隙渗流场的精细模拟。

笔者在多年从事三维渗流有限元计算和软件开发基础上，针对上述有限元计算中的难点问题，开发了针对水利工程和岩土工程的专业渗流有限元分析软件 GWSS（Ground Water Simulation System）。本文结合 GWSS 软件的开发，对其软件结构、功能特点、关键技术和工程应用等进行了阐述[6-9]。最后，将该软件应用于某抽水蓄能电子复杂渗流场的非稳定渗流分析。

2　GWSS 软件的系统框架及功能模块

GWSS 软件是定位于水工和岩土工程行业的通用有限元渗流分析软件。GWSS 软件具有专业综合性强、可扩展能力强、运行效率高、数据兼容性强、计算分析速度快、三维可视化强、界面友好、易学易用且结果可靠等特点。该软件充分运用计算机图形显示技术和 CAD 建模及网格划分技术，将最新的计算机软件技术与数值计算技术相结合，把软件改造成人机交互方便、界面友好、易学易用的软件。采用可视化图形技术，实现有限元计算程序到有限元计算软件的转变，既有利于软件的开发和维护，又极大地方便了用户。GWSS 软件主界面如图 1 所示，其各模块主要功能简介如下。

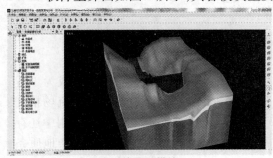
(a) 前处理模块

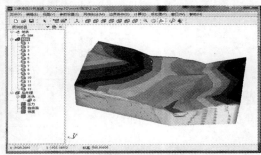
(b) 计算及后处理模块

图1　GWSS 软件主界面

2.1　GWSS 的系统框架

GWSS 软件是采用 IDL 语言开发平台与专业的科学计算模块开发的一款操作简便、可视化功能强大的三维渗流有限元分析软件。该软件主要由系统控制模块、数据管理模块、前处理模块、计算模块、后处理模块和制图输出等六大模块组成，各模块又包含相应的子模块。GWSS 软件的功能模块见图2，各模块之间以及与数据管理发布系统和其他应用系统之间的逻辑关系结构见图3。

2.2　GWSS 的功能模块

（1）系统控制模块。实现系统整体的系统配置、数据调度、组织管理、可视化操作、信息查询及各模块间的数据通信等。

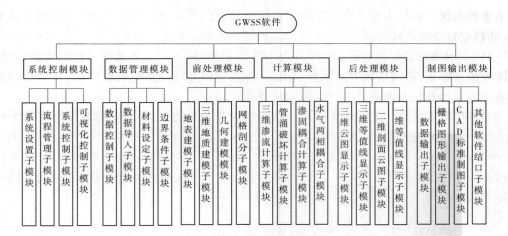

图2　GWSS 软件各功能模块总体结构图

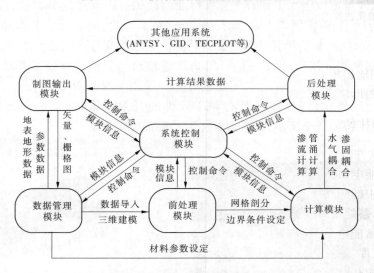

图3　系统各模块逻辑关系图

（2）数据管理模块。完成地质钻孔数据和地表数字高程模型数据的导入与数据管理，实现地质建模模块的基础数据准备。另外，对计算模块所需的参数数据、边界条件数据和计算结果数据等实现统一管理。

（3）前处理模块。该模块主要实现复杂地质体的三维建模、复杂结构的几何建模以及三维有限元网格的剖分和子结构的二次剖分功能。另外，用户可通过对话框输入或屏幕拾取这两种方式在屏幕视图区域内交互式绘图（见图4），能准确、方便地设定材料、荷载和边界条件等信息。

（4）计算模块。GWSS 核心的计算模块主要包含三维稳定/非稳定、饱和/非饱和渗流计算程序，基于子结构的管涌动态发展计算程序、水气两相渗流耦合计算程序、渗固耦合计算程序等。其中渗流计算分析程序有稳定/非稳定、饱和/非饱和渗流的计算，且能考虑降雨入渗以及处理排水措施（密集排水孔、虹吸井、辐射井、导渗盲沟、地下硐室（管道）等复杂渗流问题。经过大量工程实践和验证,目前该模块已基本成熟,可进行三维地下水稳定、非稳定复杂渗流场分析。

(5)后处理模块。本模块提供各个计算程序的数据显示,包括水头、压力、渗透比降、梯度等渗流要素,以及应力、应变和位移等要素的空间几何图形显示(三维云图、等值线、任意剖面云图和等值线的显示等)。另外,还可以对单元和结点信息进行查询和显示。

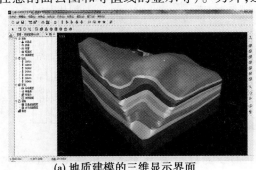 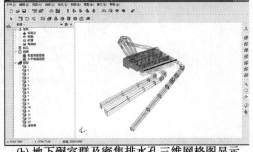

(a)地质建模的三维显示界面　　　　(b)地下硐室群及密集排水孔三维网格图显示

图4　GWSS 软件前处理模块三维显示界面

(6)制图输出模块。本模块用于对各种渗流要素生成的矢量和栅格图进行输出。可以输出各种图形格式,如 BMP、JPG、DXF 等。

3　工程应用案例

GWSS 软件已在国内几十个工程的渗流计算中得到应用,取得了较好的计算结果。以某抽水蓄能电站工程区非稳定渗流场的计算分析为例,详细介绍了 GWSS 软件在复杂渗流场分析中的应用。

3.1　某抽水蓄能电站工程概况

某抽水蓄能电站枢纽工程为一等大(1)型工程,主要建筑物为1级建筑物。主要由上水库、下水库、输水系统和地下厂房等部分组成,初拟装机规模为1 800 MW,安装6台单机容量为300 MW 的单级混流可逆式水泵水轮机组。地下厂房近中部布置,主厂房开挖尺寸为220.5 m×24.9 m×53 m(长×宽×高)。上、下水库水平距离约2 850 m,水头差约490 m,距高比5.8。电站水道总长度3.21 km。引水压力隧洞开挖洞径8.9 m,引水支管内径4.6 m;尾水隧洞洞径8.9 m,尾水支管内径5.6 m。

研究区发育的较大规模断层有4条,这些断层的力学性质为压扭性,这些断层本身的透水性不强,但断层的影响带透水性很强,是地下水运移的主要通道,如 F5、F12 断层等。另外,一些较宽的煌斑岩脉具有一定的阻水作用,如 X6、X12 等。

3.2　计算模型及有限元划分

综合考虑工程区的水文地质资料、地形资料、平硐布置等。确定天然渗流场计算模型范围(见图5)及边界条件如下:

该抽水蓄能电站计算模型北边边界至钻孔 ZK12 处(距上库左坝肩320 m),边界条件为定水头边界,根据观测孔 ZK12 观测水位,取为680 m;计算模型下边界至下库主河道,水头为定水头边界,水头根据钻孔观测水位,取为95 m;左边界至六度寺沟沟底,右边界至苇荞沟沟底。左右两侧边界均为隔水边界。铅直向由地基以下高程 − 50 m 平面延伸至地表,其中模型底面高程 − 50 m 边界为隔水边界,模型顶面(即地表边界)为降雨入渗边界。详细模型范围见图5。

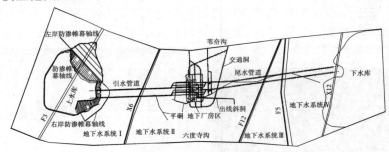

图5　计算模型范围

利用作者开发的可视化三维饱和/非饱和、稳定/非稳定渗流计算分析软件 GWSS[7],对研究区进行了地质建模和有限元剖分。经剖分后获得计算分析区域的整体三维网格模型,剖分单元 45 012 个,结点 49 312 个,如图6所示。

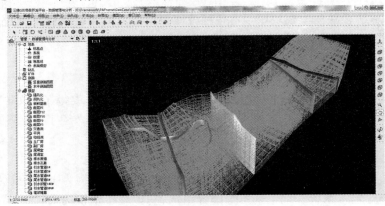

图6　计算区域整体三维网格

3.3　初始渗流场计算分析

根据工程现有观测资料,选择平硐 PD1、PD2、PD10 和 PD11 于 2006 年 5 月 16 日开挖前的天然渗流场为初始渗流场。采用 GWSS 软件计算得到的初始渗流场,见图7(a)。

3.4　平硐开挖后的非稳定渗流场分析

利用计算得到的初始渗流场计算结果,对 2006 年 5 月 16 日 ~ 2008 年 3 月 15 日之间平硐开挖前后的非稳定渗流场进行计算分析,并结合计算模型范围内的观测孔水位资料(33 个有效观测孔)对模型参数进行了校正。根据观测孔水位计算,时间步长为 90 天,总共 7 个时间步长。

经多次反演拟合计算,最终得到模型各岩土体水文地质参数,见表1。不同时段各观测孔计算水位和观测水位拟合见图8。地下水位等值线图见图7(b)。

从上面计算结果可以看出,校正后水文地质参数符合实际情况,大部分观测孔计算水

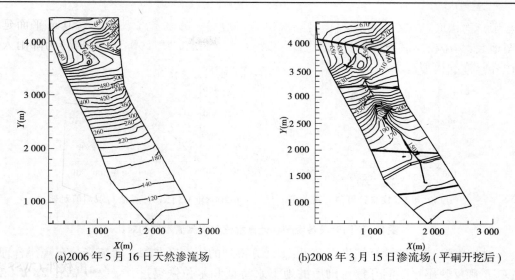

(a)2006 年 5 月 16 日天然渗流场　　　　　(b)2008 年 3 月 15 日渗流场(平硐开挖后)

图 7　不同时间段地下水渗流场

位和观测水位较为接近,且较均匀分布在45°线两侧(见图8)。各观测孔的地下水位的模拟值与实测值的变化趋势吻合较好,说明模型拟合的地下水位变化趋势与研究区的水文地质情况一致,该模型可用于抽水蓄能电站尾水隧洞开挖后的渗流场计算。

表 1　校正后的水文地质参数

岩土体名称	k_x(cm/s)	k_y(cm/s) (垂直断层方向)	k_z(cm/s)	S_y
基岩	1×10^{-6}	1×10^{-6}	1×10^{-6}	1×10^{-9}
强风化	1×10^{-4}	1×10^{-4}	1×10^{-4}	1×10^{-7}
弱风化	2×10^{-5}	2×10^{-5}	2×10^{-5}	1×10^{-6}
断层 F11 – 23	8×10^{-4}	8×10^{-6}	8×10^{-6}	1×10^{-9}
断层 F5	1×10^{-5}	6×10^{-5}	1×10^{-5}	1×10^{-8}
断层 F12	1×10^{-5}	6×10^{-5}	1×10^{-5}	1×10^{-8}
断层 F3	6×10^{-5}	6×10^{-5}	6×10^{-5}	1×10^{-8}
断层 X12	6×10^{-4}	6×10^{-5}	6×10^{-4}	1×10^{-8}

3.5　地下硐室开挖后的渗流场预测分析

利用已校正识别过的三维非稳定流地下水流模型,根据施工进度和工程设计,对厂房系统、交通通风系统和尾水系统开挖衬砌后非稳定渗流场进行了计算分析,重点研究了尾水隧洞衬砌后的地下水恢复过程。

以尾水隧洞开挖后的三维稳定渗流场为初始渗流场(见图9),对尾水系统衬砌后地下水位恢复过程进行了地下水三维非稳定渗流场预测模拟计算分析,计算步长共分31步,前30步时间步长为10天,最后一步时间步长为700天,总共计算时间为1 000天。

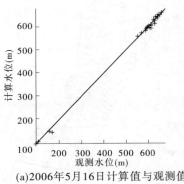 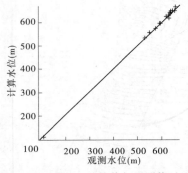

(a)2006年5月16日计算值与观测值对比　(b)2008年3月15日计算值与观测值对比

图8　不同时段各观测孔计算水位和观测值水位的对比

从 GWSS 软件的计算结果可看出:①计算得到的研究区非稳定渗流场分布规律合理,能够正确反映尾水隧洞开挖衬砌后的地下水特征和水位恢复过程。②从钻孔 ZK554 和 ZK555 不同时刻地下水位历时曲线图 10 中可以看出,钻孔地下水位在衬砌初期恢复较为迅速,大概在衬砌完成 300 天后水位基本达到稳定状态,与 1 000 天后的水位相比变化很小。③图 11 为沿 1#机组纵剖面不同时刻地下水位恢复分布图。由图 11 可以看出,随着衬砌后水位的逐渐恢复,尾水隧洞进口附近 60 m 水头值的降落漏斗范围在逐渐减小,至 300 天时,降落漏斗水头恢复到 80 m,至 1 000 天时,降落漏斗水头值和范围与 300 天时相比,变化很小。

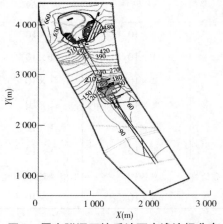 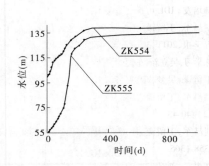

图9　尾水隧洞开挖后地下水渗流场分布　　图10　钻孔 ZK554 和 ZK555 水位恢复历时曲线

4　结语

三维可视化渗流分析软件 GWSS 界面友好,可视化功能强,可用于水利工程复杂渗流场的求解。多个工程案例的计算结果表明:该软件所用的计算算法合理、可靠,计算结果准确。GWSS 软件的开发已初步完成,经过 3 ~ 5 年的继续完善和功能扩充,希望该软件在我国水工结构设计、安全分析方面得到更多的应用,促进我国水利水电工程设计技术的发展。

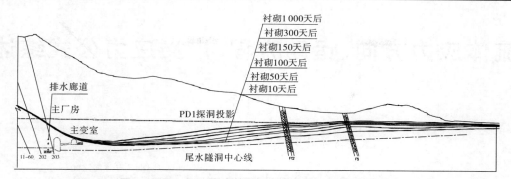

图 11　沿 1#机组尾水管道剖面地下水位恢复过程线

参考文献

[1] 崔俊芝. 计算机辅助工程(CAE)的现在和未来[J]. 计算机辅助设计与制造,2000(6):3-7.

[2] 吴梦喜,何蓄民,杜斌. 水工结构自主 CAE 软件开发的思考与实践[C]//中国水力发电工程学会水工及水电站专业委员会. 高拱坝建设中的重大工程技术问题研究. 北京:中国水利水电出版社,2010:127-135.

[3] 钟万勰. 发展自主 CAE 软件产业的战略探讨[J]. 计算机辅助工程,2008,17(4):1-6.

[4] 吴梦喜,卿龙邦,何蓄民. 利科有限元分析软件开发[J]. 计算机辅助工程,2011,20(2):63-66.

[5] 刘昌军,丁留谦,高立东,等. 文登市抽水蓄能电站三维渗流场有限元分析[J]. 水电能源科学,2011(7):57-60.

[6] 刘昌军,丁留谦,孙东亚,等. 溪古水电站左岸三维渗流场有限元分析[J]. 长江科学院院报,2009(S0):54-57.

[7] 刘昌军,丁留谦,杨凯虹,等. 水位骤降条件下有密集排水孔大坝三维渗流场数值模拟研究[J]. 水文地质工程地质,2011(3):24-30.

[8] 周朋,刘昌军,池为,等. 万家口子水电站拱坝坝基渗流场有限元数值模拟分析[J]. 中国西部科技,2009(3):12-16.

[9] 刘昌军. 虹吸井子结构法在尾矿坝复杂渗流场求解中应用[J]. 水利水电科技进展,2011(3):81-85.

[10] 韩培友. IDL 可视化分析与应用[M]. 西安:西北工业大学出版社,2006.

[11] 刘昌军,丁留谦,孙东亚. 基于激光数据的岩体结构面全自动模糊群聚分析及几何信息获取[J]. 岩石力学与工程学报,2011,30(2):358-365.

[12] 陈学习,吴立新,车德福,等. 基于钻孔数据的含断层地质体三维建模方法[J]. 煤炭地质与勘探,2005,35(3):5-8.

[13] 丁留谦,吴梦喜,刘昌军,等. 双层堤基管涌动态发展数值模拟研究[J]. 水利水电技术,2007,38(2):36-39.

[14] 刘昌军,丁留谦,吴梦喜,等. 双层堤基管涌溃堤砂槽模型试验及渗流场特点研究[J]. 水利水电技术,2007,38(2):40-43.

[15] 刘昌军,丁留谦,孙东亚,等. 双层堤基管涌试验尺寸效应的数值模拟[J]. 岩石力学与工程学报,2011,30(S2):1358-1365.

[16] 骆祖江,刘金宝,张月萍,等. 深基坑降水与地面沉降变形三维耦合数值模拟[J]. 江苏大学学报:自然科学版,2006,27(4):356-359.

[17] 刘昌军. 非饱和水气两相渗流数值模拟研究与应用[D]. 河海大学,2005.

[18] 刘昌军,丁留谦,徐泽平,等. 面板裂缝对积石峡面板堆石坝渗流影响的数值模拟分析[J]. 水利水电科技进展,2011(6):81-85.

[19] 朱岳明,刘昌军,李璟,等. 碾压混凝土坝防渗与排水渗控设计方法[J]. 贵州水力发电,2005,19(3):5-10.

[20] 骆祖江,刘昌军. 深基坑降水疏干过程中三维渗流场数值模拟研究[J]. 水文地质工程地质,2005(5):48-53.

[21] 刘昌军,丁留谦,宁保辉,等. 基于激光点云数据的裂隙岩体渗流场的无单元法模拟[J]. 岩石力学与工程学报,2011,30(11):1358-1365.

[22] 刘昌军,丁留谦,徐泽平,等. 积石峡面板堆石坝复杂渗流场的有限元分析[J]. 人民长江,2012(3):58-65.

流体应力方向、运动方程、广义应力公式综述

刘福祥

（大连大学建筑工程学院　大连　116622）

摘要：对流体中应力的定义，应力方向的假设方法，用应力表示的流体运动微分方程式及广义应力公式进行了分析和归纳总结，通过具体例子加以说明，并给出如何根据应力计算结果的正负判断应力方向的方法。

关键词：应力方向　运动微分方程　广义应力公式

1 关于 $p_{i,j}$ 的定义（$i,j = x,y,z$）

在目前的教科书上对 $p_{i,j}$ 有两种形式的定义，第一种是将 $p_{i,j}$ 定义为"流体作用在法线方向为 i 方向的平面上的应力在 j 方向上的分量"；第二种是将 $p_{i,j}$ 定义为"流体作用在法线方向为 i 方向的平面上的应力在 j 轴上的投影"。两种定义的区别是若 $p_{i,j}$ 为应力在 j 方向上分量，则其正方向可以任意假定，而若 $p_{i,j}$ 为应力在 j 轴上的投影，则根据向量投影的正负号规定：当 $p_{i,j} > 0$ 时，表示 $p_{i,j}$ 的方向（即其正方向）与相应的坐标轴正向相同。

2 关于微元六面体上应力方向的假设方法，用应力表示的流体运动微分方程式、广义应力公式

（1）当 $p_{i,j}$ 采用第一种定义时，微元六面体上应力方向的假设主要有两种形式，形式一如图 1 所示。

形式二与形式一的区别在于：各法向应力方向的假设与形式一相反。

在 $p_{i,j}$ 的方向采用假设形式一的条件下，以应力表示的流体运动微分方程式为

$$
\begin{aligned}
\rho \frac{\mathrm{d}u}{\mathrm{d}t} &= \rho F_x - \frac{\partial p_{xx}}{\partial x} + \frac{\partial p_{yx}}{\partial y} + \frac{\partial p_{zx}}{\partial z} \\
\rho \frac{\mathrm{d}v}{\mathrm{d}t} &= \rho F_y - \frac{\partial p_{yy}}{\partial x} + \frac{\partial p_{xy}}{\partial x} + \frac{\partial p_{zy}}{\partial z} \\
\rho \frac{\mathrm{d}w}{\mathrm{d}t} &= \rho F_z - \frac{\partial p_{zz}}{\partial z} + \frac{\partial p_{xz}}{\partial x} + \frac{\partial p_{yz}}{\partial y}
\end{aligned}
\tag{1}
$$

广义应力公式为如下形式：

作者简介：刘福祥，男，1960 年生，山东宁阳人，硕士研究生，教师，副教授，研究领域为流体力学基础理论，计算机技术与学科教学整合。

$$p_{xx} = p - 2\mu \frac{\partial u}{\partial x} + \frac{2}{3}\mu \text{div}V, p_{xy} = p_{yx} = \mu\left(\frac{\partial u}{\partial y} + \frac{\partial v}{\partial x}\right)$$

$$p_{yy} = p - 2\mu \frac{\partial v}{\partial y} + \frac{2}{3}\mu \text{div}V, p_{yz} = p_{zy} = \mu\left(\frac{\partial w}{\partial y} + \frac{\partial v}{\partial z}\right) \qquad (2)$$

$$p_{zz} = p - 2\mu \frac{\partial w}{\partial z} + \frac{2}{3}\mu \text{div}V, p_{zx} = p_{xz} = \mu\left(\frac{\partial u}{\partial z} + \frac{\partial w}{\partial x}\right)$$

其中 p 在满足斯托克斯假设（$\mu' = 0$）的条件下代表运动流体中任何三个相互垂直平面上法向应力的平均值 $p = (p_{xx} + p_{yy} + p_{zz})/3$（规定 $p > 0$）。

①法向应力计算举例。

在理想流体或静止流体中，由式（2）中的第一式得 $p_{xx} = p > 0$，这个结果表明，对于理想流体或静止流体，p_{xx} 的实际方向与图 1 中假设的方向相同，即始终指向作用面。这个结论与实际情况是相符的。

在 $p_{i,j}$ 的方向采用假设形式二的条件下，以应力表示的流体运动微分方程式为

$$\rho \frac{\mathrm{d}u}{\mathrm{d}t} = \rho F_x + \frac{\partial p_{xx}}{\partial x} + \frac{\partial p_{yx}}{\partial y} + \frac{\partial p_{zx}}{\partial z}$$

$$\rho \frac{\mathrm{d}v}{\mathrm{d}t} = \rho F_y + \frac{\partial p_{yy}}{\partial x} + \frac{\partial p_{xy}}{\partial x} + \frac{\partial p_{zy}}{\partial z} \qquad (3)$$

$$\rho \frac{\mathrm{d}w}{\mathrm{d}t} = \rho F_z + \frac{\partial p_{zz}}{\partial z} + \frac{\partial p_{xz}}{\partial x} + \frac{\partial p_{yz}}{\partial y}$$

广义应力公式同前，但此时公式中的 p 按公式 $p = -(p_{xx} + p_{yy} + p_{zz})/3$ 计算。

②切向应力计算举例。

设流场速度分布如图 2 所示，根据向量投影的规定可知，此时 $u > 0$，另外 $\frac{\partial u}{\partial y} > 0$（$v = w = 0$），在流体中任取平面 ab，其法线方向 n 沿 y 轴正向，则根据式（2）中的第二式得，$p_{yx} = \mu \frac{\partial u}{\partial y} > 0$，表明在这种形式速度下 p_{yx} 的实际方向与图 2 中所假设的方向相同，这与实际情况也是相符的。

若微元六面体上应力方向的假设与上述两种形式有所不同，则运动微分方程式中对应的项要变号，广义应力公式中对应的项也要变号。

（2）当 $p_{i,j}$ 采用第二种定义时，根据向量投影正负的规定，当 $p_{i,j} > 0$ 时表示该投影分量的方向沿坐标轴正向，由此可知对于 $p_{i,j}$ 的第二种定义，其方向的假设等价于前述第二种假设形式。因此，运动微分方程式、广义应力公式也分别与前述的假设形式二相同。

3 如何根据应力计算结果的正负判断应力的方向

（1）若在计算过程中运动微分方程式中采用式（1），广义应力公式采用式（2），则当计算所得结果 $p_{i,j} > 0$ 时，表示 $p_{i,j}$ 的实际方向与图 1 中假设的方向相同。

（2）若在计算过程中，运动微分方程式中采用式（3），广义应力公式同前，则当计算所得结果 $p_{i,j} > 0$ 时，表示 $p_{i,j}$ 的实际方向与假设形式二相同。

（3）若在计算过程中，运动微分方程式及广义应力公式与前述有所不同，则当计算所

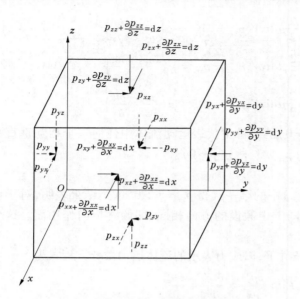

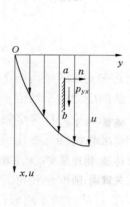

图 1　微元六面体上应力方向假设形式一　　　　**图 2　流场速度分布**

得结果 $p_{i,j}>0$ 时,表示 $p_{i,j}$ 的实际方向与对应的假设方向一致。

参考文献

[1] 吴望一. 流体力学[M]. 北京:北京大学出版社,1982.

[2] 周光炯,严宗毅,许世雄,等. 流体力学[M]. 北京:高等教育出版社,1992.

流体力学中随体导数概念的推广

刘福祥

（大连大学建筑工程学院　大连　116622）

摘要：本文提出了可以将流体力学中原有的"随体导数概念"进行推广，使之不仅适用于属于流体质点的某个物理量，而且适用于定义在流场中的不属于流体质点的任何量，包括向量和标量、物理量和非物理量。给出了具体例子说明这种推广的意义。

关键词：随体导数　推广　物理量　非物理量　向量　标量

1　随体导数概念的深入剖析与推广

随体导数是采用欧拉法研究流体力学问题时提出的一个概念，其原始定义是：流体质点的某个物理量对时间的变化率[2]。由于在欧拉法中把本来属于流体质点的任何一个物理量 Φ 定义在了空间点上，$\Phi = \Phi(x, y, z)$（此处约定 Φ 可代表向量或标量，并且不失一般性，假设流场恒定）因此，当根据这个定义在了空间点上的物理量函数求其对时间的变化率时就产生了随体导数的概念及计算公式。

本来对于流场空间中某个纯粹的几何点，它不具备任何物理性质，但在欧拉法中为了方便研究问题，把属于流体质点的物理量定义在了空间点上，因而就有了空间中某一点的速度、加速度、压力、密度等概念，它们分别指的是在讨论问题的时刻占据这一空间点的流体质点所具有的相应物理量。任何一个物理量 Φ 的随体导数的定义式为 $\dfrac{d\Phi}{dt} =$

$\lim\limits_{\Delta t \to 0} \dfrac{\Phi(x + \Delta x, y + \Delta y, z + \Delta z,) - \Phi(x, y, z)}{\Delta t}$，其中，$(x, y, z)$ 和 $(x + \Delta x, y + \Delta y, z + \Delta z)$ 分别是同一个流体质点在 t 和 $t + \Delta t$ 时刻的位置坐标。通过对上述计算公式的分析可以看出，在求某一物理量的随体导数时可以把这一物理量与具备这一物理量的流体质点本身分开来考虑，此时流体质点的存在只是提供了其在 Δt 时间段内所经过的两个点的位置坐标，根据这两个点的坐标就可以计算出上述物理量的增量，从而得出其随体导数。从这个意义上讲，随体导数的概念不仅适用于属于流体质点的任何一个物理量，而且适用于任何一个定义在流场空间点上的不属于流体质点的量，包括向量、标量、物理量、非物理量，只要根据上述两个点的坐标就可以计算出它们的增量进而得出它们的随体导数。因此，可以把随体导数的概念推广，将这一基本概念重新阐述如下：任何一个定义于流场空间点上的量，不论其为向量或标量、物理量或非物理量，设想使其跟随流体质点一起运动，在这个运

作者简介：刘福祥，男，1960 年生，山东宁阳，硕士研究生，教师，副教授，研究领域为流体力学基础理论，计算机技术与学科教学整合。

动过程中其相对于时间的变化率就称为该量的随体导数。例如,设 r 为流体质点的位置矢径,S 为由流体质点组成的物质面,τ 为物质体,ρ 为流体密度,$\Omega = \nabla \times V$,e_i 为正交曲线坐标系的基向量,q_i 为正交曲线坐标系的坐标变量($i = 1, 2, 3$),则在研究流体力学问题过程中,有时需要计算如下一些形式随体导数:$\dfrac{dr}{dt}$,$\dfrac{d}{dt}\left(\dfrac{1}{r}\right)$,$\dfrac{d}{dt}(\delta r)$,$\dfrac{d}{dt}(\delta S)$,$\dfrac{d}{dt}(\delta \tau)$,$\dfrac{d}{dt}\left(\delta r \times \dfrac{\Omega}{\rho}\right)$,$\dfrac{de_i}{dt}$,$\dfrac{dq_i}{dt}$;如果不将随体导数的概念进行推广,则很难解释以上各项的含义,更不能将上述某一项的计算结果直接作为公式引用。

2 应用举例

已知以向量形式给出的理想不可压缩流体的运动方程为 $\rho \dfrac{dV}{dt} = \rho F - \text{grad}(p)$(文献[2]上册),其中,$V$ 为流场速度向量;F 为作用于流体上的质量力;p 为理想流体中的压力;试导出运动方程在柱坐标系(r, θ, z)下的形式。

解:因 $\dfrac{dV}{dt} = \dfrac{d}{dt}(v_i e_i) = e_i \dfrac{dv_i}{dt} + v_i \dfrac{de_i}{dt}$,在柱坐标系下,原式 $= e_r \dfrac{dv_r}{dt} + e_\theta \dfrac{dv_\theta}{dt} + e_z \dfrac{dv_z}{dt} + v_r \dfrac{de_r}{dt} + v_\theta \dfrac{de_\theta}{dt} + v_z \dfrac{de_z}{dt}$;其中,基向量的随体导数公式按文献[1]中的公式(2)有:$\dfrac{de_r}{dt} = \dfrac{v_\theta}{r} e_\theta$,$\dfrac{de_\theta}{dt} = -\dfrac{v_\theta}{r} e_r$,$\dfrac{de_z}{dt} = 0$,代入上式,再一并代入运动方程,然后分别向三个曲线坐标方向投影,即得到运动方程在柱坐标系下的形式为

$$\rho\left(\frac{dv_r}{dt} - \frac{v_\theta^2}{r}\right) = \rho F_r - \frac{\partial p}{\partial r}$$

$$\rho\left(\frac{dv_\theta}{dt} + \frac{v_r v_\theta}{r}\right) = \rho F_\theta - \frac{1}{r}\frac{\partial p}{\partial \theta}$$

$$\rho \frac{dv_z}{dt} = \rho F_z - \frac{\partial p}{\partial z}$$

3 结语

本文对随体导数概念进行的推广,使得在流体力学中这一基本概念更加清晰完整,同时可以使得某些理论问题的分析计算得以简化。

参考文献

[1] 刘福祥. 基矢量和坐标变量的随体导数公式及应用[R]//中国素质教育研究报告(三),吉林电子出版社,2009.
[2] 吴望一. 流体力学[M]. 北京:北京大学出版社,1982.

考虑为长方形形状和半透水边界的模袋固结问题的求解[*]

牛　犇[1]　唐晓武[1]　陈秀良[2]

（1. 浙江大学软弱土与环境土工教育部重点实验室　杭州　310027；
2. 浙江省水利河口研究院　杭州　310020）

摘要：传统的海堤建设工程中大都采用抛石主体结构，近年来其缺点逐渐暴露，不仅造价昂贵，亦不利于保护环境。采用充泥模袋，利用滩涂丰富的淤泥资源填筑堤坝是目前一种顺应海堤结构形式发展趋势的方法。本文考虑了模袋的真实形状以及其半透水边界，在此基础上建立了模袋固结的解析解模型，并在此基础上求得了解析解的表达式。在求解最终表达式的过程中需要进行4步计算：第一步是求得以长方形的长边作为边长的大正方形的固结解，第二步是求得以长方形的短边作为边长的小正方形的固结解，第三步是为这两步的解析解设置权重系数，第四步是以这两部分的解的和作为长方形解析解的最终结果。文章最后通过与有限元计算结果以及经典圆形周边不透水边界解析解结果的对比，证明了本研究方法的合理性，揭露了半透水边界的重要意义。

关键词：半透水边界　模袋　解析解

目前，浙江省内海堤建设工程大都采用抛石主体结构，同时内海侧采用淤泥构筑闭气结构。近年来，此类传统的抛石斜坡堤缺点逐渐暴露。其断面尺寸大，石料用量大，施工工期长，造价昂贵，且不利于生态环境保护。如何在海堤填筑过程中减少石料的用量，降低造价，就地取材，利用滩涂丰富的淤泥资源填筑堤坝，是目前海堤结构形式发展的趋势。设有排水设施的充泥模袋海堤结构形式，能够直接应用滩涂淤泥进行填筑，是顺应目前海堤结构形式发展的趋势，同时也是针对其他新型海堤结构形式所遇到的发展困难而提出的一种可行的、有效的解决方案，具有广泛的应用前景。

模袋堆筑海堤示意图见图1。海堤为数层水平放置的充泥模袋叠积而成。同时为了加快固结过程，减少施工时间，模袋本身内部中间处打设有沿海堤长度方向的排水板。

1 基本假设及数学建模

本文为考虑求解模袋固结问题，以单一模袋作为独立单元进行分析建模。

与传统的固结理论相比较，模袋的固结问题考虑为一个水平放置的砂井地基问题，而

──────────
[*] 基金项目：国家自然科学基金项目（51179168），中铁二院工程集团有限责任公司科研项目分项目（科2011-29）。
作者简介：牛犇，男，1986年生，河南鹿邑人，博士在读，主要从事软黏土固结、地基处理等方面的研究工作。

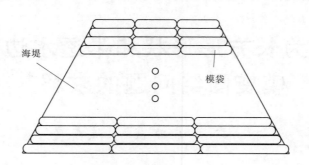

图 1　模袋堆筑海堤示意图

且在淤泥充填完成后,其形状为一个扁平的长方体而非固结经典理论中的圆柱体。本文在参考谢康和[1]等考虑为正六边形固结形状求得固结解的基础上,同时参考了半透水边界的研究[2-3],增加了半透水边界的条件。为简化计算分析,本次求解未考虑涂抹区,考虑涂抹区的解答会放在以后的研究成果中。

1.1　基本假设

本文对模袋水平固结问题研究的假设如下:

(1)不考虑涂抹区。

(2)沿 X 向的渗透系数与沿 Y 向的渗透系数相等。

(3)土中水的渗流服从 Darcy 定律。

(4)模袋端部的荷载为一次瞬时施加并保持恒定,并有以下条件成立:

$$t = 0, \bar{u} = p_0$$

式中:$\bar{u}$ 为海堤横截面的平均超孔隙水压力;p_0 为恒载。

(5)在排水板与土体交界面孔压连续。

(6)在排水板与土体交界面处流量连续。

(7)考虑 Barron 的等应变条件。沿 Z 向的固结考虑沿海堤横截面的平均超孔隙水压力。

(8)只考虑沿 Z 方向的单一模袋,其两端面处均为透水面。

1.2　数学建模

模袋的数学模型见图 2。现实中,模袋在充填完淤泥后成为一个扁平的长方体,其截面为一个长方形。图 2 中白色长方形代表土工模袋,模袋周边黑色的区域代表半透水层,最外边缘的虚线大正方形及长方形内部的虚线小正方形分别代表了求解第一步、第二步用到的正方形区域。

图 2 中,$2a$ 是模袋的长度,$2b$ 是长方形的宽度,$2c$ 是排水板的长度,$2d$ 是排水板的宽度,k_w 代表排水板的渗透系数,k_{01} 代表半透水层的渗透系数,a'、b' 分别代表了半透水层在 Y、X 方向的厚度。

长方形区域固结度的求解为一个二维固结的问题。其中应考虑 x, y 两个参数的影响,求解过程较为复杂。简化起见,采用如下方法对以上问题进行求解。首先,求得大正方形区域(边长为长方形的长)的固结度解析解;其次,求得小正方形区域(边长为长方形

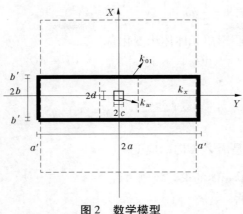

图 2　数学模型

的宽)的固结度解析解;然后为这两者分别给予权重系数;带了权重系数的两部分固结度解析解的和就作为长方形区域解析解的最终表达式。

2　问题的求解

　　正方形区域的固结度解析解求解模型如图 3 所示。由于正方形为一对称的形状,其解的获取只需对 1/8 进行求解。以下的解答均基于图 3 所示的 1/4 正方形区域的上部三角形区域进行求解。

2.1　图 3 单元模型的求解

　　图 3 中阴影区域单元体的控制方程推导如下:

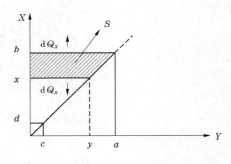

$$\mathrm{d}Q_x \downarrow \ = \ \frac{k_x}{\gamma_w}\int_0^x \frac{\partial u(x,y)}{\partial x}\mathrm{d}y\mathrm{d}z\mathrm{d}t \qquad (1)$$

$$\mathrm{d}Q_x \uparrow \big|_{x=b} = \frac{k_x}{\gamma_w}\int_0^a \frac{\partial u(x,y)}{\partial x}\mathrm{d}y\mathrm{d}z\mathrm{d}t \Big|_{x=b}$$

$$= \frac{k_x}{\gamma_w}\frac{R_1}{b-d}\int_0^a u\,\mathrm{d}y\mathrm{d}z\mathrm{d}t\,\Big|_{x=b} \qquad (2)$$

（图中边 $y=a$ 及边 $x=b$ 处为半透水边界）

图 3　横截面计算简图

　　其中 $\mathrm{d}Q_x \downarrow$ 是阴影单元体下边界处的渗流量,$\mathrm{d}Q_x \uparrow$ 是阴影单元体上边界处的渗流量,γ_w 是水的重度,u 是土体任一点处的孔压,R_1 是一常量,其大小为 $R_1=\dfrac{k_{01}}{k_x}\dfrac{b-d}{b'}$。

　　其中,$\int_0^a u\,\mathrm{d}y\mathrm{d}z\mathrm{d}t\,\big|_{x=b}$ 是一个与 x,y 无关的常量,假设 $u=\bar{u}$,有以下结果:

$$A = \frac{k_x}{\gamma_w}\frac{R_1}{b-d}\int_0^a \bar{u}\,\mathrm{d}y\,\Big|_{x=b} = \frac{k_x}{\gamma_w}\frac{R_1}{b-d}a\,\bar{u} \qquad (3)$$

$$\mathrm{d}Q_z = -\frac{k_z}{\gamma_w}\frac{\partial^2 \bar{u}}{\partial z^2}S \qquad (4)$$

式中:$\mathrm{d}Q_z$ 是沿海堤长度方向(Z 方向)的单元体渗流量;k_z 是沿海堤长度方向的渗透系

数;S 是阴影单元的面积,$S = \dfrac{1}{2}ab - \dfrac{1}{2}xy = \dfrac{1}{2}(b^2 - x^2)$。

由渗流量变化等于阴影单元体体积变化,得

$$\mathrm{d}Q_x \downarrow + \mathrm{d}Q_x \uparrow |_{x=b} = \mathrm{d}V - \mathrm{d}Q_z \tag{5}$$

从而得到

$$\frac{k_x}{\gamma_w} \int_0^x \frac{\partial u(x,y)}{\partial x} \mathrm{d}y + A = qS \tag{6}$$

其中,$q = \dfrac{\partial \varepsilon}{\partial t} + \dfrac{k_z}{\gamma_w} \dfrac{\partial^2 \bar{u}}{\partial z^2}$,$\varepsilon$ 是沿 Z 方向的应变。

公式(6)即为阴影单元体的求解控制方程。

由式(6)~式(8),得

$$\frac{k_x}{\gamma_w} \int_0^c \frac{\partial u}{\partial x} \mathrm{d}y \bigg|_{x=d} = -\frac{k_w}{\gamma_w} \frac{\partial^2 u}{\partial z^2} \frac{cd}{2} \tag{7}$$

$$\frac{\partial \varepsilon}{\partial t} = -\frac{1}{E_s} \frac{\partial \bar{u}}{\partial t} \tag{8}$$

$$u_w|_{z=0} = 0; \quad \frac{\partial^2 u_w}{\partial z^2}\bigg|_{z=0} = 0; \quad u_w|_{z=H} = 0; \quad \frac{\partial^2 u_w}{\partial z^2}\bigg|_{z=H} = 0 \tag{9}$$

其中,H 是模袋沿 Z 方向的长度。

由控制方程,并依据式(7)~式(9)边界条件,得到图 3 中数值模型的固结度最终解答为

$$\bar{u} = \sum_{m=1}^{\infty} u_0 \frac{4}{M} \sin\left(\frac{M}{H}z\right) \mathrm{e}^{-\beta_m t} \tag{10}$$

$$u_w = \sum_{m=1}^{\infty} u_0 \frac{D}{D + F_a} \Lambda_4 \frac{4}{M} \sin\left(\frac{M}{H}z\right) \mathrm{e}^{-\beta_m t} \tag{11}$$

$$U_z = 1 - \frac{\bar{u}}{u_0} = 1 - \sum_{m=1}^{\infty} \frac{4}{M} \sin\left(\frac{M}{H}z\right) \mathrm{e}^{-\beta_m t} \tag{12}$$

$$\bar{U} = \frac{1}{H} \int_0^H U_z \mathrm{d}z = 1 - \sum_{m=1}^{\infty} \frac{8}{M} \mathrm{e}^{-\beta_m t} \tag{13}$$

其中

$$\beta_m = C_z\left(\frac{M}{H}\right)^2 + \frac{2C_x}{b^2} \frac{\Lambda - \left(\frac{H}{M}\right)^2 \Lambda_3}{F_a + D}; C_z = \frac{Ek_z}{\gamma_w}$$

$$C_x = \frac{Ek_x}{\gamma_w}; D = \frac{2}{M^2} \frac{n^2 - 1}{n^2} G; G = \frac{k_x}{k_w}\left(\frac{H}{d}\right)^2$$

$$\Lambda_3 = \frac{2}{d} \frac{R_1 n}{n-1} \frac{k_x}{k_w}; \Lambda_4 = \frac{1}{1 - \dfrac{R_1 n}{n-1} \dfrac{1}{2}\left(1 - 2n^2 \dfrac{\ln n + F_a}{n^2 - 1}\right)}$$

$$F_a = \frac{n^2}{n^2 - 1}\left[\ln n - \frac{1}{4}\left(1 - \frac{1}{n^2}\right)\left(3 - \frac{1}{n^2}\right)\right]$$

$$M = (2m - 1)\pi; m = 1,2,3\cdots; n = \frac{b}{d}$$

2.2　长方形区域的解答

本文按照长方形区域的长宽比例,对 2.1 中求解的正方形解答设置权重,设置过权重的长方形区域固结度解析解最终表达式为

$$\overline{U} = \frac{a}{a + b}\overline{U}_a + \frac{b}{a + b}\overline{U}_b \tag{14}$$

式中:$\overline{U}_a$ 为大正方形的固结度解;$\overline{U}_b$ 为小正方形固结度解;a 为长方形长边的一半;b 为长方形短边的一半。

3　有限元计算、传统理论计算与本文结果的比较

对于以上所求得的长方形区域解析解,本文通过与 Abaqus 计算结果相比较,检验本文理论计算的建模求解是否合理。同时与等效为经典固结理论中的圆形区域计算结果以及为圆形理论设权重的方法的计算结果做对比,表明半透水边界对固结度的重要影响。

等效为圆形区域计算即将长方形通过面积相等的原则等效为圆形区域,从而进行固结度的求解。为圆形理论设权重,即为分别等效大小正方形为圆形区域进行求解,最终按大小圆形的半径比例设置权重,从而求得最终的固结度解答。

本文算例的参数取值详见表 1。

表 1　算例计算参数

土体渗透系数 (m/s)	排水板渗透系数 (m/s)	半透水层渗透系数 (m/s)	水的重度 (kN/m³)	排水板、土体、 半透水层压缩 模量(MPa)	模袋长度(m)
$k_x = k_z = 1 \times 10^{-9}$	$k_w = 1 \times 10^{-4}$	$k_{01} = 1 \times 10^{-8}$	$\gamma_w = 10$	$E = 1$	$H = 20$
模袋长度(m)	模袋高度(m)	排水板长度(m)	排水板高度(m)	X 方向半透水层厚度(m)	Y 方向半透水层厚度(m)
$2a = 8$	$2b = 2$	$2c = 0.2$	$2d = 0.2$	$b' = 0.2$	$a' = 0.2$

在我国工程实际中广泛应用的是谢康和提出的单井固结解析解[4],本文圆形区域理论解即采用谢康和提出的作为现有理论解。

鉴于目前没有关于半透水边界的理论解,故将本文理论结果与 Abaqus 计算结果进行比较,由图 4 知,两者吻合较好。由谢康和理论及其设权重的结果进行比较,表明对于不透水边界长方形区域而言,直接将其进行面积等效,然后计算固结度,与等效为一大一小两个正方形,然后设权重求解最终固结度,两者结果较为接近。

图 4 同时揭露了半透水边界条件对计算结果的影响程度。在经典砂井地基理论中,单井的周边是不透水的,而对于我们的模袋而言,其周边是透水的,随着时间的推移,两种边界条件下的计算结果产生了巨大的差异,这能够反映在边界透水的条件下单元体能够快速固结的现实,同时能够表明模袋内淤泥的固结能够在短时间内完成,有很大的经济效益。

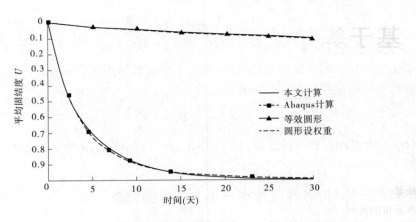

图4 计算结果的比较

4 结语

本文研究了长方形区域、半透水边界条件下的模袋固结问题的求解。半透水、长方形区域的求解分为4步,先求得大小正方形区域的固结解,然后设置权重,最后求得两部分的和即为最终的结果。通过算例的计算,表明本文的研究合理且有价值,半透水边界的存在大大加快了固结速度,与经典理论的对比显示出了淤泥充填模袋的巨大的经济效益。

参考文献

[1] 谢康和,余坤,童磊,等.考虑影响区真实形状的竖向排水井地基固结解[J].岩土力学,2011,32(10):2944-2950.

[2] Schiffman R L , Stein J R. One-dimensional consolidation of layered systems[J]. JSMFD ASCE, 1970,96(4):1499-1504.

[3] Xie K H, Xie X Y, Gao X. Theory of dimensional consolidation of two layered soil with partially drained boundaries[J]. Computers and Geotechnics,1999,24:265-278.

[4] 谢康和,曾国熙. 等应变条件下的砂井地基固结解析理论[J]. 岩土工程学报,1989,11(2):3-17.

基于等势面的地下水渗流量计算方法

李　斌[1]　景来红[1]　宋海亭[2]

（1. 黄河勘测规划设计有限公司　郑州　450003；
2. 黄河水利科学研究院　郑州　450003）

摘要： 渗流计算中最重要的内容之一就是分析和预测渗流量。本文提出了一种计算渗流区域渗流量的便利计算方法，根据等势面的位置进行积分，从而求解渗流量。本办法可以提高计算精度，简化用户操作过程，避免了复杂渗流场中某一流量断面既有正向流动又有反向流动时所带来的流量计算误差。

关键词： 渗流　渗流量　等势面　有限元

1　引言

　　渗流计算中，最重要的内容之一就是分析和预测渗流量。渗流量计算的准确性和精度对于渗流问题的分析往往是至关重要的，特别是对大坝防渗系统的布置、防渗效果评价、坝后排水设施的分布与设置以及排水井的排水效果等具有重要的参考价值。例如，在土石坝病险的诊断中，需要根据渗流量、渗透水透明度和水质观测资料及巡查结果，结合渗透比降判别有无管涌、流土、接触冲刷、接触流失等渗透变形现象。

　　渗流量计算的主要方法有解析法、实验法、数值法等。对于前两种方法，由于所涉及问题简单而使用范围较小，目前大多用数值法来求解渗流量。在数值法求解渗流量计算时，主要采用中断面法和等效结点流量法。

　　中断面法[1]的主要原理是，在求得渗流场水头函数 H 的有限单元法数值解后，对于任意单元，选择其一对面之间 4 条棱的中点构成的截面（中断面）作为过流断面；在二维问题中是以中线作为过流断面的。有限单元法求得的水头函数数值解精度较高，一般能满足工程应用的要求。由于水头函数数值解为数值离散解，并且实际选用的过流断面为各个单元的中断面，因此当计算区域材料分区和地质条件复杂时，单元形状很不规则，其中断面也是极不规则的扭曲面，所计算出的渗流量的准确性大大降低，有时并不能满足工程应用的要求。

　　等效结点流量法[2]将任一过流断面上的渗流量，表示成相关单元的传导系数与相应结点水头的乘积的代数和。它避免了对水头离散解的进一步求导运算，所求得的渗流量计算精度与水头解的计算精度同阶。但缺点是渗流量缺乏明确的物理意义，过水断面的选择不太容易，所得到的断面渗流量为前后单元所谓等效结点流量的代数和，计算时需要将前后单元的贡献分开计算，否则计算结果为 0。而将前后单元的贡献分开计算需要给定条件或人工干涉，工作量大且容易出错。

有学者在渗流有限元数值计算的基础上,研究计算任意断面渗流量的方法[3],该方法在三维渗流场中取相互靠近的两个平面并进行剖分,求出两个面内相邻单元形心处的水头,然后由两个面之间的距离 L,计算出通过该流管的渗透流量。该方法需要假定两平面形心距离 L,需要将计算断面重新剖分,需要用到迭代法求解截面单元的形心在整体区域内所经过单元的单元坐标系中的局部坐标,计算时间较长,从理论上来说假定的平面形心距离 L 也影响流量的计算精度。

由于上述渗流量计算方法中都存在一些局限,作者根据各向同性渗流场中流线与水头等势面正交的特性,提出了基于等势面的渗流量计算方法,较好地解决了渗流量的计算问题,简化了用户操作过程,避免了复杂渗流场中某一流量断面既有正向流动又有反向流动时所带来的流量计算误差。

2 渗流量计算基本原理

根据渗流理论,饱和非饱和情况下的渗流基本控制方程如下所示[1]:

$$(k_r(\theta)k_{ij}h_j)_j = S_S \frac{\partial h}{\partial t} \tag{1}$$

式中:$k_r(\theta)$ 为相对系数,饱和域为 1,非饱和域为体积含水率或吸力的函数;θ 为土体体积含水率;k_{ij} 为饱和渗透系数;S_S 为贮水率,1/m,即单位体积的饱和土体内,当下降 1 个单位水头时,由于土体压缩和水的膨胀所释放出来的贮存水量。

对于饱和非饱和渗流场有

$$S_S = C(\theta) + \lambda\mu_S$$

式中:C 为非饱和域的容水度,$C = \frac{\partial\theta}{\partial h}$,饱和域为 0($k_r$,$C$ 都由土水特征曲线得到);μ_s 为饱和区域的弹性储水系数,λ 为区分参数,饱和域为 1,非饱和域为 0。

将上式在空间上和时间上进行离散,由变分原理可得到在一定的初值条件和边界条件下的有限元迭代方法,求解渗流场(结点水头值 H_i)的总线性方程,便可求得整个渗流区域内的渗流场。

2.1 中断面法

由于利用有限元法求解渗流场时不能直接求得单元结点上的水头对坐标的偏导数,因而在计算断面流量时,采用中断面法(见图 1)。

通过某断面 S 的渗流量的计算式为

$$q = -\int_S k_n \frac{\partial H}{\partial n}ds = -k_n S \frac{\partial H}{\partial n} \tag{2}$$

式中:S 为过水断面;n 为过流断面的正法线方向的单位向量。

对任意八结点六面体等参数单元,选择中断面 $abcd$ 为过流断面 S,并将 S 投影到 yoz,zox,xoy 平面上,分别记为 S_x,S_y,S_z,则通过单元中断面的渗流量为

$$q = -k_x \frac{\partial H}{\partial x}S_x - k_y \frac{\partial H}{\partial y}S_y - k_z \frac{\partial H}{\partial z}S_z \tag{3}$$

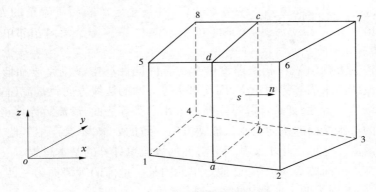

图 1　计算断面流量简图

式中 $\dfrac{\partial H}{\partial x}, \dfrac{\partial H}{\partial y}, \dfrac{\partial H}{\partial z}$ 由下式计算：

$$
\left\{
\begin{array}{c}
\dfrac{\partial H}{\partial x} \\[2mm]
\dfrac{\partial H}{\partial y} \\[2mm]
\dfrac{\partial H}{\partial z}
\end{array}
\right\}
=
\left\{
\begin{array}{c}
\dfrac{\partial N_i}{\partial x} \\[2mm]
\dfrac{\partial N_i}{\partial y} \\[2mm]
\dfrac{\partial N_i}{\partial z}
\end{array}
\right\}
\cdot \{H_i\}
\tag{4}
$$

对于不同的渗流方向，$\dfrac{\partial H}{\partial x}, \dfrac{\partial H}{\partial y}, \dfrac{\partial H}{\partial z}$ 有正有负。当计算区域材料分区和地质条件复杂时，单元形状很不规则，其中断面也是极不规则的扭曲面，也会出现断面上既有正向流动又有反向流动，这也带来了流量计算误差。

2.2　等效结点流量法[2]

对任一时刻，渗流场处于相对稳定状态，其控制微分方程为

$$
(k_{ij}h_j)_i = 0
\tag{5}
$$

采用等参元，结合 Geeen 公式进行分部积分，得到流量平衡方程为

$$
-\sum_e \int_{\Gamma^e} N_i k_{ij} h_j n \mathrm{d}\Gamma^e = -\sum_e \int_{\Omega^e} k_{ij} h_j N_i \mathrm{d}\Omega^e
\tag{6}
$$

显然，上式左端表示通过单元边界上的外法向流量，右端是单元内部的体积积分，表示通过单元的等效结点流量，其值等于边界流量。所以，可以用单元内部的体积积分来计算出单元等效流量，即

$$
q^e = -\int_{\Omega^e} k_{ij} h_j N_i \mathrm{d}\Omega^e = -\int_{\Omega^e} k_{ij} N_i h N_i \mathrm{d}\Omega^e
\tag{7}
$$

求出单元等效结点流量后，对与断面相关的各单元的边或面上的结点流量求和，即可求得断面流量。

在求断面流量时，如果简单地将所有相关单元的传导系数与相应结点水头相乘，则代数和为 0，因此必须将左右两侧的单元分开单独计算才可以。而将前后单元的贡献分开计算需要给定条件或人工干涉，工作量大且容易出错。

3 等势面法渗流量计算方法

3.1 基本思路

对于渗流控制方程(1),由相关理论可知在各向同性场中渗流流速和坡降的方向一致,形成流线,流线与水头等势面正交,因此水头等势面的法线方向就是流速方向。

根据渗流场这一特性,如果计算过水断面采用水头等势面,渗流量计算正好满足渗流量计算公式中的过水断面的法向与水流流速方向一致的要求,不会产生其他方向的分量,因而计算精度最高。这也正是本文基于等势面的渗流量计算的基本思想。

对任意八结点六面体等参数单元,假定单元内某一量值的等势面为一四边形,如图 2 所示,则过流断面 S 即为四边形等势面片 $abcd$。

此等势面片是空间四边形,此时做以下工作:

(1)此时利用常规空间二维有限元法中的等参单元法,建立局部坐标系,如图 3 所示。

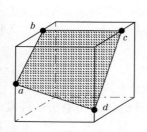

图2 四边形等势面片

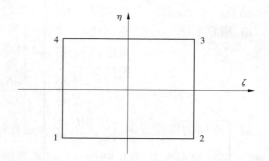

图3 等势面片局部坐标系

(2)用常规的内插法求出此二维单元积分点在三维单元中的位置坐标。

(3)按照式(4),用常规三维单元的计算方法求出平面局部坐标系积分点处的水力梯度,有 x、y、z 三个方向的分量。

(4)用常规二维单元的计算方法求出平面局部坐标系积分点所代表的面积,该面积在整体坐标三个坐标平面中也有三个方向的分量。

(5)相应的面积分量与水力梯度分量相乘,求出四边形断面 $abcd$ 上的三个流量分量,将其绝对值求和,即可得到该单元内该过流断面上的渗流量。

3.2 具体步骤

(1)求解渗流场。用常规的有限元法求解渗流场,求出各单元结点水头值。

(2)确定等势面的水头值。指定所要确定的等势面的水头值 h_0。

(3)对于第 ie 个单元,做以下工作:

①判断各结点水头值与 h_0 的关系。

会出现四种情况:该单元上的所有结点的水头值都大于 h_0;该单元上的所有结点的水头值都小于 h_0;该单元上的结点的水头值有大于 h_0 的,也有小于 h_0 的;该单元上的结点的水头值有等于 h_0 的,也有不等于 h_0 的。

②内插水头,求出等水头结点。

对于前两种情况因不可能出现大小为 h_0 的等势面,不再计算。而对于后两种情况,需要内插求出值为 h_0 的水头等势面片。

具体内插方法有:

i. 取单元的某条边 L_i 为对象,判断各边上结点水头值与 h_0 的关系,也会出现以下几种情况:

一是该边上的两个结点的水头值都大于 h_0,不再计算。

二是该边上的两个结点的水头值都小于 h_0,不再计算。

三是该边上的两个结点的水头值一个大于 h_0,一个小于 h_0,则根据坐标和水头关系内插出水头值为 h_0 的点的位置。

四是该边上的两个结点的水头值一个等于 h_0,一个不等于 h_0,则 (x,y,z) 的值就取等于 h_0 的结点的坐标。

五是该边上的两个结点的水头值都等于 h_0,则两个结点都是等水头结点。

ii. 重复第 i 步,对单元的各条边进行循环,将各边循环完后,求出该 ie 单元所有的等水头结点。

iii. 剔除上述结点中重复的点,还剩 N 个点,N 的取值为 $1 \sim 6$,即有如图 4 所示的六种情况。

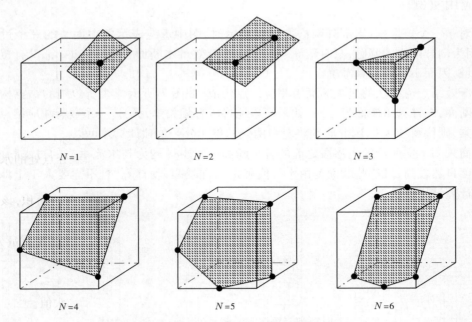

图 4 等势面与单元相交时的六种情况

当 N 大于 2 时,这 N 个点所构成的空间 N 边形就是该单元上的水头等势面片。

③水头等势面片形成后,当 $N=3$ 时,等势面片是空间三角形,将三角形视为退化的空间四边形(如下图),此时可按 3.1 节的方法计算通过该面片的渗流量。

当 $N=5$ 时,等势面片是空间五边形,将此五边形分解为四边形和三角形,分别计算通过该小面片的渗流量,将两者求和,即为通过该五边形面片的渗流量。

当 $N=6$ 时,等势面片是空间六边形,将此六边形分解为两个四边形,计算通过该小面片的渗流量,将两者求和,即为通过该六边形面片的渗流量。

④对整个渗流域的每一个单元做第③步。

⑤将各面片的流量求和,即可求出经过指定水头等势面的流量。

⑥重新指定等势面的水头值,重复②~⑤步。

3.3 优势

等势面法求渗流量为利用有限元求解地下水渗流量问题时的新的方法,有以下优点:

(1)直接在等势面上积分,过水剖面与流向垂直,没有分量的干扰,计算精度高。

(2)由于通过水头等势面的流量只有一个方向,因此避免了中断面法中不但需要确定水头梯度的方向,还要确定面积向量的方向。

(3)避免了复杂渗流场中某一流量断面既有正向流动又有反向流动时所带来的流量计算误差。

(4)避免了复杂渗流场中不同有限元剖分时流量断面不好确定的困难。

(5)不用对过水断面重新剖分。

(6)可以同时计算多个等势面的流量。

4 应用实例

对于一个矩形坝,当剖分网格如图 6 所示时,图中虚线表示的中面法的三个过水断面,因为剖分网格的问题,只有剖面 3 是正常的有效过水断面,剖面 1 和 2 都没有覆盖渗流区域,因而不可能计算准确。

等效结点流量法的过流断面由相应结点构成,如图 7 所示虚线所包围的结点构成的过水断面,在计算该断面流量时,如果简单地将所有相关单元的传导系数与相应结点水头的相乘,则代数和为 0,因此必须将左右两侧的单元分开单独计算才可以。

而采用本文所给的出渗段之前的各个断面(见图 8)均为与水流垂直的过水断面,计算精度自然较高,且这些断面是由水头值确定的,能够自动计算,且不需要人工干涉。渗流量计算结果见表 1。

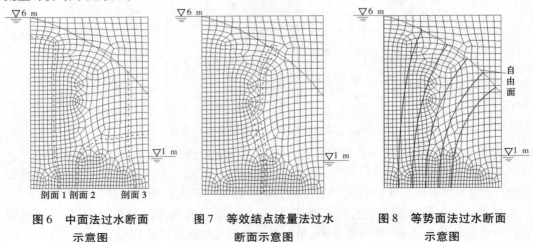

图6 中面法过水断面　　　图7 等效结点流量法过水　　　图8 等势面法过水断面
　　示意图　　　　　　　　　　断面示意图　　　　　　　　　示意图

表1　等势面法渗流量计算结果

断面位置	水头 3.5 m	水头 4.0 m	水头 4.5 m	水头 5.0 m	水头 5.5 m	水头 6.0 m
渗流量	4.359	4.365	4.377	4.367	4.375	4.378

5　结语

本文提出了一种计算渗流区域渗流量的便利方法,利用各向同性场中流线与水头等势面正交的特性,将水头等势面作为计算过水断面,这样渗流量计算正好满足渗流量计算公式中的过水断面的法向与水流流速方向一致的要求,不会产生其他方向的分量,避免了复杂渗流场中某一流量断面既有正向流动又有反向流动时所带来的流量计算误差,较好地解决了渗流量计算问题,简化了用户操作过程,该方法也具有较高的的计算精度。

参考文献

[1] 毛昶熙,段祥宝,等. 渗流数值计算与程序应用[M]. 南京:河海大学出版社,1999.

[2] 朱岳明. Darcy 渗流量计算的等效结点流量法[J]. 南京:河海大学学报,1997.

[3] 祁书文.基于有限元法的复杂三维渗流场渗流量计算方法研究[D].南京:河海大学,2007.

面板堆石坝中过渡区的反滤功能及级配研究[*]

定培中　周　密　陈劲松

（长江科学院水利部岩土力学与工程重点实验室　武汉　430010）

摘要:面板堆石坝过渡区的渗流控制作用对于大坝的渗透稳定性具有关键意义,过渡区对垫层区的反滤保护关系应在面板堆石坝设计规范中予以明确。结合国内部分面板堆石坝的过渡料对垫层料的反滤保护试验研究成果以及过渡料的级配统计资料,分析了过渡料对垫层料的反滤效果和渗透变形规律,认为只要满足了无黏性土的反滤设计准则中层间关系的要求,过渡料即能对垫层料起到有效的反滤保护作用。过渡料中小于 5 mm 的细颗粒含量范围以 5% ~30% 为宜,过高或者过低都会对反滤效果产生不利影响。建议现有规范修订时对过渡区的反滤准则的适应性作进一步研究。

关键词:面板堆石坝　过渡区　反滤　级配　层间关系　渗流控制

1　面板堆石坝过渡区的发展及功能定义

1971 年,澳大利亚 110 m 高的塞沙那坝采用没有筛除土和小石(指小于 25 mm 或 50 mm)的石料作为面板堆石坝垫层区(2 区)填料,其成功的设计打开了 20 世纪 70 年代高面板堆石坝发展的大门[1]。垫层区(2 区)的功能逐渐得到明确,即直接位于面板下部,为面板提供均匀、平整的支撑,避免面板产生应力集中。当面板开裂或局部止水破坏时,垫层料应有较小的渗透性,可减小渗漏量,同时对上游堵缝材料起反滤作用。

在随后长期的研究和工程设计实践过程中,混凝土面板堆石坝填筑分区和材料的功能与特性要求越来越清晰。库克等于 1984 年建议的现代面板坝分区还应包括过渡区,以便使筑坝材料的压缩性及透水性从上游到下游有必要的过渡,保证垫层区材料不会被冲刷到主堆石区的大空隙中去,同时其本身应具有自由排水功能[2]。库克和谢腊德(Sherad)认为过渡区(3A 区)压实后的厚度应与 2 区相同,即 0.4 m 或 0.5 m。近年来,国内外的高面板堆石坝基本上按此原则布置分区。谢腊德和国际大坝委员会分别于 1984 年和 1989 年推荐了垫层料级配范围值,其后国内外面板坝垫层区级配的设计在此基础上继续发展,目前对高面板坝垫层料级配的拟定,比较被认可的原则是:最大粒径控制在 75 ~100 mm,小于 5 mm 细粒径的含量为 5% ~35% ,小于 0.1 mm 极细粒径含量为

*[*]**基金项目:**国家自然科学基金项目(No. 50679004),国家"十一五"科技支撑计划(No. 2008BAB29B02),中央级公益性科研院所基本科研业务费(YWF0909)。

作者简介:定培中,男,1971 年生,湖北武汉人,主要从事岩土工程和水工渗流方面的研究。

2% ~12%，中间区段必须是连续的良好级配，同时还必须明确所需达到的密度。只要能够满足上述垫层料的级配和密度条件，就能实现垫层区的设计功能。

但库克和谢腊德都没有明确提出过渡区填料的级配范围，在后来的面板堆石坝建设工程中，往往根据过渡区的功能要求来选择过渡料的材料和级配。除起到筑坝材料间的压缩性的过渡作用外，过渡料还应与垫层料一起形成半透水性的防渗体，在面板裂缝或者有缺陷的止水存在漏水通道时，仍能防止大量漏水。在现行《混凝土面板堆石坝设计规范(SL 228—98)》[3]中，过渡区功能定义为：位于垫层和主堆石区之间，保护垫层并起过渡作用。在现行《碾压式土石坝设计规范(SL 274—2001)》[4]（以下简称"规范"）中，规定："土石坝的过渡层应具有协调相邻两侧材料变形的功能，混凝土面板堆石坝的垫层和堆石之间，应设过渡层。"虽然以上两种规范中均未明文提出垫层区和过渡层之间为反滤关系，但无论从垫层区和过渡区的功能划分还是近年来各面板堆石坝的工程实践来看，过渡料都是作为垫层料的反滤保护料而存在的。刘杰认为，在面板堆石坝中垫层料的反滤层即为过渡层[5]，两种材料的级配关系无疑应满足基本反滤准则。

张家发等对水布垭面板堆石坝的研究[6]表明：面板完好的正常运行条件下，面板坝垫层中的渗透比降很低，渗透稳定性很容易得到满足；但是在面板止水损坏和面板大面积失效的极端不利条件下，垫层上游侧局部渗透比降可能高达150以上，垫层下游侧渗透比降是控制垫层渗透稳定性和考验过渡区反滤效果的关键，其最大比降可能达到70。此时，必须依靠过渡料的反滤保护作用来防止垫层料中的细粒在渗透水流作用下流失。同时，郦能惠建议，过渡料既要满足保护垫层料的要求，又要满足自身被主堆石区保护的要求[7]。曹克明等[8]同样强调过渡料对垫层料起反滤、水力过渡作用，但同时指出过渡料本身容易流失细料，目前工程上没有提出过渡料与主堆石之间的反滤要求。

2 国内面板堆石坝过渡料级配及反滤设计方法

2.1 国内面板堆石坝过渡料级配及料源

近30年来，我国修建了以水布垭、天生桥为代表的一系列超高混凝土面板堆石坝，普遍在垫层料和主堆石体之间设置了过渡区。对部分坝高超过80 m的面板坝过渡料级配整理归纳于图1及表1。可以看出，国内面板坝过渡料级配的主要特征为：级配连续，最大粒径不超过300 mm，下包线小于5 mm细粒含量（以下称"P5含量"）不低于4%，上包线P5含量不超过30%，小于0.1 mm的极细粒径含量不超过5%。料源既有河床砂砾石料，也有岩石爆破料、地下硐室开挖料等。

2.2 无黏性土反滤层设计方法

土层的反滤理论从1922~1960年太沙基提出的适用于均匀滤层的太沙基准则到随着宽级配筑坝材料的广泛应用，谢腊德以被保护土料中细料 $d < 0.075$ mm 颗粒含量的不同而提出的滤层准则，再到国内郭庆国、刘杰等提出的反滤准则[9-10]，已经日渐成熟。目前，国内现行碾压式土石坝设计规范在以上研究基础上，对无黏性土采用的滤层准则归纳见表2（以下简称"规范法"）。

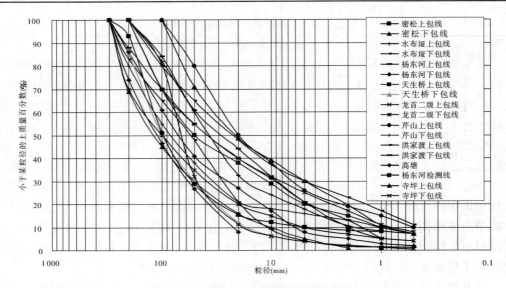

图1 部分面板堆石坝过渡料级配线

表1 国内部分面板堆石坝过渡料特征级配

工程及级配名称	坝高（m）	料源	不均匀系数（C_u）	特征粒径（mm）						P5含量（%）
				D_{85}	D_{60}	D_{50}	D_{30}	D_{15}	D_{10}	
密松上包线	139	微新辉角闪岩爆破料	27.7	152	76	50	15	5	3	20
密松下包线			17.0	252	163	121	50	18	10	5
水布垭上包线	233	茅口组灰岩爆破料和洞挖料	29.99	117	52	32	17	3.7	1.8	18
水布垭下包线			7.91	224	86	64	33	15	11	4
寺坪上包线	91	天然砂砾石	53.73	82	34	22	5	1.15	0.64	30
寺坪下包线			5.83	161	101	79	48	25.4	17.4	4
杨东河上包线	80	灰岩爆破料和洞挖料	25	100	50	31	9	3	2	21
杨东河下包线			6.43	242	149	113	58	31	23	5
杨东河检测线			24.28	181	121	100	50	19	5	10
天生桥上包线	178	灰岩爆破料	75	150	75	50	11	2	1	20
天生桥下包线			7.71	200	129	100	50	25	17	5
龙首上包线	146	爆破料	80	150	67	40	10	2	1	25
龙首下包线			30	250	150	100	40	10	5	7
芹山上包线	122	凝灰熔岩爆破料	60	63	30	20	7	1	0.5	26
芹山下包线			120	225	120	85	36	4	1	16
洪家渡上包线	179	爆破料	82.35	125	41	24	5	1	0.5	30
洪家渡下包线			41.03	183	67	32	10	3	2	21
高塘	110	微风化花岗岩爆破料	16.36	200	100	73	26	9	6	8

表2 规范法反滤设计准则

被保护土的不均匀系数 C_u	$C_u < 5 \sim 8$	$C_u > 8$
滤土准则 $D_{15}/d_{85} < 4 \sim 5$	全料的 d_{85}、d_{15}	宜取 $C_u < 5 \sim 8$ 细料部分的 d_{85}、d_{15} 作为计算粒径；当级配不连续时，取 $1 \sim 5$ mm 细料的 d_{85}、d_{15} 作为计算粒径
排水准则 $D_{15}/d_{15} > 5$		

根据中国水利水电科学研究院的研究成果(以下简称"刘杰法"),无黏性土反滤层设计的基本准则如下:

(1)滤土准则——可允许的最粗反滤层的等效粒径。

①Ⅰ型反滤 – 渗流方向向下: $D_{20}/d_k \leqslant 10$。

②Ⅱ型反滤 – 渗流方向向上:

非管涌土 – 流土和过渡型, $D_{20}/d_k \leqslant 7$。

管涌土, $D_{20}/d_k \leqslant 5$。

(2)减压准则——反滤层可允许的最小等效粒径。$D_{20}/d_{20} \geqslant 2 \sim 4$(式中2适用于管涌土,4适用于流土型的土)。

上式中, D_{20}/d_k 称为层间系数, D_{20} 为反滤层的特征粒径; d_k 为被保护土的控制粒径。

两种方法都是通过对被保护土层和反滤料层的特征粒径的比值从排水和滤土两方面进行限定,从而达到合适的反滤效果,这种比值可以称为层间关系。

3 过渡料对垫层料反滤试验研究

长江科学院近年来,通过自行研制的大粒径,高流量、高水头渗透变形试验系统,对表1中所列部分面板堆石坝的过渡料对垫层料的反滤效果进行了试验研究。试验过水断面为直径60 cm 的圆形(垂直方向)或者60 cm×60 cm 正方形(水平方向)。水流方向由垫层区流向过渡区,根据需要在下游面设置透水板以模拟堆石区对过渡区的支撑作用。由于试验仪器尺寸较大,过渡料的上包线和平均线均不需要粒径替代,仅部分下包线需要局部替代,从而基本避免了尺寸效应,能较真实地模拟反滤工况。

试验前,先依据2.2节中的反滤准则对垫层料和过渡料之间的层间关系作了初步判断,见表3,试验成果归纳见表4。可以看出,采用"规范法"和"刘杰法",对于反滤组合是否符合反滤准则的判断结论基本是一致的。在表3所列8组反滤试验中,除密松1和密松3以外,其余各组均满足"规范法"以及"刘杰法"规定的反滤准则,而试验成果表明:只要垫层料与过渡料的层间关系满足反滤准则,无论垫层料和过渡料的级配怎样组合,过渡料均能对垫层料形成有效的反滤保护,垫层料在过渡料的保护下均能承受很高的水力比降。

综合上述成功的反滤保护试验中 $J—V$ 曲线和试验现象的分析,结合垫层料和反滤料的渗透变形特性,可以对试验过程中的渗透变形和反滤作用概括如下。

表3 垫层料与过渡料层间关系判断成果

试验名称	反滤组合	规范法				刘杰法			
		滤土		减压		滤土		减压	
		D_{15}/d_{85}	评价	D_{15}/d_{15}	评价	D_{20}/d_k	评价	D_{20}/d_{20}	评价
水布垭1	垫上/过下	0.14	合格	9.94	合格	9.58	合格	20.94	合格
水布垭2	垫平/过平	0.2	合格	15.6	合格	3.49	合格	13.35	合格
水布垭3	垫下/过下	0.28	合格	18.07	合格	3.83	合格	12.78	合格
杨东河1	检测/检测	0.36	合格	27	合格	3.53	合格	18.96	合格
寺坪1	垫上/过下	0.99	合格	50.8	合格	9.8	合格	23.91	合格
密松1	垫上/过上全替代	0.13	合格	3.02	不合格	1.19	合格	3.49	不合格
密松2	垫上/过平	4.83	合格	115	合格	8.81	合格	20.22	合格
密松3	垫上/过下	12.02	不合格	285.4	合格	18.31	不合格	42.01	合格

注:"密松1"试验在260型水平渗透仪内进行。

表4 垫层料和过渡料反滤试验成果

试验编号	组合关系	试样密度（cm³/g）	试验形式	垫层料			现象描述
				K_1(cm/s)	J_{max}	K_2(cm/s)	
水布垭1	垫上/过下	2.25/2.2	水平	2.72×10^{-4}	226.7	4.53×10^{-5}	第2循环$J=136.69$时,下游水泥顶板出现裂缝,有细粒带出;第3循环$J=119.2$时水微浑,$J=226.7$时水清
水布垭2	垫平/过平	2.16/2.17	垂直	2.47×10^{-2}	135.98	2.77×10^{-4}	$J=3.55$时水微浑,$J=35.41$时水浑,后水清
水布垭3	垫下/过下	2.25/2.2	水平	1.94×10^{-3}	199.18	1.97×10^{-4}	$J=29.56$水浑,$J=186.68$保持压力1小时,水清
杨东河1	检测/检测	2.23/2.19	垂直	2.33×10^{-4}	98.23	5.89×10^{-4}	试验中无明显现象,当$J=98.23$时下游出水略浑,后逐渐转清
寺坪1	垫上/过下	2.25/2.20	垂直	—	95.70	—	垫层料比降$J=4.02$时,出水略浑,$J=6.3$时气泡水浑,以后提升一次比降时,均有水浑现象,过一会则水清

续表4

试验编号	组合关系	试样密度（cm³/g）	试验形式	垫层料			现象描述
				K_1（cm/s）	J_{max}	K_2（cm/s）	
密松1	垫上/过上全替代	2.27/2.34	垂直	1.62×10^{-2}	20.28	8.41×10^{-4}	垫层料 $J=8.21$ 时,过渡料承受比降为0.98,下游多处冒泡,大量雾状细粒,水浑,随即变清,换泵后垫层料比降 $J=20.08$ 时,过渡料承受比降达3.86,下游大量细粒翻出,局部水浑,保持此压力4小时,水流量逐渐减小,下游面变澄清,不再有细粒翻动
密松2	垫上/过平	2.27/2.29	水平	3.49×10^{-3}	21.38	5.41×10^{-4}	垫层料 $J=1.77$ 时水浑,几分钟后变清,$J=8.10$ 时下游出现浓雾状细粒,水浑,流量大减。逐步提升至 $J=21.38$,保持1 h,水体逐渐变澄清
密松3	垫上/过下	2.27/2.21	水平	8.68×10^{-2}	5.01	3.12×10^{-2}	垫层料 $J=1.46$ 时水微浑,$J=2.51$ 时下游面中部有多个气泡,雾状细粒,下游水体逐渐变浑,$J=5.01$ 时,流量大增,大量细粒带出,水浑,随即比降下降至0.99,下游水池收集到约2 mm直径细粒

（1）在试样饱和的过程中及试验初期的低比降条件下,垫层料保持稳定。过渡料粗颗粒上附着的以及孔隙中未被约束的细粒（粉尘）被渗透水流带出,表现为出浑水,但是由于这种细料含量很低,水流很快变清且以后不再会因此造成水浑。

（2）当试验比降继续增大,如垫层料内部结构欠稳定,破坏形式为管涌或过渡型,在超过垫层料的临界比降后,细颗粒在水流驱动下迁移,并在临近两区接触面处聚集,形成淤填。如垫层料为内部结构稳定土,破坏形式为流土,垫层料会在水压力的作用下整体向下游方向挤压,在两区接触面处因过渡料的支撑阻挡作用而形成局部挤密。这两种情况都会导致垫层料区靠上、下游侧分担的水头损失比例在变化,上游侧比例下降,下游侧比例上升,总体上垫层料承担的水头损失在增加,其渗透系数有所下降。通常来说,内部稳定型的垫层料出现这种现象时的比降较高。

（3）由于过渡料的渗透性较强,其比降始终很低,没有超过过渡料的临界比降,其中处于约束状态的细颗粒没有被渗透水流启动。

（4）试验中垫层料的最高比降达到几十甚至上百，远远超过单一垫层料的临界比降，虽然试验过程中提升水头时有出现浑水的现象，但是水流会随着时间的延续而变清，显示在试验比降范围内过渡料对垫层料起到了反滤作用。

试验研究还表明，一旦在滤土或者减压功能上有一项不能满足反滤准则要求，都有可能影响到反滤效果。

在密松 1 试验中，为研究当垫层料和过渡料级配差别较小，过渡料的排水减压效果不好时的反滤效果，先对过渡料上包线设计级配按相似级配法进行缩尺，再对超粒径部分（$d_{max} = 60$ mm）以 5 ~ 60 mm 的粒径进行等量替代。此时根据反滤准则判断，滤土性合格而减压性不合格。试验在 260 型垂直渗透仪中进行，试验 J—V 曲线（见图 2（a））中随着垫层料承受比降逐步提升，过渡料承受的比降也在升高。当垫层料承受比降为 52.47 时，过渡料承受比降为 6.25，下游面多处冒气泡，有大量浓雾状细粒流出，下游水体浑浊。说明此级配的过渡料在无支撑条件下，自身产生了渗透变型和渗透破坏。

以上试验表明，当过渡料的渗透性与垫层料接近时，即使满足反滤准则中的"滤土"要求，但由于排水减压效果不好，其自身的渗透稳定性不能保证，容易流失细料。在这种情况下，还需要堆石区对其起到保护作用。而目前对于堆石区与过渡区的反滤试验研究还很少，虽然朱国胜等对寺坪过渡料与堆石体的反滤试验认为其堆石料能对过渡料起到反滤保护作用[11]，但就整体研究现状而言，尚未有规范明确提出过渡区与堆石区的反滤要求。

而密松 3 试验中，过渡料的颗粒粒径较大，减压排水性很好，但不能满足滤土性需求，试验中垫层料承受的平均比降达到 1.46 时，就发生渗透变形，大量细粒流失，达到 3.2 时就被击穿（见图 2（b）），没能对垫层料继续起到反滤保护作用。

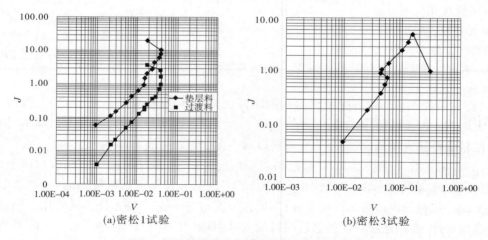

(a)密松1试验　　　　　　　　　　(b)密松3试验

图 2　部分垫层料/过渡料反滤试验 J—V 曲线

4　过渡料细粒含量的分析

1985 年，谢腊德在国际混凝土面板堆石坝会议上发表论文，在砂砾石反滤料分离的控制一节中，他认为："对于含有 40% 或者适当多一些的砂的混合料，施工中经适当的努力,就能避免分离。对于加工过的砂砾石反滤料,当避免分离很重要时,希望含砂量平均为40%。""规范"接受并沿用了这一说法,在附录 B 反滤层设计第 B.0.4 条中,对于宽级配土的反滤设计,除了满足表 1 的规定外,还强调:"对于不均匀系数 $C_u > 8$ 的被保护土……当第一层反滤层的不均匀系数 $C_u > 5 \sim 8$ 时,应控制大于 5 mm 颗粒的含量小于60%,选用 5 mm 以下的细粒部分的 D_{15} 作为计算粒径。"

目前,国内高面板堆石坝垫层料的 P5 含量一般控制在40% ~45%,小于 0.1 mm 或者 0.075 mm 的极细颗粒含量为12% ~25%,其渗透系数为 $i \times 10^{-3} \sim i \times 10^{-4}$ cm/s 范围,其 C_u 值往往大于 30 或更高,而从表 1 中可以看出,过渡料的 C_u 值也基本大于 5。因此,如果按照规范附录 B 的要求进行过渡料级配设计时,应要求过渡料的 P5 含量不低于40%。而实际上,国内各面板堆石坝过渡料的 P5 含量,均为 5% ~30%,远未达到规范中40% 以上的要求。但反滤试验表明,在层间关系符合反滤准则的前提下,这些级配的过渡料,均能对垫层料起到良好的反滤保护作用。已经建成的天生桥、水布垭等超高面板堆石坝的工程实践也印证了这些过渡料级配设计的可行性。

反滤设计的基本原理,就是不允许被保护土的颗粒大量穿过反滤层的空隙而流失,即 $D_0/d_k \leqslant \alpha_1$。其中 D_0 为反滤层的有效孔径;d_k 为被保护土的控制粒径;α_1 为被保护土的控制粒径进入反滤层的孔隙时在进口可能形成拱架阻止其他颗粒进入的颗粒数,即成拱系数。目前,各种反滤层的设计准则的主要区别在于,确定 D_0 和 d_k 时采用了不同的特征粒径,而对于 α_1 的取值,则基本认同渗流方向向下时 $\alpha_1 \leqslant 3$,渗流方向向上时 $\alpha_1 < 2$。但是,以上 α_1 取值范围的确定,是基于对颗粒形状近似于球形的砂砾石料所作的几何推导。而现代面板堆石坝的过渡区,大量采用了爆破料或硐室开挖料作为料源,其颗粒的形状系数、颗粒比重与砂砾石料存在较大的区别,特别是在 1 ~5 mm 及以上粒径组,土颗粒大多呈具有尖锐棱角的块状或片状。即使在相同的压实度下,其内部特征和孔隙性与砂砾石也有很大差异,从而造成了渗透变形特性的不同,现有规范的反滤准则的适应性值得进一步研究[6-12]。随着现代机械施工工艺水平的提高,填筑过程中的粗细分离现象得到了很大改善,不再一定要靠提高细粒含量来保证反滤效果,相反,过高细粒含量可能导致过渡料出现类似密松 3 试验中的渗透稳定问题,对其反滤功能是不利的。

5 结语

(1)过渡区的渗流控制作用效果关键体现在面板止水破损、面板大面积失效等极端不利的运行条件和大坝施工期无面板临时挡水度汛条件下对垫层料的反滤保护作用。在层间关系满足规范提出的反滤设计准则的前提下,目前国内采用的最大粒径≤300 mm,P5 含量 5% ~30%,级配连续的过渡料基本能满足此要求,但仍需要进行相应的试验工作来对其级配设计进行复核。

(2)细粒含量过低会影响过渡料对垫层料细粒流失的保护功能,而过高的细粒含量容易导致过渡料承受过高比降而影响其自身的渗透稳定,在此种情况下,堆石料对过渡料的反滤与支撑作用犹为重要。

(3)目前规范中并未明确规定垫层区、过渡区、堆石区之间的反滤保护关系以及反滤设计准则,建议在今后的修订中完善这方面的工作。

参考文献

[1] B 马铁龙. 世界高混凝土面板堆石坝的发展[C]∥蒋国澄. 中国混凝土面板堆石坝20年. 北京:中国水利水电出版社,2005.

[2] 库克J B. 堆石坝的发展[C]∥水利电力部科学技术司和水利水电科学. 国外混凝土面板坝. 北京:水利电力出版社,1988:1-21.

[3] 中华人民共和国水利部. SL 228—98碾压式土石坝设计规范[S]. 北京:中国水利水电出版社,1999.

[4] 中华人民共和国水利部. SL 274—2001碾压式土石坝设计规范[S]. 北京:中国水利水电出版社,2002.

[5] 刘杰. 混凝土面板坝碎石垫层料最佳级配试验研究[J]. 水利水运工程学报,2001(4):1-7.

[6] 张家发,定培中,张伟,等. 混凝土面板堆石坝中过渡区的渗流控制作用研究[J]. 岩土力学,2011(12):3548-3554.

[7] 郦能惠. 高混凝土面板堆石坝新技术[M]. 北京:中国水利水电出版社,2007.

[8] 曹克明,汪易森,徐建军,等. 混凝土面板堆石坝[M]. 北京:中国水利水电出版社,2008.

[9] 郭庆国,金亚玲. 砂石滤层准则的研究与进展[J]. 水利水电科技进展,2002(1):51-55.

[10] 刘杰. 土石坝渗流控制理论基础及工程经验教训[M]. 北京:中国水利水电出版社,2005.

[11] 朱国胜,张伟. 寺坪混凝土面板坝过渡料反滤试验研究[J]. 湖北水力发电,2007(3):14-16.

[12] 张家发,焦纠纠. 颗粒形状对多孔介质孔隙特征和渗流规律影响研究的探讨[J]. 长江科学院报,2011(3):39-44.

某灰渣库渗漏原因分析及除险加固
渗控措施研究

廖井霞 刘昌军 张启义 孙东亚 丁留谦

（中国水利水电科学研究院 北京 100038）

摘要：基于有限元求解渗流场的基本原理，建立了某灰渣库三维渗流场的计算模型，计算分析了原设计方案下的渗流场，论证了左右坝肩异常渗漏的原因，给出了除险加固的渗控设计方案。在此基础上分析了除险加固后以及二次加高后的渗流场分布特征，计算结果和除险加固的运行结果表明，给出的除险加固防渗设计方案正确合理，可为类似的工程除险加固设计及运行管理提供参考。

关键词：灰渣库 有限元法 三维渗流场 除险加固 加高 渗漏

1 引言

近年来，随着煤液化项目和火电厂数目的不断增多，规模日益扩大，兴建的灰渣库也日趋增多，对灰渣库建设运行中的稳定性研究至关重要。因为，一旦灰渣库渗漏或溃库，将会造成重大的人员伤亡和财产损失，同时对库区周边造成严重的环境污染[1]。灰渣库的渗流控制技术是保证其稳定的关键，对灰渣库渗流特征的研究是灰渣库建设运行中必不可少的内容[2]。灰渣库干滩长度的变化和是否加子坝对其渗流特征有着显著的影响[3]。

鄂尔多斯市某灰渣库主要存放火力发电厂、煤制油等工业灰渣，设计为干贮灰场，规划总库容 550 万 m³，规划总坝高 68 m。根据《火力发电厂灰渣筑坝设计规范》（DL/T 5045—2006）[4]，灰渣库为二等库，主要构筑物设计等级为二级。工程于 2006 年开始施工，2007 年正式运行。在 2009 年，灰渣库初期坝开始出现渗水险情，渗水带砂流动，形成了多处的冲沟和塌陷，已严重威胁到了坝体的安全。

鉴于此，本文基于有限元求解渗流场的基本原理，建立了该灰渣库的三维渗流计算模型，计算分析了原设计方案下的渗流场，论证了左右坝肩异常渗漏的原因，给出了除险加固的渗控设计方案。在此基础上分析了除险加固后以及二次加高后的渗流场分布特征，论证了所给出的除险加固方案的可行性，提出了二次加高设计方案，为该灰渣库的运行管理提供参考[5]。

2 有限元求解三维渗流场的基本原理和方法[6]

非均质各向异性岩土体稳定饱和渗流问题的控制方程为

作者简介：廖井霞，女，1986 年生，硕士研究生，研究方向为水利工程堤坝安全评价。

$$\frac{\partial}{\partial x_i}\left(k_{ij}\frac{\partial h}{\partial x_j}\right) = 0 \tag{1}$$

式中：x_i 为坐标，$i = 1,2,3$；k_{ij} 为达西渗透系数矩阵；$h = x_3 + p/r$，为总水头，x_3 为位置水头。

非均质各向异性介质稳定渗流的定解问题一般包含 4 种边界条件，即已知水头边界、不透水边界、出渗面边界和自由面边界。

对上述问题采用固定网格的有限元法进行求解，根据变分原理，求解泛函数和支配方程为

$$\prod(h) = \frac{1}{2}\int_{\Omega_1}k_{ij}\frac{\partial h}{\partial x_i}\frac{\partial h}{\partial x_j}\mathrm{d}\Omega \tag{2}$$

$$KP = F \tag{3}$$

式中：$\prod(h)$ 为泛函数；K、P、F 分别为渗流实域的传导矩阵、节点水头压力列阵和已知节点压力列阵。

3　灰渣库的异常渗漏三维渗流计算分析

3.1　原方案渗流场计算

（1）计算模型及网格剖分。

根据鄂尔多斯市某灰渣库附近的地质地形特征及水文气象条件推断，灰坝附近渗流场的主要影响因素为渣库内的积水，因此结合该地区的地下水分布特点及地质勘察报告，选定渗流计算分析的范围，如图 1 所示，其中，模型左边界距灰坝右坝肩约 188 m，右边界距灰坝左坝肩约 191 m，下游边界距坝脚最近距离约 291 m，上游边界则以包含渣场边界为准。该模型边界以将渣库内积水对地下水的影响范围包含在内为准。

图 1　模型计算范围

根据渣场的岩土工程初步勘察报告,场地内 1 层、2A 和 2B 层分别为细砂、粉砂和卵石,渗透系数在 4 ~ 10 cm 数量级,属相对强透水层,而 2C 层为粉质黏土,渗透系数为 6 ~ 10 cm 数量级,属相对隔水层,3A、3B 和 4 层分别为砾砂、卵石和砾砂,渗透系数也 4 ~ 10 cm 数量级,属相对强透水层,之下土层为泥岩,属相对隔水层。因此,模型中将土层自上而下简化为 4 层,分别为地表强透水层、相对隔水层、下覆强透水层和基岩。渣库内的堆积料根据原始地形资料和实测地形图求出,并结合水文地质勘察结果,对研究区域进行三维数值建模,得到三维渗流计算网格,如图 2 所示。

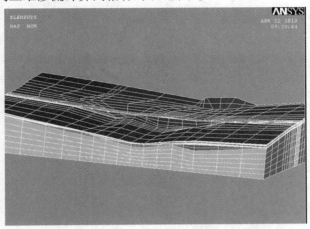

图 2　三维渗流计算网格

（2）边界条件。

①计算模型边界上的地下水位根据水文地质图和勘测结果推算,其中左右边界位于山梁上,其地下水位考虑为略大于平均地下水位埋深,而河谷内地下水位考虑为略小于平均地下水位埋深,上下游边界上山坡内的地下水位按平均水力坡降推求。

②库内水位:根据实测结果,渣库内目前存在 4 处积水坑,它们的位置如图 3 所示,其中,水坑 B、C、D 紧邻灰坝,其水位分别为 1 245.0 m、1 246.5 m 和 1 246.9 m,而水坑 A 距坝轴线最短距离约 150 m,水位为 1 248.1 m。渣库内其他地面处于地下水位以上,模型内按照隔水边界处理。

③灰坝下游的山谷内不存在明显的明流和积水,因此全部按照可逸出边界处理。

④模型底面高程为 1 150 m,距坝基大约 70 m,考虑灰坝顶高程为 1 250 m,因此最大计算深度为 100 m。模型底面距坝基距离约为最大坝高 30 m 的 2.33 倍,且包含泥（砂）岩的最小厚度为 60 m,可以完全将渣库内水坑的影响范围包含在内,因此该底高按隔水边界处理。

（3）渗流参数选取。

根据勘测资料,各地层的渗透特性均表现为各向同性。各地层和灰渣料的渗透系数见表 1。

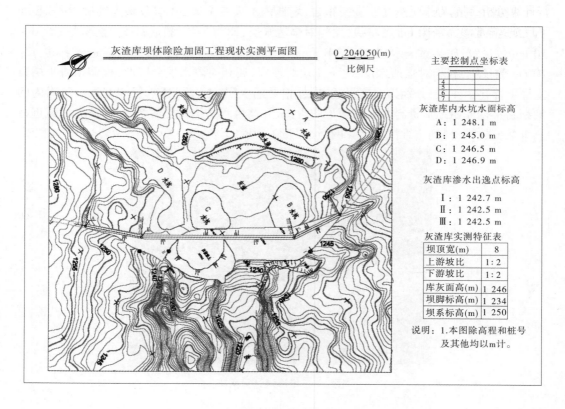

灰渣库坝体除险加固工程现状实测平面图

0 20 40 50(m)
比例尺

主要控制点坐标表

4	
5	
6	
7	

灰渣库内水坑水面标高

A：1 248.1 m
B：1 245.0 m
C：1 246.5 m
D：1 246.9 m

灰渣库渗水出逸点标高

Ⅰ：1 242.7 m
Ⅱ：1 242.5 m
Ⅲ：1 242.5 m

灰渣库实测特征表

坝顶宽(m)	8
上游坡比	1:2
下游坡比	1:2
库灰面高(m)	1 246
坝脚标高(m)	1 234
坝系标高(m)	1 250

说明：1.本图除高程和桩号
及其他均以m计。

图3　渣库内水坑分布情况

表1　各地层和灰渣料的渗透系数

地层	初始渗透系数（cm/s）	反演渗透系数（cm/s）
灰渣	4.135×10^{-4}	4.135×10^{-4}
地表强透水层	4.75×10^{-4}	4.75×10^{-4}
相对隔水层	4.585×10^{-6}	4.585×10^{-6}
下覆强透水层	4.75×10^{-4}	2.0×10^{-5}
基岩	6.135×10^{-6}	6.135×10^{-6}
坝体	4.75×10^{-5}	2.0×10^{-5}

　　从现场观察资料可知,河槽内坝段的逸出点均位于坝脚,而灰坝左坝肩处逸出点高程为1 242.7 m,坝中央分水岭处逸出点高程为 1 242.5 m,右坝肩处逸出点高程也为1 242.5 m。选取的后处理剖面位置如图 3 所示,其中Ⅰ、Ⅲ剖面位于左右河槽内坝段,Ⅱ剖面位于左岸坝肩,Ⅳ剖面位于坝中央分水岭处。

　　(4)渗流场计算分析。

　　考虑坝中央分水岭处坝段存在薄弱带,并且假定防渗膜出现破损,对灰渣库渗流进行计算分析,结合现场逸出点位置高程对各地层及坝体和灰渣的渗透系数(见表1)进行了反演,异常渗流情况下的渗流场计算结果如图4~图6所示。

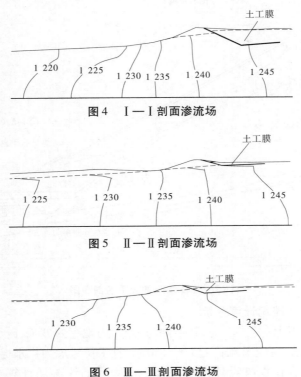

图4 Ⅰ—Ⅰ剖面渗流场

图5 Ⅱ—Ⅱ剖面渗流场

图6 Ⅲ—Ⅲ剖面渗流场

　　从计算结果可以看出,计算得到左右河槽坝段的逸出点均在坝脚,而在灰坝左坝肩及坝中央分水岭处,地下水逸出点均相对较高。

3.2　异常渗漏原因分析

　　现场量测的灰坝左右岸坝肩及坝中央分水岭处地下水逸出点高程和计算结果较为接近,通过对渗流场的综合分析,推测灰渣库上游侧的土工膜发生了破坏,其防渗性能消失,并且在坝中央分水岭处,地下水渗漏较为严重,而且渣库内与逸出点处的水位差仅4.1 m,因此推测该部分坝体内存在集中渗漏通道。

4　除险加固方案后的渗流场计算分析

4.1　除险加固设计方案

　　初期坝除险加固须从上游防渗和下游排渗两方面制订除险加固方案。考虑到上游库区做成全封闭系统,特别是初期坝坝体防渗,将对后期子坝加高运行不利,可能导致库水在初期坝坝顶区域的出逸或集中渗漏。因此,采用在坝下游坡脚区域设置排水(排水棱体、贴坡排水或排水褥垫)加强坝下游排渗和降低下游出溢点的高度的设计方案。考虑到目前坝体坝基透水性强,坝体坡面较陡,安全余度小,建议下游坡脚采取排水棱体方案,同时对下游坝坡进行压重处理,利于坝坡抗滑稳定,具体设计方案见剖面图7。

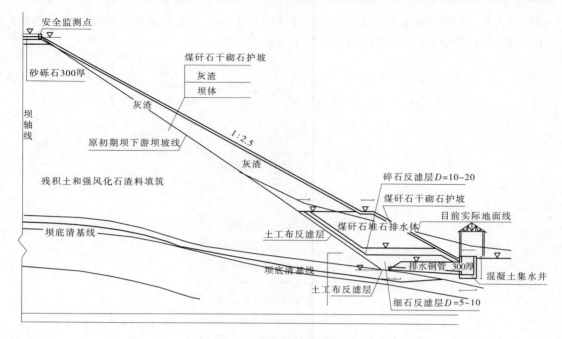

图7　坝体除险加固下游剖面图

4.2　除险加固后的渗流场计算分析

考虑工程除险加固后的渗流场,其条件为:渣库内现存的 B、C、D 水坑填平,仅考虑拦水堤前的 A 水坑积水,对应干滩长度大约 150 m,且水位考虑为拦水堤高程 1 250 m;灰坝下游坡度为 1:2.5,且在坝脚设计排水棱体。加固后的渗流场计算结果如图 8 ~ 图 10 所示。

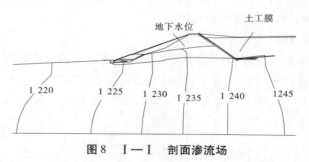

图8　Ⅰ—Ⅰ　剖面渗流场

从计算结果可以看出,随着水坑 B、C、D 填平,灰坝左右坝肩、右河槽坝段及灰坝中部分水岭处的地下水位将明显降低。在主河槽坝段,地下水位相对较高,但排水棱体仍完全满足排渗要求。

5　二次加高后的渗流场分布

灰坝加固后,再加高 38 m,至 1 288 m 高程,渣库内干滩长度为 100 m 时的正常运行情况时的渗流场计算结果,如图 11 ~ 图 13 所示。

从计算结果可以看出,灰坝加高后正常运行时,灰坝主河槽坝段初期坝内的地下水位

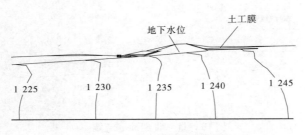

图 9 Ⅱ—Ⅱ剖面渗流场

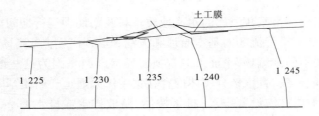

图 10 Ⅲ—Ⅲ剖面渗流场

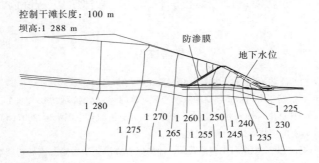

图 11 Ⅰ—Ⅰ剖面渗流场

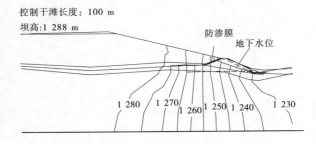

图 12 Ⅱ—Ⅱ剖面渗流场

仍相对较高,其中地下水位埋深最浅的地方为初期坝坝顶附近,但最浅埋深超过 2.5 m,可满足运行要求。坝肩和右河槽坝段内地下水位埋深均超过 6.0 m,设置的排水棱体可满足排渗的要求。

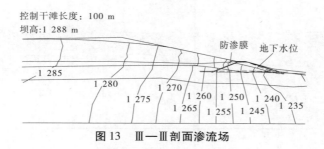

控制干滩长度：100 m
坝高：1 288 m

图13　Ⅲ—Ⅲ剖面渗流场

6　结语

本文根据鄂尔多斯市某灰渣库的水文地质资料及初期坝运行期间出现的异常渗漏情况,基于有限元求解三维渗流场的基本原理和方法,建立了三维渗流场的计算模型,计算分析了原设计方案下的渗流场,论证了左右坝肩异常渗漏是因为这些地方的土工膜发生了破坏,其防渗性能消失,且该部分坝体内存在集中渗漏通道。给出了除险加固的渗控设计方案,在坝下游坡脚区域设置排水(排水棱体、贴坡排水或排水褥垫)加强坝下游排渗和降低下游出溢点的高度,同时对下游坝坡进行压重处理,利于坝坡抗滑稳定。在此基础上分析了除险加固后以及二次加高后的渗流场分布特征,计算结果和除险加固的运行结果表明:给出的除险加固防渗设计方案正确合理,可为类似的工程除险加固设计及运行管理提供参考。

参考文献

[1] 陈德华. 盘县电厂灰坝的渗漏治理[J]. 电力建设,2000(10):55-77.

[2] 段涛,张爱军,李大可,等. 基于 Underflow-3D 的灰坝渗流计算[J]. 人民黄河,2009,31(4):111-113.

[3] 尹鹏,何蕴龙,熊政,等. 株洲电厂钟家冲灰场灰坝渗流有限元分析[J]. 中国水运,2007(5):69-70.

[4] DL/T 5045—2006 火力发电厂灰渣筑坝设计规范 [S].

[5] 中国水利水电科学研究院,北京中水科工程总公司. 神华煤直接液化项目第二渣场初期坝除险加固技术咨询报告[R]. 北京:中国水利水电科学研究院,2010.

[6] 刘昌军,丁留谦,高立东,等. 文登市抽水蓄能电站三维渗流场的有限元分析[J]. 水电能源科学,2010(7):57-60.

中央分隔带渗水对公路稳定性的影响研究

奥村运明　祁玉洁　赵康宁　宋云涛

（郑州大学水利与环境学院　郑州　450001）

摘要：本文利用有限单元法对既存高速公路中央分隔带的渗水造成路基路面损害的机理进行数字仿真模拟，得出在台风及雨水充沛的地区的降雨与下渗水的深度、宽度的相关关系，并根据计算结果提出了治理措施和防渗深度要求。

关键词：中央分隔带　渗水　有限元　防治

1 引言

高速公路的路基路面的损害原因有很多种，其中水损害是促使路面过早损坏的主要自然因素。因此，在高速公路设计中，十分重视路基路面排水工程[1]。通常是根据建设地的水文地质、气象等资料进行水文计算和水力计算，并根据上述计算结果进行经济、技术、优缺点比较，然后选出最优化的排水设计方案，以达到将路面上降水迅速排除出去的目的[2]。但在实际工程设计，也有出现疏忽了中央分隔带中下渗水带来的影响。中央分隔带排水不畅，积水会渗入路面基层，降低路面、路基的稳定性。因设计上的不足导致路面使用状况恶化和使用寿命降低的工程实例屡见不鲜[3]。例如，海南省某高速公路在通车两年后，就有新闻报导该公路的早期损伤。分析其原因，推测可能是由于没有考虑中央分隔带表面水下渗，而导致公路病害出现。该公路的中央分隔带内种植灌木起到防眩作用，因该公路在建设过程中没有设置有效的内部排水系统及防渗措施，在植物浇花过程中造成中央分隔带内部有滞水现象，这些滞留水入渗进入公路路基路面结构内部。另外，海南省是一个多雨地区，在降雨过程中，雨水也会下渗并滞留在中央分隔带土中，排水时间需要长达数周或数月。上述的滞留水，会浸湿路面结构各层材料和路基土，使路基路面材料的力学性质发生变化，其结果是导致强度下降、变形增加，影响路基路面的强度稳定性，使结构体受到破坏[4]。在《公路排水设计规范》中明确要求在中央分隔带必须做到防止下渗水侵蚀路面结构和路床，确保路基、路面的稳定性。因此，很有必要分析中央分隔带滞水下渗机理，它对设置合理的排水系统，防渗系统的布置，防渗效果评价及将内部滞水迅速排除到路基路面结构外，提高路基路面的耐久性，降低工程造价及维护费用，具有重要的参考价值。本文通过利用有限单元法进行计算模拟了中央分隔带滞水下渗机理。

2 研究原理

高速公路的中央分隔带具有防眩晕、美化道路环境等作用，但由于排水设计考虑不

作者简介：奥村运明，男，1965年生，日本长崎人，教师，博士，硕士生导师，研究方向为岩土工程结构物无损检测。

周,当灌溉植物或有连续降雨时,中央分隔带的水流入渗将会给高速公路的路基路面带来不同程度的水损害[5]。

降雨会降低岩土体的抗剪强度,抬高地下水位使空隙水压力升高,长时间的高强度降雨会使稳定地下水区域出现暂态饱和区,则相应区域的孔隙水压力升高,应力、应变会相应变化。非饱和土的孔隙中存在着气体和水两种流体,根据饱和度的不同,土中气体和水呈现不同形态,所以在非饱和土中,渗透系数同时受到孔隙比和饱和度(含水量)的强烈影响,而饱和度通常被表示为基质吸力的函数[6]。下面是几种参数的关系。

(1)渗透系数和基质吸力的关系:

$$K_w = a_w K_{ws} / [a_w + (b_w \times (u_a - u_w))^{c_w}]$$

式中:K_w 为渗透系数;K_{ws} 为土体饱和时的渗透系数,u_a 和 u_b 是土体中的气压和水压力;a_w、b_w、c_w 材料系数。

(2)饱和度和基质吸力的关系:

$$S_r = S_i + (S_n - S_i) a_s / [a_s + (b_s \times (u_a - u_w)^{c_s}]$$

式中:S_r 为饱和度;S_i 为残余饱和度;S_n 为最大饱和度,值取 1;a_s、b_s、c_s 为材料系数。

根据以上原理建立了分隔土的非饱和流固耦合模型。中央分隔带的入渗水主要来源是大气降雨,浇灌水可以看做是短暂的降雨,各地区的降雨强度可以根据经验公式算出。降雨入渗的过程十分复杂,Mein 和 Larson 采用由降雨强度 q、土壤允许入渗的容量 f_p 和当时的水力传导系数 K_{ws} 这三个因子描述降雨入渗的过程[7]:

(1)$q < K_{ws}$,此时地表径流不会发生,降雨将全部入渗,土中水的入渗率将保持不变。

(2)$K_{ws} < q < f_p$,此时所有的降水将全部入渗,f_p 随着入渗深度的增加而变小,但此时降雨强度还未达到土壤允许入渗的容量,故入渗率不会降低,且入渗率很高。

(3)$q > f_p$,此时的降雨强度大于土壤的入渗容量,故部分降雨并不入渗,将会形成表面径流。这种情况下中央分隔带中的土体基本处于饱和状态,而入渗率在降雨达到入渗容量后将逐步下降[8]。

对于第一种情况,降雨量很少或者属于中央分隔带中的浇灌水,入渗水基本被分隔带中的植物吸收,因此不会对路基路面的稳定性产生威胁;对于第三种情况,降雨量很大,已在中央分隔带形成表面径流,此时分隔带中的填土已经达到饱和,由于路缘石的存在,表面径流一般不会流到路面,仍存在于分隔带表面,在实际的中央分隔带中填土一般为 0.8 m 左右,下面就是渗透系数很小的石灰土或压实土,所以入渗水将向水平方向发展,严重威胁路基路面的稳定性[9]。一般情况下第三种情况的降雨量很少见,且此种情况的危害性是必然的,但对于第二种情况,其降雨量常见,但对路基路面的影响结果不确定,所以本文主要针对第二种情况进行分析,建立了中央分隔带的非饱和流固耦合模型。

3 建模计算

3.1 数据选取

本文以海南省某高速公路为实例提取了相关数据进行建模。该公路为 8 车道,路基宽度为 42 m,中央分隔带宽 2 m 的水泥混凝土路面。表 1 为建模所需的路基土和中央分隔带填土的基本状况。此外,当地的气象资料,经当地气象部门的提供见表 2。

表1　路基土和分隔带填土的基本状况

项目	路基土	分隔带填土	项目	路基土	分隔带填土
密度(g/cm³)	1.74	1.67	渗透系数(m/d)	0.05	0.25
弹性模量	0.4e8	10e8	孔隙比	1.110	1.302
泊松比	0.3	0.35	摩尔库仑性质 c'(kPa)	34.4	40.3
初始饱和度	87.0%	89.8%	摩擦角(°)	18	20

表2　不同重现期和降雨历时下的降雨强度　　　　　　　（单位:cm/h）

重现期(年)	历时(min)						
	20	40	60	120	600	1 200	2 400
1	6.958	4.875	3.626	2.203	0.634	0.375	0.203
2	10.014	6.378	5.438	3.502	0.826	0.529	0.347
5	11.523	7.774	5.932	3.619	0.987	0.537	0.295

　　根据该地的气象情况,本文中建立的模型采用五年一遇,历时两小时的降雨强度,即 3.619 cm/h,以此降雨强度持续作用在中央分隔带上进行建模分析。

3.2　建立模型

　　根据以上数据,利用有限元软件建立了中央分隔带的非饱和土流固耦合模型,并假设各种材料是各向同性的,建模简图如图1和图2所示。

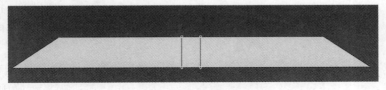

图1　建模初始状态

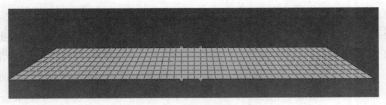

图2　建模网格划分

3.3　结果分析

　　在中央分隔带中,雨水会随时间的增加向下入渗,同时向周围水平方向扩散。根据有限元计算结果以折线图形式输出,见图3和图4,其中图3指入渗2 h的入渗深度和入渗宽度情况,图4指入渗72 h后的入渗宽度和入渗深度情况。

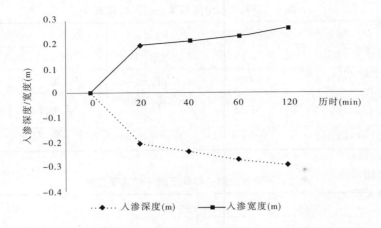

图 3　入渗 2 h 的入渗宽度和入渗深度

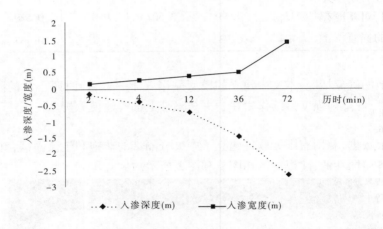

图 4　入渗 72 h 的入渗宽度和入渗深度

从图 3 可以看出,降雨 2 h 后入渗深度和入渗宽度均随时间增加,由于重力作用,入渗宽度小于入渗深度,2 h 中入渗深度和入渗宽度相差不大。另外,考虑到海南省每年都有台风,常出现长时间降雨的现象。所以本研究又模拟 72 h 的降雨,其结果见图 4。从图 4 可以看出随时间的继续增加,入渗宽度和入渗深度继续增加,但入渗深度明显大于入渗宽度。72 h 后入渗深度可达 2.7 m 左右,而入渗宽度也将达到 1.5 m 左右。而该高速公路的厚度为 80 cm(含基层),即下渗水在长时间的降雨情况下,能渗入公路的路基。在长期滞留水浸泡下,水分改变公路地基及路基材料颗粒之间的性质,使土和材料由硬变得松软,进而产生破坏[10]。加上公路上部车辆荷载的重复循环作用下,由此产生的动水压力作用于地基及路基材料之中,使路基材料会产生网裂和形变,同时含水量的增加及动水压力作用也造成地基变软。其结果是基层出现不均匀沉降,进而使路面出现纵横向裂缝。产生裂缝和变形后,公路表面的雨水将从裂缝渗入,形成恶性循环,最终导致公路病害的加剧[11]。

4 防治措施

从上面的计算结果可以看出,中央分隔带的渗水的确对路基路面的稳定性有很大的损害作用,对于此类损害提出以下的防治措施:

对处于运营中公路中央分隔带防渗维修,建议采用非开挖维修技术 – 高聚物帷幕注浆技术。施工方法是在需要防渗加固的路段以一定间距,利用钻具和成孔装置,形成帷幕注浆孔模,然后通过注浆管向孔模内注射高聚物材料;高聚物材料发生化学反应后体积迅速膨胀并固化,将孔模填充,并与孔模周围土体紧密胶结在一起;将相邻孔模交叉搭接,注浆后形成连续超薄高聚物防渗帷幕[12],注浆深度应在 3 m 以上,才能防止中央分隔带中的渗水继续渗入路基中造成的水损害。

5 结语

本文通过有限单元法对公路中央分隔带渗水对路基造成水损害进行了数字仿真模拟,结果表明,对于既存未做好防渗处理中央分隔带的高速公路,在长时间降雨情况下,下渗水对公路的损害极大。本研究根据计算结果,提出了防治措施和防渗治理深度。

参考文献

[1] 星发洪. 浅谈水对路面的破坏及预防[J]. 工程科学,2009(1):78.
[2] 左文根,沈讯龙,吴黎明. 高速公路中央分隔带排水设计研究[J]. 合肥工业大学学报(自然科学版),2002,25(3):443-446.
[3] 李红,王少军,常张杰. 浅谈高速公路中央分隔带设计[J]. 青海交通科技,2000(2):7-9
[4] 赵鸿铎,马网兔,等. 公路中央分隔带渗水规律研究[J]. 公路交通科技,2005,22(3):47-50.
[5] 王颖. 公路中央分隔带非饱和渗水研究[J]. 山西建筑,2009,35(10):190-291.
[6] 李广信. 高等土力学[M]. 北京:清华大学出版社,2004.
[7] 赵明华,刘小平,等. 非饱和土路基降雨渗流分析[J]. 公路交通科技,2009,26(3):49-53.
[8] 张士宇,王瑞钢. 降雨对高填土路堤的入渗深度的确定及有限元稳定分析[J]. 全国中文核心期刊(路基工程),2004(5):17-20.
[9] 刘杰,吕正农. 浅谈高速公路排水[J]. 机械管理开发,2008,23(4):60-61.
[10] 徐苏娟. 浅析公路工程中公路质量通病的防治理论[J]. Magnificent Writing,2010,22(01):144-145.
[11] 姜爱民. 浅析沥青路面的早起破损与防治[J]. 公路交通科技,2008(11):105-107.
[12] 王复明. 高聚物帷幕注浆技术[p]. 中国专利数据库,E02B3/16. 2011.

管涌、流砂与液化

毛昶熙　段祥宝　吴金山

（南京水利科学研究院　南京　210029）

摘要：本文概述了管涌流砂与液化的共同性都是渗透变形的极端形式，即渗透力超过砂土浮重形成的悬浮液化现象。在此概念上提出液化度的渗透力算式。然后总结防止液化的措施，并结合渗流水力学说明措施的合理性。同时说明超静孔隙水压力计算液化度的缺陷。

关键词：管涌　流砂　液化　渗透力　超静孔隙水压力

1　渗透变形机理的共同性

　　管涌、流砂与液化有其共同点，都是渗透变形的极端形式，都是一种砂的流动现象，只是发生局部的范围大小形式不同罢了。促使流动的水动力则是渗透力超过了砂土浮重，使土粒失去有效重，处于悬浮状态；或是渗透力胜过颗粒间的阻力、促使土粒流动，形成局部流动的涌砂现象，即所谓的流砂，也是管涌，只是涌砂量较大。20 世纪 30 年代，陕西省兴建洛惠渠 5# 洞曾发生流砂难以制止，暂停施工。形成悬浮状态的砂，即所谓液化，同样是源于渗透力的作用，如图 1 所示装置试验，只要使箱底部的供水向上渗流的渗透力达到与砂的浮重相平衡，砂面就没有任何承载力，也不能挖成缓坡的坑，说明此时砂土的抗剪强度或内部摩阻力等于零，液化成悬浮状态。向旁侧稍有坡降，就将流动形成流砂。因此，管涌、流砂、液化三者对工程的破坏结论有时很难区分。20 世纪 50 年代，在治淮工程中，在粉细砂地基上的涡河闸建好后泄洪突然崩塌，后组织专家调研讨论，就难以肯定是管涌还是液化的破坏作用。

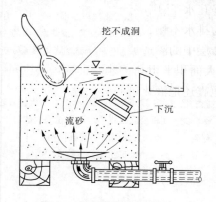

图 1　流砂液化现象试验

　　上述的管涌、流砂、液化现象都是在稳定渗流作用下形成的，可称为稳态的渗透变形，常发生于粉细砂中，也可以发生于粗砂砾石中。一般由于粉细砂的间隙均匀、松散、抗剪强度最小和排水缓慢，所以与粗砂相比较容易发生流砂液化。例如河流粉砂淤泥的冲积，湖泊的沉积层厚达数十米，此种饱和充水的沉积土，其自重将完全由孔隙水承担，人畜误走其上当即陷入深渊，此即所谓的地下流砂液化带。土力学奠基者 Terzaghi 取黑海滨滩面上淤泥土在实验室进行试验的基础上，提出了有关孔隙水排放的固结理论。

2 地震力作用下的渗透变形

关于动态的渗透变形,除变化的水动力外,如文献[7]所述的波浪洪峰的传播,还有更重要的地震力作用。例如图 1 所示装置试验,当供水停止后,饱和粉细砂面上可以承载重物,若以拳击箱壁,由于瞬时的孔隙水压力增大而使粉细砂成为悬浮状态,面上重物随即下沉(早年访问加州大学时的演示)。因此,振动是研究液化等渗透变形问题的主动力。不过,更直接的仍是振动所激发的超静孔隙水压力(相当于渗透力),可称其为超静渗透力或振动地震渗透力,于是发生液化的程度就定义为

$$液化度 \approx \frac{超静孔隙水压力}{完全液化的超静孔隙水压力} \approx \frac{超静渗透力}{液化的超静渗透力}$$

如图 2 所示饱和砂层,地下水面与砂面平,当振动(地震)时测点孔隙水压力增大,测压管水面上升高出砂面 h,超静孔水压 $\gamma_w h$ 在砂土液化时应等于浮重,则对于均匀砂层有下式

$$液化度 K \approx \frac{\gamma_w h}{(\gamma_s - \gamma_w)z} \approx \frac{\gamma_w J'}{\gamma_s'} \tag{1}$$

式中:γ_s 和 γ_w 为饱和土体和水的单位重;γ_s' 为土的浮重;J' 为振动的向上超静渗流坡降。因为土体浮重 $\gamma_s' \approx \gamma_w$,故知 $J' = 1$ 时,就是开始液化的临界值。注意:上式中的土体作为土颗粒考虑时,应考虑单位土体中的土颗粒体积,则土颗粒浮重应乘以$(1-n)$,计算结果相同。即开始液化临界渗流坡降 $J' = 1$,小数值的大小代表其液化程度。

对于非均质或多层次饱和砂层,如图 3 所示,易液化细砂层夹在上下土层之间,则细砂层在振动时激发的瞬间渗透力或渗流坡降 J' 即可直接代入上式算液化程度。如果采用超静孔水压,则应计算细砂层之间的测压管水头差。当细砂层上面覆盖是饱和黏性土层,因为排水不畅,其下砂层振动时超静水压力将增大,但细砂层面之间的水头差将减小,即细砂层中的渗透坡降 J' 减小,故覆盖黏土有减震效果。同时在历时长的强地震砂土液化时,大面积平坦黏土地面将裂缝或顶穿薄弱环节,喷出液化砂,形成管涌,像 2008 年汶川大地震还把液化砾石喷出地面。

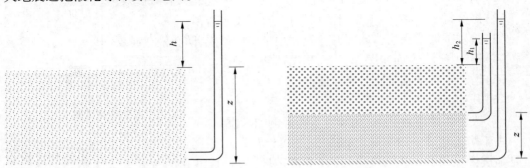

图 2 饱和砂层   图 3 多层次饱和砂

至于激发超静水压力促成液化的可能性,则决定于测点地震力的强度,即振幅 y 和频率 f。它们都是振动加速度 $a(a = 4\pi^2 y f^2)$ 的内含,因此振动加速度是砂土液化的决定性

因素。故常以加速度 $0.15g$、$0.25g$ 等代表地震烈度研究激发超静水压力大小及其液化程度。地震波峰值一般出现于初、中期，激发超静水压力的峰值则稍迟后。

3 土粒骨架结构排列松紧对液化的影响

以上关于砂土液化，主要是从渗流水力学观点讨论振动下的超静孔隙水压力。还有土力学方面土粒骨架结构问题，在振动时颗粒重新排列成密实结构，认为液化是由于砂粒间结构破坏，所以很早 Casagrande 提出临界孔隙比来判断液化。苏联 Флорин 还认为液化不仅取决于砂的密实度、砂土粒配，而且取决于作用力及砂的原始应力状态。美国芝加哥码头岸墙 1946 年重建时，拔除小部分板桩墙，造成了不宽的缺口，被封闭前的砂子流了半小时，砂流出 $500 \sim 800$ 立方码，流砂面平均坡度 $1:13$，当时内外水位相同，被认为是没有渗透压力作用下，由于细砂极松结构所致流砂液化的例子。

20 世纪 50 年代安徽水科院结合治淮工程进行了基砂振动、爆炸液化试验[1]，把振密实的砂土用旋转钻破坏，密实度同前再试验，其振动孔隙水压力却比前一次大很多，因此认为，液化还受颗粒结构排列及凝聚结构的影响。在多次模拟地震埋炸药爆炸试验中，得知松砂压密，地面沉降测压管水位立即上升，紧密砂炸后膨胀，测压管水位立即下降。对于深层砂爆炸，砂层振动密实后，超静水压力显著降低，因此认为浅层松砂易液化，深层压密砂不易液化。最近汶川地震后，有不少试验调研分析，也同样得出强地震烈度下表层松砂发生液化，深层砂不会液化的结论，而且会给出判别液化的一些经验公式[3]。

在振动台上对于饱和砂的试验，也有同样的上述影响液化的主要因素，即地震、砂和水三者，而且地震历时愈长，它积累的超静孔水压力愈增大，砂粒间的摩擦力愈减小，也即更容易液化[2]。

4 防止液化的方法

基于以上所述液化流砂等渗透变形的机理与治淮等工程处理液化的经验，有以下防止液化的措施：

(1)削弱动力作用的强度，在液化砂层上覆盖一层黏土，有减震效果。

(2)做好排水设备，渗流出口滤层保护，有减震害效果。

(3)板桩围堰及深层齿墙隔开建筑物地基中的砂层，防止液化扩展。

(4)振动压密，大面积爆炸，小面积振动器振密。

(5)增加建筑物基础质量和深度。

(6)开挖回填、桩基础等。

(7)改善原始应力状态，例如建筑物旁侧加荷重。

关于防止地震中砂土液化的措施，还可以加以讨论：前三条是基于渗流水力学原理，也是地震激发超静水压力或渗透力(或渗透坡降)促成液化的主要直接作用力。这样先讨论头一条措施，即粉细砂层上覆盖黏土层。此时深层地震波激发的砂层中渗透力或坡降将小于不覆盖黏土层时的细砂层中渗透力(参看文献[7]中的图 4-4 渗流坡降分布)，也即削减了同样能源所激发的水动力液化作用。所以，黏土层有减震效果。这在文献[3]地震调查中也有说明。第二条措施，做好排水设备。这是适用于一般黏性土地面下的易液化细砂层情况,此时黏性土层下的砂层中地震激发的超静水压力将显著增大,它会顶破黏土层,在平坦均匀的黏土地表层,其破坏形成必然是裂缝(参看文献[7]的图 4-2 的说明),此种地裂现象调查,在文献[3]已有说明,沿地裂缝的地面房屋倒塌等震害严重。若布置沟井排水点于建筑物小区周边将减小地裂险情,使震害减轻。这在文献[4]的地震调查中也已充分说明了黏土层地面有坑塘井或发生管涌地区具有排水释放地震能量减轻震害的作用。第三条措施,围板桩隔离,这是对于粉细砂地基上建闸的防液化措施。四周封闭闸底板下细砂,有减震效果,原理同第一条措施。同时也可防止三向渗流侧岸绕渗抬高底板下的扬压力。经过研究考虑到下游排水线,则下游的板桩宜浅或改为短齿墙,如图 4 所示粉细砂地基上的闸底板下四周围板桩布局。

关于防液化措施的第四、五、六、七条,属于土力学问题,是土体孔隙比、松紧、土粒排列等土体结构变形,似不涉及渗透变形。但是如果没有水动力,只有松紧土体结构变形,可能不会发生液化。若再结合水动力就更能理解液化。例如已判断松砂结构最易液化,黏土是非液化土。若再借助渗流水力学中的振动波浪峰值在堤基沙层中传播的衰减公式(参见文献[7]中的式(4-59))加以理解,对于松砂易液化,黏土不液化,就更有了理论根据。如果再从渗透力或非达西流的水冲力顶冲砂砾石加以演算(参看文献[7]中 4−8.1 小节末),也可对汶川大地震喷出了 3~5 cm 的液化砾卵石不足为奇。

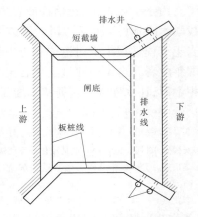

图 4　闸底板下粉细砂地基围板桩布局

最后,再对液化公式(1)作一讨论,该式超静孔水压比是原来常规分析方法[5,6]。渗透力比是从渗流水力学概念提出来的算法,即认为渗透力与砂土浮重相平衡计算液化程度比较合理;孔隙水压力的增减,不影响砂土浮重,所以 Terzaghi 在固结理论中说明超静孔水压是中性压力。但在急速振动的地震力作用下,是否孔压增减就能影响浮重,也是值得讨论的。因为单层均匀砂土(图 2)的液化程度计算式,采用超孔压比或渗透力比,是完全相同的,而且振动液化试验也都是单层砂分析,所以还没有突出这个问题。如果是不同砂层、土层的试验(图 3)将会比较出用细砂层界面测点超静孔压差(相当渗透力)与用单一测点超静孔压分析液化的区别。可惜尚缺少多土层或非均匀复杂土层液化试验资料。现在不妨引用文献[5]模型砂层上覆盖相当天然厚度 2.5 m 黏土层与文献[6]没有覆盖黏土的砂层液化试验成果互相比较,则知超静孔压分析结果,两者都是上面浅层发生液化,几乎没有区别。但过去的经验和实际调研都说明压盖黏土层是减震防液化的措施。若能同时测得上下两点超静水压,计算水头差(渗透力)分析液化问题将是精确的,甚至同时测多点超静水压绘制瞬时流网图,更可全面了解各处的液化程度。这是值得进一步研究的。当然单一测点超静水压分析方法有其比较简便的优点,但还应理解其中的误差,只有在振动频率高到极限,始可正确,就好像滑坡计算中,水位骤降不计时间过程那样,实际是不存在的。有关滑坡计算中的地震力算法,同样可以引用渗透力取代常规的超静孔隙水压力,见文献[8]。

5 结语

本文是第四届中国水利水电岩土力学与工程学术讨论会暨第七届全国水利工程渗流学术研讨会上的一篇报告。主要是把以前提出的渗透力计算滑坡再引用到计算超静或动态下的管涌液化等渗透变形问题,而且感受到引用渗透力计算的合理性。饮水思源也要归功于土力学开拓奠基人 Terzaghi,他发表的论文[9]"堤坝地基破坏与防止(德文),1922"是最早把周边的动水压力转换成渗透力,提出了单位渗透力公式,它与排水固结理论和滤层三者也都早已写进他的两本土力学中,国际公认是他的三大发现。可是我国却出现土力学专家权威组织起来在岩土工程学报上非凡地攻击渗透力学术观点,实在令人不解。由于学风不正、迷信权威思想,拒登不同学术观点的讨论,向上级反映无效,只好再寻找学术园地(文献[7])讨论渗透力等学术问题来维护渗流学科的向前发展。同时希望把岩土工程学报组织讨论中和土力学教材中攻击渗透力观点的莫须有词句删掉,以免误导青年学者。也希望通过这次岩土工程与水工渗流联合召开的学术讨论会,能携起手来互相学习,让水库大坝堤防等岩土工程的设计兴建更加安全经济合理。

参考文献

[1] 安徽省水科院.饱和松砂地基液化及深层爆炸处理方法的研究,1959.

[2] 柴田徹,行友浩.饱和砂の缲り返レ载荷によぅ液状化现象の研究[C]∥土木学会论文报告集.1970(180):83-89.

[3] 李兆焱,等.基于新疆巴楚地震调查的砂土液化判别新公式[J].岩土工程学报,2012(3).

[4] 曹振中,等.德阳松柏村典型液化震害剖析[J].岩土工程学报,2012(3).

[5] 周健,等.有地下结构的饱和砂土液化岩细观离心机试验[J].岩土工程学报,2012(3).

[6] 刘光磊,等.可液化地层中地铁隧道地震响应数值模拟及其试验验证[J].岩土工程学报,2007(12).

[7] 毛昶熙、段祥宝,毛宁.堤坝安全与水动力计算[M].南京:河海大学出版社,2012.

[8] 毛昶熙、段祥宝.山体滑坡泥石流的地震力算法[J].岩土工程学报,2012(8).

[9] Terzaghi,K. Der Grundbruch an Stauwerken und VerhÜtung[J]. Die Wasserkraft,1992(24).

强透水复杂坝基三维有限元渗流场计算

谈叶飞　谢兴华

（南京水利科学研究院　南京　210000）

摘要：青海省某河床式电站，防渗墙施工完毕，进行质量检查时发现，底部未完全封闭覆盖层，而是存在深度约1m的"天窗"。为查明防渗墙存在如此缺陷条件下的运行状况和安全性情况，并寻找合理的补救处理技术方法，开展三维渗流场计算研究。计算结果表明，防渗墙底部存在的缺陷将导致基础的严重破坏，威胁电站的安全运行。封堵后，将大大降低下游最大出渗坡降，使之低于允许值0.13。

关键词：强透水　三维有限元　渗流场

青海省玉树州某河床式电站，主要建筑物为混凝土重力坝、导流泄洪洞、发电厂房和升压站等。沿坝轴线从左至右布置长 15.86 m 的重力坝、长 50.80 m 的河床式厂房、长 10.94 m 的重力坝。左岸山体内布置导流泄洪洞，该洞为导流、冲砂一洞两用，洞长 180 m，尾水渠长 135 m。升压站和管理房布置于坝址下游左岸平地上。电站设计最大坝高 28.1 m，坝顶长度 27 m，坝顶高程 3 883.00 m，水库库容 800 万 m^3，装机容量 1.05 万 kW。工程规模为Ⅳ等小（1）型。

基础防渗为混凝土防渗墙 + 灌浆帷幕。防渗墙为开槽施工，封闭河床覆盖层，厚度 0.6 m；灌浆帷幕为单排孔，孔距 1.5 m。防渗墙施工完毕，进行质量检查时发现，底部未完全封闭覆盖层，而是存在深度约 1 m 的"天窗"。为查明防渗墙存在如此缺陷条件下的运行状况和安全性情况，并寻找合理的补救处理技术方法，开展三维渗流场计算研究。在此基础上采用数值模拟技术研究坝基渗流控制措施以保证电站建成后，大坝能够安全稳定运行。

据电站大坝坝基实际地质条件和大坝形式，研究针对查隆通电站坝基条件的三维渗流场计算方法，建立查隆通电站坝基三维数字模型，在此基础上开展以下内容的研究：

（1）模拟三维复杂坝基地质特性，并能真实地模拟坝基的岩层特性及水文地质条件。

（2）在模拟的三维复杂地基条件下，采用三维有限元法计算分析坝基、坝体渗流特性。其中考虑坝基防渗墙的结构和灌浆帷幕的布置形式。

（3）研究坝基防渗墙存在缺陷条件下的坝基渗透稳定性。若不满足渗透稳定条件，需要研究补强程度不同条件下的渗流特性和渗透稳定性。

1　坝址区工程地质条件

坝址区基岩主要为三叠系灰岩，岩体透水性较强。根据钻孔压水试验成果（见表1）：岩体透水率 $q = 2.1 \sim 25.0$ Lu，透水性等级为弱 – 中等透水。其中 1 Lu $\leq q <$ 10 Lu 弱透水

段数 11 段,占总段数的 78.6%;10~100 Lu 的中等透水段为 3 段,占总段数的 21.4%。

河床段坝基覆盖层为砾石层,厚度 12~21 m,根据抽水试验,渗透系数平均 1.95×10~2 cm/s,属强透水。在不防渗的条件下存在渗漏问题。按照《水利水电工程地质勘察规范》附录 M 中 M0.3 的要求,计算出砾石的临界水力比降 $J_{cr}=0.195$,取安全系数 1.5,允许水力坡降计算值为 0.13,建议允许水力坡降为 0.13。

表1　坝址岩体压水试验成果汇总

位置	孔号	段数(段)	各透水段占总段比例(%)						
			强透水($q\geqslant100$ Lu)	中等透水(10 Lu≤$q<100$ Lu)	弱透水(1 Lu≤$q<10$ Lu)			微透水(0.1 Lu≤$q<1$ Lu)	极微透水($q<0.1$ Lu)
					下带	中带	上带		
坝址	ZK1	3	0	1	1	1		0	0
	ZK2	4	0	2		2		0	0
	ZK3	7	0		1	3	3	0	0
所占比例(%)			0	21.4	14.2	42.8	21.4	0	0

2　饱和渗流基本方程及有限元分析计算式

饱和渗流的基本方程为[1-10]

$$K_x\frac{\partial^2 H}{\partial x^2}+K_y\frac{\partial^2 H}{\partial y^2}+K_z\frac{\partial^2 H}{\partial z^2}=0 \tag{1}$$

式中:(x,y,z) 为渗透主方向;K_x、K_y、K_z 为主向渗透系数;H 为水头势。

取 8 节点等参单元离散渗流场,则单元内的水头分布为

$$H(x,y,z)=\sum_{i=1}^{8}N_iH_i \tag{2}$$

应用 Galerkin 方法将微分方程式(1)离散,经推导整理得到

$$\sum_e\iiint_{\Omega_e}\left[K_x\frac{\partial N_i}{\partial x}\frac{\partial H}{\partial x}+K_y\frac{\partial N_i}{\partial y}\frac{\partial H}{\partial y}+K_z\frac{\partial N_i}{\partial z}\frac{\partial H}{\partial z}\right]dxdydz$$
$$=\sum_{\Gamma_e}\iint_{\Gamma_e}\left[K_x\overline{\frac{\partial H}{\partial x}}\cos(n,x)+K_y\overline{\frac{\partial H}{\partial y}}\cos(n,y)+K_z\overline{\frac{\partial H}{\partial z}}\cos(n,z)\right]d\Gamma \tag{3}$$

显然,当整个区域全部处于承压状态(如坝基渗流),便可直接建立代数方程组,进行求解即得到所要求的渗流水头场。然而,对于具有自由面的渗流问题,其实际渗流区域往往小于整个渗透介质的区域。由于自由水面正是渗流分析所需要求解的量,因而实际渗流域便是未知的。这一点便是渗流分析较固体力学问题求解复杂的根本点,从而,也决定了具有自由面渗流场不可能一次性直接解出,而必须反复迭代计算获得逼近于真解的数值解。另外,渗流计算问题是典型的边界问题,边界条件对计算结果影响极大。为了得到较准确的渗流场,计算中尽量选用明确可靠的边界条件,如河流边界、分水岭等。从而导致天然渗流场计算区域比结构计算截取的范围大得多,使计算的前期准备工作量也大大

增加[11-22]。

3 三维计算模型的建立

模型计算区域如图 1 所示,以上游围堰作为上游边界,下游围堰作为下游边界,沿坝轴线方向延伸至两岸山体顶端。在建立三维模型时,以地质剖面 A—A′、B—B′、C—C′、D—D′、E—E′。上下游围堰地质剖面作为控制面,并在上游围堰与 A—A′剖面之间,以及 E—E′剖面与下游围堰之间各增加了一条控制面,以增加该部位的模型准确性。模型向下延伸,主要穿过强透水的砂砾石覆盖层、>10 Lu 基岩层、(5 Lu、10 Lu)基岩层及 <5 Lu 基岩层(见图 2),模型材料参数取值如表 2 所示,考虑到灌浆帷幕渗透性受施工质量影响较大,故分别取 3 个值进行计算。利用四面体网格进行模型剖分,并对防渗墙、帷幕部位进行了网格加密,共剖分为约 5 万个单元(见图 3)。

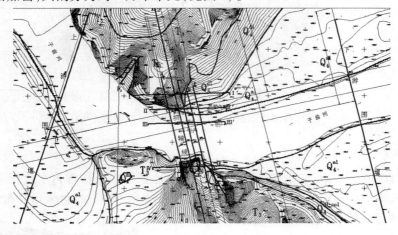

图 1   模型计算区域示意

图 2   三维计算模型

表2 模型材料参数取值

岩土层	覆盖层	10 Lu 以上基岩	10 Lu 与 5 Lu 线之间基岩	5 Lu 线以下基岩	防渗帷幕	防渗墙
渗透系数（m/s）	1.95×10^{-4}	1×10^{-6}	7.5×10^{-7}	3×10^{-7}	1×10^{-8}	1×10^{-9}

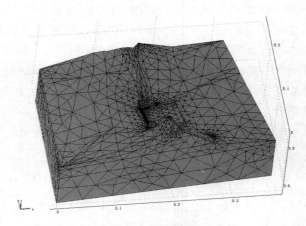

图3 模型四面体剖分（x, y, z 方向的长度单位为 1 000 m）

4 计算结果及分析

根据计算任务书的要求和本工程的实际情况,计算了水库正常蓄水位(3 881.00 m)和洪水位(3 883.00 m)2 个水位条件下,坝基防渗结构如下的三维渗流场分布情况:

(1)防渗墙底部,与基岩帷幕之间存在 1 m 厚的缺口,其间填充物为强透水的砂砾石时的坝基渗流。

(2)防渗墙底部的缺口被单排帷幕充填时的坝基渗流。

(3)防渗墙底部缺口被双排帷幕充填时的坝基渗流。

下游水头采用设计尾水位(3 863.50 m)。

成果展示除了三维图像外,还选择了厂房中心线位置剖面(见图4)。

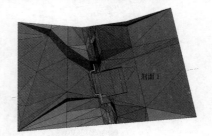

图4 剖面位置示意

利用 Comsol 4.0 对各个工况进行了计算,计算结果如表3、表4及图5、图6所示。

表3 厂房底部上游边界和下游边界处扬压力值   （单位:m）

工况	正常水位		洪水位	
	上游边界	下游边界	上游边界	下游边界
缺口漏水	14.4	8.9	14.4	8.9
帷幕封堵	5.9	8.3	6.1	8.3
加厚帷幕封堵	6.0	8.3	6.2	8.3

表 4 下游最大出渗坡降

工况	正常水位条件			洪水位条件		
	缺口漏水	1 排帷幕	2 排帷幕	缺口漏水	1 排帷幕	2 排帷幕
下游最大出渗坡降	0.311	0.073 26	0.073	0.33	0.075 81	0.079 8

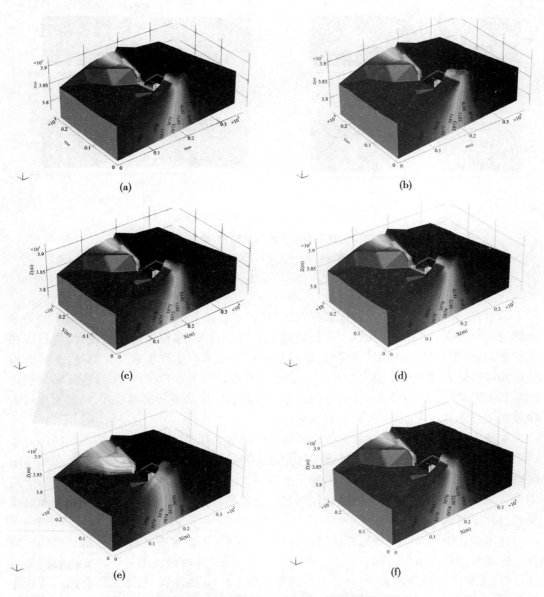

(a)

(b)

(c)

(d)

(e)

(f)

图 5 防渗墙底部存在 1 m 厚的缺口、帷幕封堵及
加厚帷幕封堵时的三维压力分布((a) ~ (c)为正常蓄水位条件,(d) ~ (f)为洪水位条件)

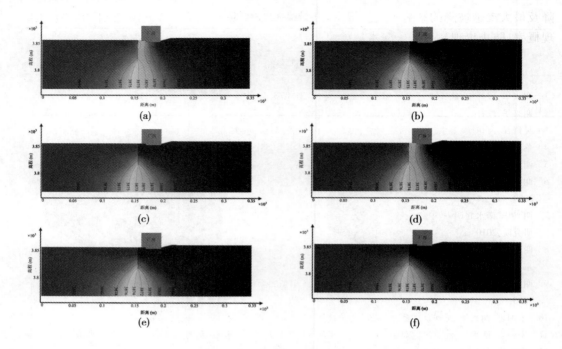

图 6 防渗墙底部存在 1 m 厚的缺口、帷幕封堵及加
厚帷幕封堵时,剖面 1 渗流计算情况((a)～(c)为正常蓄水位条件,(d)～(f)为洪水位条件)

5 结论与建议

从计算结果来看,当防渗墙底部存在缺陷时,使得防渗墙下游水头升高,其两侧的最大渗透坡降较大,正常水位条件下已经达到 1.5 以上,如砂砾石之间孔隙较大,将形成快速渗透通道,细小颗粒逐渐被水带出,足以对砂砾石地基产生严重破坏。此外,下游底板处的出渗坡降也超过最大安全值 0.13。在正常蓄水位和洪水位条件下,渗透流量分别达到 6.681 7 m³/s 和 7.445 3 m³/s。因此,如不对防渗墙底部进行防渗处理,将极大地对大坝及水工建筑物产生破坏,威胁其安全运行。

从表 3 可以看出,在防渗墙底部存在缺口时厂房底部,特别是靠近上游端的扬压力远大于其他两种工况下的扬压力值。同时,靠近上游端的扬压力高于下游端,但是在用灌浆帷幕封堵后,出现了下游端的扬压力大于上游端。经比较发现,随着灌浆帷幕渗透系数的增加,厂房底部上游端的扬压力增加较下游端更为迅速,说明该部位扬压力大小对灌浆帷幕渗透性更为敏感。

利用灌浆帷幕对防渗墙底部渗漏区域进行封堵后,下游水头压力降低,底板出渗坡降在正常蓄水位和洪水位条件下均小于安全允许值 0.13,此时最大渗透坡降在防渗帷幕底部位置,虽然渗透坡降较大,但该处为渗透系数小于 5 Lu 的基岩,总体影响有限。需要注意的是,此工况是在封堵完好无渗漏的情况下的计算结果,实际施工中,如封堵不严,仍可能导致出渗坡降过大。

从计算结果来看,加厚渗漏区域的防渗帷幕厚度对厂房底部扬压力、下游底板出渗坡降及最大渗透坡降的影响不大。但实际施工中,加厚防渗帷幕厚度可减小封堵失败的出现概率,防止出现封堵后仍漏水的情况。

参考文献

[1] 谢兴华,段祥宝,薛红琴.黑石山水库渗流安全评价[R].南京:南京水利科学研究院,2004.
[2] 谢兴华,段祥宝,薛红琴.黑石山水库大坝稳定及抗震安全复核[R].南京:南京水利科学研究院,2004.
[3] 吴修锋,万声淦.南京江海集团有限公司临时码头工程防洪影响评价报告[R].南京:南京水利科学研究院,2005.
[4] 蔡金傍,谢兴华,段祥宝.燕山水库蓄水浸没问题研究[R].南京:南京水利科学研究院,2004.
[5] 谢兴华.岩石破坏过程渗透性变化规律研究[R].南京:南京水利科学研究院,2007.
[6] 谢兴华.国家石油储备基地惠州地下水封洞库水资源论证地下水计算报告[R].南京:南京水利科学研究院,2009.
[7] 谢兴华.南水北调中线一期工程潮河倒虹吸基坑降水三维渗流场及边坡稳定计算报告[R].南京:南京水利科学研究院,2010.
[8] 谢兴华.瓮福(集团)有限责任公司磷石膏综合利用工业场地原料堆场三维渗流场模拟和稳定分析[R].南京:南京水利科学研究院,2009.
[9] 谢兴华,王芳.瓮福达州项目磷石膏堆场三维渗流场模拟和坝坡稳定分析报告[R].南京:南京水利科学研究院,2010.
[10] 朱国忠,谢兴华.滁河复兴桥工程防洪评价报告[R].南京:南京水利科学研究院,2007.
[11] 朱国忠,谢兴华.浦口区城南河天凤国际广场深基坑工程防洪评价报告[R].南京:南京水利科学研究院,2008.
[12] 谢兴华,韩昌海.新湾水电站副坝渗流安全评估报告[R].南京:南京水利科学研究院,2008.
[13] 谢兴华,段祥宝,程璐.溪洛渡水电站围堰三维渗流计算分析报告[R].南京:南京水利科学研究院,2006.
[14] 谢兴华,段祥宝,程璐.锦屏一级水电站围堰渗流、稳定及应力位移计算研究报告[R].南京:南京水利科学研究院,2007.
[15] 谢兴华,段祥宝.澜沧江苗尾水电站下坝址左岸山梁渗流及稳定计算研究报告[R].南京:南京水利科学研究院,2007.
[16] 谢兴华,段祥宝.青海省互助县卓扎沟水库大坝安全论证报告[R].南京:南京水利科学研究院,2007.
[17] 谢兴华,段祥宝.江苏省句容市七星洼水库大坝安全论证报告[R].南京:南京水利科学研究院,2008.
[18] 段祥宝,谢兴华.四川华能跷碛水电站反滤料配比试验研究报告[R].南京:南京水利科学研究院,2005.
[19] 段祥宝,谢兴华.长河坝水电站大坝及厂房三维渗流计算模拟分析报告[R].南京:南京水利科学研究院,2006.
[20] 段祥宝,谢兴华.汕头海门电厂排水口及东北防波堤(北段)局部整体波浪物理模型试验报告[R].南京:南京水利科学研究院,2006.
[21] 段祥宝,谢兴华,程璐.福建省山美水库主坝渗流场计算分析报告[R].南京:南京水利科学研究院,2007.
[22] 段祥宝,谢兴华.福建省山美水库主坝渗流安全评价报告[R].南京:南京水利科学研究院,2007.

四、土动力学与地震工程

桩－土－渡槽动力相互作用反应谱分析

王　博　　徐建国　　申金虎

（郑州大学水利与环境学院　郑州　450002）

摘要：随着渡槽在水利工程中的广泛应用，做好渡槽的抗震分析显得尤为重要。以主从接触对算法为基础，建立了南水北调某渡槽桩－土－渡槽三维有限元模型，进行了反应谱计算，对该体系应力、位移及破坏特征进行了分析，并对考虑与不考虑桩土相互作用对渡槽结构的地震响应影响进行了比较。结果表明：桩土相互作用减小了渡槽结构的地震响应，改变了渡槽结构的动力特性。该研究成果可为渡槽抗震设计提供参考依据。

关键词：渡槽　桩土相互作用　抗震　反应谱

为了能够为渡槽结构提供有意义的抗震设计分析，国内许多学者致力于渡槽桩土方面的研究，文献[1]根据大型渡槽桩基础的结构特点，采用集中弹簧模型考虑土－结构相互作用；渡槽槽身采用薄壁梁段单元进行离散，文章建立了大型渡槽的动力方程。文献[2]建立了反映桩土相对运动的非线性分析模型，以某渡槽结构为研究对象，分别采用传统的 M 法和非线性有限元法进行了数值模拟计算。然而，以上研究主要集中在流固耦合问题上，且桩土间相互作用假定为弹簧和阻尼器，不能充分模拟桩土间滑移。本文以主从接触对算法为基础建立了桩－土－渡槽分析模型，该模型可模拟桩土之间黏结、滑移等行为，并以某实际工程渡槽为例，对该渡槽结构进行了考虑桩－土动力相互作用地震响应反应谱分析。

1　计算分析理论

1.1　反应谱理论

在给定的地震加速度作用周期内，反应谱是单质点体系的最大位移反应、速度反应和加速度反应随质点自振周期变化的曲线。一组具有相同阻尼、不同自振周期的单质点体系，在某一地震动时程作用下的最大反应，为该地震动的反应谱。反应谱提供了一种方便的手段来概括所有可能的线性单自由度体系对地面运动的某个特定分量的峰值反应[3]。反应谱包含加速度反应谱、速度反应谱和位移反应谱。

反应谱理论考虑了结构动力特性与地震动特性之间的动力关系，通过反应谱来计算由结构动力特性（自振周期、振型和阻尼）所产生的共振效应，但其计算公式保留了早期静力理论的形式[4]。

作者简介：王博，男，1956 年生，教授，主要从事水工结构抗震与防灾减灾方面的研究。

1.2 桩土接触分析模型

桩土接触模型中桩作为主接触面,土体作为从接触面(见图1),采用面对面方法进行离散,在接触分析过程当中充分考虑了主接触面和从接触面的几何形状,以类似平均的概念对整个从接触面建立接触条件,分析过程中可能产生穿透行为,但是桩体主控面节点不会严重穿透土体从接触面。

接触模型采用接触对算法,桩土间的相互作用包括两部分:接触面的法向作用和切向作用[5]。桩土接触面间的法向作用十分清晰,两接触面在间隙为0时,桩土接触面之间可以传递法向压力 p,当两接触面存在间隙时,桩土之间不能传递应力,即法向压力为0。这种法向作用在计算时容易发生穿透现象,桩土接触面之间的间隙从有到无的瞬间接触压力变化剧烈,易导致计算不收敛。由此,引入土体黏聚力的概念,认为桩土在脱开之前,可以承受一定的拉力 p_{max},当拉力超过 p_{max} 之后才认为接触面脱开,接触应力变为0(见图2)。接触面在闭合状态时,同时可以传递切向应力,当切向力大于某一极限切应力后接触面开始出现滑移现象。

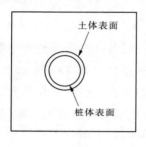

图 1 桩土接触示意

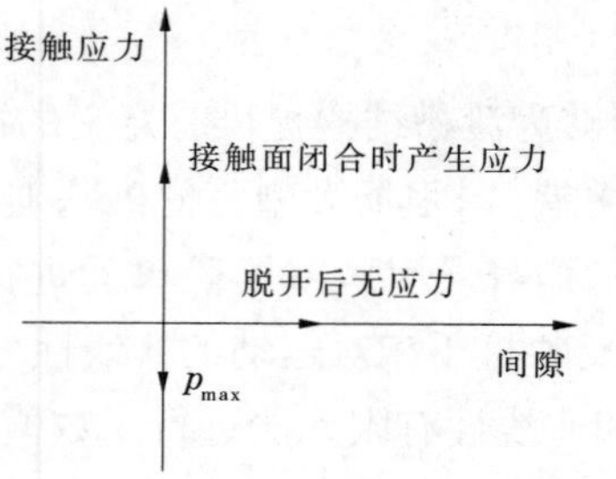

图 2 接触应力示意

2 实例分析

2.1 工程概况

南水北调中线水利工程某渡槽,渡槽槽体全长 800 m,单跨 30 m,由于各跨之间渡槽结构尺寸及土层差异不大,各土层厚度及力学特性见表1,因而为节约计算成本,选用单跨渡槽结构进行分析计算。槽身沿水流方向取 60 m,各伸出墩两侧 15 m。渡槽设计水深 6.56 m,设计流量为 305 m³/s,满槽水深为 7.4 m,水面宽度为 7 m。渡槽共分为桩、支撑结构及槽身三部分。桩体为 C25 钢筋混凝土灌注桩,动弹性模量 30 GPa,泊松比 μ = 0.18,桩长为 47 m,直径为 1.8 m,每排 5 根,两排一墩;槽墩及承台为 C30 钢筋混凝土,动弹性模量 32 GPa,泊松比 μ = 0.18;槽身为预应力钢筋混凝土,设计强度等级 C50,动弹性模量 36 GPa,泊松比 μ = 0.19。采用有限元软件 ABAQUS 建立了桩 - 土 - 渡槽的三维计算模型,桩、土体、槽墩、承台及渡槽槽身采用六面体 8 节点 C3D8R 减缩积分单元进行离散,其橡胶支座采用线性弹簧进行模拟,刚度 $K = 1.0 \times 10^{10}$ N/m。该渡槽当地基本烈度为 7 度,地震动加速度峰值 0.2g。

表1　各土层厚度及力学特性

土层	厚度(m)	弹性模量(MPa)	泊松比	密度(kg/m³)
卵石	2	35.7	0.47	2 110
黏土岩	1	500	0.19	2 200
砂岩	10.5	300	0.21	1 200
黏土岩	29	500	0.19	2 200
砂岩	27	300	0.21	1 200
黏土岩	25.5	500	0.19	2 200

2.2　计算结果

根据渡槽实际工程条件,分两组工况进行分析[6],工况1:不考虑桩土相互作用(槽墩固结在地面);工况2:考虑桩土相互作用。

采用规范标准谱(见图3)对工况1及工况2进行了反应谱分析,得到其应力及位移谱(见图4～图15),表2列出了各工况最大应力及位移。

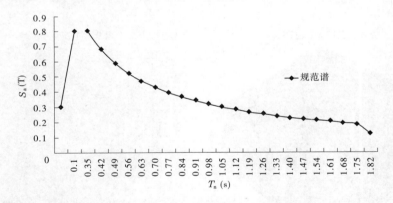

图3　规范标准谱

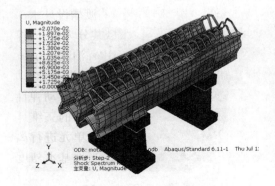

图4　工况1最大主应力

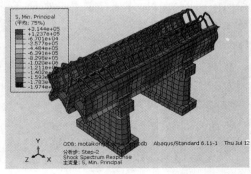

图5　工况1最小主应力

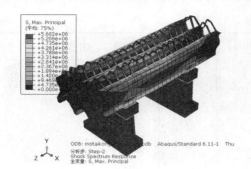

图 6　工况 1 位移

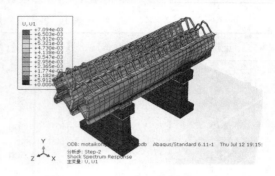

图 7　工况 1X 位移

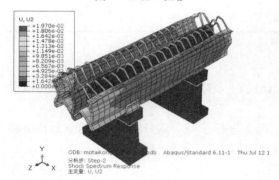

图 8　工况 1Y 位移

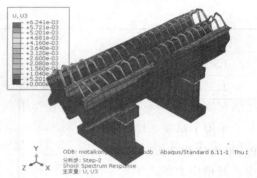

图 9　工况 1Z 位移

图 10　工况 2 最大主应力

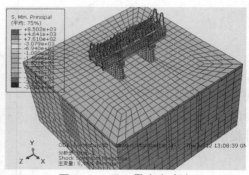

图 11　工况 2 最小主应力

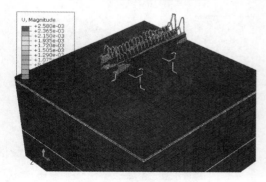

图 12　工况 2 位移

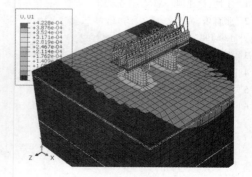

图 13　工况 2 X 位移

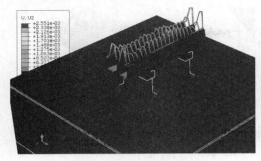

图 14 工况 2 Y 位移

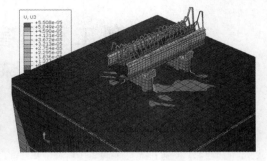

图 15 工况 2 Z 位移

表 2 工况 1、工况 2 最大应力及位移 （应力单位:Pa,位移单位:m）

工况	最大主应力	最小主应力	最大位移	X 向位移	Y 向位移	Z 向位移
1	5.68e+06	-1.97e+06	2.07e-02	7.09e-03	1.97e-02	6.24e-03
2	2.04e+05	-3.78e+04	2.58e-03	4.22e-04	2.55e-03	5.50e-05

工况 1 最大主应力 5.68e+06 Pa,最大位移 2.07e-02 m,工况 2 最大主应力 2.04e+5 Pa,最大位移 2.58e-03 m,桩土之间相互作用减小了渡槽结构在动力荷载作用下的反应。渡槽应力最大处均出现在渡槽支座处及跨中,故渡槽设计时应注意支座的处理,防止应力过大造成破坏。

3 结语

综上所述,反应谱是一种简单有效的地震反应分析方法,基于 ABAQUS 建立了桩-土-渡槽动力计算模型,以南水北调水利工程中某渡槽为例,分析了空槽在动力荷载下的应力及位移谱,桩土相互作用减小了渡槽在动力荷载下的反应,改不了渡槽的动力特性。因此,在对渡槽进行抗震分析时,不应忽略桩土间的相互作用,研究成果可为渡槽抗震设计提供参考依据。由于渡槽是一种输水建筑物,其在输水时的地震反应有待进一步研究。

参考文献

[1] 王博,徐建国.大型渡槽考虑土-结构相互作用的动力分析[J].世界地震工程,2000,16(3):110-114.

[2] 张育乐,黄志文.有限元法和 M 法在桩土动力相互作用分析中的比较与探讨[J].江西水利科技,2009,35(3):189-192.

[3] 谢礼立,吕大刚.结构动力学[M].北京:高等教育出版社,2007.

[4] 何文福,刘文光,杨骁.隔震结构弹塑性反应谱分析[J].振动与冲击,2010,29(1):30-33.

[5] 费康,张建伟.ABAQUS 在岩土工程中的应用[M].北京:中国水利水电出版社,2010.

[6] 胡明晖,于晖.关于渡槽桩基承载力的计算[J].南水北调与水利科技,2009,7(6):204-206.

水利工程震害中土工结构
低应力破坏实例分析*

杨玉生[1,2]　温彦锋[1,2]　刘小生[1,2]　赵剑明[1,2]
陈　宁[1,2]　刘启旺[1,2]

（1.中国水利水电科学研究院流域水循环模拟与调控国家重点实验室　北京　100048；
2.水利部水工程建设与安全重点实验室　北京　100048）

摘要：实际工程活动与低应力下土石料工程性质密切相关。本文总结了与低应力条件相关的
工程活动，在总结分析以往地震中堤防和坝体滑坡案例的基础上，指出滑坡深度通常小于
7 m，其上覆有效应力大多小于 100 kPa。在对 106 组地震液化数据资料分析的基础上，指出
地基液化大多发生在上覆有效应力低于 100 kPa 的低应力条件下。在目前的研究中，通常只
关注中高应力条件下土石料的工程性质，在应用中，低应力区的土石料计算参数取值通常与
中高应力条件下获得的强度和变形参数一致，而高、低应力条件下土石料的强度和变形特性
是不同的，这种计算参数取值方法的适用性存在疑虑。因此，研究低应力条件下土石料的工
程性质，探讨数值计算中低应力条件下土石料计算参数的取值方法，具有重要的工程意义和
科学价值。
关键词：水利工程震害　土工结构　低应力破坏　滑坡和液化案例

　　在工程实践中，对地基或土工构筑物，大多从抗滑稳定性、容许变形量和液化可能性
来评价其安全性。这与材料的强度、变形和动力液化性质密切相关。但人们更多的重视
中、高应力状态下土石料的力学性质，以及中、高应力状态下土石料计算参数的取值，而很
少关注低应力条件下土石料的性质和相应的计算参数取值。笔者检阅中文、英文和日文
资料（国家科技文献中心中文、英文和日文数据库），自 20 世纪 60 年代以来，明确研究低
应力下土石料工程性质的资料十分有限，若再扩大一些范围，将在文中零星涉及低应力下
土石料工程性质的资料包含在内，数量也不多。因此，低应力条件下土石料的工程性质研
究是长期以来被忽视的问题。

　　本文总结了与低应力条件相关的工程活动、地震中发生滑坡的堤防和土石坝工程案
例，以及地基液化案例，在对发生滑坡和液化案例的应力条件分析的基础上，指出地震中
土工构筑物的滑坡和地基液化大多发生在较低的应力条件下，结合目前土石料工程性质
研究及应用中存在的问题，阐述开展低应力下土石料工程性质研究的意义，以期抛砖引
玉，引起研究者对低应力下土石料工程性质研究的重视。

* 基金项目："十一五"国家科技支撑项目（2009BAK56B02）；水利部公益性行业科研专项经费项目（200801133）。
作者简介：杨玉生，男，1980 年生，博士，工程师，主要从事土工抗震研究工作。

1   与低应力条件相关的工程活动

实际的工程问题,如河口三角洲开发、列车振动作用下铁路碎石路基的变形和稳定、土石坝边坡浅层和堤防的稳定性以及地基浅层土体在地震作用下的反应,均与土石料在低应力条件下的性质密切相关。近年来,原位试验日益受到重视,尤其是在土石坝工程领域,覆盖层和大粒径坝料工程性质的测定,除常规的采用在现场取散装样运至实验室,并按密度(干密度或相对密度)控制重新制样进行室内模拟试验的方法来确定外,将越来越多地依赖原位现场试验。同时,坝体或地基浅层原位现场试验成果的判释,也离不开对低应力下土石料工程性质的把握。另外,在土工抗震领域,$1g$ 下的边坡和土石坝振动台模型试验,依然是了解和评价边坡和高土石坝地震破坏形态及主要影响因素的重要手段。但模型与原型除尺寸上的显著差别外,材料所处应力状态差异显著是最根本的不同。要了解模型试验成果在多大程度上能够反映原型的性质,不仅需要了解原型在实际的中高应力条件下的工程性质,也需要把握低应力条件下模型土石料的工程性质,以作为模型试验结果推广应用到实际坝的推广依据。目前,大多数地震动力反应计算程序的验证,所依据的试验手段依然主要是 $1g$ 下的振动台模型试验,这种对计算程序的验证所需的计算参数也应与模型土石料的低应力条件相匹配。此外,未来的月球开发也面临低应力下月壤[1]的工程性质问题。

2   地震中的滑坡和液化案例分析

土石坝振动台模型试验表明,坝坡顶部和坝体表层是抗震的薄弱环节,其一般的破坏形式为坝坡土体的浅层滑动[2]。震害调查也表明,浅层滑坡是土坝、土堤和土石坝震害的主要表现形式之一[3]。因此,堤防和土石坝的安全与低应力下土的工程性质密切相关。在已有的地震震害调查中,液化发生的深度大多在 15 m 以内,得到确认的液化深度在 20 m 以上的深层液化案例很少。

2.1   堤防滑坡

一般来说,堤防的高度较小,大多在地面以上 2 ~ 3 m,高的也不过 5 ~ 6 m。因此,堤身土体和地基一般处于较低的应力状态下。在遭遇地震时,堤身往往容易出现裂缝、滑坡、塌陷等震害,或者由于地基液化而导致滑坡和塌陷同时出现,导致堤身下陷。如 1966年邢台地震、1993 年 Hokkaido – Nansei – oki 地震、1995 年的 Hyogoken – Nambu 地震和2003 年的 Tokachi – oki 中,很多 3 ~ 6 m 高的堤防由于地基液化而发生了严重震害。

1966 年 3 月 8 日和 22 日河北邢台地震中,地震烈度Ⅷ度和Ⅷ度以上地区内的滏阳河系堤防和河岸遭到了严重破坏,这主要是由于河岸和堤基中存在易液化砂层(如浑河、太子河和辽河堤防)或软弱黏土(如澧河堤防)[4]。图 1(a)为Ⅸ度区内左堤岸由于饱和砂层透镜体液化引起的震害的破坏情况示例。图 1(b)为Ⅷ度区内澧河堤岸由于薄砂层下软弱黏土薄层滑动引起的震害示例。

2003 年 9 月 26 日的日本 Tokachi – oki 地震(震级 $M = 8.1$ 级)中,距震中 125 km(实测最大地震加速度 $0.4g$)的 Tokachi 河堤(高 6 m)出现大面积滑坡(见图 2),滑坡体横向位移3.65 km,竖向沉陷 2 m[5]。1993 年 Kushiro – oki 地震中,该地区的河堤也发生了类似的震害。

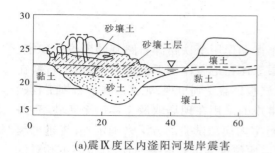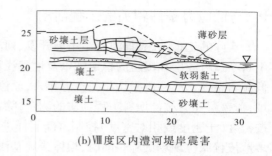

(a)震Ⅸ度区内滏阳河堤岸震害　　　　　　　　　(b)Ⅷ度区内澧河堤岸震害

图1　1966年邢台地震中的堤防震害示例[4]　（单位:m）

图2　Tokachi河堤滑坡(右岸,距河口3.5 km)[5]

2.2　坝体滑坡

2.2.1　Kitayama坝[6]

　　Kitayama坝为坐落在风化花岗岩地基上的心墙堆石坝,坝高25 m。坝壳料主要由粉碎的花岗岩料构成,坝体上游区坝壳料的最大粒径为9.5 mm,不均匀系数为300,粉粒和黏粒的过筛率约为20%。坝体压实度超过100%。1995年日本Kobe地震(震级$M=7.1$级)中,Kitayama坝距震中33 km,坝址基岩加速度为0.3 g。地震引起库上游坡发生滑坡,滑坡体顶部在地震时库水位以下1~1.5 m,滑坡体长100 m(沿坝轴向),滑坡深度1.5~2 m。图3为Kobe地震中Kitayama坝震损情况。坝体横断面试坑开挖确定的滑动面如图4所示。

图3　Kobe地震中Kitayama坝震损情况[6]

2.2.2　密云水库白河主坝[3,7]

　　白河主坝坝基为40 m厚的砂卵石及卵石覆盖层,为黏土斜墙砂砾石坝,坝高66.4 m,坝长960.2 m。1976年7月28日唐山7.8级地震中,距震中150 km,处于Ⅵ度区

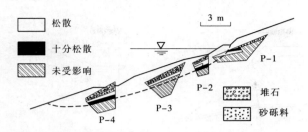

图4　坝体横断面试坑开挖确定的滑动面[6]

的白河主坝上游黏土斜墙砂砾料保护层发生液化,导致保护层砂砾料发生了近于全坝长的滑坡,但防渗斜墙基本完好,只受到小面积的浅层擦伤破坏,破坏较严重地段的起点高程为138~142 m,在地震时库水位附近(138.4 m),破坏轻微地段滑坡滑动起点高程在库水位以下的130~133 m高程附近,如图5所示。白河主坝保护层砂砾料级配不连续,缺少1~5 mm的中间粒径,实际上是均匀卵石与中细砂混合料,大于5 mm的粗料平均含量为61.3%,小于5 mm的细料的平均粒径d_{50}为0.285 mm,有效粒径d_{10}为0.096 mm,不均匀系数为3.73。设计时未提出相对密度要求,按设计干容重依据最大最小孔隙比换算相对密度仅0.6。

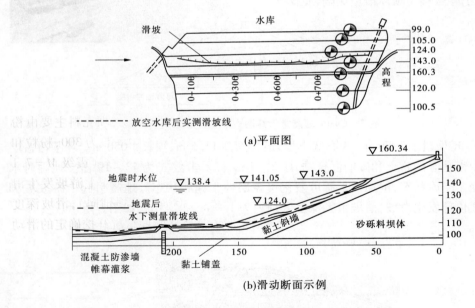

(a)平面图

(b)滑动断面示例

图5　白河主坝震害示意图　(单位:m)

2.2.3　石门土坝[3]

石门土坝为黏土心墙砂砾石坝,坐落在厚3~5 m的砂砾石层上,坝高46 m,坝长338 m。石门水库砂砾料坝壳施工时未经专门碾压,砾质砂处于相对疏松状态。1976年海城地震中,石门土坝距震中33 km,地震中上游发生较大滑坡,坝高35 m以下普遍滑动,滑动面积达150 000 m²,体积3万m³,滑坡最大深度4.7 m。石门土坝震害如图6所示。

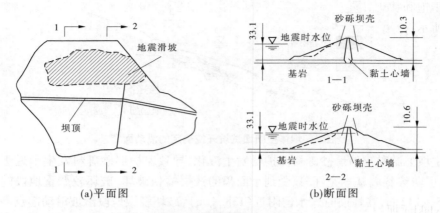

(a)平面图　　　　　　　　　　　　　　(b)断面图

图6　石门土坝震害示意图 （单位:m）

2.2.4　Bhuj 地震中的坝体滑坡[8]

Chang 坝建于 1959 年,为宽心墙土坝,坝高 15.5 m,坝长 370 m。坝基冲积覆盖层为松散到中密状态的砂和淤泥的混合物,在最初设计时未考虑覆盖层可能液化的问题。Bhuj 地震时基本上处于空库状态,但坝基覆盖层基本上处于饱和状态。地震中坝基覆盖层液化,几乎导致整个坝体滑坡塌陷(见图7)。

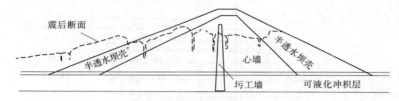

图7　Chang 坝震害示意图[8]　（单位:m）

Fatehgadh 坝建于 1979 年,为心墙土坝,最大坝高 11.6 m,坝长 4 050 m。坝基覆盖层为松散到中密状态的粉土和砂的混合物,厚 2～5 m,标贯击数 N 为 13～19 击。地震时水库基本上处于空库状态,但坝体上游可液化覆盖层处于饱和状态。地震引起上游坡坡脚处和下游坡顶部发生滑坡,滑坡最大深度分别约为 1.0 m 和 1.5 m,如图8所示。

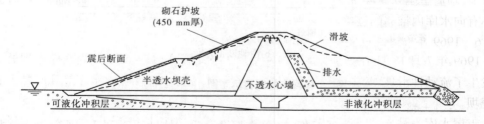

图8　Fatehgadh 坝震害[8]

Kaswati 坝建于 1973 年,为心墙土坝,坝高 8.8 m,坝长 1 455 m。坝基下覆于松散到中密状态的砂和淤泥混合物冲积层。坝址处有 2～5 m 厚的粗粒土覆盖层(N=13～19 击)其下相对较密实的粗粒土(N=25 击以上)。地震时水库接近空库,但上游坝壳下冲积层处于饱和状态,地震引起上游坡下部发生浅层滑坡,滑坡深度约 0.8 m,坝脚处隆起,如图 9 所示。

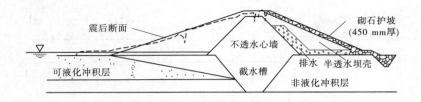

图 9   Kaswati 坝震害[8]

Shivlakha 坝为分区土坝,坝高 18 m,建于 1954 年,坝基为砂和粉土混合物。地震中上游坝壳下坝基液化导致上游发生滑坡,滑坡深度约 5.5 m,如图 10 所示。

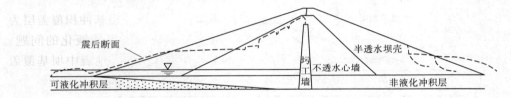

图 10   Shivlakha 坝震害[8]

此外,在地震中,Rudramata、Suvi 和 Tapar 等几座分区土坝上游坝趾附近的坝基覆盖层可能发生了液化,上游坝坡也发生浅层滑坡。

2.2.5   西克尔水库土坝滑坡[3]

西克尔水库土坝建于 1959 年,全长 13 km,坝高 1 ~ 7.1 m。坝基为表层较松的砂土、粉质土及黏性土互层(距地表 2 m 以内干容重 1.2 ~ 1.4 g/cm³),坝身为砂壤土碾压均质土坝(干容重 1.56 ~ 1.75 g/cm³)。在 1961 年 4 月 13 日新疆巴楚 6.8 级地震中,距震中 35 km,位于Ⅷ度区的西克尔土坝发生了 221 m 坝段的严重沉陷和滑坡,坝顶中部下陷 1 m 以上,坝肩下陷 0.3 m,下游坡震缓,地基隆起破裂,并普遍向下游推移 35 ~ 50 m,上游坡亦有向水库内推移的迹象,该段坝高在地震破坏前约 4 m,水深 1.5 m。

2.2.6   1969 年渤海湾地震中黏土心墙砂壳坝的滑坡[3]

1969 年 7 月 18 日山东省渤海湾内发生 7.2 级地震,山东省Ⅵ度区内几座土坝的上游坡发生了流动性滑坡,其中比较典型的是王屋水库、冶源水库和黄山水库等几座黏土心墙砂壳坝。

王屋水库为黏土宽心墙砂壳坝,最大坝高 26.5 m,坝顶长 761 m。黏土心墙是经过碾压的,但没有严格的控制标准,砂壳仅由人工抛倒松砂而成。震前王屋水库大坝主河槽附近由于蓄水先后发生过四次滑坡,每次滑坡后都采用松砂回填并抛少量石方修复。1969 年渤海湾地震中,在上游砂壳原来的滑坡部位,发生了两个更大规模的流动性滑坡,最大滑坡深度约 5 m,滑坡顶距坝顶分别为 3 m 和 10 m,滑脱方量各为 39 000 m³ 和 3 000 m³,

如图 11 所示。

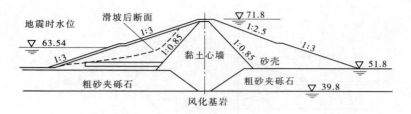

图 11　王屋水库震害　（单位：m）

冶源土坝最大坝高 25.7 m，坝顶长 615 m。黏土心墙曾被碾压至干容重 1.65 t/cm³，砂壳用松砂抛填。地震中主坝上游在砂壳坝顶下 6 m 处发生滑坡，滑坡长度 104 m，面积 3 328 m²，方量 9 400 m³，滑坡面距原坝坡平面平均深约 3 m，最大深度 4.9 m（见图 12）。

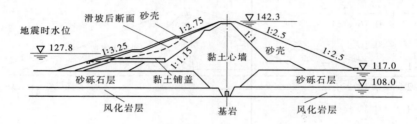

图 12　冶源土坝震害　（单位：m）

黄山水库为黏土宽心墙砂壳坝，最大坝高 16.69 m，坝顶长 860 m。施工中心墙分层碾压，砂壳未予压实。地震中上游坝壳发生了三个大小不等的滑坡段，后开闸放水，水位降低后又发现了一个小滑坡。每段滑坡长 18～20 m，深 5～6 m。

2.3　地基液化

历次大地震中，严重的震害很多都与土体液化密切相关。考察这些液化案例的应力条件，在收集整理历次大地震中的液化数据资料基础上，绘制液化砂层中点上覆有效应力与中心点距地下水位深度图，如图 13 所示。

图 13 中共包含 106 组地震液化数据。由图可见，液化砂层的上覆有效应力大多在 100 kPa 以内，共 97 组，100～150 kPa 的仅有 8 组，而超过 150 kPa 的仅有 1 组。对液化深度的统计分析表明，液化发生的深度绝大部分在 10 m 以内，少数在 10～15 m。由此可知，液化大多发生在上覆有效应力小于 150 kPa，尤其是小于 100 kPa 的地基浅层。为进一步说明上覆有效应力对液化的影响，以 1964 年 Nigata 地震液化数据和 1976 年唐山地震陡河水库地基砂层液化数据为例进行分析。

表 1 给出了 1964 年 Nigata 地震（$M=7.5$ 级）中，不同地点砂层上覆有效应力与液化与否的对照情况，绘图表示见图 14。由表 1 和图 14 可见，当上覆有效应力小于 60 kPa 时，砂层均发生液化。在原始数据中，Rail Road － 2 不能确定是否液化，但是从本次地震中其他点的上覆有效应力情况看，该点应该是没有发生液化。

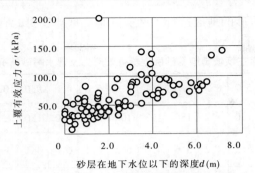

图13 液化砂层的上覆有效应力统计

表1 1964年Nigata地震($M = 7.5$)砂层上覆有效应力与液化情况对照表[9]

地点	地表峰值加速度 $a_{max}(g)$	砂层中心深度 $d(m)$	在地下水位 以下的深度 $d_w(m)$	上覆有效应力 $\sigma'_v(kPa)$	是否液化
Cc17 – 1	0.16 ± 0.024	8.0	0.28 ± 0.09	61.0 ± 9.8	是
Cc17 – 2	0.16 ± 0.024	5.2	0.28 ± 0.09	42.6 ± 6.2	是
Old Town – 1	0.18 ± 0.027	7.5	0.56 ± 0.09	80.0 ± 8.7	否
Old Town – 2	0.18 ± 0.027	11.5	0.56 ± 0.09	116.2 ± 7.9	否
Rail Road – 1	0.16 ± 0.024	7.5	0.28 ± 0.09	57.7 ± 8.8	是
Rail Road – 2	0.16 ± 0.024	10.0	0.28 ± 0.09	82.2 ± 9.3	否/是
River Site	0.18 ± 0.027	6.5	0.76 ± 0.09	67.2 ± 8.0	否
River Site	0.16 ± 0.024	8.5	0.19 ± 0.09	61.8 ± 11.5	是
Showa Br 2	0.16 ± 0.024	3.7	0.00 ± 0.00	25.0 ± 5.8	是
Showa Br 4	0.18 ± 0.027	6.0	0.37 ± 0.09	61.4 ± 4.8	否
Arayamotomachi	0.09 ± 0.018	3.3	0.31 ± 0.09	30.7 ± 4.2	是

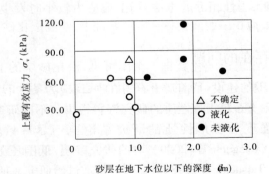

图14 Nigata地震中砂层的液化情况

1976年唐山发生7.8级地震,陡河水库坝址距震中20 km,坝址区地震烈度为Ⅸ度。地震中陡河筑坝坝坡坡脚及下游地段较大范围内出现喷水冒砂[10]。震后在喷水冒砂比较集中的地区和未喷水冒砂的地区进行了勘探试验。据此获得的有效上覆应力与喷水冒砂情况如表 2 和图 15 所示。

表 2　陟河水库主坝坡脚地基砂层上覆有效应力及冒水喷砂情况对照表[10]

未喷水冒砂	埋深 $d(\mathrm{m})$	7.2	5.3	5.2	8.3	7.6	8.1	8.9	5.8	4.0	9.0	10.6	9.2			
	$\sigma'_{\mathrm{v}}(\mathrm{kPa})$	108	104	110	112	185	103	102	93	100	130	134	136			
喷水冒砂	埋深 $d(\mathrm{m})$	0.8	-0.39	6.3	4.2	5.6	4.9	6.5	6.1	0.0	3.1	3.0	6.2	6.0	3.7	3.7
	$\sigma'_{\mathrm{v}}(\mathrm{kPa})$	44	45.4	83	61.2	73	68	88	74	56	87	84	86	80	69	69

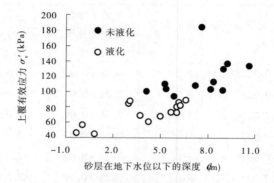

图 15　陟河水库地基砂层的液化情况

由表 2 和图 15 可知,当砂层上覆有效应力 $\sigma'_{\mathrm{v}} \geqslant 93$ kPa 时,砂层未液化,当砂层上覆有效应力 $\sigma'_{\mathrm{v}} \leqslant 88$ kPa 时,砂层均发生液化。

通过对图 13 ～ 图 15 和表 1、表 2 的分析,可获得如下认识:

(1)液化大多发生在上覆有效应力小于 100 kPa 的低应力条件下,已有的液化案例中很少有上覆有效应力超过 200 kPa 的情形出现。

(2)地震动条件相近,土性相近的土层,当上覆应力较小时发生液化,而上覆应力达到一定值时,就不会发生液化。

3　在研究和应用中存在的问题

伴随着高土石坝工程的建设,目前对土石料在中、高应力条件下工程性质的研究资料很多,但对低应力条件下土石料工程性质的研究资料很少。不同研究者对土石料在低应力条件下的静、动力强度和变形性质的研究结论也不尽一致。如 Ponce and Bell (1971)[11] 和 Yoshikazu Yamaguchi 等(2009)[12]的研究表明,低围压下砂土内摩擦角随围压的减小显著增大。而 Tatsuoka 等(1986)[13]通过扭剪试验研究表明,在 30 ~ 100 kPa 范围内,室压对砂土峰值内摩擦角的影响很小,甚至可以忽略。Yanyan Agustian 等 (2008)[14]通过排水三轴压缩试验对矿渣的变形和强度特性的研究表明,在 10 ~ 80 kPa 约束应力范围内,围压对内摩擦角的影响很小。Md. Abu Sayeed 等.(2011)[15]采用三维离散元程序对粒状材料的研究表明:在约束应力为 5 ~ 20 kPa 的范围内,内摩擦角受约束应力的影响很小;当约束应力超过 50 kPa 时,内摩擦角随约束应力的增大而降低。此外,不同研究者对低围压下,围压对应力—应变关系和剪胀性的影响的结论也不尽一致。这些研究表明:①高、中、低应力条件下土石料的强度和应力应变剪胀性质是不同的;②低应力下有关土石料强度和变形性质的研究还很不充分,一些问题还未达成共识。

目前,在处理工程问题时,通常只进行中、高应力条件下的试验,并据此确定数值计算中的计算参数。在数值计算中,基本上依据室内中、高应力下土的强度和变形试验结果进行土工构筑物和地基的变形和稳定分析,对处于土工构筑物表层或地基浅层的土体,也均以中、高应力条件下获得的试验参数作为计算参数,这与实际应力条件是不相符的。而高、低应力应变条件下土石料的强度和变形特性差异较大,因此这种取值方法的适用性存在疑虑。而对地震液化数据的分析和地震中堤防和土石坝工程破坏实例的分析表明,地震引起的液化和堤防及土石坝的严重震害,基本上都是在 100 kPa 以内的低应力条件下。因此,目前只关注中高应力条件下土石料的工程性质,忽略低应力条件下土石料的工程性质研究的现状,与地基和土工构筑物的破坏大多发生在 100 kPa 以下的低应力条件下的情况不相适应。

4 结语

(1)在工程建设中,河口三角洲的开发和近海工程建设,铁路碎石路基的设计和维护,堤防和土石坝工程建设,以及未来月球资源开发,均与低应力条件下土石料的工程性质密切相关。对边坡与土石坝等土工构筑物的振动台模型试验成果和地基浅层原位试验成果的判释和应用,也离不开对低应力条件下土石料工程性质的把握。

(2)地震中,堤防的失稳与滑坡和土石坝的滑坡等严重震害,滑坡深度大多在 7 m 以内,基本上都是发生在 100 kPa 以内的低应力条件下。地震中的地基液化大多发生在上覆有效应力不超过 100 kPa 的低应力条件下,少量发生在 100 ~ 150 kPa 范围内,当上覆有效应力超过 150 kPa 时,很少有液化发生。

(3)目前在研究中通常只关注中、高应力条件下土石料的工程性质,往往忽略了低应力条件下土石料的工程性质,这与地基和土工构筑物的破坏大多发生在 100 kPa 以内的低应力条件不相适应。

(4)高、中、低应力条件下土石料的强度和变形特性是不同的,实际工程中处于低应力区土石料所处状态与试验条件差异较大,在应用中,低应力区的土石料计算参数取值通常与中、高应力条件下获得的强度和变形参数一致,这种计算参数取值的适用性存在疑虑。

因此,研究低应力条件下土石料的工程性质,探讨低应力条件下土石料计算参数的取值方法,可以为低应力条件下的相关工程的设计和安全评价提供支持,具有重要的工程意义和科学价值。

参考文献

[1] 姜景山. 专题:微波月亮[J]. 中国科学 D 辑:地球科学,2009(39):1028.
[2] 刘启旺,刘小生,陈宁,等. 双江口心墙堆石坝地震残余变形的振动台模型试验研究 [J]. 水力发电,2009,35(5):

60-62.

［3］汪闻韶,黄锦德.中国水利工程震害资料汇编1961—1985［R］.北京:中国科学院水利电力部水利水电科学研究院抗震防护研究所,1990.

［4］Wang Wenshao. Earthquake damages of earth dams and levees in relation to soil liquefaction and weakenss in soft clays. International Conference on Case Histories in Geotechnical Engineering;May 6 – 11,1984,St. Louis,511 – 521.

［5］UJNR Panel on Wind and Seismic Effects. 2003. Report on the 26 September, 2003 Tokachi – Oki Earthquake, Japan. http://www. pwri. go. jp/eng/ujnr/newnl/enl_4. pdf.

［6］Sakamoto, S., H. Yoshida, Y. Yamaguchi, H. Satoh, T. Iwashita and N. Matsumoto, 2002. Numerical simulation of sliding of an earth dam during the 1985 Kobe earthquake［C］. Proceeding of the 3rd US – Japan Worksho Pon Advanced Research on Earthquake Engineering for Dams, June 22-23, San Diego, California.

［7］Wang Wenshao. Lessons from earthquake damages of earth dams in China,International Symposium on Earthquake and Dams,Vol. 1, 243-257,May 20,1987,Beijing.

［8］Raghvendra Singh,Debasis Roy and Sudhir K. Jain. Analysis of earth dams affected by the 2001 Bhuj Earthquake［J］. Engineering Geology 2005,80:282-291.

［9］K. O. Cetin, R. B. Seed, R. E. S. Moss ,et al. Field Case Histories for SPT – Based In – Situ Liquefaction Potential Evaluation［R］. Geotechnical Engineering Department of Civil and Environmental Engineering University of California Berkeley. Geotechnical Enqineering Research Report No. UCB/GT – 2000/09.

［10］汪闻韶,黄锦德.1966年邢台地震水工建筑物震害(堤、桥、闸、涵)［R］.北京:水利水电科学研究院抗震防护研究所,1981.

［11］Ponce, V. M. and Bell, J. M.. Shear strength of sand at extremely low pressures［J］. J. SMF Div. , Proc. of ASCE (1971),97(Sm4):625-638.

［12］Yoshikazu Yamaguchi,Hiroyuki Satoh, Naoyoshi hayashi. Strength evaluateon of rockfill materials considering confining pressure dependency. The 1st internationall symposium on rockfill dams,2009.

［13］Fumio Tatsuoka,Shoji Sonnoda,Katsushige Hara,et al. Failure and deformation of sand in torsional shear［J］. Soils and foundations, 1986, 26(4): 79-97.

［14］Yanyan Agustian and oshi Goto. Strength and deformation characteristics of scoria in triaxila compression at low confining stresss［J］. Soils and Foundation,2008,148(127):39.

［15］Md. Abu Sayeed,Kiichi Suzuki,Md. Mizanur Rahman. Strength and deformation characteristics of granular materials under extremely low to high confining pressures in triaxilal compression. International Journal of Civil & Environmental Engineering IJCEE – IJENS :2011,11(04):1-6.

水库泄洪洞扩建工程爆破振动对大坝安全影响监测分析

刘超英　葛双成

（浙江省水利河口研究院　杭州　310020）

摘要：阐述了向家弄水库泄洪洞扩建工程爆破对大坝的振动影响。选择几个有代表性的部位，采用原位质点振动速度测试的方法对整个爆破的振动影响进行了全过程监测，对实测结果分析表明，爆破振动对大坝安全未产生明显的危害。监测成果为工程爆破振动安全评价提供了科学的依据。

关键词：水库泄洪洞　大坝　爆破振动　质点振动速度　大坝安全监测

余姚市向家弄水库除险加固工程，位于余姚市梨洲街道三溪村，是一座以灌溉、供水为主，结合防洪等综合利用的小（1）型水库，为结合水库除险加固，决定把原有的旧泄洪洞进行扩建，扩建后在泄洪洞底部正中开挖一条沟槽，为满足新建泄洪洞进出水的需要，同时对进出水洞口部分山体岩石进行爆破，原泄洪洞总长 91.5 m、宽 3.2 m、最高点 4 m，待新建泄洪洞总长 92 m、宽 6.8 m、最高点 8.15 m，沟槽形状为倒梯形，出水口上口宽 3.404 m、底部宽 1.31 m，深 3.49 m，进水口处上口宽 2.37 m、底部宽 1.31 m、深 1.73 m，沟槽平均深度为 2.61 m。

向家弄水库拦河大坝为黏土心墙坝，水库泄洪洞扩建工程爆破施工时，爆破源距离水库大坝较近，因此存在泄洪洞扩建工程爆破对大坝的安全影响问题。由于爆区距离大坝需保护物较近，不可避免产生较大爆破振动效应影响，对于大坝还存在爆破地震作用下的动力响应问题。因此，为了保证水库泄洪洞扩建工程爆破施工时大坝的安全，必须对大坝进行爆破振动安全监测以进行安全评价[1-2]。

1　爆破参数

1.1　进水口溢流堰处爆破

爆破方式：浅孔爆破，爆破采用多段延时爆破，3 段，最大单响药量：15 kg，总药量：39 kg。每段延迟时间为 50 ms，高程 34.00 m，采用 32# 乳化炸药。

1.2　泄洪洞出口处爆破

爆破方式：浅孔爆破，爆破采用多段延时爆破，2 段，最大单响药量：6 kg，总药量：10 kg。每段延迟时间为 50 ms，高程 29.70 m，采用 32# 乳化炸药。

作者简介：刘超英，男，1958 年生，浙江青田县人，硕士，教授级高级工程师，主要从事水工结构及岩土工程研究。

1.3 泄洪洞平硐开挖(桩号 0 + 47)处爆破

爆破方式:浅孔爆破,爆破采用多段延时爆破,8 段,最大单响药量:5 kg,总药量:33 kg。每段延迟时间为 210 ms,高程 31.00 m,采用 32# 乳化炸药。

2 测试系统及设备

采用了 TC – 4850 爆破测振仪和 TYTEST 型 3 分量高灵敏度速度传感器,监测人工爆破过程瞬态爆破振动。该系统传感器工作频带范围 2 ~ 500 Hz,系统记录器内置数码芯片自动对测试过程进行控制,可灵活方便设置测试参数,包括测试量程、采样频率、信号触发方式及电平大小,记录时间及次数等[3]。

3 测点布置

根据爆破振动监测目的和要求,监测的重点是大坝。测点主要布置在大坝结构体上。泄洪洞扩建工程进水口溢流堰处、出水口处、平硐开挖(桩号 0 + 47)处爆破振动监测中,每次都布置 3 个监测点。其中,测点 1 位于下游坝体黏土心墙顶部,高程 38.72 m。测点 2 位于大坝低弹模塑性混凝土防渗墙第 5 槽段顶部,高程 39.06 m。测点 3 位于上游坝体黏土心墙顶部,高程 39.04 m。各测点间距 3.5 m,3 个测点在同一直线上,并且垂直大坝轴线,桩号为大坝 0 + 39.25。

爆破振动监测物理量为速度,各个监测点的监测方向为 3 个方向,分别为水平径向、水平切向及垂直向。

4 监测成果

实测泄洪洞平硐开挖(桩号 0 + 47)爆破 3 号测点振动速度时程曲线及付氏谱频率分析见图 1、图 2,爆破质点振动速度监测成果见表 1。爆破质点振动付氏谱分析结果见表 2。

从表 1 向家弄水库泄洪洞扩建工程爆破振动速度监测结果看,坝体和防渗墙各测点实测最大振动速度值均在 0.25 cm/s 以内,各测点最大振动速度值均满足大坝结构体爆破振动速度控制值小于 0.5 cm/s 的设计要求。

表 2 中,分析的坝体和防渗墙各测点垂直向振动付氏谱第一峰频率在 8.50 ~ 19.45 Hz,而水平向振动付氏谱第一峰频率部分在 5.00 Hz 以下,这也表明在爆破作用下,大坝结构体虽出现了结构动力响应,但其振动幅值仍很小。此外,由于结构体顶部振速通常较其基础部位有所放大,因此可以认为大坝结构体基础等部位质点振动速度至少应与实测大坝结构体顶部振动速度处于同一数量级,即一般不会超过 0.50 cm/s 范围,也明显低于大坝基础部位的安全控制振速,故泄洪洞扩建工程爆破不会对大坝的安全与稳定产生危害影响。

5 爆破振动效应影响分析

5.1 振动历程及峰值分析[4]

从实测振动波形来看,各测点垂直向振动持续时间在 630 ~ 1 320 ms,且基本没有出现结构的低频动力响应,各测点水平向振动持续时间在 980 ~ 2 000 ms,部分测点伴有较

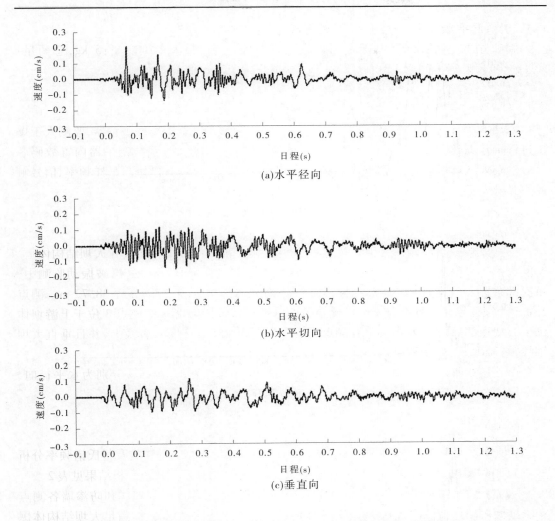

图1　泄洪洞平硐开挖（桩号 0＋47）爆破 3 号测点振动速度时程曲线

明显寄生振荡，表现为几乎贯穿振动波形全过程的、持续的低频脉动，且其振幅衰减较缓慢。这表明爆破作用激起了大坝自身的振动响应，这主要与大坝结构特征有关，不过其振幅仍小于爆破振动波幅，一般不超过 0.05 cm/s，将不会对大坝结构产生危害影响。

通过爆破振动监测分析软件对实测振速波形作积分及微分变换分析，从而得到表 1 中坝体和防渗墙测点的质点位移及加速度测值结果见表 3。从表 3 看，坝体和防渗墙各测点产生的最大垂直向位移在 0.012 mm 以内，最大峰值加速度仅 1.257 m/s²；各测点最大水平向位移均在 0.010 mm 以内，最大峰值加速度低于 0.943 m/s²。这不仅表明爆破自身对大坝的振动影响较小，同时也说明虽激起了坝体的自振反应，但并未产生明显振动放大效应，自振的质点振速及位移幅值均很小，故仍不会对大坝安全与稳定造成危害性影响。

5.2　振动频率分析

从表 2 可见，坝体和防渗墙各测点分析的垂直向付氏谱第一峰频率在 8.50 ~

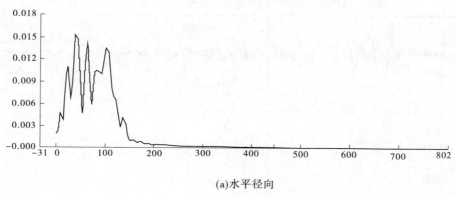

(a)水平径向

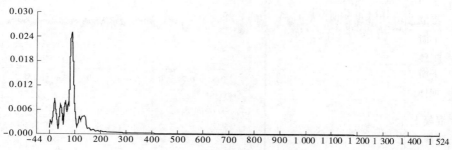

(b)水平切向

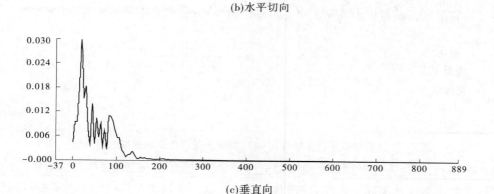

(c)垂直向

图 2   泄洪洞平硐开挖（桩号 0 + 47）爆破 3 号测点振动速度时程曲线

19. 45 Hz,第二峰频率在 28. 84 ~ 42. 24 Hz,远离大坝坝体自振响应频率,表明在垂直向大坝对爆破作用的反应很小。坝体和防渗墙部分测点水平方向在付氏谱第一出现了 3. 31 ~ 4. 62 Hz 振动,经分析与实测爆破波形中出现的低频振动频率吻合,即大坝坝体自振响应频率。这表明对于水平方向而言,振幅较小的自振过程对坝体的影响反而要大于爆破直接作用引起的振动;也说明爆破振动持续时间短、频率较高,具有起爆过程结束即自行消散的特征。因而,在同等振幅情况下,爆破直接产生的振动影响是较小的。

表1　向家弄水库泄洪洞扩建工程爆破振动速度监测结果

爆源位置	监测部位	测点编号	高程（m）	水平距离（m）	高差（m）	水平径向振动		水平切向振动		垂直向振动	
						最大振动速度（cm/s）	主振频率（Hz）	最大振动速度（cm/s）	主振频率（Hz）	最大振动速度（cm/s）	主振频率（Hz）
溢流堰	下游坝体	1	38.72	112.35	4.72	<0.05 仪器未触发	—	<0.05 仪器未触发	—	<0.05 仪器未触发	—
	混凝土防渗墙	2	39.06	110.10	5.06	<0.05 仪器未触发	—	<0.05 仪器未触发	—	<0.05 仪器未触发	—
	上游坝体	3	39.04	107.55	5.04	0.132	39.37	0.126	33.78	0.107	27.32
泄洪洞出口	下游坝体	1	38.72	56.26	9.02	0.105	67.57	0.080	111.11	0.063	81.97
	混凝土防渗墙	2	39.06	58.09	9.36	<0.05 仪器未触发	—	<0.05 仪器未触发	—	<0.05 仪器未触发	—
	上游坝体	3	39.04	60.23	9.34	0.055	54.35	0.063	31.85	0.052	34.72
泄洪洞桩号0+47	下游坝体	1	38.72	59.86	7.72	0.162	54.35	0.087	23.47	0.100	21.95
	混凝土防渗墙	2	39.06	58.99	8.06	0.065	16.03	0.053	57.14	0.057	111.11
	上游坝体	3	39.04	58.12	8.04	0.215	71.43	0.143	65.79	0.125	21.95

表2　向家弄水库泄洪洞扩建工程爆破质点振动付氏谱分析结果

爆源位置	监测部位	测点编号	水平径向		水平切向		垂直向	
			第一峰频率（Hz）	第二峰频率（Hz）	第一峰频率（Hz）	第二峰频率（Hz）	第一峰频率（Hz）	第二峰频率（Hz）
溢流堰	上游坝体	3	8.59	24.08	9.82	28.19	8.50	29.06
泄洪洞出口	下游坝体	1	23.35	43.70	4.09	28.99	19.04	29.13
	上游坝体	3	8.87	18.98	4.28	24.51	19.00	33.32
泄洪洞桩号0+47	下游坝体	1	18.94	33.34	3.31	29.11	18.58	29.04
	混凝土防渗墙	2	4.03	18.87	3.67	19.29	19.45	42.24
	上游坝体	3	9.30	23.73	4.62	19.82	18.51	28.84

表3　换算的坝体和防渗墙测点位移及加速度测值结果

爆源位置	监测部位	测点编号	水平径向		水平切向		垂直向	
			峰位移（mm）	峰加速度（m/s²）	峰位移（mm）	峰加速度（m/s²）	峰位移（mm）	峰加速度（m/s²）
溢流堰	上游坝体	3	0.006	0.684	0.009	0.898	0.007	1.257
泄洪洞出口	下游坝体	1	0.004	0.735	0.005	0.999	0.006	1.079
	上游坝体	3	0.005	0.514	0.007	0.930	0.004	1.039
泄洪洞桩号0+47	下游坝体	1	0.006	0.584	0.007	0.976	0.011	1.150
	混凝土防渗墙	2	0.006	0.637	0.007	1.004	0.004	1.142
	上游坝体	3	0.010	0.943	0.009	0.942	0.012	1.184

6　结语

（1）监测的坝体和防渗墙各测点爆破振动速度最大值均明显低于设计的爆破振动安全控制标准，爆破对大坝等监测建筑物无结构性破坏作用。

（2）采用毫秒微差导爆管连接，分段微差起爆，爆破分段清晰，未有明显爆破振动叠加激增现象，未出现明显峰振叠加增强现象。泄洪洞扩建工程爆破中采用毫秒微差浅孔爆破，优化微差起爆时间及顺序来控制爆破振动效应是合理的[5]。

（3）各测点爆破振动速度时程曲线及振动频谱分析表明，爆破虽在水平方向激起大坝坝体自身动力响应，但振动速度、加速度及位移幅值很小，振动速度最大值在0.25 cm/s以内，不会对大坝结构产生破坏。

参考文献

［1］GB 6722—2003　爆破安全规程［S］.北京:中国标准出版社,2004.

［2］SL 47—94　水利水电工程爆破安全监测规程［S］.北京:中国电力出版社, 2006.

［3］李彬峰.爆破振动的分析方法及测试仪器系统探讨［J］.爆破,2003,20(1):81-84.

［4］言志信,吴德伦,王漪,等.爆破振动效应与安全的研究［J］.岩土力学,2002,23(2):201-203.

［5］杨永强.电站扩机施工爆破震动影响及其控制研究［J］.爆破,2005,22(1):99-103.

五、特殊土工程技术

冻融环境下混凝土路面的实用设计方法研究*

巩妮娜

（淮海工学院土木工程学院 连云港 222005）

摘要：寒冷地区混凝土路面的冻融破坏比较普遍。本文从普通路面混凝土设计方法入手，通过混凝土的抗冻耐久性的理论分析，提出依据试验数据和统计数据进行路面混凝土抗冻设计的实用方法，以期为冻融环境下现行路面结构设计方法提供参考。
关键词：冻融循环 混凝土 破坏面 设计方法 等效室内冻融循环次数

我国严寒或寒冷地区混凝土路面的冻融破坏问题比较普遍。据调查，黑龙江省的混凝土公路一般在 10 年内需大修，许多地区道路投入使用不久便出现破损，部分机场新修道面投入使用仅几年就因为冻融循环的破坏问题，使路面表面出现较大面积的剥落露石情况[1]。混凝土路面的冻融破坏不仅影响安全运行，其维修、维护费用也相当可观。提出考虑冻融环境的混凝土路面结构设计方法，保障路面在设计使用年限内安全运行，是一个值得关注的问题。

1 设计方法讨论

现行的水泥混凝土路面结构设计方法，是以行车荷载和温度梯度综合作用产生的疲劳断裂作为设计极限状态[2]，如式（1）所示：

$$\gamma_r(\sigma_{pr} + \sigma_{tr}) \leqslant f_r \tag{1}$$

式中：γ_r 为可靠度系数；σ_{pr} 为行车荷载疲劳应力，MPa；σ_{tr} 为温度梯度疲劳应力，MPa；f_r 为水泥混凝土弯拉强度标准值，MPa。

上述设计方法针对的是普通工作环境，并未考虑冻融循环对路面混凝土的影响。冻融环境下的混凝土路面设计需要对现行设计方法进行修正。

从机理上看，冻融对混凝土的作用是一个疲劳损伤过程，其损伤的本质是混凝土多孔体系在外部温度作用下，孔溶液发生相变，导致内部产生内应力，内应力循环交变作用于混凝土固体骨架上，循环往复导致混凝土的不可逆劣化[3]，混凝土中大量微裂纹形成，并且微裂纹随应力荷载循环次数的增加而逐渐扩大，最终裂纹汇合形成宏观裂纹导致材料破坏。

在冻融过程中，混凝土内部微结构的劣化必然反映在宏观性能指标的变化上。即在

*基金项目：淮海工学院"繁荣计划"（Z2011156）。
作者简介：巩妮娜，女，1981 年生，硕士，工程师，讲师，主要从事混凝土冻融耐久性的研究。

冻融循环作用下,混凝土的力学性能指标随工作时间的增加逐渐衰减。因此,如要利用式(1)进行冻融环境下的路面混凝土设计,应该考虑强度发展这一动态过程,若要求道路在设计使用年限内正常工作,则应以冻融循环作用下,混凝土在最大使用年限时对应的残余弯拉强度 $f_r(N)$ 代替式(1)中的 f_r,即经受若干年冻融循环作用后,混凝土残余强度不低于疲劳应力之和。

2　理论分析

如果将冻融损伤看做一种疲劳损伤,且受损的混凝土仍可以看做是稳定材料。按Drucker 公式看,这种材料在有效应力空间内的破坏面应同样具有光滑、外凸的形式。可以假定:经受冻融循环作用后的混凝土材料依然具有无损混凝土材料破坏面的特点,它有弯曲的子午线,并且偏平面沿着静水压轴从近似三角形向非圆及非仿射形截面过渡。近似认为混凝土冻融损伤的性质是各向同性弹性损伤,且各项弹性性能指标依然只有两个相互独立[3]。

采用四阶各向同性张量 D 描述混凝土冻融损伤,以损伤状态的弹性模量 $\overline{E}$ 和泊松比 $\overline{\nu}$ 两个宏观参量描写弹性损伤状态,可有[3]

$$D_{ijkl} = D_1\delta_{ij}\delta_{kl} + D_2\delta_{ik}\delta_{jl} \tag{2}$$

$$D_1 = \frac{\overline{E}(\nu - \overline{\nu})}{E(1 + \overline{\nu})(1 - 2\overline{\nu})}, D_2 = 1 - \frac{\overline{E}(1 + \nu)}{E(1 + \overline{\nu})} \tag{3}$$

式中:E、ν 分别为无损伤状态的初始弹性张量和泊松比。

如果用 Cauchy 应力张量 σ 和损伤张量 D 描写有效应力张量 $\overline{\sigma}$:

$$\overline{\sigma} = \sigma(I - D)^{-1} \tag{4}$$

式中:I 为与损伤张量 D 同阶的单位张量。

可以用 Cauchy 应力第一不变量 I_1,应力偏张量第二不变量 J_2,和 α、β 描写有效应力空间的不变量[3]:

$$\overline{I}_1 = \alpha I_1, \overline{J}_2 = \beta^2 J_2 \tag{5}$$

式中:α、β 分别描述损伤对 Cauchy 应力的影响

$$\alpha = \frac{1}{1 - 3D_1 - D_2}, \beta = \frac{1}{1 - D_2}$$

不妨采用 Ottosen 提出的四参数模型描述混凝土冻融损伤后的破坏面,该模型的一般形式为[4]

$$f(I_1, J_2, \cos3\theta) = a\frac{J_2}{f_c'} + \lambda\frac{\sqrt{J_2}}{f_c'} + b\frac{I_1}{f_c'} - 1 = 0 \tag{6}$$

式中:a、b 为常数;λ 为 $\cos3\theta$ 的函数;f_c' 为混凝土在无损状态下的单轴抗压强度。

由于冻融损伤后的材料仍可看做是各向同性的材料,有

$$f(\overline{I}_1, \overline{J}_1, \cos3\overline{\theta}) = a\frac{\overline{J}_{2}}{f_c} + \lambda\frac{\sqrt{\overline{J}_2}}{f_c} + b\frac{\overline{I}_1}{f_c} - 1 = 0 \tag{7}$$

联合式(5)、式(7),可得:

$$\bar{a}\frac{J_2}{f'_c} + \bar{\lambda}\frac{\sqrt{J_2}}{f'_c} + \bar{b}\frac{I_1}{f'_c} - 1 = 0 \tag{8}$$

其中 $\bar{a} = a\beta^2$，$\bar{b} = b\alpha$，$\bar{\lambda} = \lambda\beta$。

至此确定了考虑冻融损伤的 Ottosen 四参数破坏面模型。下面讨论损伤状态的弹性模量 $\bar{E}$ 和泊松比 $\bar{\nu}$ 的确定。

冻胀破坏是内部混凝土受拉开裂破坏，动弹性模量能敏感地反映内部结构的损伤，并且其测试方法为非破损方法，因此传统方法通常采用动弹模的损失来反映混凝土的损伤程度，典型的混凝土冻融试验是直接给出动弹模和冻融循环次数之间的关系，蔡昊[5]利用电导率试验在细观上测量了冻融过程中混凝土体内结冰量的规律，并以此构造了宏观上动弹模随冻融循环次数衰减的疲劳损伤模型，如式（9）所示：

$$D = 1 - \left[(1 - D_0)^{\xi+1} - \frac{C_m(\xi+1)\sigma_{\max}^\xi}{E^\xi}N \right]^{\frac{1}{\xi+1}} \tag{9}$$

式中：D 为损伤变量，可表示动弹模的损失率；D_0 为初始损伤；E 为混凝土未受冻融损伤时的弹性模量；N 为冻融循环次数；$\sigma_{\max}$ 为最大静水压；C_m 和 ξ 为材料参数。

若忽略初始损伤，以损伤状态的弹性模量表示，则有

$$\frac{\bar{E}}{E} = \left[1 - \frac{C_m(\xi+1)\sigma_{\max}^\xi}{E^\xi}N \right]^{\frac{1}{\xi+1}} \tag{10}$$

泊松比的演化规律可用下式表示[3]：

$$\bar{\nu} = \frac{1}{2} - \frac{1-2\nu}{2}\left\{ \frac{1-aN}{1-[3(1-2\nu)]^\xi aN} \right\}^b \tag{11}$$

至此，即可根据考虑冻融损伤的 Ottosen 四参数破坏面模型确定混凝土在冻融循环 N 次后的各项强度指标。

上述分析过程都是以实验室快速冻融条件为基础的，其预测结果并不能直接用于路面混凝土所处的现场环境，ASTM C666[6] 条文中明确指出这种试验方法不能定量地衡量某种混凝土的使用期，而是用以研究考察混凝土性质的变化对其抗冻性的影响。

现有的研究[7]基于疲劳损伤等效和 miner 法则，用降温速率描写实验室冻融温度循环和现场冻融温度循环的特征，利用等效室内冻融循环次数将现场混凝土结构的大气温度变化和室内冻融试验的温度循环联系起来，如式（12）所示：

$$N_{eq} = \sum_i \kappa_i^\xi N_i \tag{12}$$

式中：$\kappa_i \approx \dfrac{\dot{T}_i}{\dot{T}} \approx \dfrac{\Delta T_i/t_1}{\Delta T/t_2}$，$N_i$ 为现场经历的疲劳次数；N_{eq} 为等效室内冻融循环次数；ΔT_i 为自然界最高温度和最低温度的差值；t_1 为两者之间的时间间隔；ΔT 为室内最高温度和最低温度的差值；t_2 为时间间隔。

确定了室内外冻融之间的关系，即可根据式（8）确定现场冻融环境作用下的强度指标，在这一过程中需要用到一系列实测数据[5,7]：通过混凝土单轴拉伸试验计算材料参数；测量平均气孔间隔系数 L 和气孔半径 r_b；通过电导率试验测量混凝土浆体内孔溶液的

结冰率;测量毛细孔隙率,无损状态的弹性模量和泊松比,降温速率;收集工程所在地区近几十年的实测气象资料,并分析日气温发生正负温度循环的现场降温速率分布特征。

上述分析框架完整,理论性强,但所需的试验过程相对复杂,用于常规的路面设计略显不便,下面试图借鉴其分析思路,建立一个更为实用和简便的设计方法。

3 实用设计方法

由上述分析可知,要想利用式(1)进行冻融环境下混凝土路面的结构设计,应先确定与项目所处地区一定年限内现场冻融次数对应的等效室内冻融循环次数。文献[8]对十三陵上池面板混凝土进行试验分析,通过现场由微机控制的温度巡回监测系统的建立,和不同部位不同高程不同混凝土试件的设置,并以同类试件的室内快冻试验和现场3年的抗冻试验,得知不同种类、不同施工条件的混凝土,按现行快速冻融试验方法,室内外的对比关系在1∶10 ~ 1∶15,大平均为1∶12,即室内一次快速冻融循环相当于自然条件下约12次冻融循环。

此外,由于不同地区气温条件差异较大,混凝土路面在自然环境中每年可经受的冻融循环次数各不相同。据统计资料分析推定,我国不同区域可能出现的年平均冻融循环次数为东北地区120次/年,华北地区84次/年,西北地区118次/年,华中地区18次/年,华东地区近于华北和华中地区,华南地区基本为无冻区[8]。这样则可根据年平均冻融循环次数,以设计使用年限为准,推算出现场环境中实际冻融循环次数,进而得到对应的等效室内冻融循环次数N_{eq},如式(13)所示:

$$N_{eq} = MY/B \qquad (13)$$

式中:M为该地区实测年平均冻融循环次数;Y为设计使用年限;B为室内外冻融循环对比系数。

根据式(13),偏保守的取室内外冻融对比系数为1∶10,可得表1所示数据(仅列出设计使用年限为20年,30年两种情况)。

表1 各区域在设计使用年限内对应的N_{eq}

设计使用年限	东北地区	西北地区	华北地区	华中地区
20年	240	236	168	36
30年	360	354	252	54

下面应预测在室内快冻法条件下,一定配比混凝土在等效室内冻融循环次数N_{eq}时所对应的强度值,这一过程可通过典型的冻融试验来实现。如西北戈壁滩地区的工程实例[9],采用聚羧酸引气减水剂提高混凝土的抗冻性,其水泥∶水∶砂∶大石∶小石 = 325∶138∶668∶532∶798,外加剂掺量为水泥质量的0.5%,根据其在实验室快冻法下的试验结果,结合表1,可知若此路面设计使用年限以20年计,对应的等效室内冻融循环次数为$N_{eq} = 236$,按式(1)进行结构设计,其中f_r应取$f_r(236)$,即$N = 236$次对应的强度4.3 MPa,这样才可保障该路面在20年使用期内安全运行。

综合上述分析总结实用的冻融环境下混凝土路面结构设计的步骤:

（1）确定工程所处地区,设计使用年限等初始条件。

（2）计算确定在此条件下满足使用要求等效的室内冻融循环次数 N_{eq}。

（3）根据所选适当配比的混凝土快冻法试验结果,取其在冻融循环 N_{eq} 时对应的抗弯拉强度为标准值进行路面设计。

4　结语

（1）现行的水泥混凝土路面结构设计方法没有直接考虑冻融循环对路面混凝土力学性能的影响,若要求冻融环境下的道路在设计使用年限内正常工作,则应考虑强度发展的这一动态过程,以混凝土在最大使用年限时对应的残余弯拉强度作为标准值进行设计。

（2）理论分析可将动弹模的变化映射到强度的变化,并建立室内外冻融循环之间的关系,但过程较复杂。

（3）提出一种实用简便的路面设计方法,以统计结果为基础,推算与现场条件下路面混凝土所受冻融损伤等效的室内冻融循环次数 N_{eq},通过试验结果预测混凝土在 N_{eq} 时对应的强度,以此作为标准值进行路面结构设计。

参考文献

[1] 敦晓,等. 机场道面混凝土冻融破坏评价指标[J]. 交通运输工程学报,2010,10(1):13-18.

[2] JTG D40—2002　公路水泥混凝土路面设计规范[S].

[3] 唐光普,刘西拉,施士升. 冻融条件下混凝土破坏面演化模型研究[J]. 岩石力学与工程学报,2006,25(12):2572-2578.

[4] 陈惠发,A. F. 萨里普著. 混凝土和土的本构方程[M]. 余天庆,等译. 北京:中国建筑工业出版社,2004.

[5] 蔡昊. 混凝土抗冻耐久性预测模型[D]. 北京:清华大学,1998.

[6] American Society for Testing and Materials. ASTM C666 – 97. Standard Test Method for Resistance of Concrete to Rapid Freezing and Thawing,1997.

[7] 刘西拉,唐光普. 现场环境下混凝土冻融耐久性预测方法研究[J]. 岩石力学和工程学报,2007,26(12):2412-2419.

[8] 李金玉,等. 混凝土抗冻性的定量化设计[C]. 北京:第五届全国混凝土耐久性学术交流会论文集,2000:28-38.

[9] 李文蓄,吴永根,邸利军. 寒冷地区机场道面混凝土的冻融试验研究[J]. 路基工程,2011(2):1 23-125.

南水北调中线高地下水位地区膨胀土
挖方渠段排水措施优化研究[*]

崔皓东[1]　吴德绪[2]　张家发[1]　张　伟[1]

(1.长江科学院国家大坝安全工程技术研究中心　武汉　430010;
2.长江勘测规划设计研究院　武汉　430010)

摘要:南水北调中线工程中渗流调控是保障渠坡及衬砌板稳定性的关键。为全面分析高地下水地区膨胀土挖方渠段渗流调控措施合理性及优化的效果,针对典型渠段建立渗流模型,通过三维有限元数值模拟,研究渠道渗流场分布规律,比较不同措施的调控效果。结果表明,排水垫层结合逆止阀,排水板结合逆止阀,排水板结合衬砌板透水缝等三种排水措施都能有效降低渠底衬砌板下扬压力。比较了三种措施的差别,讨论了应用条件,提出了相应的建议。

关键词:南水北调中线　挖方渠段　排水垫层　压力水头　渗流调控　数值模拟

南水北调中线工程是缓解京、津、华北地区资源性缺水的特大型跨流域调水工程,主要为城市供水,兼顾农业和生态,一期工程年调水量约95亿 m^3。总干渠工程将在复杂水文气候和地下水条件下运行,渠道水位也将随着输水调度而变动,而且要经历检修工况,有效的渗流调控是保障工程安全及其有效运行的关键。在高地下水位地区的挖方渠段,渗流调控的目标包括渠坡和衬砌板稳定性。挖方段初步设计中,在渠道衬砌层下面设置土工膜及排水砂垫层结合渠底逆止阀,有的辅以渠坡排水孔进行渗流调控,针对膨胀土段采用换土层来置换沿渠坡膨胀土。该思路在大多数条件下都是适用和有效的[2-3],但在挖方渠段坡面上铺设垫层时,存在垫层材料造价较高、垫层厚度难以严格控制、施工进度慢等诸多不利因素。

鉴于此,在系列研究基础上[1-2],本文针对高地下水膨胀土挖方渠段地层特点,选取南水北调中线总干渠河南省淅川县某典型渠段建立三维渗流模型,采用渠坡人字形和渠底井字形排水板代替砂垫层,或者进一步取消土工膜和逆止阀而直接采用透水缝衬砌板,利用渗流精细求解技术[3-4]对渗流场深入分析,对排水结构型式做进一步优化研究,在满足工程安全前提下,进一步提高渗流调控措施的经济适用性。

1　三维有限元求解基本方法简介

在深挖方渠道渗流计算中,要涉及渗流自由面、排水孔的精细求解等方法,简述如下。

---

[*]**基金项目:**国家"十二五"支撑计划课题(No. 2011BAB10B04);国家大坝安全技术研究中心研发课题(No. 2011NDS003);中央级公益性科研院所基本科研业务费(No. CKSF2010017);长江科学院博士启动基金(No. CKSQ2010083)。

作者简介:崔皓东,男,1976年生,博士,工程师,主要从事水工及岩土工程渗流研究。

1.1 基于固定网格的渗流自由面求解

渗流自由面精确高效求解是渗流场模拟的关键,文献[3]提出了基于固定网格的结点虚流量法,为求解无压渗流问题开辟了新途径,该方法在求解精度和收敛性方面优势明显,能满足地下工程复杂渗流场的求解要求[5],下面简述其原理。

在无压渗流场计算时,渗流自由面和逸出点的位置通常是未知的,需要通过迭代才能求出。根据文献[3],自由面将整个计算域 Ω(分为实域 Ω_1 和虚域 Ω_2),结点虚流量法对应的有限元方程中求解未知量是节点水头,有限元迭代计算格式如下[3]:

$$[K]\{h\} = \{Q\} - \{Q_2\} + \{\Delta Q\}$$
$$\{\Delta Q\} = [K_2]\{h\} \tag{1}$$

式中:$[K]$、$\{h\}$ 和 $\{Q\}$ 分别为计算域 $\Omega = \Omega_1 \cup \Omega_2$ 的总传导矩阵、结点水头列阵和结点等效流量列阵;$\{Q_2\}$ 为渗流虚域的结点等效流量列阵;其中 $\{\Delta Q\}$ 即为虚域对计算域 Ω 中所有未知结点水头贡献流量列阵,其物理意义相当于用 $\{\Delta Q\}$ 扣除渗流方程左边项中各结点上相应的虚域流量贡献。

1.2 逆止阀的模拟方法

本渠段排水孔沿渠坡纵向密集分布并且渠底布置有大量逆止阀,都需要理论和算法上均严密的排水孔模拟技术来求解其对渗流场的影响;另外,各方案中随着边界条件的不同,排水孔是否失效也需要在算法上给予正确处理。排水孔实质上也是计算域的边界,因此从精细模拟的角度,等效算法在理论上是不够严密的。文献[6]根据实际功能将排水孔分为两类,即逸流型和溢流型。为甄别排水孔在计算域中是否失效,文献[5]中改进了排水孔的剖分模式,实现排水孔的直接精细模拟,针对溢流型排水孔,根据"等效节点流量法"[8]在每个孔顶口处虚构一个数学开关器 K,其数学表述如下:

$$Q(x_i) = -\sum_e \sum_{i=l}^{NPE} k_{jl}^e (h_l^{it})^e \tag{2}$$

式中各符号意义、排水孔的具体求解及验证见文献[4]。本文在渠道检修期渗流计算中,渠坡逆止阀的处理即采用了该方法。

2 高地下水膨胀土渠段渗流调控效果分析

南水北调中线总干渠河南淅川某典型挖方渠段属高地下水位膨胀土渠段,初设阶段普遍采用衬砌板结合土工膜防渗,渠底布置逆止阀排水的渗流调控措施,典型断面见图1。本文将初设措施、排水板代替排水砂垫层(优化措施1),以及取消复合土工膜和逆止阀,并采用透水缝衬砌板结合排水板(优化措施2)作为对比研究措施。计算参数见表1。

2.1 研究方案与模型

2.1.1 对比研究方案

初步设计的调控措施中,采用混凝土衬砌板下的土工膜防渗,防渗层下砂砾石垫层厚度为 25 cm,渠底均匀布置平行于渠轴线的 3 列逆止阀,逆止阀间距 10 m,沿渠道中心和坡脚纵向布置,砂砾石垫层下设置换土垫层(一级马道以下厚 150 cm,一级马道以上厚

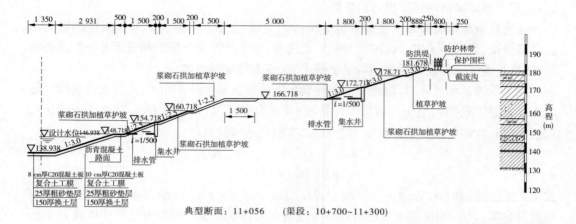

典型断面：11+056   （渠段：10+700~11+300）

图1　典型渠段剖面示意

表1　淅川典型渠段(11+056)渗透系数

编号	地层	渗透系数(cm/s)
1	粉质黏土(0~3 m)	1.0×10^{-4}
2	粉质黏土(3~7 m)	5.0×10^{-5}
3	粉质黏土(7 m 以下)	5.0×10^{-6}
4	粉质黏土	1.2×10^{-6}
5	黏土	8.0×10^{-7}
6	砂垫层	1.0×10^{-3}
7	回填土	1.0×10^{-5}
8	混凝土衬砌板	1.0×10^{-11}
9	排水板/透水缝	1.0×10^{-1}

100 cm)，在 154.718 m 和 172.718 m 高程处分别设置底部排水的渠坡排水井，井内径 1.5 m，二级马道上井间距 10 m(本文简称底排排水井)，最上面一级马道集水井间距为 20 m。

优化措施1采用渠底井字形及渠坡人字形排水板代替砂垫层(见图2(a))；优化措施 2 取消土工膜和逆止阀，衬砌板透水缝下设置排水板，透水缝间距 4 m×4 m（模拟缝宽 20 cm，见图2(b)）。共设定 8 个计算方案，详见表 2，其中包括运行期和检修期，以及排水板渗透性的对比方案。

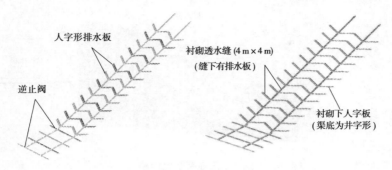

图2 人字形排水板和透水缝模型

表2 计算方案

序号	方案说明	备注
F1	渠道水位 146.938 m;逆止阀间距 10 m;排水垫层渗透系数 1.0×10^{-3} cm/s、厚 25 cm,渠坡设排水井,其余参数见表1	初设措施运行期
F2	渠道水位取渠底板高程 138.938 m,其余同 F1	初设措施检修期
F3	渠底井字形及渠坡人字形排水板间距 4 m 且渗透系数为 1.0×10^{-1} cm/s;其余同 F1	优化措施1、运行期
F4	渠道水位取渠底板高程 138.938 m,其余同 F3	优化措施1、检修期
F5	排水板渗透系数取 1.0×10^{-2} cm/s,其余同 F4	优化措施1、检修期
F6	取消土工膜和逆止阀,衬砌透水缝间距 4 m × 4 m 且缝下设置排水板,取缝渗透系数为 1.0×10^{-1} cm/s;其余同 F1	优化措施2、运行期
F7	渠道水位取渠底板高程 138.938 m,其余同 F6	优化措施2、检修期
F8	透水缝渗透系数取 1.0×10^{-2} cm/s,其余同 F7	优化措施2、检修期

2.1.2 模型

计算区域取渠道中心线一侧建模,模型上游边界范围的合理确定受地层渗透影响较大,参考文献[8]成果,上游边界与坡顶的距离取 600 m,上游水位取地表高程 181.6 m,下游设计水位 146.938 m,检修期下游水位取 138.938 m;模型底部隔水边界至 90 m 高程。

模型前后对称面及底部均取为隔水边界,开挖渠坡为可能出渗面边界;逆止阀和渠坡排水孔按文献[4]处理。采用6面体8节点等参单元,局部区域采用5面体6节点等参单元过渡,以前者为主。逆止阀按排水孔实际剖分,方案 F1 模型总体结点数为 77 126,单元数为 70 817,其他方案稍有差别。F1 方案网格见图 3。

2.2 计算成果分析及比较

本文主要通过运行及检修期不同工况条件下渗流场分布及渠底衬砌板下最大压力水头值来分析渗流调控效果。文中水头等值线图对应于相邻逆止阀之间的对称剖面;渠底最大压力水头为衬砌板下通过搜索获取的最大值,压力水头差为统计点压力水头与渠水深的差值。

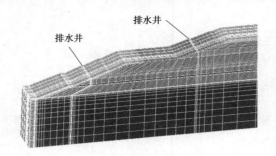

图3 三维有限元网格

2.2.1 初设措施调控效果

从结果图4、图5可知,初设措施条件下水头等值线疏密有致,基本正确反映了各方案边界条件及调控措施的效果。

方案F1对应于初设措施运行工况,由图4可知在运行期底排排水井对渗流场分布稍有影响,自由面靠近一级平台坡脚,渠底衬砌板附近水头等值线也较稀疏,渠底衬砌板下压力水头较低,渠底板最大压力水头差为0.10 m(见表3),有利于衬砌板的稳定。从图5可知,检修期方案F2出逸点在渠坡脚处,渠坡两排井均在自由面以下,渠底最大压力水头差有所增加,最大压力水头差为0.15 m,能满足衬砌板稳定的要求;综上可知,初设设计的调控措施对于该断面是合理的。

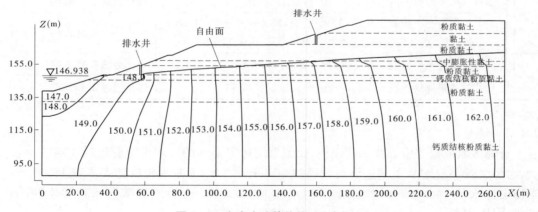

图4 F1方案水头等值线 (单位:m)

2.2.2 优化措施1调控效果

排水板代替砂垫层作为第一种优化措施,采用人字形排水板代替初设措施中的砂垫层时,运行期(方案F3)渠底水头等势线值较稀疏(见图6),底排排水井对渗流场有一定影响,渠底板最大压力水头差为0.05 m,上层排水井同样处于不排水状态。方案F4和F5同为检修期,只是排水板渗透系数相差10倍,两者水头等值线分布规律较为类似,渠坡排水井均处于自由面以上(见图7、图8)。渠底最大压力水头差在方案F4中为0.12 m,方案F5中为0.16 m,衬砌板基本稳定。可见,人字形排水板代替砂垫层的措施也是有效的,而且相对更经济和易于施工。

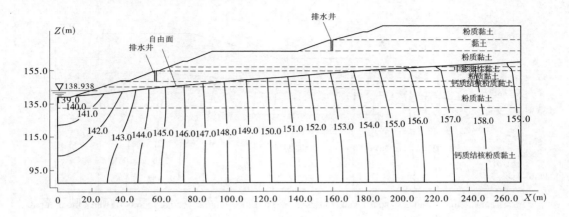

图5 方案 F2 水头等值线 （单位:m）

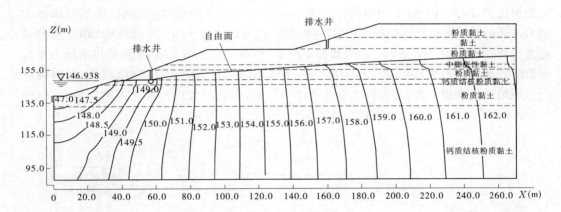

图6 F3 方案水头等值线 （单位:m）

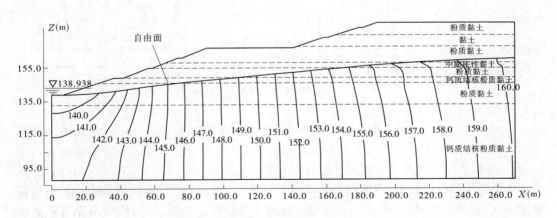

图7 F4 方案水头等值线 （单位:m）

2.2.3 优化措施2调控效果

作为第二种优化措施,取消初设措施中的土工膜和逆止阀,衬砌板分缝为透水缝,缝

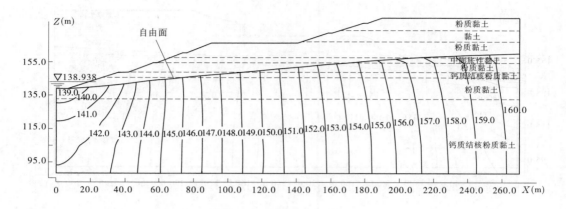

图 8　F5 方案水头等值线　（单位:m）

下设置排水板,对透水缝采用渗透系数为 1.0×10^{-1} cm/s 的材料进行模拟。运行期(方案 F6)渠底水头等值线比较稀疏(见图 9),相应该部位有较小的压力水头差,最大压力水头差为 0.04 m。图 10、图 11 表明,检修工况下,方案 F7 和 F8 水头等值线分布规律较为类似。方案 F7 中,渠底板最大压力水头差为 0.10 m,可见透水衬砌更有利于衬砌板稳定。但与优化措施 1 类似,当排水板渗透性降低时,渠底最大压力水头差增加稍大,达到 0.2 m(方案 F8),可能对衬砌板稳定不利。

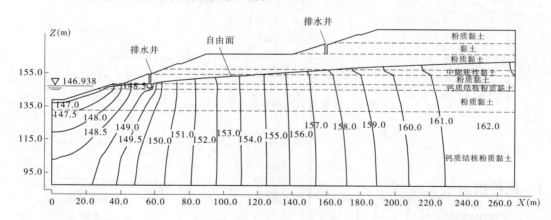

图 9　F6 方案水头等值线　（单位:m）

2.2.4　膨胀土挖方渠段渠坡排水井的作用分析

　　从前述分析可以看出,本渠段渠坡排水井对渗流场的影响有限,在检修期甚至没有影响,但本挖方渠段挖深达 40 m,且处于透水性较小的膨胀土区域,稳定性极易受地下水影响[9]。在工程长期运行过程中该区域地下水变化时,势必影响边坡区域的渗流场分布进而影响渠坡的稳定性;鉴于此,尽管当前计算表明渠坡排水井作用不明显,但其取舍应综合考虑降雨入渗和坡体局部饱和带的影响。

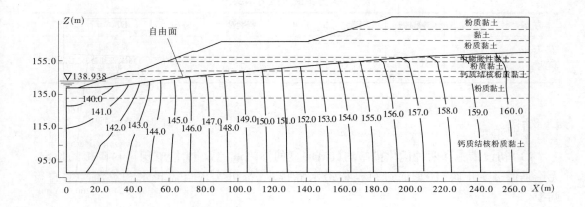

图10 F7方案水头等值线 （单位:m）

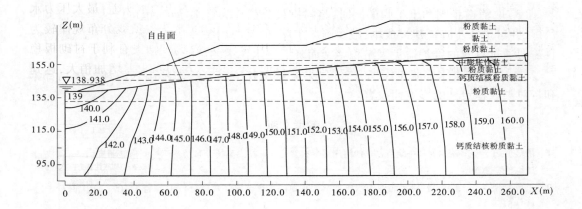

图11 F8方案水头等值线 （单位:m）

3 调控措施效果比较

前节研究成果表明,检修期是渠底衬砌板稳定的控制工况,初步设计措施条件下,其最大压力水头差为 0.15 m(见表3);当排水板渗透系数为 1.0×10^{-1} cm/s 时,其水头差在优化措施 1 条件下降低至 0.11 m,在优化措施 2 条件下降低至 0.1。由此可见,人字形排水板可以起到很好的排水作用,其最大的优势是成本低、施工方便。优化措施 2 中取消了逆止阀和土工膜,可以进一步降低建设成本,减少施工工序,但其前提条件是地下水位高于渠道水位,否则将会产生渗漏。衬砌板透水缝存在因淤积堵塞而降低排水作用的可能性,这与逆止阀长期有效性问题相类似,有赖于通过加强工程维护去解决。

表3　各方案最大压力水头差

方案	F1	F2	F3	F4	F5	F6	F7	F8
最大压力水头差(m)	0.10	0.15	0.05	0.11	0.16	0.04	0.1	0.20

4　结语

（1）初设措施和两种优化措施均具有明显的渗流调控效果，能够保证衬砌板的稳定。无论是通过逆止阀，还是通过衬砌板透水缝排水，都可实现自流排水和渗流场的自行调控。

（2）人字形排水板替代排水垫层后，不仅可以降低成本，方便施工，降低质量控制难度，而且可以提高渗流调控效果。但是排水板材料的渗透性是必须严格控制的质量指标，并且在长期运行中避免淤堵。

（3）取消逆止阀和土工膜的同时，将衬砌板分缝作为排水途径，也可以达到渗流调控目标，并可进一步降低建设成本，减少施工工序，但其应用条件是地下水位高于渠道水位，且需要通过有效的维护避免因淤积堵塞而降低排水作用的可能性。

（4）在高地下水膨胀土深挖方渠段，渠坡排水井应综合考虑降雨入渗和坡体局部饱和带对渠坡稳定性的影响而设置。

参考文献

[1] 崔皓东,王金龙. 南水北调中线陶岔—沙河南部分典型挖方渠段渗流场分布及渗流控制措施研究[R]. 武汉:长江科学院,2010.

[2] 崔皓东,张家发,张伟,等.南水北调中线典型承压水地层渠段渗流场数值分析[J].岩土力学,2010,31(增2): 447-451.

[3] 速宝玉,朱岳明. 不变网格确定渗流自由面的节点虚流量法[J]. 河海大学学报,1991,19(5):113-117.

[4] 崔皓东,朱岳明,吴世勇. 有自由面渗流分析中密集排水孔幕数值模拟[J]. 岩土工程学报,2008,30(3):440-445.

[5] 崔皓东,朱岳明,张家发,等. 深埋洞室群围岩渗流场分析及渗控效果初步评价[J]. 长江科学院院报,2009,26 (10):71-75.

[6] 朱岳明,陈建余,龚道勇,等. 拱坝坝基渗流场的有限单元法精细求解[J]. 岩土工程学报,2003,25(3):326-330.

[7] 朱岳明. Darcy渗流量计算的等效结点流量法[J]. 河海大学学报,1997,25(4):105-108.

[8] 朱国胜,张伟. 南水北调中线一期工程陶岔—沙河南段总干渠典型断面渗流数值计算分析报告[R]. 武汉:长江科学院,2006.

[9] 程展林,李青云,郭熙灵,等. 膨胀土边坡稳定性研究[J].长江科学院,2011,28(10):102-111.

软土地区公路工程地质勘察体系研究

尹利华　张留俊　张　微

（中交第一公路勘察设计研究院有限公司　西安　710068）

摘要: 针对软土地区公路工程地质勘察的特殊性,开展综合勘察技术在软土地区公路工程地质勘察中的应用研究,建立适宜软土地区的公路工程地质勘察体系。结果表明,软土地区公路工程地质勘察应采取综合勘察技术,在地质调绘、钻探和室内试验的基础上,适宜加大原位测试、地球物理勘探的工作力度,达到有效节约成本,提高勘探精度,缩短勘察周期的目的。同时在勘察中,应注意勘察、试验之间存在的内在联系,合理选择勘察方法控制成本,除对各种勘察方法和手段进行创新改进外,对勘察的各个阶段和工序进行有效的整合和优化也是提高勘察质量,减小勘察成本的有效途径。

关键词: 公路工程　软土地区　地质勘察

软土地区公路工程地质勘察技术和方法,同其他地质勘察方法一样,包括地质调查与测绘、钻探、物探、原位测试、土工试验等[1]。然而,由于软土的特殊性(含水量高、孔隙比大、渗透性小、压缩性高、抗剪强度低、触变性等),各种勘察方法的应用与其他地质又不同。在研究综合勘察技术在软土地区公路工程地质勘察中的应用的基础上,建立适宜软土地区的公路工程地质勘察体系。

1 软土地区公路工程地质勘察技术

1.1 钻探技术

钻探是软土地区公路工程地质勘察的主要手段。为了获得可靠的地勘资料,在钻探过程中减小对土样的扰动和取得完整的芯样是至关重要的,这是确保钻探质量的技术关键[2]。此外,需选择有效措施,克服软土地区地表积水、河流泛滥、交通不便等困难。

1.1.1 钻探工具

软土发育地区地表多为沼泽、水网密集的农田,交通运输条件差,不利于大型机具进出,所以性能可靠、结构简单、分解性强的设备更适合于软土发育地区钻探。

1.1.2 取样工具

在软土发育地段进行工程勘察,采取原状土样必须使用薄壁取土器,直径不宜小于108 mm。软土取样一般选择取样扰动小、质量高的固定活塞薄壁取土器,壁厚为 1.25 ~ 2.0 mm。软土层中经常含粉土或砂土夹层,因此钻探工作中应特别注意砂层的鉴别处理。一般情况下,对于较纯的砂层采用标准贯入试验测试其密实度,然后取扰动样进行颗粒分析试验。如果砂层中含有其他成分如淤泥,必须取得原状土样进行各种室内试验才

作者简介: 尹利华,男,1980年生,博士,工程师,主要从事公路不良地基处理设计研究等工作。

能满足设计需要,可利用内环刀式取砂器取得原状土样[3]。

1.1.3 钻探方法

软土地区钻孔宜采用干法钻进,对于多年处于地下水位以下的饱和黏土,可以采用泥浆护壁钻进的方法。事实上,软土发育地区的地下水位均较高,软土地层基本处于地下水位以下且为饱和状态,对于淤泥或淤泥质黏土,因其渗透性差,泥浆对其含水量的影响并不明显,因此现在勘察设计单位对于软土地层基本采用泥浆钻进方法[4]。而对于具有粉土夹层的软黏土,最好采用干法钻进。

1.1.4 取样方法

在软土地区钻探取样时,为了保证土样不受扰动,在接近取土深度时,钻工操作应该避免钻具下压或冲击孔底,并且取样前应采用无水钻进进行清孔,清孔后应尽快取样。取样方法根据具体地层采用“重锤一击法”、“重锤少击法”、“快速压入法”等进行。

1.1.5 钻探新技术

1)空气钻进

软土地区公路工程地质钻探和取样中,采用传统的物质循环方法对土体样品的含水量有较大的改变,使得取样得到的样品不能如实地代表软土的天然状况。空气钻进技术是指钻进中以压缩空气或含有压缩空气的气液混合物作冲洗介质,或用压缩空气既作破岩机具的动力,又兼作冲洗介质的一种新的钻进技术。该钻进方式可以获得高效钻进的技术效果,可以取得连续的、无污染的钻屑岩、矿样,可以准确地确定岩石分层层位,可以根据地质的要求采取需要的岩芯。对于软土地区的公路工程地质钻探,空气钻进可在以下情况下推荐使用:

(1)对重要的控制性钻孔,可以采用空气钻进。

(2)对于缺乏研究资料的地区和典型路段,可以适当地用空气钻进的方法以获得较为准确的岩土体的物理力学性质指标,其他的钻孔可以与之进行对比,进行修正。

2)微机控制的自动化钻机

由于钻掘技术的机械化程度较低,工人的劳动强度大,在恶劣的自然环境条件下很难保证钻进速度和质量。另外,软土地区公路工程地质勘察工程量大、周期长。引入自动化高的勘察钻掘技术不仅可以提高勘察质量,也可以加速勘察的周期。

瑞典的SIMBA269 - 02型钻机,加拿大的CMS - CD - 90型钻机以及日本的CBP - NK - 10A型钻机等,将电子计算机技术与液压技术相结合,具有自动化控制功能。自动化钻机,不仅指钻机具有自动拧卸和排放钻杆的功能,在钻进过程中钻机自身能按要求调节钻进参数,以达到最佳的钻进效果。自动化钻机可提高钻进效率,提高钻孔的精确度(指钻孔方向、垂直度和深度等)。由于自动化钻机可保持稳定的钻压,因此可减少钻头磨损,提高钻头使用寿命。

1.2 原位测试技术

原位测试技术较好地保持了土的天然状态和应力状态,测定结果的代表性好,能起到与室内土工试验相互补充的作用[5]。在选择原位测试方法时,应根据岩土条件、测试方法的适用性、设计对参数的要求以及该地区对此方法的使用经验等情况加以确定。在软土地区公路工程地质勘察中以静力触探、十字板剪切试验最为常用。

静力触探试验通过贯入阻力与土的工程地质特征之间的定性关系和统计相关关系，来实现力学分层，估算土的强度、地基承载力、沉桩阻力等[6]。近年来，孔压静力触探试验（CPTU）在高速公路变形指标勘察中得到了广泛应用，并取得了良好的效果。该试验根据孔压消散能较好确定原位土的固结系数，为软土的变形沉降评价提供原位测试指标。测试时，静力触探孔的深度应达到软土分布下的底层。在划分地质层次时，静力触探孔可作为参数孔和技术孔来使用。作为参数孔，主要用来起对照与印证其物理、力学与土名、土层厚度等指标是否符合实际的作用，应设置于钻探孔点附近 5 m 以内；作为技术孔点（指已经过与钻孔印证过的孔点），应设置于钻孔之间和路线横断面线上。触探孔间距以能配合钻孔划清纵向与横向地质断面及地层分界范围为宜，纵向间距控制距离见表 1。

表 1　静力触探孔控制间距

环境类别	公路等级	初勘触探点间距（m）	详勘触探点间距（m）
简单场地	二级及二级以上	250～300	200～300
	二级以下	500	300～500
复杂场地	二级及二级以上	200～300	100～200
	二级以下	300	200～300

注：1.简单场地每千米须增设一个静力触探参数孔点，复杂场地每千米须增设两个静力触探参数孔点，每段不得少于一个静力触探参数孔点。

2.设计填土高度大于极限高度的路段或桥头路段采用低限。

对于天然含水量大于液限或在自重应力下不能保持原有结构形状的软黏土，以及为检验用室内抗剪强度试验指标计算稳定性的结果时，需进行十字板剪切现场试验。根据十字板剪切试验资料，可计算各试验点的不排水抗剪峰值强度、残余强度、重塑土强度和灵敏度，确定地基承载力、单桩承载力，计算边坡稳定，判定软黏性土的固结历史并根据土层条件和地区经验，对十字板不排水抗剪强度进行修正。其设置间距应满足每一具有代表性的地质路段的各软土地层内，均有两组以上的有效的现场剪切指标。

2　软土地区公路工程勘察新技术研究

2.1　探地雷达在软土地基勘探中的应用

在软土地区公路工程地质勘测中，考虑到勘测的目的是主要需要了解软土沿公路路线的纵向分布，在雷达剖面布设过程中，主剖面应沿公路的走向布设。同时，考虑到公路工程（特别是改扩建工程）横向软土分布范围的不均匀性，以及探地雷达资料的相互印证、校核、修正，在每一典型区域应布设若干横剖面。一般横剖面的起始、终结端点应布设到公路两侧天然场地中，横切、垂直公路走向布设。对部分疑难地段可进行加密勘测，或在天然场地添加辅助剖面。软土地区公路工程地质勘测中，探地雷达天线类型一般选择100 MHz 接地耦合天线和低频组合天线（80 MHz、50 MHz、25 MHz 等），能满足勘测深度和精度要求。

由于软土的含水量较高，其介电常数与其他地基土有较大的差异，造成反射波在相位特征、振幅大小、形态特征都与其他地基土有一定的不同,不同地层位或局部异常体与其周围介质间的反射波组必有差异,可以作为判别地层中存在含水量不均匀体的依据[7]。湿黏土的介电常数一般大于 20。因此,在地基中软土富集处会产生异常的的反射波图像,而且其反射强度随含水量的不同有所变化,这就为我们识别软土地基提供了理论基础。在资料处理中,通过对雷达波形、雷达波形图、雷达影像图的综合分析,并结合钻探资料与多年的工作经验积累,即可对软土地基分布范围、分布规律及均匀性等进行识别和划分。

图 1 为一软土层探地雷达检测典型剖面图。从图中可以看出,由于地基中软土层是富水区,水具有很高的介电常数,从而使富水区与非富水区存在着明显的介电特性差异。判断其边界的定性方法为:在探地雷达检测剖面图像上表现为低值长波或云斑状的色谱异常特征,具有低频大幅度的特征,其边界两侧正常层面同相轴中断。

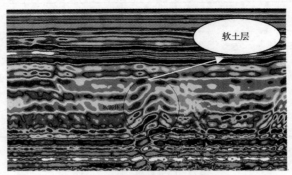

图 1   地基软土层探地雷达检测典型剖面图

在软土地区公路工程地质勘测中,根据探地雷达初步判断软土的分布情况可以科学布孔;通过钻孔资料对探地雷达资料的标定,可以较精确把握软土空间分布变化特征。同时,采用探地雷达还可以对软土地基的处理效果进行检测,比如对复合地基桩基工程桩体形态、桩长度、缺陷等质量问题进行的定性和定量分析。

2.2 综合工程物探的应用

根据软土地区公路工程地质勘察的物性特点,认为选用地震折射法、瞬态瑞利面波法、地质雷达法等方法的合理组合应用,在勘察软土分布区域、分布范围及分布规律是较为理想的。目前常用于地质勘察的物探方法见表 2。

软土地区公路工程地质勘察可采用的物探方法是多样的,应用时,要根据勘探任务的不同,选用不同的勘探方法,最好选用不同方法的组合进行综合物探,以最佳组合达到最大的勘测精度和准确性。在解决软土总体分布情况的工程问题时,在物探方法组合中,首先选用探地雷达,其次可选用电法、地震勘测方法加以补充。在解决软土厚度的变化的工程问题时,有两种物探方法组合:①在软土分布深度一般区,主要选用探地雷达,其次可选用电法、地震勘测方法加以补充;②在深厚软土分布区,主要选用电法、地震勘测方法。在解决软土与公路工程相互作用工程问题时主要选用探地雷达,其次可选用电法、地震勘测方法加以补充。在解决软土沿深度方向的变化特征(包括含水量、密度等)的工程问题时,主要选用井中物探方法。

表 2　用于地质勘察的物探方法一览表

方法类别	使用方法	利用地质体的物理性质	使用情况
直流电法	常规的电测探	电性特征	较常使用,精度较高
	高密度电法		经常使用,精度较高
电磁方法	地质雷达(高频)	电磁特征	经常使用,精度较高,但勘探深度有限
	大地电磁法(低频),包括瞬变电磁法和可控源法		使用不多,精度一般
地震勘探方法	地震折射法	弹性特征	经常使用,精度尚可
	地震反射法		使用较多,精度较高
	瞬态瑞利面波法		经常使用,精度较高
井中物探方法	中子、电法、温度、声波、密度等测井方法	井壁周围的物性特征	较多使用,精度很高
重力勘探方法	微重力勘探	密度特征	较少使用,精度有限

3　软土地区公路工程地质勘察体系的建立

　　软土地区公路工程地质勘察必须采用综合勘察手段,即地面调查测绘、物探、钻探、原位测试和室内试验相结合,以获取软土的物理性质、力学性质、水理性质和化学性质[8]。在勘察过程中,应综合运用多种勘察技术,根据不同的条件选用相应的勘察技术,有效地提高勘察效率,降低勘察成本;同时对各种勘察技术的成果进行综合,以得到更准确的勘察结果。

3.1　各种勘察技术组合的必要性和优点

　　各种勘察技术组合相对于单种勘察技术有以下的优点:①在不同的条件下选用相应的勘察技术,有效地提高勘察效率,降低勘察成本;②各种勘察技术之间可以进行横向的比较,为勘察方法的选取提供参考;③对各种勘察技术的成果进行综合,得到更准确的勘察结果。

　　下面以工程地质钻探与遥感技术的组合为例分析其优势。由于遥感技术具有成本低、周期小,有很强的总体控制性的特点,十分适合于软土地区的工程(尤其是线形工程,如公路、铁路、管道)勘察。然而,遥感技术有着自己的缺点,遥感的成果往往与实际的情况有所偏差,因此需要对它进行一定的校正,以保证成果的精度。与遥感技术不同,工程地质钻探有着直接、准确的特点,然而工程地质钻探的成本高、周期强,可以布置的勘探点十分有限。工程地质钻探与遥感技术的结合有着十分现实的意义:①遥感技术为工程地质钻探的勘探点的布置提供了依据,可以更科学地进行勘探点的布置;②通过工程地质钻探的对比和控制,可以有效地提高遥感解释的精度;③两者结合,在确保精度的同时,可以有效提高工程进度,减小勘察成本;④将遥感的成果在实际的工程地质钻探中检验、丰富、充实遥感的实际应用经验。

3.2　综合勘察技术的应用

采用综合勘察手段,其中工程地质调查是分析地质构造发育特征与地形地貌、地层岩性、沉积环境、沉积年代、水文地质条件的基础;物探手段能初步判断软土分布范围,但精度不高,不能单以物探成果直接作为工程设计的依据;钻探工作应在地质调查和物探指导下有目的的进行,进一步探明软土分布范围、分布规律及均匀性等。综合应用多种勘察手段,能避免软土地区勘察片面性、局限性,提高地质成果资料的精度[9]。

3.2.1　注意勘察、试验之间存在密切的内在联系

在现场勘察过程中,取样质量和对土样的管理,直接影响试验数据的置信度。取样的代表性,反映该处地基土的特性;土体结构扰动,直接影响土的强度;封装不严密,将使土样水分散失,含水量减小。

3.2.2　合理选择勘察的方法控制成本

在软土地区公路工程地质勘察中,对于在一定范围内的岩土体的物理力学性质相对较为均一的软土地质单元,应当适当增加如地球物理勘探等成本相对较低的勘探方法,在特定的条件下控制工程地质钻探。但是对于特殊的、控制性的区域和地段则不宜进行钻探工作量的削减。对于新建公路工程的地质勘察,应适当加大遥感及遥感解释,地球物理勘探的工作力度,达到有效节约成本、提高勘探精度、缩短勘察周期的目的。对于改建公路工程的地质勘察,应适当加强现场观测、现场原位试验的工作力度,并且适当地增加勘探点的布置量,结合已有资料,掌握地基路基的变形情况与规律。

3.3　勘察技术的一体化

目前,在软土地区公路工程地质勘察中,工程地质测绘,钻探、物探和土工试验间的联系不够密切。工程地质测绘人员提供的资料没有很好地得到勘探人员的使用,现场勘探人员按照岩土工程勘察规范进行勘察取样,将取出的土样送到实验室。试验人员按照试验规程进行,不考虑工程的重要性、特殊性,所遇到的土工是否具有特殊性,或是否要求进行特种试验,试验重点如何等,只是凭任务单进行试验。这种看上去分工明确、各负其责、互不超越的关系,造成了勘察中整体性的缺乏,使测绘、现场勘察、土工试验互相脱节,常出现勘察中取样无代表性,而重新勘察、补孔取样和试验的现象,从而导致工程中人力、物力和财力的浪费。

要改变软土地区公路工程地质勘察中的这种情况,需要在勘察中改变现有的组织结构。将以职能为单位的管理结构向以任务为中心的管理组织结构转换,减小项目组织中的等级,建立平行等级为主的模式。勘察中,钻探是工程地质勘察的主要手段,是获得地质资料的主要渠道。原位测试是勘察的辅助手段,原位测试资料可用于对钻孔资料的补充,判断和分析层位及界限的变化;对于局部的重点地段,原位测试资料可补充原状土样间断部位的资料空白。室内试验是通过对现场采取的原状样测试,获得设计计算参数,为使结果能更好地代表天然土层的性状,减小对土样的扰动是至关重要的。原位测试资料和钻探、土工试验资料的对比可以相互印证,提高勘察资料的精确度[10]。

软土地区公路工程地质勘察中,运用新技术的效率优势和成本优势是很明显的,改进后的新技术的应用是将来软土地区公路工程地质勘察的必然选择。除对各种勘察方法和

手段进行创新改进外,对勘察的各个阶段和工序进行有效的整合和优化是提高勘察质量、减小勘察成本的有效的途径。因此,勘察技术的一体化必将成为将来的软土地区公路工程地质勘察的重要运作方式。

4 结语

（1）软土地区公路工程地质勘察应采取综合勘察技术。对于新建公路工程,在地质调绘、钻探和室内试验的基础上,应适当加大原位测试地球物理勘探的工作力度,达到有效节约成本、提高勘探精度、缩短勘察周期的目的;对于改扩建公路工程,还应加强现场观测和物探的工作力度,并且适当地增加横向勘探点的布置量,结合已有资料,掌握地基路基的变形情况与规律。

（2）勘察技术的一体化是软土地区公路工程地质勘察的重要运作方式。在勘察中,应注意勘察、试验之间存在的内在联系,合理选择勘察方法控制成本。除对各种勘察方法和手段进行创新改进外,对勘察的各个阶段和工序进行有效的整合和优化也是提高勘察质量、减小勘察成本的有效途径。

参考文献

[1] 中华人民共和国国家标准编写组. GB 50021—2001 岩土工程勘察规范[S]. 北京:中国建筑工业出版社,2001.
[2] 工程地质手册编写委员会. 工程地质手册[M]. 北京:中国建筑工业出版社,1996.
[3] 何忠明,彭振斌,卢宗柳,等. 高速公路软土地基勘察技术初探[J]. 矿产与地质,2005(4):458-460.
[4] 河海大学. 交通土建软土地基工程手册[M]. 北京:人民交通出版社,2001.
[5] 孟高头. 土体原位测试机理方法及其工程应用[M]. 北京:地质出版社,1997.
[6] 刘松玉,吴燕开. 论我国静力触探技术(CPT)现状与发展[J]. 岩土工程学报,2004,26(4):553-556.
[7] 袁聚云,徐超,赵春风. 土工试验与原位测试[M]. 上海:同济大学出版社,2004.
[8] 陈新默. 软土地基勘察技术研究现状及若干问题的探讨[J]. 土工基础,2006,4(20):75-78.
[9] 魏汝龙. 软黏土取土技术及其改进[J]. 岩土工程学报,1986,8(6):113-125.
[10] 吴跃东,Staverenmt. 高质量连续取土技术研究[J]. 岩土力学,2005,26(S1):275-278.

六、土石坝与堤防工程

深厚覆盖层沥青混凝土心墙坝基座与心墙接头型式研究*

许诏君[2]　孔宪京[1,2]　邹德高[1,2]　徐　斌[1,2]

(1. 大连理工大学海岸和近海工程国家重点实验室　大连　116024;
2. 大连理工大学建设工程学部水利工程学院　大连　116024)

摘要:沥青混凝土心墙坝作为一种新兴的坝型在世界范围内已引起广泛关注。心墙的防渗对大坝的安全影响较大,而基座与心墙之间的连接是整个防渗系统的薄弱环节。本文采用非线性有限元方法对深厚覆盖层上的某沥青混凝土心墙坝进行分析,深入研究了沥青混凝土心墙与基座不同接头型式(接头为弧形和水平)对防渗体系的影响。结果表明,深厚覆盖层时不同接头型式在基座顶部均出现了不同程度的拉应力,弧形接头型式较大;竣工和满蓄期玛琋脂层始终处于压缩状态,但水平接头型式心墙底部与基座之间的相对错动更大。

关键词:沥青混凝土心墙　接头　防渗　深覆盖层　有限元

自1949年葡萄牙建成Vale de caio沥青混凝土心墙坝,此后近100座沥青混凝土心墙坝在世界范围内建成,百米以上的沥青混凝土心墙坝就有Storglomvatn、茅坪溪、冶勒等[1]。沥青混凝土心墙坝构成简单,对骨料级配要求不高,恶劣气候适应性强,心墙的应变适应能力、抗冲蚀能力以及抗老化能力较高,已成为国际大坝委员会(ICOLD)推荐的坝型。中国在建的沥青混凝土心墙坝大多位于地质条件较差的地区,面临深覆盖层等复杂条件。其中,沥青混凝土心墙与基础之间的连接是整个防渗系统的薄弱环节,因此应给予足够的重视。目前,沥青混凝土心墙坝的有限元计算大多关注坝体和心墙应力、变形等[2-5],对于心墙与基座的接头型式[6]研究不多。本文采用二维非线性有限元分析方法,对深厚覆盖层上某沥青混凝土心墙坝不同接头型式(接头为弧形和水平)进行研究,为选取合适的心墙与基座连接型式提供依据。

1　工程概况

某沥青混凝土心墙坝典型断面如图1所示。坝顶高程为4 100.8 m,最大坝高73.1 m,坝顶全长为1 052.0 m,坝体上游坡采用三级坡,坡度为1:2.8~1:2.5,在高程4 076.0 m和4 060.3 m处设有2 m宽的马道。坝体下游坡采用三级坡,坡度均为1:2.1,在高程4 076.0 m、4 052.0 m处设有2 m宽的马道,上、下游坝面均采用干砌石护坡。沥青混凝

*基金项目:国家自然科学基金重点项目(51138001);国家自然科学基金青年科学基金项目(50809032);中央高校基本科研业务费专项资金(DUT11ZD110)。

作者简介:许诏君,男,1985年生,硕士研究生,主要从事高土石坝抗震及岩土工程数值分析等方面的研究工作。

土心墙中心线位于坝轴线上游 3.0 m 处,心墙顶高程 4 098.7 m。碾压式沥青混凝土心墙采用变厚度设计,墙厚自顶部 0.7 m 渐变至下部 1.20 m,底部 3 m 高的沥青混凝土心墙截面由 1.20 m 扩大到 2.5 m。沥青心墙两侧设 4 m 厚的砂砾石过渡带,沥青混凝土心墙与基础混凝土防渗墙采用混凝土底座连接。基础防渗轴线沿沥青心墙轴线布置,采用 150 m 深混凝土防渗墙悬挂的防渗墙方案,墙厚 1.0 m。坝基覆盖层深度达 420 m,由含混合土碎(块)石、含冲积卵石混合土、冲积卵石混合土组成。

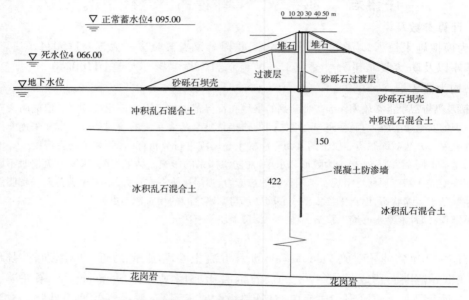

图 1   沥青混凝土心墙坝典型断面图   (尺寸单位:m)

2   计算模型及方法

计算软件采用大连理工大学抗震研究所开发的岩土工程非线性有限元分析程序 GEODYNA[7]。

2.1   土的本构模型

坝顶堆石、砂砾料、地基覆盖层和沥青混凝土材料等均采用 Duncan E - B 模型[8],其切线变形模量及切线泊松比如下:

$$E_t = K p_a \left(\frac{\sigma_3}{p_a} \right)^n \left[1 - \frac{R_f(\sigma_1 - \sigma_3)}{2c\cos\varphi + 2\sigma_3\sin\varphi} \right]^2 \tag{1}$$

$$B = K_b p_a \left(\frac{\sigma_3}{p_a} \right)^m \tag{2}$$

$$\nu_t = \frac{1}{2} - \frac{E_t}{6B} \tag{3}$$

式中:K 为初始切线模量系数;σ_1 为最大主应力;σ_3 为最小主应力;p_a 为大气压;ν_t 为泊松比;c 为黏滞系数;φ 为内摩擦角。

2.2   接触面模型

在沥青混凝土与过渡料、基座与过渡料、防渗墙与覆盖层土体接触都设置接触面单元,且心墙底部与基座连接的部分有 4 cm 厚沥青玛琋脂层,也采用无厚度 Goodman 单元,其法向劲度,当接触面受压力时取较大值,使接触面不相互嵌入,受拉时则取较小值,切向劲度公式为

$$K_s = \left(1 - \frac{R_f \tau}{\sigma_n \tan\psi}\right)^2 K_l \gamma_w \left(\frac{\sigma_3}{p_a}\right)^n \tag{4}$$

式中:τ、σ_n 为接触面上的剪应力和法向应力;K_l、n、ψ、R_f 为试验确定的参数;γ_w 为水的容重。

2.3 计算参数及网格

为模拟施工过程,坝体采用分层填筑,满蓄分期上升至正常满蓄位。考虑了满蓄后心墙、基座以及防渗墙受到的水压力作用。网格剖分时,由于有深厚覆盖层存在,坝基左右延伸,均为覆盖层厚度的两倍左右,并在沥青混凝土心墙与基座处网格适当加密,图 2 为两种接头型式局部网格图。坝顶堆石、过渡料等计算参数如表 1、表 2 所示。

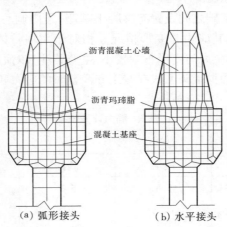

(a) 弧形接头　　　　(b) 水平接头

图 2　两种接头型式网格图

表 1　线弹性材料参数

材料名	密度	弹性模量(GPa)	泊松比
混凝土防渗墙	2.44	31	0.167
基座	2.44	25.5	0.167

表 2　Duncan E－B 模型和接触面模型参数

材料参数	ρ (kg/m³)	K	n	φ_0 (°)	$\Delta\varphi$	φ (°)	c (kPa)	R_f	K_b	m
筑坝砂砾料	2 220	1 195	0.54	50.9	8.1			0.81	1 174	0.66
坝基漂石、卵石混合土	2 190	1 249	0.55	50.7	7.4			0.72	1 483	0.36
冰积卵石混合土	2 200	876	0.71	48.4	4.5			0.75	1 036	0.53

续表 2

材料参数	ρ (kg/m³)	K	n	φ_0 (°)	$\Delta\varphi$	φ (°)	c (kPa)	R_f	K_b	m
过渡料	2 220	1 195	0.54	50.9	8.1			0.81	1 174	0.66
坝顶堆石	2 180	1 088	0.41	51.4	12.9			0.81	723	0.33
沥青混凝土心墙[10]	2 400	350	0.3			26.1	320	0.63	1 230	0
防渗墙与地基接触面		1 400	0.65			11		0.75		
沥青玛琋脂[6]		4 500	0.45			20	500	0.85		

3 计算结果分析

沥青混凝土心墙与基础之间设置有混凝土基座,是协调心墙变形及防渗设计的关键部位[9]。因此,重点关注其应力与变形情况。相对于大坝整体,心墙与基座接头尺寸较小,不同接头型式对坝体应力与变形影响较小,主要关注其对心墙底部应力变形影响。主要比较了弧形和水平型两种接头型式在竣工和满蓄时的应力和变形情况。静力计算结果如表 3 所示。

表 3　静力计算结果　　　　　　　　　　　　　　　　（单位:MPa）

静力		弧形		平直形	
		竣工	满蓄	竣工	满蓄
大主应力最大值	坝体和坝基	5.8	5.7	5.76	5.66
	混凝土基座	13.4	10.4	13.3	10.2
	心墙底部	2.5	2.3	2.4	2.2
小主应力最小值	坝体和坝基	0.04	0.04	0.04	0.04
	混凝土基座	−4.6	−3.8	−3.2	−1.9
	心墙底部	0	0	0	0

3.1　心墙和基座结果分析

图 3、图 4 为基座大主应力等值线图,基座与心墙接触处,大主应力呈现从中间向两边增大的趋势。由于土体的竖向沉降,在基座的两端产生应力集中。基座与心墙接触处小主应力出现拉应力,呈现从中间向两边减小的趋势,拉应力最值出现在基座上部靠近中轴线处。满蓄后,由于浮力作用,两种接头型式大、小主应力均比竣工期的有所减小,最值位置也稍微向上游偏移。相对水平接头,弧形接头拉应力较大。

可以看出,两种接头型式在基座中轴线靠上的局部出现拉应力。因此,在设计时可以考虑增加混凝土基座局部配筋,提高其抗拉强度。

图 5 为心墙的水平位移。可以看出,两种方案心墙底部和基座均整体向下游偏移,且

差别不大。竣工期心墙水平位移较小。满蓄后,由于上游水压力作用,坝体向下游位移明显增大,心墙底部和顶部最大水平位移分别为 37 cm 和 48 cm。

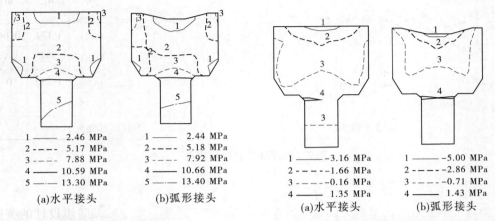

(a)水平接头	(b)弧形接头
1 —— 2.46 MPa	1 —— 2.44 MPa
2 - - - - 5.17 MPa	2 - - - - 5.18 MPa
3 —— 7.88 MPa	3 —— 7.92 MPa
4 - - - - 10.59 MPa	4 - - - - 10.66 MPa
5 —— 13.30 MPa	5 —— 13.40 MPa

(a)水平接头	(b)弧形接头
1 —— -3.16 MPa	1 —— -5.00 MPa
2 - - - - -1.66 MPa	2 - - - - -2.86 MPa
3 —— -0.16 MPa	3 —— -0.71 MPa
4 - - - - 1.35 MPa	4 - - - - 1.43 MPa

图 3　竣工期基座大主应力等值线　(单位:MPa)　图 4　竣工期基座小主应力等值线　(单位:MPa)

3.2 玛琋脂层位移分析

玛琋脂层的变形表现为心墙底部与基座上表面之间的压缩和相对错动。以玛琋脂层上表面节点与下表面对应节点的位移差来衡量,两种接头都以法向压缩为负,以沿切线向下游错动为正,如图 6 所示。玛琋脂层从左到右分成 10 个单元,节点号依次为 1～11。

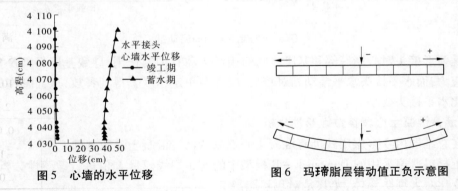

图 5　心墙的水平位移　　　　　　　　　图 6　玛琋脂层错动值正负示意图

图 7 为玛琋脂层的法向压缩量。可以看出,两种接头型式均出现不同程度的压缩。水平接头型式竣工时玛琋脂层的最大压缩量为 2.9 mm,满蓄时减小为 2.3 mm;弧形接头型式竣工时玛琋脂层的最大压缩量为 3.9 mm,满蓄时减小为 2.9 mm。两种接头型式压缩量均表现两端大中间小的趋势,且弧形接头两端压缩稍大。

图 8 为玛琋脂层的切向错动量。可以看出,由于重力作用,竣工时心墙底部产生变形,表现为玛琋脂层的切向错动。其中,中间小两端大,错动量最大值约 6 mm。满蓄后,错动量有所减小,错动为零的位置向下游偏移。弧形接头,由于形状原因,只在两端处表现出明显的切向错动,其他位置的切向错动很小。两端也呈现玛琋脂层上表面向两端扩展,竣工期最大错动量为 2 mm,满蓄后有所减小,约为 1.5 mm。

弧形接头比水平接头的错动量要小,但弧形接头比平直接头存在更大的拉应力。这

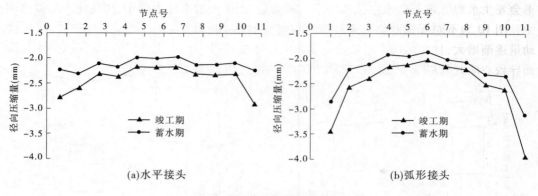

图7　玛琋脂层竖向压缩量

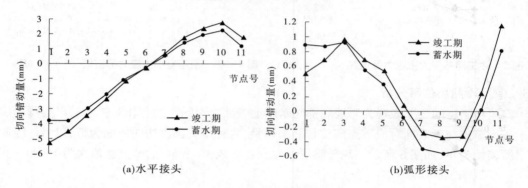

图8　玛琋脂层切向错动量

可能是弧形接头对心墙底部和基座之间的相对错动有抑制作用,导致基座局部产生很高的拉应力;而水平接头水平错动相对较大,应力在一定程度上得到释放,从而基座局部拉应力比水平接头要小。

3.3　沥青混凝土心墙参数敏感性分析

在总结国内众多碾压式沥青混凝土心墙坝的沥青混凝土参数基础上[2,6,10-12],对沥青混凝土材料普遍采用的 Duncan E－B 模型中的初始切线模量 K 值进行敏感性分析,研究参数变化对大坝防渗体,尤其是对玛琋脂层相对错动的影响。其中 K 值分别取 350、600、850,其他参数保持不变。

图9 为不同 K 值时心墙的应力分布。可以看出,随着 K 值的增加,沥青混凝土心墙的最大压应力逐渐增大。竣工时,最大压应力从 2.4 MPa 增加到 3.0 MPa。心墙竖向应力值随着 K 值的增大而增大,最值均位于心墙底部。满蓄后应力值较竣工时有所减小,且各个 K 值之间的差别也有所减小;心墙竖向应力均比水压力大,因此可认为心墙

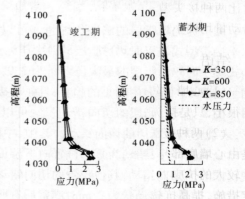

图9　心墙竖向应力

不会发生水力劈裂。

图 10 为不同 K 值时沥青玛琋脂层的错动情况。可以看出,随着 K 值的增大,相对错动量逐渐增大,且在两端附近错动量达最大。主要是由于心墙底部两端部有应力集中,从而导致心墙此处局部变形较大,对玛琋脂层端部产生影响。

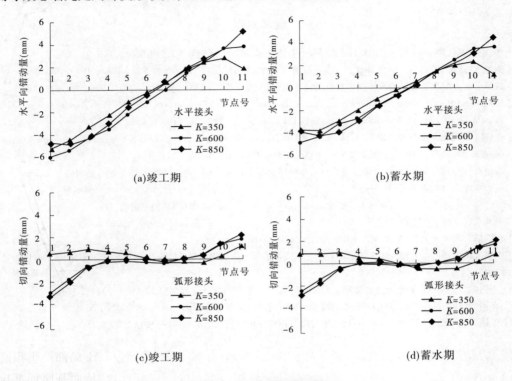

(a)竣工期   (b)蓄水期

(c)竣工期   (d)蓄水期

图 10 玛琋脂层错动量

对于水平接头,不同 K 值时玛琋脂层的错动趋势基本相同,整体向下游错动,蓄水后最大错动量要比竣工时减小约 1 mm。弧形接头当 $K=350$ 时,切向错动表现出向两端扩;当 $K>350$ 时,仍旧整体向下游错动;蓄水后趋势没变,错动量比竣工时减小约 0.5 mm。对比两种接头型式(水平和弧形)的错动量,水平接头错动量较弧形接头大,但两种接头错动量均较小。

4 结语

(1)心墙与防渗墙基座接头型式的区别,对整个坝体、心墙及防渗墙的应力,应变影响很小,只是接头处会有不同的应力应变情况,对于防渗系统至关重要。

(2)两种接头方案在基座局部都产生拉应力,且值都超过混凝土的抗拉极限。主要是由心墙底部与基座之间相对错动导致,弧形接头一定程度上抑制这种水平错动,从而产生较大的拉应力。从施工和材料特性方面综合考虑,所以设计时应对混凝土基座采取一定措施,提高抗拉强度。

(3)沥青混凝土心墙采用 Duncan E–B 模型时,心墙第一主应力随 K 值的增大而增大,玛琋脂层的压缩也随之增大。

(4)从防渗角度考虑,在保证基座强度要求下,应尽量减小接头处的错动,不能出现拉开。竣工和满蓄时,基座和心墙底部是整体平移,玛琋脂上下表面之间有相对错动。水平接头比弧形接头的错动量大,错动量随着 K 值的增大而逐渐增大。

参考文献

[1] 岳跃真,郝巨涛,孙志恒,等. 水工沥青混凝土防渗技术[M]. 北京:化学工业出版社,2007.

[2] 陈慧远,施群,唐仁杰. 沥青混凝土心墙土石坝的应力应变分析[J]. 岩土工程学报,1982,4(4):146-158.

[3] 朱昇. 沥青混凝土心墙堆石坝三维地震反应分析[J]. 岩石力学,2008,29(11):2933-2938.

[4] Mohammad Hassan Baziar, Shirin Salemi, Tahereh Heidari. Analysis of Earthquake Response of an Asphalt Concrete Core Embankment Dam[J]. International Journal of Civil Engineerng, 2006,4(3):192-210.

[5] SIAMAK FEIZI - KHANKANDI, A. G, A. A. M, K. H. Seismic Analysis of Garmrood Embankment Dam With Asphaltic Concrete Core[J]. SOILS AND FOUNDATIONS, 2009,49(2),153-166.

[6] 刘晓青,李同春,夏松佑,等. 接头型式对冶勒沥青混凝土心墙堆石坝防渗体系工作性态的影响[J]. 四川水力发电,2008.8,19(增刊):36-38.

[7] 邹德高,孔宪京,徐斌. Geotechnical dynamic nonlinear analysis - GEODYNA 使用说明[R]. 大连:大连理工大学土木水利学院工程抗震研究所,2003.

[8] 李广信. 高等土力学[M]. 北京:清华大学出版社,2004.

[9] 中华人民共和国水利部. SL 501—2010 土石坝沥青混凝土面板和心墙设计规范[S]. 北京:中国水利水电出版社,2010.

[10] 王锦峰. 下板地沥青混凝土心墙坝动力反应分析[J]. 水利与建筑工程学报,2009,7(3):152-154.

[11] 崔娟,沈振中,凌春海. 官帽舟沥青混凝土心墙混合坝应力变形分析[J]. 水电能源科学,2008,26(2):72-75.

[12] 王娟. 金平沥青混凝土心墙堆石坝三维有限元数值分析[J],水电能源科学,2007,25(1):71-74.

高心墙堆石坝三维耦合模型渗流边界处理方法探讨[*]

杨连枝[1]　伍小玉[2]　吴梦喜[1]

(1. 中国科学院力学研究所　北京　100190；
2. 中水顾问集团成都勘测设计研究院　成都　610072)

摘要：高心墙堆石坝两岸和坝基渗流对坝体渗流场有一定影响，渗流计算模型通常包含大范围的地质体，而坝体渗流与应力变形三维耦合模型，为减小计算规模，其范围通常仅限于坝体和坝基覆盖层，模型与基岩相接触部位常视为不透水边界，忽略了基岩渗流对计算域内渗流场的影响，可能造成坝基渗流场、防渗墙结构物与心墙应力变形的较大误差。本文将整体渗流模型计算得到的边界流量，通过在耦合模型底部设置绕渗单元和添加流量边界条件，将边界流量添加至耦合模型内，来包含计算域外渗流对计算域内渗流场的影响。以心墙底部坝基覆盖层全部挖除的双江口大坝，和坝基覆盖层内布置两道防渗墙的瀑布沟大坝的耦合模型为例，计算耦合模型在不同上下游水位差时的稳定渗流场，与整体模型渗流场进行对比，结果表明这种处理方法能够使耦合模型的渗流场与整体模型基本一致。

关键词：心墙堆石坝　耦合计算　渗流　边界条件

心墙堆石坝是我国当前水能开发中的一种主要高坝坝型。我国已建心墙堆石坝中，瀑布沟大坝最高，为 186 m。2012 年将建成的糯扎渡心墙坝坝高达到 261.5 m。处于设计或施工阶段的坝高 200 m 以上的心墙堆石坝，有长河坝(坝高 240 m)、两河口(坝高 293 m)、双江口(坝高 314 m)等。心墙堆石坝也是松塔(坝高 307 m)、马吉(坝高 300 m)、古水(坝高 300 m)、下尔呷(坝高 223 m)等正在设计的高坝的比选坝型[1]。这些高心墙堆石坝的设计中，需要评价坝体和坝基的渗透稳定性、坝体的应力变形、结构安全性及水库初次蓄水时心墙的抗水力劈裂安全性。评估坝体与坝基的渗透稳定性，可单独进行渗流场计算[2]，如果考虑变形影响土体渗透参数进而影响渗流场，也需要进行渗流和变形耦合计算。评估坝体的应力变形和结构安全性，需要进行渗流和变形的耦合计算[3]。另外，水库初次蓄水时水力劈裂风险分析，也是一个渗流和变形耦合问题[4]。

由于坝基渗流对坝体渗流场有一定影响，渗流计算模型的范围，除了坝体和坝基覆盖层外，通常还包含两岸山体和坝底基岩[5-6]。而坝体渗流与应力变形三维耦合分析中，为减小计算规模，其模型范围往往不包含基岩，模型与基岩相接触部位常作不透水边界处理[7-9]。这种边界处理方法，忽略了基岩渗流对耦合模型内渗流场的影响，可能造成心墙应力变形和防渗墙结构物应力变形的较大误差。正因为如此，对于心墙底部覆盖层布置

[*] **基金项目**：自然科学基金(No. 10932012)；科技部对欧盟专项合作经费(No. 0820)。

两道防渗墙的情况,为了使耦合模型中防渗墙前后的孔隙水压力尽量与整体模型一致,通常依据水库正常蓄水时坝区整体模型渗流场,得到防渗墙上、下游水头,再将其作为水头边界条件直接添加到防渗墙的上下游面[10-11]。一方面,由于耦合模型的网格往往和坝区整体模型网格不一致,在覆盖层为非单一土层、防渗墙存在开裂等渗流场比较复杂的情况,这种边界处理不易实现;另一方面,对于非稳定渗流问题,边界内的渗流场是瞬变的,可能还与耦合作用有关,因而很多情况这种方法也是不可行的。

本文针对心墙堆石坝的典型坝基覆盖层处理方式,提出一个在坝体三维耦合模型底部增设绕渗单元并添加流量边界的办法,既不扩大模型规模,又能考虑模型外区域渗流对模型内区域的影响,将该方法应用于双江口大坝和瀑布沟大坝的耦合模型分析之中,并进行了耦合模型与整体模型渗流场计算结果的对比。

1 坝体三维耦合模型与基岩接触面渗流边界处理方法

高山峡谷地区的心墙堆石坝由上、下游坝壳和土质心墙防渗体组成。坝基覆盖层有两类典型的防渗处理方式,如图1所示,其一是将心墙底部覆盖层全部挖除,在基岩与心墙之间设置混凝土基座,如双江口工程;其二是在覆盖层中设置防渗墙,防渗墙与心墙采用插入式或廊道式连接,如长河坝、瀑布沟等工程。在心墙与两岸山体的接触部位一般设置混凝土板分隔防渗土体和两岸岩体。

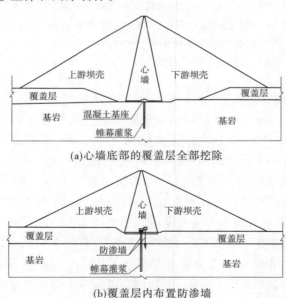

图1 心墙堆石坝坝基覆盖层处理方式

两岸和坝底基岩渗流对坝体和坝基覆盖层渗流场的影响主要体现在通过耦合模型边界面进入坝基覆盖层和下游坝壳中的渗流量,从而影响心墙底部覆盖层和下游坝壳中的水头,进而影响心墙的渗流场。对于坝基多道防渗墙的情况,会显著影响防渗墙上下游覆盖层与多道防渗墙之间的水头降落比例,从而一方面对心墙底部防渗墙与心墙连接部位的渗流场造成较大影响,另一方面对这个部位的土体应力变形和防渗墙结构物的应力变形造成较大影响。

为便于分析,可将基岩流入耦合模型防渗平面(心墙、主防渗墙与防渗帷幕构成的面)下游的渗流量分为两部分:一是水库尚未蓄水时由两岸山体流入防渗平面下游的渗流量,称之为"天然地下水流量";二是水库蓄水形成上下游水头差后进入防渗平面下游的流量与"天然地下水流量"之差,主要由绕坝渗流引起,称之为"绕渗流量"。"绕渗流量"通过在模型底部设置绕渗单元来模拟,"天然地下水流量"通过在模型底部添加流量边界条件来模拟。对心墙底部无覆盖层的情况,绕渗单元的设置与流量添加的边界位置如图 2 所示。绕渗单元在混凝土基座下连接上、下游坝壳。绕渗单元的渗透系数先根据整体模型"绕渗流量"估算一个初值,再结合耦合模型渗流计算进行调整使耦合模型的"绕渗流量"与整体模型一致。流量边界添加在耦合模型心墙下游侧底部单元边界面上,单元面的总流量等于"天然地下水流量",单元面上垂直于河谷走向平均分布,沿河谷走向按线性添加,流量沿走向的变化近似于整体模型。

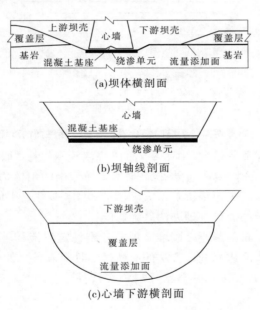

(a)坝体横剖面

(b)坝轴线剖面

(c)心墙下游横剖面

图 2　覆盖层全部挖除时耦合模型与基岩接触面渗流边界处理方法

对心墙底部覆盖层采取防渗墙处理的情况,在心墙下覆盖层底部绕防渗墙布置绕渗单元,如图 3 所示。流量边界布置在最后一道防渗墙下游侧的模型底部边界上。对于多道防渗墙的情况,绕渗单元分成几个部分,不同部分绕渗单元的渗透系数不同。其渗透系数确定方法,以两道防渗墙为例来说明。两道防渗墙有两个部分的绕渗单元的渗透系数需要确定,可由整体模型中的"绕渗流量"和两道防渗墙承担的水头比例关系来确定。两道防渗墙底部绕渗单元(厚度相同)的渗透系数的比值近似等于防渗墙水头分担比例的倒数。估算出绕渗单元的渗透系数,进行渗流计算并与整体模型结果进行比较调整,使耦合模型与整体模型"绕渗流量"和防渗墙的水头分担比例关系一致。

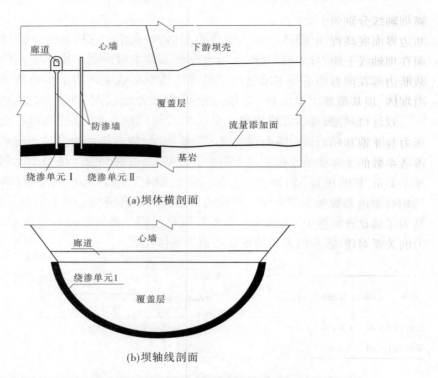

(a)坝体横剖面

(b)坝轴线剖面

图3 覆盖层内布置两道防渗墙时耦合模型与基岩接触面的渗流边界处理方法

对于坝体非稳定渗流的情况,由于基岩的"绕渗流量"主要取决于上下游水位差,流入下游坝壳的"天然地下水流量"主要取决于整体模型中的山体边界地下水位,因而坝体的非稳定渗流过程对这两个流量影响不大。因此,坝体本身采用何种渗流计算方法对基岩进入耦合模型渗流域的流量处理办法并无影响。

下面以双江口和瀑布沟两座心墙堆石坝的三维稳定渗流计算为例,来检验上述耦合模型与基岩接触面的渗流边界处理方法的有效性。计算软件采用中科院力学所 LinkFEA 软件,其渗流计算有限元方法详见文献[12]和文献[13]。

2 实例分析

双江口砾石心墙堆石坝高 314 m,心墙底部河床覆盖层全部挖除,心墙底部与基岩之间铺设 2 m 厚的混凝土基座,心墙与两岸山体接触部位设置 1 m 厚的混凝土板。水库正常蓄水位为 2 500 m,对应下游水位为 2 251.2 m。

瀑布沟砾石心墙堆石坝高 186 m。河床覆盖层主要为漂卵砾石,在心墙底部布置主、副两道防渗墙截断覆盖层。主防渗墙位于坝轴线上,通过廊道与心墙相连,副防渗墙位于坝轴线上游侧,与心墙采用插入式连接。心墙与两岸山体接触部位设置 0.5 m 厚的混凝土板。水库正常蓄水位为 850 m,对应的下游水位为 670 m。

整体模型除坝体和坝基覆盖层外,还包括大范围的地质体。在双江口整体模型中,底部基岩截断边界面位于混凝土基座下方 600 m,左、右岸基岩截断边界面在坝轴线上与左岸坝顶和右岸坝顶的距离分别为 1 100 m 和 850 m,上、下游截断边界在河谷中心线上距离坝轴线分别为 1 150 m、1 140 m,共 143 811 个节点。在瀑布沟整体模型中,底部基岩截断边界面底高程为 400 m,与心墙底部覆盖层的最小距离约为 200 m,左岸基岩截断边界面在坝轴线上距左岸坝顶 600 m,右岸基岩截断面在坝轴线上距右岸坝顶 360 m,上、下游截断边界在河谷中心线上距离坝轴线分别为 840 m、860 m,共 266 118 个节点。耦合模型由坝体、坝基覆盖层组成。两个工程实例耦合模型的节点总数分别为 18 660 和 17 287。

双江口和瀑布沟大坝渗流计算中各材料的饱和渗透系数如表 1 所示。负的孔隙水压力与非饱和相对渗透系数的关系按图 4 确定,其中,心墙的负孔隙水压力与非饱和相对渗透系数的关系曲线是按照工程类比给出,而心墙外的其他材料,由于实际最大吸力一般小于 1 m,非饱和参数对稳定渗流场计算影响不大,因而在计算中各材料的负孔隙水压力与相对渗透系数的关系取同一个曲线,该曲线上孔隙水压力的绝对值大于最大吸力的值是为了满足计算的需要,并无实际的物理意义。对稳定渗流计算而言,饱和度与孔隙水压力的关系对渗流结果没有影响,因而本文未列出。

表 1　各材料的饱和渗透系数　　　　　　　　　　（单位:m/s）

算例	心墙	反滤层	过渡层	堆石	覆盖层	混凝土	防渗墙	帷幕灌浆	强风化层	弱风化层	微风化层	微新岩体
双江口	7×10^{-8}	1.8×10^{-5}	8×10^{-4}	1×10^{-2}	2×10^{-4}	1×10^{-11}	无	1×10^{-7}	无	1×10^{-6}	3×10^{-7}	1×10^{-7}
瀑布沟	1×10^{-7}	5×10^{-5}	1×10^{-4}	1×10^{-3}	8×10^{-4}	1×10^{-11}	1×10^{-9}	1×10^{-7}	2.5×10^{-6}	5×10^{-7}	2×10^{-7}	1×10^{-7}

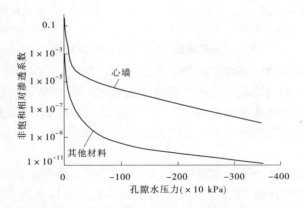

图 4　各材料的相对渗透系数和孔隙水压力的关系

2.1　耦合模型与基岩接触面的渗流边界的确定

通过整体渗流模型计算流入耦合模型基岩边界的"天然地下水流量"和"绕渗流量",以及两道防渗墙水头分担的比例关系,得到这两个算例耦合模型与基岩接触面的渗流边界条件。

双江口坝区通过基岩流入心墙下游的"天然地下水流量"为 0.017 m³/s,沿河道基本均匀分布;通过基岩流入瀑布沟第二道防渗墙下游侧坝基覆盖层和坝壳内的"天然地下水流量"为 0.020 m³/s,沿河道基本均匀分布。通过天然地下水流量除以流量添加单元面的面积,可得到两个算例中流量边界面的流速,将其均匀添加在双江口和瀑布沟耦合模型中。

从水库蓄水后不同上下游水位差时的整体模型的稳定渗流计算,可得"绕渗流量"与上下游水位差的关系曲线,如图 5 所示,双江口电站的"绕渗流量"与上下游水位差呈现较强的非线性关系,瀑布沟电站则基本呈现线性关系。根据"绕渗流量"与上下游水位差的关系曲线,可计算得到绕渗单元渗透系数与上下游水位差关系。这种处理方式耦合分析过程中绕渗单元的渗透系数则需随水位差变化,这需要修改计算程序以适应这种需求。本文绕渗单元取为固定的渗透系数,绕渗流量与水位差的关系为线性关系。在双江口耦合模型中,采用上下游水位差为 210 m 时的渗透系数。在瀑布沟耦合模型中,以上下游水位差 180 m 时的情况。耦合模型中绕渗单元的渗透系数依据整体模型中"绕渗流量"和防渗墙水头分担比例关系确定。

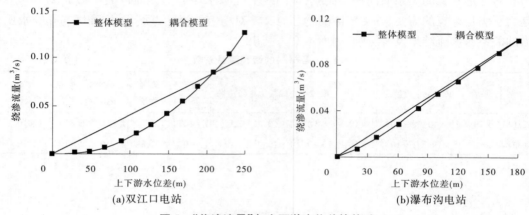

图 5 "绕渗流量"与上下游水位差的关系

2.2 耦合模型渗流场与整体模型的对比

计算耦合模型在不同的上下游水位差时的稳定渗流场,与整体模型渗流场进行比较。其中双江口大坝心墙底部覆盖层采用挖除的处理方式,瀑布沟大坝采取两道防渗墙截断覆盖层的方式。应力变形情况不是本文讨论的内容,因而未列出。

2.2.1 双江口大坝

坝体最大横剖面心墙下游面水位与上下游水位差的关系曲线如图 6 所示,可以看出,在上下游水位差为 210 m 时,本文耦合模型与基岩接触面的渗流边界处理方法得到的心墙下游面水位与整体模型基本相同;水库未蓄水时,心墙下游面的水位为 2 252.7 m,高出下游水位 1.5 m,与整体模型一致,而耦合模型不处理与基岩接触面的渗流边界时心墙下游面水位等于下游水位 2 251.2 m,小于整体模型 1.5 m;上下游水位差为 250 m 时,本文方法与整体模型相差最大,差值为 0.6 m,而耦合模型不处理渗流边界时得到的心墙下游面水位则与整体模型则相差 4.8 m。上下游水位差为 250 m 时坝体最大横剖面的水压力等值线如图 7 所示,处理渗流边界后耦合模型的水压力等值线与整体模型基本重合,若不处理渗流边界,耦合模型下游坝壳中的水压力则小于整体模型。

从上面的分析可以看出,对于覆盖层底部全部挖除的情况,本文方法可以得到与整体模型基本一致的渗流场,说明该方法对于这种情况是适用的。耦合模型基岩边界面的渗流量不处理所带来的误差,与基岩进入模型的渗流量成正比,因此对于"绕渗流量"和"天然地下水流量"比较大的情况,应该处理基岩边界面流量条件。

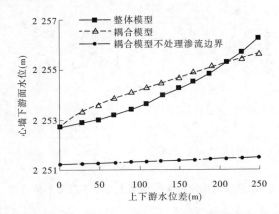

图6 双江口坝体最大横剖面上心墙下游面水位对比

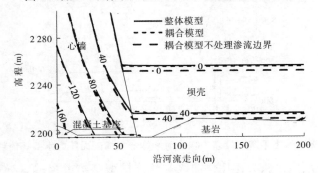

图7 双江口上下游水位差250 m时坝体最大横剖面水压力等值线对比

2.2.2 瀑布沟大坝

坝体最大横剖面心墙下游面水位与上下游水位差的关系曲线如图8所示,本文耦合模型得到的心墙下游面水位基本与整体模型重合,在上下游水位差40 m处相差最大,差值为0.2 m。上下游水位差为180 m时坝体最大横剖面压力水头等值线如图9所示,耦合模型下游坝壳内的水面线与整体模型基本重合(在心墙下游面处相差0.1 m)。当耦合模型不处理与基岩接触的渗流边界,采取给防渗墙上下游面添加已知水头边界(水头值根据水库正常蓄水时的整体渗流场计算获知)的处理方式时,心墙下游面的水位在水库未蓄水时,与整体模型相差最大,差值为0.9 m,随着上下游水位差的增大,差别逐渐减小,差值最小值为0.4 m。

心墙底部的覆盖层、防渗墙的水头分布对防渗墙结构的应力变形、心墙土体、防渗墙与心墙接头部位的渗流和应力变形影响较大,是防渗墙结构安全、心墙底部及坝基渗透稳定性评价的关键部位。下面给出这些部位耦合模型与整体模型水头的对比情况。

坝体最大横剖面与坝体建基面相交线上两道防渗墙、第一道防渗墙上游侧覆盖层、第二道防渗墙下游覆盖层和坝壳内的水头分担百分比如图10所示。耦合模型得到的两道防渗墙的水头分担比例在上下游水位差较小时与整体模型相比有一定的差异,但随着上下游水位差的逐渐增大,差异逐渐减小,当上下游水位差为180 m时,二者基本重合;第一

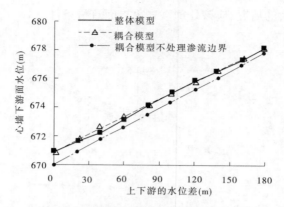

图 8　瀑布沟坝体最大横剖面上心墙下游面水位对比

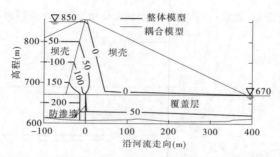

图 9　瀑布沟上下游水位差 180 m 时坝体最大横剖面压力水头等值线对比

道防渗墙上游覆盖层内水头分担比例曲线与整体模型基本重合；第二道防渗墙下游覆盖层和坝壳内的水头分担比例曲线在上下游水位差较小时略小于整体模型，差异随着上下游水位差的增大逐渐减小。两道防渗墙之间覆盖层内的水位降落很小，最大值小于 0.1 m。

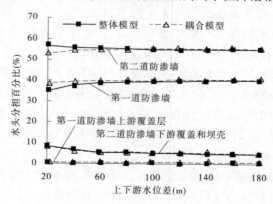

图 10　瀑布沟坝体最大横剖面与坝体建基面相交线上各部位的水头分担百分比对比

对于覆盖层内布置两道防渗墙的情况，在耦合模型上添加绕渗单元和流量边界后，耦合模型渗流场与整体模型渗流场基本一致。

3　结语

本文提出一种在计算范围只包含坝体和坝基覆盖层的渗流应力耦合计算模型底部设置绕渗单元和添加流量边界的方法,考虑基岩渗流对耦合模型内部渗流场的影响,并将该方法应用于双江口和瀑布沟两个水电站坝体耦合模型中。本文的处理方法也可用于模型范围只包含坝体和坝基的非稳定渗流场精细计算模型,从而使计算范围较小的模型内的渗流场与实际相符。

参考文献

[1] 周建平,杨泽艳,陈观福. 我国高坝建设的现状和面临的挑战[J]. 水利学报,2006,37(12):1433-1438.

[2] 许国安,魏泽光,武桂生. 瀑布沟水电站三维非稳定渗流有限元计算[J]. 西北水电,1997(2):16-20.

[3] 邹玉华,陈群,谷宏海. 心墙堆石坝应力状态对渗流场影响的有限元分析[J]. 岩土力学,2011,32(7):2177-2183.

[4] 曹雪山. 土石坝心墙水力劈裂的数值研究进展[J]. 岩石力学与工程学报,2009,28(S0):3146-3149.

[5] 谢红,张家发,吴昌瑜,等. 水布垭水利枢纽三维渗流场有限元分析[J]. 长江科学院院报,1999,16(1):37-41.

[6] 金伟,姜媛媛,沈振中,等. 两河口心墙堆石坝渗流特性及其控制方案[J]. 水电能源科学,2009,27(3):45-48.

[7] 钱亚俊,陈生水. 心墙坝应力变形数值模拟结果验证[J]. 水利水运工程学报,2005(4):11-18.

[8] 李国英,王禄仕,米占宽. 土质心墙堆石坝应力和变形研究[J]. 岩石力学与工程学报,2004,23(8):1363-1369.

[9] 马秀伟,薛国强,饶国风. 考虑流固耦合效应的高心墙堆石坝应力变形分析[J]. 中国农村水利水电,2011(6):106-109.

[10] 邱祖林,陈杰. 深厚覆盖层上混凝土防渗墙的应力变形特性[J]. 水文地质工程地质,2006(3):72-76.

[11] 贾华,何顺宾,伍小玉,等. 长河坝心墙堆石坝地基防渗墙应力变形分析[J]. 水资源与水工程学报,2008,19(3):72-75.

[12] Wu Mengxi. A finite - element algorithm for modeling variably saturated flows[J]. Journal of Hydrology,2010,394(4),315-323.

[13] 吴梦喜,丁留谦. 含孔压间断面的饱和 - 非饱和渗流数值模拟[C]//利用覆盖层建坝的实践与发展. 北京:中国水利水电出版社,2009.

逐步回归分析法在西龙池抽水蓄能电站下水库工程安全监测项目中的应用研究

赵　波　张桂荣

（南京水利科学研究院　南京　210029）

摘要：山西西龙池抽水蓄能电站下水库工程设置了较为全面的安全监测仪器，在施工期及运行期取得了大量的观测资料。本文采用逐步回归法对大坝内部多年沉降监测数据建立了统计回归分析模型，并利用实测数据检验了模型的正确性。经检验，由逐步回归法建立模型所得到的拟合值与观测值剩余标准差较小，预测精度较高。所以，逐步回归法可以建立较为准确的预测模型，以反映监测数据的变化规律和发展趋势。该模型可为大坝的安全运行做出较为可靠的预报。

关键词：安全监测　逐步回归　回归模型

西龙池抽水蓄能电站位于山西省五台县境内滹沱河与清水河交汇处上游约 3 km 处的左岸，总装机容量为 1 200 MW，是山西省境内建设的第一座抽水蓄能电站。西龙池下水库地质条件复杂，工程难度大，关键性技术问题多，为监控水工建筑物及地质体在施工期和运行期结构的工作状态和安全性，设置了比较全面的工程安全监测仪器，在施工期取得了大量的安全监测资料。鉴于下水库工程的特殊性和重要性，对所取得的安全监测资料必须借助数理统计的理论与方法进行各物理量的回归分析[1-4]，以便从更深层次上分析监测指标的变化规律并预测其发展趋势。在各种回归分析方法中，逐步回归法由于计算量相对较小，而且克服因后续因子引入而使已选因子变得不显著的缺点，因而是较为重要的建模方法[5-6]。本文简要地阐述了利用逐步回归分析法对西龙池抽水蓄能电站下水库工程一组多年大坝内部沉降监测数据建立统计回归分析模型过程，并将其分组检验了模型的正确性。

1　逐步回归分析方法

1.1　建立回归数学模型遵循的原则

（1）监测数据序列满足一定长度。数据越多，监测物理量的信息表现越充分，也就能更好地捕捉其变化规律；数据越少，模型精度越低，很难反映分析对象的实际情况，无法保证实际应用的可靠性与准确性，因此本次选用至少具有 50 个数据的监测序列建立模型。

（2）监测数据的变化具有一定的规律性。通过观察所绘制的物理量过程线或其他能够反映其特点的曲线，判断该物理量变化有无一定的规律，如果数据杂乱无章、毫无规律，

作者简介：赵波，男，1983 年生，甘肃瓜州人，硕士研究生，毕业于南京水利科学研究院，专业方向为环境岩土工程关键技术。

那么就不可能有一种数学模型来对其加以描述,建立数学模型也就没有任何实际价值。

(3)模型自变量不宜过多。一般来说,自变量多一些,模型的适应能力就强一些,但如果自变量过多,则不仅计算烦琐,而且会减少自由度,增大剩余方差,从而降低回归方程的稳定性。

1.2 逐步回归法的主要思路[5]

在实际问题中,人们总是希望在所建立的回归方程中包含所有对因变量影响显著的自变量而不包含对因变量影响不显著的自变量,逐步回归分析正是根据这种要求提出来的一种回归分析方法。它的主要思路是在考虑的全部自变量中按其对因变量的作用大小、显著程度大小,由大到小地逐个引入回归方程,而对那些对因变量作用不显著的变量可能始终被引入回归方程。同时,已被引入回归方程的变量在引入新变量后也可能失去重要性,而需要从回归方程中剔除出去。引入一个变量或者从回归方程中剔除一个变量都称为逐步回归的第一步,每一步都要进行 F 检验,以保证在引入新变量前回归方程中只含有对因变量影响显著的变量,而不显著的变量已被剔除。

逐步回归分析的实施过程是每一步都要对已引入回归方程的变量计算其偏回归方程和,分析其贡献大小,然后选一个偏回归平方和最小的变量,在预先给定的 F 水平下进行显著性检验,如果显著,则该变量不必从回归方程中剔除,这时方程中其他几个变量也都不需要剔除(因为其他的几个变量的偏回归平方和都大于最小的一个更不需要剔除)。相反,如果不显著,则该变量要剔除,然后按偏回归平方和由小到大地依次对方程中其他变量进行 F 检验。将对因变量影响不显著的变量全部剔除,保留的都是显著的。接着再对引入回归方程中的变量分别计算其偏回归平方和,并选其中偏回归平方和最大的一个,同样在给定 F 水平下作显著性检验,如果显著,则将该变量引入回归方程,这一过程一直继续下去,直到在回归方程中的变量都不能剔除而又无新变量可以引入,这时逐步回归过程结束。

1.3 逐步回归法的计算步骤

1.3.1 确定 F 检验值

在进行逐步回归计算前要确定检验每个变量是否显著的 F 检验水平,以作为引入或剔除变量的标准。F 检验水平要根据具体问题的实际情况来定。一般地,为使最终的回归方程中包含较多的变量,F 水平不宜取得过高,即显著水平 α 不宜太小。F 水平还与自由度有关,因为在逐步回归过程中,回归方程中所含的变量个数在不断变化,因此方差分析中的剩余自由度也总在变化,为方便起见常按 $n-k-1$ 计算自由度。n 为原始数据观测组数,k 为估计可能选入回归方程的变量个数。例如,$n=15$,估计可能有 $2\sim3$ 个变量选入回归方程,因此取自由度为 $15-3-1=11$,查 F 分布表,当 $\alpha=0.1$,自由度 $f_1=1,f_2=11$ 时,临界值 $F_n=3.23$,并且在引入变量时,自由度取 $f_1=1,f_2=n-k-1$,F 检验的临界值记 F_1,在剔除变量时自由度取 $f_1=1,f_2=n-k-1$,F 检验的临界值记 F_2,并要求 $F_1\geq F_2$,实际应用中常取 $F_1=F_2$,本次 $F_1=F_2=3.5$。

1.3.2 逐步计算

如果已计算 i 步(包含 $i=0$),且回归方程中已引入 L 个变量,则第 $i+1$ 步的计算为:

(1)计算全部自变量的偏回归平方和 V。

(2)在已引入的自变量中,检查是否有需要剔除的不显著变量。这就要在已引入的变量中选取具有最小 V 值的一个并计算其 F 值。如果 $F \leqslant F_2$,表示该变量不显著,应将其从回归方程中剔除,计算转至(3)。如果 $F \geqslant F_2$,则不需要剔除变量,这时应考虑从未引入的变量中选出具有最大 V 值的一个并计算 F 值,如果 $F \geqslant F_2$,则表示该变量显著,应将其引入回归方程,计算转至(3)。如果 $F \leqslant F_2$,表示已无变量可选入方程,则逐步计算阶段结束,计算转入 1.3.3。

(3)剔除或引入一个变量后,相关系数矩阵进行消去变换,第 $i + 1$ 步计算结束。其后重复(1)~(3)再进行下一步计算。

由上所述,逐步计算的每一步总是先考虑剔除变量,仅当无剔除时才考虑引入变量。实际计算时,开头几步可能都是引入变量,其后的某几步也可能相继地剔除一个变量。当方程中已无变量可剔除,且又无变量可引入方程时,第二阶段逐步计算即告结束,这时转入 1.3.3。

1.3.3 其他计算

其他计算主要是计算回归方程入选变量的系数、复相关系数及残差等统计量。

逐步回归选取变量是逐渐增加的,选取的第 L 个变量仅要求与前面已选的 $L-1$ 个变量配合起来有最小的残差平方和。

2 数据分析

2.1 逐步回归模型的建立

本次建模以大坝内部沉降数据为例,采用已测数据中较有代表性的 1 个数据序列(94 个测点),将序列分为两组,第一组 74 个数据,用于建立模型;第二组 20 个测点,用于检验模型正确性。沉降数据(见表 1),通过逐步回归方法建立模型。为了得到大坝内部沉降数据与各变量的关系[7],表达式可取为

$$y = \sum_{i=0}^{2} a_i t^i + \sum_{i=1}^{2} b_j H^j \tag{1}$$

式中:a_i、b_j 为待定参数;t 为观测数据获得时间;H 为水位;y 为 t 时刻大坝内部某位置的沉降值。

表 1 测点拟合曲线结果

数据时段	数据个数 (年-月-日)	数据个数	回归方程	复相关系数	剩余标准差(mm)
第一组	2006-07-06 ~ 2008-08-28	74	$y = -2 \times 10^{-0.5} t^2 + 2.087t - 44\,964$	0.974 9	21.25

2.2 逐步回归模型的解算

将所选的一组数据(74 个测点)输入按照上述逐步回归方法编制的程序软件中,对模型进行逐步回归分析,得到结果汇总于表 1,模拟成果图见图 1。

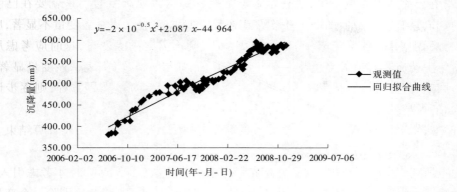

图 1　测点拟合曲线成果图

由计算可知,以上数据通过逐步回归方法建立的模型,其自变量与因变量的复相关系数较大,而拟合曲线的剩余标准差较小(见表 1),这说明拟合曲线的精度较高,能较好地反映大坝内部真实的沉降情况,所以该模型可以较好地模拟并预报大坝内部的沉降。

2.3　逐步回归模型的验证

为了检验该模型的正确性,用第一组观测曲线拟合得到回归曲线预报第二组观测数据(20 个测点),对比预报值与实测值拟合程度,从而可以判断出该模型在水库工程监测数据建模方面是否正确。根据第一组数据拟合结果,用下式作为预报曲线表达式:

$$y = -2 \times 10^{-0.5} t^2 + 2.087 t - 44\,964 \qquad (2)$$

预报值与实测值的剩余标准差为 24.62 mm(见表 2),对比结果见图 2。由表 2 可知,拟合曲线和预报值吻合度较高。由图 2 可知,在距离观测终点值越近的预报点处,预报越准确;在距离观测终点值越远的预报点处,预报值与真实值的误差越大。因此,可得到以下结论:本模型在预报短期大坝内部沉降较为准确(6 个月以内),但是中长期预报存在一定的误差,解决办法是利用逐步回归法不断更新模型,从而保证预报的准确性。

表 2　拟合曲线预报第二组测点结果测

测组	数据时段 (年-月-日)	数据个数	回归方程	剩余标准差(mm)
第二组	2008-09-13 ~ 2009-07-26	20	$y = -2 \times 10^{-0.5} t^2 + 2.087 t - 44\,964$	24.62

3　结语

逐步回归法分析数据时具有在引入后续因子的同时不会使已选因子变得不显著的优点,因而拟合精度较高。在大坝安全运营方面,逐步回归模型可以较准确地拟合观测曲线,找出变形值所呈现的规律,短期预报较为准确,在大坝安全监测中具有良好的应用前景,但是,由于模型存在时效性,对中长期的预报,必须不断更新模型,才能保证预报准确。

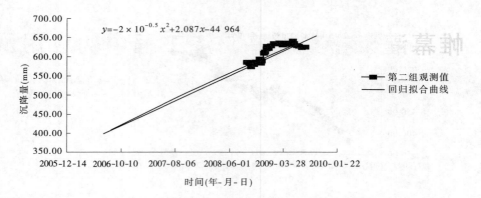

图2　拟合曲线预报第二组测点结果图

参考文献

[1] 郦能惠. 土石坝安全监测分析评价预报系统[M]. 北京：中国水利水电出版社,2003.

[2] 刘大杰,陶本藻. 实用测量数据处理方法[M]. 北京：测绘出版社,2000.

[3] 吴中如. 水工建筑物安全监控理论及其应用[M]. 北京：高等教育出版社,2003.

[4] 梁国钱,郑敏生,孙伯成,等. 土石坝渗流观测资料分析模型及方法[J]. 水利学报,2003,34(2):83-87.

[5] 张强勇,林春金,向文. 石板水电站重力坝坝基渗流渗压观测资料的统计回归分析[J]. 岩土力学,2006,27(10):1831-1834.

[6] 王晓蕾,王其霞,槐先锋. 逐步回归模型在大坝监测中的应用[J]. 水利学与工程技术,2006(1):59-63.

[7] 吴中如,沈长松,阮焕祥. 水工建筑物安全监控理论及其应用[M]. 南京：河海大学出版社,1990.

帷幕灌浆在某坝基防渗工程中的应用及效果分析

郭 印

（ 建设综合勘察研究设计院有限公司 北京 100007 ）

摘要： 结合北京市某公园配套蓄水塘坝工程帷幕灌浆工程施工案例，采用露天潜孔钻机提高了成孔效率，分析了角砾凝灰岩节理裂隙对灌浆量的影响，根据灌浆段上覆土重控制最大灌浆压力，钻孔各灌浆段单位注灰量与透水率成正比，透水率越大，单位注灰量越大，反之亦然；从单位注灰量均值可以看出，随灌序的增加，各次序孔单位注灰量逐渐减小，现场蓄水试验结果表明坝基帷幕灌浆效果良好，为今后类似灌浆工程选择合理的工艺参数，配备合适的设备机具，并合理调整施工工艺，确保工程质量达到设计要求提供依据。

关键词： 帷幕灌浆 透水率 节理裂隙 防渗 施工工艺

帷幕灌浆工艺因其操作方便、工艺程序完善、灌浆质量稳定、质量检查方法简便等显著特点，被广泛应用于水利防渗建设工程和其他基础防渗加固工程中[1]。目前，国内学者[2-11]研究了帷幕灌浆工艺在坝基防渗加固处理应用中所采用的灌浆方法、施工工艺、质量检查标准等以及施工中遇到的众多难题。但是，由于各个工程地层条件差异较大，施工工艺和灌浆效果差异也不同。

本文结合北京市某公园配套蓄水塘坝工程帷幕灌浆工程施工案例，介绍了帷幕灌浆工艺在角砾凝灰岩坝基防渗中的应用，通过压水试验对比分析了灌浆前后钻孔岩体透水率的变化规律，现场蓄水试验结果表明坝基帷幕灌浆效果良好，为今后类似灌浆工程选择合理的工艺参数，配备合适的设备机具，并合理调整施工工艺，确保工程质量达到设计要求提供依据。

1 工程概况

1.1 概况

本工程位于北京市丰台区西北部山区，水库由沟谷东西两侧和一号塘坝形成，塘坝为浆砌石坝，坝顶高程为 137.50 m，坝底最低标高 124.00 m，坝顶宽度 3.00 m，坝顶轴线长 53.80 m。水库正常蓄水位标高为 136.50 m。设计标准为 20 年一遇校核水位，地震烈度为 8 度。

坝基直接坐落在角砾凝灰岩上，在前期水库蓄水观测过程中，渗漏现象比较严重，需要进行防渗处理。

作者简介：郭印，男，1978 年生，山西古交人，博士，高级工程师，主要从事地基处理和边坡支护方面的研究。

1.2 工程地质条件

坝基所在地地貌单元属于丘陵地带。根据地质勘察资料,坝基基底岩石主要为角砾凝灰岩,颜色黄褐色,角砾由石灰岩组成,岩石自上而下为全风化、中等风化和微风化,局部存在节理裂隙,在坝基范围内有 6 条裂隙和一条断层通过。裂隙 L_1、L_2、L_3、L_4、L_5 和 L_6 产状分别为 120∠80,110∠80,315∠70,315∠70,315∠70,310∠60;断层 F_1 的产状为 110∠34。

2 帷幕灌浆实施方案

2.1 设计方案

坝体上游库区一侧距离坝基 1.2 m 的位置设置单排灌浆孔,孔间距为 1.5 m。坝肩两侧采用梅花形布置两排灌浆孔,每排孔距为 2.0 m,排距为 1.73 m,共布置 59 个灌浆孔和 10 个检查孔,灌浆钻孔总进尺 900 延米。灌浆孔深按进入相对不透水岩体(完整基岩)顶板以下 5.0 m 控制,帷幕灌浆段长为 5.3 ~ 20.0 m。帷幕灌浆孔平面布置见图 1。

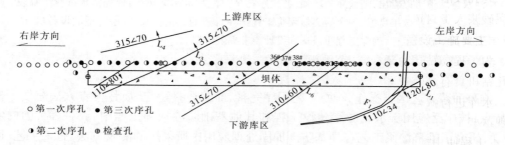

图 1 帷幕灌浆孔平面布置

2.2 施工工艺

2.2.1 钻孔

帷幕灌浆孔采用回转钻机金刚石钻头和露天潜孔钻机钻孔,垂直钻进,钻孔孔径 φ91 mm。对于灌浆布置孔中的所有一序灌浆孔在钻孔过程中留取岩石芯样,并做现场编录,放入岩芯盒彩色照相留存。

2.2.2 洗孔

灌浆孔(段)在灌浆前进行钻孔冲洗,采用清水钻进。在基岩段采用压力水进行孔壁冲洗直至回水清净时止,冲洗压力为灌浆压力的 80%,回水澄清后终止。

2.2.3 压水试验

灌浆前对一序孔采用自上而下分段进行简易压水试验,压水试验的段长为 5.0 ~ 6.0 m,压水试验在裂隙冲洗后或结合裂隙冲洗进行,帷幕灌浆孔压水试验压力同冲洗压力。压水时间为 20 min,每 5 min 测读一次压入流量,取最后 5 min 的流量作为计算流量,计算各段岩层的透水率。

2.2.4 灌浆

帷幕灌浆采用自上而下分段孔口封闭法完成,帷幕灌浆孔分三序进行施工。灌浆采用 P·O 42.5 普通硅酸盐水泥浆液,按规定由稀到浓逐级或越级变浓直到达到结束标准而结束。当某一比级浆液的注入量已达 300 L 以上或灌注时间已达 1 h,而灌浆压力和注入率均无改变或改变不显著时,浆液浓度应改浓一级。当注入率大于 30 L/min 时,可根据具体情况越级变浓。

在本工程灌浆施工过程中,为了保证大坝的安全稳定以及灌浆的顺利进行,我们采用自上而下分段灌浆法,灌浆压力与灌浆段底部深度成正比,最大压力依据下式确定:

$$p \leqslant \gamma h_i \tag{1}$$

式中:p 为最大灌浆压力,kPa;γ 为上覆土体平均重度,kN/m^3,取值为 20 kN/m^3;h_i 为第 i 灌段底部至坝顶的距离,m。

在灌浆设计压力下,当灌浆各段注入率小于 0.4 L/min 时,继续灌注 30 min;或不大于 1.0 L/min 时,继续灌注 60 min。当长期达不到结束标准时,应报请监理和业主代表共同研究处理措施。

2.2.5 封孔

终孔段灌浆结束后采用水灰比为 1:0.5 的水泥浆封孔,待凝后脱空部分用 1:2.5 的水泥砂浆人工封填,要求封孔后的孔口平整且不渗水。

2.3 主要施工设备

为了提高钻孔效率,本次钻孔施工采用露天潜孔钻机结合地质钻钻机进行成孔,露天潜孔钻机具有高效成孔、节约成本等优点。

水库进行帷幕灌浆工程施工时,压注水、冲洗孔、灌浆等工作是其基本的工作内容,实现这些工序的关键工具是止水塞。因此,止水塞性能优劣,将直接影响工程的施工质量,本工程使用橡胶注水封孔器(ZF51 – 2)作为止水塞达到了良好的止水和止浆效果。

3 帷幕灌浆效果分析

3.1 单位注灰量分析

帷幕灌浆成果资料结果表明:钻孔各灌浆段单位注灰量与透水率成正比,透水率越大,单位注灰量越大;反之亦然。通过回归分析得到单位注灰量 M 与透水率 q 之间的关系式如下:

$$M = (27.28q/q_0 - 152.31)M_0 \tag{2}$$

式中:M 为单位注灰量,kg/m;q 为透水率,Lu;q_0 为 1 Lu;M_0 为 1 kg/m。

透水率与单位注灰量之间的关系见图 2。

受裂隙影响,裂隙附近的钻孔单位注灰量在 118 ~ 212 kg/m,远高于平均值 83 kg/m,在坝基河谷区域裂隙较发育,单位注灰量明显大于其他位置。从单位注灰量均值可以看出,Ⅰ序孔单位注灰量为 185 kg/m,Ⅱ序孔单位注灰量为 93 kg/m,Ⅲ序孔单位注灰量为 51 kg/m,随灌序的增加,各次序孔单位注灰量逐渐减小,遵循一般灌浆规律。

3.2 压水试验结果分析

根据各孔段灌前压水试验透水率成果,Ⅰ序孔灌前透水率平均值为 11.8 Lu,Ⅱ序孔灌前透水率平均值为 8.9 Lu,Ⅲ序孔透水率平均值为 5.8 Lu。平均透水率Ⅰ序孔 > Ⅱ序孔 > Ⅲ序孔,说明经过先序孔的灌浆,后序孔的灌前透水率逐渐减小,达到了灌浆效果。

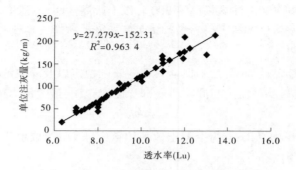

图2 透水率与单位注灰量之间的关系

3.3 蓄水试验结果分析

帷幕灌浆施工前,下游渗漏量较大,影响正常蓄水,帷幕灌浆结束后,当蓄水水位达到正常蓄水水位标高136.5 m时,下游三角堰板观测到的渗漏量为0.5 m³/d,完全满足设计要求,帷幕灌浆效果显著。

4 结语

(1)采用露天潜孔钻机进行灌浆孔成孔,具有高效成孔、节约成本等优点。

(2)本工程采用自上而下分段灌浆法施工时,灌浆压力随深度逐渐增加控制,可同时满足灌浆效果和大坝安全的要求。

(3)钻孔各灌浆段单位注灰量与透水率成正比,透水率越大,单位注灰量越大,反之亦然。

(4)对于在坝基坐落在沟谷之上时,帷幕灌浆要遵循"逢沟必漏"的原则,在河道沟谷位置,由于裂隙比较发育,灌浆孔需加密布置。

(5)灌浆和注水试验结果表明:坝基钻孔范围内各岩层段的平均透水率在5.8~11.8 Lu;各灌浆段单位长度的灌浆量与透水率成正比,各灌浆段单位长度的平均注灰量达51~185 kg/m。

(6)蓄水试验结果表明:帷幕灌浆实施后,坝基底部的渗流已经成功隔断,达到了设计要求,防渗效果良好。

参考文献

[1]国家行业规范标准编写组.SL62—94 水工建筑物水泥灌浆施工技术规范[S].北京:水利水电出版社,1994.

[2]彭华,陈尚法,陈胜宏.水布垭大岩淌滑坡非饱和渗流分析与渗控优化[J].岩石力学与工程学报,2002,21(7):1027-1033

[3]郑素来,陈莎莎.阿海水电站大坝帷幕灌浆设计与施工效果分析[J].岩石力学与工程学报,2011,37(24):227-228.

[4]姜喜峰,张继奎.帷幕灌浆在团结水库大坝岩基防渗中的应用[J].吉林水利,2011(7):24-26.

[5]熊义泳,孙忠明,姚文武.清江水布垭电站现场帷幕灌浆试验与分析[J].岩石力学与工程学报,2004,23(9):1558-1563.

[6]张景秀.坝基防渗与灌浆技术[M].北京:中国水利水电出版社,2002.

[7] 彭第,王伟. 中梁一级电站库区防渗帷幕灌浆试验研究[J]. 铁道建筑,2012(1):93-95.

[8] 马志坚. 中卫市照壁山水库坝基处理灌浆试验[J]. 水利与建筑学报,2009(2):58-60.

[9] 罗长军. 既有土坝可溶岩坝基帷幕灌浆施工中几个问题探讨[J]. 岩土力学,2003,24(S2):399-402.

[10] 李伟,肜海平,路金镶. 帷幕灌浆技术[J]. 中国水利,2000(2):52.

[11] 李洪泉,姜全兵. 帷幕灌浆工艺在复杂地质条件中的应用及效果分析[J]. 探矿工程,2011(11):59-61.

堤坝典型填筑土体渗透破坏过程试验研究[*]

丛日新[1]　杨　超[2]　段祥宝[2]　谢罗峰[2]　远艳鑫[2]

（1. 沈阳浑河管理中心　沈阳　110000；

2. 南京水利科学研究院水文水资源及水利工程科学国家重点实验室　南京　210029）

摘要： 针对渗透变形出现后会继续发展这一普遍现象，开展了砂砾石、砂性土和黏性土等堤坝填筑材料的渗透破坏发展过程物理模型试验。试验结果表明，渗透破坏是一个逐步发展的过程，首先出现局部变形，随着水头增加，局部变形区域逐渐扩大，引起整体变形，接着变形区连通上下游，当水头继续增大时，土体破坏失稳；整个过程可以划分为四个阶段：孕育阶段、发生阶段、发展阶段及破坏阶段；论证了不同性质土体处于各个阶段的稳定性；渗透破坏锋面附近往往出现坡降集中现象，为渗透破坏的继续发展提供动力。试验所得结论加深了关于渗透破坏的认识，补充了渗流领域关于渗透破坏发展过程研究的空白，可以为渗控工程设计及应急抢险措施选择提供技术参考。

关键词： 堤坝土体　渗透破坏过程　沿程坡降　沿程渗透系数

我国已建成各类水库 8.7 万多座，其中 93% 以上都是土石坝，已建堤防工程达到 29 万 km，而常见堤坝填筑材料主要是黏壤土、粉土、砂、卵砾石，发生渗流破坏后，易引起堤坝溃决，造成较大的危害。大量堤坝工程的施建在产生了巨大社会效益的同时，也存在一定安全隐患，其中渗流破坏带来的问题往往较多且严重。据统计，堤坝渗流破坏占堤坝病险的 54%，因此渗流破坏成为一个亟待解决的问题。

早期研究集中于渗透破坏类型和发生渗透变形临界条件方面，对渗透变形出现后继续发展这一普遍现象研究较少，关于渗透破坏发展过程中土体内部结构参数、水力参数等的变化规律尚不明确，关于渗透破坏机理的认识尚不深入[1-11]，因此渗控措施浪费、失效的现象时有发生，甚至部分渗控措施起到反作用，造成较大损失。渗透破坏过程及其机理的研究，不仅是渗流学科发展的需要，更是关系到降低堤坝溃决风险、应对突发性堤坝险情的一项基础性研究工作。

开展堤坝土体渗透破坏过程特征试验，着重于试验演绎渗透破坏的发展过程，探讨渗透破坏发展机理。

1　试验内容与方法

针对黏壤土、砂土、砂砾石等开展一系列渗透破坏过程试验，分析渗透破坏过程中渗

* **基金项目：** "十一五"国家科技支撑计划项目课题（2009BAK56B04）《震损水库安全评价与应急处置技术研究》；中央级公益性科研院所重点项目《堤坝渗流破坏过程模拟试验及其机理研究》（Y109005）。

作者简介： 丛日新，男，沈阳浑河管理中心，主要从事堤防、港航交通管理及相关领域研究工作。

透性、渗透压力和渗流量及细粒运移等因素时空变化规律,并分别对渗透坡降、渗透压力、渗透方向、颗粒运移情况等因素对渗透变形发展过程的影响进行了探讨,旨在识别渗透变形从量变到质变不同阶段渗透变形特征。

1.1 试验装置与方法

改进管涌仪如图 1 所示,设测压管和传感器两种测压装置,两者均匀相间布置,即保证每隔 2.5 cm 设置一个测压装置;供水水箱为自动升降式,可连续加载水头。

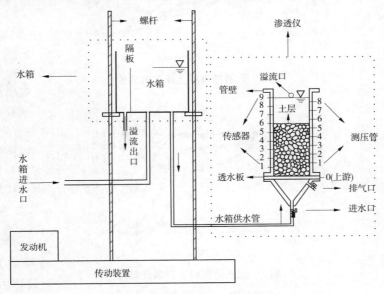

图 1　渗透破坏过程试验装置

试验时[13],黏壤土及砂性土装填高度为 20 ~ 25 cm,砂砾料为 30 ~ 35 cm。采用逐级饱和,初始坡降不高于 0.1,试验加水方式主要为连续加压,每次增加平均坡降约 0.1 后,每 5 min 施测一侧,直到各测压管稳定或者变化不大,施加下一级水头。试验结束以发生整体破坏失稳为准。试验主要施测沿程水头分布、溢流量、涌砂量等,观察溢水浑浊程度及土料表面变化情况,及时绘制 J—v 线及沿程坡降变化曲线。试验后进行表、中、底三层取样,采集土料渗透破坏后沿程级配资料。

1.2 试验材料

试验选择了 11 组天然土样,室内配置了 6 组土样,共 17 组,土样颗分情况如图 2 ~ 图 4 所示。

2 砂砾料渗透破坏过程试验分析

2.1 沿程渗透性能及坡降变化

土样 C 为管涌变形,临界坡降取 0.39,破坏坡降为 0.48,试验共进行了 305 min,渗透破坏过程如图 5 所示,试验末级渗透速度和渗透系数较大,因此未在图中画出,土样从上游到下游沿程设置 5 个测点,图中 0 ~ 5 为测压管编号。

当 $J < 0.34$ 时,沿程 J—v 曲线为直线,土体稳定;当 $J > 0.34$ 时,土体内部颗粒开始

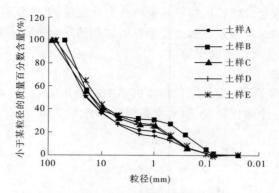

图 2　天然砂砾料土样颗分曲线

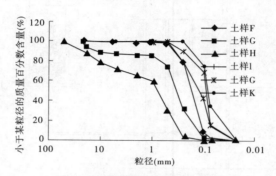

图 3　天然细粒料土样颗分曲线

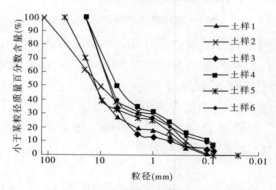

图 4　室内配制砂砾料土样颗分曲线

调整,在下游端 4—5 段和上游端上—1 段首先变形,J_{4-5}—v 和 $J_{上-1}$—v 发生弯曲,渗透系数有增大的趋势;随着坡降的增大,$J=0.44$ 时,土体内部 2—3 段和 3—4 段开始出现变形,土体渗透系数突然增大,然后逐渐降低,坡降出现集中现象,并同时引起土体整体变形;当 $J=1.4$ 时,土体整体破坏失稳,试验停止。

2.2　沿程渗透变形特征

图 6 为土样 C 渗透破坏过程汇总情况,括号内为土体各层出现渗透变形时的局部临界坡降。

渗透变形首先在溢流出口的下游端 4—5 出现,上游端也易于出现内部变形;局部渗

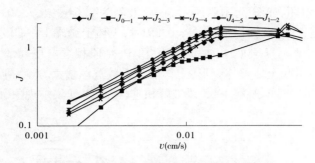

图5　土样C渗透破坏过程沿程坡降变化

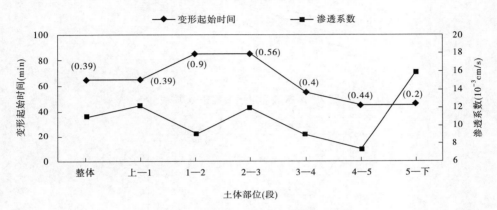

图6　土样C渗透破坏过程汇总

透变形由下游逐渐向上游发展,最后连接内部变形,沟通上下游;沿程各段土体临界坡降的大小和其渗透系数成反比,渗透系数越大,临界坡降较小;土体各部位出现变形的顺序和其位置、渗透性能有关。

根据渗透变形性质不同,砂砾料管涌破坏可以分为四个阶段:孕育阶段,即土体承受坡降较小,颗粒稳定,不发生调整或者流失;发生阶段,即随着坡降的增大,土体出现局部变形,然后变形区域逐渐扩大,造成整体变形,处于这个阶段的土体,变形现象较不明显;发展阶段,即土体出现整体变形至变形区贯穿上下游,虽然土体出现整体变形,但局部变形尚未扩展到整个土体内部,局部存在未变形区,控制土体的渗透变形过程;破坏阶段,即当土体内部渗透变形连通上下游至破坏失稳。

2.3　渗透破坏过程稳定性

考虑到天然砂砾料颗粒级配较粗,不易填筑均匀,略去20 mm以上卵石,配置了土样3和土样4,开展长历时试验,主要研究土体渗透破坏过程中的渗透稳定性。

土样3为管涌变形,$J_{cr} = 0.35$,当发展到破坏阶段时,保证恒压且静置24 h,观察静置前后的渗透变形情况。停止加压时坡降为1.15,渗透系数为0.108 cm/s,跳动颗粒最大粒径为$0.5 \sim 0.25$ mm,溢水浑浊。次日观测时发现土体坡降基本不变,渗透系数为0.1 cm/s,变化较小;观察到溢水变清,颗粒依然跳动,最大粒径依然为$0.5 \sim 0.25$ mm,涌砂量没有明显增加,土体损失质量低于10%。试验结果显示,在1.15坡降下,土样3虽然出现渗透变形,并贯穿上下游,土体具有一定的稳定性,和骨架尚未破坏有关。

土样 4 为流土破坏,如图 7、图 8 所示,临界坡降为 0.64。当 $J<0.39$ 时,土体稳定,沿程 J—v 曲线接近直线,土体稳定;当 $J=0.39$ 时,土体上游端上—1 段及 1—2 段颗粒开始调整;随着坡降的增大,$J=0.64$ 时,2—3 段和 3—4 段相继出现局部变形,局部变形区域扩大到约 2/5 时,引起土体整体变形,土体渗透系数逐渐增大,观察到大量气泡,土体稳定性较差;当 $J>0.74$ 时,下游端 4—5 段坡降快速增加,出现集中现象,静置约 20 min 后,土体整体顶托破坏。

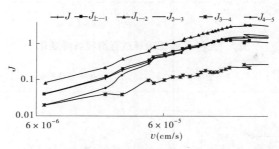

图 7　渗透破坏过程沿程 J—v 曲线

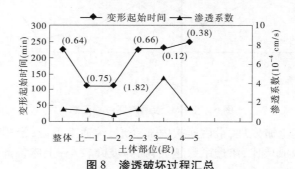

图 8　渗透破坏过程汇总

砂砾料流土变形并非瞬间完成,靠近上游土体首先发生颗粒调整,这和加压时上游端水头快速集中有关,随着试验的进行,颗粒调整区域逐渐向下游扩展,一旦连通上下游,土体快速破坏失稳。由于流土变形逐步发展过程中,坡降在下游端溢流出口处积累,一旦土体失稳,出口处会先出现流土破坏的现象,流土变形时间较短且剧烈。砂砾料流土变形也可分为孕育、发生、发展和破坏四个阶段,孕育阶段一般较长,发展和破坏阶段一般较短;处于孕育和发生阶段的土体基本是稳定的,进入发展阶段后,土体稳定性较差。

3　砂及黏壤土渗透破坏过程试验

3.1　砂性土渗透破坏过程试验

土样 F 渗透破坏过程试验如图 9 所示。当 $J<0.38$ 时,土体稳定;当 $J=0.38$ 时,土体内部颗粒开始调整,在下游端 3—4 段首先变形,J_{3-4}—v 发生弯曲;随着坡降的增大,$J=0.54$ 时,2—3 段出现变形,当 $J=0.64$ 时,上游端上—1 段也出现变形,土体整体变形,J—v 曲线出现弯曲;当 $J=0.73$ 时,1—2 段也出现变形,试验观察到溢水变浑;随着坡降的增大,快速发展为流土破坏。

砂性土的渗透破坏发展过程类似于砂砾石土,也可划分为孕育、发生、发展、破坏四个

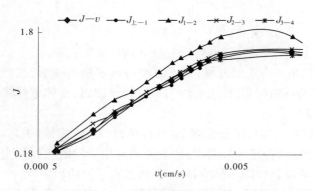

图9　土样 F 渗透破坏过程沿程 $J—v$ 曲线

阶段。当渗透变形发展至发展阶段时,溢水变浑,增加坡降 0.09 时,快速进入破坏阶段,直至土体崩溃,砂性土进入发展阶段时,土体已经失去抗渗能力,较小扰动即可致灾。

3.2　黏性土层渗透破坏过程试验

土样 J 渗透破坏过程如图 10、图 11 所示,由于破坏时的渗透系数较大,未在图中绘出。当坡降 $J=0.93$ 时,下游端 2—下段首先出现流土变形,土体整体出现渗透变形,试验维持近 40 min 后,发现土体表面出现大量孔洞,土体表面水浑;增加一级坡降的情况下,当 $J=1.03$ 时,上—1 段和 1—2 段出现变形,溢水变浑,继续增加水头后,土体瞬间崩溃。

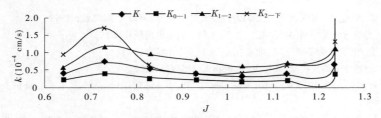

图10　土样 J 渗透破坏过程沿程 $k \sim J$ 曲线

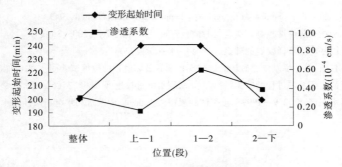

图11　土样 J 渗透破坏过程汇总

试验结果表明,渗透破坏过程中,黏性土渗透破坏过程中,第三阶段和第四阶段缺失,一旦局部出现变形,土体失去稳定性;试验结果显示,渗透破坏过程中,坡降的集中现象并不明显。黏性土的渗透变形发生的临界坡降较大,但是一旦发生发展较快,在较小的坡降下出现整体破坏现象。

4　结语

开展了一系列筑坝土体渗透破坏发展过程试验,结果表明:

(1)渗透破坏存在一个发展过程,上下游端易出现渗透变形,然后向土体内部发展,随着土体局部变形的不断积累,扩大到约1/3渗径长度时,土体整体渗透变形,水压继续增大时,土体逐渐破坏。

(2)土体渗透破坏过程可以分为四个阶段:孕育、发生、发展、破坏。对于流土型无黏性土体,进入发展阶段时稳定性较差,黏性土进入发生阶段时已经失去稳定性,而管涌型砂砾料处于第四个阶段且坡降不影响骨架时,尚具有一定的稳定性。

(3)渗透变形发展过程中,变形区锋面附近常会出现坡降集中现象,也是渗透变形进一步发展的动力;管涌发生的临界坡降较小,但是发展破坏过程一般比较缓慢,而流土破坏过程一般较快;对于砂砾土的管涌而言,细粒填料含量越多,其渗透变形发生较难,但其破坏发展过程较快。

影响土体渗透破坏过程因素主要有土体颗粒级配、密实情况,水力条件、土体几何尺寸等,进一步研究方向是开展堤坝渗透破坏过程模拟试验,着重研究典型堤坝结构下渗透破坏发展情况。

参考文献

[1] 毛昶熙,段祥宝,李祖贻. 渗流数值计算及程序应用[M]. 南京:河海大学出版社,1999.

[2] 毛昶熙. 渗流计算分析与控制[M]. 2版. 北京:中国水利水电出版社,2003.

[3] 毛昶熙,段祥宝. 堤防工程手册[M]. 北京:中国水利水电出版社,2009.

[4] 刘杰. 土的渗透稳定和渗流控制[M]. 北京:水利水电出版社,1992.

[5] C. S. P. Ojha,V. P. Sinhg,D. D. Adrina. Determination of critical head in soil piping[J]. Journal of hydraulic engineering,ASCE,July 2003.

[6] Sherard,J. L. ,et al. Piping in Earth Dam of Dispersive Clay[J]. Performance of Earth and Earth - supported Structures,1972,1(1):589.

[7] Terzaghi K. Theoretical soil mechanics[M]. London:Chapman and Hall,Limited,1943.

[8] 毛昶熙,段祥宝. 悬挂式防渗墙控制管涌发展的试验研究[J]. 水利学报,2005,36(1).

[9] 毛昶熙,段祥宝. 堤基渗流管涌发展的理论分析[J]. 水利学报,2004:12.

[10] 段祥宝,杨超,丛日新,等. 堤基渗透破坏的研究现状及其破坏过程的数值试验[J]. 水电能源科学,2011(5).

[11] 李广信. 堤基管涌发生发展过程的试验模拟[J]. 水利水电科技进展,2005,25(6).

[12] 中华人民共和国水利部. SL 239—1999　土工试验规程[S]. 北京:中国水利水电出版社,1999.

泰山抽水蓄能电站混凝土面板堆石坝
安全监测及资料分析

张小旺[1]　鞠　霞[2]

（1. 河南省交通科学技术研究院有限公司　郑州　450006；
2. 河南省地矿局第一地质勘查院　南阳　473000）

摘要:泰山抽水蓄能电站上水库大坝为一典型结构混凝土面板堆石坝,其布置有较为完善的水工安全监测系统。从大坝建成蓄水之前,有关单位既开始对大坝各安全监测项目进行定期观测,至今已积累较为完整丰富的监测资料。本文中通过对该坝坝体和面板变形、面板应力以及库区渗漏等关键监测资料的整理与分析,进一步了解该坝目前实际工程安全状态,也进而通过该原型监测资料的分析丰富混凝土面板堆石坝设计、施工和管理经验。

关键词:抽水蓄能电站　堆石坝　安全监测　资料分析

1　工程概况[1]

　　泰山抽水蓄能电站位于山东省泰安市西郊的泰安西南麓,距泰安市 5 km,距济南市约 70 km。为日调节纯抽水蓄能电站,工程规模为一等大(1)型工程,由上水库、输水系统、地下厂房、下水库、地面开关站等建筑物组成,电站装有四台 250 MW 可逆式机组,年发电量 13.382 亿 kWh。上水库位于泰安南麓横岭北侧的樱桃园沟内,由混凝土面板堆石坝、上水库进/出水口、库盆及其防渗措施等组成。库盆防渗型式为国内首次采用的以钢筋混凝土面板与库底高密度聚乙烯土工膜及垂直防渗帷幕相结合的综合防渗方案。

　　泰山抽水蓄能电站于 2000 年 2 月 23 日前期准备工程开工,上水库土建工程于 2001 年 7 月 1 日开始施工开挖;主坝于 2005 年 4 月 15 日填筑到顶,库盆土工膜也于 4 月 25 日施工完工;上水库工程于 2005 年 5 月完成蓄水安全鉴定,并于 5 月 31 日开始初期蓄水。电站 1# 机组于 2005 年 12 月 31 日并网,次年 7 月初投入商业运行。2# 机组于 2006 年 10 月初投入商业运行,3# 机组及 4# 机组于 2006 年 12 月初及 2007 年 3 月投产发电。

　　为监测电站主要水工建筑物安全情况,泰山抽蓄上水库布置有较为完善的安全监测系统,主要项目有坝体表面及内部位移观测、面板变形(挠度)观测、应力应变观测、接缝变形观测、渗透压力、渗流量观测、地震反应观测、上游水位和温度观测等。监测重点为坝体、库岸边坡、面板的变形和库区的渗漏。

　　本文主要就混凝土面板堆石坝安全监测较为关心的坝体和面板变形、面板应力以及

作者简介:张小旺,男,1982 年生,河南信阳人,硕士,毕业于郑州大学,工程师,现工作于河南省交通科学技术研究院有限公司,主要从事隧道工程、岩土工程等工程安全监测与预测研究。

库区渗漏监测资料进行简要分析,以便于对大坝安全情况进行准确判断,从而指导日常的运行与维护。

2 大坝变形监测

泰山抽水蓄能电站上库大坝变形监测可分为表面变形监测和内部变形监测两部分。其中表面变形监测是采用大地测量方法,内部变形监测是采用水管式沉降仪和引张线式水平位移计观测的。

2.1 大坝表面变形

在大坝平行坝轴线方向共布置 5 条测线,分别设置有沉降测点 19 个,水平位移测点 25 个。

2.1.1 大坝表面沉降

大坝表面沉降监测采用电子水准仪按国家二等水准测量相关要求进行观测,大坝表面沉降典型过程线及水库降雨和平均水位过程曲线如图 1 所示,大坝表面沉降量空间分布如图 2 所示。

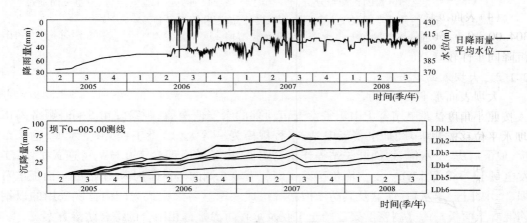

图 1 大坝表面沉降典型过程曲线及水库降雨和平均水位过程曲线

对 2005 年 5 月至 2008 年 10 月泰山电站上库大坝沉降变形监测资料进行分析可以得出以下部分成果:

(1)大坝下游面在开始蓄水后的 1~2 年内,堆石体固结而产生沉降,沉降速率相对较大;之后,堆石体在持续荷载作用下发生蠕变,产生次固结沉降,沉降速率逐渐趋缓。目前,各测点仍有约 16 mm/a 以内的沉降趋势。

(2)堆石坝下游面沉降一般与库水位关系不大。从过程线看,在蓄水期随着库水位的逐步提升,沉降速率变化不大;水库蓄至正常蓄水位后,沉降速率有所变缓,并在库水位有较大回落时速率稍有增大,说明库水对下游面的影响主要为渗透影响,但影响较小。

(3)从沉降量来看,除个别点外,大坝表面各测点的沉降量在 11~85 mm;蓄水期沉降量在 6~61 mm;运行期(2007 年 4 月 10 日至今)的沉降量在 −1~25 mm;目前沉降量的 53% 以上发生在蓄水期。从沉降速率来看,蓄水期平均沉降速率在 3~33 mm/a;运行期(2007 年 4 月 10 日至今)的平均沉降速率在 0~17 mm/a,年沉降量小于坝高的

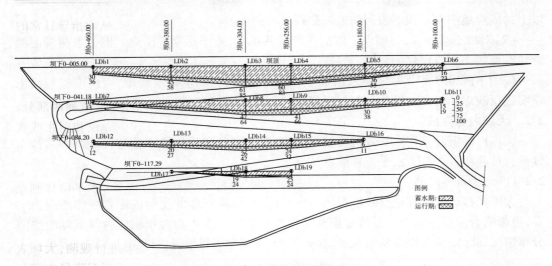

图2　大坝表面沉降量空间分布

0.02%。可见,沉降速率递减,沉降呈收敛态势。

(4)表面沉降与填筑高度有关,表面沉降较大的部位集中在中间坝段,其中以坝0+
304.00~0+256.00断面的沉降最大。各高程沉降量变化均较均匀,表明相邻断面间的
沉降同步性较好。

2.1.2　大坝表面水平位移

大坝表面水平位移观测是采用视准线法进行监测的,目前是利用TCA2003测量机器
人按照小角度法的有关要求进行观测。大坝表面水平位移典型过程线如图3所示,对大
坝水平位移监测资料进行分析可以得出以下部分成果:

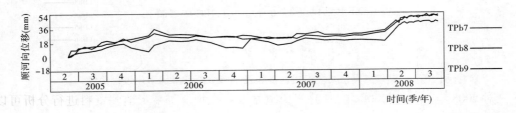

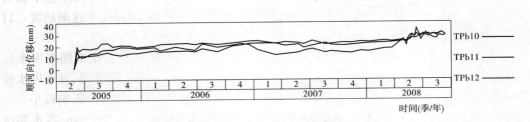

图3　大坝表面坝下0—005.00测线水平位移过程线

(1)受堆石料沉降的侧膨胀效应及下游沉降稍大于上游等的影响,大坝整体具有向
下游的时效位移,位移量为-4~51 mm,位移量最大测点在大坝中部。位移量在20 mm

以上的测点集中在坝顶下游侧防浪墙测线及中间坝段。

（2）对堆石坝而言，目前向下游的变形量并不大，处于正常范围内。但各条测线上测点均有继续向下游位移的趋势。

（3）由于2008年4月之前采用极坐标法进行观测，测量精度较低，因此值过程线未能明显反映出顺河向水平位移与气温变化、库水位等的相关性。

2.2 大坝内部变形

大坝内部沉降采用水管式沉降仪观测，内部水平位移采用水平位移计观测。共计布置垂直位移测点35个、水平位移测点8个。

2.2.1 大坝内部沉降

大坝内部沉降是直接反映堆石体的变形情况，而堆石体的变形决定着坝体的应力应变，更影响着混凝土面板与其接缝止水防渗的可靠性。图4为大坝坝体内部沉降的空间分布情况，此外，从大坝开始填筑到2008年11月观测资料中可以得到以下部分成果：

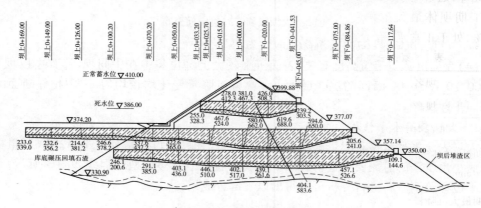

(a)0+255.91断面352.0 m、370.0 m和392.0 m高程

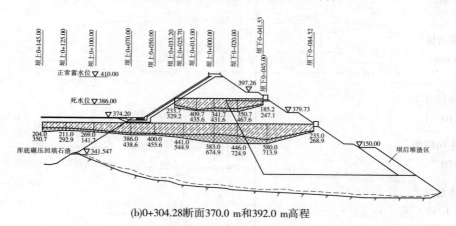

(b)0+304.28断面370.0 m和392.0 m高程

图4　大坝坝体内部沉降的空间分布情况

（1）坝体内部各测点总体规律呈下沉趋势。从过程线来看，填筑期属固结沉降期，沉降量较大，沉降速率较快；填筑到顶后，沉降速率明显减慢，沉降量相对较小，进入次固结

沉降期。填筑期坝体的沉降速率与填筑高度、填筑强度密切相关。

（2）坝体内部各测点目前沉降量在 281 ~ 725 mm；发生在大坝填筑期的沉降量在 234 ~ 620 mm，占目前沉降量的 56.8% 以上；蓄水运行至今各测点的沉降量在 26 ~ 292 mm，占总沉降量的 6.0% ~ 43.2%。目前来看，沉降量主要发生在填筑期。从沉降速率来看，填筑期坝体内部各测点平均沉降速率在 104 ~ 275 mm/a；蓄水至今 3 年多时间的平均沉降速率在 8 ~ 89 mm/a，年沉降量小于坝高的 0.1%，沉降速率远小于填筑期。可见，沉降速率大幅减小，但尚未达到最终沉降量（年沉降量小于坝高的 0.02%），近几年仍将是继续下沉的趋势。

（3）坝内沉降量等值线呈两头小、中间大、下部扁平的扁三角形态，与大坝体形接近，分布形态合理，坝底部及表面的沉降较均匀。坝内不同高程各点的沉降量与下填堆石厚度和上覆堆石厚度关系明显。

此外，通过与同类工程比较可发现（见表 1），一般坝高在 100 m 左右的面板堆石坝，其施工期坝体最大沉降值一般在坝高的 1% 以下，泰山电站大坝的沉降量为坝高的 0.62%，处于正常水平。

表 1　泰山抽水蓄能电站上水库大坝部分监测量与国内外类似工程对比表[2]

坝名		泰山	十三陵	成屏一级	马琴托士	白溪	天生桥一级
坝高		99.8	75	74.6	75	124.4	178
堆石类型		混合花岗岩	安山岩	凝灰岩	青砂岩	凝灰岩	石灰岩
施工期最大沉降量（mm）	最大沉降量	620	846	282	—	780	3320
	与坝高比	0.62%	1.12%	0.38%	—	0.63%	1.87%
蓄水期最大沉降量（mm）	最大沉降量	292	201	29.5	160	—	—
	与坝高比	0.29%	0.27%	0.04%	0.21%	—	—
周边缝（mm）	开合度	14.1	12.9	13.1	4.8	11.2	—
	相对沉降	17.5	5.1	28.2	20	29.4	—
	剪切	3.2	4.7	20.6	2.8	13.4	—
顺坡向应变（10⁻⁶）	张拉	368.3	—	270	—	—	> 500
	压缩	208.3	—	510	—	—	1 061
水平向应变（10⁻⁶）	张拉	348.7	—	460	—	—	116
	压缩	223.2	—	580	—	—	948
渗漏量（L/s）	最大漏水量	41.17	—	54	—	6 ~ 7	167
	稳定漏水量	27.27	—	10	—	3 ~ 4	88

2.2.2　大坝内部水平位移

由于坝体内部水平位移测值精度取决于观测房的表面位移观测、引张线式水平位移计两者的精度，两者精度均不高，导致坝体内部水平位移精度不高。坝体内部水平位移典型过程线(剔除明显异常的数据)如图5所示。泰山大坝内部水平位移的部分特点是：

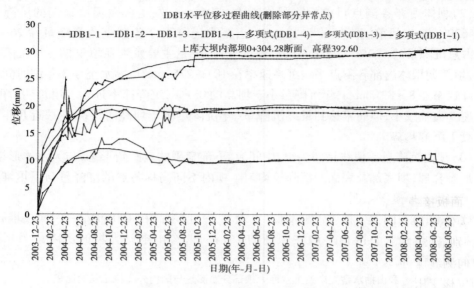

图5 大坝内部水平位移(顺河方向)典型过程线(剔除明显异常的数据)

(1)坝体内部各点位移规律相似,均呈逐渐向下游位移的趋势,但趋势均减缓。

(2)坝体内部顺河向位移主要受固结沉降影响。在蓄水期间,随着库水位的逐步上升,向下游位移也有所增加。随着沉降的逐渐稳定,侧向膨胀效应减弱,向下游的位移也将逐渐稳定。

3 面板变形

泰山大坝混凝土面板承受最大水头约35 m,面板的厚度采用0.30 m等厚度。在趾板与面板、连接板与面板、防浪墙与面板之间设周边缝;面板设垂直伸缩缝,标准板块长66.18 m,不设水平伸缩缝及施工缝。面板与防浪墙之间设置顶缝。垂直伸缩缝间距采用12 m,均按张性缝设计。大坝面板共分为44块。对于面板的变形监测主要是采用预埋测斜管监测面板挠度变化,采用测缝计监测面板垂直结构缝和周边缝的变形情况。

3.1 面板挠度

为了解坝坡和右岸面板在不同工况的法向变形特征和工作状况,分别在大坝和右岸面板下设置2根测斜管,测点编号为IN1、IN2。用测斜仪观测面板法线方向的挠曲变形。IN1位于23#面板底部、IN2位于34#面板底部,测斜孔深度70 m,倾角与面板一致,为1:1.5,底部高程317.51 m。

大坝面板挠度观测以蓄水前数天2005年5月23日为基准,测值为相对位移。图6为大坝面板挠度典型测次量值的分布图。虽然测斜仪测量精度较低,但从面板挠度观测资料中依然可以得到以下部分成果:

(1)面板挠度变化前期主要受堆石坝体沉降的影响,主要向坡内方向位移,深度由深至浅位移量逐渐增加。近阶段面板挠度变化受水位变化影响不明显。

(2)变形随温度呈周期性变化,高温季节略向坡内位移,低温季节略向水库位移,因为测斜管安装在面板底部,变化规律正常。

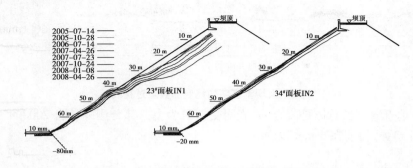

图6 大坝面板挠度典型测次量值分布图

3.2 面板接缝变形

为监测大坝混凝土面板垂直结构缝开合度的变化情况,选取大坝面板的若干典型断面,分别沿坡向 402 m、393 m、384 m 及上游坝坡底部 374.8 m 四个高程附近,布设了 12 支单向测缝计;为监测大坝混凝土面板与趾板、连接板之间周边缝的开合度、相对沉降和剪切位移变化情况,布设了 10 组三向测缝计。

3.2.1 周边缝

大坝周边缝变形典型过程线如图7所示,泰山大坝周边缝变形规律可总结如下:

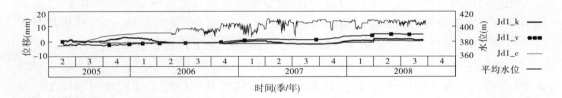

图7 大坝周边缝变形典型过程线

(1)开合度变化。周边缝以张开为主。开合度与气温密切相关,随着气温的上升或下降,有规律地缩小或张开。随着库水位的上升,大部分的测缝计开合度无趋势性变化,仅个别测缝计显示周边缝有拉开趋势。

(2)相对沉降。受堆石体流变等因素影响,坝坡面板与连接板的相对沉降量有逐渐增大的趋势。库水位回蓄较快时,相对沉降有突增的变化。另外,气温对周边缝的相对沉降有一定的影响。

(3)剪切位移。剪切方向的变形量值较小,规律性不明显。

此外,通过与国内外类似工程进行对比(见表1),可发现泰山大坝周边缝的开合方向的量值与同类工程比基本相当,相对沉降量处于中等水平。剪切方向变形很小,远小于同类工程。

3.2.2 垂直结构缝

大坝垂直结构缝变形典型过程线如图8所示,泰山大坝垂直缝变形有以下特点:

(1)垂直缝的变形与温度密切相关,随着气温的下降或上升,垂直缝作有规律的张开或闭合。受库水位影响甚微。

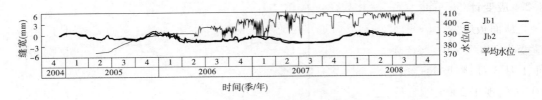

图8　大坝垂直结构缝变形典型过程线

（2）各垂直缝测点总体是闭合的,表明受挤压为主。部分测缝计自2008年年初开始接缝有张开趋势,目前在6 mm以内。

4　面板应力应变

应力应变监测是混凝土面板堆石坝的主要观测项目之一。在坝工技术的发展史上,应力应变观测曾经发挥过重要作用。大量的工程实践表明,应力应变观测是研究大坝等水工建筑物的工作状态以及估计工程安全状况的重要方法之一,尤其在蓄水初期[3];与此同时,对反馈设计施工也起到较大作用。泰山抽水蓄能电站上库大坝也在其混凝土面板内布置有无应力计18组、二向应变计11组、三向应变计7组用于监测混凝土面板的应力分布及变化情况。

4.1　无应力计

无应力计埋设在应变计组的附近,用以测量混凝土的自生体积变形或自由应变,是实测应变计算混凝土应力时必需的监测资料。混凝土自由体积变形包括三部分,即混凝土自生体积变形、混凝土温度变形及混凝土湿度变形[4]。用下式表示:

$$\varepsilon_0 = G(t) + \alpha\Delta T_0 + \varepsilon_w \tag{1}$$

式中:$G(t)$为混凝土自生体积变形,由水泥水化作用或其他一些未知因素引起;$\alpha\Delta T_0$为混凝土的温度变形,α为温度线膨胀系数,ΔT_0为温度变化量;ε_w为湿度变化引起的变形,目前这一部分变形往往合并到$G(t)$中考虑。

从泰山大坝面板中的无应力计典型测值过程线(见图9)上可发现,无应力计测值主要受温度影响,与温度呈正相关,即温度升高,应变增大;温度降低,应变减小。位于较高高程的无应力计测值年变幅较大,位于较低高程的无应力计测值年变幅较小。符合混凝土无应力计测值的一般变化规律,可认为是正常的。

在无应力计过程线上选取后期自生体积变形较稳定的降温段,或其他温度梯度很大的时段,忽略自生体积变形的变化,即认为$G(t)=c$,绘制$T \sim \varepsilon_0$关系曲线,取近似于直线的斜率,即得α_c,表示为下式[4]:

$$\alpha_c = \frac{\Delta\varepsilon_0}{\Delta T_0} \tag{2}$$

式中:$\Delta\varepsilon_0$为曲线上两端点无应力计实测应变增量;ΔT_0为曲线两端点无应力计温度增量。如果选取时段较多,可以用最小二乘法求α_c。

通过该方法可以求得泰山大坝面板混凝土的温度膨胀系数最大为$12.57 \times 10^{-6}/℃$,最小为$8.33 \times 10^{-6}/℃$,平均值为$9.95 \times 10^{-6}/℃$。

4.2 应变计

从面板应变计监测成果看,水平向应变在 $-223.2 \times 10^{-6} \sim 348.7 \times 10^{-6}$ 之间,最大拉应变为 348.7×10^{-6},出现于 2008 年 9 月 12 日;最大压应变为 223.2×10^{-6},出现于 2007 年 1 月 3 日;顺坡向应变在 $-208.6 \times 10^{-6} \sim 368.3 \times 10^{-6}$ 之间,最大拉应变为 368.3×10^{-6},出现于 2005 年 6 月 18 日,最大压应变为 208.6×10^{-6},出现于 2005 年 12 月 21 日。目前,面板混凝土大部分处于拉压交替状态。从过程线上看(见图 10),应变呈明显的年周期性变化,温度升高,应变增大,温度降低,应变减小;大多数测点没有明显趋势性应变。

此外,与国内外类似工程比较可知(见表 1),变化规律相似且应变值较小。

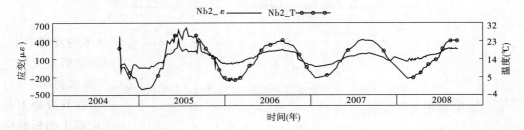

图 9　大坝面板无应力计典型测值过程线

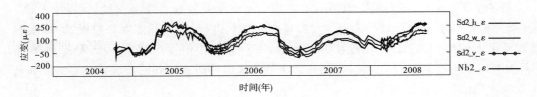

图 10　大坝面板三向应变计及无应力计典型过程线

5 库区渗流

库区渗流是抽水蓄能电站运营单位较为关心的问题,库水的渗流不但直接影响着大坝及相关水工建筑物的稳定安全,而且影响着电站运行的效能。泰山抽水蓄能电站上水库区域布置有较为全面系统的渗流监测仪器,限于本文篇幅,在此仅对最为关心的水库渗漏量、土工膜渗透压力等监测资料进行分析和总结。

5.1 水库渗漏量

在大坝下游坡脚处设置有一三角量水堰用于观测主坝渗漏量,通过对观测资料的整理与分析,认为泰山电站坝后量水堰所测渗流主要来源及变化原因有以下几个方面:

(1)大坝渗漏量主要受库水位和降雨量影响。在雨季或库水位升高时,渗漏量明显增大;在旱季或库水位下降时,渗漏量减小;并随时间有增大的趋势。上库水位升高,接触库水的面板、岩体面积加大,渗漏通道增加,使库水的渗漏量增大(见图 11)。

(2)当库水上升到 386.0 m 以上时,经库内高程 386.0 m 平台以上裸露的岩体内的 F_1 断层穿过坝基形成渗漏,增大了渗漏量。

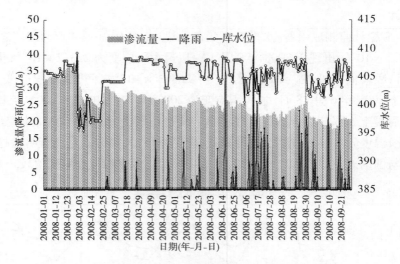

图 11   2008 年水库渗漏量与库水位、降雨等关系过程线

（3）渗漏量受温度影响,坝址处年平均温度 15.27 ℃,最大变幅达 34.80 ℃,温度下降时,岩体结构面和面板微裂缝、结构缝等开合度增大,渗漏量增加。温度上升,岩体结构面和面板微裂缝、结构缝等闭合,渗漏量减小。

为了尽可能地排除降雨因素的影响,寻求大坝渗漏量的真实大小,对坝区累计天晴 7 天(期间雨量小于 3 mm)后的大坝总渗漏量观测资料进行统计,扣除降雨量后,大坝实测渗漏量最大值为 41.17 L/s,出现在 2007 年 1 月 6 日;最小值为 6.14 L/s,出现在 2006 年 9 月 16 日;平均值为 27.27 L/s。坝区累计天晴 7 天以后所观测到的渗漏量基本上能够真实反映大坝的实际渗漏情况。

比较国内外部分已建面板堆石坝(见表 1),其渗漏量与国内外大坝相比不大。就面板堆石坝而言,平均 27.27 L/s 的渗漏量是正常的,由此反映泰山上库大坝面板与趾板及防渗帷幕等所组成的防渗体系,防渗效果较好。

5.2 土工膜渗透压力

由于泰安抽水蓄能电站为国内首座大规模采用土工膜防渗的大型水电工程,因此对土工膜防渗性能,特别是耐久性可靠性方面的监测是非常必要和重要的。在土工膜周边下面垫层料顶部布置 25 支渗压计,用于监测土工膜防渗性能。

从土工膜垫层渗透压力特征值统计表(见表 2)中可以得出以下部分成果:

表 2   土工膜垫层渗透压力特征值统计

测点名	最大值		测点名	最大值		测点名	最大值	
	水头(m)	日期 (年-月-日)		水头(m)	日期 (年-月-日)		水头(m)	日期 (年-月-日)
Pm1	0.32	2006-02-12	Pm9	0.38	2006-12-17	Pm17	0.21	2006-02-26
Pm2	0.28	2006-02-26	Pm10	0.37	2005-11-20	Pm18	0.19	2006-02-16
Pm3	0.20	2006-02-26	Pm11	0.21	2006-02-16	Pm19	0.24	2005-12-19

续表 2

测点名	最大值		测点名	最大值		测点名	最大值	
	水头（m）	日期（年-月-日）		水头（m）	日期（年-月-日）		水头（m）	日期（年-月-日）
Pm4	0.22	2006-02-26	Pm12	0.28	2005-11-20	Pm20	0.27	2006-03-13
Pm5	0.23	2005-12-17	Pm13	0.16	2006-02-26	Pm21	0.15	2006-02-08
Pm6	0.20	2005-10-29	Pm14	0.30	2006-01-24	Pm22	0.22	2005-12-27
Pm7	0.18	2005-11-20	Pm15	0.12	2005-11-20	Pm23	0.47	2006-02-08
Pm8	0.25	2006-02-26	Pm16	0.13	2006-02-16	Pm24	0.35	2006-02-08

（1）测点的渗透压力水头最大值为 0.12~0.47 m，最小值实测都为负值，表明渗压计处水头都为 0.0 m，渗压计实测值为负值可能是受到气压变化的影响；最大年变幅为 0.12~0.47 m，变化较为平缓。

（2）测点的渗透压力水头较小，说明土工膜垫层的渗透压力较小，较长时间处于无水状态，表明土工膜的防渗效果和垫层的排水能力较好。

（3）土工膜垫层的渗透压力受库水位影响不显著，2005 年 5 月 31 日上库开始蓄水，至 2007 年 7 月 10 日，库水位从池底 374.0 m 升到正常蓄水位 410.0 m，水位上升 36.0 m，而测点的渗透压力并未出现大的波动；2007 年 7 月 12~16 日库水位变幅 19.26 m，而测点渗透压力未出现明显变化，这些表明了土工膜的防渗效果较好。

因此从总的说来，土工膜测点不管是靠近面板趾板还是位于灌浆处的渗透压力都很小，说明土工膜的防渗效果较好，碎石垫层的排水较畅通。

6 结语

泰山电站上库大坝按照有关规范的规定目前还处于相对危险的初次蓄水期[5]，因此对于该坝的安全监测及资料分析工作还任重道远。本文所述监测成果可以归纳为以下几点，应在后续观测中引起注意：

（1）虽然大坝已发生变形符合堆石坝变形规律，并且变形量小于类似工程，但应注意该坝目前仍然保持一定速率进行变形。因此，在之后观测中应防止麻痹大意思想，保持实事求是的作风，继续加强对大坝表面及内部变形情况的监测。

（2）面板结构是混凝土堆石坝相对薄弱的结构，监测成果表明，该坝面板结构缝和周边缝相对蓄水之处有较为明显的变化，面板挠度监测也反映大坝面板有明显变形，虽仍在计算许可值以内，但也应在后续观测中引起注意。

（3）该坝目前稳定渗漏量在 27 L/s 左右，如在后续观测中该值呈稳定下降趋势，则说明该坝防渗体系工作正常；如发现测值波动（排除气象原因后）或持续增大，则应立即分析原因进行处理。

参考文献

[1] 中水顾问集团华东勘察设计研究院. 泰山抽水蓄能电站竣工安全鉴定报告[R]. 杭州：中水顾问集团华东勘察设

计研究院,2005.

[2] 傅世平. 混凝土面板堆石坝监测资料分析与安全评价[D]. 杭州:浙江大学, 2007.

[3] 魏德荣. 刍议混凝土面板堆石坝安全监测设计[J]. 大坝与安全, 2002(1).

[4] 吴中如. 水工建筑物安全监控理论及其应用[M]. 南京:河海大学出版社, 2000.

[5] 中华人民共和国行业标准. SL 60—94 土石坝安全监测技术规范[S]. 北京:水利电力出版社, 1994.

某黏土心墙坝反滤试验研究

陈劲松

（长江科学院水利部岩土力学与工程重点实验室 武汉 430010）

摘要：某心墙土石坝建造过程中，因料场料源发生改变，对反滤层的级配进行了重新调整。本文对调整后的反滤料以及黏土和反滤料组合进行了一系列的试验研究，得到了反滤料的渗透变形特性。黏土和反滤料组合条件下的反滤试验结果表明，调整后的反滤料可满足反滤要求，但 P_5 以下细粒含量应严格控制。

关键词：反滤层 心墙裂缝 渗透稳定 试验

1 研究背景

20 世纪 80 年代以前，在黏性土的反滤层方面，欧美各国存在两种方法。一种是美国水道试验站法，即规定反滤层的 $d_{15} \leqslant 0.4$ mm；另一种是在工程实际中使用较多的美国垦务局方法，即仍用太沙基设计无黏土反滤层的方法。工程实践表明，对细粒黏土用太法时要求的反滤层过严，不易找到天然反滤料，多数需要筛选，造价太高，质量不能保证。对含有粗颗粒的黏性土，太法又不安全。

针对此类问题，20 世纪 80 年代，谢拉德重新研究了黏性土反滤层的设计原则。他的试验方法是将黏土制成含水量接近液限时的泥糊，然后施加高的水压力，观察反滤层的作用，最后给出以下准则：

（1）对于 $d_{85} < 0.074$ mm 的粉土和黏土料，反滤层的要求是 $d_{15} \leqslant 9d_{85}$；

（2）对于 $d < 0.074$ mm 的颗粒含量占 40% ~ 85% 的砂质粉土和黏土，以及 C_u 较大的其他防渗土料，反滤层的要求是 $d_{15} \leqslant 0.7$ mm。

然而，上述准则均未考虑黏土产生裂缝的情况。近二三十年的工程实践表明，防渗体渗透破坏的主要因素是防渗体开裂。据统计，我国土石坝水库发生裂缝事故占其总事故的 25.3%。国外在 1965 年以前建造的高 100 m 以上的土石坝中就有 25% 左右发生了裂缝。可见，裂缝是土石坝防渗体比较常见的现象。因此，对反滤层的设计提出了更高要求。根据国内外研究成果，当防渗体出现裂缝时，反滤层的等效粒径按照黏性土的性质来取值，对于南方红黏土，$d_{20} \leqslant 2.0$ mm；对于分散性黏土，$d_{20} \leqslant 0.5$ mm。对反滤层的不均匀系数要求为 $5 \leqslant C_u \leqslant 20$。若能满足此要求，对反滤料不需要进行专门的渗透稳定性复核，也不需要采用特殊的施工工艺就可保证施工的均一性。

从国内已建工程收集到的心墙坝与反滤料试验研究见文献[1-4]。在文献[1]中，作者以黑河土石坝心墙土料及反滤料（不均匀系数 2.9 ~ 4.4）为例，分别采用常水头和变水头试验方法,探讨了心墙裂缝(1 mm、2 mm、5 mm 三种开度)在水流冲刷作用过程中的特点。结果表明,宽度不大的裂缝在合适反滤层保护作用下,可在裂缝出口处形成次生反滤层,抗渗强度提高。因此,防止裂缝土体冲刷和裂缝愈合的关键是做好反滤层的设计与施工。在文献[2]中,将料场砂砾料直接通过 40 mm、30 mm、20 mm 的筛产生三种规格的反滤料。不均匀系数为 11.8 ~ 19,d_{20} 为 0.56 ~ 0.8 mm。考虑到天然形成砂砾料级配分布的离散性以及施工过程可能产生的分离,试验时除采用全料级配外,还分别剔除小于 5 mm、2 mm 和 0.5 mm 的颗粒,来研究缺乏细料级配情况下反滤料的工作性状。同时,被保护样采用风干土松散堆放在反滤料表面,干密度为 1.25 ~ 1.3 g/cm³。先浸水饱和,再逐级加压。试验结果表明,全料及剔除 0.5 mm 颗粒级配的反滤料,在所达到的高渗透比降条件下,反滤料均能很好地保护防渗土料。而剔除 5 mm 和 2 mm 以下颗粒的级配的反滤料,在不同的渗透比降作用下被击穿。最小的一组破坏比降为 19.9。在文献[3]、[4]中,均对防渗土料进行了裂缝冲刷试验,结果表明,合格的反滤层不仅能够防止土体冲蚀,还可以促使裂缝自行淤积愈合。由此可见,目前对反滤的设计可靠性及反滤效果评价的安全、快速、经济直观的方法仍然是通过试验来判定的。

2 研究内容

某新建土石坝坝型为黏土心墙、砂卵石坝壳。在施工过程中发现,由于城市建设取砂,使料场反滤料级配发生严重变化,特别是小于 5 mm 含量偏低,已不能满足反滤层设计要求及相应规范要求。依照土石坝设计规范规定,对于超过设计规范使用的反滤料等填筑料,必须进行专门的试验进行论证。

本文开展的主要研究内容如下:

(1)反滤料渗透变形特性试验研究。

为了充分论证反滤料的合理性,对单一反滤料进行渗透变形试验,确定反滤料的临界比降、破坏比降和破坏型式,从而分析其作为黏土心墙反滤料的可行性,再结合反滤试验进行综合评价。

(2)黏土/反滤料组合垂直渗透试验研究。

针对同一黏土,研究不同反滤料的反滤效果。

(3)有裂缝条件下的水平反滤试验研究。

主要模拟分析黏土裂缝产生后,反滤料是否能够保护从裂缝中冲刷出来的黏土,并使裂缝自愈。

(4)泥浆的渗透试验研究。

由于裂缝条件下的渗透试验很难控制裂缝的开度以及裂缝黏土的冲刷量,因此为了充分考虑黏土是否穿过反滤料的情况,采用黏土浆液进行渗透试验,确定反滤料的反滤效果。

3 试验材料及特性

试验拟采用的反滤料级配见图 1。表 1 列出了各反滤料特征粒径。

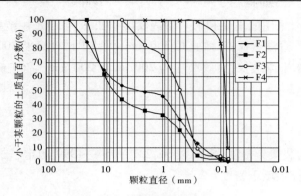

图 1　各反滤料级配曲线

表 1　反滤料特征粒径

反滤料编号	C_u	P_5(%)	特征粒径（mm）						
			D_{85}	D_{60}	D_{50}	D_{30}	D_{20}	D_{15}	D_{10}
F1	45.4	53.6	23	10	4.6	0.6	0.35	0.3	0.22
F2	28.1	43.6	16	9	6.5	0.8	0.48	0.4	0.32
F3	2.5	100	2.5	0.65	0.5	0.35	0.32	0.28	0.26
F4	1.1	100	0.12	0.085	0.082	0.08	0.078	0.075	0.074

注：C_u 为不均匀系数。

从表 1 中可见，所有反滤料的 D_{20} 均小于 0.5 mm，但 C_u 均未满足 $5 \leqslant C_u \leqslant 20$ 的反滤要求。

试验用的心墙黏土料级配见图 2。该黏性土具有一定的膨胀性，经室内试验其平均膨胀率为 6.2%。

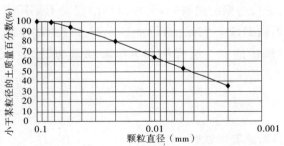

图 2　黏土级配曲线图

4　试验设备及方法

4.1　试验仪器

根据土工试验规程中《粗粒土的渗透及渗透变形试验》（SL 237—056—1999）的规定，试验模型截面直径或边长应不小于试样粒径特征值 d_{85} 的 4～6 倍。表 2 中反滤料 d_{85}

的最大值为 23 mm,采用的垂直和水平渗透仪尺寸如下,可满足规范要求。

（1）ϕ300 型垂直渗透仪:有效直径 300 mm,可装填试样高度 300 mm。

（2）ϕ200 型水平渗透仪:有效尺寸为 200 mm × 200 mm × 260 mm,试验有效渗径为 260 mm。

4.2 试验方法

4.2.1 装填密度

为掌握试样的装填干密度,室内按 SL 237—054—1999 测定了最大干密度和最小干密度,并按下式计算装填干密度:

$$D_r = \frac{(\rho_d - \rho_{dmin})\rho_{dmax}}{(\rho_{dmax} - \rho_{dmin})\rho_d}$$

式中:D_r 为相对密实度;ρ_d 为装填干密度,g/cm³;ρ_{dmax} 为最大干密度,g/cm³;ρ_{dmin} 为最小干密度,g/cm³。

各反滤料渗透变形装填时的控制指标见表 2。

表 2　各反滤料渗透变形装填时的控制指标

反滤料	最大干密度(g/cm³)	最小干密度(g/cm³)	相对密度	装填干密度(g/cm³)
F1	—	—	—	2.11
F2	2.22	1.85	0.75	2.11
F3	1.88	1.49	0.75	1.74
F4	1.60	1.27	0.75	1.50

4.2.2 装填方法

为解决试样与渗透仪边壁的接触问题,在以往的经验上采用了泥浆护壁的方法。在试样装填前,先在仪器内壁涂上水泥,然后将事先制备好的试样按相应的密度分两层装填。待水泥初凝后将试样饱和。试样饱和方法及试验方法均按《土工试验规程》(SL 237—1999)进行。

5　试验研究成果

5.1　单一反滤料垂直渗透变形试验

为了解反滤料的渗透特性,对各反滤料进行了一组平行渗透变形试验。试验采用 ϕ300型垂直渗透仪,渗透水流由下至上。

单一反滤料垂直渗透变形试验成果见表 3。

以上结果表明,对于 F1、F2 反滤料来说,主要缺少的是 1 ~ 2 mm 和 0.1 ~ 0.25 mm 两个粒径级含量,但细粒总体含量仍达到 30% 以上,而 5 mm 以下粒料含量均在 45% 以上。这些细粒充填了粗料孔隙成为整体,在渗流作用下最后以整体形式破坏。

表3　单一反滤料垂直渗透变形试验成果

反滤料	干密度（g/cm³）	渗透系数（cm/s）	临界比降	破坏比降	试验现象描述
F1-1	2.11	2.44×10^{-3}	2	3.0	$J = 2$ 时样面抬高 0.1 cm，$J = 3$ 时流土破坏
F1-2		2.16×10^{-3}	2	2.5	$J = 2$ 时样面抬高 0.1 cm，$J = 2.5$ 时流土破坏
F2-1	2.11	2.26×10^{-3}	1.5	1.8	$J = 1.5$ 时样面抬高 0.1 cm，$J = 1.8$ 时流土破坏
F2-2		2.80×10^{-3}	—	1.5	$J = 1.5$ 时样面整体抬起，流土破坏
F3-1	1.74	4.39×10^{-3}	0.92	1.47	$J = 1.07$ 时开始冒烟，$J = 1.47$ 时流土破坏
F3-2		4.65×10^{-3}	0.99	1.28	$J = 0.99$ 时冒气泡，$J = 1.28$ 时维持 1 min 流土破坏
F4-1	1.50	2.05×10^{-3}	—	1.65	$J = 1.65$ 时整体抬起，流土破坏
F4-2		1.78×10^{-3}	—	1.57	$J = 1.57$ 时整体抬起，流土破坏

5.2　黏土/反滤料垂直反滤组合试验

5.2.1　装样情况

图3为垂直反滤试验示意图。采用 ϕ280 型垂直渗透仪，水流方向由上向下，用加压装置逐级加压。透水板上铺一层孔径 1 mm 的纱网。在仪器下部按表2中的密度装填 15 cm 厚的反滤料，然后在反滤料表面抛填 3 cm 厚黏土，抛填后的黏土密度约为 0.81 g/cm³。下游出口位置高于整个试样，使试样处于淹没状态。论证被保护黏土在容易被水流冲动的情况下，反滤料能否阻止黏土中的细粒流失。

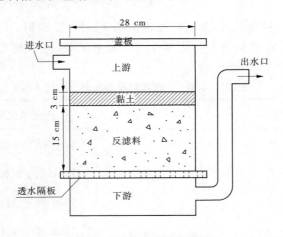

图3　垂直反滤试验示意图

5.2.2　试验成果说明

试验成果见表4。

表4 垂直向组合反滤试验结果

试样组成	试验情况说明
黏土/ F1	比降为 15.7 时出现浑水,后变清,流量减小,未见黄色泥水,最大比降至 98 后停止试验
	比降为 22.8 时出现浑水,后变清,流量减小,未见黄色泥水,此后每升一次水头产生相同现象,最大比降至 112 后停止试验
黏土/F2	最大比降至 75,未见浑水
	比降为 19.4 时水浑,后变清,未见泥水,最大比降至 94 停止试验
黏土/F3	最大比降至 53.4 后停止试验,一直为清水
黏土/F4	最大比降至 80 后停止试验,一直为清水

从表4 中看到,反滤料均能够对黏土起到较好的保护作用。有所不同的是,F3、F4 即使是在达到最高比降的时候,下游出流仍为清水。采用 F1、F2 反滤料时,在较大比降作用下,下游有浑水出现,这可能是由于 F3、F4 反滤料比 F1、F2 反滤料要粗,颗粒间存在孔隙,使少量细粒产生了流失。随着内部颗粒的重新调整,阻止了细粒的继续流失,出水逐渐变清。

5.3 有裂缝条件下的水平反滤试验

工程实践表明,防渗体的渗透破坏,与产生裂缝有直接的关系。在心墙出现裂缝后,好的反滤层会有效控制裂缝渗流。针对这种情况,进行了黏土开缝后反滤层保护作用的试验研究,目的在于验证反滤料保护开裂后的心墙土料的能力。

5.3.1 试样说明

根据垂直反滤试验成果,特选定粒径稍大的 F1、F2 反滤料,并对 5 mm 以下细料含量进行调整,减少部分细料含量(见表 5),以分析在更为不利条件下能否满足反滤要求。

表5 试样组成情况表

试样编号	级配情况说明
F1 – 30	5 mm 以下细料占 30%
F1 – 35	5 mm 以下细料占 35%
F2	5 mm 以下细料占 35%
F2 – 25	5 mm 以下细料占 25%

对以上各料进行垂直向渗透变形试验,试验结果见表6。

表6　单一料渗透变形试验结果表

试样编号	渗透系数(cm/s)	临界比降	破坏比降	破坏类型
F1 − 30 − 1	6.76×10^{-2}	0.29	0.72	管涌
F1 − 30 − 2	2.98×10^{-2}	0.35	0.69	
F1 − 35 − 1	2.89×10^{-3}	—	1.49	管涌
F1 − 35 − 2	3.10×10^{-3}	0.2	0.68	
F2 − 25 − 1	2.18×10^{-1}	0.23	0.85	管涌
F2 − 25 − 2	1.41×10^{-1}	0.20	0.80	

当 F1、F2 反滤料为全设计级配时,均表现为流土破坏。而一旦 5 mm 以下含量减少后,从表中可见,渗透系数显著增大。由于颗粒间空隙增大,细料易产生流失,最后发展为管涌破坏。

5.3.2　试验方法

装样平面图见图4。反滤料厚 16.3 cm。黏土厚 10 cm,中间开 2 cm 或 5 cm 宽的贯通缝。缝中抛填黏土。采用边抛黏土边加水饱和的方法,直至沉降完成且缝间充满黏土,表面用半干水泥封闭。待水泥干后开始试验。进水段装有砾石以缓解水流的冲击作用。反滤料下游面用透水板支撑。透水板开孔直径为 1 cm,孔间距为 2 cm。

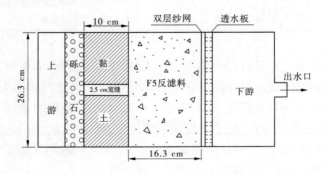

图4　水平试样装填示意图

为防止反滤料内的细粒从透水板上的开孔流失,造成反滤料下沉而失效,透水板上还采用孔径为 1 mm 的双层纱网进行保护。

5.3.3　试验结果说明

试验成果见表7。

表7 裂缝条件下水平向反滤试验成果

试样组成	装样情况说明	试验情况说明
黏土(开缝)/ F1-30	黏土开缝 5 cm,缝间抛填黏土,密度约 1.05 g/cm³	比降 18 时出黄色泥水,后为清水,此后每增加比降后出浑水,然后变清,未见黄泥水,最大比降至 74 时停止试验
		比降 19 时出黄色泥水,后为清水,此后每增加比降后出浑水,然后变清,未见黄泥水,最大比降至 76 时停止试验
黏土(开缝)/ F1-35		比降 19 时出黄色泥水,后为清水,此后每增加比降后出浑水,然后变清,未见黄泥水,最大比降至 63 时停止试验
		比降 17 时出黄色泥水,后为清水,此后每增加比降后出浑水,然后变清,未见黄泥水,最大比降至 61 时停止试验
黏土(开缝)/ F2	黏土开缝 2 cm,缝间抛填黏土,密度约 1.14 g/cm³	比降为 28 时开始出黄水,后为清水,比降为 57 时再次出泥水,后变清,最大比降至 89 时停止试验
		比降为 20 时开始出黄水,后为清水,比降为 42 时再次出泥水,后变清,最大比降至 84 时停止试验
黏土(开缝)/ F2-25	黏土开缝 5 cm,缝间抛填黏土,密度约 1.1 g/cm³	比降为 13 时开始出黄水,后水清,比降至 19 后大量涌黄水,上游水头下降,拆样后观察缝间无黏土

从表7中看,在黏土开缝后,在比降达到一定的程度下,都可看见有黄色的泥水,表明在水流的带动下,黏土内有一部分细粒开始起动并穿过了反滤料而流失。经过一段时间后,F1 反滤料在 5 mm 细料含量达 30% 以上以及 F2 反滤料全料的条件下,其间的颗粒相互调整后仍起到反滤作用,阻止黏土细粒的继续流失,出水变清。而 F2 反滤料在 5 mm 以下细料含量为 25% 时,可承受的比降明显减小。一旦达到破坏比降后便持续出黄色泥水,不能阻止黏土细粒的流失,基本上失去了反滤效果。

以上试验说明,在黏土心墙存在裂缝的条件下,从安全角度出发,填筑的反滤料必须保证细粒含量在 30% 以上,才能确保被保护土的安全,防止渗透破坏。

5.4 黏土泥浆反滤试验

为进一步了解反滤料的保土性,增加试验的可靠度,重点对 F1 反滤料细料含量在 35% 以下的样进行了垂直向和水平向泥浆渗透试验。试验方法为将反滤料按要求的密度击实后,分别在水平向或垂直向施加一定的水头压力,然后保持压力水头不变,将一定浓度的黏土泥浆持续灌入上游供水桶中,验证反滤料能否依然起到对细粒的保护作用。试验结果见表8。

表 8　泥浆反滤试验结果

反滤料	试验方向	J	$k_{开始}$（cm/s）	$k_{结束}$（cm/s）	试验情况说明
F1-30	水平	16.6	1.63×10^{-2}	6.26×10^{-4}	灌入泥浆后出黄色泥水,流量不断减小,10 min后泥浆灌不进,4 h后水变清
		20.2	1.28×10^{-2}	6.43×10^{-4}	灌入泥浆后出黄色泥水,流量不断减小,10 min后泥浆灌不进,18 h后水变清
F1-35	水平	19.5	1.30×10^{-2}	1.71×10^{-3}	灌入泥浆后出少许黄色泥水,流量不断减小,10 min后泥浆灌不进,后水变清
		18.8	6.41×10^{-3}	9.31×10^{-4}	灌入泥浆后出少许黄色泥水,流量不断减小,10 min后泥浆灌不进,后水变清
F1-30	垂直	20.6	1.24×10^{-2}	5.92×10^{-4}	灌入泥浆后出黄水,流量不断减小,5 min后泥浆灌不进,4 h后水变清
		19.8	4.68×10^{-3}	1.55×10^{-5}	灌入泥浆后出浑水,流量不断减小,5 min后泥浆灌不进,17 h后水变清
F1-35	垂直	18.5	1.1×10^{-3}	2.12×10^{-5}	灌入泥浆后流量不断减小,5 min后泥浆灌不进,至试验结束一直为清水
		18.0	7.0×10^{-4}	3.62×10^{-5}	灌入泥浆后流量不断减小,5 min后泥浆灌不进,至试验结束一直为清水

从试验现象看,在试验初期有部分泥浆会迅速穿过反滤料,但泥浆内更多的细粒会在反滤料孔隙中沉淀下来,并不断向上游面发展,因此造成流量明显减小。在经过一段时间后形成新的反滤层,此时不会再有细粒流失而仅有清水流出。试验结束后拆样观察,发现在滤料的前端或表面均形成了一定厚度的泥饼,表明上述反滤料确实能起到保护作用。

6　结语

（1）给出的反滤料 d_{20} 均满足反滤设计准则小于 0.5 mm 的下限要求,但不均匀系数 C_u 均不在 $5 \leqslant C_u \leqslant 20$ 范围内,为此需要进行相应的试验来验证其反滤性能。

（2）对于 F1、F2 反滤料,通过一系列试验证明,在 5 mm 以下含量占 30% 以上的情况下,即可满足反滤要求。若小于 25% 的情况下则不能满足反滤要求。可见,P_5 含量大小是反滤层设计时必须考虑的重要因素。

（3）对于 F3 及 F4 反滤料,根据试验情况在黏土为抛填状态时可满足反滤要求。因此,若在设计的填筑密度下应更为安全。

（4）室内试验制备的试样与现场上坝填筑料在密度、级配等方面会有一定的差异。虽然室内试验留有一定的安全裕度,但仍需对上坝材料按设计要求进行严格控制。若发现有差别较大的情况,则应根据实际情况考虑进一步研究的必要性。

参考文献

[1] 张朝晖,李振.水流对土石坝心墙裂缝在反滤层保护下的冲蚀特性[J].西北农林科技大学学报,2003(8).

[2] 唐新军,凤家骥,凤炜."635"水利枢纽黏土心墙坝反滤料特性分析与试验研究[J].武汉大学学报,2002(4).

[3] 郭爱国,侍克斌.一种分散性黏土裂缝自愈与反滤保护试验[J].岩土力学与工程学报,2002(12).

[4] 郭学斌.山西张峰水利工程大坝反滤层渗透稳定性分析[J].西北农林科技大学学报,2006(9).

[5] 中华人民共和国水利部.SL 237—1999 土工试验规程[S].北京:中国水利水电出版社,1999.

[6] 刘杰.土的渗透稳定与渗流控制[M].北京:水利电力出版社,1992.

[7] 中华人民共和国水利部.SL 274—2001 碾压式土石坝设计规范[S].北京:中国水利水电出版社,2001.

[8] 毛昶熙.渗流计算分析与控制[M].北京:中国水利水电出版社,2003.

七、隧道与地下工程

黄土隧道围岩工程特性及纵向位移分析[*]

扈世民　张顶立

（北京交通大学隧道及地下工程实验研究中心　北京　100044）

摘要：以兰渝铁路黄土隧道为工程背景，采用室内三轴试验研究黄土工程特性，并对隧道纵向变形进行三维数值分析。结果表明：结构性黄土的莫尔破坏包线为双线性折线；隧道开挖扰动破坏了黄土的结构性，引起围岩应力场调整和变形发展；兰渝铁路黄土围岩垂直节理遍布发育；隧道纵向位移总体上边墙处小于拱顶处，台阶法施工的黄土隧道先期位移占总位移的33% ~ 41%；随着掌子面的推进，空间约束效应逐渐减弱，位移趋于稳定；预留核心土有效控制围岩纵向变形和塑性区的发展，有利于掌子面的稳定和施工安全；掌子面空间约束效应的影响范围大致在 $-4R ~ 4R$，R 为隧道开挖半径；对于纵向先期位移的预测，Panet 经验公式为 0.25，Hoek 经验公式为 0.3，三维计算结果为 0.34。

关键词：黄土隧道　结构性　垂直节理　预留核心土　先期位移　纵向位移

　　近年来，大量高等级公路、铁路、地铁以及输水输气隧道穿越黄土地层。鉴于黄土特殊的工程特性，与黄土隧道相关的理论和技术尚不成熟，理论研究滞后于工程实践。目前，黄土隧道的设计和施工仍处于经验阶段，还没有形成真正考虑黄土特性的设计方法和建造理念。特别是随开挖断面面积的大幅提高，施工难度急剧增加，围岩极易发生失稳乃至坍塌[1-4]。

　　目前对黄土围岩的力学分析，屈服准则多采用传统的 Mohr-Coulomb 准则，未能充分考虑黄土特殊的工程特性；刘祖典、邵生俊和郭军等对黄土的工程特性进行室内三轴试验研究，取得了一些有益结论[5-7]；目前围岩变形研究多考虑隧道掘进方向正交平面内，由于黄土自稳能力较差，掌子面挤出变形显著，故掌子面稳定性不容忽视，目前对开挖引起纵向位移研究较少。

　　本文在室内三轴试验基础上分析黄土工程特性；针对黄土结构性和垂直节理的特点，选取合适本构模型，对台阶法施工进行动态模拟；考虑隧道不同部位、有无核心土和不同弹性模量等影响因素绘制大断面黄土隧道纵向变形曲线并与已有的计算理论进行对比，研究黄土隧道台阶法施工中围岩纵向变形规律并对先期位移进行预测。

1　黄土工程特性

　　黄土地层自下而上分为 Q_1、Q_2、Q_3、Q_4，而隧道主要修建在 Q_2 与 Q_3 地层中，这部分黄土有一定深度，厚度较大，湿度较低，水源补给不充分。因此，黄土围岩力学特性主要体现

---

* 基金项目：铁道部科技研究开发计划重大项目（2009G005）。

作者简介：扈世民，男，1983 年生，博士研究生，主要从事隧道与地下工程方面的研究工作。

在结构性与垂直节理发育。

1.1　黄土结构性

黄土为干旱半干旱区的沉积物,由于特定的生成环境,使其具有独特的结构特性,而这种特有的结构性是黄土工程特性的本质,黄土的结构性表现为具有一定的结构强度[5]。

对兰渝铁路黄土围岩取样进行室内非饱和土三轴试验。采用英国 GDS 公司(Geotechnical Digital Systems Instruments Ltd)研制的非饱和土静三轴试验仪进行,如图 1 所示。

图 1　GDS 非饱和土静三轴试验仪

结构性黄土具有一定的结构强度,保持其原始基本单元不被破坏。为验证黄土结构强度的存在,选取原状土和重塑土进行三轴固结排水剪试验(CD),如图 2、图 3 所示。

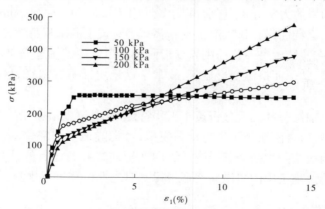

图 2　原状土不同围压下的应力—应变曲线

图 2 为原状土不同围压下的应力—应变曲线,选取固结围压分别为 50 kPa、100 kPa、150 kPa 和 200 kPa。当围压较小时,试样表现为应变软化;随着围压增大,试样表现为应变硬化。所选原状土孔隙发育,含水率较低,$\omega = 12.4\%$,结构性较为明显,其应力—应变曲线有一个明显的转折点。原状土应力—应变曲线开始近线性单调增加;轴向应变超过

转折点后,颗粒之间产生剪切滑移,结构性逐渐被破坏,剪切带逐渐产生,如图3所示。

分别选取围压 100 kPa 与 200 kPa,对原状土和重塑土进行 CD 对比试验,如图 4 所示。重塑土是指粉碎过筛后分层压实,土样原有的结构性完全破坏,两者应力—应变关系完全不同。试验表明,结构性对黄土应力—应变关系影响显著。隧道开挖扰动破坏了黄土的结构性,引起围岩应力场调整和变形发展。

张炜、张苏民研究了黄土结构强度对抗剪强度的影响,指出结构性黄土抗剪强度仍服从库仑定律,可以用分段直线表示[8]:

图3　原状土试件剪切破坏

$$\tau = \begin{cases} \sigma\tan\varphi_2 + c & \sigma < \sigma_c \\ \sigma\tan\varphi_2 + c + (\sigma - \sigma_c)\tan\varphi_1 & \sigma \geqslant \sigma_c \end{cases}$$

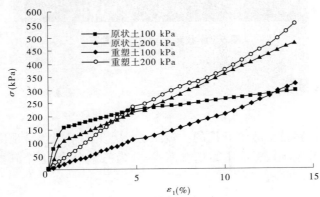

图4　原状土与重塑土应力—应变曲线

原状黄土抗剪强度破坏包线如图 5 所示,结构性黄土的莫尔破坏包线为双线性折线,不同于一般岩土介质单直线 Mohr-Coulomb 准则,与张炜、郭军等学者的研究结论基本一致。

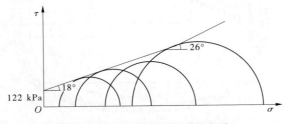

图5　原状黄土抗剪强度破坏包线

1.2　黄土的垂直节理发育

垂直节理普遍发育是黄土地区独特的地貌特征,如图 6 所示。垂直节理的存在破坏了围岩的整体性,其形成原因为在较长地质历史时期受重力作用影响,颗粒间上下间距越来越紧密,而粒间左右间距却保持原状不变,故造成水和空气沿反力较小的上下方向移动,进而造成垂直节理发育的倾向。

对兰渝铁路多座黄土隧道的调研表明,隧道内黄土垂直节理密集分布,间距多在10 cm左右。可认为垂直节理遍布发育。

图6　原状黄土垂直节理发育

2　黄土纵向位移分析

2.1　工程背景

台阶法为兰渝铁路黄土隧道开挖的主流工法[9-11]。采用三台阶预留核心土法施工,该工法以弧形导坑开挖预留核心土为基本模式,分为三个台阶、七个开挖面,每天两个循环,每循环进尺0.6 m(见图7)。

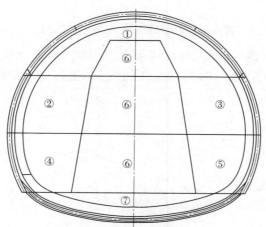

图7　三台阶七步法正面示意图

2.2　计算模型的建立

采用FLAC3D对黄土隧道台阶法施工过程进行数值模拟,鉴于黄土特殊的工程特性,采用双线性应变硬化/软化遍布节理模型(Bilinear Ubiquitous-Joint Model),该本构既满足黄土破坏包线双线性折线的特点,又可以充分考虑垂直节理遍布发育的影响。

根据圣维南原理,对隧道位移及内力影响只考虑距隧道某距离内的黄土体性状[12],计算模型网格如图8所示。

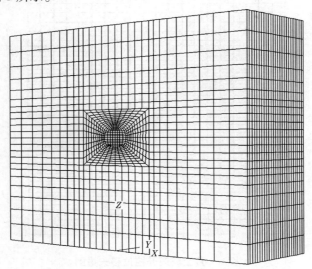

图8　三维有限元隧道开挖模型网格图

2.3　物性参数的确定

黄土力学参数参照固结排水三轴试验结果与现行《铁路隧道设计规范》[13],如表1所示。对于V级围岩采用型钢喷锚联合支护,钢拱架和钢筋网的支护作用采用等效方法计算,即将钢拱架和钢筋网的弹性模量折算给混凝土,其计算方法为

$$E_c = E_0 + \frac{A_s E_s}{A_c} \tag{1}$$

式中:E_c 为折算后混凝土弹性模量;E_0 为原混凝土弹性模量;A_s 为钢拱架截面面积;E_s 为钢材的弹性模量;A_c 为混凝土面积。

表1　围岩及支护力学参数

项目	重度 γ(kN/m³)	弹性模量 E(GPa)	泊松比 μ	内摩擦角 φ(°)	黏聚力 c(MPa)
围岩(V级)	18	1.5	0.4	24	0.12
初期支护	25.5	27	0.2	—	—

2.4　黄土隧道纵向变形分析[13-16]

隧道开挖形成临空面致使围岩有向洞内变形的趋势,掌子面处挤出变形显著,黄土自稳性较差,故掌子面稳定性不容忽视,如图9所示。

选取纵向中间断面为目标面提取关键点位移绘制纵断面变形曲线,分析掌子面空间约束效应并对先期位移进行预测。研究隧道不同部位、有无核心土、不同弹性模量的纵向变形曲线,并与已有理论进行对比。

图10为隧道拱顶和边墙部位的纵断面变形曲线,总体上边墙处纵向位移小于拱顶

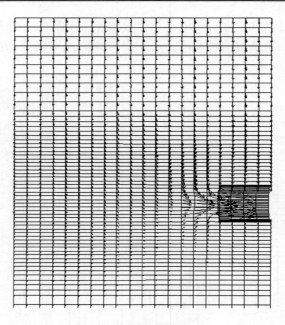

图9   黄土隧道开挖位移矢量图

处。由于掌子面的空间约束效应,开挖前围岩已有位移发生,称之为先期位移 U_R^0(R 为隧道开挖半径)。由图11可知台阶法施工的黄土隧道先期位移占总位移 U_R^M 的33% ~ 41%;随着掌子面向前推进,空间约束效应逐渐减弱,位移趋于稳定。

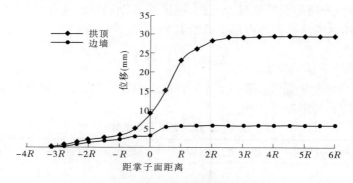

图10   不同部位纵断面变形曲线

图11为台阶法施工中,无核心土与预留核心土4 m时目标面拱顶处的纵断面变形曲线,从图中可以看出预留核心土4 m时 U_R^M 减小为20.4 mm;先期位移 U_R^0 减小为7.4 mm,较无核心土施工时减小了32%。计算结果表明,预留核心土有效控制围岩纵向变形的发展,有利于保持掌子面稳定和施工安全。

图12和图13分别为无核心土与核心土4 m台阶法开挖时目标面塑性区的分布。核心土4 m台阶法施工时,塑性区显著减小,预留核心土有效降低掌子面土体临空范围,使掌子面前方土体由不利的双向应力状态变为三向应力状态,提高了围岩强度,有利于掌子面稳定。

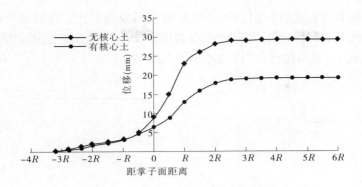

图 11 有无核心土纵断面变形曲线

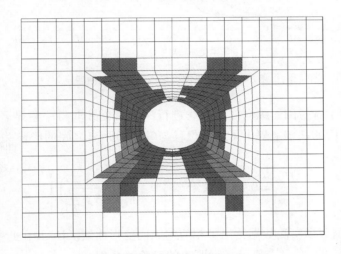

图 12 目标面塑性区分布(无核心土)

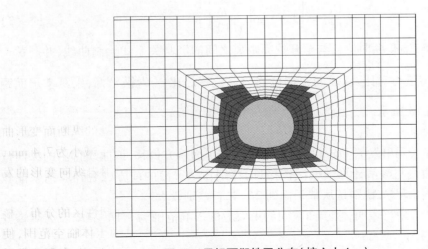

图 13 目标面塑性区分布(核心土 4 m)

图 14 为不同弹性模量目标面拱顶处纵断面变形曲线对比。选取弹性模量 1.2 GPa 和 1.8 GPa 两种围岩条件，计算结果表明：随着围岩弹性模量的增大，围岩纵向总位移 U_R^M 和先期位移 U_R^0 减小，纵向位移与围岩弹性模量成反比。

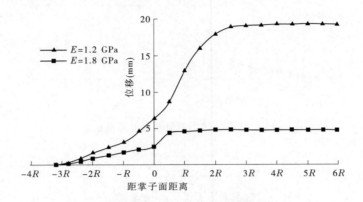

图 14 不同弹性模量纵断面变形曲线

国内外许多学者对围岩纵向变形曲线进行深入研究并取得一些显著成果。Panet[15] 在弹性有限元分析的基础上提出了纵向位移与掌子面距离之间的经验关系（只用于计算掌子面后方位移）：

$$\frac{U_R}{U_R^M} = 0.25 + 0.75 \times \left[1 - \left(\frac{0.75}{0.75 + \frac{x}{R}}\right)^2\right] \tag{2}$$

Chem[16] 根据现场实测数据给出了相应的纵向变形曲线。Hoek 在此基础上对该曲线进行拟合，提出了纵向位移与至开挖面距离的经验关系式：

$$\frac{U_R}{U_R^M} = \left[1 + \exp\left(\frac{-\frac{x}{R}}{1.10}\right)^2\right]^{1.7} \tag{3}$$

利用 Panet 和 Hoek 纵向位移与至开挖面距离之间的经验关系式绘制曲线，并与黄土隧道三维计算模型进行对比，以纵向先期位移与总位移之比 $\frac{U_R}{U_R^M}$ 为纵坐标，以距掌子面距离为横坐标，如图 15 所示。

计算结果表明：

（1）从弹性有限元出发的 Panet 曲线只能计算掌子面后方位移，该曲线得出的纵向位移值偏大；Hoek 曲线与数值计算结果比较接近，特别在掌子面的前方二者计算结果能较好吻合，只是掌子面后方，特别是从掌子面到 2R，二者差别较大。

（2）三种计算结果均表明，掌子面空间约束效应的影响范围为 −4R ~ 4R，R 为隧道开挖半径。

（3）对于纵向先期位移的预测，Panet 经验公式为 0.25，Hoek 经验公式为 0.3，黄土隧道台阶法三维计算结果为 0.34。

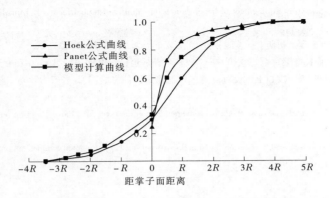

图15　有限元计算与 Panet、Hoek 纵断面变形曲线对比图

3　结语

以兰渝铁路黄土隧道为工程背景,采用室内三轴试验分析黄土工程特性,并对隧道纵向变形进行三维数值分析,得到以下结论:

(1)结构性黄土莫尔破坏包线为双线性折线;试验表明结构性对黄土应力—应变关系影响显著;隧道开挖扰动破坏了黄土的结构性,引起围岩应力场调整和变形发展。

(2)垂直节理普遍发育是黄土地区独特地貌特征,兰渝铁路黄土围岩垂直节理密集分布,间距多在 10 cm 左右。可认为垂直节理遍布发育。

(3)隧道开挖纵向位移总体上边墙处小于拱顶处,台阶法施工的黄土隧道先期位移占总位移的 33% ~41%;随着掌子面向前推进,空间约束效应逐渐减弱,位移趋于稳定。

(4)纵向位移与围岩弹性模量成反比;预留核心土有效控制围岩纵向变形和塑性区的发展,有利于保持掌子面的稳定和施工安全。

(5)掌子面空间约束效应的影响范围为 $-4R \sim 4R$(R 为隧道开挖半径);对于纵向先期位移的预测,Panet 经验公式为 0.25,Hoek 经验公式为 0.3,黄土隧道台阶法三维计算结果为 0.34。

参考文献

[1] 张顶立,王梦恕,高军,等. 复杂围岩条件下大跨隧道修建技术研究[J]. 岩石力学与工程学报,2003,22(2):290-296.

[2] 王梦恕. 地下工程浅埋暗挖技术通论[M]. 合肥:安徽教育出版社,2004.

[3] 赵占厂,谢永利. 黄土公路隧道衬砌受力特性测试研究[J]. 中国公路学报,2004,17(1):66-69.

[4] 杨会军,王梦恕. 隧道围岩变形影响因素分析[J]. 铁道学报,2006,28(3):92-96.

[5] 刘祖典. 黄土力学与工程[M]. 西安:陕西科学技术出版社,1996.

[6] 郭军. 客运专线大断面黄土隧道施工力学及支护设计理论研究[D]. 成都:西南交通大学,2008.

[7] 邵生俊,周飞飞,龙吉勇. 原状黄土结构性及其定量化参数研究[J]. 岩土工程学报,2004,26(4):531-534.

[8] 张炜,张苏民. 非饱和黄土的结构特性[J]. 水文地质工程地质,1990(4):22-25.

[9] 席俊杰,李德武. 纸坊隧道三台阶与两台阶开挖数值模拟对比分析[J]. 隧道建设,2010,30(2):147-151.

[10] 邓皇根,高永涛. 台阶法施工公路隧道围岩变形预测模型研究[J]. 建筑科学,2010,26(2):26-29.

［11］ Seki J,Noda K,Washizawa E,et al. Effect of bench length on stability of tunnel face［J］. Tunneling and Ground Condi-
tions,1994,10(2):21-31.

［12］ 霍润科,王艳波. 黄土隧道初期支护性能分析［J］. 岩土力学,2009,30(2):287-290.

［13］ 中华人民共和国行业标准编写组. TB 10003—2005　铁路隧道设计规范［S］. 北京:中国铁道出版社,2005.

［14］ 皇甫明,孔恒,王梦恕,等. 核心土留设对隧道工作面稳定性的影响［J］. 岩石力学与工程学报,2005,24(3):
521-525.

［15］ Pane T M. Calcul des tunnels par la mrthode de convergence-confinement［M］. Paris:Press de iecole Nationale des Pont
set Chaussres, 1995.

［16］ Chem J C,et al. An empirical safety criterion for tunnel construction［C］∥Regional Symposium on Sedimentary Rock En-
gineering. Taipei,Tal,van. 1998.

黄土隧道中管棚长度与土体埋深关系分析研究*

钟燕辉　李晓龙　夏　添

（郑州大学水利与环境学院　郑州　450001）

摘要: 根据三淅高速函谷关隧道的施工变形监控量测,利用管棚支护的结构力学模型并通过有限元仿真分析,对黄土隧道管棚超前支护作用机理进行了探讨,分析了管棚长度与土体埋深的关系,得到了以地表下沉和最大拱顶下沉为控制指标的两者关系式,为黄土隧道管棚支护设计提供了理论参考。

关键词: 管棚　静定梁　掌子面　拱顶下沉量

管棚法或称伞拱法,是地下结构工程浅埋暗挖时的支护结构。其实质是在拟开挖的地下隧道或结构工程的衬砌拱圈隐埋弧线上,预先钻孔并安设惯性力矩较大的厚壁钢管,起临时超前支护作用,防止土层坍塌和地表下沉,以保证掘进与后续支护工艺安全运作。一般要求钢管入土深度必须穿过该类围岩,并要有一定的超前长度。如果地质条件极差且裂隙水较大,则需采用在管内注入化学浆液的方法,使该段软弱地层形成一个整体,可以有效地稳定开挖面。

黄土隧道中,由于其土质的特殊性,以及隧道进洞难的特点,在隧道开挖前必须进行管棚法施工,但目前对于管棚法施工过程中,管棚长度的选取仍然没有很明确的规定和研究,本文针对这一问题,以管棚法梁式结构理论及有限元模拟分析为基础,得出管棚的合适长度,本文依托函谷关隧道工程进行研究[1-5]。

1　工程概况

函谷关隧道所在地位于灵宝市大王镇函谷关村,隧址区位于黄土台塬边缘,隧道最大埋深约 32 m,隧址地层单一,属第四系上更新统(Q_3)新黄土,其地质参数见表1。

表1　Q_3 新黄土的地质参数

土质	天然容重（kN/m³）	天然含水率（%）	液限（%）	塑限（%）	凝聚强度（kPa）	内摩擦角（°　′）
Q_3^{eol}	15.96	15.66	28.5	20.0	45.92	28　03

函谷关隧道总体走向呈南北向曲线展布。采用小净距隧道（测设线间距:进口9.7 m,出口13.4 m）,其中:左线起讫桩号为:ZK5 + 708 ~ ZK5 + 923,长215 m;右线起讫

桩号为:YK5 + 700 ~ YK6 + 080,长 380 m(其中 YK5 + 915 ~ YK6 + 080 为 165 m 长的明洞段)。隧道最大埋深约 32 m,洞轴线走向方位角约 135°。本文只针对左洞进行,不考虑右洞及小净距隧道的影响。

2 管棚法梁式结构模型计算分析

2.1 管棚梁式结构理论

在现有的管棚超前支护理论中,简单梁模型是较常采用的一种力学分析方式。其原理是将整个管棚超前支护体系当做一个梁来设计计算,整个支护过程作为一个简支梁式结构或者超静定梁式结构设计计算,以此来分析计算管棚的力学行为,来作为施工设计的参考参数,这种理论计算简单,实用性强,在日本曾应用该法作为管棚施工设计的理论依据。本节应用梁式结构模型理论,对黄土隧道中管棚作用机理进行研究,探讨黄土隧道中管棚支护的最佳长度,为后面的模拟分析提供参考。

2.2 梁式结构模型建立及计算

梁式结构模型选用两种模型分析计算,一种是静定梁式结构,另一种是超静定梁式结构,前者用于管棚长度小于进洞深度的情况,后者用于管棚长度大于进洞深度的情况,这样使管棚超前支护体系的梁式结构模型的模拟计算分析更加精确,采用两种不同模式,分别计算分析这两种模式的结果,其模型计算分析图如图 1、图 2 所示[6]。

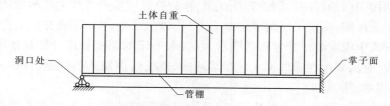

图 1 管棚法超静定梁式结构计算分析图

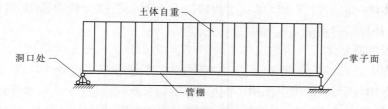

图 2 管棚法静定梁式结构计算分析图

根据结构力学方法,假设最大位移处在中点,用最大位移为控制指标来分析计算管棚的最佳长度,同时考虑进洞深度、土体埋深等因素的影响,主要考虑管棚长度与土体埋深之间的关系。

2.2.1 管棚长度小于进洞深度

根据图 2 计算得出下式:

$$\omega = \frac{qd^4}{72EI} \qquad (1)$$

式中:ω 表示梁中点处的挠度;d 表示管棚长度;q 表示土体的自重,其值可以通过土体的

埋深 H 求出，$q = \gamma H$，其中 γ 为土体的容重。

实际工程中，管棚长度是要大于进洞深度，才能体现管棚的作用，这里选取管棚长度小于进洞深度分析是为了分析的全面性，以及为后面的分析做一对比，同时本文主要考虑的是在进洞前后管棚的作用影响，有必要考虑这一情况。

2.2.2 管棚长度大于进洞深度

根据图 1 计算得出下式：

$$\omega = \frac{7qd^4}{1\ 152EI} \tag{2}$$

式中所用符号意义与上述一致。

由于梁式结构计算模型建立过程中存在很多假设，这里说明如下：首先，当管棚长度小于进洞深度时，假设管棚一端还是在掌子面附近，受到掌子面向上的支撑力；其次，当管棚长度大于进洞深度时，假设管棚一端还是受到掌子面与土体的综合作用，使这一端成为固定端。

2.3 管棚梁式结构计算结果分析

分析时，指定拱顶的下沉量，以拱顶下沉量为控制指标来反映，管棚的长度与土体埋深之间的关系，拱顶下沉量控制指标的选取，按照《公路隧道设计规范》（JTG D70—2004）规定，以及根据施工设计中初衬施工中预留的变形量为 0.15 m 要求，由于黄土土质的地质特殊性，取用拱顶下沉量 0.1 m，即 $\omega = 0.1$ m。EI 为管棚和围岩的综合刚度大小，其值可以通过实际工程中拱顶下沉量求得，根据实际工程中土体埋深取为 25 m（实际最大处为 30 m，最小处为 10 m，为了求值方便，取为 25 m）。管棚长度取为 30 m，这样取进洞为 30 m 时中点处的拱顶下沉量来计算 EI 值，根据现场监控量测的结果，ω 取值为 3.191 cm，这样可以求出 EI 值的大小为 $1.406\ 25 \times 10^8$ kN·m。

从式(1)、式(2)可以看出，当梁式结构的挠度 ω 不变时，土体埋深 H 与管棚长度呈非线性的反比关系，这与实际情况是完全相反的，因此这种计算理论不适合于设计分析管棚长度与土体埋深之间的关系，但其梁式理论是正确的，这说明梁式理论在计算管棚长度上存在较大的偏差。

分析原因主要是梁式结构理论过于简单，没有考虑到管棚与土体的相互作用，其次在分析计算过程中，假设的条件比较多，比如要假设管棚长度在比较小的情况下，其仍然受到掌子面的作用，这与实际情况是很不相符的，最后在分析过程中，已知考虑进洞了 40 m 的情况，在这种假定的情况下，不利于分析进洞过程中对管棚长度的要求。但梁式结构体计算是正确的，梁式结构理论一个很重要的理论是，梁的长度不易过大，从这一点上可以说明，管棚在施工设计时，并不是越大越好，应根据实际工程情况进行设计。

3 管棚法作用有限元模拟分析

根据上面关于管棚梁式结构理论的分析，可以得出，梁式结构理论过于简单，不适合分析隧道在进洞过程中，管棚长度与土体埋深之间的关系，分析得出的结果与实际情况是完全相反的。

根据已知的关于管棚法的介绍和施工工艺，及其作用机理，本节对黄土隧道中管棚法进行模拟分析。模拟分析选用的管棚参数等主要是根据已知的关于管棚法的施工工艺进行布置,由于现场施工过程的复杂性,以及分析过程中土体埋深变化性,选用的监控量测数据会与模拟分析的数据并不相符,只是将其作为分析的参考。

　　选用 ABAQUS 有限元分析软件对整个山体进行模拟分析,主要分析在管棚法作用下拱顶的最大下沉量值和地表下沉量,分析黄土隧道中开挖进洞中,不同埋深的情况下管棚最佳长度,分析中模拟开挖进洞深度为 40 m。按照管棚法的施工工艺,模拟时将管棚作为一个棚式整体进行模拟,其模拟效果图如图 3 所示,选用的材料参数如表 2 所示。

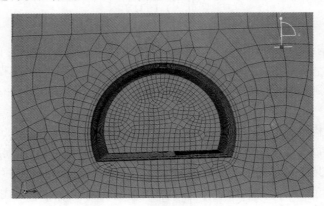

图 3　管棚模拟效果图

表 2　材料参数

材料	密度 (g/m³)	杨氏模量 (N/m²)	泊松比	摩擦角 (°)	膨胀角 (°)	黏聚力 (kPa)
黄土	1 596	4×10^7	0.3	28.05	17.83	45.92
衬砌	2 551	2.85×10^{10}	0.167	—	—	—
管棚	2 400	5.5×10^{10}	0.26	—	—	—

3.1　地表下沉模拟分析

　　选择进洞 40 m 的原因是进洞 40 m 后洞口的围岩这时候已经基本达到了稳定状态,适合围岩的各项变形指数也达到了稳定状态。同计算分析过程一样,分析时,指定地表的下沉量,以地表下沉量为控制指标来反映,管棚的长度与土体埋深之间的关系,地表下沉量控制指标的选取,按照《公路隧道设计规范》(JTG D70—2004)规定,取用地表下沉量 0.15 m,即 $\omega = 0.15$ m。分析过程中,选用洞口处的地表下沉量为分析对比指标,分析中的地表下沉量不是固定在 15 cm,而是在 15 cm 上下变化,假设取用的管棚长度和土体埋深使地表下沉量在 15 cm 这一控制指标上,其模拟分析结果如表 3 所示。

　　这里假设底边下沉量都是在其临界值 15 cm 上,只有管棚长度与土体埋深是在变换中的,模拟分析得出不同管棚长度下的地表下沉量及其拟合图如图 4 所示。

表3　不同管棚长度下地表下沉量表

管棚长度（m）	土体埋深（m）	地表下沉量（cm）
0	10	14.321
10	15	15.952
20	20	14.462
30	25	15.239
40	30	15.426
50	35	16.116

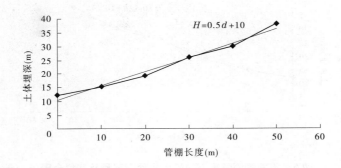

图4　不同管棚长度下的地表下沉量及其拟合图

即可得出在埋深为40 m时,不同管棚长度下,地表下沉量的关系式为

$$H = 0.5d + 10 \quad\quad (3)$$

3.2　拱顶下沉量模拟分析

模拟土体埋深40 m时,同上面关于管棚的计算分析是一样的,分析时,指定拱顶的下沉量,以拱顶下沉量为控制指标来反映,管棚的长度与土体埋深之间的关系,拱顶下沉量控制指标的选取,按照《公路隧道设计规范》(JTG D70—2004)规定,取用拱顶下沉量0.1 m,即 $\omega = 0.1$ m。这里对模拟分析时的一些过程做下说明:首先,模拟分析中地表的下沉量选取的是进洞深度为20 m的拱顶处的下沉量,因为中点的下沉量在实际的监控量测中发现是比较稳定变化,而且测量时间比较稳定的点,不像洞口处的点在测量前期变化比较大,后来基本没变化,也不像掌子面处的拱顶下沉量,下沉量的变化还没完全发生,一旦开挖还会有较大的变形,因此这里选择了中点处的拱顶下沉量为分析对比指标;其次,模拟分析过程中采用了分阶模拟,土体埋深与管棚长度是在每加一次长度和埋深的情况下模拟一次,这样模拟的过程没有中间的过渡段,因此下沉量值只要保证在控制指标上下变化即可。其分析结果如表4所示。

模拟分析得出不同管棚长度下的地表下沉量及其拟合图如图5所示。

表4 不同管棚长度下最大拱顶下沉量表

管棚长度（m）	土体埋深（m）	拱顶下沉量（cm）
0	12	10.435
10	15	9.540
20	19	9.320
30	26	9.540
40	30	10.114
50	38	10.543

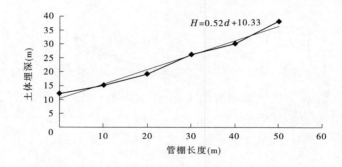

图5 不同管棚长度下的最大拱顶下沉量及其拟合图

即可得出在埋深为40 m时，以拱顶下沉量为控制指标，不同管棚长度与土体埋深大小的关系式为

$$H = 0.52d + 10.33 \qquad (4)$$

从分析的两个结果来看，其得出的管棚长度与土体埋深的关系基本一致，而且从两个监控量测的控制指标来分析它们之间的关系，得出的结论更具有说服力。

3.3 计算模型与模拟结果的综合分析

将上述计算模型及模拟分析计算的结论加以综合分析，可以看出，在分析计算模型时，由于梁式结构体模型的应用局限性，使其建立的管棚长度与土体埋深之间的关系与实际情况不相符，由这个模型可以得出，管棚的长度不一定是越大越好，要根据实际工程情况选择管棚长度。

同时选取地表下沉量和拱顶下沉两个控制指标，通过有限元模拟分析，对比地表下沉量和拱顶下沉量两种情况下的管棚长度与土体埋深之间的关系，粗略地得出两者模拟分析的结果是一样的，现将两者模拟分析的结果进行拟合，可以得出黄土隧道施工设计中，进洞过程中，管棚长度与土体埋深之间的关系式，其拟合结果如表5所示。

根据上面拟合的结果，将两者组合在一起，分析计算出其模拟分析拟合图如图6所示。

表 5   综合分析的管棚长度与土体埋深的关系

项目	管棚长度(m)					
	0	10	20	30	40	50
式(3)	10	15	20	25	30	35
式(4)	12	15	19	26	30	38

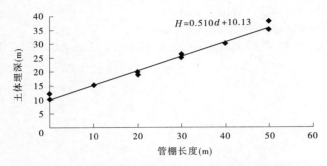

图 6   综合分析拟合管棚长度与土体埋深的关系

从图 6 中可以看出,两者可以很好的拟合,拟合出的数据与实际情况是比较相符的,但根据管棚法的梁式结构体理论,这个公式的应用是有一定范围的,根据式(1)、式(2)分析得出,管棚长度一般不能大于 100 m,当管棚长度大于这一值时,管棚的力学行为就比较符合式(1)、式(2),这样得出的围岩变形量比较大,不利于隧道的施工,因此修正后的公式为

$$H = 0.510d + 10.13 \tag{5}$$

其中,d 的大小为 0 ~ 100 m。

4   结语

本文通过对管棚超前支护法中的梁式结构理论的说明及其在黄土隧道中的模拟分析,得到了以下结论:

(1)建立了管棚梁式结构的计算模型,并对计算模型进行分析计算,得出梁式结构体系并不适合于管棚超前支护体系中关于设计计算管棚长度的合理范围的部分,这与梁式结构体系过于简单,计算过程假设的条件对计算不利,以及分析计算中考虑进洞 40 m 对分析计算的影响这些因素有关,但这个计算模型的建立及对这个理论的分析研究表明,隧道洞口管棚超前支护过程中,管棚的长度不一定是越长越好,当管棚达到一定长度时,管棚超前支护体系就会表现出一定"梁式结构性",根据式(1)、式(2)可以看出,这时候围岩变形量与管棚长度呈非线性的正比关系,这对于维护围岩稳定性是很不利的。

(2)对黄土隧道管棚超前支护中,管棚的选用长度进行了模拟分析计算,通过模拟分析在不同的管棚长度及黄土土体埋深情况下,以地表下沉量和最大拱顶下沉量为控制指标,得出不同的管棚深度与黄土土体的埋深之间的关系,通过关系式(3)、式(4),可以看出建立的两者之间的关系基本是一致的,通过数据拟合,将两种分析得出的数据拟合,即可得出黄土隧道中,在施工进洞过程中,管棚长度与土体埋深之间的关系为:$H = 0.510d + 10.13$。

参考文献

[1] 关宝树,杨其新. 地下工程管棚法[M]. 成都:西南交通大学出版社,1996.

[2] 周顺华. 软弱地层浅埋暗挖施工中管棚法的棚架原理[J]. 岩石力学与工程学报,2005(14).

[3] 肖世国,李向阳,夏才初,等. 管幕内顶进箱涵时顶部管幕力学作用的试验研究[J]. 现代隧道技术,2006(1).

[4] 翟建国. 长管棚施工工艺介绍[J]. 山西建筑,2003(2).

[5] 王刚. 不良地层大断面隧道施工技术[J]. 隧道建设,2001(2).

[6] 王海涛. 隧道管棚预支护体系的力学机理与开挖面稳定性研究[D]. 大连:大连理工大学,2009.

地下洞室围岩松动圈的位移方法研究 *

马　莎　贾景超　黄志全

（华北水利水电学院　郑州　450011）

摘要：研究松动圈的范围和分布特征是地下洞室围岩稳定分析的重要问题之一，能为设计和施工方案制定提供重要依据。通过分析监测位移信息，尤其非规则、缺失较多数据及开挖前期短期数据，研究了其在时间和空间上的动力学特性，采用非线性动力－尖点突变模型，建立围岩稳定位移判据方法，提出测杆处的围岩松动边界 h 及松动最大影响深度概念及确定方法，以 h 或 h_{max} 为一维序列，考虑工程岩体开挖过程中诸多影响因素，通过数学模型反演得到整个开挖地下洞室的围岩松动圈及围岩松动最大影响范围。实例验证了围岩松动圈位移评价方法的可行性，能及时、有效地利用监测信息，为准确分析围岩稳定性提供新思路。

关键词：岩土力学　围岩松动圈　松动边界　松动最大影响深度　地下洞室

众所周知，围岩松动圈是围岩变形及稳定状态的具体反映，围岩松动圈的形成与地下工程围岩稳定性有着极为密切的关系，松动圈的存在导致位移测值的增大，对围岩稳定性评价结果必然产生较大影响[1-2]，研究松动圈的范围和分布特征，对确定支护参数及衬砌结构具有重要的意义，能为设计和施工方案制订提供重要依据[3-6]。

松动圈内围岩处于残余强度条件下的应力平衡状态，而不是塑性区内屈服强度条件下的应力平衡[3]，松动圈的本质即是浅层围岩裂隙发展松动、达到残余强度下新的平衡，同时伴随着岩体劣化，微裂隙增多，变形模量、黏力和内摩擦角参数值的降低[4]。而在开挖中无论采取什么措施，松动圈是不可避免的。由于地应力因素、参数选取、稳定分析判据等问题使得通过岩体变形分析围岩稳定性难以有统一的分析模型，目前运用较广泛的位移反分析方法一般都是根据地下洞室开挖引起的位移进行反演的[7-9]，而将松动区单独作为一种等效连续介质进行反演，计算简便，应用方便，但该方法的难点在于松动区域大小的确定。目前，松动圈的确定主要以实地测量为主，如声波法测试[5]、多点位移计法[10-11]、地质雷达法[12]、地震波法测试[6-13]等，数值模拟围岩松动圈[1-2]、监测位移法[10]取得了一些成果，其中岩体的声波特性能真实反映爆破对岩体的影响范围，一般以声波测试为主要方法，同时结合多点位移计获得的监测位移和现有地质资料等，综合判定围岩松动范围。对于我国大型地下工程而言，声波资料相对较少，而多点位移计测试法使用广泛，而监测位移是诸多因素影响下围岩变形的综合反映。因此，如何充分利用大量监测位移资料有效判别围岩松动圈范围，近年来是工程界一直关注的重要问题之一。

* **基金项目**：国家自然科学基金资助项目（41140030），华北水利水电学院高层次人才科研启动项目（200915）。

作者简介：马莎，女，1970 年生，1994 年毕业于华北水利水电学院农田水利专业，现为教授，博士，主要从事地下工程围岩稳定性研究。

围岩内部各点的位移变化是围岩变形的动态表现,可以反映围岩内部的松弛程度和范围大小,也是判断围岩稳定性的重要指标之一,并通过多点监测位移,确定围岩松动圈,但目前运用多点位移计监测数据反馈分析洞室围岩松动圈在国内外研究取得了一些成果,但远没有形成成熟的理论。文献[10]基于长期监测位移时间序列时间和空间分布特性分析了围岩松动圈,但针对非规则监测数据(非等时间间隔、监测数据序列中缺失数据较多)及开挖前期短期监测数据时,围岩松动圈如何确定,而且由于开挖扰动后的地质体是一种各向异性、非均匀、非线性复杂系统,进行空间插值时必须考虑:①相对整个地下洞室群空间,无规则的有限个测点很难精确反映整体围岩松动特性;②很难反映岩体工程地质环境等因素,如围岩性质、地质构造、地应力、地下水及工程开挖等对围岩松动圈反演的影响。

瀑布沟水电站洞室群开挖工期长,由于永久支护时间的严重滞后或支护不足而带来围岩过度松动问题及主厂房、尾水闸和尾水洞等大跨度地下洞室开挖施工引起的围岩松动状况及松弛范围,已成为迫切需要掌握和判定的重要技术问题。因此,根据监测位移和声波测试方法确定地下厂房围岩松动范围就显得极为必要。

以瀑布沟水电站地下厂房为例,针对非规则、缺失较多原始监测数据及短期监测数据,通过分析监测位移在时间和空间上动力特性,采用非线性动力 – 尖点突变模型,以围岩稳定位移判据方法为依据,提出测杆处的围岩松动边界及松动最大影响深度概念及确定方法,提出松动圈及松动最大影响范围的位移确定方法,考虑诸如岩性、岩体结构、地下水、地应力和开挖时间等影响因素,反演围岩松动圈及围岩松动最大影响范围,实现及时、有效地充分利用监测信息,准确评价围岩稳定性。

1 非线性动力 – 尖点突变模型

设非线性函数为 f,则任一时间序列随时间演化的一维非线性动力模型都表示为[14]

$$\frac{\mathrm{d}y}{\mathrm{d}t} = f(y) \tag{1}$$

将时间序列的已知系列作为一系列特解,经过反演得到位移非线性动力学模型:

$$\frac{\mathrm{d}y}{\mathrm{d}t} = a_0 + a_1 y + a_2 y^2 + a_3 y^3 \tag{2}$$

将 $a_0 + a_1 y + a_2 y^2 + a_3 y^3$ 表达为一个势函数 $V(x)$ 梯度,势函数梯度动力系统:

$$\frac{\mathrm{d}y}{\mathrm{d}t} = -\frac{\partial V}{\partial y} \tag{3}$$

运用突变稳定判据将将式(3)化成尖点突变的标准形式,得到分叉集方程(详见文献[15]):

$$D = 4u^3 + 27v^2 \tag{4}$$

式(4)即为突变失稳的充要判据,其中 u、v 为两个控制变量,突变特征值 D 为围岩体演化稳定状态与临界状态的距离,当 $D > 0$ 时,围岩处于稳定演化状态,而当 $D \leq 0$ 时,系统才可能跨越分叉集发生突变。

2 位移判据研究

2.1 分析方法

以 4 测点多点位移计为例,选择代表性测杆的孔口位移进行分析,为避免由监测信息滞后引起的损失位移造成的分析误差,以位移速率为分析对象,首先计算各测点的位移速率,找出其中的初始速率和最大速率,然后确定特解序列,再运用式(4),分析计算突变速率和稳定速率,并结合实测突变速率值,综合分析得到突变速率 $v_{突}$,在此基础上,搜索寻找稳定位移速率(详见文献[16])。

2.2 分析步骤

具体分析步骤如下:

(1)计算得到位移速率序列,在序列中搜索初始值 v_0、最大值 v_{max},该最大值以前的数据为式(1)的特解序列;反演得到参数 $a_i, i = 0, 1, \cdots, 3$,见式(2),并转化为尖点突变模型。

(2)运用尖点突变模型计算对应最大值的控制参数 u、v 和突变特征值 D_1,如果 $D_1 < 0$ 则该最大值即为突变速率计算值 v_1;否则,逐渐增加该最大值,直至得到 $D < 0$,对应的值即为 v_1。

(3)得到 v_1 后,以序列中最大值之后的位移速率为研究对象(以该值以前的序列为特解序列),计算其对应的突变特征值,直至寻找到对应 $D > 0$ 的速率值,则该值即为稳定速率 $\bar{v}$,而且序列中 $\bar{v}$ 后面的速率值所对应的突变特征值 $D > 0$ 一般都大于零。

(4)对于同一测杆,可以得到初始速率值、突变速率值、最大速率值及稳定速率值,据此可以分析测杆处围岩的松动边界。

3 围岩松动圈分析

定义:有限个测杆处的围岩松动区与不松动区的分界处离洞壁的距离为测杆处的围岩松动边界 h,测杆处的围岩松动可能影响的最大范围为松动最大影响深度 h_{max}。

运用围岩稳定位移分析方法,分析确定 h 及 h_{max},即确定了有限个监测断面的 h 序列及 h_{max} 序列,然后通过空间插值方法,将有限实测点的围岩松动边界映射到整个地下洞室围岩空间中,得到围岩松动圈。

3.1 测杆处围岩松动边界及松动最大影响深度

由于整个工程区域仅埋设了有限的多点位移计,因此确定有限个测杆处的围岩松动区,是确定监测断面松动圈乃至整个开挖洞室松动圈的关键。

3.1.1 计算思路

(1)位移增量 $\Delta S(mm)$:将无规则原始监测位移经过剔除奇异值后(序列 S_1)(详见文献[17]),同一测点前后累计位移值增量。

(2)位移速率 $v(mm/d)$:指将无规则原始监测位移插补为等时间间隔位移序列(详见文献[15],序列 S_2),前后时间点的累计位移值增量,并计算单位时间内 Δd 的位移增量,即 $\Delta S_1 / \Delta d$。

(3)判别标准:以位移稳定速率 $\bar{v}$ 为围岩松动下限;以突变位移速率值作为围岩突变

破坏标准。

3.1.2 计算步骤

（1）根据围岩突变破坏标准，将位移速率 $v \geq v_{突}$ 的测点深度确定为围岩松动边界点；当位移速率 $v < v_{突}$ 时，假定距离洞壁位移由近向远分别为 $1^{\#}$、$2^{\#}$、$3^{\#}$ 和 $4^{\#}$ 测点，其距离洞壁位移分别为 d_1、d_2、d_3、d_4。

（2）确定围岩松动边界所在的区间。

根据围岩内变形量在松动区之外有急剧减小的现象，速率增长较小或趋于稳定，由各测点的径向距离初步判定开挖后围岩内松动边界所在的区间，在同一测杆各测点的 ΔS 中，寻找最大 ΔS（即 ΔS_{max}）所在的测点深度，则该深度与相邻测点深度间的范围即为测杆所在围岩处的松动边界所在区间。如：当 ΔS_{max} 在 $2^{\#}$ 测点得到 ΔS 序列中，则松动边界区间在距洞壁 d_3 与 d_4 之间。

（3）确定围岩松动边界。

确定围岩松动边界即确定松动区与不松动区的分界处深度，根据 $\bar{v}$，分别寻找位移速率 $v > \bar{v}$ 的测点，如果存在则认为该测点所在的围岩已经松动，结合步骤（1）确定围岩松动边界。

①当各测点都满足 $v < \bar{v}$ 或仅在 $1^{\#}$ 测点处 $v > \bar{v}$ 时，松动边界定为洞壁与相邻测点深度的中间深度或直接将该相邻测点深度确定为松动边界。如步骤（2）中例，则 $h = d_3$，$h_{max} = d_3 + (d_4 - d_3)/2$。

②有多个测点的位移速率 $v > \bar{v}$，但这些测点深度都在步骤（2）确定的区间之内时，将这多个测点中的最深测点深度作为松动圈临界点深度，该深度与相邻更深处的测点深度间的中间深度定为松动最大影响深度。如步骤（2）中例，另有 $4^{\#}$ 测点的位移速率 $v > \bar{v}$，则 $h = d_3 + (d_4 - d_3)/2$，$h_{max} = d_4$。

③有多个测点的位移速率 $v > \bar{v}$，但某些测点深度超过步骤（2）确定的范围时，则步骤（2）确定的范围之内最深测点与向围岩内更深测点深度的中间深度定为松动边界，而将这多个位移速率 $v > \bar{v}$ 中最深测点深度确定为松动最大影响深度；如步骤（2）中例，另有 $4^{\#}$ 测点的位移速率 $v > \bar{v}$，则 $h = d_3 + (d_4 - d_3)/2$，$h_{max} = d_4$。

④超过步骤（2）确定的范围，有多个测点的位移速率 $v > \bar{v}$ 时，则最深测点的深度确定为 h，该测点与下一测点深度中间距离定为 h_{max}。如步骤（2）中确定的松动区间在 $1^{\#}$ 与 $2^{\#}$ 之间，但 $3^{\#}$ 的测点也达到 $v > \bar{v}$ 时，则 $h = d_3$，$h_{max} = d_3 + (d_4 - d_3)/2$。

3.2 围岩松动圈

整个洞室围岩松动圈的过程实质上是一个空间插值的问题。即以 h（或 h_{max}）为一维序列，通过空间插值反演。采用 MFDI 模型，反演时综合岩性、岩体结构、地下水、地应力及施工等，确定一个基本符合围岩变形规律的空间场（物理场），并将物理场标准化，以消除地质体非均匀性等因素的影响，将各测点值转换为假想均匀介质条件下的数据。运用数学方法插值完毕后，再用物理场对各插值点进行还原处理，从而使得反演过程考虑了地质等因素的影响，提高无规则、少量数据进行空间场插值的精度，并采用规则网格化处理，将无规则的松动边界等，通过空间插值映射到虚拟的规则网格节点上，实现有效较高精度的确定整个地下洞室围岩松动圈。具体步骤详见文献[18],其中虚拟网格内的形函数内插采用形函数进行内插[19]。

4 实例

瀑布沟水电站地下洞室群分别设置了多个系统监测断面:主厂房 12 个,主变室 7 个,尾闸室 4 个。获得了较长时期的监测资料,本文方法已运用于瀑布沟、坪头等水电站围岩稳定分析。以瀑布沟水电站主厂房分析为例,主厂房声波监测断面与位移监测断面基本对应(离位移监测断面为 1 ~ 2 m,见图 1),综合声波测试、多点位移计监测成果和现有地质资料得到的声波测试结果,以此标准,评价本方法的准确性。

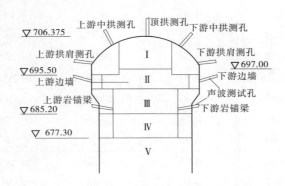

图 1 声波测孔布置示意图 (单位:m)

4.1 位移判据分析

一般而言,围岩内不同深度的位移以 1# 测点的位移变化最大,也是围岩较其他深度最危险的部位,因此重点分析了代表性测杆在 1# 的位移速率,代表性测杆选取原则为:①在开挖过程中发生过突变,随后位移速率变化趋于稳定的测杆;②有较大位移值的测杆;③开挖结束后,位移值仍增长的测杆。以施工中围岩破坏的 M⁴74 测杆分析为例,表 1 为监测位移,表 2 列出了分析结果,将 10 月 30 日的最大值 5.24 mm/d(计算出 $D = 5.16 \times 10^9$,围岩变形没有发生突变)逐渐增加直至得到 $D = -5.82 \times 10^{11}$,此时 $v_{突} = 11.0$ mm/d,围岩变形发生突变。其他测杆分析结果见表 3。

4.2 计算松动边界及松动最大影响深度

本方法分析结果见表 3,对照声波测试测试结果(见表 4),并参考后期开挖爆破松动测试结果,评价本方法的可靠性。表 3 中,本章方法确定的松动圈是根据开挖结束后的监测位移得到的,而声波测试方法确定的松动圈是 I 期开挖完成后围岩松动范围,因此本章方法的松动圈应该大于声波测试方法的结果,从表 3 可知,两种方法结果符合得较好,仅有一个测杆松动深度偏小(但相差不大,基本一致)。因此,两种方法相互验证说明得到的松动边界深度是可靠的,符合工程实际情况,从另一方面也验证了松动边界确定方法的合理性和松动圈的有效性。主厂房测杆处松动边界见表 5。整个开挖洞室的围岩松动圈及松动最大影响范围见图 2、图 3。

表1 测杆 $M^4 74$ 部分监测位移

日期（月-日）	位移（mm）	位移速率（mm/d）	日期（月-日）	位移（mm）	位移速率（mm/d）
09-24	4.446		10-13	7.935	0.31
09-25	4.344	−0.10	10-14	8.304	0.37
09-26	4.295	−0.05	10-15	8.832	0.53
09-27	4.298	0.00	10-16	9.656	0.82
09-28	4.353	0.05	10-17	9.772	0.12
09-29	4.460	0.11	10-18	9.950	0.18
09-30	4.736	0.28	10-19	10.166	0.22
10-01	5.057	0.32	10-20	10.395	0.23
10-02	5.404	0.35	10-21	10.615	0.22
10-03	5.759	0.35	10-22	10.801	0.19
10-04	5.1.01	0.34	10-23	10.929	0.13
10-05	5.412	0.31	10-24	10.611	−0.32
10-06	6.671	0.26	10-25	10.238	−0.37
10-07	6.860	0.19	10-26	10.204	−0.03
10-08	6.924	0.06	10-27	10.899	0.70
10-09	6.947	0.02	10-28	12.716	1.82
10-10	7.621	0.30	10-29	16.046	3.33
10-11	7.318	0.23	10-30 *	21.282	5.24
10-12	7.621	0.30			

表2 突变判别及围岩稳定分析

日期（月-日）	位移（mm）	位移速率（mm/d）	u	v	D	突变判别	围岩评价
10-27	10.899	0.70	11.61	−2.220 3	5.385e+03	无	稳定
10-28	12.716	1.82	5.118e+02	−0.064 8	9.159e+08	无	稳定
10-29	16.046	3.33	1.358e+02	−8.944 4	1.001e+07	无	稳定
10-30	21.282	5.24（实测）	1.155e+03	−5.165 3	5.1.62e+09	无	稳定
10-30 *	21.282	11.0（计算）	−5.26e+03	19.664 3	−5.82e+11	突变	不稳定
10-31	21.979	0.70	1.680e+02	−1.798 5	1.895e+07	无	稳定
11-01	21.331	0.65	3.205e+02	−2.034 1	1.318e+08	无	稳定
11-02	22.530	1.20	2.043e+02	−2.698 3	3.410e+07	无	稳定
11-03	23.725	1.20	1.990e+02	−2.811 4	3.152e+07	无	稳定
11-04	24.600	0.88	2.013e+02	−2.886 5	3.264e+07	无	稳定

表 3　瀑布沟主厂房代表性测杆位移判据分析

测杆	初始速率 v_0 (mm/d)	最大速率 v_{max} (mm/d)	v_1 的突变特征值 D_1			突变速率(mm/d)		稳定速率 $\bar{v}$ (mm/d)	$\bar{v}$ 的突变特征值 D_2		
			u	v	D	计算值 v_1	实测值 v_2		u	v	D
M⁴31**	0.01	12.13	−7.420 0	−5.315 2	−871.315 4	12.13	12.13	0.01	2.95e+011	2.43e+003	1.03e+035
M⁴32**	0.14	4.02	−1.93e+010	0.426 0	−2.90e+031	4.02	4.02	0.14	5.19e+007	−414.374 3	5.60e+023
M⁴74**	0.18	5.24	−5.26e+003	19.664 3	−5.82e+011	11.00	11.00	0.70	1.680e+02	−1.798 5	1.895e+07
M⁴47	0.22	0.75	−218.757 4	−218.757 4	−4.19e+007	2.26	—	0.19	1.298 3	−0.149 2	9.354 4
M⁴51	0.21	1.02	−5.41e+004	−0.605 7	−6.35e+014	8.22	—	0.15	3.214 6	−4.498 6	679.28
M⁴5**	0.13	9.96	−9.56e+007	−5.707 9	−3.50e+024	9.96	9.96	0.19	9.66e+008	2.60e+003	3.61e+027
M⁴11	0.21	11.40	−7.65e+008	0.104 7	−1.79e+027	11.40	—	0.77	6.22e+006	−1.20e+003	9.64e+020
M⁴109	0.87	0.87	−1.65e+003	−3.192 8	−1.80e+010	3.04	—	0.59	3.945 4	−0.630 1	256.381 2
M⁴19	0.10	1.91	−1.36e+007	0.551 0	−9.98e+021	3.84	—	—	—	—	—
M⁴23*	0.10	2.88	−7.85e+004	−40.016 2	−1.93e+015	10.63	—	0.58	1.57e+003	−26.46	1.55e+010
M⁴110	0.59	0.59	—	—	—	—	—	—	—	—	—
M⁴39	1.42	1.59	−4.52e+015	−5.48e−004	−3.69e+047	15.90	—	0.63	152.63	−1.364 3	1.42e+007
M⁴45	0.12	2.85	−6.89e+004	−3.726 1	−1.36e+011	2.85	—	0.15	4.88e+003	−4.843 8	4.64e+011

注:"**"表示施工中发生突变,有实测突变位移速率的测点,M⁴19 和 M⁴110 测杆围岩松动,没有得到 $D>0$ 的稳定位移速率。

表4　围岩松动圈及结果评价

监测断面	仪器编号	测孔部位	本章方法		声波测试法	本方法评价
			松动圈（m）	松动最大影响深度（m）	松动圈（m）	
B1—B1 上游半拱	$M^4 7$	顶拱	5.0	5.0	无松动	符合
	—	中拱	—	—	5	—
	$M^4 8$	拱肩	5.0	5.0	无松动	符合
C1—C1 上游半拱	$M^4 14$	顶拱	2.5	2.5	无松动	符合
	$M^4 13$	中拱	5.0	11.0	8.8	符合
	$M^4 12$	拱肩	5.0	5.0	无松动	符合
B2—B2 下游半拱	$M^4 21$	顶拱	5.0	5.0	3	符合
	—	中拱	—	—	6.4	—
	$M^4 22$	拱肩	5.0	5.0	4.5	符合
B3—B3 上游半拱	$M^4 26$	顶拱	11.0	11.0	7.6	符合
	—	中拱			5.7	
	$M^4 25$	拱肩	5.0	5.0	无松动	符合
C2—C2 下游半拱	$M^4 33$	顶拱	5.0	5.0	3.1	符合
	$M^4 34$	中拱	5.0	5.0	4.3	符合
	$M^4 35$	拱肩	5.0	5.0	无松动	符合
C3—C3 上游半拱	$M^4 42$	顶拱	5.0	5.0	无松动	符合
	$M^4 41$	中拱	5.0	5.0	4.3	符合
	$M^4 40$	拱肩	5.0	5.0	6.0	符合
B4—B4 下游半拱	$M^4 49$	顶拱	5.0	5.0	无松动	符合
	—	中拱	—	—	无松动	
	$M^4 50$	拱肩	5.0	5.0	无松动	符合
D—D 下游半拱	$M^4 56$	顶拱	5.0	5.0	4~6	符合
	$M^4 57$	中拱	5.0	5.0	5.4	偏小
	$M^4 58$	拱肩	5.0	5.0	5.0	符合

注：锚索长度为20 m或23.1 m。

表5　主厂房监测断面测杆处松动圈及支护能力评价

断面	测杆	部位	松动圈（m）	松动最大影响深度（m）	锚杆支护（m）	支护评判等级	锚索	实测锚杆应力（MPa）	综合评价	总体评价
B1—B1	$M^4 7$		5.0	5.0	7	优	无	−47.3	优	
C0—C0	$M^4 66$		5.0	5.0	7	优	无	67.2	优	
C1—C1	$M^4 14$		5.0	5.0	7	优	无	256.3	优	
B2—B2	$M^4 21$		5.0	5.0	7	优	无	4.4	优	
B3—B3	$M^4 26$	顶拱	5.0	8.0	7	良	无	−0.7	良	良
C2—C2	$M^4 33$		5.0	8.0	7	良	无	−73.3	良	
C3—C3	$M^4 42$		5.0	5.0	7	优	无	−8.25	优	
C4—C4	$M^4 71$		5.0	5.0	12	优	无	—	优	
B4—B4	$M^4 49$		5.0	5.0	12	优	无	1.63	优	
D—D	$M^4 56$		5.0	5.0	12	优	无	34.33	优	
B1—B1	$M^4 6$		5.0	8.0	7	良	无	—9.9		
C0—C0	$M^4 65$		8.0	17.5	7	差	无		差	
C1—C1	$M^4 12$		8.0	17.5	7	差	无	152.4	差	
B2—B2	$M^4 20$		5.0	8.0	7	良	无	22.3	良	
B3—B3	$M^4 25$	上游拱肩	5.0	5.0	7	优	无	33.1	优	中
C2—C2	$M^4 31$		17.5	17.5	7	差	无	37.4	差	
C3—C3	$M^4 40$		5.0	8.0	7	良	无	348.67	良	
C4—C4	$M^4 70$		5.0	5.0	7	优	无	—	优	
B4—B4	$M^4 48$		5.0	5.0	7	优	无	3.1	优	
D—D	$M^4 54$		5.0	5.0	7	优	无	42.4	优	
C1—C1	$M^4 13$		5.0	11.0	7	差	无		差	
C2—C2	$M^4 32$	上游中拱	5.0	5.0	7	优	无		优	良
C3—C3	$M^4 41$		5.0	5.0	7	优	无		优	
D—D	$M^4 55$		5.0	5.0	7	优	无		优	

续表5

断面	测杆	部位	松动圈（m）	松动最大影响深度（m）	锚杆支护（m）	支护评判等级	锚索	实测锚杆应力（MPa）	综合评价	总体评价
B1—B1	$M^4$5		17.5	17.5	10	差	主变室对穿	291.4	良	
C0—C0	$M^4$64		8.0	11.0	10	良	主变室对穿		优	
	$M^4$108		8.0	11.0	10	良	无	333.9	良	
C1—C1	$M^4$11		11.0	11.0	10	差	主变室对穿	362.5	良	
	$M^4$109		8.0	17.5	10	差	主变室对穿	348.3	良	
B2—B2	$M^4$19	上游岩锚梁	5.0	11.0	10	优	无	170.5	优	
	$M^4$110		5.0	5.0	10	优	无	234.2	优	良
B3—B3	$M^4$24		5.0	8.0	10	优	主变室对穿	221.1	优	
C2—C2	$M^4$30		5.0	5.0	10	优	无	79.8	优	
C3—C3	$M^4$39		5.0	8.0	10	优	主变室对穿	211.6	优	
C4—C4	$M^4$69		11.0	14.0	10	差	主变室对穿	—	良	
B4—B4	$M^4$47		8.0	17.5	10	差	主变室对穿	163.3	良	
D—D	$M^4$53		8.0	11.0	10	良	无	—	良	
B1—B1	$M^4$9		5.0	5.0	10	优	主变室对穿	13.48	优	
C0—C0	$M^4$68		5.0	8.0	10	优	无	—	优	
C1—C1	$M^4$17		5.0	5.0	10	优	主变室对穿	183.1	优	
B2—B2	$M^4$23		8.0	17.5	10	良	无	152.38	良	
B3—B3	$M^4$28	下游岩锚梁	17.5	17.5	10	差	主变室对穿	200.6	良	
0+100	$M^4$74		8.0	17.5	10	差	主变室对穿	—	良	良
C2—C2	$M^4$36		5.0	5.0	10	优	无	150.8	优	
C3—C3	$M^4$45		8.0	11.0	10	良	无	349.3	良	
C4—C4	$M^4$73		5.0	5.0	10	优	主变室对穿		优	
B4—B4	$M^4$51		8.0	17.5	10	差	主变室对穿	187.75	良	
D—D	$M^4$59		5.0	5.0	10	优	无		优	

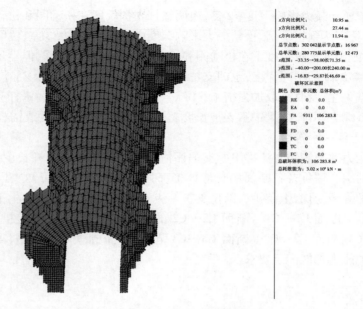

图 2　围岩松动圈示意图

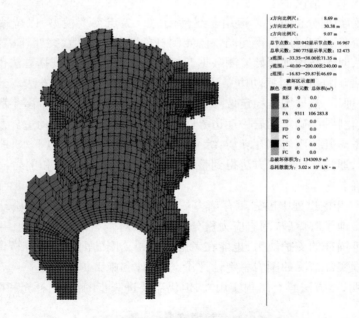

图 3　围岩松动圈最大影响范围示意图

4.3　主厂房支护能力评价

基于各测杆确定的围岩松动圈及松动最大影响深度,结合锚杆支护长度和锚索支护及实测锚杆应力综合评价支护能力(见表 5)。

评价时,将锚杆支护能力评判等级分为三等:优、良及差,其具体含义为:①优,表明锚杆支护长度大于松动最大影响深度;②良,表明锚杆支护长度在松动圈和松动最大影响深度之间,且锚杆长度达到松动圈、松动最大影响深度中间深度以内;③差,说明锚杆支护长度小于松动圈,或锚杆支护长度虽在松动圈和松动最大影响深度之间,但不足以达到松动圈、松动最大影响深度的中间深度,也即支护锚杆长度明显不足,因此该部位的锚固支护需要加强并重点关注,及时采取加强措施;④综合考虑锚索支护和监测锚杆应力对上述等级中良和差进行综合评价,如果锚索支护长度超过松动最大影响深度或锚杆监测应力较小,则在原等级上浮一个等级。

按照支护能力评判等级方法得出的支护评估等级及综合考虑锚杆长度、锚索支护及锚杆监测应力的综合评价及各断面的总体评价都列于表5,由表5可知主厂房下游中拱和下游拱肩支护等级为优,上游拱肩部位支护等级为中,顶拱、上游拱肩、上下游岩锚梁部位支护等级为良。断面 C1—C1 ~ 断面 C2—C2 的上游中拱部位,及上游拱肩断面 C0—C0 ~ 断面 C1—C1,断面 C2—C2 ~ 断面 C3—C3 范围内支护能力明显不足,需要采取加固措施。其他支护能力都能满足要求。

5 结语

通过分析监测位移信息,尤其非规则、缺失较多原始监测数据及开挖前期监测数据,经实例验证,得出如下结论:

(1)建立位移判据分析方法。运用非线性动力 – 尖点突变模型,以位移速率为分析对象,结合实测资料,综合分析,得到同一监测测杆的初始速率值、突变速率值、最大速率值及稳定速率值,对于非规则原始监测数据及短期监测数据,位移判据方法也是可行的。

(2)建立了各测杆处围岩松动边界及松动最大影响深度的分析方法。分别将非规则监测数据进行处理后,依据围岩稳定位移分析方法,通过分析同一测杆多个测点监测数据的时间和空间变化特性,确定围岩松动边界所在的区间,确定围岩松动边界及围岩松动最大影响深度,并考虑开挖围岩赋存环境,综合分析岩性、岩体结构、地下水、地应力和开挖时间等影响因素,通过空间插值方法得到整个地下洞室围岩松动圈和围岩松动最大影响范围,结果较准确。

(3)结合工程开挖过程中围岩赋存诸多影响因素,能有效分析围岩松动状况和松弛范围,能及时真实地了解爆破、围岩应力重分布等因素对围岩的扰动影响,并依据围岩松动圈,能有效评价锚杆的支护能力,也能在考虑围岩松动圈的前提下反分析评价围岩稳定性,实现符合工程实际情况的围岩稳定性评价,为设计和施工提供依据。

(4)实例表明,本方法具有工程实用性,但仍需要进一步的修正、补充和验证。

参考文献

[1] 郭凌云. 地下洞室开挖扰动支护及围岩参数反馈分析研究[D]. 武汉:武汉大学,2008.
[2] 倪绍虎,肖明. 基于围岩松动圈的地下工程参数场位移反分析[J]. 岩石力学与工程学报,2009,28(7):1439-1446.
[3] 董方庭. 巷道围岩松动圈支护理论及应用技术[M]. 北京:煤炭工业出版社,2001.
[4] 徐志英. 岩石力学[M]. 北京:中国水利水电出版社,2003.
[5] 张建海,胡著秀,杨永涛,等. 地下厂房围岩松动圈声波拟合及监测反馈分析[J]. 岩石力学与工程学报,2011,30

(6):1191-1197.

[6] 肖建清,冯夏庭,林大能.爆破循环对围岩松动圈的影响[J].岩石力学与工程学报,2010,29(11):2248-2255.

[7] 江权,冯夏庭,苏国韶,等.基于松动圈–位移增量监测信息的高地应力下洞室群岩体力学参数的智能反分析[J].岩石力学与工程学报,2007,(S1):2654-2662.

[8] 肖明,叶超,傅志浩.地下隧洞开挖和支护的三维数值分析计算[J].岩土力学,2007,8(12):2501-2504.

[9] 肖明.大型地下洞室复杂地质断层数值模拟分析方法[J].岩土力学,2006,27(6):880-884.

[10] 邹红英,肖明.地下洞室开挖松动圈评估方法研究[J].岩石力学与工程学报,2010,29(3):513-519.

[11] 柳厚祥,方风华.预埋式多点位移计现场确定围岩松动圈的方法研究[J].矿冶工程,2006,26(1):1-4.

[12] 宋宏伟,王闯,贾颖绚.用地质雷达测试围岩松动圈的原理与实践[J].中国矿业大学学报,2002,31(4):370-373.

[13] 张平松,刘盛东,吴荣新.峒室围岩松动圈震波探测技术与应用[J].煤田地质与勘探,2003,31(1):54-56.

[14] 秦四清.非线性工程地质导引[M].成都:西南交通大学出版社,1993.

[15] 马莎.基于监测位移的地下洞室围岩稳定非线性方法研究[D].武汉:武汉大学,2009.

[16] 马莎,肖明.基于突变理论和监测位移的地下洞室稳定评判方法研究[J].岩石力学与工程学报.2010,29(S2):3812-3819.

[17] 马莎,肖明,丹建军,等.非规则原始监测位移系统处理方法研究[J].人民黄河,2010,432(4):97-99.

[18] 张志国,肖明.地下洞室监测位移场的反演和围岩稳定评判分析[J].岩石力学与工程学报,2009,28(4):813-818.

[19] 张雨霆,肖明,熊兆平.三维空间离散点数据场的插值方法[J].武汉大学学报:工学版,2008,41(4):34-37.

公路隧道施工动态风险分析方法与应用研究

于品登[1]　杨　珍[2]

（1. 河南省交通科学技术研究院有限公司隧道工程研究所　郑州　450006；

2. 长安大学　西安　710054）

摘要：根据公路隧道的施工风险特点，运用 WBS – RBS 法对公路隧道施工动态风险进行辨识，把复杂的施工过程分解为简单的风险因素；再利用 AHP 法建立公路隧道施工动态风险评价指标体系，然后用模糊综合评价法对施工动态风险进行评估。使施工中的风险始终处于可控状态，风险量处于可接受水平之下，为顺利完成工程项目工期、质量、安全、成本目标，提供可靠保障。

关键词：公路隧道　动态风险　风险评估

公路隧道是一项投资大、建设周期长、技术要求复杂的大型工程项目，其内在施工的不确定性与其他结构物相比更为突出，再加上地质勘探的局限性和地质条件的复杂性及多变性等加大了隧道施工的风险性。各种各样的原因导致了隧道施工安全事故频频发生。如 2004 年年底，友谊隧道发生大塌方，出露煤层自燃引发瓦斯爆炸，造成 60 多人伤亡，冲击波将施工设备全部摧毁。2005 年 12 月 22 日发生的影响较大的四川都汶高速公路董家山隧道瓦斯爆炸事故造成 44 人死亡，11 人受伤。从这一系列惨痛事故中，我们可以看出：在现有的施工条件下，对于公路隧道施工，没有明确的风险管理意识，没有清晰的风险管理概念造成的代价有多么沉痛。

公路隧道施工引起的风险存在随机和模糊不确定性，还具有明显的波动性、连续性、阶段差异性、相互影响性等特点。因此，纯粹运用静态风险评估方法对公路隧道施工风险进行管理是不恰当的，必须结合公路隧道工程本身的特点，运用动态风险管理的理念，建立相应的风险评估模型，才能为隧道工程风险管理提供可靠而坚实基础。公路隧道施工动态风险管理流程如图 1 所示。

1　动态风险管理

由于传统风险管理存在的不足，1992 年 A. B. Huseby 和 S. Skogen 提出了动态风险的概念。动态风险管理是一个贯穿于整个项目寿命期的活动，包括风险分析、风险对策、风险决策、决策方案执行、效果检查、重新开始下一循环等一系列连续环节。这种风险管理是一种连续的、动态的过程，它将风险管理看做是一个周而复始的循环过程，项目的风险管理不仅仅在项目前期决策阶段，而且还涉及项目运营阶段；同时各个阶段的风险管理还

作者简介：于品登，男，1985 年生，助理工程师，毕业于长安大学，硕士，现工作于河南省交通科学技术研究院有限公司。

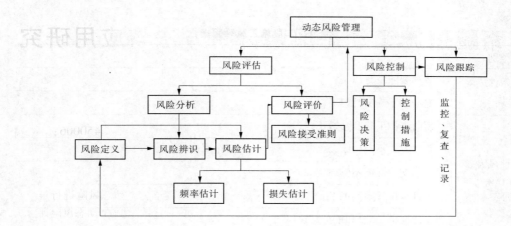

图1 公路隧道施工动态风险管理流程

要进行流通[1-2]。

该方法最大的优势是机动灵活，能及时根据项目进行过程中实施环境的变化迅速作出动态分析和响应。在实际应用中，它的可操作性较强，真正使得"面向项目全寿命全过程动态的"思想得以实现。

2 动态风险管理过程

2.1 动态风险辨识

2.1.1 WBS – RBS 法

工作分解系统结构（WBS）是将整个工程项目进行系统分解，首先对工程项目进行分解（总工程—子工程—孙工程—……—基本活动），以分解后的最低层"基本活动"作为目标块。风险分解结构（RBS）是对风险因素按类别进行分解，最后分解到基本风险因素[3]。

WBS – RBS 法风险辨识能够将风险进行系统性的分解，使得定性分析过程更加细化，更加接近量化分析的模式。

2.1.2 基于 WBS – RBS 法的公路隧道施工动态风险辨识

本文根据 WBS 法，将公路隧道的施工分为三个阶段，分别是洞口段施工、洞身正常段和洞身不良地质段。再运用 RBS 法，根据风险的类别不同进行分解，实现把复杂的施工过程分解为简单的风险因素。表1为洞身正常段施工风险因素。

2.2 动态风险评价指标体系的建立

层次分析法（The Analytic Hierarchy Process，简称 AHP），是对多个方案、多个指标系统进行分析的一种层次、结构化决策方法，它采用数学方法将哲学上的分解与综合思维过程进行了描述，从而建立决策过程的数学模型[4]。通过 AHP，建立公路隧道施工风险评价指标体系（见表1），并得到同一层次的指标因素，相对上一层次准则层的权重，过程如下：

（1）问题递阶层次的建立：把复杂问题分解成称为元素的各组成部分，把这些元素按属性不同分成若干组，以形成不同层次。同一层次的元素作为准则，对下一层次的某些元素起支配作用，同时它又受上一层次元素的支配。这种从上至下的支配关系形成了一个递阶层次。

表1　洞身正常段施工风险因素

类别	风险因素
地质条件风险 （U_1）	节理裂隙发育（U_{1-1}）
	地勘的不确定性（U_{1-2}）
设计风险 （U_2）	超前支护手段和参数不足（U_{2-1}）
	开挖方式不当（U_{2-2}）
	初期支护强度不够（U_{2-3}）
	防排水设计不当（U_{2-4}）
	设计变更、修改和审批延误（U_{2-5}）
	……
自然灾害风险 （U_{10}）	地震影响（U_{10-1}）
	暴雨冰雪影响（U_{10-2}）
	洪水影响（U_{10-3}）
	瘟疫和传染病等疾病影响（U_{10-4}）
	生态被破坏影响（U_{10-5}）
	废弃物处理问题（U_{10-6}）

（2）构造两两比较判断矩阵：在建立递阶层次结构以后，上下层次之间元素的隶属关系就被确定了。假定上一层次的元素 C_k 作为准则，对下一层次的元素 $A_1,A_2,\cdots,A_n$ 有支配关系，目的是在准则之下按其相对重要性赋予相应的权重。这一步中，要反复回答问题：针对准则 C_k，两个元素 A_i 和 A_j 哪一个更重要些，重要多少。需要对重要多少赋予一定数值。这里使用1~9的比例标度（见表2）。

表2　项目风险评价分值表

分值 a_{ij}	定义
1	i 因素与 j 因素同样重要
3	i 因素比 j 因素略重要
5	i 因素比 j 因素稍重要
7	i 因素比 j 因素重要得多
9	i 因素比 j 因素重要很多
2、4、6、8	i 因素与 j 因素比较结果处于以上结果的中间
倒数	j 因素与 i 因素比较结果是 i 因素与 j 因素重要性比较结果的倒数

（3）计算单一准则下元素的相对权重：这一步要解决在准则 C_k 下，n 个元素 A_1，$A_2,\cdots,A_n$ 排序权重的计算问题，并进行一致性检验。对于通过两两比较得到判断矩阵，

解特征根问题 $A_w = \lambda_{\max} w$。所得到的 w 经正规化后作为元素 $A_1, A_2, \cdots, A_n$ 在准则下排序权重,这种方法称排序权向量计算的特征根方法。$\lambda_{\max}$ 存在且唯一,w 可以由正分量组成,除差一个常数倍数外,w 是唯一的。$\lambda_{\max}$ 和 w 的计算可采用幂法,在精度要求不高的情况下,可以用近似方法(和法和根法)计算 $\lambda_{\max}$ 和 w。在得到 $\lambda_{\max}$ 后,需要进行一致性检验,计算 CR:$CR = CI/RI$。其中 $CI = \dfrac{\lambda_{\max} - n}{n - 1}$。$RI$ 平均随机一致性指标是多次(500 次以上)重复进行随机判断矩阵特征值的计算之后取算术平均数得到的。许树柏 RI 得出的 1 ~ 15 阶重复计算 1 000 次的平均随机一致性指标如表 3 所示。

表 3 平均随机一致性指标

阶数	1	2	3	4	5	6	7	8	9	10	11	12	13	14	15
RI	0	0	0.52	0.89	1.12	1.26	1.36	1.41	1.46	1.49	1.52	1.54	1.56	1.58	1.59

当 $CR_k < 0.1$ 时,认为递阶层次在层水平上整个判断有满意的一致性。

2.3 动态风险评估

本文选用模糊综合评价法对公路隧道施工风险进行评价,模糊综合评判的方法通常是:先对单个因素单独评判,再对所有因素进行综合评判[5]。具体步骤如下。

2.3.1 建立因素集

因素集是影响评价对象的各种风险因素所组成的一个普通集合。即 $U = \{u_1, u_2, \cdots, u_m\}$,式中,$U$ 是因素集,$u_i(i = 1, 2, \cdots, m)$ 代表各风险因素。建立因素集时应结合层次分析法。

2.3.2 建立风险因素权重集

为了反映各风险因素的重要程度,对各个风险因素 $u_i(i = 1, 2, \cdots, m)$ 应赋予一个相应的权数 $a_i(i = 1, 2, \cdots, m)$。由各权重数所组成的集合:$\tilde{A} = \{a_1, a_2, \cdots, a_m\}$ 称为因素权重集,简称权重集。

通常,各权数 $a_i(i = 1, 2, \cdots, m)$ 应满足归一性和非负性条件:$\sum\limits_{i=1}^{m} a_i = 1$;$a_i \geqslant 0(i = 1, 2, \cdots, m)$。

2.3.3 建立备择集

备择集是评价者对评价对象可能作出的各种总的评价结果所组成的集合,通常用大写字母 V 表示,即 $V = \{v_1, v_2, \cdots, v_n\}$,各元素 $v_i(i = 1, 2, \cdots, n)$ 代表各种可能的总评价结果。

2.3.4 单因素模糊评价

将各基本因素评价集的隶属度为行组成的矩阵为 $\tilde{R}$,$\tilde{R}$ 为单因素评价矩阵。

$$\tilde{R} = \begin{bmatrix} r_{11} & r_{12} & \cdots & r_{1n} \\ r_{21} & r_{22} & \cdots & r_{2n} \\ \vdots & \vdots & & \vdots \\ r_{m1} & r_{m2} & \cdots & r_{mn} \end{bmatrix}$$

2.3.5 模糊综合评价

综合考虑所有基本风险因素的影响,得出对上一层次风险因素科学的评价结果,这便是模糊综合评价。模糊综合评价可表示为:$\tilde{B} = \tilde{A} \times \tilde{R}$。

2.4 动态风险监控

首先需要成立风险管理小组,在工程可行性研究阶段、初步设计阶段和施工图设计阶段进行风险评价,根据评价结果制定风险管理计划、风险应对计划等。在公路隧道进入施工阶段后,风险管理小组配备相关人员随时追踪监视风险变化。根据风险监视结果,考虑采取权变、纠正、项目变更或更新风险应对计划等措施,还要对风险因素系统作调整,甚至重新作风险评价。

在公路隧道施工建设进行过程中,具体的风险进行跟踪管理实施流程如图2所示。

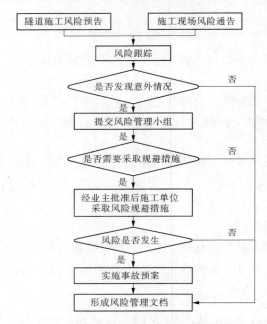

图2　公路隧道施工动态风险监控流程图

3　工程实例

河南省焦桐高速巩登段土建5A标段石嘴隧道为分离式双洞,左线桩号 ZK33 + 439 ～ ZK34 + 450,全长 1 011 m。隧道左线进口位于 $R - 1\ 330$ m 的圆曲线上,洞身及出口位于直线上,纵坡采用 -1.35% 、-2.5% 的下坡。隧道区主要为第四系松散堆积层、下元古界嵩山群千枚状绢云母石英片岩、厚层石英岩、辉绿岩。

本文通过对石嘴隧道有代表性的两相邻里程进行风险评估,介绍了公路隧道施工动态风险评估的方法,下面为具体的评估过程。

3.1　ZK34 + 375 ～ ZK34 + 360 里程段动态风险评估

3.1.1　施工风险辨识

根据 WBS – RBS 法,对该里程段的风险进行辨识,按风险类别主要分为以下几种:地质条件风险、设计风险、施工技术风险、施工管理风险、材料风险、经济风险、合同风险、人员风险、社会环境风险、自然灾害风险。具体风险因素统计表内容形式如表 1 所示。

3.1.2 施工风险评价指标体系

运用 AHP 法根据风险辨识结果建立风险评价指标体系,并计算出风险因素对上一次风险的相对权重。

3.1.3 风险评价

根据公路隧道特点,本文选用专家调查法对风险发生概率和风险损失概率进行模糊估计。然后,根据模糊综合评价法对该里程段进行风险评价,结果见表 4。

表 4 ZK34 + 375 ~ ZK34 + 360 里程段风险评价结果

	风险因素	风险等级					风险水平	评价等级
		一	二	三	四	五		
初级风险评价结果	地质条件风险	0.01	0.08	0.44	0.44	0.03	59.36	三
	设计风险	0.00	0.14	0.66	0.19	0.01	57.73	三
	施工技术风险	0.01	0.11	0.54	0.30	0.04	61.02	四
	施工管理风险	0.14	0.31	0.46	0.08	0.01	46.10	三
	材料设备风险	0.27	0.34	0.33	0.06	0.00	39.90	二
	经济风险	0.08	0.25	0.46	0.21	0.00	51.93	三
	合同风险	0.04	0.35	0.59	0.02	0.00	47.84	三
	人员风险	0.01	0.16	0.60	0.19	0.04	57.97	三
	社会环境风险	0.12	0.13	0.32	0.37	0.06	58.40	三
	自然灾害风险	0.01	0.16	0.59	0.22	0.02	57.36	三
ZK34 + 375 ~ ZK34 + 360 里程段施工风险		0.04	0.16	0.50	0.28	0.02	57.60	三

3.2 风险监控与风险再分析

石嘴隧道风险管理小组配备相关人员主要采用风险图表法追踪监视风险变化,再根据公路隧道信息化施工监测技术(超前预报、监控量测和视频监控)提供准确的预报信息、数据和图像等,对石嘴隧道施工风险进行系统、全方位的动态监测。

超前地质预报适时跟踪监控结果反映,ZK34 + 360 ~ ZK34 + 345 段为 V 级围岩,与设计围岩级别Ⅳ不符。而 V 级围岩施工需要进行超前支护措施,那么将会出现和超前支护措施相对应的新的设计风险和施工技术风险;另外,围岩级别由Ⅳ级变为 V 级,围岩的稳定性将发生变化,施工风险水平也将会发生新的变化。

考虑到施工风险因素发生了较大的变化,之前的风险评估结果已经不能准确地反映这个 ZK34 + 360 ~ ZK34 + 345 里程段风险水平,因此有必要对 ZK34 + 360 ~ ZK34 + 345 里程段风险进行重新评估。

3.3 ZK34 + 360 ~ ZK34 + 345 里程段(破碎带)动态风险评估

具体风险评估过程与 ZK34 + 375 ~ ZK34 + 360 里程段风险评价相同,评价结果见表 5。

表5 ZK34+360~ZK34+345 里程段风险评价结果

	风险因素	风险等级					风险水平	评价等级
		一	二	三	四	五		
初级风险评价结果	地质条件风险	0.01	0.08	0.38	0.50	0.03	65.81	四
	设计风险	0.00	0.14	0.58	0.26	0.02	62.59	四
	施工技术风险	0.01	0.09	0.50	0.32	0.04	66.77	四
	施工管理风险	0.14	0.31	0.41	0.15	0.02	53.37	三
	材料设备风险	0.27	0.34	0.33	0.06	0.00	39.90	二
	经济风险	0.08	0.25	0.46	0.21	0.00	50.22	三
	合同风险	0.04	0.35	0.59	0.02	0.00	46.26	三
	人员风险	0.01	0.16	0.60	0.19	0.04	56.72	三
	社会环境风险	0.12	0.13	0.32	0.37	0.06	56.83	三
	自然灾害风险	0.01	0.16	0.59	0.22	0.02	56.11	三
ZK34+360~ZK34+345 里程段施工风险		0.02	0.14	0.45	0.36	0.03	64.49	四

3.4 动态风险评估结论

（1）对石嘴隧道施工动态风险监控,适时地对石嘴隧道施工风险进行监控,及时对ZK34+360~ZK34+345 里程段的施工风险进行再分析与评估,认清 ZK34+360~ZK34+345里程段的风险状态,为工程建设各方制订风险预案和风险应对计划提供了及时的信息、数据基础。

（2）①ZK34+360~ZK34+345 里程段(破碎的)风险等级明显高于 ZK34+375~ZK34+360 里程段,风险等级从三级变为四级,其处于"不可以接受"状态,各方对该工程的施工风险需要引起重视,必须及时决策,对工程施工各关键环节采取监控措施,防范风险事故的发生;②ZK34+360~ZK34+345 里程段中的设计风险和地质风险等级变为了四级,施工技术风险也有所增高,因此在破碎带施工过程中要求工程建设参与各方加强对设计风险、地质风险和施工技术风险三方面风险的重视;③在石嘴隧道施工风险因素中,施工技术风险的风险发生概率最高,要求政府及工程建设参与各方必须研究决策方案,制定施工控制和预警措施。

4 结语

高速公路隧道项目风险性较大,需要管理人员在项目的整个生命周期内,尤其是施工阶段加强风险管理。本文针对高速公路隧道施工项目面临的风险特点,提出了公路隧道施工动态风险管理方法,建立了动态风险评估体系,对整个施工阶段的风险进行实时监控,使施工项目风险始终处于可控状态,保障项目顺利进行,为高速公路施工项目风险管理提供了一种可以选择的方法。

参考文献

［1］ J. Kampmann, S. D. Eskesen, J. W. Sutnmers. Risk assessment helps select the contraetorfortheCopenhagenMetroSystem ［C］∥Proceedingsoftheworld tunnel congress98 on tunnel sand metropolises, 1998（1）:123-128.

［2］ 克里斯·查普曼,斯蒂芬·沃德. 项目风险管理—过程、技术和洞察力［M］. 李兆玉,等译. 北京:电子工业出版社,2003.

［3］ 陈龙. 城市软土盾构隧道施工期风险分析与评估研究［D］. 上海:同济大学,2004.

［4］ 钟登华,张建设,曹广晶. 基于 AHP 的工程项目风险分析方法［J］. 天津大学学报:自然科学与工程技术版,2002（2）.

［5］ 杨伦标,高英仪. 模糊数学原理及应用［M］. 广州:华南理工大学出版社,1993.

深部纵跨巷道动态分步分段控制及
加固技术研究 *

查文华[1,2]　　符小民[2]　　于剑英[3]

(1. 安徽理工大学煤矿安全高效开采省部共建教育部重点实验室　淮南　232001；
2. 安徽理工大学能源与安全学院　淮南　232001；
3. 上海大屯能源股份有限公司姚桥矿　徐州　221611)

摘要：深部纵跨巷道由于地压和经受跨采工作面变化支承压力的叠加影响，巷道难于维护。针对上海大屯能源股份有限公司姚桥矿 7253 工作面纵跨 −650 m 轨道大巷地质和生产条件，分析了大巷的变形破坏机制，提出岩性因素、地应力环境、断层地质构造、生产技术条件是导致跨采大巷破坏的主要因素；获得了开切眼前后支承压力分布规律及工作面推进过程中超前支承压力、后方卸压、后期增压的 3 个变化阶段；提出了动态分步、分段加固原则和加固对策，确定了二次加固的时间，设计了加固支护参数。监测结果表明：新技术对巷道维护效果显著，巷道变形小，围岩整体稳定得到了有效控制。动态分步分段围岩控制原则可为类似条件下纵跨巷道的维护提供参考。

关键词：深部　纵跨巷道　围岩稳定控制　动态分步　分段加固

跨采巷道围岩稳定性一直是研究的热点，谢文兵等[1-2]分析了工作面开采引起的围岩应力演化过程及特点、近距离跨采引起底板岩巷围岩位移的特点以及巷道位置对其围岩稳定性的影响；单晓云等[3]分析了构造应力场条件下不同工作面回采顺序对底板运输巷道稳定性的影响，提出构造应力场中跨采巷道破坏的主要根源是采动影响使巷道产生的拉伸变形。随着煤矿开采深度逐步加深，开采强度的增大，为了有效地回收煤炭资源，保障矿井的服务年限，需跨巷连续开采，越来越多的矿井将遇到回采工作面纵向跨采底板大巷的问题，即工作面的推进方向和巷道的走向相同，巷道处在回采工作面的正下方。近年来对纵跨巷道的维护问题开展了一些探索性研究与应用，李惠等[4-5]对受跨采影响的 −850 大巷围岩稳定性进行了分析，并针对性地提出了采用锚杆、锚索与注浆联合加固技术；班士杰等[6]针对跨采大巷变形过大的问题，分析了原"U 型钢 + 锚网喷"联合支护方式存在的不足，提出了利用水泥强化剂改良水泥性能进行多层次注浆加固的方案；侯化强等[7]研究了巷道深度及其与上部煤层工作面的相对位置对巷道稳定性的影响；成云海等[8]在分析跨大巷和过老巷围岩支承压力分布特点基础上，针对性地提出了跨大巷和过

---

* **基金项目：**国家自然科学基金(51004002)，高等学校博士点新教师基金(20103415120001)，安徽省高校省级自然科学研究项目(KJ2012A088)。

作者简介：查文华，男，1975 年生，2008 年毕业于河海大学岩土工程专业，获工学博士学位，副教授，主要从事深部巷道支护等方面的教学与科研工作。

老巷加固技术及防范冲击地压的方法。由于纵跨巷道受地压和动压双重叠加影响，支护问题显得更加困难，尤其是传统的支护方式（架棚、单体锚杆、管缝锚杆）因支护方式和支护强度上的差距，造成支架或锚杆被动受压，不能充分发挥围岩自身的承载力，因此造成巷道片帮、冒顶、底鼓，巷道严重变形，不利于煤矿的安全生产和经济效益的提高。

纵跨巷道和横跨巷道有着不同的矿压显现规律，纵跨巷道经受跨采动压影响的跨采工作面超前支承压力和后支承压力的影响，跨采巷道矿压显现与经受支承压力的变化密切相关，并且还与埋深、跨采巷道围岩力学性质、采后静压等关系密切。由于深部巷道所处复杂的地应力环境和纵跨巷道经受不同于横跨巷道的采动影响，在浅部成功的横跨跨采经验已不能适应深部纵向跨采，随着我国煤炭事业的发展，煤炭的开采深度与开采强度日益加大，所造成的巷道围岩压力也越来越大，煤矿领域的巷道围岩稳定性80%都要受采动的强烈影响，如何在不破坏煤层下部近距离巷道以保证其正常使用的前提下合理采出顶部煤的问题，是当前资源衰竭型矿井和资源匮乏地区急需解决的难题。

大屯煤电公司姚桥矿7253工作面位于西五采区与西九采区之间，处于-650大巷的正上方。现在开采该工作面，可以有效缓解姚桥矿西九采区内各采面之间的生产接续，对统筹安排地矿关系（地面村庄的搬迁等），建设高产高效矿井，优化矿井生产系统有着很重要的作用，回采7253工作面意义重大，但保护下部大巷的工作也是十分艰巨的，已经采完的7001工作面给其下部-650东大巷造成了严重破坏：顶板冒落，两帮挤压，底鼓严重。为此，本文针对大屯煤电公司姚桥矿7253工作面纵跨底板轨道大巷的工程地质条件，对纵跨巷道围岩稳定控制对策及加固效果进行系统分析研究，以期为今后类似条件下跨采大巷的加固维护提供参考价值。

1　巷道概况

-650 m轨道大巷处于7253工作面的正下方，布置在工作面底板细砂岩中，距7253工作面底板12 m左右，在F_{439}断层处附近，最小距离仅为11 m左右，处于采面底板应力集中破坏区域范围，其中细砂岩呈灰—灰白色，块状构造，层理发育。7253工作面与大巷位置布置示意图如图1所示。-650 m轨道大巷原有的支护形式及参数如图2所示。

2　受跨采影响巷道破坏机制分析

开采7253工作面将会对大巷产生动压影响，在动压影响作用下，大巷围岩应力状态发生改变，动压下围岩的应力集中使大巷发生变形和破坏，影响巷道的正常使用。根据前阶段7001工作面底板-650 m轨道大巷变形特征，归纳-650 m轨道大巷发生变形破坏的原因主要有：

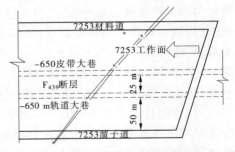

图1　7253工作面与大巷位置布置示意图

　　（1）岩性因素的影响。-650 m轨道大巷位于$7^{\#}$煤层底板以下的细砂岩中，该岩层厚度24 m，赋存稳定，力学试验表明，其力学性质与工程特性不是很差，但是岩体内部节理裂隙发育，造成岩体强度较低，并且岩体中含有较多泥质成分，主要黏土矿物成分为高岭石、伊利石及伊蒙混层矿物。高岭石具有刚性晶格,水及其他极性分子不易进入晶层内而引起岩石的软化及膨胀,它的结构稳定强度大。伊蒙混层则正好相反,它严重影响围岩的力学性质且物理性质明显,伊蒙混层宜受潮解、风化、膨胀。轨道大巷的水沟长期运行,大巷底板被水长期浸泡,使围岩松散加剧,岩体稳定性下降。因此,大巷在受到上部回采工作面采动影响后,围岩的破碎松动范围扩大,进而使岩层性质软化。

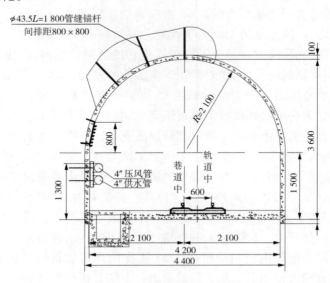

图 2   −650 m 轨道大巷原有的支护形式及参数

(2)地应力作用影响。−650 m 水平地应力测点地处多条断层组成的断层带,且在一向斜的轴部,从测试结果分析,最大主应力 σ_1 为 17.24 MPa,与铅垂方向成 106.03°夹角,近似水平,和 x 轴(东西向)近似正交(夹角为 85.86°),而该处向斜的轴线恰好沿东西方向,即最大主应力与向斜轴接近正交,表明该处以构造应力为主,中间主应力 σ_2 与东西方向(x 轴)有较小的夹角(32.93°)。从 −650 m 水平测点处巷道布置情况看,最大主应力的方向与大巷巷道夹角较大,已对大巷施加了水平剪切力,这对巷道的维护十分不利。

(3)断层构造因素影响。在 −650 m 轨道大巷附近与大巷平行或斜交,直交的有几个大断层,或称断层带,如 F_{114}、F_{142}、F_{439} 等断层,断层对巷道的影响是很大的。因对断层带缺少观测资料,难以判别断层是否活化,如断层受采动影响活化,加之地应力的水平剪切主应力作用,足以使各条大巷围岩产生剪胀失稳,围护困难。

(4)生产技术条件的影响。−650 m 轨道大巷埋深约 680 m,原岩应力大,支护用的金属管缝锚杆本身抗拉强度和抗剪强度偏低,不能有效阻止围岩内部的剪切变形与剪切滑动,经过十多年的时间,管缝锚杆已大多锈蚀不能发挥作用,同时设计巷道底部未采取支护措施,开放式的底板为垂直应力转移提供了条件,由于底板岩层强度低,加之长期水泡,表现为持续底鼓。经对该巷道原始掘进情况的调查了解,受当时技术水平与管理水平的限制,大巷在施工时,锚杆支护质量普遍达不到设计要求,锚杆数量严重不足,仅表面喷了一层混凝土,大巷抵御动压的能力很弱,管缝锚杆因受水的侵蚀,扩张能力已明显减弱,如受岩层水平错动的影响,定会造成围岩失稳。

3 受跨采影响巷道围岩稳定性分析

针对 7253 工作面底板 −650 m 轨道大巷生产地质条件,建立如图 3 所示的 FLAC3D 数值计算模型,分析跨采巷道的围岩稳定性,跨采巷道垂直应力的变化如图 4 所示。

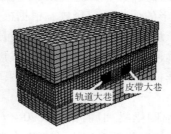

图 3　几何模型

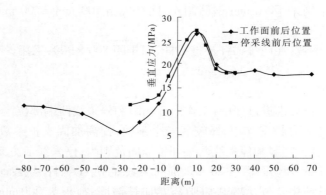

图 4　跨采巷道垂直应力的变化

模拟结果表明:在停采线前方 5 m 到停采线后方 20 m 的巷道,巷道围岩应力明显高于原岩应力,巷道处于应力增高区。为了保证停采线前后高应力状态下轨道巷的围岩稳定和正常使用,应选择较大的支护安全系数,提高其加固支护强度。在工作面前方 20 m 范围内,巷道的垂直应力超过原岩应力,然后呈逐渐减小趋势,并趋于某一定值,表明在工作面前方约 20 m 处的底板巷道受到工作面采动影响最大;在工作面后方,采空区底板围岩处于卸压状态,底板巷道围岩应力先呈减小趋势;在工作面后方约 30 m 处,巷道的垂直应力达到最小,随着工作面采空区冒落矸石的压实,采空区底板巷道围岩应力开始逐渐增加,并趋于某一定值。

4 跨采巷道围岩稳定控制原则及巷道加固对策

4.1 调动巷道深部围岩原则

巷道深部围岩强度比浅部围岩强度明显要高,因此巷道深部围岩对于深井动压巷道围岩的控制是一种丰富的可利用资源,有关学者提出了调动深部围岩强度控制深井动压巷道地压的思想[9-10]。研究发现,将一定长度的锚索在适当的部位锚入深部围岩,调动深部岩体强度后,能很好地改善围岩的应力状况和围岩的自身性能。通过锚索使深部岩体有效地承担了浅部围岩的荷载,控制围岩的大变形。

4.2 动态分步加固原则

理论和实践证明[11],动态二次支护是适用深井动压巷道围岩变形量大的有效支护原则。一次支护主要是加固围岩,提高其残余强度,在不产生过度膨胀、剪胀变形的条件下,利用二次支护使围岩应力以变形的形式得到释放。根据模拟结果,跨采巷道在工作面推进过程中经历了超前支承压力、后方卸压及增压的 3 个阶段,因此在巷道正常阶段,采取动态分步加固方案,即在工作面回采前采取初步加固方案以适应巷道超前支承压力的影响,在工作面回采卸压后距工作面 70 m 左右的距离开始采取二次加固方案以确保巷道的长期稳定。加固方案参数如下:

初步加固方案参数:采用锚网梁梁加固,锚杆 $\phi 20 \times L2\ 000$ 的螺纹钢锚杆,间排距 $800 \times 2\ 700$(每排 6 根锚杆),锚索间排距 $1\ 600 \times 2\ 700$(每排 3 根),锚索 $\phi 17.8 \times L7\ 200$,其中在两排之间又加入两根锚索(在顶部偏向皮带大巷的位置),并用钢筋梯子梁与前后两排锚杆相连接,锚网采用 $\phi 6$ mm 钢筋制作,网孔规格 100 mm × 100 mm, $\phi 16$ mm 的钢筋梯子梁。

二次加固方案参数:在两排锚杆补打锚杆,间排距 800×900,采用 $\phi 20 \times L2\ 000$ 的螺纹钢锚杆。

4.3 分段控制原则

由于在 7253 工作面推进过程中,工作面开切眼和停采线两端部位区域在工作面回采以后,将长期处于高应力状态,应选择较大安全系数,提高加固支护参数,以达到预期效果,根据模拟结果,在开切眼和停采线两端部位加固范围为,停采线后方 5 m,停采线前方 20 m,开切眼前方 5 m,开切眼后方 20 m。加固参数如下:①锚杆参数: $\phi 20 \times 2\ 200$ 的 IV 级螺纹钢,每根锚杆使用 2 支 Z2360 树脂药卷加长锚固;拖板为 200 mm × 200 mm × 15 mm 的大面积拖板;排距为 750 mm,间距为 800 mm;预紧力不小于 60 kN。②锚索参数: $\phi 20$ mm 的高弹性低松弛度 1860 级钢绞线为原料,长度 $L = 8\ 000$ mm。每根锚索使用 1 支 K2360 和 2 支 Z2360 树脂锚固剂。托盘采用 400 mm × 400 mm × 20 mm 高强度拱型可调心托板及配套锁具。排距为 1 500 mm,每排布置 3 根。分别布置在顶部和两侧 1/4 圆弧的法线方向。张拉力要求锚索张拉后锁定吨位不低于 400 kN。③锚网参数:采用钢筋网护壁,将钢筋网贴紧巷道表面,钢筋网网孔规格 100 mm × 100 mm,采用 $\phi 6$ mm 钢筋制作。网片搭接长度不小于 100 mm,用铁丝双股绑扎。网能有效防止因巷道两帮的片帮和顶板危岩的冒落而导致锚、梁支护作用的丧失,同时可为锚杆与锚杆之间的巷道暴露面提供一定的"托护力"。④钢筋梯子梁参数:采用 $\phi 16$ mm 的钢筋梯子梁,锚杆(索)与梁和网共同作用后,不仅能使巷道围岩的整体性得到加强,使锚杆(索)与梁及顶板之间共同协调作用,提高巷道加梁部位的抗弯能力,同时梁可使巷道表面所受锚杆(索)的"支托力"相对均匀。

在断层带和交岔口等特殊地段,断层引起大巷围岩破碎,在上覆工作面采动影响下,大巷将处于类似于软岩支护的状况,特殊地段前后共 20 m 左右在动态分步加固方案基础上采用注浆锚固,提高围岩剪应力,能有效提高围岩强度。锚注参数如下:①注浆孔布置断面间距为 2 500 mm,每个断面设 5 个注浆孔,即巷道正顶部设 1 孔,巷道左右拱部各布 1 孔,仰角 30°,巷道左右帮各布 1 孔,俯角 20°。②采用风锤进行钻孔,钻头直径 $\phi = 40$ mm,孔深 2.5 m。③注浆锚杆:采用 $\phi 40 \times 2 200$ mm 的锚注管,在钢管底端 1.5 m 长度内错开 4 个钻孔,孔径由大逐渐变小,前端孔径 $\phi = 8$ mm,后端孔径 $\phi = 4$ mm。④注浆压力:按 2 ~ 4 MPa 控制。⑤注浆材料:注浆材料为水泥水玻璃浆液,其配比为:水灰比为 1:1(质量比);水泥浆液与水玻璃的体积比为 1:(0.4 ~ 0.6)。⑥采用空心速凝水泥卷封孔。⑦注浆时间:注浆时间是指单孔注浆时浆液从注入巷道围岩到约束所需时间,为防止浆液扩散过远或跑浆,在控制注浆压力的同时要适当减少注浆时间,单孔注浆时间可根据现场注浆情况来把握,一般为 2 ~ 5 min。

5　巷道加固效果分析

为及时掌握跨采巷道围岩受采动的变形情况,评价巷道加固支护方案,在工作面回采期间,对巷道两帮移近量、顶底移近量和锚杆锚索受力进行了常规的观测,获得观测结果如图 5、图 6 所示。

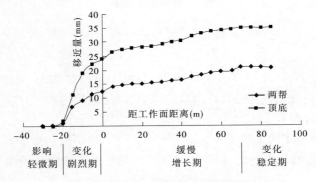

图 5　巷道表面位移移近量变化曲线

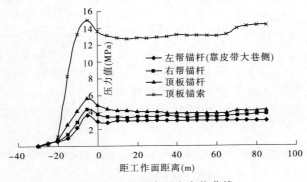

图 6　锚杆锚索受力变化曲线

监测结果表明:巷道变形经历了 4 个阶段,即工作面前方 20 m 以外的影响轻微期、工作面前方 20 m 以内的变化剧烈期、工作面后方 70 m 范围内的缓慢增长期、工作面后方 70 m 以外的变化稳定期,超过采动影响范围后,采动影响对巷道表面位移影响较小,巷道围岩逐渐趋于稳定。巷道两帮移近量为 21 mm,顶底移近量为 36 mm,巷道断面收敛率为

1.57%。锚杆、锚索受力均表现为在工作面前方20 m范围内变化剧烈，并在前方5 m左右达到最大值，其中顶板锚索最大值为15 MPa，顶板锚杆最大值为5.7 MPa，左帮锚杆最大值为3.7 MPa，右帮锚杆最大值为4.4 MPa，可见锚杆锚索补强作用明显，充分发挥了锚索加强支护的作用，调动了深部围岩的关键作用，显著提高了巷道围岩的承载能力，有效控制了巷道围岩的变形。巷道加固效果如图7所示。

图7　巷道加固效果

6　结语

（1）从工程地质条件、生产技术条件出发，分析了姚桥矿7253工作面底板纵跨轨道大巷的变形破坏机制，提出岩性因素、地应力环境、断层地质构造、生产技术条件是导致跨采大巷破坏的主要因素。

（2）数值模拟分析了跨采巷道围岩稳定性，获得了开切眼前后支承压力分布规律及工作面推进过程中超前支承压力、后方卸压及后期增压的3个变化阶段，为大巷加固原则提供了依据。

（3）提出了动态分步、分段加固原则和加固对策，确定了二次加固的时间，相应地设计了各加固方案的支护参数。

（4）巷道加固效果监测分析表明，巷道变形小，巷道围岩整体稳定性得到了有效的控制。

参考文献

［1］谢文兵，史振凡，殷少举．近距离跨采对巷道围岩稳定性影响分析［J］．岩石力学与工程学报，2004，23（12）：1986-1991．

［2］秦忠诚，王同旭．深井孤岛综放面支承压力分布及其在底板中的传递规律［J］．岩石力学与工程学报，2004，23（7）：1127-1131．

［3］单晓云，梅海斌，徐东强，等．在构造应力场中采动对底板运输巷道稳定性的影响［J］．岩石力学与工程学报，2005，24（12）：2101-2106．

［4］李惠，乔卫国，张安康，等．深部巷道受跨采影响的稳定性分析及加固［J］．煤矿开采，2011，16（3）：89-92．

［5］张华磊，王连国，李玉杰．跨采巷道围岩破坏机理的数值模拟与技术应用［J］．煤矿安全，2010（12）：55-57．

［6］班士杰，屠世浩，贾凯军，等．云驾岭矿跨采大巷围岩注浆加固技术应用研究［J］．中国煤炭，2010，36（9）：67-69．

［7］侯化强，王连国，罗吉安，等．骑跨采动压巷道数值研究及位置优化设计［J］．矿业研究与开发，2011，31（5）：

13-15.

［8］成云海,肖占步,张京泉,等.冲击倾向综采面极近距离跨大巷和过老巷技术[J].采矿与安全工程学报,2009,
26(3):345-348.

［9］郭志飚,李乾,王炯.深部软岩巷道锚网索－桁架耦合支护技术及其工程应用[J].岩石力学与工程学报,2009,
28(S2):3914-3918.

［10］柏建彪,侯朝炯.深部巷道围岩控制原理与应用研究[J].中国矿业大学学报,2006,35(2):144-147.

［11］余伟健,高谦,朱川曲.深部软弱围岩叠加拱承载体强度理论及应用研究[J].岩石力学与工程学报,2010,
29(10):2134-2142.

尺度核支持向量机在隧道围岩变形预测中的应用[*]

李晓龙　　王复明　　钟燕辉　　张　蓓

（郑州大学水利与环境学院　郑州　450001）

摘要：支持向量机回归的基本思想是利用核函数把原空间中线性不可分的样本变换到一个高维特征空间中，再进一步作线性回归，其中核函数形式决定了映射方式和特征空间的复杂度，对回归模型的推广预测能力有重要影响。目前普遍采用的核函数由于不能通过平移形成 $L_2(R)$ 空间上的完备正交基，使得相应的支持向量机模型对原空间函数的拟合能力受到制约，而符合 Mercy 条件的尺度函数恰能满足这一要求，因此在理论上能够更准确地逼近 $L_2(R)$ 空间上的任意函数。本文采用具有平移正交特性且满足 Mercy 条件的 Shannon 尺度函数作为核函数，与最小二乘支持向量机相结合，提出一种隧道围岩变形预测方法，并应用于实际工程，结果表明，与径向基核函数支持向量机的预测结果相比，该方法具有更高的精度。

关键词：尺度函数　最小二乘支持向量机　隧道　收敛　预测

洞内净空收敛位移量测是隧道新奥法施工的必测项目之一[1]，其观测值可以看做是一个随时间变化的序列，其中蕴含着反映围岩和支护结构状态变化的大量信息，如何充分利用有限的量测数据，挖掘出围岩的变形规律，进而对未来的变化趋势作出合理估计，对于隧道等地下工程的设计和施工具有重要的指导意义。一些学者利用人工神经网络对这一问题进行了研究并取得了一定成果[2]，然而该方法存在着自身难以克服的困难，在学习样本有限时，精度难以保障，学习样本数量很多时，又存在"过学习"问题，推广能力不强。随着统计学习理论的发展，支持向量机（Support Vector Machine，简称 SVM）作为一种新的机器学习技术，受到了国内外不同研究领域的广泛关注[3]。由于其出色的推广能力，很快被应用于交通工程领域，用来对交通流量、隧道围岩变形及路基沉降等时间序列进行预测[4-7]。

基于支持向量机的围岩变形预测就是利用支持向量机对隧道围岩变形序列进行回归，建立时间与变形的函数关系，进而对未来变形作出预测。其中核函数的形式对支持向量机回归模型的预测能力有决定性影响，目前常用的核函数如多项式核函数、Sigmoid 函数、径向基函数等都不能通过平移生成 $L_2(R)$ 空间上的完备正交基，使得相应的支持向量机模型不可能逼近该子空间上的任意函数，这正是目前用支持向量机作围岩变形预测时，其预测结果往往不能令人满意的主要原因。因此，选取一种能够通过平移形成 $L_2(R)$ 空

[*] **基金项目：**国家自然科学基金项目（No. 51008285 和 No. 51179175），河南省科技创新杰出人才计划资助项目。

作者简介：李晓龙，男，1977 年生，河南南阳人，博士，讲师。

间上规范正交基的核函数对于提高支持向量机的预测精度无疑具有非常积极的意义,而尺度函数就是一种具备这种优点的函数,在尺度参数足够大时,通过平移可以生成 $L_2(R)$ 空间上一组完备的基。基于这种考虑,本文采用满足 Mercy 条件的 Shannon 尺度函数作为核函数,与最小二乘支持向量机相结合,提出一种新的围岩变形预测方法,实例分析表明,该方法比采用径向基核函数(RBF)的支持向量机具有更高的预测精度。

1 支持向量机原理

支持向量机理论是 20 世纪 90 年代 Vapnik[3] 在统计学习理论的框架下提出的一种新型的通用机器学习方法。它基于结构风险最小化原则,能够较好地解决小样本、非线性、高维数和局部极小点等实际问题,具有良好的推广能力,目前已成为继神经网络之后的研究热点。

SVM 最初应用于模式识别问题,随后,人们又发展了回归型支持向量机(SVR)[8],它能够以较高精度逼近非线性函数,广泛应用于实际工程,解决了大量问题。对于标准型支持向量回归机,由于要求解一个受约束的二次规划问题,计算复杂度较大,为克服其不足,Suykens[9] 提出了最小二乘支持向量机(Least Squares Support Vector Machine,LS – SVM),它与标准 SVM 的主要不同之处在于:把不等式约束改成等式约束,并把经验风险由偏差的一次方改为二次方,从而把支持向量机的学习转化为线性方程组求解问题,因此大大简化了计算过程,具有较快的运行速度。

最小二乘支持向量机回归的提法如下:

对于一个给定的训练数据集: $\{x_i,y_i\}(i=1,\cdots,l)$, $x_i \in R^d$ 为输入变量值, $y_i \in R$ 为相应输出值,利用高维特征空间中的线性函数

$$y(x) = w^{\mathrm{T}}\varphi(x) + b \tag{1}$$

来拟合样本集,其中非线性映射 $\varphi(\cdot)$ 把数据集从输入空间变换到特征空间,使输入空间中的非线性函数拟合问题转化成高维特征空间中的线性拟合问题[3]。常用的核函数有多项式核函数、径向基核函数(RBF)和 Sigmoid 核函数等。其中最常用的径向基核函数形式为

$$k(x,x_i) = \exp\left(\frac{-\|x - x_i\|^2}{\sigma^2}\right) \tag{2}$$

式中: σ 为核函数参数。

根据结构风险最小化原理,综合考虑函数复杂度和拟合误差,回归问题可以表示为约束优化问题:

$$\min J(w,e) = \frac{1}{2}w^{\mathrm{T}}w + \frac{C}{2}\sum_{i=1}^{l}e_i^2 \tag{3}$$

约束条件为

$$y_i = w^{\mathrm{T}}\varphi(x_i) + b + e_i \quad (i=1,\cdots,l)$$

其中, $w \in R^l$ 为权向量; $e_i \in R$ 为误差变量; $b \in R$ 为偏置; $C>0$ 为平衡置信度和损失函数的惩罚系数。

为了求解上述优化问题,把约束优化问题变成无约束优化问题,建立 Lagrange 函数:

$$L = J(w,e) - \sum_{i=1}^{l} \alpha_i \{ w^{\mathrm{T}} \varphi(x_i) + b + e_i - y_i \} \tag{4}$$

根据 KKT 条件,有:

$$\begin{cases} \dfrac{\partial L}{\partial w} = 0 \rightarrow w = \sum_{i=1}^{l} \alpha_i \varphi(x_i) \\[2mm] \dfrac{\partial L}{\partial b} = 0 \rightarrow \sum_{i=1}^{l} \alpha_i = 0 \\[2mm] \dfrac{\partial L}{\partial e_i} = 0 \rightarrow \alpha_i = Ce_i \\[2mm] \dfrac{\partial L}{\partial \alpha_i} = 0 \rightarrow w^{\mathrm{T}} \varphi(x_i) + b + e_i - y_i = 0 \end{cases} \tag{5}$$

从方程组(4)中消去 e_i、w 后,可以得到:

$$\begin{bmatrix} H + C^{-1}I & e1 \\ e1^{\mathrm{T}} & 0 \end{bmatrix} \begin{Bmatrix} \alpha \\ b \end{Bmatrix} = \begin{Bmatrix} y \\ 0 \end{Bmatrix} \tag{6}$$

其中,$y = (y_1, y_2, \cdots, y_l)^{\mathrm{T}}$,$\alpha = (\alpha_1, \alpha_2, \cdots, \alpha_l)^{\mathrm{T}}$,$e1 = (1, 1, \cdots, 1)^{\mathrm{T}}$,$H_{ij} = (\varphi(x_i) \cdot \varphi(x_j)) = k(x_i, x_j)$,$i, j = 1, 2, \cdots, l$。

所求的拟合函数,即支持向量机的输出为

$$y(x) = \sum_{i=1}^{l} \alpha_i k(x, x_i) + b \tag{7}$$

从式(6)可以看出,LS – SVM 的训练问题归结为求解一个线性方程组,与标准支持向量机所需要求解的二次规划问题相比,显然要简单快速得多。

2 尺度核函数

根据子波分析理论[10],当尺度参数 J 充分大时,近似有 $L^2(R) = V_J$,可以对其进行分解:

$$\begin{aligned} L^2(R) &= V_J = V_{J-1} \oplus W_{J-1} = V_{J-2} \oplus W_{J-2} \oplus W_{J-1} \\ &= \cdots = V_0 \oplus W_0 \oplus \cdots \oplus W_{J-2} \oplus W_{J-1} \\ &= V_{-\infty} \oplus W_{-\infty} \oplus \cdots \oplus V_{-1} \oplus W_0 \oplus \cdots \oplus W_{J-2} \oplus W_{J-1} \end{aligned}$$

其中,W_i 为 V_i 的补空间。

如果把 V_J 空间的尺度函数 $\varphi(x)$ 作为基函数,由尺度函数的性质可知,可以通过平移来生成 V_J 空间中的一组完备的基,则在此空间中的任意函数都可以表示为尺度函数的线性组合。这种优良特性是目前常用的核函数如多项式函数、Sigmoid 函数、径向基函数等所不具备的,因此用尺度函数作为核函数对于提高支持向量机回归模型的函数拟合能力无疑能够起到积极作用。

当然,并非所有的尺度函数都可以作为支持向量核,必须要符合 Mercer 定理和平移不变性条件[11]。可以证明,本文拟采用的 Shannon 尺度函数就是一个满足上述条件的允许支持向量核,其一维函数形式为

$$\varphi(x) = \frac{\sin(\pi x)}{\pi x} \tag{8}$$

相应的核函数表达式为

$$K(x,x') = \frac{\sin\left[\pi\dfrac{(x-x')}{a}\right]}{\pi\dfrac{(x-x')}{a}} \tag{9}$$

其中，a 为尺度参数。

3　隧道围岩变形预测的支持向量机模型

影响围岩变形的因素众多，如岩体强度、节理、裂隙、埋深、支护方式等，很难用一个完美的模型把岩体的力学特性准确地描述出来，其变形具有强烈的非线性和不确定性。构建围岩变形的支持向量机模型，其实质是用支持向量机对量测到的围岩变形样本进行回归，充分发挥支持向量机强大的学习功能和非线性映射能力，建立起围岩变形与时间的对应关系。

3.1　回归模型构建及预测步骤

根据上述原理，编写了基于最小二乘支持向量回归算法的隧道收敛预测程序。具体步骤如下：

（1）将收敛量测时间作为自变量 t，隧道实测收敛值作为函数值 u。

（2）利用 l 个变形观测值，根据最小二乘支持向量机算法得到隧道收敛与时间的关系模型如下式：

$$u(t) = \sum_{i=1}^{l} \alpha_i k(t,t_i) + b \tag{10}$$

式中：t 为收敛预测时间；l 为模型学习所选用的收敛观测样本数；t_i 为第 i 次量测的时间。

（3）利用式（10）预测下一时刻的收敛值。

3.2　基于滑动时间窗的学习样本选取方法

支持向量机的核心思想是学习机器与有限的训练样本相适应，也就是说，学习样本的选取对最终的支持向量机模型具有决定作用，从而影响其推广能力。如果选取的样本能够与系统特征相匹配，那么以此为基础训练的回归模型必然接近真实系统，其推广能力相应就强。

由于岩体的不确定性，可将其作为时变系统考虑。随着时间推移，系统处于不断变化之中，不同时刻的变形间接反映了不同时期岩体的状态，如果把前期变形数据都用于训练，那么得到的模型并不一定就具有最佳预测能力。因此，为了避免前期失效数据的干扰，应该选择距离当前时刻较近能够反映岩体当前特性的样本。基于这种考虑，本文不再采用传统的学习样本随观测次数逐渐累积的方式，而是采用滑动时窗选取样本，具体可以这样描述：设置量测到的围岩变形序列为 $(t_1,u_1),\cdots,(t_i,u_i),(t_{i+1},u_{i+1}),\cdots,(t_{i+l},u_{i+l})$，确定一个合理的长度 l，即时窗宽度，使系统当前的状态由时窗内的 l 组变形纪录来描述，也就是说，系统的当前状态信息可以由从当前起到过去的 l 组数据 $(t_{i+1},u_{i+1}),\cdots,(t_{i+l},u_{i+l})$ 得到。窗口随着时间的推移向前运动，新的观测数据加入进来，较早的数据被去掉，时窗宽度保持不变。显然，在构建预测模型时，训练样本个数 l 即时窗宽度的确定非常重要，在具体应用时，可通过试算得到。

采用滑动时窗方式,不仅有利于提高预测模型的可靠性,而且便于尽早实施预测以适应工程施工需要。因为常规方法[5-6]通常是将前期的观测数据用于积累样本,不作预测,当累积相当数量的样本(往往大于 15 d)后才开始模型训练和预测,事实上开挖后的较短时间内往往是岩体变形最为剧烈的时期,这一阶段的变形预测对于指导施工、确保工程安全尤为关键,但常规方式无法实现及时预测,从而丧失时效性,削弱了对施工的指导作用。

为提高预测的准确性,在进行隧道变形序列预测时,采用逐天预测的方式,即每次仅预测第二天的收敛值,然后将新的实测值加入到学习样本中,并去除样本中时间最早的一个观测值,使训练样本在每次预测后及时得到更新;然后重新学习,建立新的模型后,继续预测下一次的收敛值,依此顺序重复进行,直至完成整个预测过程。

4　工程实例分析

选用文献[12]中所列的某隧道一条收敛测线的实测变形数据,该测线共进行了 38 次(天)量测,最大净空收敛变形为 30.38 mm。根据实测数据,采用 LS – SVM 对岩体变形进行回归,为便于比较不同核函数所引起的预测效果的差异,分别采用 RBF 和 Shannon 尺度函数作为核函数训练相应的 LS – SVM 模型。选取 RBF 的原因在于,它是目前应用最普遍、适用性较强的核函数,在模式识别和函数拟合中都得到了成功应用。

最优模型参数用交叉验证法确定,具体分别为:罚参数 C 取 110,滑动时窗宽度 l 取 4,对于 Shannon 尺度核函数,尺度参数 a 取 4,对于 RBF 核函数,核参数 σ 取 8.45。两种方法得到的第 4 天以后收敛变形的预测结果列于表 1 中,并采用如下统计量作为两种方法预测效果的评价指标:

均方根误差 $$RMS = \sqrt{\frac{1}{n}\sum_{i=1}^{n}(y_i - y_i')^2}$$

平均绝对误差 $$MAE = \frac{1}{n}\sum_{i=1}^{n}|y_i - y_i'|$$

平均相对误差 $$MAPE = \frac{1}{n}\sum_{i=1}^{n}\left|\frac{y_i - y_i'}{y_i}\right| \times 100\%$$

各项误差指标如表 2 所示。

由表 1 可以看出,基于 Shannon 尺度核的预测结果普遍比 RBF 核具有更高的精度,两种方法的预测值相对误差都在第 7 天达到最大值,但前者仅为 4.734%,后者则高达 6.386%。表 2 数据反映了两种方法预测效果的整体差异,对于各项统计指标 RMS、MAE、$MAPE$,前者分别比后者低 24.2%、20.3%、24.8%。

基于两种核函数的预测值和实测值对比曲线及相对误差曲线分别如图 1、图 2 所示,可以看出,两种方法得到的预测值和实测值具有基本一致的变化趋势,但尺度核预测值的相对误差值普遍低于 RBF 的结果。

5　结语

为克服传统核函数存在的不足,采用 Shannon 尺度函数作为核函数,与最小二乘支持向量机相结合,提出了一种围岩变形预测方法,并应用于隧道净空收敛变形的预测,分析结果表明:

表1　两种核函数收敛预测结果的比较

量测时间（d）	实测值（mm）	RBF		Shannon		量测时间（d）	实测值（mm）	RBF		Shannon	
		预测值（mm）	相对误差（%）	预测值（mm）	相对误差（%）			预测值（mm）	相对误差（%）	预测值（mm）	相对误差（%）
5	7.88	7.696	2.323	7.811	0.874	22	28.32	27.821	1.762	27.811	1.798
6	9.25	9.054	2.119	9.145	1.135	23	29.22	28.573	2.213	28.619	2.057
7	11	10.297	6.386	10.369	4.734	24	28.62	29.689	3.736	29.789	4.086
8	12.76	12.026	5.749	12.15	4.713	25	28.82	29.036	0.749	28.968	0.512
9	14.52	13.932	4.048	14.067	3.119	26	29.02	28.78	0.828	28.738	0.970
10	15.77	15.764	0.036	15.881	0.706	27	29.55	29.018	1.800	29.069	1.628
11	17.6	16.943	3.734	17.015	3.321	28	29.38	29.739	1.222	29.781	1.364
12	19.48	18.66	4.209	18.769	3.649	29	29.21	29.595	1.319	29.586	1.285
13	21.76	20.679	4.969	20.832	4.266	30	29.72	29.215	1.698	29.171	1.846
14	22.55	23.14	2.614	23.301	3.331	31	30.03	29.697	1.107	29.745	0.949
15	24.08	23.878	0.838	23.919	0.666	32	30.72	30.24	1.562	30.289	1.403
16	24.84	25.013	0.697	25.059	0.883	33	29.83	31.03	4.023	31.074	4.170
17	25.45	25.68	0.902	25.749	1.176	34	30.08	30.023	0.189	29.95	0.432
18	26.12	26.105	0.058	26.106	0.054	35	30.41	29.898	1.685	29.863	1.800
19	26.77	26.587	0.681	26.626	0.537	36	30.74	30.394	1.126	30.471	0.875
20	27.42	27.231	0.690	27.276	0.524	37	30.96	30.959	0.002	30.985	0.080
21	27.45	27.884	1.580	27.926	1.734	38	30.38	31.178	2.626	31.19	2.670

表2　预测误差指标的比较

项目	RMS(mm)	MAE(mm)	$MAPE$(%)
RBF	0.549	0.454	2.029
Shannon	0.416	0.362	1.525

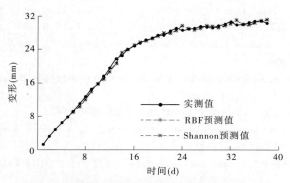

图1　隧道收敛预测值和实测值的曲线对比

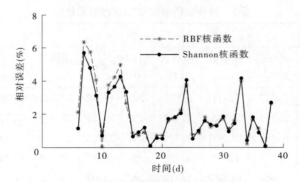

图2　预测值与实测值相对误差的曲线对比

（1）相对于不能形成规范基的常规核函数，由于尺度函数通过平移可以形成 $L_2(R)$ 空间上的一组完备正交基，因而可以逼近该空间上的任意函数，使得相应的支持向量机模型具有更高的预测精度。

（2）将尺度函数与最小二乘支持向量机相结合应用于隧道围岩变形预测的方法，不仅提高了回归模型的预测精度，同时发挥了最小二乘支持向量机计算简单的优势，简化了支持向量机模型求解过程，便于工程应用。

（3）核函数形式决定了将样本从原始空间向特征空间转化的映射方式和特征空间的复杂度，对支持向量机的推广能力有直接影响，本文以 Shannon 尺度函数为例验证了采用尺度核的优越性，事实上，Shannon 尺度函数虽然光滑性很好，但局部性较差，因此寻找或构造具有较好光滑性和局部性的尺度函数将有助于进一步提高支持向量机的预测性能。

参考文献

［1］戴刚. 新奥法隧道围岩施工监控量测技术［J］. 铁道建筑，2006（7）：31-32.

［2］张治强，冯夏庭，杨成祥，等. 非线性位移时间序列分析的遗传——神经网络方法［J］. 东北大学学报，1999，20（4）：422-425.

［3］VAPNIK V. Statistical Learning Theory［M］. New York：Wiley，1998.

［4］徐启华，杨瑞. 支持向量机在交通流量实时预测中的应用［J］. 公路交通科技，2005，22（12）：131-134.

［5］田执祥，乔春生，腾文彦，等. 基于支持向量机的隧道变形预测方法［J］. 中国铁道科学，2004，25（1）：86-90.

［6］李海云，谢春琦. 支持向量机在路基沉降预测中的应用［J］. 中外公路，2004，24（4）：9-12.

［7］赵洪波. 支持向量机在隧道围岩变形预测中的应用［J］. 岩石力学与工程学报，2005，24（4）：649-652.

［8］Alex J Smola，Bernhard Schoelkopf. A tutorial on support vector regression［R］. NeuroCOLT2 Technical Report Series NC2－TR－1998030，1998.

［9］Suykens J A K，Vandewalle J. Least squares Support Vector Machines Classifiers［J］. Neural Processing Letters，1999，9（3）：293-300.

［10］赵松年，熊小芸. 子波变换与子波分析［M］. 北京：电子工业出版社，1997.

［11］C J C Burges. Geometry and invariance in kernel based methods［C］// Advance in Kernel Methods－Support Vector Learning. Cambridge，MA：MIT Press，1999.

［12］李宏建. 隧道变形预测的灰色 Verhulst 模型［J］. 石家庄铁道学院学报，2000，13（4）：28-30.

八、边坡工程

基于新的模拟滑面策略的土坡最危险滑面搜索*

周圆兀　　刘娥珍　　蔡雪霁

（广西工学院土木建筑工程系　柳州　545006）

摘要：本文提出一种模拟假定滑面的策略。对滑动面的模拟，选取7个控制点，它们的连线就是假定滑面，控制点之间的水平间距不是均匀选取的，而是自由选取的。这相对于一般的取水平间距相等的方法来说，更接近实际。对于搜索方法，遗传算法不像传统方法那样容易陷入局部极小值，而是一种全局智能优化算法，适合搜索最危险滑面。基于 Janbu 法，本文通过简单边坡和复杂边坡的数值算例表明，本文所提方法是有效的。

关键词：边坡稳定　最危险滑面　模拟非圆弧滑面策略　遗传算法

在岩土工程中，边坡稳定性分析是一个吸引众多研究者的非常经典且流行的研究课题。它主要有条分法和数值分析法等。尽管数值分析法包括有限差分法、有限单元法、离散单元法、拉格朗日元法、非连续变形分析法、流形元法和几种半解析元法等[1]，在这一领域的应用有很大进展，但由于需要参数相对经典的条分法较多，并且这些参数在实际中难以准确确定，这就妨碍了这些方法的发展。因此，在建筑边坡工程技术规范中主要推荐条分法。近期，国内外很多学者对边坡稳定性进行了大量研究。边坡稳定性分析的关键是如何确定最危险滑面，文献[2]通过土体的变形位移场来确定边坡最危险滑面，最危险滑面上的安全系数与传统方法计算结果比较接近。对于最危险圆弧滑面，有研究者采用模拟退火算法、遗传算法、单纯形法、负梯度法、DFP（Davidson-Fletcher-Powell）法等进行搜索，对最危险非圆弧滑动面，有采用和声算法、蚁群算法、遗传算法、粒子群算法、蒙特卡罗法、Leap-frog 算法搜索。除了搜索算法，最危险滑面的搜索需要和模拟假定滑面策略结合才能提高效率[3-4]。圆弧滑面比非圆弧滑面的计算简单，搜索起来也容易得多，但实际滑面很多不能用圆弧滑面近似，所以非圆弧滑面研究很重要。遗传算法是一种模拟生物进化的智能算法，具有可以跳出局部极值、容易编程等优点。本文采用 Janbu 法[5]来计算非圆弧滑面的安全系数，用遗传算法来搜索最危险非圆弧滑面，模拟滑面的策略采用7个控制点，它们的连线就是假定滑面，控制点之间的水平间距不是均匀选取的，而是自由选取的。不均匀间距比均匀间距更接近实际。

---

* **基金项目：**国家自然科学基金（51009030），广西教育厅科研资助（201012MS129），广西工学院博士科研启动基金（院科博0902）。

作者简介：周圆兀，男，博士，主要从事边坡稳定分析、遗传算法及应用研究。

1 Janbu 法

圆弧滑面是工程中最常用的假定形状计算简单。但实际滑面很多不能用圆弧滑面近似,这时只能采用非圆弧滑面的计算方法,如 Janbu 法。图 1 是一个土坡假定滑面和推力线示意图,滑面是任意的(符合运动学的要求)。图 2 是一土条的受力简图。推力线是土条两侧法向力 E 的作用点位置连线。图中 b 为土条宽,T_{fi} 为土条底部的切向力,N_i 为土条底部的法向力,α_i 为土条底部的倾角,α_{ti} 为推力线的倾角,X_i、$X_i + \Delta X_i$ 为土条侧面的切向力,E_i、$E_i + \Delta E_i$ 为土条侧面的法向力,G_i 为土条的重力,h_{ti} 为土条右侧推力线到底部间距离。假定:一是滑面上的切向力 T_i 等于滑面上土所发挥的抗剪强度 τ_{fi},即 $T_{fi} = \tau_{fi}l_i = (N_i \tan\varphi_i + c_i l_i)/K$;二是土条两侧推力线位置已知,因条间力作用点的位置对土坡稳定安全系数影响不大,一般假定作用于土条底面以上 1/3 高度处。

图 1　土坡假定滑面和推力线　　　图 2　第 i 个土条受力示意

根据力和力矩平衡,可以推导出安全系数 K 的表达式:

$$K = \frac{\sum \frac{1}{m_{\alpha_i}} [c_i b + (G_i + \Delta X_i)\tan\varphi_i]}{\sum (G_i + \Delta X_i)\sin\alpha_i} \qquad (1)$$

$$m_{\alpha i} = \cos\alpha_i + \frac{\sin\alpha_i \tan\varphi_i}{K} \qquad (2)$$

式中:c_i 为土条底部的黏聚力;φ_i 为土条底部的内摩擦角。

安全系数的求解需要采用迭代法,可以用于非圆弧的复杂滑面。

2 模拟假定滑面的策略

对于非圆弧滑面,有采用对数螺旋[6]模拟,更多的是采用折线[4,7-10]来模拟。设假定滑面折线由 m 个控制点 $P_i (i = 1, \cdots, m)$ 组成,控制点相接成为折线。这样,每个点 P_i 的横坐标 $x_i (i = 1, \cdots, m)$ 和纵坐标 $y_i (i = 1, \cdots, m)$ 初步共计需要 $2m$ 个变量。一般采用的折线都是从低的一端开始,按顺序直到最高一端编号结束。接着,确定折线的最左端点 P_1(设坡左端低)与最右端点 P_m 的横坐标,而它们的纵坐标随之即可由已知的边坡线求得,这样就只需 $2m - 2$ 个变量。如果所有控制点 P_i 间横坐标间距相等(文献[4,7-10]就是这样做的),则控制点 $P_2, \cdots, P_{m-1}$ 的横坐标可以求得,这样最后就只需 m 个变量。而控制点 $P_2, \cdots, P_{m-1}$ 的纵坐标则从左至右依顺序确定。

这里提出控制点横坐标不等距离的方法,不等距离比等距离更接近实际。相对于不等距离来说,等距离是理想化的结果。本文取 7 个控制点 A_i ($i=1,\cdots,7$),采用以上编号方法(见图 3),由于水平距离不相等,每个控制点需要确定横坐标和纵坐标,而首尾两个控制点的纵坐标可以由边坡线确定,这样共需要 12 个变量。首先确定左右两个端点 A_1、A_7 的横坐标 x_1、x_7,根据经验确定这两个横坐标的范围。然后产生中间点 A_4 的横坐标 x_4,在 x_1 与

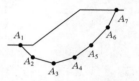

图 3　假定滑面的模拟

x_7 间。再产生中间点 A_4 的纵坐标 y_4,上限为 A_1 与 A_7 连线,下限为经验值。再产生 A_2 的横坐标 x_2,在 x_1 与 x_4 间。再产生中间点 A_2 的纵坐标 y_2,上限为 A_1 与 A_4 连线,下限为经验值。再产生 A_3 的横坐标 x_3,在 x_2 与 x_4 间。再产生中间点 A_3 的纵坐标 y_3,上限为 A_2 与 A_4 连线,下限为 A_1 与 A_2 连线。再产生 A_5 的横坐标 x_5,在 x_4 与 x_7 间。再产生中间点 A_5 的纵坐标 y_5,上限为 A_4 与 A_7 连线,下限为 A_3 与 A_4 连线。再产生 A_6 的横坐标 x_6,在 x_5 与 x_7 间。最后产生中间点 A_6 的纵坐标 y_6,上限为 A_5 与 A_7 连线,下限为 A_4 与 A_5 连线。这样就产生了一条假设滑面,初始种群值在这些范围内按以上策略随机产生。

3　数值算例

为了验证本文所提的模拟滑面策略的有效性,从文献[11]中选取了两个边坡进行了计算。

第 1 个是简单土坡(见图 4),其坡高为 8.5 m,坡比为 1:2,土的参数如表 1 所示。采用本文提出的模拟假定滑面的策略,用 Janbu 法计算安全系数,用遗传算法搜索最危险滑面,其结果与文献[11]的结果比较如图 4 所示。

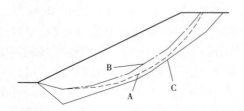

A—文献[11]采用 Bishop 法的结果,$F_S=1.74$;B—文献[11]采用 Morgenstern 法的结果,$F_S=1.75$;

C—本文采用 Janbu 法的结果,$F_S=1.65$;F_S—安全系数

图 4　简单土坡的计算结果

表 1　简单土坡的土参数

$c'(\mathrm{kPa})$	φ'	$\gamma(\mathrm{kg/m^3})$
1 500	20	1 900

第 2 个是复杂土坡(见图 5),其坡高和坡比与前一个土坡一样,但是它有 4 层土,具体几何形状见文献[11],土的参数如表 2 所示。同样,采用本文提出的模拟假定滑面的策略,用 Janbu 法计算安全系数,用遗传算法搜索最危险滑面,其结果与文献[11]的结果比较见图 5。

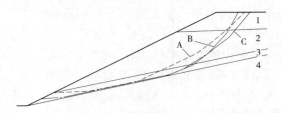

A—文献[11]采用 Bishop 法的结果，$F_S = 1.475$；B—文献[11]采用 Morgenstern 法的结果，$F_S = 1.24$；

C—本文采用 Janbu 法的结果，$F_S = 1.386$

图5 复杂土坡的计算结果

表2 复杂土坡(见图5)的土参数

土层	$c'(\text{kPa})$	φ'	$\gamma(\text{kg/m}^3)$
1	1 500	20	1 900
2	1 700	21	1 900
3	500	10	1 900
4	3 500	28	1 900

4 讨论

本文提出了一种假定非圆弧滑面的模拟策略。它不同于一般的策略，即假设由水平等距离的几段相互连接而成的折线组成，这样可以减少控制变量，但是明显是一种粗糙的近似。这里提出的新的模拟策略采用水平不等距离的 6 条线段连接而成，比水平等距离更接近实际。选取两个算例[11]，用 Janbu 法计算安全系数，通过遗传算法搜索，得到的结果分别与文献[11]进行了比较(见图4、图5)。对简单土坡的例子，本文得到的最小安全系数为 1.65，而文献[11]用 Bishop 法得到的为 1.74，文献[11]用 Morgenstern 法得到的为 1.75，其对应的滑面如图4所示，通过与文献[11]中用 Bishop 法和 Morgenstern 法计算的结果比较，可以看出它们的位置是接近的。对复杂土坡的例子，本文得到的最小安全系数为 1.386，而文献[11]用 Bishop 法得到的为 1.475，文献[11]用 Morgenstern 法得到的为 1.24，其对应的滑面如图5所示，通过与文献[11]中用 Bishop 法和 Morgenstern 法计算的结果比较，可以看出它们的位置也是接近的。可见本文提出的非圆弧滑面模拟策略是有效的。

参考文献

[1] 李双平.边坡稳定性分析方法及其应用综述[J].人民长江,2010,41(20).

[2] 康亚明,等.重度增加法确定边坡潜在滑动面[J].人民长江,2008,39(008):75-77.

[3] 邓东平,李亮.水力条件下具有张裂缝临河边坡稳定性分析[J].岩石力学与工程学报,2011,30(9).

[4] 李亮,等.土坡稳定分析中模拟任意滑动面的新策略及其效率分析[J].水利学报,2008(5).

[5] 朱本珍,等.对 Janbu 普遍条分法计算方法的改进[J].防灾减灾工程学报,2003,23(4):56-60.

[6] 潘龙,王建国.土钉支护的能量法稳定分析[J].合肥工业大学学报:自然科学版,2011,34(5):734-738.

[7] Yu-Chao Li, Y C L, et al. An efficient approach for locating the critical slipsurface in slope stability analyses using a real-

coded genetic algorithm[J]. Canadian Geotechnical Journal, 2010,47(7):806-820.

[8] Kahatadeniya, K S P. Nanakorn, K M Neaupane. Determination of the critical failure surface for slope stability analysis using ant colony optimization[J]. Engineering Geology, 2009,108(1-2):133-141.

[9] Cheng Y M, et al. Particle swarm optimization algorithm for the location of the critical non-circular failure surface in two-dimensional slope stability analysis[J]. Computers and Geotechnics, 2007,34(2):92-103.

[10] Cheng Y M, L Li, S C Chi. Performance studies on six heuristic global optimization methods in the location of critical slipsurface[J]. Computers and Geotechnics, 2007,34(6):462-484.

[11] Zolfaghari A R, A C Heath, P F McCombie. Simple genetic algorithm search for critical non-circular failure surface in slope stability analysis[J]. Computers and Geotechnics, 2005,32(3):139-152.

渝黔高速公路綦江服务区滑坡成因及稳定性分析

朱少荣　　姚鹏勋　　陶金良

（江苏省交通规划设计院股份有限公司　南京　211106）

摘要：本文从滑坡的地质特征及变形特征出发，分析了滑坡的形成机制。同时，依据滑坡勘察资料，选择典型剖面并对滑坡的稳定性进行了计算，计算结果表明，在天然状态下，滑坡处于欠稳定状态，在连续暴雨状态下，滑坡将失稳滑动。最后，对滑坡治理提出了相应的处理措施。

关键词：滑坡　形成机制　稳定性分析

綦江服务区滑坡位于渝黔高速公路 K35 附近渝黔高速公路綦江右侧服务区内，因服务区的修建，对山体坡脚进行了切削，形成人为边坡，初期以格构锚杆进行了加固，但因连续暴雨，使得山体浅部土体性质发生变化，使人工边坡失稳。

滑坡呈南西—北东方向展布，长约 55 m，宽约 108 m，其前缘为服务区停车场和设备房，滑坡失稳直接威胁场内车辆及设备房安全，对其进行稳定性分析和治理是必要而迫切的。

1　滑坡的形成机制

1.1　滑坡基本特征

滑坡平面呈弧形状，滑坡体主滑方向为北东 50°，前缘剪出口位于挡墙处。滑坡前后缘高程 355.00 ~ 362.50 m，剪出口标高 333.50 m，相对高差 21.50 ~ 29 m。滑坡边界较清楚，后缘拉裂缝宽 0.20 ~ 0.30 m，深 0.30 ~ 0.50 m，左右两侧边界不甚明显。滑坡平面面积约 6 000 m²，滑体厚平均 4.00 m，体积约 2.4×10^4 m³，属浅层小型土质滑坡，滑坡力学性质为牵引推移式[1]。滑坡区地形地貌见图 1。

1.2　滑坡工程地质条件

滑体由粉质黏土夹砂、泥岩碎块石组成，粉质黏土呈红褐色，呈可塑状，局部夹有砂岩和泥岩碎块石，厚 0.80 ~ 15.60 m，后缘较薄，中部及前缘较厚。

滑体主要沿土、岩接触薄弱带滑动，因此滑面近似为土岩石界面。

滑床由侏罗系中统沙溪庙组砂岩、泥岩构成。滑床形态从横向看，微有起伏，总体两侧略高，中部略低，纵向上较顺直，与地表形态近于一致，基岩面总体稍陡，坡角 21° ~ 43°。

作者简介：朱少荣，男，1980 年生，硕士，工程师，主要从事岩土工程勘察设计工作。

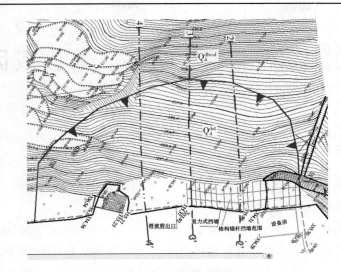

图1　滑坡区地形地貌

1.3　滑坡的水文地质条件

滑坡区地表水不发育,受季节影响较大,降雨量较小时,降雨渗入地表土层;降雨量较大时,形成地表径流,沿斜坡流入坡脚下的涵洞,排出场地外。

场区地下水为松散土层中的上层滞水及少量基岩裂隙水。地下水通过土层、基岩面和基岩裂隙排泄于附近小河内。地下水主要接受降雨补给。

1.4　滑坡变形发展过程及现状

2002年渝黔高速公路修建以前,由于连下暴雨,使得处于该滑坡前缘下的民房几乎被滑体冲毁。

2006年由于修建服务区,在整平场地的过程中,对原有的滑坡前缘进行了回填,同时在滑体中部沿开挖线进行了切坡,切坡高1.50～2.00 m,并修筑了条石挡墙进行了支挡,对墙后15 m范围内的斜坡按36°坡度进行了削坡处理。局部地段采用了格构锚杆挡墙进行了支护,锚杆深度约8.0 m。

2008年6月发生的百年一遇的特大暴雨,使得滑坡前缘的重力式挡墙部分区段出现拉裂及变形迹象,在滑坡中部及后缘出现多处拉裂,裂缝走向平行于斜坡走向,宽1～40 mm,长3.50～15 m。

1.5　滑坡形成机制分析[1]

滑坡的形成与滑坡体物质组成、地形、降雨及人工活动等多个因素有关。

首先,滑坡山体浅表存在厚度较大的第四系松散堆积物,为滑坡的形成提供了物质基础。在滑坡区域内,第四系松散堆积物厚一般为0.80～15.60 m,其岩性以粉质黏土为主,局部含砂、泥岩碎块石,下伏基岩为泥质砂岩及泥岩,基岩顶面揭示坡度为21°～43°,土岩界面即为软弱面,形成类似顺基岩面的滑动。

其次,从地形条件而言,滑坡区中后部为平台,其前部地形坡度为25°～36°,为滑坡形成与位移提供了临空面。

水的作用是滑坡形成的激发因素。区域内雨季降雨量大并集中,多发大暴雨,雨水的下渗,使得土体饱和,降低了土体的抗剪强度。同时,地下水长期沿着基岩相对不透水面渗透、侵蚀,在基岩相对不透水层与风化坡积层之间形成软弱带,而边坡滑动又使软弱带土体结构扰动和破碎,导致地下水侵蚀作用的增强,侵蚀作用又加剧滑坡体的滑移[2]。

此外,坡体前缘因场地平整而进行的人工切坡对滑坡前缘土石进行了切削,降低了滑坡抗滑力。虽对人工切坡进行重力式挡墙及格构锚杆挡墙支挡,但支挡结构的安全度并未考虑足够下滑力,因此人工切坡加剧了滑坡的滑动。

上述多方面因素的综合作用,从而导致了滑坡体的复活滑动。

2 滑坡稳定性分析

2.1 滑体物理力学参数的选择

滑体主要以粉质黏土为主,仅在局部含有10% ~35%的砂、泥岩碎块石,通过钻孔原状样取样及野外原位剪切试验综合确定滑体物理力学参数。在试验成果的基础上,根据实践经验对比、反演,然后得出如表1所示推荐参数。

表1 滑体物理力学参数建议值

工况	容重(kN/m^3)	黏聚力 c(kPa)	内摩擦角 $\varphi(°)$
天然	19.5	18	12.4
饱和	20.4	15.5	11.5

2.2 滑坡稳定性计算

根据勘察资料选取2—2′、3—3′、4—4′纵剖面,按沿基岩面滑动计算。计算方法采取《岩土工程勘察规范》(GB 50021—2001)中传递系数法进行计算[3]。滑坡稳定性计算见图2。

$$F_s = \frac{\sum_{i=1}^{n-1}\left(R_i \prod_{j=i}^{n-1}\psi_j\right) + R_n}{\sum_{i=1}^{n-1}\left(T_i \prod_{j=i}^{n-1}\psi_j\right) + T_n} \tag{1}$$

$$\psi_j = \cos(\theta_i - \theta_{i+1}) - \sin(\theta_i - \theta_{i+1})\tan\varphi_{i+1} \tag{2}$$

$$R_i = N_i\tan\varphi_i + c_iL_i \tag{3}$$

$$T_i = G_i\sin\theta_i \tag{4}$$

$$N_i = G_i\cos\theta_i \tag{5}$$

式中:F_s 为稳定性系数;θ_i 为第 i 块段的滑动面倾角,(°);R_i 为作用于第 i 块段的抗滑力,kN/m;N_i 为第 i 块段滑动面的法向分力;φ_i 为第 i 块滑面内摩擦角,(°);c_i 为第 i 块滑面黏聚力,kPa;L_i 为第 i 块段的滑动面长度,m;T_i 为作用于第 i 块段的下滑力,kN/m,出现与滑动方向相反的滑动分力时,T_i 应取负值;G_i 为第 i 块段的重量,kN/m;ψ_i 为第 i 块段的剩余下滑力传递 $i+1$ 块的传递系数($j=i$)。

滑坡区抗震设防烈度为6度,因此不考虑地震荷载。

滑坡稳定计算工况考虑了地下水的影响,因此按照天然状态及饱和(暴雨)状态两种

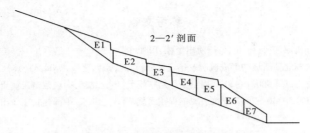

图2 滑坡稳定性计算示意

工况进行计算,计算结果如表2所示。

表2 滑体稳定性系数计算结果

剖面号		2—2′	3—3′	4—4′
稳定性系数	天然	1.22	1.04	1.13
	暴雨	1.05	0.91	0.98

计算结果表明,滑坡在暴雨下,F_s 为 $0.91 \sim 1.05$。在工况 1 时,F_s 值分别为 $1.04 \sim 1.22$。

本服务区滑坡为三级边坡,根据《建筑边坡工程技术规范》(GB 50330—2002)中规定,三级边坡稳定性系数应不小于 1.25[4]。

计算结果表明,天然状态下滑坡处于欠稳定状态,暴雨情况下,此处滑坡随时面临失稳滑动的可能。

3 滑坡治理建议

现场调查发现滑坡区前缘条石挡墙上已出现滑移,条石挡墙局部已发生开裂迹象。挡墙前为服务区专用露天停车场及设备房。据统计,该滑坡产生滑动,将直接影响停车场及设备房的安全,直接经济损失约 100 万元。这无疑对服务区的正常营运产生影响,滑坡治理的紧迫性与必要性已十分突出。

滑坡治理方案可采用清除滑体和支挡结构两种方式。

如对滑体清除将涉及大量的土石方开挖及搬运,同时还涉及农民的土地赔偿和青苗赔偿问题。综合考虑,清除滑坡体方案不经济。

因此,建议本滑坡治理采取抗滑桩的治理型,根据不同剖面处滑坡推力选择相应尺寸的抗滑桩。同时与滑坡坡顶外侧设截水沟,防止外部水体渗透进入滑面之中。坡面上修筑渗沟,防止地表水及大气降水渗入。

4 结语

本滑坡为重庆地区较为典型的因为暴雨及人为工程活动所引起的浅表层滑坡。通过分析滑坡形成机制,定性及定量地分析滑坡的稳定性状况,并给出了相应的治理措施,对该地区类似工程的建设和滑坡防治有一定的借鉴意义。

该滑坡治理完成后,维护了滑坡的稳定,保障了服务区停车场的安全与正常运营。

参考文献

［1］张倬元. 工程地质分析原理［M］. 北京:地质出版社,1981.

［2］刘建平,左勖,曾斌. 湖北某滑坡的形成机制及稳定性分析［J］. 山西建筑,2008,34(18):104-105

［3］中华人民共和国建设部. GB 50021—2001 岩土工程勘察规范［S］. 北京:中国建筑工业出版社,2009.

［4］重庆市建设委员会. GB 50330—2002 建筑边坡工程技术规范［S］. 北京:中国建筑工业出版社,2002.

土工合成材料对土坡安全系数的影响

王俊林 赵 婉

（郑州大学水利与环境学院 郑州 450002）

摘要：土工合成材料通过与土的相互咬合作用构成了水平向增强体，这种增强体可以提高土坡的安全系数至需要的具体程度，从而提高了土坡的稳定性，也减少了不必要的材料浪费。本文就是阐述这种增强体提高土坡安全系数的机理，以及简单的设计步骤。

关键词：土工合成材料 水平向增强体 安全系数 土坡 稳定性 机理

1 引言

边坡的形成有自然的也有人为的，是人类工程活动中很常见的，同时边坡也是工程建设中最常见的工程形式。边坡的工作状况直接或间接地影响工程建筑物的稳定、安全和耐久。边坡一旦破坏会造成严重的经济损失和人身伤亡，因此治理边坡问题是防治地质灾害的重要组成部分。我们通常使用的传统防护方式有锚杆、抗滑桩、挡土结构等。土工合成材料是近几十年来才广泛应用到工程中的一种新型材料，它的材料具有较高的抗拉强度和刚度，与填土之间有较强的咬合力。通过二者的共同作用而具有加筋补强的功能，利用水平向增强体的高强度、良好韧性等功能，加入土中，可增大土体的刚度模量，分散荷载，改变土体中的应力分布，约束土体的侧向变形，进而提高结构的稳定性。因此，这种技术应用到边坡工程中对保证边坡的安全会有很好的效果。

2 水平向增强体提高土坡安全系数机理分析

图1(a)中表示一个均质的黏性土坡未铺设水平向增强体。AC 为滑动圆弧，O 为圆心，R 为半径。认为土坡失稳就是滑动土体绕圆心发生转动。把滑动土体当成一个刚体，滑动土体的重量 W 将使土体绕圆心 O 转动，转动力矩为 $M_S = Wd$，d 为过滑动土体重心的竖直线与圆心的水平距离。抗滑力矩 M_R 由两部分组成：一部分是滑动面 AC 弧上黏聚力产生的抗滑力矩，其值为 $cACR$，c 为土的黏聚力；另一部分是滑动土体重量在滑动面上的反力所产生的抗力矩。反力的大小和方向应该与土的内摩擦角有关。但是，因为滑动面上反力的分布无法确定，因此对于内摩擦角 $\varphi > 0$ 的土，必须使用条分法，才能表示求得摩擦力所产生的抗滑动力矩。当 $\varphi = 0$ 时，滑动面是一个光滑面，反力的方向必垂直于滑动面，即通过圆心 O，不产生力矩，因此抗滑力矩只有 $cACR$ 一项。这时稳定安全系数可用下式定义：

作者简介：王俊林，男，1963 年生，博士，教授，主要从事基础工程教学与研究工作。

$$F_s = \frac{M_R}{M_S} = \frac{cACR}{Wd} \qquad (1)$$

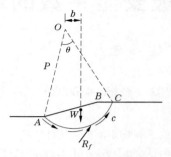 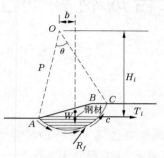

(a)未铺设水平向增强体　　　　(b)铺设水平向增强体

图1

如果沿滑动坡面铺设水平向筋材,如图1(b)所示,当坡体向下滑动时,水平向增强体提供一个抗滑力矩$\sum_{i=1}^{n} T_i H_i$,n为水平向增强体层数,T_i为各层水平增强体提供的水平向反力,H_i为各层水平向增强体距O的距离;所以在铺设了水平向增强体下的安全系数可用下式表示:

$$F_s = \frac{M_R}{M_S} = \frac{cACR + \sum_{i=1}^{n} T_i H_i}{Wd} \qquad (2)$$

比较式(1)、式(2)可以看出,铺设了水平向增强体后土坡的抗滑力矩增加了$\sum_{i=1}^{n} T_i H_i$,土坡的安全系数也提高了$\dfrac{\sum_{i=1}^{n} T_i H_i}{Wd}$。因此,原来不稳定的土坡由于加入水平向增强体后安全系数可以提高到设计要求的数值。

3　简单设计步骤

3.1　判断是否需要加筋

对于以均质黏性土坡(见图1),利用H线法确定最危险圆心,然后求出相应的最小安全系数F_s,要注意此处求得的最小安全系数未必是对应的最大拉筋力要求,因此要多试算几个安全系数。然后与规范要求相比看是否需要加筋。

3.2　加筋力的计算

将土坡安全系数提高到要求的F_{S1}时,分别计算以上各圆弧所相应的T_S公式如下:

$$T_S = (F_{S1} - F_s)\frac{M_S}{D} \qquad (3)$$

式中:D是抗滑力臂。

此处求得的最大值T_S即为所需要的最大拉筋力。

3.3　配筋

当土坡较低时,可将最大加筋力沿高度均匀布置。若较高,可按二区或三区布置,由于篇幅有限,此处不作详细解释。

若设加筋体的竖向间距 $S_v = 0.6$,计算加筋体要承受的拉力 T_r,或者根据加筋体的容许拉力 T_S,从而确定该区域的间距和需要加筋的层数:

$$T_r = T_a R_c = \frac{T_z S_v}{H_z} = \frac{T_z}{N}, \quad R_c = \frac{1}{S_h} \tag{4}$$

式中:S_h 为加筋体在水平方向的间距;R_c 为加筋体的布满率;T_z 为分配于该区的总拉力;H_z 为该分区的高度。

3.4 加筋体所需长度计算

长度计算主要是为了满足抗拔要求,因此计算所需伸出滑动面的长度 L 如下式:

$$L = \frac{T_a F_{s1}}{2 f_p \alpha \sigma_v} \tag{5}$$

式中:f_p 为抗拔摩擦系数,由试验确定;α 为考虑锚固长度内应力衰减系数,可取 0.6;σ_v 为加筋体上的垂直有效应力;其余符号意义同前。

4 结语

土工合成材料如今已经发展成为一种主要的产业用纺织品,广泛地应用于水利、电力、交通和环保等重要工程建设中。但是随着应用领域的不短扩大,也暴露出我国在这方面所存在的问题。最主要的就是,理论落后于工程实践的现状长期存在,与国际上先进技术水平的差距未见缩小。就目前国内情况来看,国内的相关研究队伍比较薄弱,重要的创新成果比较少。总之,新的应用领域的开拓仍需努力,有目的地在一些重要方面进行协同攻关的做法还有待提倡。

参考文献

[1] FHWA. Geosynthetic Design and Consyruction Guideliness Participant Notebook-Reinforced Slope,1998.

[2] 王正宏,包承纲,等. 土工合成材料应用技术知识[M]. 北京:中国水利水电出版社,2008.

[3] 包承纲. 土工合成材料应用原理与工程实践[M]. 北京:中国水利水电出版社,2008.

[4]《土工合成材料工程应用手册》编写委员会. 土工合成材料工程应用手册[M]. 2版. 北京:中国建筑工业出版社,2000.

[5] 王钊. 国外土工合成材料的应用研究[M]. 香港:现代知识出版社,2002.

[6] 吴景海,王德群,王玲娟,等. 土工合成材料加筋的试验研究[J]. 土木工程学报,2002(6).

[7] 冷纯廷. 新型土工合成材料的开发[J]. 产业用纺品,2001(8).

土性参数空间变异性对排水边坡
可靠度的影响

潘　健　丁孝勇　王晨曦　周　森

（华南理工大学土木与交通学院　广州　510640）

摘要：根据排水边坡可靠度分析模型，可以运用验算点法和随机有限元法探讨边坡坡度、安全系数和土性参数相关性与边坡失稳概率的关系。结果表明：验算点法忽略土性参数的空间变异性，边坡坡度对失稳概率影响较小；失稳概率随着安全系数的增大而降低；当边坡失稳概率小于 0.5 时，土性参数呈正相关比呈负相关对应的失稳概率大；当失稳概率大于 0.5 时，土性参数呈负相关比呈正相关对应的失稳概率大。随机有限元法能够反映土性参数空间相关距离对失稳概率的影响，边坡坡度和安全系数与失稳概率的关系与验算点法基本一致；不管失稳概率大于还是小于 0.5，土性参数呈负相关时分析得到的失稳概率总比参数呈正相关时失稳概率小。

关键词：边坡稳定　排水边坡　随机有限元法　空间变异性　失稳概率

1　引言

边坡可靠度分析起始于 20 世纪 70 年代，国内外大批专家学者[1-5]先后对其进行了较为系统的研究，提出了一次二阶距（FOSM）、验算点法（FORM）、响应面法（RSM）、蒙特卡洛模拟（MC）等，一定程度上推动了可靠度分析方法在边坡工程中的应用和发展。

传统的极限平衡分析方法忽略了土性参数的空间变异性，认为边坡的临界破坏面为一条圆弧曲线，随机场只在临界破坏线上起作用。而实际上，土体在沉积条件、应力历史等复杂的形成过程中，往往表现出较大的空间变异性。随机有限元法将随机场与有限元理论结合起来，可以考虑土性参数的空间变异性，分析模型较接近实际情况。鉴于此，本文建立了简单边坡分析模型，采用随机有限元法（RFEM）[6]探讨了坡度、安全系数和强度参数互相关性与边坡失稳概率的关系，研究了土性参数空间相关距离和参数变异系数对边坡可靠度的影响，并与验算点法计算结果进行了对比。

2　强度参数概率分析

建立边坡的可靠度分析模型如图 1 所示。坡高 $H = 10.0$ m，坡底深度比 $D = 2$，土体容重 γ_{sat}（或 γ）$= 20.0$ kN/m³，考虑坡角 $\alpha = 18.4°$（坡度 3∶1）、26.6°（坡度 2∶1）和 45°（坡度 1∶1）等三种不同情况。对于排水边坡，把抗剪强度指标 c' 和 $\tan\varphi'$ 都看做随机变量，并

作者简介：潘健，男，1963 年生，广州市人，博士，副教授，主要从事岩土工程风险安全性分析方面的研究。

将 c' 无量纲化为 $C' = c'/(\gamma H)$ 。

图 1　边坡剖面简图

根据已有的研究结果[4]，假设抗剪强度参数 C' 和 $\tan\varphi'$ 服从对数正态分布，则 $\ln C'$ 和 $\ln\tan\varphi'$ 服从正态分布。抗剪强度参数 C' 和 $\tan\varphi'$ 分别有各自的特征值：均值 μ、标准差 σ 和空间相关距离 θ。文中对 C' 和 $\tan\varphi'$ 采用相同的统计方法分析，现以 C' 为例进行说明。C' 的变异系数可表示为

$$v_{C'} = \frac{\sigma_{C'}}{\mu_{C'}} \tag{1}$$

建立 $\ln C'$ 与 C' 标准差和均值的换算关系如下

$$\sigma_{\ln C'} = \sqrt{\ln(1 + v_{C'}^2)} \tag{2}$$

$$\mu_{\ln C'} = \ln\mu_{C'} - \frac{1}{2}\sigma_{\ln C'}^2 \tag{3}$$

由式(1)~式(3)反算出 C' 的均值和标准差为

$$\mu_{C'} = \exp\left(\mu_{\ln C'} + \frac{1}{2}\sigma_{\ln C'}^2\right) \tag{4}$$

$$\sigma_{C'} = \mu_{C'}\sqrt{\exp(\sigma_{\ln C'}^2) - 1} \tag{5}$$

定义参数 C' 的空间相关距离为 $\theta_{\ln C'}$ ，并将其无量纲化为

$$\Theta_{C'} = \theta_{\ln C'}/H \tag{6}$$

空间相关距离的确定与参数的分布有关，也即空间相关距离有特定的范围(指相关函数为指数或高斯函数时，函数值衰减到 e^{-1} 时的距离，e 为自然对数底)。

文中取参数互相关函数为

$$\rho(\tau) = \mathrm{e}^{(-2\tau)/(\theta_{\ln C'})} \tag{7}$$

式中：$\rho(\tau)$ 指随机场中相隔距离为 τ 的两点土性参数的相关系数。

现行研究中，由离散点试样得到的土性参数特征值的变异性可通过样本空间的局部平均法来调整。即当 $\Theta_{C'} \to 0$ 时，局部平均法使得强度参数标准差趋于 0(即 $\sigma_{C'_A} \to 0$)，均值趋近于算术平均值，即

$$\mu_{C'_A} \to \exp(\mu_{\ln C'}) = \exp\left(\ln\mu_{C'} - \frac{1}{2}\sigma_{\ln C'}^2\right) = \frac{\mu_{C'}}{\sqrt{1 + v_{C'}^2}} \tag{8}$$

3　传统概率分析的验算点法

3.1　验算点法(FORM)可靠度指标

验算点法(FORM)可以考虑多元随机变量，并通过建立极限状态函数来计算可靠度。传统的验算点法基于 Hasofer-Lind 可靠度指标 β_{HL} ，其几何意义为标准化正态空间中均值和极限状态面之间的最短距离[7]，也即初始变量空间内以均值点为原点的椭圆或超椭球

体扩展到和极限状态面相切时其标准差增加倍数的最小值。

可靠度指标的计算涉及数值迭代过程,为显式考虑变量之间的相关性,可靠度等效计算公式为[8]

$$\beta = \min_{g=0} \sqrt{\left(\frac{X_i - \mu_i^N}{\sigma_i^N}\right)^{\mathrm{T}} R^{-1} \left(\frac{X_i - \mu_i^N}{\sigma_i^N}\right)} \quad i = 1, 2, \cdots, n \tag{9}$$

式中:X_i 为第 i 个随机变量;μ_i^N 为第 i 个随机变量的等效正态化均值;σ_i^N 为第 i 个随机变量的等效正态化标准差;$(X_i - \mu_i^N)/\sigma_i^N$ 为随机变量标准正态化矢量;R 为相关矩阵。根据当量正态化后的随机变量(即验算点)位于极限状态面上,可以找到使可靠度指标为最小值时对应的相关矩阵。建立可靠度指标与失稳概率的关系如下:

$$p_f = 1 - \Phi(\beta) \tag{10}$$

由于验算点事先无法确定,故采取等效正态均值作为验算点的初始估计值,通过迭代优化,最终确定验算点最优解。其具体步骤如下:

(1)根据等效正态均值推导极限状态函数;

(2)确定验算点并计算失稳概率 p_f;

(3)用第(2)步验算点推导出新的极限状态函数;

(4)确定新的验算点和失稳概率 p_f;

(5)重复(3)、(4),直到连续计算的两个失稳概率 p_f 之差低于误差界,即计算出失稳概率 p_f 的收敛值。

3.2 极限状态函数的确定

可靠度分析需要建立极限状态函数,以作为"安全"和"失效"界定的尺度。一般来讲,极限状态方程表示如下:

$$\begin{aligned} g(X_1, X_2, \cdots, X_N) &\geq 0 \rightarrow \text{Safe} \\ g(X_1, X_2, \cdots, X_N) &< 0 \rightarrow \text{Failure} \end{aligned} \tag{11}$$

式中:$X_1, X_2, \cdots, X_N$ 为随机变量。由于 Hasofer-Lind 可靠度指标 β_{HL} 与极限状态函数的选取无关,因此引入响应面法[9]构造极限状态函数。

对于两个($n=2$)随机变量,可构造一个含 5 个($2n+1=5$)常系数无交叉项的二次曲面作为安全系数函数,即

$$F_S[\ln C', \ln(\tan\varphi')] = a_1 + a_2\ln C' + a_3\ln(\tan\varphi') + a_4(\ln C')^2 + a_5[\ln(\tan\varphi')]^2 \tag{12}$$

极限状态函数可构造如下:

$$g[\ln C', \ln(\tan\varphi')] = F_S[\ln C', \ln(\tan\varphi')] - 1 \tag{13}$$

对于其中一个随机变量,在取其等效正态均值 μ_i^N 和其他两个值 $\mu_i^N \pm m\sigma_i^N$ 作为样本点的同时将另外一个随机变量固定在它的等效正态均值处。较多学者通常将 m 取为 1,由于极限状态函数在黏聚强度和内摩擦角空间中基本呈线性变化,所以计算失稳概率 p_f 的结果对 m 值的选取并不敏感。

3.3 边坡算例

在上文所建计算模型的基础上,对 5 个边坡进行了具体分析,以建立边坡坡度、安全

系数和强度参数互相关性与失稳概率的关系。5 个不同控制条件下边坡土性参数均值如表 1 所示。

表 1　边坡土性参数均值

坡度	$F_S = 1.25$		$F_S = 1.47$		$F_S = 1.70$	
	$\mu_{C'}$	$\mu_{\tan\varphi'}$	$\mu_{C'}$	$\mu_{\tan\varphi'}$	$\mu_{C'}$	$\mu_{\tan\varphi'}$
3:1			15.00	0.21		
2:1	15.13	0.23	18.50	0.27	21.40	0.31
1:1			26.00	0.36		

根据式（2）、式（3），每种情况取正态空间中 5 个样本点依次为 $(\mu_{\ln C'}, \mu_{\ln(\tan\varphi')})$、$(\mu_{\ln C'} + \sigma_{\ln C'}, \mu_{\ln(\tan\varphi')})$、$(\mu_{\ln C'} - \sigma_{\ln C'}, \mu_{\ln(\tan\varphi')})$、$(\mu_{\ln C'}, \mu_{\ln(\tan\varphi')} + \sigma_{\ln(\tan\varphi')})$ 和 $(\mu_{\ln C'}, \mu_{\ln(\tan\varphi')} - \sigma_{\ln(\tan\varphi')})$。样本点特性受强度参数变异系数控制，故对每一个变异系数 v，需要进行 5 次分析以确定极限状态函数的系数项。本文假定土体黏聚强度和内摩擦角的变异系数相等，以简化计算，即

$$v = v_{C'} = v_{\tan\varphi'} \tag{14}$$

在本文研究中，强度参数互相关系数在区间 $[-0.5, 0.5]$ 内取值。当 $v = 0.5$，互相关系数 $\rho = 0.5$ 时，对应 2:1 边坡在不同安全系数下的标准正态空间可靠度 β 等值线和极限状态函数如图 2 所示。当安全系数 F_S 依次取 1.25、1.47 和 1.70 时，可靠度指标 β 为 0.275 0、0.689 2 和 1.039 6，对应的失稳概率 p_f 为 0.392、0.245 和 0.149。在标准正态空间中，可靠度 β 等值线仅仅是互相关系数 ρ 的函数；极限状态函数是安全系数 F_S 和变异系数 v 的函数。而在对数正态空间中，可靠度 β 等值线是 F_S、v 和 ρ 的函数，而极限状态函数仍是 F_S 和 v 的函数。对数正态空间中，对应 2:1 边坡在不同安全系数下的可靠度 β 等值线和极限状态函数，如图 3 所示。

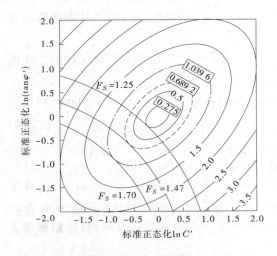

图 2　标准正态空间中 β 等值线和极限状态函数
（2:1 边坡）

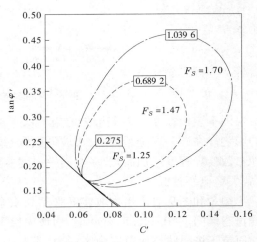

图 3　对数正态空间中 β 等值线和极限状态函数
（2:1 边坡）

图 4 反映了在标准正态空间中当 $F_S = 1.47$ 时,v 对极限状态函数的影响。结果表明,v 值越大,极限状态函数越接近均值,也就意味着 β 越低,从而失稳概率 p_f 越大。

在标准正态空间中,当 $F_S = 1.47$ 时,不同坡度对应下的极限状态函数如图 5 所示。$\beta = 0.689\,2$ 等值线与 2:1 边坡极限状态函数完全相切,与其他两种坡度边坡极限状态函数基本相切,表明了当 F_S 相同时,坡度变化对 p_f 的影响很小。对于不同情况下,边坡坡度、安全系数及强度参数互相关性对边坡失稳概率的影响分别如图 6～图 9 所示。

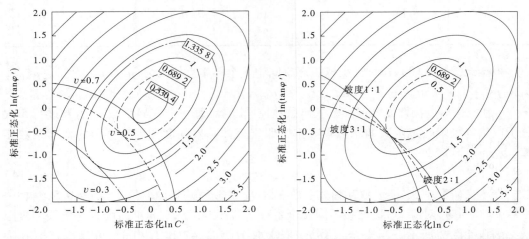

图 4　标准正态空间中 v 与极限状态函数的关系（2:1 边坡）　图 5　标准正态空间中坡度与极限状态函数的关系（$F_S = 1.47$）

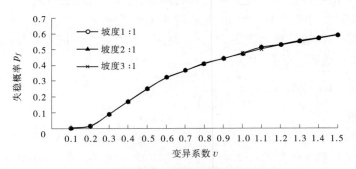

图 6　不同坡度下边坡失稳概率

图 7 表示坡度为 2:1 边坡,在互相关系数 ρ 取 0.5 时,不同安全系数对边坡失稳概率的影响。在同一安全系数下,边坡失稳概率随土性参数变异程度增加而增大,可靠度指标随参数变异程度增加而减小;在同一强度参数变异系数下,安全系数越大,可靠度指标越高,失稳概率越低。

图 8 和图 9 对应当边坡坡度取 2:1,安全系数 $F_S = 1.47$,强度参数互相关系数 ρ 在标准正态区间 $[-0.5, 0.5]$ 变化时,边坡失稳概率的变化情况。研究结果表明:当等效正态均值位于极限状态函数安全区一侧,即 $p_f < 0.5$ 时,土性参数呈正相关较土性参数呈负相关对应更高的失稳概率;当等效正态均值位于极限状态函数失效区一侧,即 $p_f > 0.5$ 时,土性参数呈正相关较土性参数呈负相关对应更低的失稳概率。

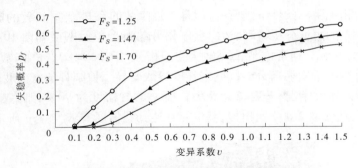

图7　不同安全系数下边坡失稳概率

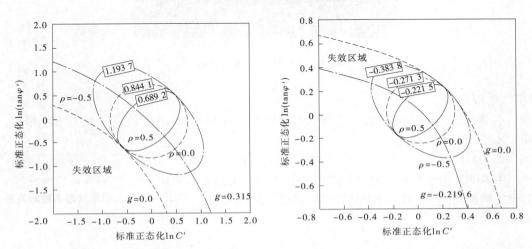

图8　2:1边坡在 $F_S=1.47$ 情况下 ρ 与 p_f 的关系　　图9　2:1边坡在 $F_S=1.47$ 情况下 ρ 与 p_f 的关系

$(p_f<0.5, \upsilon=0.5)$　　　　　　　　　　$(p_f>0.5, \upsilon=0.5)$

4　随机有限元(RFEM)[6]分析

4.1　RFEM 特性

与常规有限元法不同的是,随机有限元法(RFEM)中的单元网格所代表的土性参数特性值非定值,是按照对数正态函数随机分布的。单元网格越密,样本容量越大。采用局部平均法[10]对对数正态空间中的土性参数特征值进行折减,并把折减后的参数均值 $\mu_{C'_A}$ 和标准差 $\sigma_{C'_A}$ 赋予相应的有限单元网格上。由于 RFEM 是将蒙特卡罗数值模拟和弹塑性有限元结合在一起的方法,因此边坡失稳概率的定义如下式所示:

$$p_f = p\{g(X_1, X_2, \cdots, X_n) \leqslant 0\} = \frac{M}{N} \tag{15}$$

其中,N 表示 N 次抽样所计算得到的 N 个极限状态随机数,对于每一次的随机抽样,都会产生符合变量概率分布的一组随机变量 $X_i(i=1,2\cdots,n)$,将其代入极限状态函数,就可以求得极限状态函数的一个随机数。当在 N 个随机数中出现 M 个小于或等于1的随机数时,在 N 取值较大的情况下,可以近似由失效次数和总抽样次数的比值定义失稳概率。在运用蒙特卡罗模拟进行多次重复计算时,每一次的分析过程都是在相同均值、标准差和土性空间相关距离条件下进行的,但是土性参数的空间分布却各不相同。

针对上文建立的边坡分析模型,运用程序划分的典型单元网格如图 10 所示,图中共划分了 910 个有限单元。通常情况下,对较大空间相关距离($\Theta \geq 1.0$)和较大变异系数($v \geq 1.0$)情况需要进行上千次循环分析以确定强度参数变异系数临界值 v_{crit} 和边坡失稳概率的对应关系。针对本文情况,若要求计算失稳概率的置信度为 90%,则需要计算模拟的次数为 2 435 次,本文取 2 000 次模拟,基本能够达到置信度要求。

图 10　RFEM 典型单元网格

4.2　边坡算例

本节分析仍然采用前文中建立的计算模型。假定 C' 和 $\tan\varphi'$ 的空间相关距离相同,即

$$\Theta = \Theta_{C'} = \Theta_{\tan\varphi'} \tag{16}$$

由 RFEM 分析所得三种不同坡度边坡失稳概率结果与 FORM(对应 $\Theta = \infty$ 的情况)结果对比情况如图 11 ~ 图 13 所示,三种情况下 F_S 取 1.47。

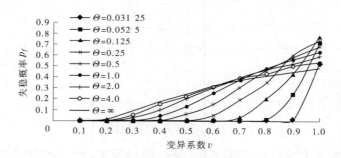

图 11　空间相关距离与失稳概率关系(3∶1边坡)

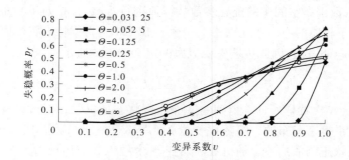

图 12　空间相关距离与失稳概率关系(2∶1边坡)

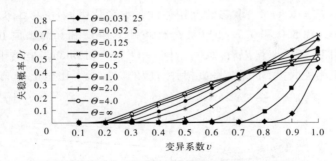

图 13　空间相关距离与失稳概率关系(1:1边坡)

从以上图表可以看出,坡度对失稳概率的影响很小。将 $\Theta = \infty$ 线与其他 Θ 线交点定义为 υ_{crit},当变异系数 $\upsilon < \upsilon_{crit}$ 时,无论空间相关距离大小,FORM 对边坡失稳概率的计算结果偏高,因而对边坡失效的评判结果偏于保守。而当变异系数 $\upsilon \geqslant \upsilon_{crit}$ 时,FORM 对边坡失稳概率的计算结果偏低,因而对边坡失效的评判结果偏于不安全。且当空间相关距离越大,对应的 υ_{crit} 越小,此时对边坡失稳概率的评判结果偏于不安全的程度越大。

在 $F_S = 1.47$ 时,坡度变化与 υ_{crit} 的关系如图 14 所示。对于不同坡度,υ_{crit} 随 Θ 变化的规律保持一致,且当 Θ 增大到一定程度时,υ_{crit} 趋于一定值,对应的失稳概率亦趋于定值。显然,变异系数临界值对坡度的变化并不敏感,即坡度变化对边坡失稳概率影响较小,这与 FORM 分析结果保持一致。

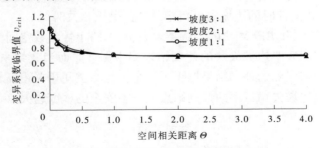

图 14　坡度与变异系数临界值关系

对应2:1边坡,安全系数 F_S 与 υ_{crit} 的关系如图 15 所示。结果表明,在同一 Θ 条件下,F_S 越大,υ_{crit} 越大,即随着 F_S 的不断增大,对应的空间相关距离曲线的斜率不断减小,在同一 υ 条件下,失稳概率逐渐降低,即 F_S 越大,边坡失稳概率越低。这与 FORM 分析结果保持一致。

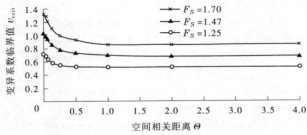

图 15　安全系数与变异系数临界值关系

对应 2:1 边坡，$F_s = 1.47$ 时，取参数互相关性系数变化区间 $[-0.5, 0.5]$ 中对应的三种界限情况，即 $\rho = -0.5$、0 和 0.5。RFEM 分析条件下，$\ln C'$ 和 $\ln\tan\varphi'$ 间互相关性的与失稳概率的关系如图 16 所示。可以看出，对于同一 Θ，$\ln C'$ 和 $\ln\tan\varphi'$ 呈负相关对应的变异系数临界值比呈正相关时大，也即 ρ 呈负相关对应的失稳概率比呈正相关时低。

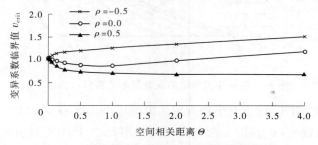

图 16　参数互相关性与变异系数临界值关系

5　结语

（1）对于 FORM 法，在标准正态空间中，坡度变化对失稳概率的影响较小；边坡失稳概率随安全系数增大而减小；当边坡失稳概率小于 0.5，土性参数呈正相关比呈负相关对应的失稳概率大，而当失稳概率大于 0.5，土性参数呈负相关比呈正相关对应的失稳概率大。

（2）对于 RFEM 法，坡度变化及安全系数与失稳概率的关系与 FORM 法具有一致性。而当土性参数呈负相关性时的边坡失稳概率总比其呈正相关时低。

（3）对比 FORM 法和 RFEM 法的分析结果表明，忽略土性参数空间变异性，当变异系数小于临界值时，FORM 对边坡失效的评判结果偏于保守。而当变异系数大于或等于临界值时，FORM 对边坡失效的评判结果偏于不安全。且当空间相关距离越大，对应的临界值越小时，FORM 对边坡失稳概率的评判结果偏于不安全的程度越大。

参考文献

[1] Matsuo M, Kuroda K. Probabilistic Approach to the Design of Embankment[J]. Soils and Foundations, 1974, 14(1):1-17.

[2] Alonso E E. Risk Aanlysis of Slopes and its Application to Slopes in Canadian Sensitive Clays [J]. Geotechniaue, 1976, 26:453-472.

[3] Tang W H, Yucemen M S, Ang A H S. Probability Based Short-term Design of Slopes [J]. Canadian Geotechnical Journal, 1976, 13:201-215.

[4] Vanmarcke E H. Reliability of Earth Slopes[J]. Journal of Geotechnical Engineering, ASCE, 1977, 103(11):1247-1265.

[5] 祝玉学. 边坡可靠度分析[M]. 北京:冶金工业出版社, 1993.

[6] GRIFFITHS D V, FENTON G A. Risk assessment in geotechnical engineering[M]. Canada:John Wiley & Sons, LTD, 2008.

[7] 谭晓慧. 边坡稳定可靠度分析方法的探讨[J]. 重庆大学学报, 2001, 24(6):40-44.

[8] Low B K, Tang W H. Reliability Analysis Using Object-oriented Constrained Optimization[J]. Structural Safety, 2004, 26(1):69-89.

[9] Xu B, Low B K. Probabilistic Stability Analysis of Embankments Based on Finite-element Method[J]. Geotechnical and Geoenvironmental Engineering, 2006, 132(11), 1444-1454.

[10] FENTON G A, Vanmarcke E H. Simulation of random fields via local average subdivision[J]. Journal of Engineering Mechanism, 1990, 116(8):1733-1749.

近厂区黄河岸坡失稳模式及坡面侵蚀分析与预测*

兰　雁　张俊霞　陈　永

（黄河水利委员会黄河水利科学研究院　郑州　450003）

摘要：黄河岸坡失稳与坡面侵蚀程度评价对沿岸厂区安全建设与运行至关重要。针对黄河岸坡厚层黄土及下伏泥岩的典型岩性组合特征，通过选取黄河中游某电厂典型近厂区岸坡剖面，模拟集中暴雨、河流洪水、岸坡人为扰动等不良环境条件。利用 Morgenstern – Prince 边坡极限平衡与基于流固耦合理论的有限元计算方法，对比分析岸坡稳定及坡面侵蚀规律，据此预测与评价岸坡暴雨与洪水侵蚀对厂址稳定性影响程度，从而为黄河中上游沿岸近厂址岸坡稳定性提供分析、评价及预测方法的参考与借鉴，对近河岸厂区的设计、安全施工与正常运行提供技术支持。

关键词：黄河岸坡　河流洪水　岸坡失稳　坡面侵蚀　稳定性评价

1　引言

近年来，随着国家西部大开发战略的实施，黄河中上游沿岸能源化工基地的开发与建设迅速发展，鉴于近黄河厂区取用水及交通优势，临近黄河岸边的基础能源厂区建设日益增多。与此同时，受黄河河道演变、岸坡岩性组成及特殊的自然气候特征影响，黄土岸坡极易发生崩塌、滑动等不良地质现象，河岸侧蚀、岸线后移态势呈逐年上升趋势，严重影响近河岸厂区的安全施工与正常运行。

本文针对黄河中上游岸坡岩性组合特征及破坏影响因素，选取某近厂区岸坡典型剖面，模拟暴雨、河流洪水、岸坡人工扰动等不良条件，应用极限平衡与数值分析方法，分析评价不良环境条件作用下岸坡稳定、坡面剥蚀深度与速率，据此评价岸坡暴雨及洪水侵蚀对厂区建设与长期运行稳定性影响，从而为基础能源厂区的安全建设与运行管理提供技术支持。

2　某电厂近厂址黄河岸坡概况

某电厂工程厂址位于黄河西岸的"凸 V"形台地上，北、东、南三面临黄河，厂区地势开阔，地形系丘陵地形，地势由西北向东南倾斜，厂址自然标高 905 ~ 878 m，最大高差 27

* 基金项目：黄河水利科学研究院基本科研业务费专项资金资助（编号：HKY – JBYW – 2010 – 15）。
作者简介：兰雁，女，1976 年生，湖北武昌人，硕士研究生，高级工程师，主要从事水利及岩土工程检测、监测与边坡稳定性评价。

m,自然坡度约2.4%。厂址段黄河百年一遇水位为853.0~846.8 m。

厂址东南侧距离河岸边坡最近距离约250 m,河岸边坡高度20~40 m,坡角25°~36°,黄河在厂区北侧及东南侧向冲刷、侧蚀严重,形成高25~40 m的边坡。边坡上部为黄土状粉土(Q_4^{eol}),厚为10.2~29.4 m,承载力低,岩土工程特性差,具有湿陷性,其稳定性受渗流场影响较大,极易产生崩塌、沉陷;中部为粉细砂、圆砾,厚为0.6~10 m,地下水主要赋存在该层,下部泥岩、砂岩,产状近水平,见陡倾裂隙,强风化带厚一般为1~3 m,泥岩具有软化性,遇水易崩解,在水和空气的交替作用下,风化剥蚀沿纵向延伸,可能会形成垂直于河向的临空面,从而形成岸坡的破坏条件。

3 岸坡的地质结构特征及破坏影响因素

3.1 岸坡的地质结构特征

结合厂址区相邻剖面勘探成果,根据地形地势变化,岸坡上主要分布有:第①层,黄土状粉土(Q_4^{eol}):表层分布厚为0.3~1.0 m的耕土,其厚度不均,呈褐黄—黄褐色,土质疏松,结构混乱,厚为7.7~20.4 m。第②层,黄土状粉土(Q_4^{eol}):层厚为2.9~4.4 m。第③层,粉细砂(Q_4^{al+pl}):砂质较均匀,局部为粉土与粉细砂互层,该层厚为1.9~3.3 m。第④层,圆砾(Q_4^{al+pl});该层厚为1~2.2 m。第⑤层,下伏基岩主要为泥岩,其次为砂岩,局部为泥质砂岩或砂质泥岩,岩层产状近水平,偶见陡倾裂隙。岸坡坡面形态如图1所示。

图1 近厂区岸坡坡面形态图

3.2 岸坡破坏影响因素

根据野外调查和室内分析结果,结合边坡的区域地质环境及其工程地质条件,影响厂区边坡变形破坏模式的因素主要包括三个方面:

(1)岩性组合。边坡上部覆盖层呈典型的二元结构,下部泥岩富含黏土矿物,在河流的下切侵蚀作用下,岩体自坡岸向深部风化松弛或胀缩交替,上覆土层发生铅直方向位移并伴随生成平行岸坡的张裂缝,使风化、变形软岩脱离母体成为独立运动体并发生崩塌、崩滑。

(2)降雨。当地的水文气象资料显示,研究区地处西北,常年干旱少雨,大气降水多表现以暴雨的形式出现,易于形成较强的地表径流,由于黄土具有湿陷性,易形成落水洞等;同时入渗的雨水导致边坡内部土体含水量增大,物理力学参数发生变化,从而降低边坡的安全系数。

（3）河流洪水。黄河段寨厂址段洪水主要由万家寨水利枢纽的下泄洪水和区间暴雨洪水组成。由于区间处于黄河中游暴雨区的北端,为黄土高原区,土质疏松,垂直节理发育,植被很差,间有小块沙丘,水土流失严重,支流短,流域坡度大,汇流快。汛期多为短历时、高强度的暴雨,使局部地区产生峰高量小、陡涨陡落的尖瘦型洪水,并挟带大量的泥沙,在水动力作用下,加大了对库岸边坡的冲刷,使侵蚀平面不断横向延伸,河岸易形成滑塌。

4 近岸坡稳定计算

4.1 边坡稳定性评价方法与理论

（1）Morgenstern – Prince 极限平衡理论。

土坡沿着某一滑裂面滑动的安全系数 F 的定义是将土的抗剪强度指标降低为 c'/F,刚土体沿着此滑裂面处达到极限平衡,即

$$\tau = c'_e + \sigma'_n \tan\phi'_e \tag{1}$$

$$c'_e = \frac{c'}{F} \tag{2}$$

$$\tan\phi'_e = \frac{\tan\phi'}{F} \tag{3}$$

上述将强度指标的储备作为安全系数定义的方法是经过多年的实践被工程界广泛承认的一种做法。采用这一定义,在数值计算方面,会增加一些迭代、收敛方面的问题。

在极限平衡法中,边坡安全系数即为抗滑力与滑动力的比值。据此,岸坡稳定安全系数 F 计算式如下:

$$F = \frac{\tau_f}{\tau} \tag{4}$$

式中:τ_f 为土的抗剪强度;τ 为土的剪切力。

当 $F>1$ 时,岸坡是安全的;当 $F=1$ 时,岸坡是处于极限平衡状态;当 $F<1$ 时,岸坡是失稳的。由岸坡稳定安全系数的定义可知,岸坡稳定安全系数与土的抗剪强度参数紧密相关。

Morgenstern – Prince 法[1]计算简图如图 2 所示。

该法考虑了条块间的法向力和切向力,不仅满足力的平衡方程,而且也满足力矩平衡方程。

（2）饱和 – 非饱和渗流与应力耦合有限元计算法。

以有限元为代表的数值计算方法[1],在边坡稳定性分析中也发挥着十分重要的作用。这类方法不但能考虑边坡岩土体本身的变形对边坡稳定性的影响,而且能给出边坡岩土体中应力应变分布,分析边坡破坏的发生和发展过程等。

根据非饱和土的本构模型和虚功原理[2-3],推导得到非饱和土的统一的未知结点位移列阵$\{u\}$的整体结点平衡方程:

$$[K]\{u\} - [O]\{(u_a - u_w)\} = \{R\} \tag{5}$$

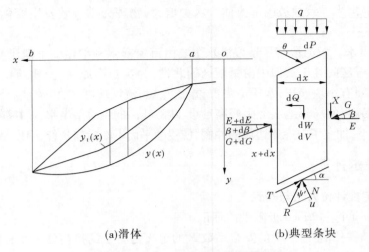

(a)滑体   (b)典型条块

图2　Morgenstern – Prince 法计算简图

对于饱和区 $u_a - u_w = 0$，$u_a = u_w$，则式(5)成为

$$[K]\{u\} = \{R\} \tag{6}$$

式中：$[K] = \sum_{e=1}^{NE} [K]^e$ 为饱和－非饱和土的整体刚度矩阵；$[O] = \sum_{e=1}^{NE} [O]^e$ 为基质吸力整体劲度矩阵；$\{R\} = \sum_{e=1}^{NE} \{R\}^e$ 为载荷列阵。

4.2　计算断面及参数

(1)计算断面的选取。

为准确地评价引起河道演变的因素，诸如降雨、河流侵蚀及人工扰动条件等引起的岸坡失稳对厂址稳定性的影响，典型计算断面选取原则如下：即所选计算断面临河岸坡与厂址距离相对较近；受河流侵蚀较大，河道演变(河道向厂区方向推移)较为显著；岸坡一旦失稳，对厂址稳定性影响显著。

根据上述原则，考虑黄河的河流走势及厂址位置，在厂址南侧近厂址区域临河岸坡布置1个典型计算断面如表1所示。厂址南侧临河处，SW方向选取1个计算断面，计算模型长度分别为488 m，以坡底高程839 m为下边界，边坡坡顶高程867 m为上边界，模型剖面位置及物理特征具体见表1及图3。

表1　计算断面物理参数

断面名称	断面方位	右岸地下水位(m)	临河水位(m)	自然边坡		岸坡坡度(°)	岸坡至公路距离(m)	临河岸坡与厂址距离(m)
				顶高程(m)	底高程(m)			
1	SW14°	855.2	839.1	867.5	839.1	26	137.3	267.0

(2)计算参数。

依据电厂一期工程岩土工程勘察报告，参考文献[4]～[7]及工程经验类比取值如表2所示，外边界条件如表3所示。

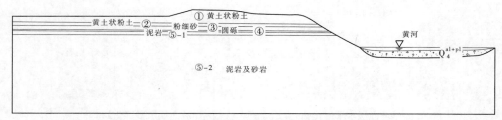

图3 典型计算断面概化及岩性分布示意

表2 厂址及岸坡岩土体计算指标统计

层号	土性	容重 （kN/m³）	干容重 （kN/m³）	渗透系数 ×10⁻⁶（m/s）	抗剪强度		弹性模量 （MPa）	泊松比 μ	状态
					C（kPa）	ϕ（°）			
①	黄土状 粉土	15.0	13.6	—	12.8	29.0	8.8	0.35	自然
		18.7	13.6	1.9	9.7	20.6	—	0.35	饱和
②	黄土状 粉土	16.7	14.4	—	34.2	24.7	11.1	0.35	自然
		19.0	14.4	1.2	9.7	20.6	—	0.35	饱和
③	粉细砂	15.3	14.7	10	0.0	34.0	17.1	0.30	水位以下
④	圆砾	19.0	—	10	0.0	37.4	24.7	0.30	水位以下
⑤-1	强风化基岩	20.0	—	1.0	9.7	30.0	30.0	0.30	浸水或风化
⑤-2	中风化 基岩	—	25.1	0.1	20.0	65.0	300.0	0.25	完整
		25.8	25.1	1.0	9.7	30.0	30.0	0.30	浸水或风化

表3 岸坡稳定分析不同工况计算外边界参数

计算工况	最大降雨强度 （mm/h）	百年一遇洪水位 （m）	模拟坡度或加荷 （°/kN）	说明
①	—	—	自然坡度	自然状态
②	25.5	853.0	—	降雨+洪水
③			40/50/90	人工扰动/坡度变陡

4.3 计算成果

（1）基于渗流与应力耦合计算位移场分布。

基于渗流与应力耦合计算成果,假定边坡面层水平湿化3 m、2 m、1 m,以表3中工况组合②作用下的位移场分布情况为例进行对比分析。

由图4可知,随着降雨及洪水不利因素增加,坡面水平变形区影响范围逐渐变大,即坡面易发生剥蚀区域增加,水平湿化深度为1 m、2 m、3 m时对应的剥蚀区对应的水平剥蚀范围为0 m、5 m、8.0 m。反映降雨与洪水对此剖面作用影响显著,洪水加速了坡面岩土体流失。

（2）基于极限平衡理论稳定性计算成果。

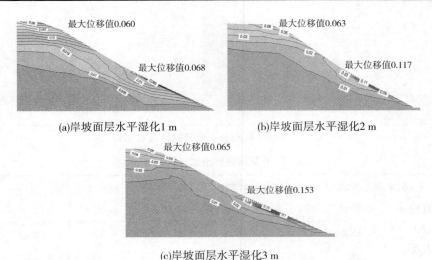

(a)岸坡面层水平湿化1 m (b)岸坡面层水平湿化2 m

(c)岸坡面层水平湿化3 m

图4 典型剖面降雨与洪水组合作用下坡面不同水平湿化位移

基于工况组合②渗流场计算成果,由河道演变而引起岸坡坡度变化(工况③)及降雨及洪水②情况下的岸坡安全稳定性系数,具体计算结果见表4。

表4 计算剖面各工况边坡安全系数

工况		安全系数	备注
① 自然状态(26°)		2.66	
② 降雨 + 洪水		1.29	降雨 + 洪水侵蚀(3 m 水平湿化)
③	40°边坡	1.33	由河道演变造成近厂区岸坡坡度不同程度变化情况
	50°边坡	1.14	
	直立(90°)边坡	0.63	

由表4可知,由于自然坡角较缓,自然状态下岸坡处于相对稳定状态,随着降雨、洪水不利外界条件影响,逐渐趋于不稳定。

5 岸坡稳定性预测分析

5.1 基于渗流与应力耦合计算的岸坡非稳定区预测分析

根据各典型断面渗流与应力场耦合分析成果图,根据文献[7]位移变形破坏评判标准,以水平变形量0.1 m 为非稳定区判别标准,对比分析工况②(降雨 + 洪水组合)作用下岸坡非稳定区,各典型断面岸坡侵蚀区域对比分析见图5。

以水平变形量0.1 m 为非稳定区判别标准,计算剖面受组合工况②影响较大,由图5可知,各断面水平剥蚀速率与坡体湿化区范围紧密相关,剥蚀区随着水平湿化范围增大而增加。当水平湿化为3 m 时,剖面深度剥蚀发生位置在坡面,暴雨及洪水期水平剥蚀发生速率为4.0 m/d。

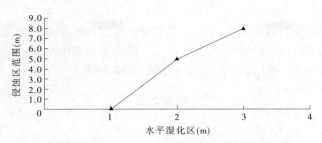

图5 不同水平湿化区各剖面非稳定范围变化曲线

5.2 基于极限平衡理论的岸坡安全稳定分析

岸坡稳定安全系数的取值参照文献[5]中规定:在正常运用条件下的抗滑稳定安全系数可取 1.30~1.50。此次稳定安全系数评判标准为 1.30,各剖面岸坡安全稳定性对比分析见表5。

表5 典型剖面岸坡安全稳定性对比分析

工况组合		安全系数	对比分析	备注
工况①		2.66	外界环境(降雨及洪水)对岸坡安全稳定性影响较大;因降雨及洪水引起的的岸坡坡角变化对岸坡安全稳定影响显著	以稳定安全系数 1.30 为评判标准
工况②		1.29		
工况③	坡角40°	1.33		
	坡角50°	1.14		
	坡角90°	0.63		

以稳定安全系数评判标准为 1.30 计算断面受组合工况②影响相对较大,由表5可知,洪水期计算断面处于趋于失稳状态;坡角改变对计算断面影响较大,断面失稳临界坡角为 40°。

6 结语

(1)黄河中上游近厂区岸坡岩性主要由湿陷性黄土、饱和砂性土及浸水易风化泥沙岩组成,受汛期暴雨及洪水影响,坡体岩层极易发生侵蚀而导致失稳。近厂区岸坡且湿陷性黄土覆盖层相对较厚,地下水位较高,富含于粉细砂层及圆砾层,如长期遭遇降雨、河流洪水侵蚀、河道演变及人工扰动等外部环境的循环作用,极易引起岸坡侧蚀、临空面变陡失稳。

(2)典型断面各种工况下渗流与应力场耦合计算成果表明,随着降雨及洪水不利因素的增加,近厂区岸坡坡面水平变形影响区范围扩大,即坡面易发生剥蚀区域增加,降雨及洪水组合加速了坡面岩体土的流失。

(3)以水平变形量 0.1 m 为非稳定区判别标准,计算断面受降雨及洪水影响较大,计算断面深度剥蚀发生位置在坡面,暴雨及洪水期水平剥蚀发生速率为 4.0 m/d;以稳定安全系数 1.30 为评判标准,计算断面受降雨及洪水影响相对较大,洪水期断面处于趋于失稳;河道演变造成的岸坡坡角改变对计算断面的影响较大,计算断面失稳的临界坡角为 40°。

（4）计算断面岩性组成分析及计算成果均表明,近厂区岸坡如在每年汛期降雨及洪水位升降循环作用影响下,岸坡的上、中、下三个部位均会发生一定程度的剥蚀,加之河道演变造成岸坡坡角变陡,近厂区岸坡的安全稳定性显著降低。

参考文献

[1] GEO-SLOPE International Ltd. GEO-SLOPE User's Manual[R]. 2001.

[2] 陈祖煜. 土质边坡稳定分析——原理、方法、程序[M]. 北京:中国水利水电出版社,2003.

[3] Fredlund D G. Slope stability analysis incorporating the effect of soil suction[C]//In:Slope Stability. 1987:113-144.

[4] 常士骠,张苏民. 工程地质手册[M]. 北京:中国建筑工业出版社,2007.

[5] 水利部水利水电规划设计总院,等. SL 386—2007 水利水电工程边坡设计规范[S]. 北京:中国水利水电出版社,2007.

[6] 西北勘测设计研究院. DL/T 5353—2006 水电水利工程边坡设计规范[S]. 北京:中国电力出版社,2007.

[7] 上海市建设和管理委员会. GB 50202—2002 建筑地基基础工程施工质量验收规范[S]. 北京:中国计划出版社,2002.

坡顶堆载引发的滑坡及其治理

陈晓贞[1,2]　简文彬[1,2]　李　凯[1,2]

(1. 福州大学岩土工程与工程地质研究所　福州　350108；
2. 福州大学环境与资源学院城乡建设系　福州　350108)

摘要: 以福州市闽清316国道K54+845~K54+885段西侧某滑坡为例,通过现场踏勘、工程地质勘察,根据场区环境地质条件,分析其成因机制,分析认为坡顶堆载是引发边坡滑移的主导因素。为了验证这一事实并为后续治理提供依据,讨论了原边坡在坡顶堆载及梅溪水位变化两种工况下的稳定性,结果表明,边坡稳定系数随着坡顶堆载高度及梅溪水深增大而减小,边坡的稳定性对梅溪水位升降的敏感性较小而对堆载的敏感性较大,且在梅溪水位可能达到的最大范围内稳定系数总大于1而当坡顶堆载超过6m时边坡失稳。最后针对滑坡特征,结合工程实际建议采取抗滑桩、排水、生物护坡等综合治理措施。

关键词: 滑坡　坡顶堆载　梅溪水位变化　极限平衡法　治理措施

1　引言

人类工程活动随着经济的增长及人类的需求日益增强。人类工程活动常受到现实地质环境的制约,为了满足工程要求,必须进行改造,但往往存在改造的盲目性及无根据性而导致破坏自然地质条件产生新的制约。正如坡顶建设,人们常需利用填土平整场地,但也常常存在对自然地质条件的决定性认识不足,对边坡的稳定状况缺乏深刻的认识,对坡顶堆载后边坡的稳定状况和发展趋势没有清楚的了解和正确的判断,因此不能合理控制坡上填土厚度,造成老滑坡复活或新生滑坡。对边坡尤其是对高边坡稳定问题缺乏认识,没有勘察或勘察不足,使设计缺乏依据和针对性,没有相应的加固措施或措施不足致使施工后发生滑坡,延误工期,中断交通,堵塞河道,摧毁厂矿,掩埋村镇,造成了巨大的经济损失和人员伤亡[1]。因人类作用产生的滑坡更是完全没有必要并且可以避免的,已有学者在垃圾填埋场、矿区填排场及人工边坡方面对堆载作用下坡体的稳定性进行了研究[2-5],作者将就坡顶堆载引发滑坡这一主题进行探讨,该问题的提出其有重要的实际意义,希望能为以后类似工程提供经验。

为此,本文以福州市闽清316国道K54+845~K54+885段西侧某滑坡为例,在现场工程地质勘探基础上,对滑坡成因及稳定性进行分析评价,认为人类工程活动是诱发滑坡的主导因素。由于施工前勘察不足对地质条件及边坡稳定状况认识不明确,在坡上直接修建重力式浆砌挡墙,并且挡墙地基未嵌入软弱滑动面以下的稳定地层中,而且墙后直接回填了高达6m左右的碎石填土,由此引发坡顶荷载急剧加大,破坏了坡体原有平衡条

作者简介:陈晓贞,女,1987年生,福建泉州人,福州大学环境与资源学院在读硕士,研究方向为地质灾害及其防治。

件,边坡沿潜在的软弱面滑移,引发大面积滑坡。受滑坡的侧向剪切牵引,目前 316 国道路面已出现弧形拉张裂缝,路基沉降,路面开裂,并扩展至桥面,该段路基已变形破坏呈不稳定状态。通过现场踏勘、钻探及地表工程地质测绘综合分析,滑坡体目前整体处于暂时稳定状态。在连续降雨、暴雨、洪水以及车辆动荷载等作用的影响下,有可能继续产生大位移。一旦滑坡体继续整体下滑,有可能造成路基滑塌、桥台变形,危及公路行车安全,甚至使 316 国道交通受阻,急需进行治理。因此,最后提出采取抗滑桩、排水、生物护坡等综合治理措施。

2 研究场区工程概况

2.1 地形地貌

滑坡灾点地处闽清县梅溪坡岸地带,316 国道西侧,紧邻溪口大桥北端,属梅溪冲积阶地地貌以及侵蚀－剥蚀丘陵坡麓地貌交互区。原斜坡坡度 20°～25°,坡面向南倾斜。下滑后滑坡体呈后部陡倾、中部缓、前缘上鼓的典型滑坡形态。修筑于其上的浆砌块石挡土墙高 10～12 m,中部宽 50～60 m 挡土墙已随滑坡位移而坍塌,滑坡后缘出现 2～3 条张裂缝,裂缝平面上已贯通呈"圈椅状",滑坡后缘裂缝宽度大者达 10～20 cm,滑体下错 3～4 m,滑坡舌伸入梅溪约 20 m,滑坡鼓丘呈弧形分布,鼓涨裂缝发育,宽 30～40 cm 不等,呈近东西向贯通分布。滑体前缘最大宽约 120 m,主滑方向延伸约 110 m,滑体厚 5～15 m,滑坡体积约 50 000 m³,主滑方向朝南。研究场区平面图见图 1。

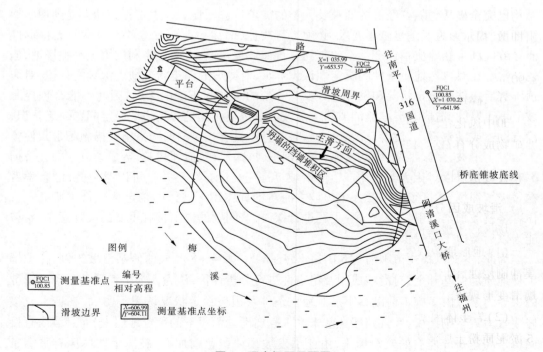

图 1 研究场区平面图

2.2 场地岩土层结构及特征

经现场踏勘及钻探揭露,场区岩土层自上而下分述如下:

①碎块石素填土:灰黄色,松散,原用做现已坍塌的挡墙后的回填土,成分主要为强－中风化凝灰岩,粒径大小不一,一般为 2 ~ 10 cm,大者 20 ~ 30 cm 不等,本层场地均有分布,层厚为 0.50 ~ 6.30 m。

②细中砂:暗黄色,稍密,湿,主要成分为石英,含泥量 40% ~ 50%,含少量卵砾石,厚度为 5.80 ~ 6.00 m。

③粉质黏土:浅灰色－灰色,可塑,湿－饱和,主要成分为粉黏粒,无摇振反应,干强度中等,韧性一般,层厚为 0.70 ~ 11.50 m。

④卵砾石:灰黄色,中密,很湿,粒径以 1 ~ 3 cm 大小为主,呈亚圆状,主要成分为中风化凝灰岩,颗粒较均匀,由中砂充填,厚度为 3.30 ~ 3.80 m。

⑤淤泥质粉土:深灰色,饱和,软塑,主要成分为粉黏粒,干强度中等,韧性差,含 10% 左右的粉砂。本层分布不均,厚度为 2.60 ~ 4.40 m。

⑥卵砾石:灰黄色,中密,很湿,粒径大小不一,以 2 ~ 4 cm 大小为主,呈亚圆状,主要成分为中风化凝灰岩,颗粒较均匀,厚度为 2.10 ~ 4.60 m。

⑦残积砂质黏性土:土黄色,可塑－硬塑,湿－饱和,主要由石英颗粒及长石风化形成的高岭土等组成,母岩为花岗岩,厚度为 2.00 ~ 2.30 m。

⑧全风化花岗岩:浅黄－褐黄色,中粗粒花岗岩结构,岩芯呈散体状,原岩结构清晰,结构已完全破坏,呈砂土状,除石英外,其余矿物成分均风化成砂土状,岩芯手折可断,锤击即散,揭示厚度为 1.20 ~ 3.30 m。

⑨_1 砂土状强风化花岗岩:灰白色、灰黄色,成分主要为石英、长石,厚度为 3.50 ~ 3.90 m。

⑨_2 碎块状强风化花岗岩:肉红色、灰黄色,密实,饱和,层厚为 1.00 ~ 2.40 m。

⑩中风化花岗岩:灰黄色、灰白色,致密,块状构造,节理裂隙中等发育,中粒结构,主要矿物成分有石英、长石及少量云母,最大揭露厚度 5.10 m。

3 滑坡成因定性分析

3.1 滑坡成因分析

场区产生滑坡的主要因素有以下几方面:

(1)地形地貌因素。滑坡区属梅溪冲积阶地地貌,滑坡体前缘为梅溪,坡脚常年受梅溪冲刷侵蚀、淘空,形成临空面。从坡顶的榕树向梅溪方向歪斜分析,该斜坡已有多年的蠕滑变形现象。

(2)岩土体因素:滑坡表层以第四系冲积层为主,抗剪强度低,其中③粉质黏土层和⑤淤泥质粉土层浸水饱和软化易形成软弱层。

(3)地下水与河水作用因素。山区河水涨落幅度大,周期性的河水涨落引起地下水位升降,地下水位的升高使土体重度增大,抗剪强度减小,同时产生动水压力及静水压力,引起坡体下滑力和抗滑力的变化,使岸坡产生蠕滑。

(4)人类工程活动因素。通过现场调查分析可知,产生滑坡除以上自然作用因素外,人类工程活动才是诱发滑坡的主导因素。由于在该滑坡体上直接修建重力式浆砌挡墙,并且挡墙地基并未嵌固入软弱滑动面以下的稳定地层中,而且墙后直接回填了高达 6 m 左右的碎石填土,由此引发坡顶荷载急剧加大,破坏了坡体原有的平衡条件,梅溪河床深切形成临空面,坡体沿潜在的软弱面滑移,引发大面积滑坡。

3.2 滑坡主导因素分析

为了进一步分析滑坡影响因素,为后续治理提供依据,考虑坡顶堆填及梅溪水位变化两种工况下边坡的稳定性,并分析边坡稳定性对这两种工况的敏感性程度。

3.2.1 稳定性计算

计算采用传统极限平衡法中的瑞典条分法,并选取图 2 所示典型剖面来验算边坡的整体稳定性。

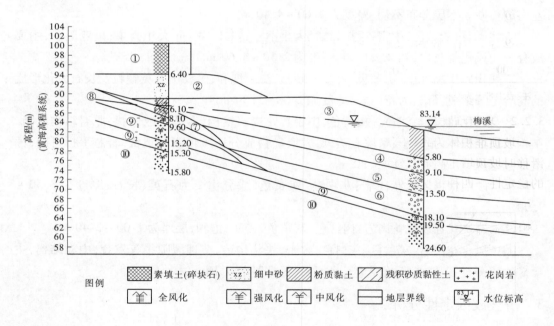

图 2　原边坡典型工程地质剖面图

计算公式如下:

$$K_S = \frac{\sum (W_i\cos\theta\tan\varphi_i + c_iL_i)}{\sum W_i\sin\theta} \tag{1}$$

式中:K_S 为整个滑体的稳定性系数;W_i 为第 i 计算条块滑体重力,kN,浸润线以上取重度,以下取饱和重度;θ 为条块的重力线与条块滑动面法线之间的夹角,(°);c_i、φ_i 为第 i 计算条块岩土体的抗剪强度指标;L_i 为第 i 计算条块滑动面长度,m。

根据岩土试验统计结果,边坡稳定性计算参数见表1。

表1　土层物理力学参数取值

岩土层序号	岩土层名称	重度 γ (kN/m³)	黏聚力 c (kPa)	内摩擦角 φ (°)
①	碎块石素填土	18.0*	0	15.0*
②	细中砂	18.0*	5.0*	20.0*
③	粉质黏土	18.1	19.4	6.4
④	卵砾石	21.0*	0.0*	30.0*
⑤	淤泥质粉土	17.7	15.1	6.1
⑥	卵砾石	22.0*	0.0*	35.0*
⑦	残积砂质黏性土	19.0*	30.0*	12.0*
⑧	全风化花岗岩	20.0*	25.0*	25.0*
⑨₋₁	砂土状强风化花岗岩	21.0*	30.0*	30.0*
⑨₋₂	碎块状强风化花岗岩	22.0*	35.0*	32.0*
⑩	中风化花岗岩	25.0*	—	—

注:表中带 * 为经验值。

3.2.2　坡顶堆载作用

坡顶堆积体为碎块石素填土,其参数取经验值: $\gamma = 18.0$ kN/m³, $c = 0$, $\varphi = 15°$。边坡滑移时坡顶填土高度 6 m 左右,所以讨论填土厚度为 0 m、2 m、4 m、6 m 四种工况下边坡的稳定性。四种工况下的计算模型如图 3 所示,稳定系数与堆载高度关系见图 4。

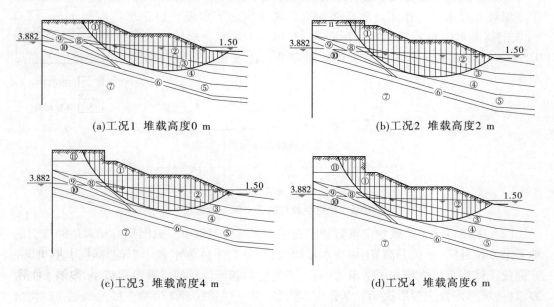

(a)工况1　堆载高度0 m　　　　　　(b)工况2　堆载高度2 m

(c)工况3　堆载高度4 m　　　　　　(d)工况4　堆载高度6 m

图3　四种工况下的计算模型

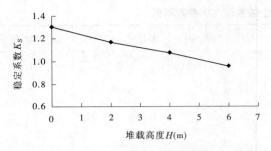

H(m)	K_s
0	1.303
2	1.170
4	1.077
6	0.958

图4　稳定性系数—堆载高度关系曲线

图3显示,滑动面在滑坡后缘沿碎块石杂填土和细中砂呈圆弧形,在滑坡中部、前沿淤泥质粉土和卵砾石界面,并切穿淤泥质粉土、粉质黏土滑动。图4显示,无堆载时稳定系数 K_s = 1.303 边坡处于稳定状态,随着坡顶堆载高度加大,边坡稳定系数减小,达到6m时,K_s = 0.958 产生滑坡,这与在滑坡坡顶修建挡墙墙后直接回填了高达6m左右的碎石填土的实际情况相符。按其滑动的力学性质分析其形成原因,由于在坡顶回填了碎石填土引发坡顶荷载急剧加大,破坏了坡体原有平衡条件,一方面增加了坡体的下滑力,另一方面加大坡顶张拉力和坡脚剪应力的集中程度使边坡岩土体破坏,降低强度,引起边坡稳定性的降低[6]。又因梅溪河床深切形成临空面,当堆载高度达到6m时边坡超出极限平衡状态沿潜在的软弱面滑移,引发大面积滑坡。

3.2.3　水位升降影响

坡前水位变化分为缓变和骤变,缓变对边坡的影响为含水量的变化对土体抗剪强度参数及土体容重的影响。而骤变除上述影响外,还会由于坡内外及坡体不同位置的水头差导致渗流,使边坡稳定性的变化更为复杂[7]。

本文按缓变考虑梅溪水位升降的影响,即渗流自由面与坡前水位同步变化,同时计算不考虑坡外静水压力作用。勘察期间测得场地内地下水混合稳定水位埋深 1.6~11.2 m,坡前梅溪水深为 1.5 m,水位标高为 83.14 m。研究分析坡前水深按 1 m 坡度递增由 0.5 m 到 7.5 m 各计算工况下坡体的稳定性。边坡稳定系数与梅溪水深变化的关系见图5。

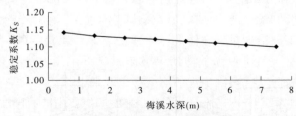

图5　稳定系数与梅溪水深关系曲线

图5曲线显示了边坡稳定系数随着梅溪水深增大而减小。原因是梅溪水位涨落引起地下潜水位升降,水位升高,土体含水量增大,部分岩土体含水量由不饱和转为饱和。一方面使土体容重增大增加了下滑力;另一方面使饱和土体抗剪强度参数减小,削弱了抗滑力,且边坡稳定性主要取决于软基强度,③粉质黏土层和⑤淤泥质粉土层浸水饱和软化抗剪强度减小,因此稳定系数随水位升高而减小。

3.3 两种工况对斜坡稳定性影响的敏感度分析

两种工况对斜坡稳定性影响的敏感性分析曲线见图6。

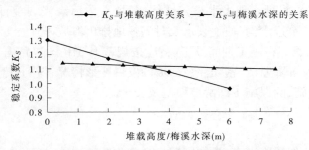

图6 两种工况对斜坡稳定性影响的敏感性分析曲线

分析可知,梅溪水位每升高 1 m,稳定性系数减小 0.4% ~ 0.9%,且稳定系数大于1;堆载高度每增加 1 m,稳定性系数减小 4.7% ~ 6.7%,研究坡体稳定性对梅溪水位升降的敏感性较小,而对堆载的敏感性较大。

分析梅溪水位变化工况时,若考虑坡外静水压力作用,则静水压力分解成竖向压力与水平压力参与稳定分析计算,式(1)中分子增大、分母减小,计算得到的稳定系数较大,所以水位升高稳定系数就更大。笔者也研究了考虑坡外静水压力情况下坡体稳定系数与水位关系,结果发现,在梅溪水位可能达到的最大范围内稳定性系数都随着水位上涨而变大。由于不同地质条件及不同破坏形式水位升降对边坡影响的机理各不相同,有学者根据具体边坡形态在研究水位变化对边坡稳定性的影响时得到类似结果。研究结果表明,边坡稳定系数会随着水位上升而呈现先减小后增大的趋势[8-10]。所以,该边坡的稳定计算若考虑坡外静水压力对边坡稳定更有利,而文中采用的计算结果是不考虑坡外静水压力作用的,因此稳定系数随水位升高而减小。但是,得到的最小值仍大于1,即仅考虑梅溪水位变化时边坡是稳定的,所以坡顶堆载才是诱发该滑坡的主导因素。

4 治理

该滑坡目前处于临界稳定阶段,在降雨等因素影响下可能继续滑动,必须及时进行加固治理。根据实地踏勘调查、地质钻探、原位测试、室内土工试验分析,及针对引起滑坡的主导因素,建议采取下列措施对滑坡体进行治理。

(1)抗滑桩支挡。受滑坡侧向的剪切牵引作用,316 国道西侧开裂下沉,形成明显的滑动下错。从滑坡治理的整体性、治理的有效性以及滑坡滑动方向来看,应该对整个滑坡体进行综合治理,只有整个滑坡体稳定了,才可避免产生侧面的剪切滑移。但由于受影响的 316 国道治理的紧迫性以及治理经费等其他方面的原因,建议先沿国道西侧设置抗滑桩进行支挡,采用(冲)钻孔灌注桩,桩端进入中风化花岗岩一定深度,以达到抗滑挡土的目的。

(2)桥台背填土注浆加固。国道路面出现下沉开裂、拉张裂缝,可通过对桥台背填土进行注浆加固,提高填土的抗剪强度等力学性能。

(3)修筑梅溪护岸。滑坡前缘已伸入梅溪,为避免梅溪洪水对滑坡前缘的冲刷、淘蚀,进一步形成临空面,建议修筑梅溪护岸,抛填块石反压进行护坡,以利于滑坡体的整体稳定。

(4)地表排水。防止雨季地表水渗入坡体,封填滑体后缘张裂缝,修整坡面,恢复植被。沿滑坡体后缘修筑排水沟,使地表水及时顺畅地排出滑坡体外。

(5)滑坡位移监测。在施工期间及工后,应按规范对316国道路面、桥台、滑体、深部土体变形进行位移及沉降监测,密切注意滑坡的发展变形情况,做到信息化施工和实时监测,做好应急安全措施,确保施工期滑坡稳定及安全。

5 结语

影响滑坡的自然作用因素有:滑坡区属梅溪冲积阶地地貌,滑坡表层以第四系冲积层为主,抗剪强度低;滑坡体前缘为梅溪,坡脚常年受梅溪冲刷侵蚀形成临空面,周期性的河水涨落引起地下水位升降,地下水位的升高使土体重度增大,抗剪强度减小,其中③粉质黏土层和⑤淤泥质粉土层浸水饱和软化,易形成软弱层。除以上自然因素外,人类工程活动才是诱发滑坡的主导因素。由于在该滑坡体上直接修建重力式浆砌挡墙,且墙后直接回填了高达6 m左右的碎石填土,引发大面积滑坡。通过前述分析可知:

(1)计算不考虑坡外静水压力作用,稳定系数随水位升高而减小,且在梅溪水位可能达到的最大范围内稳定系数总大于1,即仅考虑梅溪水位变化时边坡是稳定的。

(2)边坡稳定系数随着坡顶堆载高度增大而减小,无堆载作用下边坡处于稳定状态,而当坡顶堆载厚度超过6 m时边坡失稳。

(3)梅溪水位每升高1 m,稳定性系数减小0.4%~0.9%;堆载高度每增加1 m,稳定性系数减小4.7%~6.7%,边坡的稳定性对梅溪水位升降的敏感性较小而对堆载的敏感性较大。

针对滑坡产生的主导因素,建议使用抗滑桩对滑移体进行支挡,同时结合桥台背填土注浆加固、修筑梅溪护岸、地表排水等措施进行处置。

参考文献

[1] 王恭先.滑坡防治中的关键技术及其处理方法[J].岩石力学与工程学报,2005,24(21):3818-3827.

[2] 童新国,罗继武,陈克玲.填埋场堆载引起的沉降及边坡稳定性计算方法浅析[J].给水排水,2006(S1):76-78.

[3] 孙世国,范才兵,李占科,等.厚软山坡基底排土场堆排过程中应力场演变规律[J].金属矿山,2010(8):36-38.

[4] 石建勋,刘新荣,廖绍波,等.矿区排土场堆载对边坡稳定性影响的分析[J].采矿与安全工程学报,2011,28(2):258-262.

[5] 袁宏成,岳敏.秭归县茅坪镇247平台堆积体斜坡稳定性分析[J].中国水运,2011,11(8):260-262.

[6] 田华.影响边坡稳定的因素分析[J].山西水利,2004(3):63-64.

[7] 谢新宇,杨相如,刘开富,等.坡前水位骤变情况下边坡浸润线的求解[C]//第三届全国岩土与工程学术大会论文集,2009:323-327.

[8] 蒋秀玲,张常亮.三峡水库水位变动下的库岸滑坡稳定性评价[J].水文地质工程地质,2010,37(6):38-42.

[9] 徐文杰,王立朝,胡瑞林.库水位升降作用下大型土石混合体边坡流—固耦合特性及其稳定性分析[J].岩石力学与工程学报,2009,28(7):1491-1498.

[10] 王学武,冯学钢,王维早.库水位升降作用对库岸滑坡稳定性的影响研究[J].水土保持研究,2006,13(5):232.

九、基础工程与地基处理

高层建筑群之间上部结构－基础共同作用分析

胡晓勇[1]　白　冰[2]　王丽华[1]　陈世华[1]　魏　琪[1]

(1. 中交第一公路勘察设计研究院有限公司　西安　710075；
2. 北京交通大学土木建筑工程学院　北京　100044)

摘要: 针对逐步呈现的高层建筑群地基基础之间的共同作用问题，依托工程实例，采用三维数值模拟手段进行研究。按一定的施工次序依次建立各幢建筑的基础及上部结构，分析桩筏基础的变形和受力特性、新建建筑与已建建筑的相互影响等问题。结果表明：新建和已建建筑基础应力中心，基础沉降最大值位置均发生偏移，相互影响作用大小与上部结构刚度相关，卸荷影响作用比加载影响作用更为显著。研究内容和结论可为高层建筑群规划、设计提供参考。

关键词: 高层建筑群　共同作用　基础　沉降　附加应力

1 引言

随着城市建设的快速发展，高层建筑群越来越多地出现在现代城市之中。高层建筑群的兴起，使得工程设计人员在解决已建建筑和新建建筑相互作用问题的过程中遇到了一系列新的挑战。

调研表明，虽然关于高层建筑与地基、基础共同作用问题的研究无论在理论上还是实践上已有很多[1-5]，但把多幢高层建筑物作为一个完整的体系(即高层建筑群体系)来进行系统研究的还很少。因此，对高层建筑群上部结构－地基－基础进行整体的共同作用分析，在充分认清其承载机理的基础上，寻求经济、合理、安全的设计方法，是一个具有理论和实践意义的课题。

本文拟通过三维数值模拟分析[6]，以某地实际工程为例，在同一地基建立三幢高层建筑，按一定的施工次序，模拟从基坑开挖到三幢建筑依次建立的过程，分析桩筏基础的变形和受力特性、新建建筑与已建建筑的相互影响等共同作用问题，以期为多幢高层建筑物的高层建筑群体系的地基、基础和上部结构共同作用的设计理念提供指导。

2 工程概况及计算模型

2.1 工程概况

某高层住宅区工程，该建筑群均为钢筋混凝土框架结构，共六幢高层建筑，考虑对称性，取其中三幢进行分析(见图1)。1号楼地下1层，地上24层，地下室层高4 m，其余层高3.6 m，建筑总高86.4 m，2号楼及3号楼均是地下1层，地上18层，地下室层高4 m，其余层高3.6 m，建筑总高64.8 m。筏板厚度均为1.0 m，基础埋深5.0 m。1号楼共布置

作者简介：胡晓勇，男，工程师，硕士研究生。

104 根桩,2 号楼为 55 根桩,3 号楼为 87 根桩,桩长为 18.5 m(−5 ~ −23.5 m),桩径为
0.8 m。地基土的物理力学性质指标见表 1。

表 1 地基土的物理力学性质指标

土层	层底标高(m)	重度(N/m³)	压缩模量 E_s(MPa)	泊松比	φ(°)	c(kPa)
黄土状粉土	−5	19.0	9.6	0.30	26.1	20.0
粉细砂	−12	19.6	26.7	0.28	40.0	0
粉黏土	−19	19.6	15.5	0.33	50.9	12.7
中砂	−26	19.6	35.0	0.33	38.0	0
卵石	−40	20.0	40.0	0.25	38.0	0

2.2 计算模型

计算模型 X 方向 −60 m 到 73 m,Y 方向 −140 m 到 70 m,Z 方向 0 到 −45 m。计算
采用六面体实体单元划分网格,地基土的材料属性采用 Mohr-Coulomb 弹塑性模型,整体
模型见图 2,共有单元 81 598 个,节点 88 136 个,结构单元 10 667 个。

对地基模型的边界进行位移约束,模拟无限大空间。上表面即地表为自由边界,其余
各外表面均约束法线方向的位移。

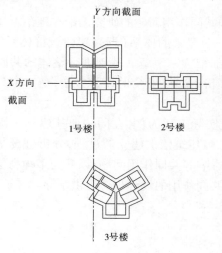

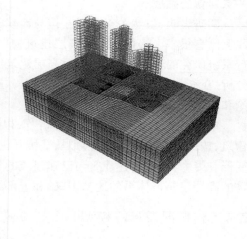

图 1 建筑平面   图 2 计算模型

2.3 计算过程

计算荷载主要是指结构自重,计算过程模拟实际施工过程:

(1)初始平衡。求得地基土在自重作用下的初始地应力场。

（2）一期工程。首先开挖 1 号楼及 2 号楼基坑并建立筏板及桩基（包括地下室），然后建立 1 号楼地面 1～24 层上部结构，最后建立 2 号楼地面 1～18 层。

（3）二期工程。开挖 3 号楼基坑，建立筏板及桩基（包括地下室），建立 3 号楼地面 1～18 层上部结构。

本文主要分析相邻建筑间的共同作用，按照施工次序分为三个阶段：

（1）第一阶段：1 号楼建立完成后，分析附加应力分布规律、地基基础的沉降特征及受力特性。

（2）第二阶段：2 号楼建立完成后，分析 1 号楼地基及基础应力和变形的变化规律，分析 2 号楼地基及基础受力和变形特性。

（3）第三阶段：3 号楼建立完成后，分析 1、2 号楼地基及基础应力和变形的变化规律，分析 3 号楼地基及基础受力和变形特性。

3　计算结果分析

3.1　附加应力分布

附加应力是地基土压缩引起基础沉降的直接原因，高层建筑群体系中各幢建筑的上部结构荷载所产生的附加应力互相叠加、扩散，使得地基土有可能产生较大的不均匀沉降或者倾斜。

通过 X 方向、Y 方向两个截面上（见图 1）的附加应力等值线来显示建筑荷载引起的附加应力分布。表 2、表 3 分别给出两个方向截面附加应力在各施工阶段的分布情况对比。

表 2　X 方向截面附加应力分布

施工阶段	X 方向截面附加应力分布 左边 1 号楼、右边 2 号楼
第一阶段 1 号楼建立完毕	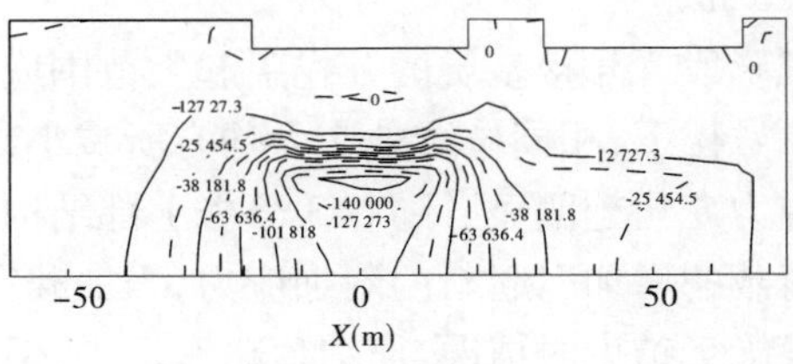
第二阶段 2 号楼建立完毕	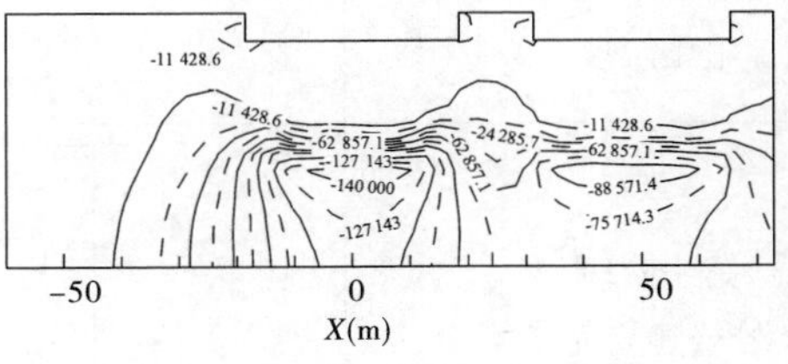

续表2

施工阶段		X 方向截面附加应力分布 左边1号楼、右边2号楼
第三阶段	3号楼基坑开挖	
	3号楼建立完毕	

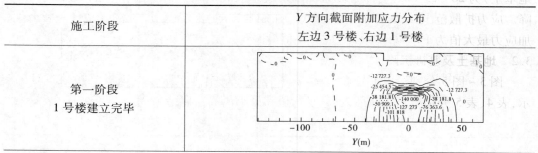

X 方向,第一阶段施工完成后,1号楼地上建筑荷载和2号楼地下室建筑荷载引起的附加应力叠加后,分布范围为 -40 ~ 68 m(因模型几何尺寸受限,以 12 kPa 为下限),最大值为 148 kPa,出现在1号楼桩端以下 3 m 处(-25 m),2号楼地基土中附加应力最大值为 29 kPa,出现在紧邻1号楼的筏板边缘 -32 m 处。在 X 方向上,应力最大处向2号楼移动约 1 m,可见附加应力的分布受相邻建筑影响较明显,在2号楼地下室刚建立便起作用。

第二阶段施工完成后,附加应力分布范围无太大变化。1号楼地基土附加应力大于 140 kPa 的范围有较明显增加,最大值为 152 kPa,出现位置向2号楼偏移约 3 m。2号楼下附加应力最大值为 98 kPa,出现位置向1号楼偏移约 8 m。深度方向依然是桩端以下 3 m 处(-25 m)。

第三阶段3号楼基坑的开挖引起大范围应力重分布,附加应力分布产生较大变化。1号楼和2号楼下,相同位置处应力均有所减小,减小幅值约为 0.4 kPa,距3号楼越近的部位这种应力变化越明显。随着3号楼上部结构开始建立,基坑开挖的卸荷作用被抵消,并且建筑荷载的增加引起新的附加应力,当加载完成时,X 方向截面的附加应力分布基本同第二阶段施工结束时情况,应力值略有增加,但增加值较小,影响基本可忽略。

表3 Y 方向截面附加应力分布

施工阶段	Y 方向截面附加应力分布 左边3号楼、右边1号楼
第一阶段 1号楼建立完毕	

续表3

施工阶段	Y方向截面附加应力分布 左边3号楼、右边1号楼
第二阶段 2号楼建立完毕	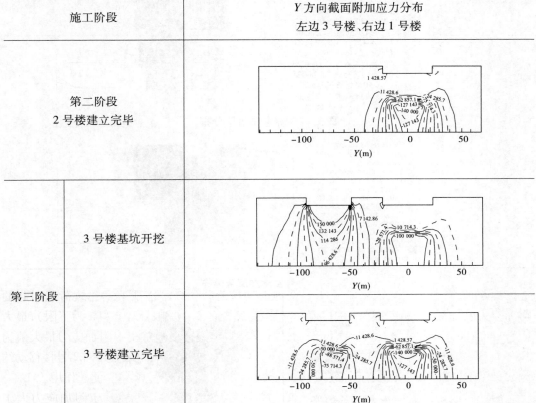
第三阶段	

Y方向,第一阶级和第二阶段附加应力分布基本相同,应力分布范围为 $-69 \sim 70$ m,近似对称分布,说明2号楼的建筑荷载影响范围有限。

第三阶段,3号楼基坑开挖的卸荷附加应力场比较明显,在1号楼下,建筑荷载引起的附加应力受力卸荷作用的折减,应力值有所减小。3号楼加载完成后,附加应力相互叠加有较大的扩散范围。

整体而言,附加应力从桩端处开始扩散,桩间土应力很小(小于12 kPa)。相邻基础之间的地基土,由于没有桩,地表以下 $-10 \sim -20$ m处有较大的附加应力(相对于基础下地基土)为 $20 \sim 25$ kPa,这部分应力可能引起地表相对较大的沉降以及基础的不均匀沉降。应力扩散范围较大,扩散角约在10°,在深度方向,桩端以下1倍桩长处(-45 m)附加应力最大值为120 kPa,与自重应力比值为1/6。

3.2 地基土及基础沉降

图3~图5分别给出1号楼、2号楼、3号楼在各个施工阶段的筏板沉降分布对比图示,表4、表5分别给出沉降最大值、平均值和最小值的对比结果。

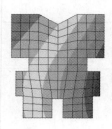

图3　1号楼附加沉降分布

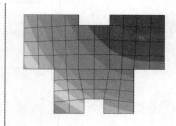

图4　2号楼附加沉降分布

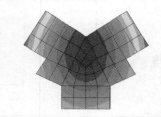

图5　3号楼筏板沉降分布

表4　1号楼筏板沉降量对比　　　　　　　　　　　　（单位:mm）

阶段		最大沉降值	最小沉降值	平均沉降值
第一阶段		62.6	31.2	50.0
第二阶段		63.3	30.2	50.4
第三阶段	基坑开挖	64.0	31.1	51.0
	上部结构	64.0	30.8	51.1

表5　筏板沉降量对比　　　　　　　　　　　　（单位:mm）

阶段		最大沉降值	最小沉降值	平均沉降值
第一阶段		14.8	5.8	10.0
第二阶段		39.9	28.7	35.0
第三阶段	基坑开挖	42.6	30.9	38.4
	上部结构	42.7	30.9	38.5

第一阶段施工完成后,1号楼筏板沉降中间大、四周小,沉降云图基本沿纵向中性对称分布,最小沉降出现在四个角。沉降值主要分布在45~60 mm,最大沉降量和平均沉降量均在规范允许值范围内。筏板沉降的最大值位置相对筏板中心向2号楼方向偏离约0.7 m,可见2号楼基坑开挖及地下室荷载对1号楼筏板沉降分布有一定影响,但由于荷载较小,故这种影响也比较小。

第二阶段施工完成后,1号楼筏板沉降仍是中间大、四周小,沉降云图不再关于纵向中线对称,最小沉降出现在左边两个角。沉降值在60 mm以上的区域面积增大,筏板沉降的最大值位置相对筏板中心向2号楼方向偏离约2.0 m。

由表4、表5可以看出,2号楼的建筑荷载对1号楼筏板沉降的增加影响不大,最大沉降只增加0.7 mm,平均沉降只增加0.4 mm,而最小沉降反而减少1 mm,这表明左边角有向上挑起现象,最大差异沉降增加约2 mm。相对而言,2号楼的建立,增加了1号楼筏板的整体差异沉降,并产生一定的倾斜。从图5可以很好地看出,2号楼的荷载引起1号楼的附加沉降最大值为2.8 mm,位置在最接近2号楼的边角,而距其最远的边角产生负沉降约为-0.9 mm,引起的倾斜角约为0.005°,影响有限。

第三阶段施工过程中,3号楼的建立过程对1号楼筏板沉降分布影响比较小,基坑开挖的影响比上部结构建立加载的影响明显。

基坑开挖后,1号楼筏板沉降分布向3号楼方向略有移动,沉降最大值位置移动约0.5 m,最大沉降增加0.7 mm,平均沉降增加0.6 mm,最小沉降增加0.9 mm,最大差异沉降减小0.2 mm。可见由于两幢楼相距较远,且1号楼上部结构荷载较大,3号楼基坑开挖引起的卸载对1号楼筏板影响有限,沉降略有增加,倾斜方面基本无影响。

上部结构建立完成后,1号楼筏板最大沉降无变化,平均沉降增加0.1 mm,最小沉降减小0.3 mm,最大差异沉降增加0.3 mm。可见,3号楼建立过程中的加载对1号楼的影响基本可忽略。

1号楼筏板的沉降变化代表了新建建筑的建立(包括基坑开挖)过程对旧有建筑的影响,那么2号楼筏板的沉降变化则是既有已建建筑(1号楼)的影响,又有建立完成后新建3号楼对其的影响。

第一施工阶段完成后,1号楼的建筑荷载引起2号楼筏板沉降,距1号楼最近的边角沉降最大为14.8 mm,最小沉降值为5.8 mm。最大差异沉降为9.0 mm,引起的倾斜角为0.02°,影响较小。

第二施工阶段完成后,2号楼筏板沉降分布为中间大、四周小,最小沉降出现在右边两个角。筏板沉降的最大值位置相对筏板中心向1号楼方向偏离约2.8 m。

从沉降平均值的对比结果可以看出,1号楼的建筑荷载造成2号楼筏板的沉降占其最终沉降的比例为28.6%,影响比较明显。由于1号楼为24层,2号楼为18层,荷载的差异、基础尺寸的差异及基础刚度的差异,使1号楼对2号楼的影响主要表现为增加其整体沉降值,对其倾斜的影响很小。

第三阶段施工中,3号楼基坑开挖对2号楼筏板沉降分布有较大的影响,表现为整体沉降值有明显增大,3号楼上部结构加建立过程对2号楼影响甚微。

基坑开挖后,2号楼筏板最大沉降增加2.7 mm,平均沉降增加2.6 mm,最小沉降增加 2.2 mm,最大差异沉降增加 0.5 mm。沉降最大值位置基本无变化。3 号楼基坑开挖对 2 号楼筏板沉降值及倾斜都有相对(1 号楼)较明显的影响,基坑开挖引起的回弹及卸荷对 2 号楼的综合作用,产生较明显的附加沉降,如图 6 所示,距离基坑最近的边角附加沉降最小(1.4 mm),最远角最大(3.3 mm),增量分别为 47%、118%。筏板最大沉降和平均沉降的增量分别达到 6.8%、7.4%。

上部结构建立完成后,2 号楼筏板最大沉降、平均沉降、最小沉降及最大差异沉降基本无变化。可见,3 号楼建立过程中的加载对 2 号楼的影响同样基本可忽略。

图 5 给出 3 号楼筏板沉降分布,楼筏板沉降中间大,四周小,沉降云图基本沿纵向中性对称分布,最大值位置向 1 号楼、2 号楼方向略有偏移,但偏移量很小,可忽略。沉降最大值为 46.8 mm、最小值为 30.4 mm(出现在左边角)、平均值为 40.2 mm,沉降值主要分布在 38 ~ 46 mm,最大沉降量和平均沉降量均在规范允许值范围内。

基础沉降的分布及变化基本符合附加应力的分布及变化,特别是新建建筑和已建建筑间的相互影响方面规律一致。

图 7 给出筏板沉降等值线计算与实测的对比结果,由于应力中心向三幢建筑的整体几何中心偏移,各建筑的沉降最大值也向同一方向偏移,计算结果与实测数据规律接近一致。

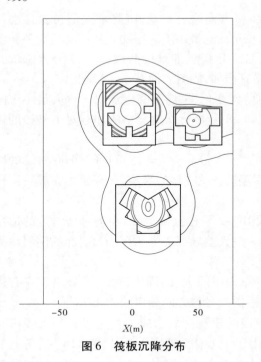

图 6　筏板沉降分布　　　　　　　　　　图 7　实测筏板沉降等值线图

4　结语

(1)新建建筑对已有建筑的影响。新建建筑对已有建筑的影响表现为对基础沉降分布,基础下地基土反力分布的改变,使应力中心及沉降最大值位置出现一定的偏移。

（2）已有建筑对新建建筑的影响。这种影响主要是由附加应力较大范围的扩散引起的，使新建建筑的基础应力中心、基础沉降最大值位置、桩轴力最大值位置、筏板高应力区域都向已有建筑方向有一定的偏移。

（3）从影响程度上看，当已有建筑上部结构刚度较大（层数较高）时，新建建筑对其影响有限，比如基础沉降方面，沉降分布发生变化，但沉降平均值增加很小。基坑开挖引起的卸荷作用大于上部结构加载作用的影响，卸荷过程会使已有建筑平均沉降值有相对较大的增加，而加载过程则对基础倾斜有一定的加剧作用（绝对倾斜角很小，基础尺寸较大时，这种影响基本可忽略）。各种建筑荷载相互叠加，最终会使基础周边的地面有较小的沉降产生。

这些研究对于高层建筑群体系共同作用条件下，地基、基础和上部结构合理性设计有较为重要的应用价值，也可为评价高层建筑群体系工程质量的优劣提供依据。

参考文献

［1］干腾君，康石磊，邓安福. 考虑上部结构共同作用的弹性地基上筏板基础分析［J］. 岩土工程学报，2006，28（1）：110-112.

［2］曾祥勇，邓安福. 锚索与锚杆联合锚固支护岩坡的有限元分析［J］. 岩土力学，2007，28（4）：790-794.

［3］陈仁朋. 软弱地基中桩筏基础工作性状及分析设计方法研究［D］. 杭州：浙江大学，2001.

［4］吴辉科. 超高层建筑上部结构—桩筏基础—地基共同作用非线性分析［D］. 西安：西安理工大学，2007.

［5］李玉岐. 基于地基实测沉降资料的土性参数反演及非线性回归分析［D］. 上海：同济大学，2007.

［6］仇玉良，胡晓勇，王掌军. 基于有限差分的隧道建模与分析技术研究［J］. 长安大学学报：自然科学版，2011，31（3）：55-59.

吹填土浅层真空预压实例分析

龚丽飞[1,2]　唐彤芝[1,2]　黄家青[1,2]　朱方方[2]

（1.南京水利科学研究院　南京　210029；
2.南京瑞迪建设科技有限公司　南京　210029）

摘要：介绍温州某吹填土软基处理工程设计、施工和处理效果,浅层真空预压的参数设计应考虑吹填土粒径构成情况,采用"板—管"一体施工工艺技术控制施工质量,通过平板载荷试验及十字板剪切试验检测,证实处理后承载力指标满足 55 kPa 要求,说明浅层真空预压法对于处理新建吹填土层是合理可行的,可在类似的工程中应用。

关键词：浅层真空预压　吹填土　施工工艺　加固效果

　　近年来,随着我国经济建设的迅猛发展,对土地资源的需求量越来越大,尤其是沿海经济发达地区。随之掀起了大范围的围海造陆、沿海滩涂围垦开发等工程的兴建高潮,仅江苏省在 2010~2020 年间沿海滩涂围垦总规模将达 18 万 hm^2。围海造陆、滩涂围垦一般采用吹填方式形成陆域,吹填土是在整治和疏通江河行道时,用挖泥船和泥浆泵把江河和港口底部的泥沙通过水力吹填而形成的沉积土,具有高含水率、高液限、低强度、低渗透性,且在自重作用下未达到完全固结,处于欠固结状态。

　　真空预压法是为加快地基排水固结而设想出来的,最早由瑞典皇家地质学院杰而曼教授于 1952 年提出[1]。20 世纪 80 年代,我国交通航务及港湾部门从工艺、设备、加固机理、推广应用等各方面进行了研究,取得了一系列成果,并在真空度及大面积加固方面处于国际领先地位。近年来,随着吹填土的广泛应用,吹填土浅层处理得到越来越多的研究,尤以真空预压及降水技术最为显著,国内目前有诸如直排式真空预压、低位真空预压、立体式真空降水分层法、高真空挤密法等,其目的均使吹填土层快速形成硬壳层,具有一定的承载力,满足后续工程对建设场地的需求。

　　本文对温州某吹填土地基加固工程的浅层真空预压过程进行分析,从设计、施工、加固效果进行了讨论,阐述了浅层真空预压处理技术对吹填土地基处理有效性,为同类工程发挥借鉴作用。

1　工程概况

　　本工程位于温州瓯江南口以南,结合科技产业基地临时航道疏浚工程,将航道疏浚弃土吹填至本工程围区,进行地基处理,形成工业用地。吹填后地坪平均标高 4.5 m,整个围区的面积为 243.87 hm^2,而吹填区总面积为 153.25 hm^2。本次吹填土浅层处理为该工程一期软基处理的 2 标段工程,总面积为 52.4 万 m^2,吹填平均厚度为 2.9 m,地基处理后

作者简介：龚丽飞,男,1981 年生,硕士,工程师,主要从事软土地基处理的生产与研究工作。

场地土承载力不小于 55 kPa,处理有效深度大于 3
m。图 1 为本标段现场吹填效果图。

2　工程地质条件

图 1　现场吹填效果

　　根据勘察资料分析,场地地基土浅层范围内
自上而下划分为吹填土层、细砂层、黏土层、含细
砂淤泥层。

　　吹填土呈灰色,含少量腐殖质及粉砂,土层分
布不均;细砂层呈灰黄色、灰,松散状,砂含量大于
90%,以细砂为主,黏性土少量,厚度 0.80～2.50 m;黏土层为软塑—可塑状,中—高压缩
性,层厚 0.50～1.60 m;含细砂淤泥层位流塑状,局部软塑状,粉细砂含量为 5%～30%,
层厚 7.00～17.80 m。整个场地的地质条件极差。

　　处理前对吹填土进行颗粒分析试验,试样均为扰动样,流塑状,含水率均大于 90%,
一般为 110%,且含砂量一般都小于 20%。表 1 为吹填土土颗粒分析成果,图 2 为吹填土
颗粒粒径分布曲线。

表 1　吹填土土颗粒分析成果

土的粒径（mm）	0.5～2.0	0.25～0.5	0.075～0.25	0.005～0.075	<0.005
	0	2.4	6	49.2	42.4
	0	0	2.3	65.5	32.2
	0	0	0	49.8	50.2
土粒的百分含量(%)	0	0	0.8	40.8	58.4
	0	2	18.5	39.5	40
	0	0	0.3	62.6	37.1
	0	0	2.7	53.6	43.7

3　浅层真空预压方案

　　本工程浅层真空预压后要求地基承载力达到 55 kPa,有效处理深度不小于 3 m。从
技术经济角度出发,总体方案为无砂垫层真空预压;考虑真空度传递的有效性、吹填土加
固过程产生超大沉降变形以及真空管路适应性和透水性,真空主支管均采用直径 50 mm
的波纹滤管;塑料排水板采用常规 B 型板,考虑加固效果,排水板间距按梅花形布设,间
距加密至 0.8 m,排水板插设深度 4.0 m。

　　在真空加载阶段,分别考虑试抽阶段和抽真空阶段的加载量,采用逐级加载,试抽
10～15 d,抽真空阶段,膜下真空度不小于 80 kPa,时间不得少于 90 d;通过控制真空泵开
泵数量,使得真空压力逐步提升,主要是防止压力骤升造成土体粉粒、黏粒等细小颗粒的

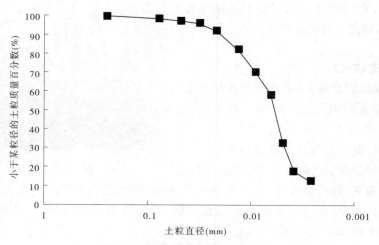

图 2　吹填土颗粒粒径分布曲线

迁徙,造成排水板滤膜的淤堵,从而影响排水和加固效果。

4　吹填土浅层真空预压施工技术

　　吹填土浅层真空预压施工受吹填土自身特性限制,本工程吹填土为新近吹填土,表层未形成龟裂层,人和机械设备均无法直接进入施工现场,在施工工艺上多利用土工织物形成施工作业层,人工插设排水板,铺设管路,并逐步形成管路与排水板联体的作业方式,即"板—管"人工插设作业法,从材料源头上控制排水板打设质量(深度、间距等)要求[2-4]。

　　本标段采用分区作业,共分 24 个区域:B1 ~ B24。采用泡沫垫临时便道分区,人工铺设 150 g/m^2 编织土工布作为排水板人工插设作业层,支管与排水板采用"板—管"一体式,岸上作业。图 3、图 4 为泡沫浮桥搭设临时便道及泥面人工插板现场施工图。

图 3　施工便道(泡沫浮桥)搭设临时便道

图 4　吹填淤泥泥面人工插板

5　地基处理加固效果

　　真空预压卸载后,对各真空预压区块进行了平板载荷试验、十字板剪切试验以及钻孔取样。对 B6、B12、B15、B18、B21 布置 1 点平板载荷试验、3 点十字板剪切试验和 1 点钻孔取样(深度 0.5 m、1.0 m、1.5 m 和 2.0 m 分别取一组土样),其余真空预压区块均采用十字板剪切试验,各区块按面积大小,随机选取 2 ~ 4 个测试点。工程加固掀膜后效果如图 5 所示。

图 5　浅层真空预压处理后效果

5.1　十字板剪切试验

十字板剪切试验结果如表 2 所示,该表给出了吹填土加固后不同深度段十字板峰值强度。从表 2 中可以看出,吹填土经浅层真空预压处理后,十字板抗剪强度大幅度提高。国内有相关学者对吹填土一般特性进行统计研究表明:吹填土强度很低,十字板抗剪强度小于 10 kPa,承载力很小,且灵敏度很高[5]。本工程为新近吹填土,抗剪强度基本在 1 ~ 3 kPa 以下,处理后不同深度十字板抗剪强度提高幅度基本在 186% ~ 376% 以上,说明浅层真空预压处理技术对吹填土的快速处理十分有效和可行[6]。

图 5　浅层真空预压处理后效果

表 2　十字板剪切强度值

载荷测试区	不同测点十字板测试值(峰值强度)								
	S1(kPa)			S2(kPa)			S3(kPa)		
	0.2 ~ 0.5m	0.7 ~ 1.1m	1.3 ~ 1.7m	0.2 ~ 0.5m	0.7 ~ 1.1m	1.3 ~ 1.7m	0.2 ~ 0.5m	0.7 ~ 1.1m	1.3 ~ 1.7m
B6	19.2	18.2	17.3	19.4	18.4	16.9	18.6	20.5	16.2
B12	18.3	12.8	9.7	17.8	12.6	8.6	15.6	57.6	9.7
B15	19.1	13.8	11.4	22	13.1	15.5	18.2	24.5	16
B18	21.5	22.9	18	17.8	15.7	17.6	20.5	17.6	15.5
B21	19.6	18.1	15	20.1	18.8	16.9	20.2	19.2	17.2

根据《港口工程地质勘察规范》的相关换算公式计算地基土特征值:

$$f = 2.8Cu + \gamma h(0.2 ~ 0.5 \text{ m 深度段})$$
$$f = 2.8Cu + \gamma h(0.7 ~ 1.1 \text{ m 深度段})$$
$$f = 3.0Cu + \gamma h(1.3 ~ 1.7 \text{ m 深度段})$$

式中:吹填土重度 γ 取 17.2 kN/m^3, h 分别取 0.35 m、1.0 m、1.5 m。

各区块地基承载力特征值换算结果如表 3 所示,可以看出承载力基本在 58 kPa 以上,满足地基处理设计对承载力的要求,达到后期施工对场地的要求,即满足施工机械和人员施工荷载。局部点位的十字板强度和承载力特征值过大,其主要是由于原场地地势不均,吹填土厚度不一,浅层真空预压处理沉降后,相同深度处极可能为原土层或吹填土含砂量增大造成的。

表 3　十字板剪切强度承载力换算值

项目	S1(kPa)			S2(kPa)			S3(kPa)		
	0.2~0.5m	0.7~1.1m	1.3~1.7m	0.2~0.5m	0.7~1.1m	1.3~1.7m	0.2~0.5m	0.7~1.1m	1.3~1.7m
平均值	19.54	17.16	14.28	19.42	15.72	15.1	18.62	27.88	14.92
承载力	60.732	65.248	68.64	60.396	61.216	71.1	58.156	95.264	70.56

5.2　平板载荷试验

载荷试验按《建筑地基基础设计规范》(GB 50007—2002)要求执行,平板载荷为 0.5 m² (0.707 m×0.707 m 方形钢板)。图 6 为 5 个平板载荷试验区块 p~s 曲线,从图 6 中可以看出,载荷试验点 B6、B12、B15 加载至 120~130 kPa 时,曲线基本平滑,B18、B21 加载 110 kPa 前,曲线平滑,曲线间基本呈微量增加态势,加载至 120 kPa,曲线开始陡降,按极限载荷法确定各点的特征值在 55~65 kPa。各点载荷试验承载力值如表 4 所示。由表 4 可知,载荷试验与十字板剪切试验所确定的承载力特征值基本一致。

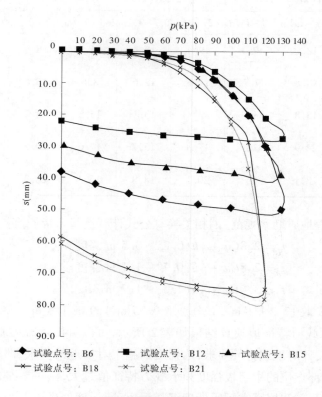

图 6　平板载荷试验承载力结果统计

表4 平板载荷试验承载力结果统计

载荷测试区	承载力(kPa)	沉降量(mm)
B6	65	2.58
B12	65	1.84
B15	65	4.71
B18	55	2.85
B21	55	3.01

6 结语

(1)浅层真空预压法可用于加固新吹填土地基,加固效果显著。

(2)利用土工织物作为施工垫层,在新近吹填土表层进行浅层插板,是一种非常有效的措施。

(3)浅层真空预压排水板间距是控制处理效果的关键因素,本工程采用0.8 m间距,梅花形布置取得了很好的效果。

(4)"板—管"一体人工插板技术,保证多个方面的施工质量(排水板打设深度、间距、与管路连接等),对处理效果起到重要作用。

参考文献

[1] 娄炎. 真空排水预压法加固软土技术[M]. 北京:人民交通出版社,2002.

[2] 李卫,白金勇,杨京方,等. 浅层真空预压法在加固新吹填粉土及粉质黏土地基中的应用[J]. 中国港湾建设,2010(4):12-14.

[3] 孙浩,李卫,曹永华,等. 浅层真空预压法施工工艺浅析[J]. 中国港湾建设,2009(5):10-12.

[4] 杨福麟,张志显. 南沙某区表层吹填土真空预压加固效果分析[J]. 水运工程,2009(3):132-135.

[5] 文海家,严春风,汪东云. 吹填软土的工程特性研究[J]. 重庆建筑大学学报,1999,21(2):79-83.

[6] 刘兵,蔡南树,艾英钵. 大面积吹填土地基施工工艺[J]. 水运工程,2006(9):73-76.

基于支持向量机的桩基缺陷类型识别研究

张　宏　李子兵

（长沙理工大学土木与建筑学院　长沙　410076）

摘要:针对桩基超声检测中缺陷类型识别效率低,容易受到人为因素影响,提出了一种基于支持向量机模式识别理论的桩基超声透射法检测缺陷类型识别新方法。根据常见的灌注桩缺陷类型设计一组室内模拟缺陷实验,利用超声透射法采集缺陷数据,综合分析影响缺陷的各种声学特征参数,构建输入特征向量后运用支持向量机进行分类。实验结果表明,该方法能够快速、准确地识别缺陷,具备很强的分类性能。

关键词:桩基　超声波透射法　支持向量　缺陷识别

1　引言

　　桩的完整性检测是桩基检测中的一项重要内容,在施工过程中常因工程地质问题和施工流程不规范等而导致塌孔、缩颈、断桩、夹泥、沉渣过厚、离析等缺陷的出现。常见的桩基无损检测方法有低应变法和超声波透射法。超声波透射法基桩完整性检测是目前比较常用的无损检测方法,它根据超声波在混凝土传播过程中声学参数和波形产生的变化,对桩身缺陷的位置、范围和程度进行推断。混凝土材料是一种黏弹性非均匀介质,其特性决定了其缺陷和特征参数之间的关系非常复杂[1]。

　　在现行的规范中,超声波透射法检测的判断依据主要以单一的声学参数为主。而在实际工程应用中发现某一项参数正常而其他参数异常的缺陷存在,这就为缺陷的判定带来困难。多参数综合判据虽然能够弥补单一判据的不足,但对于每个参数的权重分配带有很大的主观性[2]。

　　支持向量机是基于统计学习理论的一种新的通用机器学习法,是建立在统计学习理论的 VC 维概念和结构风险最小理论原理基础上的一种研究有限样本预测的学习方法[3]。通过定义最优线性超平面,将寻找最优超平面的构建问题转化为二次型寻优问题,从而得到全局最优点。支持向量机具有坚实的理论基础,并且能够很好地解决小样本、非线性及高维模式识别等问题。

　　本文在综合判据的多参数分析的思想上,引入支持向量机的模式识别理论,用于桩身缺陷智能识别。

2　超声透射信号特征参数选取

　　桩基混凝土属于多相复合体系,是一种集结型复合材料,其内部存在广泛的复杂界

作者简介:张宏,甘肃会宁人,教授,主要研究方向为现代基桩检测技术、隧道超前地质预报技术。

面,超声波在混凝土中传播过程中遇到缺陷界面发生反射和散射,传播路径发生变化,这使得接收换能器接收到的超声信号携带混凝土内部的信息。目前用于判断桩身混凝土缺陷的多个声学参数如下。

2.1 声速

声速是超声检测中的一个主要参数,它与混凝土的弹性模量成正比,正常混凝土内部致密,其声速较高,若混凝土内部存在缺陷,超声波在传播过程中发生绕射或反射,声速低于正常混凝土中的声速。

2.2 波幅

波幅是指首波,即接收波第一个周期前半周期的幅值,与接收换能器所接触介质处的声压成正比,所以波幅直接反映了超声波在混凝土传播过程中的衰减情况。当超声波在混凝土传播过程中遇到缺陷区域时,将产生吸收衰减和散射衰减,首波对缺陷区的反应比较敏感,是判断缺陷的重要参数之一。

2.3 频率

用于超声检测的声波信号是包含了一系列不同频率成分的超声脉冲波。混凝土内部材料的多成分、不均匀性,加上缺陷的存在,使得超声脉冲信号在传播过程中发生反射、折射和散射,高频部分比低频部分衰减更为严重,因而导致接收信号的主频与发射信号相比由高频向低频漂移,分析接收信号中的频率变化可以判断混凝土的质量和内部缺陷情况[4]。

2.4 波形

超声脉冲信号在经过混凝土内部时受到混凝土的内部不同介质不均匀分布使超声脉冲信号在穿过时携带其路径上的介质变化信息,同时由于超声波在缺陷界面上的复杂反射、折射,使声波传播的相位发生差异、叠加,结果导致接收信号发生不同程度的畸变,根据探测时波形的反演性,分析波形畸变可以推测混凝土缺陷信息[4]。

3 基于支持向量的缺陷识别系统

3.1 支持向量机原理

支持向量机(SVM,Support Vector Machines)是在高维特征空间使用线性函数假设空间的学习系统,它由一个来自最优化理论的学习算法训练,该算法实现了一个由统计学习理论导出的学习偏置[3]。SVM算法的基本思想是:定义最优线性超平面,并把寻找最优线性超平面的算法转化为求解一个凸优化问题,进而基于 Mercer 核展开定理,通过非线性映射,把样本空间映射到一个高维乃至于无穷维的特征空间,使在特征空间中可以应用线性学习机的方法解决样本空间中的高维非线性分类和回归等问题。

设训练样本集 $\{(X_i,y_i), X_i \in R^n, y_i \in \{+1,-1\}, i=1,\cdots,n\}$,$X_i$ 是第 i 个训练样本的 m 维输入,y_i 是与之对应的输出,若存在一个超平面,使训练样本集中的样本被区分开,并且使得分类间隔最大,则这个超平面就是最优分类超平面[5]。

SVM算法通过求解如下优化问题来实现训练过程:

$$\max W(\alpha) = \sum_{i=1}^{n} \alpha_i - \frac{1}{2}\sum_{i,j=1}^{n} \alpha_i \alpha_j y_i y_j K(x_i \cdot x_j)$$

$$\text{s. t.} \sum_{i=1}^{n} \alpha_i y_i = 0 \quad (0 \leqslant \alpha_i \leqslant C \quad i = 1, \cdots, n)$$

式中: α_i 为 Lagrange 乘子, 它分别对应于每个样本; C 为错误惩罚因子, 控制对错分样本的惩罚程度; $K(x_i \cdot x_j)$ 是在高维空间计算内积的核函数。在 Lagrange 乘子 $\alpha_i (i = 1, \cdots, n)$ 中只有一部分不等于零, 它们所对应的样本即为支持向量。求解得到决策函数为

$$f(x) = \text{sgn}\left(\sum_{i=1}^{n} \alpha_i^* y_i K(x_i \cdot x_j) + \beta^* \right)$$

式中: sgn 为符号函数; n 为支持向量的数目; β^* 为偏置量。

3.2 核函数的选择和参数设置

核函数是有效运用高维特征空间的关键。核函数的选择必须满足 Merce 条件, 常用的核函数主要有 3 种:

高斯径向基核函数 $K(x, x_i) = \exp(-\|x - x_i\|^2 / (2\sigma^2))$

多项式核函数 $K(x, x_i) = (x_i \cdot x + 1)^d$

Sigmoid 核函数 $K(x, x_i) = \tanh(k x_i \cdot x + \theta)$

目前, 对于核函数的选择没有统一的规则, 往往是使用者凭借经验结合实际问题而定, 多项式核函数拥有较多的超参数使得模型复杂程度较高, Sigmoid 核函数的参数选择比较困难, 并且在一些情况下无法满足 Merce 条件[6]。高斯径向基核函数一般不会导致数值计算困难, 超参数较少, 适用性较强, 可以用于多种分布的样本, 因此本文选用高斯径向基核函数作为支持向量机的核函数。

SVM 核函数的参数设置至关重要, 关系到 SVM 分类器泛化能力的优劣。高斯核函数有两个参数: 惩罚因子 C 和核参数 σ。本文采用留一法交叉验证来确定最佳参数(C 和 σ)。

3.3 SVM 多类分类器

支持向量机最初是针对二类模式识别问题提出来的, 实际应用中往往需要多类识别, 因此对于多模式识别问题, 必须将二类分类问题扩展到多类分类问题上。目前, 常用的方法有"一对多"算法、"一对一"算法、一次性求解算法、DAGSVM 算法, 以及基于二叉树结构的支持向量机算法等[7]。

在一个 K 类分类问题中($K > 2$), 一对多算法构造出 K 个二值子分类器, 第 K 个分类器在第 K 类和其余类之间建立一个超平面, 每个子分类器将全部 K 类样本作为训练样本使用; 一对一算法构造 $K(K-1)/2$ 个子分类器, 每个子分类器对 K 类样本中的两类样本进行分类。同一个多类分类问题中, "一对一"算法比"一对多"算法构造的子分类器数量要多, 并且随着分类类别的增加子分类器数量的增加加剧, 但是"一对一"算法中每个子分类器的构造只用到两类训练样本数据, 因此其对于每个子分类器的训练速度要明显快于"一对多"算法, 同时用两类训练数据构造子分类器使得正负两类训练数据在数量上更加平衡, 鲁棒性更强。一次性求解算法计算复杂度较高, 不适用于实际问题的应用。DAGSVM 算法存在由上而下的误差积累, 如果其中某节点发生分类错误会把错误延续到后续节点。二叉树算法的速度较快, 但是不能保证正确率。

桩基混凝土常见的缺陷有夹泥、离析、低强度、集中气孔等, 综合考虑上述各分类器算

法的性能,本文采用比较常用的"一对一"分类算法。

4 利用SVM进行缺陷识别

4.1 实验分析

根据灌注桩常见缺陷类型设计出室内桩基缺陷模拟实验,制作离析、加泥、沉渣和正常混凝土 4 种类型试块用来分别模拟灌注桩容易出现 4 种类型缺陷——混凝土离析、局部夹泥或缩颈、沉渣过厚和正常混凝土。为了使实验数据更具代表性,每种类型制作 3 块试件。按规范规定的标准条件养护,龄期达到 28 d 后测取每块试件的超声透射数据。

超声检测系统采用武汉岩海公司生产的 RS – ST01C 型非金属超声检测仪,采集的信号为时域内的波形数据。每种类型采集 30 个样本,共 120 个样本,每类样本取 15 个样本做训练使用,剩余 15 个样本作为测试样本。

SVM 模型的建立,首先确定 SVM 的输入特征向量和输出。能够反映缺陷信息的声学因素有声速、波幅、频率和波形,声速、波幅和频率可以直接作为 SVM 输入特征向量因子,波形作为特征参数,选择能够反映缺陷信息的第一个周期波形(见图 1)的一些参数作为 SVM 输入特征向量因子:第一周期波形持续时间段 $t_4 - t_0$,前半周面积 s_1,后半周面积 s_2,从 t_0 到 t_1 的斜率 k_1,从 t_1 到 t_3 的斜率 k_2。建立的 SVM 输入特征向量为 $\{v, b, f, s_1, s_2, k_1, k_2\}$(见表 1)。输出变量为 4 个,分别对应离析、夹泥、沉渣和正常混凝土(见表 2)。

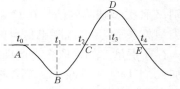

图 1 首波示意

表 1 SVM 输入特征向量

序号	特征参数	表示符号
1	声速	v
2	幅值	b
3	频率	f
4	$t_4 - t_0$	t
5	第一周期前半周面积	s_1
6	第一周期后半周面积	s_2
7	从 t_0 到 t_1 的斜率	k_1
8	从 t_1 到 t_3 的斜率	k_2

表2　SVM 输出变量

序号	1	2	3	4
对应缺陷类型	离析	夹泥	沉渣	正常混凝土

算法程序通过 Matlab 7.0 编程实现。SVM 缺陷类型识别流程。输入特征向量中的因子量纲不同,数值上差距大,属于奇异样本,为了减小其对输出结果的影响,在 SVM 训练前进行归一化处理。

图2　SVM 缺陷类型识别流程

从缺陷类型识别结果来看(见表3),本识别模型的正确率高于80%,对于正常混凝土的识别率达到100%,3 种缺陷类型的识别过程中,有些样本被误认为其他缺陷类型。分析其原因是:正常混凝土与缺陷混凝土的超声透射信号存在的差异性较大,容易被模型识别;3 种类型缺陷的信号在时域内差别较小,波形方面上第一周期内的波形虽然与缺陷的类型关系密切,但混凝土材料的均一性难以控制,使得把第一周期内的波形作为 SVM 输入存在不足。如果取多个周期的波形数据作为输入,增大了 SVM 输入向量,模型的复杂加大,工程实用性减小,笔者将在后续研究中对超声数据进一步挖掘,从时域与频率两方面来分析信号与缺陷之间的关系。

表3　缺陷类型识别结果

缺陷类型	测试样本数	正确识别数	错误识别数	识别正确率(%)
离析	15	13	2	86.7
夹泥	15	12	3	80
沉渣	15	12	3	80
正常混凝土	15	15	0	100

4.2　工程应用

从某工程 491 根桩基中,挑选离析、夹泥、沉渣 3 种缺陷和正常桩身混凝土数据,每种类型取 30 个样本数据,采用上述训练好的 SVM 模型进行识别,离析、夹泥、沉渣 3 种缺陷类型的识别率分别为83.3%、73.3%、70%,略低于对实验缺陷样本的识别准确率,分析原因,室内实验数据虽然能够很好地反映缺陷类型的特征,但是实验材料与工程材料存在一定差异和工程现场环境的复杂性,导致由实验训练出来的模型对现场数据的识别能力下降。对正常混凝土的识别为100%。由此可见,该模型在实际工程应用中能很好地评定桩身混凝土质量。

5　结语

传统的桩基缺陷识别模式主要是根据数据、施工记录和经验去分析判定,本文研究了基于支持向量机的缺陷识别算法,最大程度地消除缺陷评判中的人为因素,使判断依据更加客观,发展了一种桩基超声检测缺陷识别的新方法。实验证明,采用支持向量机的缺陷类型识别模式在小样本的情况下也能获得比较理想的结果,为桩基的完整性检测的数据处理提供了一种新思路。

参考文献

[1] 袁群,李斌,等.超声波检测桩基质量的模糊综合分析[J].郑州工业大学学报,1999,20(3):35-38.

[2] 杨志民,田英杰,邓乃扬.模糊支持向量分类机[J].计算机工程,2005,31(20):25-26.

[3] Nello Cristianini. John Shawe-Taylor. An introduction to Support Vector Machines and Other Kernel-based Learning Methods[M]. Beijing:China Machine Press,2005.

[4] 陈久久.超声波透射法数据信息处理[D].长沙:中南大学,2004.

[5] 何明格,殷国富,等.基于概率支持向量机原理的超声缺陷识别模型研究[J].四川大学学报:工程科学版,2010,42(6):232-238.

[6] 孔锐,张冰.一种快速支持向量机增量学习算法[J].控制与决策,2005,20(1):1129-1132.

[7] 刘清坤,阚沛文,等.基于支持向量机和特征选择的超声缺陷识别方法研究[J].中国机械工程,2006,17(1).

[8] X Rong Li. Multiple-model estimation with variable structure-part Ⅱ:model-set adaptation[J]. IEEE Transactions on Automatic Control,2000,45(11):2035-2060.

深层载荷试验预估单桩竖向抗压承载力的试验方法分析

石明生　张　旭　潘艳辉

（郑州大学水利与环境学院　郑州　450000）

摘要：通过卵石层的深层平板载荷试验，验证了勘察报告中提供的人工挖孔桩极限端阻力标准值，预估了单桩竖向抗压承载力特征值，并通过静载试验对比验证。从而明确划分了勘察、设计及施工方责任，优化了设计，加快了施工进度，为地区同类型桩基础施工提供了较强的借鉴意义。

关键词：深层平板载荷试验　极限端阻力标准值　单桩竖向抗压承载力特征值　静载试验

1　概述

洛阳某小区 6 栋高层住宅基础均采用人工挖孔桩，两层地下室，框架剪力墙结构。因桩基施工单位结合其在本地区的施工经验，对勘察报告中选择第 8 层卵石层作为持力层并定其极限端阻力标准值为 5 000 kPa 提出了质疑。在此之前，本地区勘察报告中关于卵石层的极限端阻力标准值一般取为 3 200 kPa。在分析试桩能不能达到设计要求的承载力时，仍难以取得一致意见，经各方协商一致，选取住宅楼下有代表性的场地，3 栋楼先做深层平板载荷试验，验证卵石层的极限端阻力标准值是否能达到 5 000 kPa，代替试桩，然后进行试桩的静载试验，从而对比验证试验结果，分清责任。当深层平板载荷试验全部达到要求时，通过换算作为工程桩载荷试验检测的结果使用，否则，需要直接修改桩基础设计图纸，再进行桩基础施工，浪费了资金，拖慢了施工进度。

2　深层平板载荷试验方法

2.1　场地工程地质条件及桩基础设计要求

场地地貌单元属洛河 Ⅱ 级阶地，场地 10 m 深范围内的黄土状粉质黏土具有非自重湿陷性，湿陷等级为 Ⅰ 级（轻微）。土层厚度及承载力特征值如表 1 所示。

基础形式为人工挖孔扩底灌注桩，桩径 0.8 m、1.0 m 及 1.2 m，扩底直径分别为 1.6 m、2.0 m 及 2.4 m，桩端持力层为卵石层，桩端阻力设计值为 2 500 kPa，其单桩竖向抗压承载力特征值分别为 5 500 kN、9 000 kN、12 000 kN，要求桩端进入卵石层不小于 1 m 且不小于 1 倍桩径，桩身混凝土强度等级 C35，同时要求卵石间隙填充物为中砂，不得有夹泥现象。本文选择 1.0 m 直径的桩型进行载荷试验，便于人工在孔内作业。

作者简介：石明生，男，1962 年生，河南南阳人，副教授，从事岩土工程勘察设计方向的教学与研究。

表1　土层厚度及承载力特征值

地层编号	地层名称	厚度(m)	承载力特征值f_{ak}(kPa)
①	杂填土	0.1 ~ 1.8	
②	黄土状粉质黏土	2.3 ~ 7.6	125
②-1	黄土状粉质黏土	3.7 ~ 7.5	130
③	黄土状粉质黏土	1.2 ~ 7.6	145
④	黄土状粉质黏土	1.3 ~ 5.8	160
⑤	黄土状粉土	0.7 ~ 7.1	175
⑤-1	黄土状粉土	2.1 ~ 4.8	180
⑥	细砂	0.4 ~ 5.0	170
⑦-1	粉质黏土	0.6 ~ 5.6	180
⑦-2	细砂	0.4 ~ 3.8	230
⑧	卵石	揭露厚度14.7	850

2.2　深层平板载荷试验方法

深层平板载荷试验的目的是以验证勘察报告中卵石层的极限端阻力标准值为主,同时根据相关经验公式预测成桩后单桩竖向抗压承载力能否满足设计要求。然后通过单桩静载试验验证预测值的准确性。

试验点的选取,以56#楼为例,在场地内尽可能选择地层复杂部位挖孔,以增强深层载荷试验的代表性,三个试验点分别标号为1#孔、2#孔、3#孔。

试验加载过程依据《建筑地基基础设计规范》(GB 50007—2002)中关于深层平板载荷试验的规定进行[1]。深层平板载荷试验装置如图1所示。

试验加荷装置采用经过校验的油压千斤顶及配套的压力表,圆形刚性承压板的直径为0.8 m,面积为0.5 m²。试验时采用对称的两个百分表测量竖向位移量。承压板位于设计桩端高程处,加载平台设在地面上,通过钢筒将荷载均匀传递至刚性承压板上。

图1　深层平板载荷试验装置

试验采用慢速维持荷载法,逐级等量加荷,加荷等级可按预估极限承载力的1/10 ~ 1/15分级施加,其中第一级可取分级荷载的2倍。每级加荷后,第1小时内按间隔10 min、10 min、10 min、15 min、15 min,以后每隔30 min测读1次沉降。当在连续2 h内,每小时的沉降量小于0.1 mm时,则认为已趋于稳定,可加下一级荷载。卸载也分级进行,卸载的每级荷载为加载的2倍,每级卸载后隔15 min观测一次,读两次后,隔30 min再读一次,即可卸下一级荷载,全部卸载后隔3 ~ 4 h再读一次。

满足下列条件之一可中止加载[2]:

(1)沉降S急骤增大,荷载沉降曲线上有可判定极限承载力的陡降段,而且沉降量超过0.04d(d为承压板直径)。

（2）在某级荷载下,桩顶沉降量大于前一级荷载作用下沉降量的 2 倍,且经 24 h 尚未达到相对稳定标准。

（3）本级沉降量大于前一级沉降量的 5 倍。

（4）当持力层土层坚硬,沉降量很小时,最大加载量不小于设计要求的 2 倍。

3 单桩承载力对比分析

3.1 深层载荷试验结果分析

1#孔、2#孔、3#孔,现场深层载荷试验结果如图 2 ~ 图 4 所示。

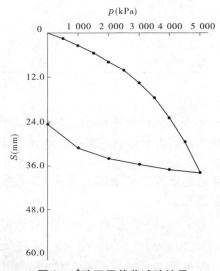

图 2   1#孔深层载荷试验结果

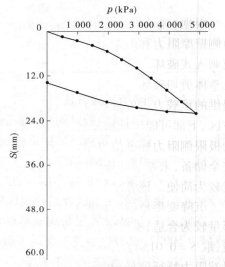

图 3   2#孔深层载荷试验结果

3 个试验点的 $p \sim S$ 曲线均呈现出缓变型,按终止加载条件的第四条控制加载量,试验过程中最大加载量为 5 000 kPa,按 $p \sim S$ 曲线的线型找到拐点及相对沉降,可知每个试验点的极限端阻力特征值均大于 2 500 kPa,正常施工情况下,可达到单桩承载力设计值,同时也验证了勘察报告的准确性[3]。深层平板载荷试验所得数据如表 2 所示。

3.2 深层平板载荷试验预估单桩竖向抗压承载力特征值的途径

确定人工挖孔扩底桩的单桩竖向抗压承载力特征值方法分为理论计算和试验确定两大类,从大量的资料和文献看,最准确地确定桩基竖向抗压承载力仍是通过静载试验确定的。该方法试验时间长、费用高,很多学者试图从不同

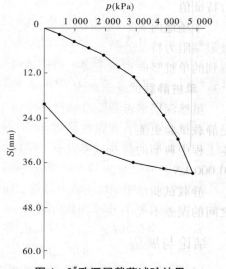

图 4   3#孔深层载荷试验结果

的角度和地区经验中,通过分析计算获取单桩竖向抗压承载力特征值,但所得结果差异较大。

表 2　深层平板载荷试验数据

试验孔	试验最大加载量（kPa）	最大沉降量（mm）	$S=0.015d$ 对应荷载值（kPa）	承载力特征值	试验承载力极限值（kPa）
1#	5 000	37.80	3 100	3 100	≥5 000
2#	5 000	22.74	3 200	3 200	≥5 000
3#	5 000	39.97	2 900	2 900	≥5 000

根据《建筑桩基技术规范》(JGJ 94—2008)中提供的计算方法,认为单桩竖向承载力由侧壁摩阻力和端阻力共同组成[4]。根据人工挖孔扩底桩的破坏机理以局部剪切破坏或刺入式破坏[5]为主,其地基变形主要表现为土层的竖向压缩,并伴随有少量侧向挤出,无整体剪切破坏。采用人工挖孔扩底桩主要是为了充分发挥持力层的承载力,桩身侧壁提供的承载力占单桩承载力的比重较小,当压缩变形量较大时,变径扩大端上部会出现临空区、下部可能出现拉裂缝,持力层的承载力反而会降低。在实际工程设计中,由于土层的极限侧阻力标准值也是一个经验值,多数情况下,桩身侧壁摩阻力提供的端阻力被用做安全储备,未参与计算中,因此利用深层平板载荷试验预估单桩竖向抗压承载力特征值也就较为简便。该方法的关键是确定合理的沉降变形量。

沉降变形量的确定根据建筑设计等级及上部结构对差异沉降的敏感性来确定沉降变形量较为合适,本工程上部结构采用剪力墙结构,且因深层平板载荷试验未加载到极限荷载,取 $S=0.015d=12$ mm 所对应的荷载为极限端阻力特征值的平均值和试验获得的极限端阻力特征值最小值进行再平均,作为单桩极限端阻力设计值,将桩身侧壁摩阻力提供的端阻力被用做安全储备的同时也不考虑其他的折减系数,来预估单桩竖向抗压承载力特征值。

本场地内 3 个点的深层平板载荷试验获取的卵石层极限端阻力特征值为 3 067 kPa,极限端阻力特征值最小值为 2 900 kPa,二者的平均值为 2 983.5 kPa,扩底直径 2 m,计算得到的单桩竖向抗压承载力特征值为 9 368.2 kN。

3.3　单桩静载试验结果

虽然深层平板载荷试验已经证明了勘察报告中的端阻力特征值达到了设计要求,但是静载试验更能直观地反映单桩竖向抗压受力情况,也是设计和验收采用的标准之一。本工程中典型的静载试验结果如图 5 所示,静载试验获得的单桩竖向承载力特征值为 10 000 kN。

静载试验结果表明,承载力均达到了设计要求,与根据经验公式等预测的单桩承载力之间的误差不大于 10%,且实测结果大于预估结果,表明采用上述方法是可行的。

4　结论与展望

通过本次深层平板载荷试验和单桩竖向抗压静载试验对比分析,解决工程疑虑的实践过程,得到了一些可以指导地区勘察、设计和施工的有益结论,但也有一定的工作值得

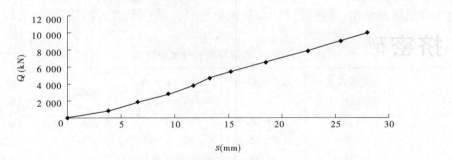

图5 典型静载试验曲线

继续研究与讨论。

（1）深层平板载荷试验,作为勘察手段的一种,在详细勘察阶段,受市场机制的限制,多数情况下未通过该试验方法获取准确的试验参数,本工程的对比试验为地区勘察工作的经验参数的取值提供了有利的依据。

（2）通过对比试验,分清了勘察、设计及施工各方的责任,确保了工程顺利推进,降低了工程造价,节省了建设项目投资。

（3）利用深层平板载荷试验的结果,成功预估单桩竖向抗压承载力,与静载试验获取的结果比较接近,为类似工程的施工提供了一定的借鉴意义。

本工程在取得了上述结论的同时,也存在以下问题值得进一步研究探讨:

（1）虽然深层平板载荷试验和静载试验对比取得了成功,可以用较小的代价获取多方满意的结果,提供了建设项目投资效率,但是规范中并未将深层载荷试验作为挖孔桩桩基检测的一个依据,值得进一步收集数据后分析研究。

（2）本工程深层平板载荷试验验证了勘察报告中提出的极限端阻力标准值达到了5 000 kPa,且有一定的安全储备,但没有最终实测出卵石层的极限端阻力的极大值,在以后的工程实践中,值得进一步试验获取。

参考文献

[1] 中华人民共和国建设部. GB 50007—2002 建筑地基基础设计规范 [S]. 北京:中国建筑工业出版社,2011.

[2] 和志强. 关于深层平板载荷试验中承载力确定方法的一些探讨[J]. 矿产勘查,2009,12(10):7-11.

[3] 何琴. 人工挖孔灌注桩桩端承载力的深层平板载荷试验[J]. 矿业研究与开发,2008,28(2):32-34.

[4] 中国建筑科学研究院. JGJ 94—2008 建筑桩基技术规范[S]. 北京:中国建筑工业出版社,2008.

[5] 王志宽. 大直径人工挖孔扩底桩承载力试验研究与工程应用[D]. 郑州:郑州大学,2010.

挤密砂桩在南水北调穿黄工程中的应用

刘起霞^{1,2}　白　杨^2

(1.武汉理工大学　武汉　430063;
2.河南工业大学　郑州　450052)

摘要:在南水北调中线穿黄工程中,地基中广泛存在粉土、粉砂和细砂,但因承载力较低、有砂土液化的可能需要进行处理。本文对渠道轴线和渠道外侧的挤密砂桩进行了详细的研究和试验,并通过试验段的试验,确定了桩身密实度、桩长和施工工艺;对填砂石量、提升高度和速度、挤压次数、悬振时间、电机工作电流和桩尖结构等具体施工参数进行了调试,确保达到增加砂土的相对密实度、防止砂土液化、提高地基土的抗剪强度、提高地基承载力、减少地基沉降的目的。

关键词:挤密砂桩　砂土液化　相对密实度

挤密砂桩广泛应用在工业及民用建筑、交通、水利等工程建设,我国挤密砂桩法主要用于处理松散砂土地基,其加固原理是依靠成桩过程中对周围砂土的挤密和振密作用,提高松散土体地基的承载力,防止饱和砂土或粉土产生地震液化。后来,国内外也逐渐将挤密砂桩用来处理软弱黏性土、粉土和砂土,提高桩体和桩间土的密实度,从而提高地基的承载力,减小变形,增强抗液化能力并改善地基力学性能等。

南水北调中线一期穿黄工程Ⅲ标段桩基工程挤密碎石试验桩由长江水利委员会长江勘测规划设计研究院、黄河水利委员会勘测规划设计研究院联合组设计,北京振冲工程股份有限公司施工[1]。

Ⅲ标段北岸渠道、混凝土建筑物基础部位部分地基采用挤密砂桩加固地基,主要是为了加固处理地层液化问题和浅表层粉土、粉砂和细砂因承载力较低的问题。通过挤密作用,增加砂土的相对密实度、防止砂土液化、提高地基的抗剪强度、减少地基沉降[2]。

1 地质结构

地面内地形相对平坦,地貌属黄河冲积平原。勘探深度内地层为第四纪全新世冲积物,所在区地震烈度为 7 度。岩土种类主要由粉土、粉砂、细砂及中砂等组成,地表为耕植土。按其成因及岩性特征将场地地层从上到下分为 5 层,分述如下:①层为耕植土(alQ_4^2),浅褐黄色,松散,主要为粉土,偶含植物根系,分布于整个场地表层,厚度 0.5 m;②层为粉土(alQ_4^2),浅黄褐色,中密,稍湿,切面无光泽,干强度低,韧性低,厚度 1.5~2.0 m;③层为粉砂(alQ_4^2),暗黄色,稍实,稍湿,矿物成分以石英、长石为主,黏粒含量低,厚度

作者简介:刘起霞,女,1965 年生,副教授,1988 年毕业于成都地质学院水文系,硕士,主要从事土力学方面的教学和科研工作。

为 $0.9 \sim 1.5$ m；④层为细砂（alQ_4^2），灰黄色，中密，湿—饱和，黏粒含量低，矿物成分以石英、长石为主，厚度 $1.9 \sim 3.8$ m；⑤层为中砂（alQ_4^2），灰黑色，中密，饱和，局部含黏性土团块，矿物成分以石英、长石为主，夹细砂层。

该渠段地面高程 $102.5 \sim 103.0$ m，地下水高程为 $98.72 \sim 97.70$ m，埋深 4 m 左右，地层结构从上至下为砂壤土、粉砂、细砂和中砂。alQ_4^2 的耕植土呈可塑—硬塑状态，分布连续，厚度变化大；alQ_4^2 的粉砂细纱呈松散—稍密状态，厚度变化大，局部有歼灭现象；中砂层厚度变化大，分布连续，呈中密—密实状态，其间分布有粉砂和细砂的透镜体。

该区段为填方渠段，填方高度大，渠基主要由 alQ_4^2 的耕植土和砂层组成，存在渠水渗漏与渗透变形问题。粉砂和细砂呈松散状态，地下水位高，地基土存在砂土液化的问题，北岸桩号 $9 + 336.47 \sim 10 + 208$ 段为中等液化区，桩号 $10 + 208 \sim 12 + 308$ 段为中等—严重液化区，且表层砂壤土、粉砂承载力较低，设计渠基需采用挤密砂桩加固处理方案。

2 挤密砂桩试验段的目的和要求

开工之前应进行桩试验，以便根据现场实际确定各项技术参数，如成桩时间、压放砂量、工艺确定等，确保大面积施工质量；工艺性试桩位置，既要考虑软土厚度，还要顾及地质特点，关键是必须选择有代表性的位置，每处不少于 5 根；成桩 30 d 后进行单桩承载力、单桩复合地基承载力试验及桩身密实度检测，并分析单桩承载力与贯入量 30 cm 时锤击数的关系。试桩完成后必须提交试桩报告，重点阐述桩身密实度、桩长、载荷试验情况，总结评价施工工艺、施工质量与加固效果。

通过振动法沉管成桩试验重点检查挤密砂桩的桩身密实度、桩长、荷载试验情况，总结评价施工工艺；通过振动法沉管砂桩成桩试验施工确定具体施工参数，如填砂石量、提升高度和速度、挤压次数、悬振时间和电机工作电流等，以保证挤密的均匀和桩身的连续性。施工时应选用合适的桩尖结构，以保证顺利出料和桩身有效挤密；通过振动法沉管砂桩试验验证砂桩施工设计技术参数的可行性，如桩径和桩间距；通过振动法沉管砂桩试验确定施工用材，采用 $5 \sim 50$ mm 级配的硬粒材料；通过振动法沉管砂桩试验校验地层的加固效果，即桩间土的相对密度不小于 0.7，桩间土消除液化问题。

3 试验桩的设计

工艺性试验方案：每种桩型选取两种不同材料（粗砂和碎石级别配料）进行对比试验，每类试验桩数为 20 根，成桩后进行桩体和桩间土的密实度试验、单桩的复合载荷试验，试验区选在桩号为 $11 + 110$ 处，此处为中等—严重液化区，粉砂、细砂层相对较厚，为液化不良地质地段。试验分为 E_1 和 E_2 两个区域，E_1 位于渠道的轴线上，E_2 位于同一桩号线上右边 800 mm 处（见图 1），试验顺序从两侧向中间进行，成孔采用振动成孔。

试验桩总桩数 50 根。如果桩径 d 过小将导致桩数的增加，并增大打桩和回填的工作量；如果桩径 d 过大，则桩间土挤密不够，致使消除砂土液化程度不理想，对成孔机械的要求也高，所以综合考虑采用两种桩径，其中设计桩径 0.6 m，施工平均桩长 7.8 m，桩间距 2.50 m，挤密碎石桩 25 根；设计桩径 0.8 m，施工平均桩长 7.8 m，桩间距 2.50 m，挤密碎石桩 25 根。材料均采用 $5 \sim 50$ mm 级配的硬粒材料。含泥量小于 5%。E_1 和 E_2 的试验桩平面布置见图 2。

图 1　剖面上试验桩的布置

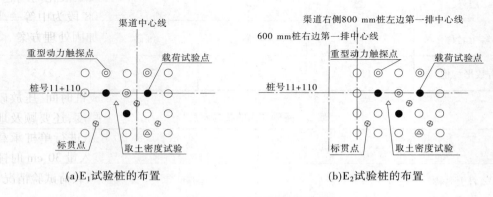

(a)E₁试验桩的布置　　　　　　　(b)E₂试验桩的布置

图 2　E₁ 和 E₂ 试验桩的布置

4　试验桩的施工

施工设备:600 mm 桩径采用 DZ60 型振动锤,电机功率 60 kW,套管直径 426 mm 配活瓣桩尖,800 mm 桩径采用 DZ75 型振动锤,电机功率 75 kW,锤质量 5 200 kg,转速 1 100 r/min,激振力 3 600 kN,套管直径 459 mm 配活瓣桩尖。打桩机采用 DJ30 型,总质量 29 t,桩机高 30 m。施工时可采用沉管和振动分离,也可将沉管和振动联成一体的成桩机械。

挤密砂桩施工工艺应按以下程序进行:整平原地面、机具定位、桩管沉入、加料压密、拔管、机具移位。

振动挤密过程是保证成桩质量的关键,振挤次数、电机的工作电流、留振时间、投料多少等参数都需通过试验确定,每次提升高度以套管桩尖不离开碎石面为宜,碎石灌入量不少于设计值的 1.05 倍,即增投砂量,当桩管全部拔出地面时,仍剩余一些砂料;边振边均匀缓慢拔出桩管,直至桩管全部拔出。如果下料不顺利,可适当加水,情况严重的可采用举气法。

5　质量检验

施工后应间隔一定时间再进行质量检验,一般对粉土和砂性土地基施工结束后间隔 7 d,对饱和黏性土地基应间隔 28 d。对桩间土可采用标准贯入、静力触探、动力触探或相对密度等原位测试方法。本工程以采用标准贯入试验检测为主,采用静力触探检测作为校核。检测桩间土的位置在等边三角形中心,检测点数不少于桩孔总数的 2%,检测深度为设计处理深度加上 1.0 m,检测点随机布置并做到大致均匀分布。

在已施工过的试验段我们先后两次对不同地段采取原状土样 102 组,标贯试验 102 段次,试验桩号分别是 11 + 100 ~ 200、11 + 200 ~ 300、11 + 300 ~ 400、10 + 800 ~ 900、11 + 000 ~ 100、11 + 400 ~ 470,结果见表 1 和表 2。

表 1   各土层标准贯入试验统计结果

(试验桩号为:11 + 100 ~ 200、11 + 200 ~ 300、11 + 300 ~ 400)

层号	②	③	④	⑤
岩土名称	粉土	粉砂	细砂	细砂
标贯击数平均值(击)	11.5	21.3	20.4	23.3

表 2   各砂层土的相对密度

层号	③	④	⑤
岩土名称	粉砂	细砂	细砂
砂的相对密度	0.712 ~ 0.835	0.731 ~ 0.842	0.703 ~ 0.789
平均值	0.760	0.776	0.762

据《建筑抗震设计规范》(GB 50011—2001),场地所处地理位置确定抗震设防烈度为 7 度,设计基本地震加速度值为 0.10g,设计地震分组为第一组。桩间土液化性单点判别结果,为不液化,即完全消除砂土液化的可能性。

从表 2 可以看出:桩间砂土相对密度大于 0.703,砂土相对密度较大。标准贯入试验击数砂土平均为 21.7 击,为中密—密实状态,击数相对较高。桩间土为中等—低压缩性。砂土内摩擦角为 26.5° ~ 36.4°,黏聚力为 0,但由于粉砂土层中含有少量黏性土团块,有较小黏聚力值。地基处理后易液化的砂土层标准贯入击数值较原状土有较大幅度的提高,平均提高 2 ~ 4 倍,表明挤密砂石桩对粉土、粉砂和细砂加固效果较好,能够明显消除其液化潜势;而且 2.5 m 的桩间距处理后消除了地震液化的问题[3]。

在现场选择典型的位置做了单桩静载荷试验和复合地基静载荷试验,试验结果见表 3,从表 3 中可以看出 0.6 m 桩径的挤密砂桩不如 0.8 m 桩径的挤密砂桩加固效果好,单桩承载力特征值分别是 433 kPa 和 466 kPa,远远满足设计要求,达到加固效果;同样,复合地基静载荷试验也是显示 0.8 m 桩径的挤密砂桩比 0.6 m 桩径的挤密砂桩加固效果好,复合地基承载特征值力分别是 141 kPa 和 167 kPa,但均满足了设计要求[4-5]。

表3　单桩静载荷试验和复合地基载荷试验参数

区域	试验类型	试验参数	最大加荷（kN）	最大沉降量（mm）	回弹量（mm）	承载力特征值（kPa）	区域内单桩承载力特征值（kPa）
0.6 m 桩径区域	单桩静载荷试验	设计桩长 7.3 m	280	37.16 ~ 47.97	3.69 ~ 6.08	433 ~ 467	433
	复合地基静载荷试验	承压板面积 6.23 m²	2 250	88.62 ~ 96.42	5.77 ~ 11.23	138 ~ 151	141
0.8 m 桩径区域	单桩静载荷试验	设计桩长 7.3 m	550	50.55 ~ 50.89	2.99 ~ 14.37	450 ~ 482	466
	复合地基静载荷试验	承压板面积 6.23 m²	2 750	96.13 ~ 99.54	8.43 ~ 18.63	156 ~ 183	167

6　结语

采用挤密砂石桩法处理砂土和粉土地震液化地基，可明显提高地基承载力，并且能有效地消散和防止超孔隙水压力的增高及砂土的液化，提高地基的抗液化能力[6]。

挤密砂桩在设计和施工时，选择合理桩间距和桩径非常重要，桩间距太大，即置换率过低，桩间土的挤密效果就差，达不到消除液化要求；桩距太小，即置换率过高，成桩难、桩体不易施工。本工程设计的 2.5 m 桩间距的 0.6 m 和 0.8 m 桩径的挤密砂桩对于粉土、粉砂和细砂非常有效，0.8 m 桩径的挤密砂桩比 0.6 m 桩径的挤密砂桩加固效果好，均能明显消除其液化潜势，提高承载力，值得推广。

参考文献

[1] 艾东凤. 南水北调中线挤密砂石桩处理饱和砂土液化工艺探讨[J]. 河南水利与南水北调，2011(11).

[2] 刘新民，曾涛，曾铁钢. 挤密砂桩在南水北调地基处理中的运用[J]. 四川水力发电，2011(3).

[3] 符运友，柳伟. 挤密砂石桩法消除地震液化在南水北调潮河段工程中的应用[J]. 河南水利与南水北调，2011(1).

[4] 张禧华. 挤密砂桩技术在公路路基处理中的应用[J]. 科技信息，2010(3).

[5] 施尚伟，谢新宇，应宏伟，等. 振动挤密砂石桩加固大型油罐砂性地基效果评价[J]. 岩石力学与工程学报，2004(1).

[6] 杨德生，叶真华. 振动挤密砂桩消除砂土液化和提高单桩承载力[J]. 勘察科学技术，2003(4).

软土地基在交通荷载下的累积沉降分析[*]

申　昊[1,2]　唐晓武[1,2]　牛　犇[1,2]　刘　续[1,2]　张泉芳[1,2]

(1. 浙江大学岩土工程研究所　杭州　310027；
2. 浙江大学软弱土与环境土工教育部重点实验室　杭州　310027)

摘要：提出了预测交通荷载下软土地基累积沉降的模型,该模型利用双层地基一维固结理论和基于不排水剪切试验的 Chai-Miura 模型进行了分析。在固结沉降计算中,对于交通荷载引起的竖向应力沿深度的分布,提出了采用折线型分布进行简化计算,并结合连盐高速的实测数据进行了验证;对剪切变形引起的沉降,基于 Chai-Miura 土体累积变形模型,并考虑了超静孔隙水压力消散对地基应力状态的影响进行了分析。将模型运用到佐贺机场高速累积沉降计算中,并与实测值和 Chai-Miura 模型计算值进行了对比,验证了该模型在工程边值问题中的合理性,且相对 Chai-Miura 模型来说,该模型能够更合理地计算交通荷载作用初期的沉降值。

关键词：软土　交通荷载　沉降　剪切变形　固结

1 引言

随着大量的高速公路、高速铁路的建成,由交通荷载引起的沉降问题已经越来越受到关注,日本的藤川贺之[1]对佐贺机场高速以及国内凌建明等[2]对上海城市外环线下软土地基长期沉降的观测都表明:由交通荷载引起的沉降是相当可观的。

而对于交通荷载引起的沉降的计算,为了避免采用循环本构模型带来的巨大计算量,经验公式得到了很好的研究与发展,其中比较有影响的是 Monismith 等[3]提出的指数型经验公式为

$$\varepsilon_p = A \times N^b \qquad (1)$$

式中：ε_p 为交通荷载引起的累积塑性应变(%)；N 为交通荷载的作用次数；A、b 为经验系数。

Li 和 Selig[4]明确了式(1)中参数 A 的取值,公式如下

$$A = a(\frac{q_d}{q_f})^m \qquad (2)$$

式中：q_d 为交通荷载引起的动偏应力；q_f 为土体的静强度,并给出了经验系数 b、m 的建议取值如表 1 所示,而经验系数 a 与土体压缩指数 C_c 有关。

Chai 和 Miura[5]在此基础上考虑了初始静偏应力 q_s 对 ε_p 的影响,改进了参数 A 的确定,如式(3)所示,其中 q_s 与 ε_p 呈线性关系,即 $n=1$。

---

[*] **基金项目**：浙江省重大科技专项重点社会发展(2010C13013)；浙江省交通运输厅公路科技项目(2010H46)。
作者简介：申昊,男,1972 年生,浙江杭州人,硕士研究生,主要从事地基处理及交通荷载引起沉降研究方面的工作。

$$A = a\left(\frac{q_d}{q_f}\right)^m\left(1 + \frac{q_s}{q_f}\right)^n \tag{3}$$

表1　建议参数取值

土的种类	高塑性黏土	低塑性黏土	弹性粉土	粉土
b	0.18	0.16	0.13	0.10
m	2.4	2.0	2.0	1.7

但这些基于指数模型的经验公式都是在不排水剪切试验的基础上建立的，即没有考虑由交通荷载引起的固结沉降，也没有考虑孔压的产生与消散过程对土体应力水平的影响，因此其沉降计算值在交通荷载作用的初期往往较实测值发展得要快[5-8]。

崔新壮[9]和凌建明[2]考虑了交通荷载下的固结沉降，将累积沉降分为两步进行计算，第一步是利用经验公式计算交通荷载下不排水剪切变形引起的沉降；第二步是计算第一步中产生的孔压完全消散引起的固结沉降。但这种方法实质上作了两个简化，一是假设不排水条件下交通荷载引起的孔压与实际部分排水条件下交通荷载引起的孔压相同；二是将本该逐渐消散的孔隙水压力放在第二步令其瞬时消散。

本文基于谢康和[10]提出的双层地基一维固结理论，计算得到了交通荷载引起的固结沉降及不同深度处孔隙水压力随时间消散的情况。而对于剪切变形引起的沉降，则考虑了孔隙水压力消散对地基应力状态的影响，改进了Chai-Miura模型计算而得。

2　沉降计算的方法

2.1　计算模型的建立

交通荷载引起的地基沉降 S_r 由两部分组成，即孔压消散引起的固结沉降 S_{r1} 和剪切变形引起的沉降 S_{r2}，公式为

$$S_r = S_{r1} + S_{r2} \tag{4}$$

对于固结沉降 S_{r1} 的计算，考虑到交通荷载对地基的影响主要在浅层，且影响深度为 $6\sim10$ m，且软土地基表层通常为一层硬壳层，因此采用了双层地基一维固结理论，并假设交通荷载为瞬时施加的恒载且初始孔压分布与交通荷载在地基中应力分布相同，如式（5）所示。其中 $\overline{U}_i$ 为第 i 层的平均固结度，S_i 为第 i 层的最终沉降量，且 S_i 可按照式（6）进行计算。

$$S_{r1} = \sum_{i=1}^{i} \overline{U}_i S_i \tag{5}$$

$$S_i = \int_{h_{i-1}}^{h_i} \frac{\sigma_i(z)}{E_{si}}\mathrm{d}z \tag{6}$$

交通荷载在地基中引起的应力，一部分形成了超静孔压，一部分则作用在土颗粒上。按照一维固结理论，地基的固结沉降 S_{r1} 全部由超静孔隙水压力的消散引起；而对于Chai-Mirua模型，因其是基于不排水剪切试验提出的，即在沉降计算中假设地基不排水，则剪切变形引起的沉降 S_{r2} 没有考虑孔隙水压力消散对地基应力状态的影响。

因此，本文在剪切变形引起沉降 S_{r2} 的计算，考虑了孔压消散对地基应力状态的影响，

即固结过程中交通荷载引起的应力逐渐转移到土颗粒上的过程,利用改进的 Chai-Miura 模型计算得到各土层的累积应变,再根据式(7)即可求得 S_{r2}。

$$S_{r2} = \sum_{l=1}^{l} \varepsilon_l h_l \qquad (7)$$

对于第 1 层土由第 $N+1$ 次荷载引起的累积应变可表述为如式(8)所示,其中 q'_d 为引起剪切变形的动偏应力,如式(9)所示,其中 $U_{i,N+1}$ 为第 $N+1$ 次荷载作用时第 i 层土的固结度。因此,前 $N+1$ 次荷载作用引起的累积应变可表述为如式(10)所示,且 $U_{i,N+1}$ 为时间的函数,时间 $t(\mathrm{d})$ 与荷载作用次数 N 存在如式(11)所示的关系,其中 N' 为平均一天荷载作用次数。

$$\varepsilon_{l,N+1} = a\left(\frac{q'_d}{q_f}\right)^m \left(1 + \frac{q_s}{q_f}\right)^n \left[(N+1)^b - N^b\right] \qquad (8)$$

$$q'_d = U_{i,N+1} q_d \qquad (9)$$

$$\varepsilon_t = a\left(1 + \frac{q_s}{q_f}\right)^n \left(\frac{q_d}{q_f}\right)^m \sum_{N=0}^{N} U_{i,N+1}^m \left[(N+1)^b - N^b\right] \qquad (10)$$

$$t = \frac{N}{N'} \qquad (11)$$

2.2 交通荷载引起的固结计算

谢康和[10]给出了双层地基一维固结的解析解,则第 $N+1$ 次荷载作用时第 i 层地基的固结度 $U_{i,N+1}$ 可按式(12)计算,第 i 层地基的平均固结度 $\overline{U}_i$ 可按式(13)计算。

$$U_{i,N+1} = 1 - \frac{u_i}{\sigma_i(z)} \qquad (12)$$

$$\overline{U}_i = \frac{S_{i,t}}{S_{i,\infty}} = \frac{\int_{h_{i-1}}^{h_i} \left[\sigma_i(z) - u_i\right] \mathrm{d}z}{\int_{h_{i-1}}^{h_i} \sigma_i(z) \mathrm{d}z} \qquad (13)$$

式中:u_i 为第 i 层地基孔压,且 u_i 是深度 z、时间 t、初始孔隙水压力分布 $\sigma_i(z)$ 的函数,因此只要知道了交通荷载作用下的初始孔隙水压力分布,即可求得 $U_{i,N+1}$ 和 $\overline{U}_i$,其中 $i = 1,2$。

2.3 交通荷载在地基中应力分布

2.3.1 计算方法

对交通荷载在地基中引起的动应力 σ_z 及动偏应力 q_d 的计算,采用了弹性层状体系理论计算软件 BISAR 进行求解,q_d 可采用式(14)求解,其中 J_2 为第二应力不变量。计算中将交通荷载等效为每个轮胎下圆形区域的均布荷载,路面应力分布图如图 1 所示,即车重为 G,前轴承受了 20% 的车重,后轴承受了 80% 的车重[5]。

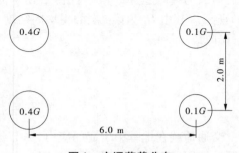

图 1 交通荷载分布

$$q_d = \sqrt{3J_2} \qquad (14)$$

在沉降计算中,考虑到动偏应力 q_d 及动应力 σ_z 沿深度方向的非线性变化特征,都作了相应的简化。在剪切变形引起的沉降中,沿用了 Chai-Miura 模型中的分层计算累积应变的方法,即认为在一层范围内 q_d 相同且等于该层中间深度位置的 q_d;而针对动应力 σ_z 在地基较浅深度范围内衰减得很快,随后其变化趋于缓慢的特征,假设 σ_z 沿深度范围内呈折线形的分布。

2.3.2 连盐高速算例

赵俊明等[11]在连盐高速进行了现场试验,试验场地有 1.45 m 高的路堤,地基表层层厚 1.1 m,淤泥质黏土顶部埋深 1.1 m,层厚 8.8 m。试验中车辆以 40 km/h 通过测试点正上方,车身质量为 20 t。

根据表 2 所示的计算参数,且前轮和后轮与地的接触分别等效为半径为 120 mm 和 250 mm 的圆。运用软件 BISAR 可计算得竖向应力在不同深度处的值,如图 2 所示。可见采用 BISAR 计算值能够较好地描述交通荷载引起的竖向动应力沿深度变化的趋势,且竖向应力在地基深度较浅范围内衰减得很快,随后其变化趋于缓慢。因此,对地基范围(深度大于 1.45 m)内的动应力沿深度变化曲线进行分段的线性拟合,其中以地基表层底部为折线段的拐点,如式(15)、式(16)所示。

当 $1.45 \leqslant z \leqslant 2.5$ 时　　$\sigma_z = -4.93z + 14.423, R = 0.917$　　　　　　　　　(15)

当 $2.5 \leqslant z \leqslant 4.5$ 时　　$\sigma_z = -0.864z + 4.56, R = 0.925$　　　　　　　　　(16)

表2　动应力计算参数

土层	厚度(m)	E(MPa)	v
二灰土底基层	0.2	900	0.25
路床 8% 石灰土	0.8	70	0.2
碾压混凝土	0.25	15	0.2
手摆片石	0.2	15	0.25
地基表层	1.1	10	0.3
淤泥质黏土		5	0.3

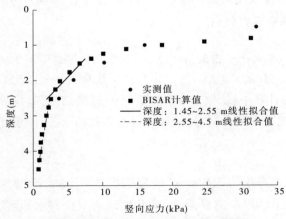

图2　地基中竖向应力计算值的线性拟合

2.3.3 参数的确定

（1）土体静强度 q_f。

q_f 可根据黏土的有效固结应力理论[12]，利用三轴固结不排水指标 c_{cu}、φ_{cu} 来确定，如式（17）所示。

$$q_f = \frac{c_{cu}\cos\varphi_{cu}}{1 - \sin\varphi_{cu}} + \frac{(1 + K_0)\sigma_{cz}\sin\varphi_{cu}}{2(1 - \sin\varphi_{cu})} \tag{17}$$

式中：K_0 为静止土压力系数；σ_{cz} 为上覆土压力。

（2）经验系数 a、m、b、n。

经验系数 a 与土体的压缩指数 C_c 相关，且 $a = 8.0C_c$，而 m、b 与给定的土体的类型及塑性指数相关，Li 和 Selig[4] 给出了参数的建议值如表 1 所示。参数 n 为反映初始静偏应力对累积应变的影响，Chai 和 Miura 根据三轴试验规律认为初始静偏应力与累积应变呈线性关系，即 $n = 1$。

3 日本佐贺机场公路沉降计算

3.1 工程概况

佐贺机场公路建设于 1990～1992 年，并于 1992 年开放交通。地基中有约 20 m 厚的高压缩性和高灵敏度的 Ariake 黏土。路堤高 1.1 m，路宽 20 m，其中 11 m 为车道，车道两侧各有 4.5 m 的人行道。因载重卡车引起的沉降远远大于一般客车，所以只计算载重卡车引起的沉降。本文以佐贺机场公路的 1 号测点为例进行计算，1 号测点处路堤及各土层材料参数如表 2 所示，且设每天有 840 辆重 200 kN 的载重卡车经过，前轮和后轮与地的接触分别等效为半径为 120 mm 和 250 mm 的圆[5, 13]。

3.2 应力的计算

采用弹性层状体系理论软件 BISAR，按照表 2 所示的参数及图 2 所示的交通荷载分布，可计算得交通荷载下的竖向应力与动偏应力，计算中黏土层 A_{c1} 底面以下视为半无限空间。图 3 为路堤底面以下竖向应力沿深度分布图，为简化计算，对地基范围（深度大于 1.05 m）的竖向应力沿深度变化曲线进行分段的线性拟合，如式（18）、式（19）所示。不同深度处动偏应力 q_d 如表 3 所示。

$$1.05 \leq z \leq 2.55 : \sigma(z) = 19.5 - 5.96z, R = 0.91 \tag{18}$$

$$2.55 \leq z \leq 6 : \sigma(z) = 7.11 - 0.95z, R = 0.951 \tag{19}$$

在静偏应力 q_s 的计算中，依据了 Sakai 等[13] 的试验结果，其中路堤荷载引起的竖向附加应力为 12 kPa，地基表层及黏土 A_{c1} 层均为正常固结土，土体重度分别为 15.5 kN/m³ 和 14.5 kN/m³。

3.3 沉降的计算

计算采用的压缩层厚度为 5.8 m，即认为地基表层及黏土层 A_{c1} 为压缩层，分层及各层计算参数如表 4 所示。对于边界条件，将其处理为双面排水边界，由此计算得沉降如图 4、图 5 所示。图 4 为本文所提模型及 Chai-Miura 模型的沉降计算值与实测值的对比，图 5 为交通荷载引起的沉降，包括交通荷载引起的固结沉降及剪切变形引起的沉降随时间发展的规律。

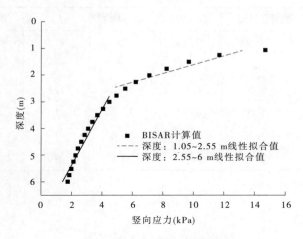

图3　竖向应力沿深度的分布

表3　动应力计算参数

土层	厚度（m）	E（MPa）	υ	c_v（10^{-3}cm²/s）
沥青面层	0.05	100	0.2	
垫层	0.3	35	0.2	
石灰土	0.4	30	0.2	
置换材料	0.3	30	0.25	
地基表层	1.5	10	0.25	2.43
黏土层 A_{c1}	4.3	5	0.3	0.81
粉砂层 A_{s1}	3.2	10	0.25	
黏土层 A_{c2}	10.4	5	0.3	6.4

图4中,由路堤荷载引起的固结沉降参照了 Sakai 的计算值。对于交通荷载引起的沉降,本文所提模型的沉降计算值与实测值发展规律相似,而 Chai-Miura 模型的沉降计算值在交通荷载作用的初期相对实测值来说发展较快,这是因为 Chai-Miura 模型是基于不排水的剪切试验,只考虑了交通荷载下剪切变形引起的沉降,而没有考虑孔隙水压力消散引起的沉降及孔隙水压力消散对剪切变形的影响。

图5为交通荷载引起的沉降随时间发展的规律,可见本文所提模型的沉降计算值在800 d 时略大于 Chai-Miura 模型计算值,但后者在荷载作用初期发展较快。由剪切变形引起的沉降在800 d 时略大于固结沉降,但在交通荷载开始作用后的前540 d 内,固结沉降是交通荷载引起沉降的主体部分。

表4 1号测点处各层沉降计算参数

深度(m)	厚度(m)	q_d(kPa)	q_s(kPa)	q_f(kPa)	C_c	b	m
0.25	0.5	11.93	7.46	25	1.2	0.16	2
0.75	0.5	8.62	11.1	25	1.1	0.16	2
1.5	1.0	6.16	6.04	30.2	1.1	0.16	2
2.5	1.0	5.00	8.57	32.6	1	0.18	2
3.5	1.0	3.45	11.09	34.6	1	0.18	2
4.9	1.8	2.51	14.63	36.8	0.9	0.18	2

注:表中深度为路堤底面以下深度。

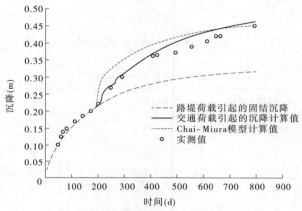

图4 沉降计算结果与实测值的对比

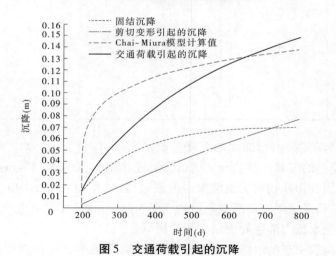

图5 交通荷载引起的沉降

4 结语

(1)提出了预测交通荷载下软土地基累积沉降的模型,该模型能够考虑交通荷载引起的固结沉降以及受孔压消散影响的剪切变形引起的沉降。其中,对于剪切变形引起的沉降,采用分层计算累积应变的方法;对于固结沉降,采用一维固结理论计算,且初始孔压分布与交通荷载引起的竖向应力分布相同,并提出采用折线型分布对其进行简化,并结合连盐高速的实测数据进行了验证。

(2)将模型运用到佐贺机场高速工后沉降的计算中,验证了该模型在工程边值问题中的合理性,且相对 Chai-Miura 模型来说,该模型能够更合理地计算交通荷载作用初期的沉降值。但对交通荷载引起的固结沉降采用一维固结理论进行计算,实际上回避了交通荷载作用下地基中孔隙水压力长消的复杂历程,而本文力求发展一种简便实用的算法,因此如何更为合理地考虑交通荷载引起的地基中孔隙水压力的增长和消散状态将是下一步研究的重点。

参考文献

[1] Fujikawa K,Miura N,Beppu I. Field investigation on the settlement of low embankment road due to traffic load and its prediction[J]. Soils Found,1996,36(4):147-153.

[2] 凌建明,王伟. 行车荷载作用下湿软路基残余变形的研究[J]. 同济大学学报:自然科学版,2002,30(11):1315-1320.

[3] Monismith CL,Ogawa N,Freeme C. Permanent deformation characteristics of subgrade soils due to repeated loading[J]. Transportation Research Record,1975(537):1-17.

[4] Li D,Selig ET. Cumulative plastic deformation for fine-grained subgrade soils[J]. Journal of geotechnical engineering,1996,122(12).

[5] Chai JC,Miura N. Traffic-load-induced permanent deformation of road on soft subsoil[J]. Journal of geotechnical and geoenvironmental engineering,2002,128(10):907-916.

[6] 崔新壮. 交通荷载作用下黄河三角洲低液限粉土地基累积沉降规律研究[J]. 土木工程学报,2012,45(1):154-162.

[7] 魏星,黄茂松. 交通荷载作用下公路软土地基长期沉降的计算[J]. 岩土力学,2009,30(11):3342-3346.

[8] 李进军,黄茂松,王育德. 交通荷载作用下软土地基累积塑性变形分析[J]. 中国公路学报,2006,19(1):1-5.

[9] 崔新壮. 交通荷载作用下低路堤软粘土地基累积沉降规律分析[J]. 中国公路学报,2009,22(4):1-8.

[10] 谢康和. 双层地基一维固结理论与应用[J]. 岩土工程学报,1994,16(5):24-35.

[11] 赵俊明,刘松玉,石名磊,等. 交通荷载作用下低路堤动力特性试验研究[J]. 东南大学学报:自然科学版,2007,37(5).

[12] 沈珠江. 基于有效固结应力理论的粘土土压力公式[J]. 岩土工程学报,2000,22(3):353-356.

[13] Sakai A,Samang L,Miura N. Partially-drained cyclic behavior and its application to the settlement of a low embankment road on silty-clay[J]. Soils and foundations,2003,43(1):33-46.

螺杆灌注桩在地基处理中的应用及研究

王俊林　　文鹏宇　　王永生　　许　琨

（郑州大学水利与环境学院　郑州　450002）

摘要：现浇混凝土螺杆桩，是一种应用于地基处理中的新型桩，具有承载力大、施工无噪声、无泥浆污染等优点。本文简要介绍了螺杆桩的成桩工艺及单桩竖向极限承载力的计算方法，并通过工程实例将螺杆桩的静载试验结果与设计计算结果进行了对比分析，展望了螺杆桩技术的发展前景。

关键词：螺杆桩　成桩工艺　竖向承载力　静载试验　发展前景

随着现代建筑物的不断增高，结构自重越来越大，对地基承载力的要求也越来越高。尽管普通灌注桩对提高地基承载力有很大的帮助，但是施工过程中的噪声、泥浆等对环境造成一定的负面影响。鉴于此，衍生了很多桩型，其中现浇混凝土螺杆桩是近几年才出现的一种新型组合桩型。它是在螺旋灌注桩、全螺纹灌注桩和高强度钢筋混凝土的基础上加以改进而发展起来的，与其他桩型相比，螺杆桩具有如下优点：

（1）施工过程噪声小，不到 50 dB，对周围的扰动小，可以 24 h 连续施工。

（2）螺杆桩是通过利用桩机钻具旋转挤压土体的方法为泵压混凝土提供钻孔，而不是传统的方法通过取出地下土形成空隙后再注浆。因此，在施工过程中的出土量少，不需泥浆池，减少了外运土方量，节约成本的同时又减小了对环境的污染。

（3）在承载力要求相同的情况下，螺杆桩比普通灌注桩更省材料，具有较高的经济效益。

（4）螺杆桩成桩虽然需要独特的成桩工法以及满足相应工法要求的特制桩机，但其施工速度快，施工过程易于控制。

上述优点都是传统桩型无法相比的，可见对螺杆桩进行研究分析是很有必要的。

1　螺杆桩结构受力特点分析

在竖向荷载作用下，土体中的附加应力随着埋深的增加而减小，埋深越浅附加应力越大，桩与土体之间的剪切作用力也就越大，当剪切作用力超过土体的抗剪强度时，土体便被破坏，此处的土与桩之间不再有作用力，而是沿着桩体埋深将力传递下去，土体逐次破坏，使桩的极限承载力降低。

而螺杆桩采用上部圆柱、下部螺纹的结构型式，很好地符合了土体中应力的变化规律。螺杆桩上、下段的长度比例，要根据土的情况及承载力要求具体设计。上部的圆柱部分，增加了上部桩的断面面积，充分发挥了土与桩之间的剪切作用；下部的螺纹构造，使得

作者简介：王俊林，男，1963 年生，博士，教授，主要从事基础工程方面的教学与研究工作。

土体被挤压到螺牙之间,相比于传统桩型的土与混凝土桩体之间的摩阻力,变为了土与土之间的剪切力和土与混凝土之间的咬合力,由于同种材料的内部摩擦力要大于不同材料的接触摩擦力,很好地提高了桩的承载能力。

2 螺杆桩的成桩工艺

螺杆桩独特的成桩工法,在施工过程中要采用专用的螺杆桩机钻孔。其在成桩过程中主要依据两方面的技术性能:同步技术性能、非同步技术性能。同步技术性能是指每当钻具旋转一周时,转杆也正好向土中掘进一个螺距的深度,形成螺旋孔,提钻时亦是如此;非同步技术性能是指利用桩机控制钻机旋转速度大于转杆的下钻深度,通过挤压土体从而形成一个圆柱型钻孔。

经过测量定位确定下钻的位置,利用抗扭刚度较大的钻杆开始工作,首先根据非同步技术性能,控制转速与下钻的速度,形成圆柱孔直至长度达到设计高度,然后利用同步技术性能,形成螺纹段,直到设计值。然后边反转钻杆,边提钻,在提钻的同时利用钻杆内的芯管作为通道,在高压状态下把混凝土灌入孔内。

在施工过程中,要严格控制下钻的速度以免钻杆变形过大而破坏,同时要实时监测钻杆的角度,如若发现偏差应及时调整,以免出现较大的偏差。

3 螺杆桩单桩竖向承载力计算

3.1 影响因素

(1)螺杆桩的极限承载力的提高主要依靠土的抗剪强度。

土的抗剪力特征值计算公式如下:

砂类土 $$\tau_{si} = \sigma_i \tan\varphi_i \tag{1}$$

黏性土 $$\tau_{si} = c_i + \sigma_i \tan\varphi_i \tag{2}$$

式中:σ_i 为第 i 层土剪切滑动面上的法向应力,kPa;c_i 为第 i 层土的黏聚力,kPa;φ_i 为第 i 层土的内摩擦角,(°)。

由式(1)、式(2)可知,随着 σ_i、c_i、φ_i 的增大,抗剪力特征值也是增大的。

(2)螺纹段的构造特点对桩的承载能力也有很大的影响。

参考相关分析资料[1],当螺距、螺牙宽度在一个合适的值时,对提高螺杆桩的承载力有很大的帮助,螺距一般取 0.3~0.5 m。

3.2 计算方法

由于螺杆桩是由直杆段、螺纹段和桩端三部分构成的,因此在承载力计算时需要对其进行分段处理。

(1)直杆段侧阻力 Q_{sk1} 是由桩土之间的摩阻力实现的。所以,计算方法与普通灌注桩相同,即

$$Q_{sk1} = u \sum q_{sik} l_i \tag{3}$$

式中:Q_{sk1} 为直杆段桩的极限侧阻力标准值,kPa;u 为桩身周长,m;l_i 为桩的直杆段穿越第 i 层土的厚度,m。

（2）螺纹段侧阻力 Q_{sk2} 是由桩的螺牙与土的机械咬合作用力通过桩孔侧壁土的抗剪强度体现的,与直杆段的受力机理不同。目前常用的其计算式为

$$Q_{sk2} = u \sum \tau_{si} l_i \tag{4}$$

式中:参数的意义同前述。但是在计算剪力时,把剪切滑动面上的法向应力进行了简化,看做定值处理,不能很好地符合土的应力变化,因此会引起一定的误差。

本文采用如下方法计算法向应力:

$$\sigma_i = k_0 \gamma_i z \tag{5}$$

式中:z 为指桩竖向埋深;k_0 为静止侧压力系数,取为 1.20;γ_i 为第 i 层土的重度。

在深度 z 处取一段微元体 $dxdydz$ 进行受力分析,如图 1 所示。

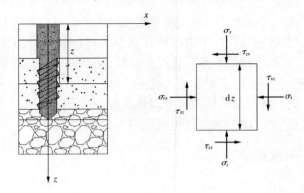

图 1　深度 z 处微元体受力分析

不考虑桩的挤压作用对土的影响,分析土在自重作用下的受力,在埋深 z 处,其竖向的附加应力 $\sigma_z = \xi \gamma_i z$,由于 σ_x 与 σ_z 的关系[2]为 $\sigma_x = k \sigma_z$,于是可以得出在自重应力和附加应力的作用下,有 $\sigma_i = k_0 \gamma_i z$。

因而,此微元体的所受剪力为 $\tau_{xz} = (k_0 \gamma_i z \tan\varphi_i + c_i) dz$。

通过积分求和,可得螺纹段的受力为

$$Q_{sk2} = u \int_{z_i}^{z_{i+1}} (k_0 \gamma_i z \tan\varphi_i + c_i) dz \tag{6}$$

（3）桩端阻力计算。由于螺杆桩在成桩过程中对孔底有挤土作用,加之管内泵压混凝土有较高的压力,作用机理类似普通灌注桩[3-6]。计算式如下:

$$Q_{pk} = q_{pk} A_p \tag{7}$$

式中:Q_{pk} 为极限端阻力标准值,kPa;A_p 为桩端面积,m^2。

因此,螺杆桩单桩竖向极限承载力计算公式如下:

$$Q_{uk} = Q_{sk1} + Q_{sk2} + Q_{pk} \tag{8}$$

$$= u \sum q_{sik} l_i + u \int_{z_i}^{z_{i+1}} (k_0 \gamma_i z \tan\varphi_i + c_i) dz + q_{pk} A_p$$

式中:z_i 为第 i 层土的埋深。

4 工程实例

4.1 工程概况

根据三门峡华盛建筑检测有限责任公司提供的资料得知:本工程为某住宅楼改造项目的试桩工程,桩基施工完毕后,拟采用单桩竖向抗压静载试验对试桩进行检测。根据勘察及室内土工试验结果,拟建场地内地层主要由黄土状粉质黏土、黄土状粉土及卵石层构成,其中黄土状粉土层的土体较混杂,分层界限不清晰。综合考虑该场地的湿陷类型确定为自重湿陷性黄土场地,湿陷等级Ⅲ级[1]。场地土层主要分为5层,其分布及厚度见图2。第五层卵石层,勘察过程中未揭穿,已经揭露最大厚度为9.2 m,图中的黄土状土其各层的性质是不一样的,参数资料见表1。

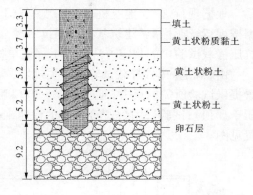

图 2　场地地层分布以及厚度 （单位:m）

表 1　场地土的工程地质参数

层序	地层	重度 γ（kN/m³）	黏聚力标准值（kPa）	内摩擦角标准值（°）	承载力特征值 f_{ak}（kPa）	压缩模量 E_s（MPa）	极限侧阻力标准值（kPa）	极限端阻力标准值（kPa）
1	填土	—	—	—	—		—	—
2	黄土状粉质黏土	19	35	28	160	9.6	40	
3	黄土状粉土层	19.4	18.5	20	210	5.41	40	
4	黄土状粉土层	19.3	12.2	18.1	130	7.29	30	
5	卵石	26.5	0	30	300	—	200	8 500

4.2 单桩的极限承载力特征值

由上述的计算式以及地质资料可计算得该桩的理论计算值:

直杆段侧阻力 $1.57 \times (40 \times 3.3 + 40 \times 3.7) = 439.6(kN)$

螺纹段侧阻力 $1.5 \times \left[\int_{7}^{12.2} (1.2 \times z \times 19.4 \times \tan20° + 18.5)dz + \right.$

$\left. \int_{12.2}^{17.4} (1.20 \times z \times 19.3 \times \tan18.1° + 12.2)dz + \int_{17.4}^{19.5} 1.20 \times z \times 26.5 \times \tan30°dz \right]$

$= 1.57 \times 1.20 \times (448.7 + 548.92 + 592.8) = 2\,996.354(kN)$

桩端阻力 $0.196\,25 \times 8\,500 = 1\,668(kN)$

经计算得直径为500 mm螺杆桩单桩竖向极限承载力:

$$Q_{uk} = 439.6 + 2\,996.35 + 1\,668 = 5\,104(kN)$$

4.3 单桩静载试验

本次螺杆桩试桩,全长 19.5 m,圆柱段长 7 m,试桩桩径为 500 mm,螺纹段芯管直径 380 cm,灌注混凝土设计强度为 C40,拟定最大加荷值 6 400 kN,桩端位于第 5 层卵石层中。

根据现行规范《建筑桩基技术规范》(JGJ 94—2008)[8]采用新桩型或新工艺时,要根据按现行行业标准《建筑基桩检测技术规范》(JGJ 106—2003)[9](简称《规范》)单桩竖向抗压静载试验中的规定方法确定工程桩单桩竖向承载力。

由《规范》单桩静载试验的相关规定,本次试验的加载反力装置选择锚杆横梁反力装置提供试验所需的反力,通过一台 6 300 kN 的液压千斤顶(两台 YQ – 500 型 5 000 kN 液压千斤顶),试验采用《规范》规定的慢速维持荷载法进行分级加载,其加载系统及仪表布置见图 3。

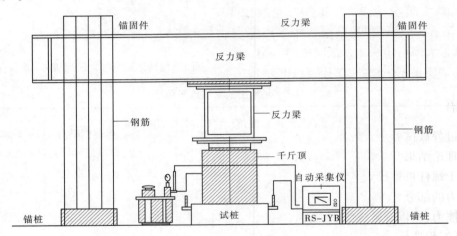

图 3 加载系统及仪表布置

根据现行《建筑基桩检测技术规范》(JGJ 106—2003),试验加卸载方式应符合下列规定:加载分级进行,采用逐级等量加载;分级荷载宜为最大加载量或预估极限承载力的 1/10,其中第一级可取分级荷载的 2 倍。因此,本次试验拟定的荷载分级为:1 280 kN,1 920 kN,2 560 kN,…,4 480 kN,5 120 kN,5 760 kN 。

按照《规范》第 4.3.6 条规定的慢速维持荷载法试验步骤进行,当出现《规范》第 4.3.8 条中的情况之一时,即终止加载。

由自动采集仪采集到的数据,生成的 $Q \sim s$ 曲线,见图 4。

根据《规范》规定的单桩竖向抗压极限承载力 Q_u 确定方法综合分析:

由图 4 可见:$Q \sim s$ 曲线有三个非常明显的拐点,分别位于 a、b、c 三点处。出现点 a 时,为弹性受力终止点;继续加载当到第二个拐点 b 处时,此时的沉降值仍为达到终止加载值;当加载 5 720 kN 时,$Q \sim s$ 曲线陡降,终止试验。单桩竖向抗压极限承载力 Q_u 的确定方法为:对于陡降型 $Q \sim s$ 曲线,取其发生明显陡降的起始点对应的荷载值,即取 b 点对应的荷载值 5 120 kN。

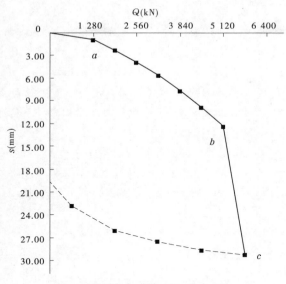

图4　自动采集仪生成的 $Q \sim s$ 曲线

5　结语

通过静载试验所测的单桩承载力与理论计算值对比分析可得,采用文中所述计算方法所得理论结果与试验值非常接近,对工程实例计算分析有一定的参考意义。

由于螺杆桩螺纹段螺牙间以土取代了部分混凝土,本应由混凝土与土体之间摩擦提供承载力的部分变为土与土之间的摩擦力,又因同种材料的内部摩擦力大于不同材料的接触摩擦力,所以螺杆桩与普通灌注桩相比能够有效提高单桩承载力,同时对于节约混凝土、降低工程造价有着积极的作用。

螺杆桩改善了全螺纹桩的受力特点,采用"上圆柱、下螺纹"的形式充分适应了土体中附加应力的变化规律,使得桩在土中的受力更加合理。

综上所述,螺杆桩在施工过程中具有无噪声、无污染、取土少、施工效率高等优点,同时对于节约材料、降低造价、提高地基承载能力具有重要的意义,在地基处理中具有广阔的发展前景。

参考文献

[1] 李成巍,陈锦剑,吴琼,等.灌注螺纹桩承载机理与计算方法[J].上海交通大学学报,2010,44(6):726-730.

[2] 郑晓伟,殷桂敏,仉桂敏.基坑内摩阻力的侧压力计算方法[J].青岛理工大学学报,2006,27(3):131-135.

[3] 陈希哲.土力学地基基础[M].4版.北京:清华大学出版社,2004.

[4] 李波杨,吴敏.一种新型的全螺旋灌注桩——螺纹桩[J].建筑结构,2004,34(8):55-57.

[5] 龙涛.螺纹桩与土相互作用研究[D].长沙:中南大学,2010.

[6] 吴敏,李波杨.全螺旋灌注桩——螺纹桩竖向承载力初探[J].武汉大学学报:工学版,2002,35(5):109-112.

[7] 杨克己,等.实用桩基工程[M].北京:人民交通出版社,2004.

[8] 中华人民共和国建设部.JGJ 106—2003 建筑基桩检测技术规范[S].北京:中国建筑工业出版社,2003.

[9] 中华人民共和国建设部.JGJ 94—2008 建筑桩基技术规范[S].北京:中国建筑工业出版社,2008.

十、环境岩土工程与地质灾害防治

CFG桩长螺旋钻施工引起的环境岩土工程问题探析

李　嘉[1]　张景伟[2]

(1.郑州大学水利与环境工程学院　郑州　450002；
2.郑州大学土木工程学院　郑州　450002)

摘要：通过对郑州市区工程地质情况的阐述,以及CFG桩长螺旋钻管内泵压成桩工艺施工对周围环境的扰动机理分析,理论推导出了CFG桩长螺旋钻施工引起的环境岩土工程问题影响范围,并提出了相应的控制技术,为类似工程提供了一些实践经验。

关键词：CFG桩　长螺旋钻管内泵压　环境岩土工程　控制技术

1　引言

CFG桩是水泥、粉煤灰、碎石桩的简称。目前,CFG桩复合地基技术在国内许多省市得到广泛应用,近几年,CFG桩复合地基在郑州地区的应用也日趋广泛。由于它较钢筋混凝土灌注桩更经济、施工速度快、施工现场文明,因此受到业主、专家的普遍好评。特别是长螺旋钻管内泵压成桩工艺,由于低噪声、无泥浆污染、成孔穿透能力强、施工效率高,对加固层含有较厚沙层的地基较振动沉管法工艺具有明显优势,因此它成为近几年来CFG桩复合地基中应用最多的施工工艺。CFG桩法及其长螺旋钻管内泵压成桩工艺已纳入《建筑地基处理技术规范》(JGJ 79—2002),成为国家行业标准。

大量工程实践表明,CFG桩复合地基设计,承载力通常能够满足要求,而施工过程中则可能对周围环境产生影响,特别是在郑州地区,CFG桩长螺旋钻管内泵压成桩工艺施工存在较多的环境岩土工程问题。

2　郑州地区工程地质单元的划分

郑州市位于华北平原西南部的边缘地带,地势平坦,起伏不大,地势由西南向东北倾斜。郑州市区大致可以划分为两个工程地质单元。

(1)黄土工程地质单元,其范围主要指市区内京广铁路以西,东西大街、郑汴路以南的广大地区,地质构造上位于荥巩背斜的北翼,地域上为嵩山古陆的一部分。60 m深度范围内,除下更新世地层受喜山运行影响缺失外,其主要发育着全新世粉土及粉质黏土、上更新世粉土、中更新世粉质黏土、上第三纪泥灰岩,均为硬质土类。地基土具有色黄、大孔隙发育、含碳酸盐类等的特点,属黄土类土。除个别地方有轻微湿陷性外,一般浅层地

作者简介：李嘉,女,1981年生,硕士,专业为岩土工程。

基土工程特性良好,是较好的建筑场地。

(2)泛滥平原工程地质单元,其范围主要位于京广铁路以东,东西大街、郑汴路以北的地区。该区域地表浅层土体为全新世黄河泛滥堆积物,具典型的"二元"结构,上部地层主要为:①全新世上段(Q_4^3)冲洪积稍密粉土、软—流塑的粉质黏土;②全新世中段(Q_4^2)冲湖积稍—中密粉土、软—可塑粉质黏土,色暗,富含有机质,有机质含量3%~8%;③全新世下段(Q_4^1)冲积粉细砂。全新世上段(Q_4^3)、全新世中段(Q_4^2)的土多为软弱土,天然含水量高,一般均接近或大于25%,近液限;天然孔隙比一般在0.8~0.95之间,属高压缩性,承载力一般为70~110 kPa,且土层不均匀,夹层互层较多,又地下水埋藏一般小于5 m,局部小于2 m。并且,全新世下段(Q_4^1)冲积粉细砂中的水,并不是单纯的潜水类型,具备微承压水的性质,其工程特性与一般的潜水类型也有所不同。CFG桩施工对环境影响机理分析见图1。

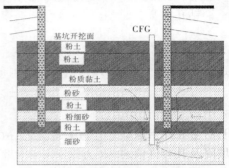

图1 CFG桩施工对环境影响机理分析

3 CFG桩施工对周围环境的扰动机理分析

3.1 钻孔内出现真空

CFG桩施工时,①为了钻头阀门容易打开,往往采用钻到设计标高后,先提钻0.5~1 m,然后灌注混合料的施工方式,这使得桩孔底部在未灌注混凝土前出现真空状态。②泛滥平原工程地质单元地区"二元"结构地层含砂量大,含水率高,略带承压性质,这种情况下采用一般的侧壁活瓣式钻头时,承压水带着土体中的细砂通过钻头间隙进入钻管管芯,有时形成50 cm左右的"砂塞"。泵入混合料提钻时,塞砂堵住了钻头阀门,只有钻头提升到一定高度,钻管内达到相当大的压力后阀门才被打开,或根本打不开,造成堵管,使得钻孔底部形成真空。③边提钻边泵送混合料,很多时候混合料还未达到长螺旋钻管底部,就开始提钻,使得钻孔底部形成真空。④泵送量同钻杆提拔速度不协调。成桩时,钻杆上拔速度过快,混合料输送量不足,造成钻孔内出现短暂真空。⑤正常情况下,钻头上拔瞬间,钻孔底部出现短暂真空。这都将引起泛滥平原工程地质单元地区"二元"结构地层中的粉砂或粉细砂中的孔隙水快速向钻孔内渗流,带动土体中的细小砂粒流入钻孔中,经过多次反复作用,这种土体的破坏会向远处扩散。这属于在高水头差的作用下易于出现的渗透变形问题。

3.2 渗透变形机理

CFG桩施工的渗透变形问题是多种因素的综合结果。

(1)由于CFG桩施工时,钻孔内出现短暂的真空状态,产生了水头差,而软土地基土体孔隙率较大,结构疏松,一些细颗粒很容易被水流带走。使土体中的孔隙加大,在有效应力作用下,这些因渗透作用产生的"空洞"将被压密,从而引起周围地面下沉。

(2)在渗流作用下,土层中因细颗粒被冲出带走所形成的孔道逐渐扩大并连成管道,将引起泥沙突发性流动。使CFG桩基坑周围土体发生部分滑移,产生裂缝。当渗透力方向与重力方向相反时,CFG桩基坑土体发生滑移更明显,产生的裂缝更宽。

(3)基坑开挖过程和CFG桩施工过程中对土体的扰动、振动也是引起基坑渗透变形、导致工程事故的一个重要因素。

4 影响范围计算

为了估算和评价 CFG 桩在郑州地区全新世下段(Q_4^1)冲积粉细砂中施工对周围环境的影响,可以通过渗流稳定理论来计算其影响半径。

钻孔中某一时刻为真空时,相当于 10 m 高的水头差。

$$i_e = (10 + h)/R \tag{1}$$

$$i_{cr} = K_c i_e = (10 + h)K_c/R \tag{2}$$

故可得:

$$R = (10 + h)K_c/i_{cr} \tag{3}$$

式中:i_e 为容许水力梯度;h 为承压水高度;K_c 为渗流稳定安全系数,对于砂土取 1.5~2.0,对于黏性土取 2.5~3.0;i_{cr} 为临界水力梯度,对于无黏性土,可参考无黏性土临界水力坡降及其容许值表;R 为最远影响点到 CFG 桩复合地基最外一排桩孔的水平距离,m。

5 CFG 桩环境效应控制技术

(1)由于钻进技术要求,在钻进过程中,不允许猛加压力钻进,所以在软硬土层交替的部位现在施工工艺往往采取钻进—提钻—钻进的方法,反复进行。我们可以通过设计专利钻头,使其一次成孔,减少对周围环境的不良影响。

(2)在基坑周围设置水泥土墙止水帷幕,来防止 CFG 桩复合地基施工对基坑周围地面、建筑物及建筑环境的不利影响。

止水帷幕的设计要满足规范规定的抗渗要求,这使得水泥土桩水泥掺入比 $a_w(\%) \geq 20\%$,并考虑郑州地区全新世下段冲积粉细砂密实强度较高及喷射搅拌桩的优良性能(比深层搅拌桩均匀、强度高、土层适应性强,比旋喷桩密实),应选喷射搅拌桩水泥土墙作为止水帷幕。

在进行抗渗稳定性验算时要求:

$$\gamma_{Rw} = \frac{\gamma_m t}{\gamma_w \left(\frac{1}{2}h' + \frac{1}{2}h + t \right)} \geq 1.1 \tag{4}$$

式中:γ_m 为土的饱和重度;t 为桩插入坑底深度;γ_w 为水的重度;h' 为坑内外水位差;h 为承压水水头,m。

(3)隔行隔列跳打。为了防止按空间顺序依次打桩时相邻桩及桩间土破坏效应累积,即后打的桩加剧前面已打桩的流土、管涌及其他破坏现象,隔行隔列跳打是一种较好控制措施。

6 工程实例

6.1 工程概况

郑州市某高档住宅小区二期工程 8 号楼,地上 32 层,地下 2 层,位于郑州市健康路与劳卫路之间。北侧距离优胜北路约 13 m,东侧距离已建成的 1 号楼约 13 m。设计基础为 CFG 桩,施工工艺采用长螺旋钻管内泵压成桩工艺。

6.2 地质概况

根据该场地岩土工程勘察报告,各层岩土特征如下:①填土层厚 0.3~3.2 m;②粉土层厚 1.8~3.5 m;③粉质黏土加粉土层厚 1.2~3.7 m;④粉土层厚 0.8 m;⑤粉砂层厚 1.5~1.8 m;⑥粉质黏土层厚 0.8~3.0 m;⑦粉土层厚 1.5~3.0 m;⑧粉砂层厚 2.0 m;⑨粉土层厚 1.0~3.0 m;⑩粉土加砂;⑪粉土;⑫粉细砂层厚 1.1~3.1 m;⑬粉土层厚 3.0 m;⑭粉细砂层厚 8.0~8.5 m。

6.3 治理对策

该工程预定在基坑开挖至 4.0 m 深时进行 CFG 桩长螺旋钻管内泵压成桩工艺施工,经过计算施工过程中会对周围环境造成影响,需采取措施。根据本工程基坑周边环境的特点,工程地质的情况,并结合基坑开挖对周围环境的影响,以及经济性,经过多方比选,采用 CFG 桩"隔行隔列跳打",在基坑周围设置水泥土墙止水帷幕来解决 CFG 桩施工和基坑降水对周围道路、建筑物及建筑环境的不良影响。其中,止水帷幕采用深层喷射搅拌桩水泥土墙。高压喷射搅拌桩水泥土墙最厚处 950 mm,深度 18 m。桩墙由 2 排高压喷射搅拌桩组成,桩径 550 mm,桩与桩咬合 150 mm。措施实施后,在 CFG 桩施工期间及结束后通过坑壁斜测和周围沉降监测来监控周围道路、建筑物及建筑环境。测斜结果发现,粉土层、粉质黏土层和粉细砂层对降水和 CFG 桩施工最敏感。沉降监测结果分为两组,第一组为邻域内路面沉降,第二组为邻域内建筑沉降。沉降监测结果显示:基础垫层完成后,所有沉降监测点位的变形均趋于收敛。第一组路面沉降较小(最大值 2.52 mm),监测结果远小于施工前最大沉降 30 mm 的控制指标;第二组邻域内二层建筑沉降较大(最大值 13.75 mm),监测结果略小于施工前最大沉降 15 mm 的控制指标。

7 结语

(1)提出针对泛滥平原工程地质单元地区"二元"结构地层,CFG 桩长螺旋钻管内泵压施工对周围环境的扰动机理,即钻孔内出现真空。

(2)根据泛滥平原工程地质单元地区的水文地质情况及不同的工程特点,对 CFG 桩长螺旋钻管内泵压施工对周围环境的影响范围进行了研究分析,得出了相应的计算公式。

(3)根据 CFG 桩长螺旋钻管内泵压施工对周围环境的扰动机理及影响范围研究成果,提出控制 CFG 桩施工环境变形、沉降的技术措施,即底开门钻头、复合土钉支护 - 隔水技术及隔行隔列跳打等技术措施。

参考文献

[1] 阎明礼. CFG 桩复合地基技术及工程实践[M]. 北京:中国水利水电出版社,2001.
[2] 方波,王光华,辛峰,等. CFG 桩施工中的环境岩土工程问题及对策[J]. 河南科学,2003,21(5):587-589.
[3] 中国建筑科学研究院. JGJ79—2002 建筑地基处理技术规范[S]. 北京:中国建筑工业出版社,2002.
[4] 陈刚,张利生. CFG 桩施工中常见的问题及质量控制措施[J]. 岩土工程界,2002,5(6):30-32.
[5] 冯玉国. 长螺旋钻管内泵压 CFG 桩成桩工艺混合料堵管的原因及预防措施[J]. 地质装备,2003,3(4):3-8.
[6] 许宝田. 土体中渗透变形及其防护[D]. 南京:南京大学,2002.
[7] 杨锦东. 深基坑中的渗透变形和防治[J]. 广东建材,2004(8):59-60.
[8] 钱玉林,严斌,胡唐伯. 渗透变形的防治及其工程应用[J]. 土工基础,2001,15(1):57-60.

MIFS 系统在滑坡原位动态变形监测及信息反馈中的应用研究

彭　鹏[1]　单治钢[1]　钟湖平[2]　贾海波[1]　董育烦[1]

(1. 中国水电顾问集团华东勘测设计研究院　杭州　310000;
2. 江西华东岩土工程有限公司　南昌　330029)

摘要: 滑坡体的动态变形监测大多是综合观测,一般会在滑坡体上布置多个传感器,但是目前的监测模型仅依靠某个关键点的数据进行评判分析,且多集中于监测数据的整合,并未考虑传感器自身的因素,造成原始数据信息的流失,引起分析结果的不精确。为了克服以上不足,开发了针对滑坡体原位动态变形监测及信息反馈的 MIFS 系统,即多传感器智能融合反馈系统。系统结合估值融合理论,采用较高级的决策级融合方法,将其应用于西南某滑坡动态变形的监测分析,融合后的数据较为理想,消除了融合前数据的矛盾性和不准确性,获得了被测对象的一致性描述和解释。经分析知:该滑坡的整体位移随时间的增大而增大,且年均下滑速度也呈现上涨趋势,具有阶段性变化的特点。自监测之日起至今,由位移信息反映出该滑坡形变经历了缓慢变形期、匀速变形期、加速变形期以及急剧变形期,这符合滑坡的工程特性依时性变化规律。另外,还反映出降雨入渗与浅源地震是引起该滑坡发生位移变形的主要因素,亦符合滑坡的一般自然规律。工程实例证明了该系统在滑坡动态变形监测与反馈分析中具有有效性和可行性。

关键词: 滑坡动态变形监测　信息反馈　MIFS　估值融合

1　引言

　　滑坡灾害是我国常见的地质灾害之一,由于滑坡类型的多样性和复杂的地质条件等,影响滑坡稳定性的主要因素也不尽相同,尤其是水利枢纽附近的巨型滑坡体,其灾害性更为巨大,一旦塌滑,引起的涌浪、堰塞湖将对人民财产造成巨大的损失。为了对其进行实时的动态变形监测,往往在滑坡体上布置不同数量的传感器(如 GPS 监测点、测斜孔、多点位移计等),以掌握滑坡体整体工程性态演化的综合信息[1-2]。

　　滑坡体沿顺坡面的水平位移与沿重力方向的垂直位移特征能较为直观地反映出滑坡体的工作性态,即滑坡体的工程特性(如稳定性)依时性变化,因此正确分析滑坡体的动态位移特征,是检测其是否安全的重要手段之一。

　　对于滑坡监测数据,较常见的分析方法有神经网络、小波理论、灰色 GM(1,1)模型,以及其他"软计算"模型和方法结合而成的组合模型。严福章[3]、杨志法[4]、李秀珍[5]等

作者简介:彭鹏,1982 年生,博士后,主要从事坝址区工程地质与水文地质研究。

建立滑坡变形预测的多个非线性预测模型;且李秀珍利用最优加权组合理论建立洒勒山滑坡的最优加权组合预测模型,并运用高斯—牛顿法对各单一模型和组合模型的参数进行了优化。通过对比分析得出:组合模型的预测精度高于任何单一模型的预测精度;参数优化后各单一模型的预测精度都有不同程度的提高;参数优化后的组合模型预测精度是最高的。但对于不同的监测数据,采集时采取不同的传感器,分类进行滑坡体单一动态特征分析,需要人为筛选出"关键点"的监测数据进行评价与分析,这样就存在很大的人为性和不确定性;同时,刘明贵等[6]认为采用多个传感器采集的数据进行分析,难以将各个评价指标协同起来,往往出现结果不一致,很难准确地判断出滑坡体的状态。因此,如何将各传感器数据进行有效融合,需要进一步地研究。

国内已有不少专家将数据融合理论运用于水工建筑物及库区滑坡的位移、变形监测以及整体工作性态评判,罗长军[7]、陈晓平[8]等利用渗流监测资料,采用数据级融合分析方法,完成了陡坡水库大坝渗透稳定性及渗透变形分析及渗流作用下软基心墙坝稳定性分析;王建等[9]采用多传感器信息融合的方法对大坝坝体的变形监测数据进行了特征级的数据分析,认为数据融合方法对不同类型的传感器采集到的数据有较好的适用性;苏怀智、顾冲时、吴中如等[10-11]将大坝渗流量、扬压力、大坝水平位移及沉降、降雨和温度等若干监测数据汇集一起,建立对整个大坝工作性态的模糊可拓评估模型并建立大坝安全智能融合监控体系。

但是以往研究多集中于对监测数据的整合,并未考虑传感器自身的因素,引起融合结果的不精确。本文将估值理论用于滑坡监测数据的技术处理,并开发成相应软件系统,一方面可以减小来自传感器采集数据的误差;另一方面有利于筛选出"关键点",有利于滑坡体的整体性态评价。

利用多种传感器能够更加准确地获得环滑坡变形的某一特征或一组相关特征,比任何单一监测数据获得的信息具有更高的精度及可靠性。各个监测传感器性能相互补充,收集到的滑坡变化信息中不相关的特征增加了,整个系统获得某单一传感器所不能获得的独立特征信息,可显著提高监测系统的性能;提高了监测系统容错能力,当系统中有一个甚至几个传感器出现故障时,尽管某些信息量减少了,但仍可由其他传感器获得有关信息,使系统继续运行,经过信息融合处理无疑会使滑坡监测系统在利用这些信念时具有很好的容错性能,同时可提高整个监测系统的性能,国外在研究多传感器信息融合,已从理论上证明通过多传感器信息融合,获得对环境或目标状态的最优估计,一定不会使整个系统的性能下降,即多传感器信息融合性能不会低于单传感器系统的性能。作者开发了针对滑坡体原位动态变形监测及信息反馈的 MIFS 系统,即多传感器智能融合反馈系统工程。实例表明,该系统能有效地反映滑坡体的工程性态的依时性变化。

2 多传感器数据融合

2.1 融合原理及层次

数据融合(Data Fusion)是指对来自多个传感器的数据进行多级别、多方面、多层次的处理,从而产生新的有意义的信息。基本原理也就像人脑综合处理信息一样,充分利用多个传感器资源,通过对这些传感器及其观测信息的合理支配和使用,把多个传感器在时间和空间上的冗余或互补信息依据某种准则进行组合,以获取被观测对象的一致性解释或描述。

数据融合绝大部分的研究是根据具体问题及其特定的对象建立自己的融合层次。在工程领域数据融合划分为数据级融合、特征级融合、决策级融合。数据级融合又称像素级融合,是将各传感器原始测量信息未经预处理或只做很小处理后就进行信息的综合和分析。数据级融合的优点是保持了尽可能多的原始信息,实时性较好[12]。本文采用数据级融合方法,将滑坡体上各个传感器采集的动态数据进行融合,以综合分析滑坡体的性态。

2.2　估值融合技术

数据融合的主要方法有经典推理和统计方法、贝叶斯推理技术、Dempster-Shafer 技术、模糊集理论、估值理论、嫡法、品质因数(FOM)技术等。本文采用基于估值理论的最小误差均方差准则的融合算法[13]。

$$\sigma = \sqrt{\frac{1}{n-1}\sum_{i=1}^{n}(x_i - \bar{x})^2} \tag{1}$$

式中:σ 为数据的方差;x_i 为相同条件下的第 i 次测值;$\bar{x}$ 为各测值的平均值。

考虑 m 个传感器对一维目标直接进行观测的情况下,其观测方程为

$$z_i(k) = x(k) + v_i(k), k = 1,2,\cdots,n, i = 1,2,\cdots,m \tag{2}$$

式中:n 为信号长度;m 为传感器个数;$z_i(k)$ 为传感器 i 在第 k 时刻的观测值;$x(k)$ 为待估计的目标状态;$v_i(k)$ 为传感器 i 在第 k 时刻的观测噪声。

记 $x = (x(1),x(2),\cdots,x(n))^{\mathrm{T}}$ 为待估计的目标状态向量,$z_i = (z_i(1),z_i(2),\cdots,z_i(n))^{\mathrm{T}}$ 为第 i 个传感器的观测向量,$v_i = (v_i(1),v_i(2),\cdots,v_i(n))^{\mathrm{T}}$ 为第 i 个传感器的观测噪声向量,则观测方程(2)可用向量的形式写为

$$z_i = x + v_i, i = 1,2,\cdots,m \tag{3}$$

假设每个传感器的观测噪声都是 0 均值加性高斯白噪声,且各个传感器的观测噪声相互独立。其相应的统计特性为

$$E\{v_i\} = 0, E\{v_i v_j^{\mathrm{T}}\} = \sigma_i^2 \delta_{ij} \tag{4}$$

其中,$\delta_{ij} = \begin{cases} 1, & i = j \\ 0, & i \neq j \end{cases}$。

在缺乏其他信息并只能从观测值确定 x 时,其最优估计值 $\hat{x}$ 应为各观测值的线性加权平均,对于任意多个传感器进行观测的情况,即

$$\hat{x} = k_1 z_1 + k_2 z_2 + \cdots k_m z_m \tag{5}$$

在误差均方差最小意义下寻求最优估计,问题转化为求 x 的一个无偏估计使得估计的误差均方差为最小估计误差

$$\bar{x} = x - \hat{x} = x - (k_1 z_1 + k_2 z_2 + \cdots k_m z_m) \tag{6}$$

估计的无偏性要求 $E(\bar{x}) = E[x - k_1(x+v_1) - k_2(x+v_2) - \cdots k_m(x+v_m)] = 0$,所以必有

$$k_1 + k_2 + \cdots k_m = 1 \tag{7}$$

由于 v_i 独立,可得估计的误差均方差为

$$E(\bar{x}^2) = E\left\{\left[\left(1 - \sum_{i=1}^{m} k_i\right)x + \sum_{i=1}^{m} k_i v_i\right]^2\right\}$$

$$= \sum_{i=1}^{m} k_i^2 \sigma_i^2 = \sum_{i=1}^{m-1} k_i^2 \sigma_i^2 + \left(1 - \sum_{i=1}^{m-1} k_i\right)^2 \sigma_m^2 \tag{8}$$

在误差均方差最小意义下,要得到目标信号的最优估计,只要适当地选择 k_i 使得 $E(\bar{x}^2)$ 最小即可。求解可得

$$k_i = \frac{\det(A_i)}{\det(A)} \tag{9}$$

式中:$A = \begin{pmatrix} \sigma_1^2 + \sigma_m^2 & \sigma_m^2 & \cdots & \sigma_m^2 \\ \sigma_m^2 & \sigma_2^2 + \sigma_m^2 & & \sigma_m^2 \\ \vdots & \vdots & & \vdots \\ \sigma_m^2 & \sigma_m^2 & \cdots & \sigma_{m-1}^2 + \sigma_m^2 \end{pmatrix}_{(m-1)\times(m-1)}$

$b = (\sigma_m^2, \sigma_m^2, \cdots, \sigma_m^2)^{\mathrm{T}}$

A_i 表示把 A 的第 i 列换成 b 所得的矩阵。计算相应行列式的值可得

$$k_i = \prod_{\substack{j=1 \\ j \neq i}}^{m} \sigma_j^2 \Big/ \sum_{s=1}^{m} \prod_{\substack{j=1 \\ j \neq s}}^{m} \sigma_j^2, \quad i = 1, 2, \cdots, m \tag{10}$$

从而得到最优估计

$$\hat{x} = \sum_{i=1}^{m} k_i z_i \tag{11}$$

其中,权系数 k_i 由式(10)给出。观测值的误差方差越大,其在最优估计中的权系数越小;反之,观测值的误差方差越小,其在最优估计中的权系数就越大。估计误差方差为

$$\hat{\sigma}^2 = \sum_{i=1}^{m} k_i^2 \sigma_i^2 = \sum_{i=1}^{m} \left(\prod_{\substack{j=1 \\ j \neq i}}^{m} \sigma_j^2 \Big/ \sum_{s=1}^{m} \prod_{\substack{j=1 \\ j \neq s}}^{m} \sigma_j^2\right)^2 \sigma_i^2$$

$$= \sum_{i=1}^{m} \left(\prod_{\substack{j=1 \\ j \neq i}}^{m} \sigma_j^2\right) \sigma_i^2 \Big/ \left(\sum_{s=1}^{m} \prod_{\substack{j=1 \\ j \neq s}}^{m} \sigma_j^2\right)^2$$

$$= (\sigma_1^{-2} + \sigma_2^{-2} + \cdots + \sigma_m^{-2})^{-1} \tag{12}$$

由式(12)可知,对于每一个 i,都有:

$$\hat{\sigma}^2 \leqslant \left(\sum_{\substack{s \neq j \\ j \in s}} \sigma_s^{-2}\right), \quad \hat{\sigma}^2 \leqslant \sigma_i^2 \quad (i = 1, 2, \cdots, m)$$

式中:s 为包含所有传感器的传感器集合的一个子集合。式(12)的意义是,在均方差最小意义下,m 个传感器融合估计的效果优于利用任一单个传感器进行估计的效果。

3 工程实例

3.1 工程概况

西南某电站工程区位于凉山州木里县雅砻江河段内,坝址区山势陡峭、水流湍急、河道狭窄,电站附近一滑坡体规模巨大,若出现边坡失稳现象,将造成水库淤积与河道堵塞,并会危及大坝及其他枢纽建筑的安全。滑坡体主要由崩坡积碎块石夹粉质黏土层、滑坡

堆积碎块石夹粉质黏土层及块石层组成。其中滑坡堆积层主要由砂质板岩、变质砂岩、含炭质板岩、大理岩的碎石、块石、岩屑和粉质黏土组成。块石多呈架空状堆积,碎块石呈全—弱风化,结构不均,稍密—中密,泥质胶结,部分为钙质胶结,一般胶结较好。据平洞揭示,该层有多个软弱夹层,由粉质黏土夹砾石、岩屑、碎屑组成,局部可见滑动擦痕,滑坡堆积层层厚在 40 m 以上,滑坡体坡度约为 35°。滑坡体前缘有多处泉水点出露,均为孔隙性下降泉,水量 0.5 ~ 2 L/s。据钻孔揭露,地下水位埋深变起伏较大,地下水位埋深为 3.86 ~ 68.30 m。近年来,该滑坡各点位移呈现加速增大趋势,由此反映,该滑坡似存在局部下滑趋势。

3.2 动态监测网布置

为了掌握该巨型滑坡综合性态,在滑坡体上布置有 6 个传感器进行观测,分别是 H08 ~ H13。监测开始于 2006 年 7 月,截至 2010 年 2 月,共采集约 2 294 组数据。以基准点 Ⅱ01、Ⅱ02、Ⅱ03 进行控制,多传感器动态监测网见图 1。

3.3 融合过程及结果分析

MIFS 系统只需按照要求将监测数据整理成相对应的 Excel 格式,即时间序列、水平位移变形序列和垂直位移变形序列,并指定输出路径,即可以进行自动数据融合,见图 2。

根据记录数据,MIFS 能利用式(1)求取其各传感器的误差方差 σ_i^2 ($i = 08, 09, \cdots, 13$),其误差方差结果见表 1。利用式(10)可求出 $k_{08} = 0.144\,5$、$k_{09} = 0.223\,9$、$k_{10} = 0.144\,5$、$k_{11} = 0.201\,9$、$k_{12} = 0.169\,2$、$k_{13} = 0.116\,0$。

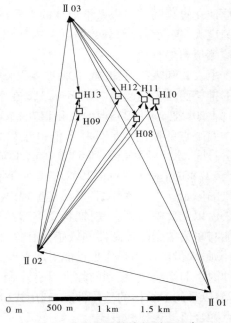

图 1　多传感器滑坡监测网示意

图 2　传感器滑坡变形智能融合界面中的数据导入

表 1　各传感器的方差

传感器	H08	H09	H10
方差 σ^2	$\sigma_{08}^2 = 0.16$	$\sigma_{09}^2 = 0.13$	$\sigma_{10}^2 = 0.16$
传感器	H11	H12	H13
方差 σ^2	$\sigma_{11}^2 = 0.12$	$\sigma_{12}^2 = 0.14$	$\sigma_{13}^2 = 0.18$

　　根据近年来滑坡的动态实测数据,以月为周期建立各个监测点的时间序列,以掌握滑坡体演化过程的信息以及滑坡体的工程特性依时性变化特征和变化趋势。由于原始数据过为庞大,仅仅列出部分数据以供参考。表 2 和表 3 分别为各测点的水平位移和垂向位移监测值与融合值。

　　由表 2 和表 3 可知,近年来无论是水平位移还是垂向位移该滑坡体总体上具有随时间的推移而增大的趋势。H09 与 H12 在水平位移和垂向位移均远大于其他监测点,分别达到 1 203.8 mm、1 238.7 mm 和 817.2 mm、652.5 mm,且其变化速度也是最大的,应加强对这两个点的监测。另外一个值得注意的是,H13 点的位移变化量:2006 年 7 月 ~2007 年 7 月间,水平位移增大到 62.9 mm,垂向位移增大到 32.9 mm;2008 年 2 月间又突然减小至 31.8 mm 和 4.3 mm;2008 年 7 月间增至 105.4 mm 和 66.5 mm;此后迅速减小,根据大量的原始动态监测数据,发现其呈现出反复无规律的变化。

　　由以上反映出,同一时期各个传感器对滑坡体的性态表现出不一致的现象,这一方面可能与采集数据的传感器的敏感性有关;另一方面也可能与自然条件有关,如降雨等;此外,测量人员的不当操作也可能引起误差,即由于传感器的多样性以及观测手段、方法受各种因素的影响,采集到的数据具有模糊性、不确定性和随机性[14]。为了减小以上所述误差,以得到滑坡体的整体性态,利用式(11)进行数据融合,2006 年 7 月 ~2010 年 2 月间各点融合值见表 2 和表 3。

表 2　各测点的水平位移监测值与融合值　　　　　　（单位:mm）

监测点	时间(年-月)							
	2006-07	2007-02	2007-07	2008-02	2008-07	2009-02	2009-07	2010-02
H08	0.0	8.0	8.7	27.6	21.3	231.2	229.2	727.6
H09	0.0	41.2	54.7	171.8	190.3	538.4	578	1 203.8
H10	0.0	16.8	30.5	72.5	72.6	436.5	345.3	872.1
H11	0.0	19.4	34.3	93.1	91.6	394.2	413.1	1 013.6
H12	0.0	22.9	37.7	116.7	126.5	482	514.6	1 238.7
H13	0.0	12.9	62.9	31.8	105.4	11.2	32.4	4.4
融合值	0.00	21.66	33.18	96.34	100.46	396.46	416.04	1 011.16

表3　各测点的垂向位移监测值与融合值　　　　　　（单位:mm）

监测点	时间(年-月)							
	2006-07	2007-02	2007-07	2008-02	2008-07	2009-02	2009-07	2010-02
H08	0.0	9.4	33.6	60.7	40.4	217.5	204.9	508.5
H09	0.0	17.9	20.2	95.3	95.0	339.4	344.4	817.2
H10	0.0	21.8	49.6	80.8	254.7	101.0	145.2	449.3
H11	0.0	14.2	51.0	88.3	72.3	234.8	204.4	531.5
H12	0.0	22.3	42.5	108.8	69.0	274.0	278.2	652.5
H13	0.0	7.9	32.9	4.3	66.5	9.5	17.1	23.4
融合值	0.00	17.12	39.38	84.78	66.28	253.34	235.42	591.8

不难看出,首先,融合值呈现随时间的推移而增大的趋势,这与大多数监测点反映出的趋势是一致的。由式(12)计算融合后的误差方差为 $\hat{\sigma}^2 = 0.008$（$\hat{\sigma}^2 \leqslant \sigma_i^2$）,表明融合后的数据较为理想,与只使用某一个监测点的数据相比,经过估值融合方法处理后可以获得滑坡体整体性态更准确的信息。同时,融合后的数据消除了部分传感器采集数据的冗余性（如 H13 等）。冗余性容易导致数据的矛盾性,而数据适当融合可以在总体上降低数据的不确定性和矛盾性,这是因为每个传感器的误差方差是不相关的,融合处理后可明显抑制误差,如表 2 和表 3 所示,融合后的数据明显抑制了数据误差,消除了其间的矛盾性。其次,融合后的数据始终处于各传感器采集的数据之间,且接近误差方差较小的测值,这是由于传感器采集的数据存在互补性。互补性可以补偿单一传感器的不准确性和测量范围的局限性。由此可见,融合后的数据比其他各组成部分的子集具有更优越的性能,即融合后的效果更加理想。最后,不难发现融合后的值与 H11 点的监测值相差甚小,这就找到了滑坡预报模型的"关键点"。采用 MIFS 适当融合后,去除了某些传感器数据的反复无规律现象,可以在总体上降低数据的矛盾性,这是因为每个传感器的误差是不相关的,融合处理后可抑制误差。

同时,MIFS 系统内嵌有自动分析的子程序,能根据滑坡变形的变速,自动将滑坡的变形过程分成四个不同的时期:2006 年 7 月～2007 年 9 月的缓慢变形期;2007 年 9 月～2008 年 9 月的匀速变形期;2008 年 9 月～2009 年 8 月的加速变形期;2009 年 8 月～2010年 2 月的急剧变形期,见图 3～图 6。

图 3　MIFS 分析的滑坡缓慢变形期的时间段及其特征

为了更好地分析该滑坡体的整体工程特征和其依时性变化,图 7 和图 8 分别是融合后该滑坡体的整体水平位移和垂向位移变化图。

图 4　MIFS 分析的滑坡匀速变形期的时间段及其特征

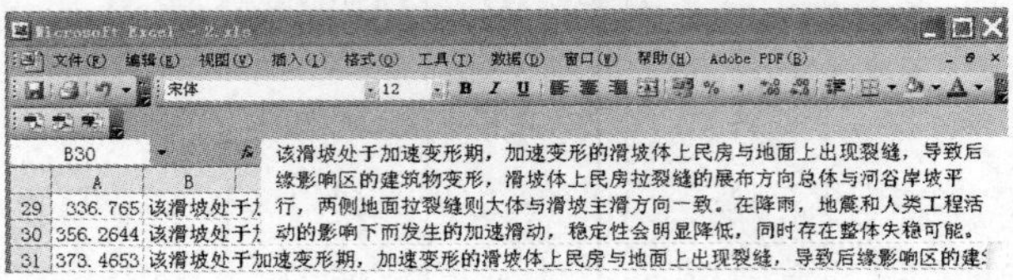

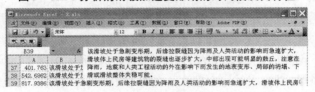

图 5　MIFS 分析的滑坡加速变形期的时间段及其特征

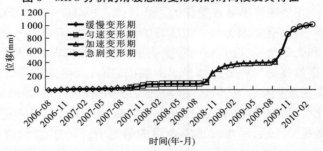

图 6　MIFS 分析的滑坡急剧变形期的时间段及其特征

图 7　2006 年 7 月～2010 年 2 月间融合后水平位移变化值

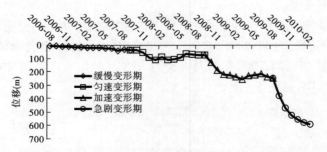

图 8　2006 年 7 月～2010 年 2 月间融合后垂直位移变化值

　　由图 7 和图 8 可知,融合后的位移数据较为理想,消除了融合前监测数据的矛盾性和不准确性,获得了被测对象的一致性描述和解释。该滑坡的整体位移随时间的增大而增大,且年均下滑速度也呈现上涨趋势。自监测之日起至今,由位移信息反映出该滑坡形变经历了以下四个不同的时期:2006 年 7 月～2007 年 9 月的缓慢变形期;2007 年 9 月～

2008 年 9 月的匀速变形期;2008 年 9 月～2009 年 8 月的加速变形期;2009 年 8 月～2010 年 2 月的急剧变形期,这符合滑坡的工程特性依时性变化规律。另外,通过图 7 和图 8 可以发现,两个不同时期的"交接"位置,大多发生在 8 月与 9 月间,这最主要是因为该时期当地的降雨量比较大,由此反映出降雨入渗是引起该滑坡发生位移变形的主要因素,亦符合滑坡的一般自然规律。综上所述,反映出估值融合方法在滑坡体动态变形监测分析中具有有效性和可行性。另外,该滑坡于 2011 年 8 月 20 日,发生表层塌滑,塌方量约 5 万 m³,再次验证了 MIFS 系统的分析具有一定的精度。

4 结语

(1)从理论上证明了在误差均方差最小意义下多传感器数据融合的效果优于利用任一单个传感器进行估计的效果。利用多个传感器共同或联合操作的优势,提高了数据的可信度、监测系统容错能力、整个系统的性能并修正了传统方法不考虑传感器自身因素的局限性,合理利用估值融合方法的互补性,消除了部分传感器采集数据的模糊性、不确定性和随机性。获得了滑坡体工程地质特性的一致性描述和解释。

(2)将 MIFS 系统应用于滑坡体动态变形监测的数据分析,采用数据级融合方法,融合了 2006 年 7 月～2010 年 2 月的水平位移和垂直位移数据,综合判断滑坡体的依时性工程特性。滑坡的整体位移随时间具有阶段性变化的特点,且年均下滑速度也呈现上涨趋势。由位移信息反映出该滑坡形变经历了以下四个不同的时期:2006 年 7 月～2007 年 9 月的缓慢变形期;2007 年 9 月～2008 年 9 月的匀速变形期;2008 年 9 月～2009 年 8 月的加速变形期;2009 年 8 月～2010 年 2 月的急剧变形期,这符合滑坡的工程特性依时性变化规律。同时反映出降雨入渗是引起该滑坡发生位移变形的主要因素,亦符合滑坡的一般自然规律。

(3)MIFS 系统不仅可以综合提取滑坡体的变性特征、筛选"关键点",而且可以为滑坡灾害预测预报、滑坡状态模式识别、工程特性变化和灾害数值分析等研究提供一种新的技术方法。

参考文献

[1] Guo Ke, Peng Ji-bing, XU Qiang, et al. Application of multi-sensor target tracking to multi-station monitoring data fusion in landslide[J]. Rock and Soil Mechanics, 2006, 27(3): 479-481.

[2] 欧阳祖熙,张宗润,丁凯,等. 基于 3S 技术和地面变形观测的三峡库区典型地段滑坡监测系统[J]. 岩石力学与工程学报, 2005, 24 (18): 3203-3210.

[3] 严福章,王思敬,徐瑞春. 清江隔河岩水库蓄水后茅坪滑坡的变形机理及其发展趋势研究[J]. 工程地质学报, 2003, 11(1):15-24.

[4] Yang Zhifa, Ke Tianhe, Wang Changmin, et al. Theory and practice on slope excavation monitoring design of left-bank ship gate at Wuqiangxi Hyroelectric Power Station[J]. Journal of Engineering Geology, 1995, 3(2):1-11.

[5] Li Xiuzhen, Wang Chenghua, KongJiming. Actual Case Based Prediction Modelsfor Landslide Deformation[J]. Journal of Engineering Geology, 2009, 17(4):538-544.

[6] 刘明贵,杨永波. 信息融合技术在边坡监测与预报系统中的应用[J]. 岩土工程学报, 2005, 27 (5): 607-610.

[7] 罗长军,胡峰,张磊奇,等. 陡坡水库大坝渗透稳定性及渗透变形分析[J]. 岩土力学, 2006, 27(8): 1305-1311.

[8] 陈晓平,吴起星. 渗流作用下软基心墙坝稳定性分析[J]. 岩土力学, 2007, 28(7): 1376-1380.

[9] 王建，伍元，郑东健. 基于多传感器信息融合的大坝监测数据分析[J]. 武汉大学学报：工学版，2004，37(1)：32-35.

[10] 苏怀智，顾冲时，吴中如. 大坝工作性态的模糊可拓评估模型及应用[J]. 岩土力学，2006，27(12)：2115-2121.

[11] 苏怀智，吴中如，戴会超. 初探大坝安全智能融合监控体系[J]. 水力发电学报，2005，24(1)：122-126.

[12] KLEIN L A. Sensor and data fusion concepts and applications[M]. Beijing：Beijing institute of technology press，2004.

[13] 史忠科. 最优估计的计算方法[M]. 北京：科学出版社，2005.

[14] 彭继兵. 信息融合技术在滑坡预报中的应用研究[D]. 成都：成都理工大学，2005.

十一、岩土工程中的新技术与新材料

基于 M2M 云平台的地质灾害
自动监测系统的研制与应用

毛良明

（基康仪器(北京)有限公司　北京　100080）

摘要：把物联网技术引入到地质灾害监测领域可以极大提高监测精度和监测效率，同时智能实现灾害预警功能，为最大限度地降低灾害损失提供可靠、准确的技术保障手段。本文从这一技术思想出发，对基于 M2M 云平台的地质灾害自动监测系统的研制情况进行了详细介绍，经过工程实践检验，证明了系统的工程实用价值。

关键词：物联网　M2M　地质灾害监测　信息化　自动化

1 引言

物联网是继计算机、互联网和移动通信网络之后全球信息产业的第三次浪潮[1-2]。它把信息技术充分应用于各个行业、各个产业，通过安装在各类物体上的射频识别电子标签 RFID、二维码、红外感应器、全球定位系统、激光扫描器等组成的智能传感器，经过接口与无线通信网络、因特网互连，实现人与物、物与物相互间智能化地获取、传输与处理信息的网络。其核心是智能传感网技术。物联网的精髓是感知，感知包括传感器的信号采集、协同处理、智能组网、信息服务，以达到控制指挥的目的。地质灾害监测技术也是一门多种技术相融合的综合技术，其中传感器技术是它的核心。因此，当物联网的出现很大程度地改变了其现有的技术背景的时候，对地质安全监测技术进行适应性调整、科学规划未来发展方向就成为了一项迫在眉睫的工作。特别是在重大自然灾害频发、灾害强度大、影响范围广、人员伤亡多、经济损失严重的时代背景下，时刻警示我们必须加强科技成果在灾害监测预警、分析评估、应急保障和指挥决策等方面的应用，使其发挥更大的作用。

2 地质灾害监测方法技术现状

地质灾害监测技术是集多门技术学科为一体的综合技术应用，主要发展于 20 世纪末期。随着电子技术、计算机技术、信息技术和空间技术发展，国内外地质灾害调查与监测方法和相关理论得到快速发展[3]，主要表现在：

（1）常规监测方法技术趋于成熟，设备精度、设备性能向高水平方向发展。

作者简介：毛良明，男，1973 年生，浙江奉化人，高级工程师，博士，长期从事大坝安全监测自动化系统的研制工作。

（2）监测方法多样化、三维立体化。

（3）其他领域的先进技术在逐渐向地质灾害监测领域进行渗透。

尽管由于新技术的应用，我国在地质灾害监测技术研究方面取得了丰硕的成果，并积累了丰富的经验，使我国的地质灾害监测预警水平得到很大程度的提高。但是还依然存在许多不足和局限性，主要表现在：

（1）地质灾害监测技术、仪器设施多种多样，应用重复性高，受适用程度、精度、设施集成化程度、自动化程度和造价等因素的制约，常造成设备资源浪费，效果不明显。

（2）所取得的研究成果多侧重于某一工程或某一应用角度，在地质灾害成灾机理、诱发因素研究的基础上，对各种监测技术方法优化集成的研究程度较低。

（3）监测仪器设施的研究开发、数据分析理论同相关地质灾害目标参数定性、定量关系的研究程度不足，造成监测数据的解释、分析出现较大的误差。

因此，提高地质灾害自动化监测与预警的技术水平仍然任重道远，适时开展与物联网技术紧密结合的地质灾害自动化监测技术的研究具有非常迫切的现实意义。

3 基于 M2M 云平台的地质灾害自动监测系统

3.1 监测参数

地质灾害自动监测系统的主要监测参数有表面位移（表面变形和裂缝）监测、深部位移动态观测、土压力监测、降雨量监测、地下水监测、孔隙水压力监测、土体水分监测、地声和次声监测、泥位监测和视频监控等。下面简单介绍一下实现上述参数监测的具体产品形式。

3.1.1 表面位移监测

表面位移监测是地质灾害监测的重要参数，用以实现对地表表面变形情况或裂缝发展趋势的自动化监测，具体产品形态如图 1 所示。该产品通过 GPRS 实现与 M2M 平台的信息传递，为确保报警的准确性和有效性，采用位移变化触发工作方式。

3.1.2 深部位移动态观测

在滑坡体监测中，普遍采用在地质探洞内安装测斜仪的方法，来判断整个滑坡体是否滑动。因此，深部位移监测是地质灾害监测的重要参数，用以实现对地层垂直方向变形情况及发展趋势的自动化监测，具体产品形态如图 2 所示。该产品通过 GPRS 实现与 M2M 平台的信息传递。

3.1.3 降雨量监测

地质灾害区域内小气候环境的雨量监测，对山洪、泥石流、滑坡体都有重要意义。因此，雨量监测是地质灾害监测的重要参数。该产品通过 GPRS 实现与 M2M 平台的信息传递。具体的产品形态如图 3 所示。

3.1.4 地下水监测

地下水监测用以实现对被测区域地下水的质和量的变化规律，以及引起地下水变化的环境条件、地下水运移的变化规律的掌握和了解。该产品通过 GPRS 实现与 M2M 平台的信息传递。具体的产品形态如图 4 所示。

图 1　一体化表面位移监测站

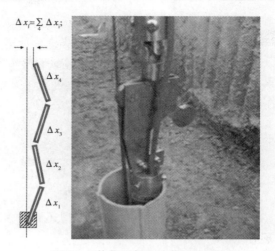

图 2　一体化深部位移监测站

图 3　一体化雨量监测站

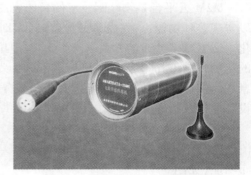

图 4　一体化地下水位计监测站

3.1.5　泥位监测

对于泥石流的监控而言,泥位监测是非常重要的监测参数,通过泥位监测可以了解泥石流的运行规律、流量大小等重要参数。该产品通过 GPRS 实现与 M2M 平台的信息交互。具体的产品形态如图 5 所示。

3.1.6　视频监测

尽管可能受到气象条件、夜间光线弱、功耗大、传输带宽大等不利因素的制约,视频图像监测还存在许多不足,但毕竟视频监测是地质灾害各参数监测中最直观的参数监测手段,因此安装它是十分必要的。采用下述策略可以提高视频监测的实际运行效果:

(1)将监测设备视频传输做成间断使用(灾害发生时设备才开机使用),这样就可以采用全套太阳能系统来供电,确保24 h 不断电。

(2)采集到的视频变成图片形式传输,用 GPRS 带宽就能传单帧图片(每数秒钟一张)。这样既可直观了解现场情况,又不需要架设光纤增加设备。

(3)采用 3G 无线网络实现视频传输。

该产品通过 GPRS 或 3G 实现与 M2M 平台的信息传递。具体的产品形态如图 6 所示。

图5　一体化泥位计监测站　　　　　　　图6　一体化视频监测站

关于地质灾害监测的参数类型还有许多,产品类型也有很多,限于篇幅不做更多的展开。

3.2　M2M云平台

M2M云平台是物联网技术的具体表现形式之一,与地质灾害监测行业应用相结合可以实现多种功能:①完成多种类监测(实时数据、视频、语音、图片等)信息的接入和结构化。②支持多种通信方式(C网、G网、卫星及互联网)的监测终端接入。③实现实时信息的定制化推出和查询服务。④支持多协议(不同厂家)的监测终端接入。⑤实现实时信息和监控设备联动服务的定制及告警服务定制。⑥支持移动终端对信息查询、告警接收、设备监控及指挥联动的功能要求。⑦提供基于WEB-GIS的信息查询统计功能。

基于M2M云平台的地质灾害监测系统的具体实现架构如图7所示。由各类参数监测站实现感知层的功能,由M2M与平台实现信息处理功能,最后实现各种形式的信息发布功能(见图8)。

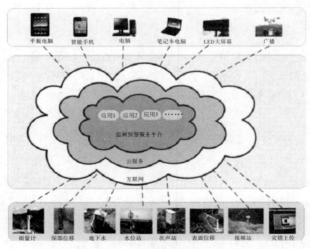

图7　基于M2M云平台的地质灾害监测系统架构

4　工程实例

基于M2M云平台的地质灾害监测系统在甘肃省武都县地质灾害专业监测点和监测

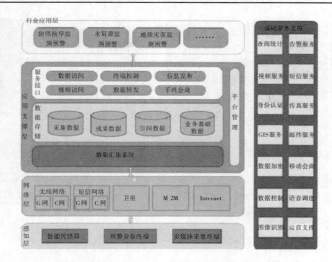

图 8　基于 M2M 云平台的地质灾害监测系统功能示意图

预警示范区建设工程、甘肃省舟曲县地质灾害监测系统建设工程等多个地灾监测工程中得到了实际应用并取得了良好的使用效果。图 9 是甘肃省舟曲县地质灾害监测系统构成框图。在该项目中,主要实现了雨量监测、表面位移监测、深部位移监测、地下水位监测、土压力监测、泉水流量监测、孔隙水压力监测等参数的测量。主要通过 2G/3G 无线通信网络、北斗卫星等多种无线通信网络实现远程可靠通信,监测数据由省、州、县 3 级部门共享。

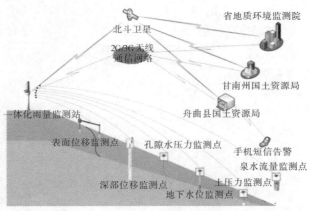

图 9　甘肃省舟曲县地质灾害监测系统构成示意图

5　结语

　　物联网技术的出现是当今时代技术进步的必然产物,现有的诸多实用技术一定会因为它的出现而发生变化。基于 M2M 云平台的地质灾害监测系统是地质灾害监测技术与物联网技术相结合的一种物联网行业应用的具体表现形式。毋庸置疑,地质灾害监测技术一定能在物联网技术的发展过程中获得跨越式发展,为实现准确、及时地实现灾害预报提供技术保障手段,最终实现防灾减灾的有效防治目标。

参考文献

[1] 毛良明,沈省三,肖美蓉.物联网时代来临大坝安全监测技术的未来思考[J].大坝与安全,2011(1):11-13.

[2] 范士明.物联网为山洪及地质灾害监测预警助力[J].中国减灾,2011(17):12.

[3] 邹双朝,李端有,周武,等.地质灾害变形监测系统及应用[J].2010,8(4):66-68.

黄河下游水闸安全评估模型研发[*]

张宝森[1,2]　王忠福[3]　汪来岭[3]　刘海心[3]

（1. 黄河水利科学研究院　郑州　450000；
2. 水利部堤防安全与病害防治工程技术研究中心　郑州　450000；
3. 华北水利水电学院　郑州　450000）

摘要：本文充分利用先进的计算机软硬件技术、国内外先进的水闸工程监测的成果和经验，开发出一套基于 Web 的，具有先进性、可靠性、通用性和可扩展性的水闸工程安全监测分析评估系统，实现对黄河下游水闸的自动监测、对监测到的实时数据和人工观测数据进行自动分析和人工干预反馈，准确地描述水闸的整体性状，对水闸工程安全监测采集数据的保存、检验、整编、分析和辅助决策，实时监测水闸运行性态，做出准确高效的评判和决策，确保水闸自身和黄河大堤的安全，提高水闸工程运行效益。评估模型的程序以 NET 为平台采用 C#语言进行开发，分为三个模块：测压管水头预测、抗滑稳定分析、抗渗稳定分析。

关键词：评估模型　水闸安全　NET 平台　C#语言　Web　黄河下游

1　研发背景及目的

人民治黄以来，在黄河两岸修建了穿堤引黄涵闸和分泄洪闸，水闸工程与防洪大堤连为一体，构成了千里堤防统一的防洪屏障，同时为支援沿黄工农业生产和经济的发展发挥了积极作用。由于水闸大多建于 20 世纪 70~80 年代，经过多年的运行，很多已出现老化和病害现象，虽然改建后基本上都为钢筋混凝土结构，但大都未经过洪水和特大洪水的考验。特别是土石结合部由于不均匀沉降易发生裂缝，闸身两侧可能会有隐患存在，在洪水到来之际，临背悬差大，在洪水长时间浸泡作用下，裂缝、渗水、管涌等险情有可能暴露出来。同时，由于黄河泥沙的逐年淤积，河床逐年抬高，水闸工程的安全形势也日益严峻。

目前，黄河下游临黄大堤已建成运用的水闸共 100 余座，随着"数字黄河"、"数字建管"项目的开展和安全监测技术的快速发展，黄河下游水闸工程大都设置了或拟设置监测仪器，其中部分水闸，如河南段黑岗口、柳园口和杨桥三座水闸，以及山东段李家岸、大王庙两座水闸，已实现监测数据采集自动化。但是，黄河下游大部分水闸尚未实现监测自动化，更没有配置水闸工程安全监测分析评估系统软件，资料的分析滞后于工程运行的需要，直接影响到水闸的安全运行，不能及时发现水闸的病害或隐患，同时影响工程效益的

[*] **基金项目：**亚行项目——试点工程安全评估系统——穿堤涵闸安全评估模型；2007 年黄河水利科学研究院基金项目（HKY - JBYW - 2007 - 21）。

作者简介：张宝森，男，汉族，1965 年生，高级工程师，主要从事防汛抢险技术、水利工程管理等方面的研究，发表相关论文 40 余篇。

发挥。因此,黄河下游为数众多的水闸工程很有必要设置安全监测系统,同时也必须开发相应的分析评估系统,以实现水闸安全的实时评估,为防汛抢险和工程运行管理提供决策依据。

按照"数字黄河"项目办公室的要求,黄河水利委员会建管局于 2002 年 12 月编制完成《"数字工程建设与管理"专题规划报告》。该报告明确规定了"数字工管"的主要内容和实施目标,即"主要是借助于工程内部埋设的观测传感器和外部全数字摄影测量设备,对工程进行实时安全监测。利用 3S、计算机网络、现代通信技术和数学模型等科技手段,采集和处理监测数据,实时掌握和了解工程运行状态,评估工程安全状况,预测工程的运行承载能力和使用寿命,不断为防汛和工程管理维护决策提供全面、及时、准确的决策信息,确保黄河防洪安全"。可见,工程安全监测和安全评估是"数字工管"的主要内容,更是"数字黄河"的基础性工作。

安全评估是进行安全监测的目的。监测系统建成后,能否充分利用监测数据,实时、正确、有效地评估水闸工程内在、外在质量和安全状况,关键在于安全评估模型的建立。"工程安全评估模型研究"已被列入"数字建管"关键技术项目,安全评估模型是否正确也直接关系到"数字建管"乃至"数字黄河"的成败。

随着工程监测数据采集自动化的实现,认真总结试点工程的设计、施工和管理经验,探索适合于黄河下游水闸工程的监测系统方案,研发一套通用的水闸工程安全监测分析评估系统软件成为水闸工程管理的迫切需要。水闸工程安全监测分析评估系统软件投入运行后,可实现安全监测分析、预报和评估自动化、网络化,及时掌握水闸的实际状态,同时利用水情、工情以及安全监测信息对水闸的整体功能进行评估,对水闸各部位的性能做出判断,为防汛和工程管理决策提供全面、准确的决策依据,同时也可发现隐患,及时处理,确保工程安全。通过本项目的实施和通用软件的开发,可以使黄河下游水闸工程安全监测提高到一个新的水平,同时还可以节省每座水闸都重复开发的费用。

2　水闸安全评估研究现状

安全评估(安全评价)是指对一个具有特定功能的工作系统中固有的或潜在的危险及其严重程度所进行的分析和评价,并以既定指数、等级或概率值做出定量的表示,最后根据定量值的大小决定采取的预防或防护对策[1]。

安全评价在大坝、堤防、道路、矿井、油库(加油站)等工程以及地下水环境项目中运用广泛。在水闸工程老化病害调查和评估研究方面,各高校、科研单位做了大量工作,但由于采用的技术、工作的深度、分析的方法等方面各不相同,提出评估报告的质量相差较大。

"八五"期间,国家自然科学基金委员会设立了重点项目"水工混凝土建筑物老化病害的防治与评估的研究",主要研究中、小型水利水电工程中的水闸、溢洪道和灌区建筑物的老化病害的防治和评估[24]。通过大量的调查研究工作,建立了水闸的老化病害评估准则,提高了我国水闸安全鉴定和评估分析的理论分析水平;1998 年,水利部颁布了水利行业标准《水闸安全鉴定规定》(SL 214—98),规定水闸安全鉴定的基本程序、方法与步骤,初步规范了水闸安全鉴定工作。

但作为水闸安全鉴定工作的宏观指导性文件，《水闸安全鉴定规定》（SL 214—98）并未细化安全评价指标，也未对各单项指标划分等级，使得该规定在实际操作中存在着一定的缺陷，导致目前各地的水闸可靠性监测、评估在具体操作时缺乏统一的标准。我国有关水利管理部门和水利研究机构虽结合一些具体工程开展了水闸的病害检测和评估分析工作，但检测内容随意性较大，缺少可操作性强的评估方法，这对水闸工程安全和深入开展水闸安全鉴定工作是不利的。

作为《水闸安全鉴定规定》（SL 214—98）的补充，一些学者提出了根据水闸安全检测和水闸运行期的长期观测资料，以评价水闸的可靠性为基本内容，分析得出水闸老化状态，从而为安全评估提供决策依据的水闸工程安全评估思路。水闸可靠性分析主要包括安全性分析、适用性分析和耐久性分析，其分析方法主要有层次分析法、整体评估法、加权递阶评估法、灰色评估法、模糊集合论评估法、老化病害指标分析综合评估法等。

国内已经开展的研究中，黄河水利科学研究院、长江科学研究院、河海大学等结合堤防安全评价模型[5]的研究对水闸工程安全评价进行了初步探讨；何鲜峰等结合可靠性评估技术对水闸系统可靠性理论进行了研究；李东方等依据房屋建筑可靠性评定方法，结合水闸工程特点，进行了安全等级评判；此外，水闸工程的渗流分析、水位统计规律分析以及整体稳定性分析等方面的专项研究也对安全评估起到了促进作用。以上研究中，安全评价模型的建立基本都采用模糊数学、灰色系统或人工神经网络等理论和方法，但仅应用于水闸工程安全鉴定的某一方面，水闸工程安全监测分析评估理论、方法仍有待进一步丰富和完善。

总体而言，对水闸工程的安全评价大致可分为两类：第一类是可靠性鉴定评级的方法，即规范规定的方法；第二类是可靠度计算的方法。前者具有简便、直观、易操作的优点，且有规范依据，但其有损检测工作量大，鉴定费用较高；而后者主要是通过对资料的统计分析，运用数学方法计算结构物的可靠性指标。随着黄河下游水闸工程安全监测系统的建成，监测指标逐步完善，监测项目逐步齐全，监测数据系列逐渐增长，运用基于可靠度计算的水闸工程安全评估方法逐渐成为可能。

3　模型功能及设计思路

3.1　模型功能

黄河下游水闸作为黄河堤防重要的组成部分，在沿岸国民经济和人民生活中占有重要地位，而一旦发生事故，其后果往往不堪设想。为保障这些水闸的安全运行，黄河水利委员会相关部门正逐步对这些水闸进行安全技术改造，增设水闸安全监测仪器和设备，实时监测水闸运行状态，实现了监测数据采集自动化。但是数据采集自动化并不等于实现了监测自动化，因此安全监测系统建立后，对采集到的监测数据进行分析处理，建立相应的安全评估模型，对水闸的安全状况进行评价。

主要功能包括：

（1）根据监测数据和相关环境信息，利用偏最小二乘法建立起测压管水头与上下游水位、降雨量及时效的监测预报模型。

（2）根据现场监测信息，建立水闸的抗滑稳定分析模型，对水闸实施动态抗滑稳定性分析。

（3）根据现场监测信息,建立水闸的渗流稳定分析模型,对水闸实施动态渗流稳定性分析。

3.2 模型算法及程序流程

本评估模型分为二个阶段,第一个阶段,利用环境信息采用偏最小二乘法对测压管水头进行预测,若预测值和实测值有大的偏差,就进行报警提示。第二个阶段,通过测压管水头的实测值和上下游水位对水闸的渗透稳定性、抗滑稳定性进行计算分析,若不稳定,就进行报警提示。评估模型总程序流程见图1。

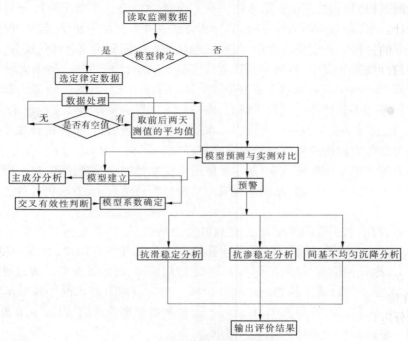

图 1 程序整体流程

4 监测数据预测模型

4.1 测压管水头预测模型

对于水闸监测而言,测压管水位是由水头(上下游水位)引起的,另外与地层结构、降雨及实效等因素有关。渗透过程中,渗流水克服土颗粒之间的阻力,从上游到测压管位置需要一定的时间,因此测压管水位与闸前的前期水位有关。土体固结和上游淤积对渗流状态也可能影响测压管水位。此外,在水闸与大堤的结合部,降雨对渗压水位往往也有很大的影响。一般情况下,温度变化对测压管水位影响微小,暂不计入。因此,影响测压管水位的因素包括水位分量、时效分量和降雨分量三部分。其中水位分量包括上游水位、下游水位,时效分量包括闸前淤积和土体固结对渗流的影响。由此可建立测压管水位的统计模型为

$$h = aH_u + bH_d + cR + T \tag{1}$$

式中：h 为测压管水位；H_u 为上游水位；H_d 为下游水位；R 为降雨分量；T 为时效分量；a、b、c 为相关系数。

说明：上下游水位为前若干天的平均水位，降雨为前若干天内降雨量的总和。时效以律定模型的开始时期起每向下一天，增加 0.01。时效分量可以用下式来表示：

$$T = c_1\theta + c_2\theta \qquad (2)$$

式中：c_1、c_2 为相关系数；θ 为时效，从观测起始日计算，每天增加 0.01。

预警设置：

根据历史数据对未来做出预测，如果实测值和预测值差值的绝对值大于预测值的 1%，提出监测点预警信息。

程序设计：

模型建立的过程如图 2 所示。首先是对数据的预处理，因为率定模型所用的数据并不一定很全，有可能缺失某一天的数据。所以对缺失数据按统计规律进行替换。

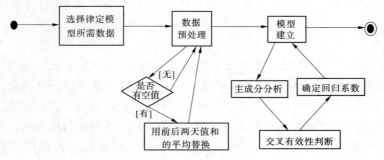

图 2　模型建立过程

模型建立过程中，由于采用了偏最小二乘法预测的技术。所以，首先进行主成分的提取，这样可在输入数据相关性很大的情况下进行较为准确的预测。交叉有效性分析，是对提取的主成分进行判断，看这个主成分是否在模型的分析中有大的作用，如果没有，不选用此主成分。该程序分别为矩阵相关运算程序包、数据库操作包、偏最小二乘和异常包。

4.2　渗流稳定分析模型

当水闸建成挡水后，由于闸上下游的水位不同，形成一定的水头差，促使水自闸上经过闸基或绕过翼墙向下游流动。渗流在土体内流动时，由于渗透力的作用，可能造成土壤的渗流变形。当闸基的渗透水力坡降大于临界水力坡降时，即 $J > J_c$，闸基将发生渗透破坏。为了要有一定的安全储备，将临界水力坡降除以安全系数即为允许坡降 $[J]$，安全系数可采用 $K = 1.5 \sim 3.0$，即 $J > [J]$。

4.3　抗滑稳定分析模型

水闸在运用时期，受到水平力和垂直力的共同作用，当底板与地基之间垂直压应力较小时，在水平推力作用下，闸室底板有可能沿地基表面发生滑动。当水闸基底垂直压应力较大时，在水平推力的作用下，闸底板将有可能连同地基一起发生深层滑动。

作用在闸室上的力，按照它们对水闸稳定所起的作用不同，可归纳为两类：一类是促使闸室滑动的力，称为滑动力，如上游的水平压力；另一类则是闸室滑动的力，称为阻滑力，如闸底板与地基之间产生的摩擦力。水闸在运用期能否保持稳定，主要取决于这两种力的对比。如阻滑力大于滑动力,闸室就能保持稳定;反之,就可能丧失稳定。目前,闸室抗滑稳定计算主要有以下两种方法:一种只考虑滑动面上摩擦力的作用和滑动面上的摩擦角,另一种只考虑黏结力的作用。对于黑岗口引黄涵闸,闸室底板底部为平面,底板和涵洞连为一体,长度较大,齿墙较浅,闸室滑动时滑动面取为底板与地基的接触面,抗滑稳定只考虑滑动面上摩擦力的作用,水闸抗滑稳定安全系数的公式为

$$K_0 = \frac{f \sum W}{\sum P} \tag{3}$$

式中:K_0 为沿闸室基底面的抗滑稳定安全系数;f 为闸室基底面与地基之间的摩擦系数;$\sum W$ 为作用在闸室上的垂直力的总和;$\sum P$ 为作用在闸室上所有水平力的总和。

安全系数的允许值的确定:

黄河下游引黄涵闸级别为 1 级,根据《水闸设计规范》[6](SL 265—2001),荷载为基本组合时,安全系数的允许值取 1.35;荷载为特殊组合时,安全系数的允许值取 1.20。

5　结论与建议

（1）黄河下游水闸工程安全监测分析评估项目将基于本领域特点,在对已有资料进行系统归纳整理的基础上,从黄河下游水闸工程安全管理现状和前瞻性两方面出发,对水闸工程监测资料进行科学管理和分析,对水闸工程的安全评估理论和方法进行研究,建立水闸工程安全监测预测预报和安全评估模型,开发监测分析评估软件系统,并将研究成果用于典型工程的安全监测评估中,及时有效地对水闸工程性态进行监控、预警和安全评估,为水闸工程运行和安全鉴定提供决策支持。

（2）本模型分为三个子模型,分别是测压管水头预测模型、抗滑稳定分析模型、抗渗稳定分析模型。测压管水头预测模型根据前 7 天的环境参数的平均值,采用偏最小二乘法对测压管水头进行预测;抗滑稳定分析模型根据上下游水位对水闸产生的水平推力和基底扬压力的大小来判断闸室是否稳定;抗渗稳定分析模型根据上下游水位和各个测压管水头计算出的水平段与出口段的水力坡降来判断水闸是否会发生渗透变形破坏。

（3）通过利用历史数据以及手工输入可能发生的危险数据对本模型进行测试,测试结果表明,本模型能够根据历史监测数据正确地对水闸的稳定性进行预警;当手工输入可能发生的危险数据时,本模型能够及时地报警。

（4）对监测资料的极值评判准则、监控模型评判准则、时空分布评判准则和时效分量评判准则进行深入研究,结合实际情况,对水闸工程的水位、流量、底板扬压力、渗透压力等监测项目分别选择相应评判准则或评判准则组合,用以判别监测数据的可靠性和异常性。

参考文献

[1] 吴中如. 水工建筑物安全监控理论及其应用[M]. 北京:高等教育出版社,2003.

[2] 朱琳,王仁超,孙颖环,等. 水闸老化评判中的群决策和变权赋权法[J]. 水利水电技术,2005(4).

[3] 张志俊,唐新军.水闸老化病害状态的结构可靠性理论评估方法[J].新疆农业大学学报,1999(3).

[4] 金初阳,柯敏勇,洪晓林,等.水闸病害检测与评估分析[J].水利水运科学研究,2000(1).

[5] 吴兴征,丁留谦,张金接.堤防安全评估系统的设计与实现[J].人民长江,2003(6).

[6] 中华人民共和国水利部.SL 265—2001 水闸设计规范[S].北京:中国水利水电出版社,2001.

分布式光纤传感测试系统(BOTDR) 在大型充灌袋应力应变测量中的应用

谢荣星[1,2]

(1. 南京水利科学研究院　南京　210098;
2. 河海大学　南京　210098)

1　概述

世界上第一根光纤 Bragg 光栅(FBG)诞生于 1978 年,由加拿大通信研究中心的 Hill 等发明。从 1992 年 Prohaska 等首次将光纤光栅埋入土木结构中测量应变之后,引起了国内外学者对光纤光栅传感器在土木工程中应用的广泛关注[1-3]。基于布里渊散射的光纤监测技术与常规的监测技术原理不同,它具有分布式、长距离、实时性、精度高和耐久性长等特点,能做到对工程设施的每一个部位进行监测与监控。相比传统监测技术,分布式光纤传感技术具有以下特点:

(1)光纤集传感器和传输介质为一身,安装方便,易于构成自动化监测系统,性价比高。

(2)可以进行光纤沿线任意点空间连续测量,测量距离长、范围大、信息量大,特别适合用于水库大坝、堤岸、隧洞等大型水工建筑物安全隐患监测,大大降低了传统点式方法检测的漏检率。

(3)光纤传感器的结构简单,体积小,对安装埋设部位的物理性能影响很小。

(4)测量灵敏度高,抗电磁干扰、抗雷击,可靠性高。

目前,充填袋的变形和受力测量基本为空白,根据分布式光纤传感技术的特点,在连云港 30 万 t 级航道建设旗台试验段引进分布式光纤传感技术进行现场测量。

2　BOTDR 分布式光纤传感原理

光在光纤中传播,会发生散射。主要有三种散射光:瑞利散射光、拉曼散射光和布里渊散射光。瑞利散射由入射光与微观粒子的弹性碰撞产生,散射光的频率与入射光的频率相同,在利用后向瑞利散射的光纤传感技术中,一般采用光时域反射(BOTDR)结构来实现被测量的空间定位;拉曼散射由光子和光声子的非弹性碰撞产生,波长大于入射光为斯托克斯光,波长小于入射光为反斯托克斯光,斯托克斯光与反斯托克斯光的强度比和温度有一定的函数关系,一般利用拉曼散射来实现温度监测;布里渊散射由光子与声子的非弹性碰撞产生,散射光的频率发生变化,变化的大小与散射角和光纤的材料特性有关。与

作者简介:谢荣星,1988 年生,南京水利科学研究院岩土工程所防灾减灾及防护工程专业 2010 级研究生。

布里渊散射光频率相关的光纤材料特性主要受温度和应变的影响,因此通过测定脉冲光的后向布里渊散射光的频移就可实现分布式温度、应变测量。研究证明,光纤中布里渊散射信号的布里渊频移和功率与光纤所处环境温度和承受的应变在一定条件下呈线性关系,以下式表示:

$$\begin{cases} \Delta V_B = C_{VT}\Delta T + C_{V\varepsilon}\Delta\varepsilon \\ \dfrac{100\Delta P_B}{P_B(T,\varepsilon)} = C_{PT}\Delta T + C_{P\varepsilon}\Delta\varepsilon \end{cases}$$

式中:ΔV_B 为布里渊频移变化量;ΔT 为温度变化量;$\Delta\varepsilon$ 为应变变化量;C_{VT} 为布里渊频移温度系数;$C_{V\varepsilon}$ 为布里渊频移应变系数;ΔP_B 为布里渊功率变化量;C_{PT} 为布里渊功率温度系数;$C_{P\varepsilon}$ 为布里渊功率应变系数。

3 工程背景

连云港 30 万 t 级航道建设中,需要建造大量的海堤,但目前该地区石料严重短缺,需充分利用航道建设中大量吹填泥等当地材料进行围堤建设,以节省工程建设费用。基于连云港 30 万 t 级航道工程建设场区砂石资源相对缺乏,而吹填泥丰富,同时有一定量的疏浚土和吹填砂可用于航道围堤建设的现状,开展大型充填袋技术用于连云港 30 万 t 级航道围堤建设工程的可行性研究。目前,充填袋的变形和受力测量基本为空白,根据分布式光纤传感技术的特点,在旗台试验段引进分布式光纤传感技术进行现场测量,为了更好地将分布式光纤传感技术应用于充填袋的变形和受力测量,首先开展了大量的室内试验和测量标定工作,通过标定试验确定了分布式光纤传感器的传感光纤选择,分布式光纤传感器结构形式及其现场试验中分布式传感光纤的安装技术。研究分四个断面进行,各断面方案布置如表 1 所示。

表 1　各试验断面扣层充填袋内充填物最终安排

层号	A 断面	B 断面	C 断面	D 断面	E 断面	F 断面
9	纯砂	纯砂	—	纯砂	纯砂	纯砂
8	纯砂	纯砂	纯砂	纯砂	纯砂	纯砂
7	纯砂	纯砂	纯砂	纯砂	纯砂	纯砂
6	纯砂	40% 含泥量	纯砂	全泥	30% 含泥量	20% 含泥量
5	纯砂	纯砂	纯砂	纯砂	30% 含泥量	20% 含泥量
4	纯砂	20% 含泥量	全泥	30% 含泥量	20% 含泥量	30% 含泥量
3	纯砂	20% 含泥量	纯砂	30% 含泥量	20% 含泥量	30% 含泥量
2	纯砂	20% 含泥量	全泥	30% 含泥量	20% 含泥量	30% 含泥量
1	纯砂	纯砂	纯砂	纯砂	纯砂	纯砂

4 分布式光纤传感技术测量结果分析

图 1~图 5 为采用分布式光纤传感技术测得旗台压坡试验段的 C、D、E 断面充填袋受

力的分布式光纤传感测量结果。

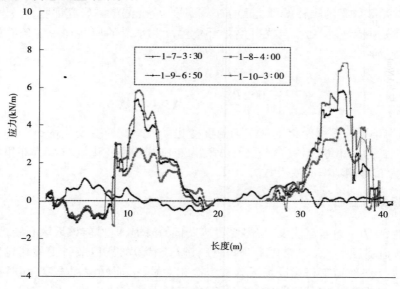

图1 C断面第二层充填袋顶部袋体受力情况

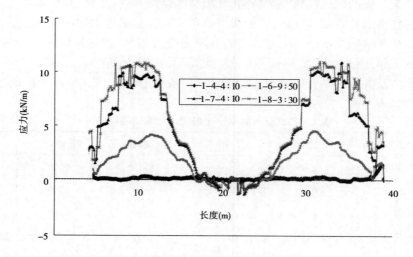

图2 D断面第二层充填袋底部袋体受力情况

图1~图5所示分布式传感光纤测量结果显示,安装在充填袋外表面(底部和顶部)的各组传感光纤回路相互平行的两条传感光纤测得充填袋受力规律基本一致,而且量值也基本相同,即图1中8~20 m的传感光纤测值图形与40~28 m的传感光纤的测值规律和量值基本一致,图2中5~21 m的传感光纤测值图形与37~21 m的传感光纤的测值规律和量值基本一致,图3中20~34 m的传感光纤测值图形与48~34 m的传感光纤的测值规律和量值基本一致,图4中8~17 m的传感光纤测值图形与26~17 m的传感光纤的测值规律和量值基本一致,图5中8~15 m的传感光纤测值图形与32~25 m的传感光纤的测值规律和量值基本一致。表明旗台试验段工程中采用分布式传感光纤测量充填袋的

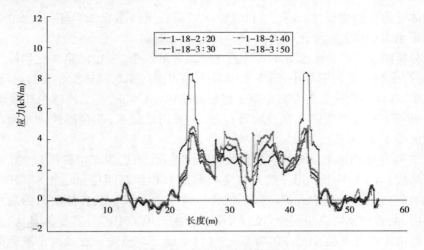

图 3　D 断面第四层充填袋顶部袋体受力情况

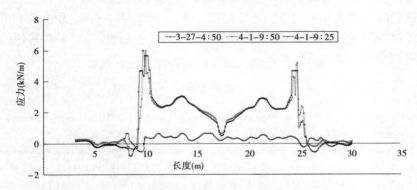

图 4　D 断面第五层充填袋顶部袋体受力情况

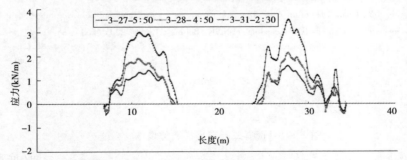

图 5　E 断面第五层充填袋顶部袋体受力情况

变形和受力是可行的,其测量数据是可靠的,选择的传感光纤形式及其安装结构是合理的。

　　同时,图 1～图 5 所示分布式传感光纤测量结果也表明采用充填袋筑堤,无论采用充填砂或者充填疏浚土混砂,充填袋体变形和受力主要由充填压力与上部荷载施加到下部充填袋体引起的。如图 1 所示,该充填袋充填施工 1 月 4 日完成后,测得其位于充填袋底部的袋体受力最大值约为 5 kN/m,其后在该充填袋内充填体荷载作用下测得位于充填袋底部的袋体受力持续增长,增长到约 11 kN/m 以后直至传感光纤损坏;其他位置传感光纤测量结果也表现出类似变化规律。

对比分析图 3 和图 5 所示分布式传感光纤测量的结果,采用浓浆泵充填施工充填袋体,充填过程中袋体受力明显小,图 3 所示 D 断面第四层充填袋体在春节前进行施工,未采用浓浆泵,其顶部袋体受力在充填施工过程即超过 8 kN/m,直至传感光纤损坏,而图 5 所示 E 断面第五层充填袋体在春节后进行施工,采用浓浆泵,其顶部袋体受力在充填施工完成后仍小于 2 kN/m。

对比图 4(D 断面第五层充填袋顶部袋体受力情况,该层为充填砂层)和图 1(C 断面第二层充填袋)、图 2(D 断面第二层充填袋)、图 3(D 断面第四层充填袋)和图 5(E 断面第五层充填袋)(上述 4 层为充填疏浚土或者疏浚土混砂层),其袋体受力沿袋身分布规律有所不同,前者在充填袋端部受力最大,而后者在充填袋中部位置受力最大,表明充填砂袋体可能由于强度不足首先将在端部发生破坏,而充填疏浚土或疏浚土混砂的袋体可能首先在中部位置发生破坏。

旗台试验段工程中分布式传感光纤测量结果也表明,由于分布式传感光纤的应变测量范围的限制,不足以对充填袋袋体受力全过程进行全程测量,需要采取其他测量方法对充填袋的后期变形和受力进行监测。

参考文献

[1] Hill K O, Fujii Y, Johnson D C, et al. Photo sensitivity in optical fiber waveguide: application to reflection fiberfabrication[J]. Applphys Let t, 1978, 32(10): 647-649.

[2] Prohaska J D, Snitze E, Chen B, et al. Fiber optic Brag grating strain sensor in large scale concrete structures[C]. Fiber Optic Smart Structures and Skins V, Proceedings of SPIE. Boston, 1993, 1798: 286-294.

[3] Li Hongnan, Zhou Guangdong, Ren Liang, et al. Strain transfer analysis of embedded fiber Brag grating sensorunder non-axial stress[J]. Optical Engineering, 2007, 46(5):054402.

[4] Tam H Y, Liu S Y, Guan B O, et al. Fiber Brag grating sensors for structural and railway applications [C]. Adv anced Sensor Systems and Applications II, Proceedings of SPIE. Beijing, China, 2005, 5634: 85-97.

水域地震反射波法在岩土工程勘察中的应用

刘宏岳　林孝城　林朝旭　殷　勇　黄佳坤

（福建省建筑设计研究院　福州　350001）

摘要：地震反射波法是水（海）域物探方法的最优选择。本文结合国投湄洲湾产业园基础设施项目港池和航道区域水域地震反射波法探测的工程实践，简要介绍了水域地震反射法的工作方法技术、数据处理技术，以及在水域岩土工程勘察中的具体应用，基本探明了工区内的地层结构、基岩面起伏以及断裂分布情况，并形成多种成果图件。实践证明，水上高频、高密度，多次覆盖的地震反射波勘探法高效、经济、有效。

关键词：工程物探　地震反射波　CDP叠加　多道　震源　水域　岩土工程

1　引言

浅层地震勘探是根据人工激发的地震波在岩土介质中的传播规律，来研究浅部地质构造的地球物理方法，浅层地震勘探以其特有的高分辨率在工程地质勘察中已成为一种有力的手段[1-2]。在水域岩土工程勘察常用的工程物探方法中，作为浅层地震勘探中的主要方法，地震反射波法几乎是本项工程的首选勘探方法，在探查水下地形、覆盖层分层、基岩面起伏及地质构造情况等工程实践中取得了较好效果[1-3]。水域反射波法依据水中无面波和横波干扰的特点，利用小偏移距与等偏移距、单点高速激发、单道或多道接收，经实时数据处理，以密集显示波阻抗界面的方法形成时间剖面，并再现地下结构形态[2]。

拟建工程国投湄洲湾产业园基础设施项目是一项较大的工程项目，其中港池和航道区域水域地震反射波法探测是该项目岩土工程勘察的前期基础性工作，旨在查明水底地形，水下地层分布、厚度和基岩的起伏形态及埋深，提供覆盖层厚度及基岩起伏形态，推断隐伏断层、破碎带等的位置、宽度和产状；重点探查基岩埋深与隐伏断层、破碎带情况。根据本工程的探测目的，选用高频高密度的水域反射波法作为探测的主要方法和手段。

本文拟在论述水域反射波法的基本工作方法的基础上，对该方法在水域岩土工程勘察中的应用情况加以介绍和评价。

2　工程概况

2.1　工区概况

国投湄洲湾产业园位于优良港湾湄洲湾秀屿—罗屿连线以东的湾澳内，东至新文公路，北至秀屿疏港公路，南至罗屿岛，可发展为一个具备原材料进口、工业加工、相关制造

作者简介：刘宏岳，男，1967年生，高级工程师，1990年毕业于同济大学勘查地球物理专业，工学学士，现在福建省建筑设计研究院勘察分院工作，从事工程物探工作和地震数据处理研究。

业所需的散杂货运输、产成品的适箱运输和支持保障功能的现代大型临港工业港区。此次施工是对园区内的港池及航道区进行反射波法勘探,探测区位于莆田港石门澳作业区内,面积约 25 km²。

2.2 区域地质特征

本地区地质构造以断裂为主,纵横交错的断裂带将湄洲湾及附近地区分割成许多大小不等的断块,构成了湄洲湾多岛屿、多岩礁的地形基本轮廓。故湄洲湾岸线曲折、岬角相间,是典型的基岩港湾海岸。

拟建区域位于长乐—南澳深大断裂北段,漳平—莆田东西向构造带横亘于(湄洲)湾顶部位置,构造以断裂为主,褶皱不发育,区内主要为岱前山—东白山断裂,走向北东,局部发育有东西向和北西向低级序断裂(现大部分为第四系地层和海上覆盖)。受大断裂影响,沿该深大断裂带两侧出现一套变质火山岩系。其岩性主要为灰白 – 肉红色混合二长花岗岩、均质混合岩及混合花岗岩、混合花岗闪长岩及凝灰熔岩等。

2.3 场地地球物理特征

根据钻探揭露,工区内第四系覆盖层主要由淤泥、淤泥混砂、砂混淤泥、中粗砂、粉质黏土、残积土、全风化层和强风化层等地层组成,其下为中微风化花岗岩基岩;钻探结果还显示出残积土、全风化层和强风化岩(散体状)的岩性呈渐变过渡关系,没有明显的地质分界线。

通过试验工作,并结合本区前期钻孔资料,本工程水域地层具有如下地球物理特征:

(1)海水纵波速度 v_p = 1 480 ~ 1 500 m/s。

(2)淤泥、淤泥混砂、砂混淤泥、中粗砂的纵波速度 v_p = 1 350 ~ 1 400 m/s。

(3)粉质黏土、残积土、全风化层和强风化层的纵波速度 v_p = 1 550 ~ 1 760 m/s。

(4)中微风化花岗岩的纵波速度 v_p > 2 000 m/s。

由以上波速资料可看出,主要层位波波速差异较大,各层位波阻抗差异明显,为开展水域地震反射波提供了良好的地球物理条件。岩(土)层的纵波速度是依据地震反射的速度扫描法分析得出的。

2.4 测线布置

本次总计布设 32 条物探测线,总长为 75 km。测线编号为 L1—L1′ ~ L31—L31′、LA—LA′。其中 LA—LA′ 为检测线。外航道区域为短测线,港池航道区域为相互间隔的长短测线,检测线 LA—LA′ 垂直于测线方向。各测线的线距为 200 m,航道外稀释到 400 m。

测线平面布置示意图见图 1。

3 工作方法及技术

3.1 地震震源

地震震源采用福建省建筑设计研究院自主研发的气动机械声波水域高分辨率地震勘探连续冲击震源,型号:QD – 1。本震源主频在 300 ~ 2 500 Hz,频带特性好,余震衰减快,能量适中,脉冲特性好,激发频率相当于 40 in³ 气枪或 1 000 J 电火花震源,不受水深影响,对海洋生态及环境保护有利,特别适合各类浅海和滩海过渡带浅地层剖面探测。震源激发时间可调,最小可达 1.0 s,递增时间间隔 0.1 s,冲击时间间隔的调整灵活方便。本震

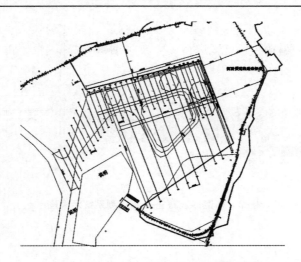

图1　反射波法勘探测线平面布置示意图

源已在全国沿海不同地质条件的水域勘探中使用,效果良好,最大勘探深度在第四系覆盖层中达 200 m[1, 4-6]。与电火花震源对比,优点有激发时间短、能量适中、频带宽等特点。

3.2　GPS 定位及水深测量

导航定位测量是本次探测工作的辅助手段,目的是为物探船按照计划测线进行探测和钻探船按照计划位置进行钻探提供导航与定位。本次对物探测线的导航定位采用实时动态差分定位系统(DGPS),DGPS 能实时提供较高精度的导航、定位成果,适宜于水域实时动态测量,定位精度在 1 m 左右,满足探测要求。岸台和流动台都使用 12 通道的 GPS 接收机及配套的数据链和电台。

测量时将岸台安置在控制点上;流动台安装在勘探船上,连续接收 GPS 信号和岸台所传送的改正数,实时计算、显示出勘探船的实际位置,同时还显示勘探船的偏离设计勘探测线距离、航向和航速,工作人员指挥勘探船按设计的勘探测线进行物理勘探,定点时和物探仪器同步打点及序号,每完成一条剖面勘探工作后将成果存盘。

在物探工作的同时进行同步的水深测量工作。水深测量采用 HD27 型高精度回声测深仪,测深点的定位与地震记录同步。关于 GPS 测点与地震记录对应方法,我院在积累以往工作经验的基础上,开发了相应程序,可实现 GPS 测点与地震记录的快速精确对应[7]。

此外,在物探工作的同时进行同步的潮位观测。潮位观测数据记录为小数点后 2 位(cm),测前 10 min 开始观测,测后 10 min 结束,并绘制成日水位变化图,供处理水深数据和物探解释时高程校正使用。

3.3　观测系统

在本次水域岩土工程勘察工作中,采用水域走航式地震反射波方法。接收采用 24 道水上漂浮电缆,道间距 1 m;地震仪采用北京水电物探研究所的 SWS – 6 地震勘探系统。导航定位仪器采用国产南方测绘双频 RTK – GPS,RTK – GPS 接收机载波相位差分能实时提供观测点的三维坐标,并达到厘米级的高精度。

图 2 为水域地震反射波多道多次覆盖采集观测系统示意图。

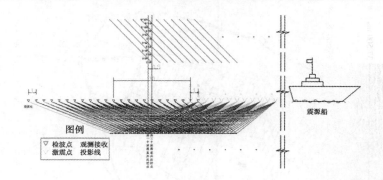

图 2　多道多次覆盖采集观测系统示意图

4　数据处理技术

4.1　常规数据处理

水域地震反射波法地震数据处理按标准流程进行[8]，主要数据处理流程为：

（1）数据处理：解编→动平衡记录时间补偿→坏道剔除→频谱分析→滤波→速度分析→抽道集→噪声处理→反褶积→滤波→动校正→CDP 叠加→多次波消除→偏移→深度衰减补偿→长 PCX 文件制作→绘制彩色反射波时间剖面图。

（2）计算各地震道坐标、距离：航迹归一→地震道号与坐标对应点输入→计算各道坐标、各道坐标投影道隧洞轴线或设计线上→计算偏离轴线距离→插值计算每个 CDP 点的里程桩号、偏离距。

4.2　关键数据处理技术

在地震反射波勘探技术中，多道多次覆盖 CDP 叠加技术具有里程碑的意义[9-10]，而多道多次覆盖 CDP 叠加技术水域地震反射波勘探是本工程的关键方法技术。与单道地震对比，多次 CDP 覆盖可使有效信号得到增强，提高横向分辨率，采用不同偏移距能同时清楚地反映从上到下不同深度的地层信息，对多次波和噪声信号抑制或有效消除[3]。

水域走航式地震反射波方法由于工作船的航速受发动机马力、海水流速、涨落潮、风向、驾驶技术等影响，不可能保持恒定的速度，实际作业中基本上为 1.2~1.4 m/s；震源激发点距取决于船速和震源船冲击间隔时间，震源船冲击间隔时间保持 1 s，炮点距为1.2~1.5 m，不同测线或同一测线不同里程段炮点距有所不同，因此本工程采用准 CDP 叠加方法，即抽取小面元的来自不同激震点、不同接收点上接收的反射地震信号进行叠加。

此外，由于工区内多次波较发育，经过试验采用预测反褶积处理技术消除或减弱多次波干扰。

5　应用效果分析

水域资料成果解释工作以反射波时间剖面图为基础，图中各反射波的时序分布关系与形态特征是地层地质现象的客观反映，地质推断剖面图是解释人员对客观反映的认识。现以典型测线 L10 线为例（L10 线地震反射波时间剖面图及其解释成果图见图 3、图 4），举例说明水域反射波法在本工程中的应用效果。

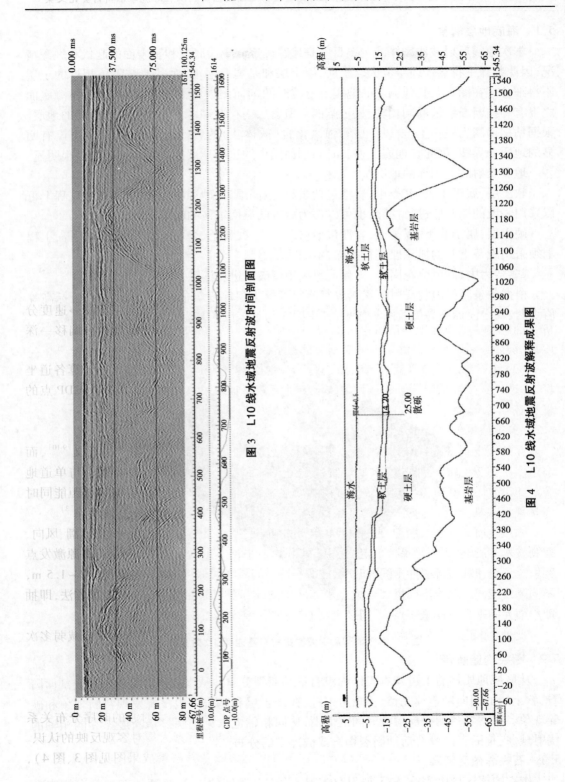

图 3　L10 线水域地震反射波时间剖面图

图 4　L10 线水域地震反射波解释成果图

5.1 海底地层解释

本次地震反射波法勘探的主要目的是追踪确定软土层底板和基岩面的起伏和埋深情况,因此判译中将场地地层分为软土层、硬土层和基岩三层,而对其他波阻抗相近的土层不再细分。在图3及其他测线的地震反射波时间剖面图中可清晰看见海底面,在海底面之下有一些断断续续的同相轴,显示第四系覆盖层内存在许多不同物理力学性质的地层。根据钻探揭露出残积土、全风化层和强风化岩(散体状)的岩性呈渐变过渡过程,没有明显的地质分界线,因此在地震反射波时间剖面图中的这些地层的波阻抗界面不是很明显。

地震反射波法判译的地层基本结构如下:

软土层:属于Ⅰ类、Ⅱ类土,岩性包括淤泥、淤泥混砂、砂混淤泥和中粗砂等,工程上可以采用一般的抓斗船进行挖除,也可以作为后方陆域回填区的吹填材料。

硬土层:属于Ⅲ类、Ⅳ类土,岩性包括粉质黏土、残积土、全风化层和强风化层等,工程上须采用配备重斗的抓斗船进行挖除,不能吹填材料。

基岩:为中、微风化花岗岩,工程上须采用爆破法进行清除。

根据各条测线地震反射法探测成果绘制了软土层厚度等值线图、软土层底板标高等值线图、基岩面标高等值线图等成果,其中图5为本工区内基岩面标高等值线3D图。

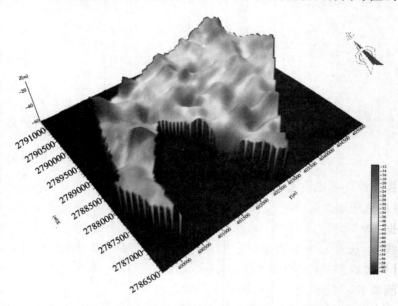

图5 水域地震反射波勘探解释基岩面3D效果图

5.2 断裂构造解释

从区域地质构造上可知本工区内没有活动断裂分布。从水域地震反射波时间剖面图看,软土层的同向轴连续完整、清晰可追踪,在硬土层和基岩中也没有发现错断现象和破碎现象。根据各条测线反射波时间剖面图,从同相轴上未见到明显错断迹象和同相轴的绕射现象,推断工区没有活动断裂构造或破碎带的分布。

5.3 石蛎养殖区解释

本次物探区域中海蛎条石养殖区的分布约占总测区的1/3,坚硬的石柱与海蛎壳产生了强干扰波(绕射波、漫反射和导波),一方面给数据资料的处理与解释增加了一定困难,但另一方面给石蛎养殖分布的判译带来可能。

根据石蛎区散射现象严重、有效信号向下传播很弱、干扰波凌乱等特性,对外业采集的地震反射波原始数据进行分析,结合水深、地形、地貌等实际情况,对石蛎区的分布进行判译,判译结果详见项目工程港池航道物探区石蛎养殖分布图(见图6)。根据该成果图测算石蛎养殖区分布面积约为 736 hm^2,但由于测线间距为 200~400 m,因此在测线之间的石蛎分布界线可能存在偏差,也会引起石蛎分布面积的偏差,使用时应加以注意。

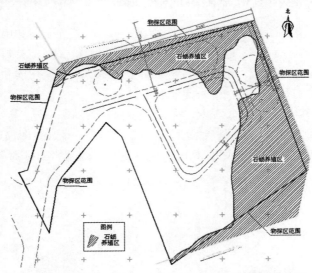

图 6　项目工程港池航道物探区石蛎养殖分布图

6　结语

本次物探工程任务难度大、时间紧,克服了恶劣天气、不利地形因素等困难,围绕勘查目的,针对性地选用国内先进的水上高频、高密度多次覆盖水域走航式地震反射波勘探法采集外业数据,基本探明了工区的地层结构、基岩面起伏以及断裂分布情况,形成了软土层厚度等值线图、基岩面标高等值线图、项目工程港池航道物探区石蛎养殖分布图等众多成果图件,计算了软土层总量和炸礁量,与后期钻孔资料对比,证明了解释结果可靠,物探精度满足探测要求,为今后类似工程积累了经验和技术。

经过多项水域地震反射波法勘探的工程实践证明,水上高频、高密度多次覆盖地震反射波勘探法几乎是本项工程海域物探方法的最优选择。

参考文献

[1] 刘宏岳. 水域浅层地震反射波勘探数据处理及工程实例[J]. 福建建设科技,2008(2): 28.

[2] 熊章强,谢志招,姚道平,等. 地震映像技术在泉州造船厂海上勘察中的应用[J]. 港工技术,2008(4): 51-54.

[3] 刘宏岳. 地震反射波CDP叠加技术在海域花岗岩孤石探测中的应用[J]. 工程地球物理学报,2011, 7(6): 714-718.

[4] 刘宏岳,戴一鸣. 气动机械声波水域浅层地震勘探连续冲击震源装置[P]. 中国,200820102804.2.

[5] 刘宏岳,戴一鸣. 气动机械声波水域高分辨率浅层地震勘探连续冲击震源研制及应用[J]. 工程勘察,2009, 37 (10): 87-90.

[6] 中交第三航务工程勘察设计院有限公司. 国投湄洲湾石门澳产业园基础设施项目港池及航道区物探报告[R]. 2010.

[7] 林孝城,刘宏岳,陈宗刚,等. Excel VBA 技术在水域工程地震勘探中的应用[J]. 物探化探计算技术,2009, 31(5): 520-523.

[8] 渥·伊尔马滋. 地震数据处理[M]. 北京:石油工业出版社,1994.

[9] 何樵登. 地震勘探原理和方法[M]. 北京:地质出版社,1986.

[10] 熊章强,方根显. 浅层地震勘探[M]. 北京:地震出版社,2002.